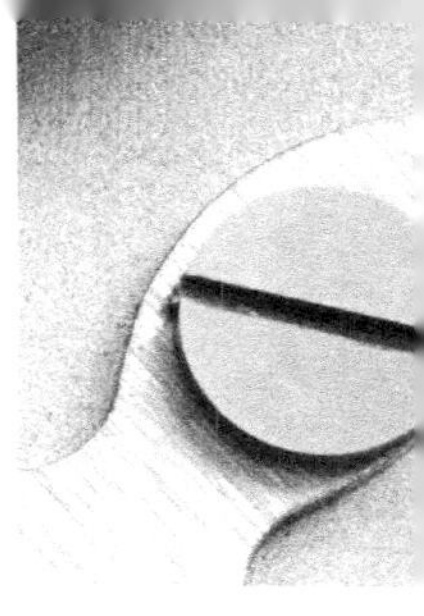

Computer Aided Mechanical Drawing

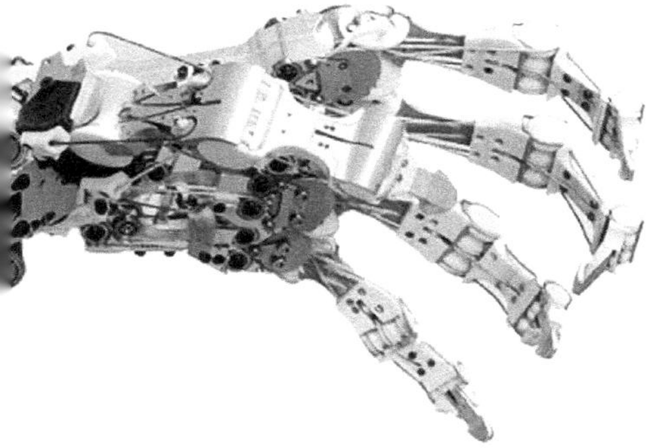

전산기계제도 이론 및 실습

황병복, 장동환, 민경호 공저

B.C.Info

P R E F A C E

본 저서는 학생들이 스스로 전산기계제도를 터득하는데 도움이 되도록 하기 위하여 마련되었으며, 1편에서 기계제도에 관한 이론적인 일반사항을 서술하였고 2편에서는 이러한 제도이론을 바탕으로 활용할 수 있는 실습부분을 다루었다. 또한 부록에 Auto-CAD 명령어를 요약하여 정리함으로서 쉽게 참고할 수 있게 구성하였다. 본 저서에서 다룬 구체적인 내용으로 1편 1장 기계제도에서 일반적인 도면 구성요소를 다루었고, 2장 투상도법에서 물체 형상에 따른 도시방법을 설명하였다. 3장 치수기입과 재료표시에서는 형상 치수 기입과 재질 표시를 위한 사항들을 정리하였으며, 4장 공차에서 기계적 가공을 위한 다양한 공차 표현 방법을 상세히 서술하였다. 5장 표면 거칠기에서 가공품의 요철에 따른 도시방법을 다루었고, 6장 기하공차에서 물체의 형체와 위치 등에 따른 공차 표현 방법을 정리 하였다. 마지막으로 7장에서는 기계요소제도에서 일반적으로 많이 적용되고 있는 기계부품들에 대한 도시 방법을 정리 하였다.

2편 실습부분에서는 1장에 기본적인 도면양식을 구성할 수 있도록 하였으며, 2장에는 투상도법을 바탕으로 3면도를 도시하는 방법을 배울 수 있도록 하였다. 3장에는 투상도를 이용한 기본적인 단면도 구성방법을 4장에서는 부분 단면도와 보조투상도 도시하는 방법을 익힐 수 있도록 하였다. 그리고 5장과 6장에서는 치수기입과 다양한 공차 기입 방법을 학습할 수 있도록 하였다. 7장에는 조립도를 가지고 도면을 해독하여 부품도를 작성하는 방법을 배울 수 있도록 하였으며, 이어서 8장에는 7장에 작성된 부품도에 KS 규격집을 이용하여 치수 및 공차를 기입하는 연습을 하게 된다. 9장부터 14장까지는 다양한 기계장치에 대한 조립도를 이용하여 지금까지 학습한 도면작성 방법을 충분히 숙달 할 수 있도록 하였다. 마지막으로 심화연습과제를 첨부하여 학생 스스로 반복적으로 학습할 수 있게 구성 하였다.

본 교재는 1편의 기계제도 일반사항은 기계관련학과 고학년인 경우(3, 4학년) 6~8시간 이면 요약하여 강의가 가능하며, 2편의 실습편은 매주 2~3시간의 실습시간이면 가능하도록 작성하였다. 매주 수업시간이 4시간인 경우 한 학기에 강의가 가능하지만, 매주 2시간 수업인 경우 두 학기에 나누어 다룰 수 있게 구성하였다. 또한, 본 교재의 목적이 학생 스스로가 교재의 내용을 따라하며 배울 수 있도록 하였기 때문에 강사는 매주 실습시간 초에 약 10~20분간 실습개요를 학생들에게 설명하면, 이 후 학생 스스로가 교재의 지시대로 따라하면서 실습과제를 터득할 수 있도록 하였다. 또한, 실습과제의 평가항목을 명확히 하여 학생 및 강사가 명확한 학습목적으로 실습에 임할 수 있게 하였다.

본 저서를 통하여 기계설계분야에 입문하는데 조그만 도움이 되었으면 하는 바람이며 향후에 다양한 산업분야에 CAD를 활용하는데 보탬이 되고자 한다. 마지막으로, 본 저서의 자료 편집과 도면작업을 위해 많은 노력을 아끼지 않은 인하대학교 생산자동화 연구실 노정훈, 김민태군에게 감사드린다.

C O N T E N T S

PART 1 이 론 편

CHAPTER 01 기계제도(機械製圖) 3

1. 기계제도의 개요 3
2. 도면의 종류 5
3. 도면의 크기 및 양식 7
4. 척도(Scale) 12
5. 선과 문자 13

CHAPTER 02 투상도법(投像圖法) 20

1. 투상도법 20
2. 특수투상도법 35
3. 단면도법(斷面圖法) 37
4. 특수도시법 43

CHAPTER 03 치수기입과 재료표시 52

1. 치수기입의 일반사항 52
2. 치수기입 형식 54
3. 치수기입 방법 59
4. 금속재료 표시법 82

CHAPTER 04 공차(Tolerance) 86

1. 공차의 개요 86
2. 일반 공차 87
3. 치수 공차(Dimension tolerance) 93
4. 끼워맞춤 공차(Fit tolerance) 96
5. 공차 기입 방법 107

CHAPTER 05 표면 거칠기(Surface Roughness) 111

1. 표면조도(表面粗度) 111
2. 표면 거칠기의 종류 113
3. 표면조도 도시방법 117
4. 도면 기입 방법 121

CHAPTER 06 기하공차(Geometric Tolerance) 126

1. 기하공차(幾何公差) 126
2. 기하공차의 종류와 기호 127
3. 공차역의 일반사항 129
4. 기하공차의 도시방법 130
5. 공차역의 정의 및 도시 보기와 그 해석 141

CHAPTER 07 기계요소제도 151

1. 체결용 기계요소 151
2. 축용 기계요소 166
3. 전동용 기계요소 172

■ 참고문헌 189

PART 2 실 습 편

CHAPTER 01 도면양식(Layout) 194

1. CAD system 환경 설정하기 194
2. 도면 양식 만들기 순서 199
3. 도면 양식 만들기 200
4. 도면 양식 저장하기 212

CHAPTER 02 투상도(Projection) 216

1. 투상도 작성 순서 217
2. 기초 투상도 그리기 217

3. 기초 투상도 치수 기입하기 225
4. 기본 투상도 그리기 226
5. 기본 투상도 치수 기입하기 232

CHAPTER 03 단면도(Section) 238

1. 단면도 그리기 순서 238
2. 기본 단면도-Ⅰ 그리기 239
3. 기본 단면도-Ⅰ 치수 기입하기 248
4. 기본 단면도-Ⅱ 그리기 249
5. 기본 단면도-Ⅱ 치수 기입하기 258

CHAPTER 04 조합단면도 및 특수투상도 264

1. 부분단면도 및 보조투상도 그리기 순서 264
2. 부분단면도 그리기 265
3. 부분단면도 치수 기입하기 273
4. 보조투상도 그리기 274
5. 보조투상도 치수 기입하기 282

CHAPTER 05 치수 및 공차 기입하기-1 288

1. 치수 및 공차 기입하기 1 순서 288
2. 도면 양식 추가하여 완성하기 290
3. 칼라의 투상도와 치수 및 공차 기입하기 297
4. 샤프트의 투상도와 치수 및 공차 기입하기 300
5. 평벨트풀리의 투상도와 치수 및 공차 기입하기 306
6. 참고 답안 312
7. 분해도 313

CHAPTER 06 치수 및 공차 기입하기-2 316

1. 부품도 투상도와 치수 및 공차 기입하기 2 순서 316
2. 하우징의 투상도와 치수 및 공차 기입하기 317
3. 스퍼기어의 투상도와 치수 및 공차 기입하기 326
4. 커버의 투상도와 치수 및 공차 기입하기 332
5. 참고 답안 339

CHAPTER 07 동력전달장치 도면해독 342

1. 도면해독 및 도면작도 순서 342
2. 작동원리 및 조립 343
3. 구조 및 부품 형상 파악 분석 344
4. 기계요소 파악 350
5. 투상도 그리는 방법-1 352
6. 투상도 그리는 방법-2 354
7. 투상도 그리는 방법-3 355
8. 투상도 그리는 방법-4 356
9. 투상도 그리는 방법-5, 6 357
10. 과제 도면 359
11. 투상도 그리기 순서 360
12. 투상도 그리기 361
13. 참고 답안 362
14. 분해도 363

CHAPTER 08 기계요소 도표편람 참조하기 366

1. 치수 및 공차 기입하기 순서 366
2. 치수 기입하기 367
3. 규격을 참조하여 공차 기입하기-1 368
4. 규격을 참조하여 공차 기입하기-2 372
5. 규격을 참조하여 공차 기입하기-3 375
6. 규격을 참조하여 공차 기입하기-4 381
7. 규격을 참조하여 공차 기입하기-5 385
8. 규격을 참조하여 공차 기입하기-6 385
9. 참고 답안 389

CHAPTER 09 내륜 회전 전동장치-1 392

1. 작동원리 및 조립 392
2. 구조 및 부품 형상 파악-1 393
3. 기계요소 파악-1 399
4. 기계요소 파악-2 400
5. 투상도 그리는 방법-1 401
6. 투상도 그리는 방법-2 403
7. 투상도 그리는 방법-3 404

8. 투상도 그리는 방법-4 405
9. 투상도 그리는 방법-5, 7 406
10. 과제 도면 408
11. 투상도 그리기 순서 409
12. 투상도 그리기 410
13. 참고 답안 411
14. 분해도 412

CHAPTER 10 내륜 회전 전동장치-2 414

1. 치수 및 공차 기입하기 순서 414
2. 치수 기입하기 415
3. 규격을 참고하여 공차 기입하기-1 416
4. 규격을 참고하여 공차 기입하기-2 421
5. 규격을 참고하여 공차 기입하기-3 426
6. 규격을 참고하여 공차 기입하기-4 429
7. 규격을 참고하여 공차 기입하기-5 432
8. 규격을 참고하여 공차 기입하기-7 436
9. 참고 답안 437

CHAPTER 11 외륜 회전 전동장치-1 440

1. 작동원리 및 조립 440
2. 구조 및 부품 형상 파악 441
3. 기계요소 파악 446
4. 투상도 그리는 방법 448
5. 과제 도면 454
6. 투상도 그리기 순서 455
7. 투상도 그리기 456
8. 참고 답안 457
9. 분해도 458

CHAPTER 12 외륜 회전 전동장치-2 460

1. 치수 및 공차 기입하기 순서 460
2. 치수 기입하기 461
3. 규격을 참고하여 공차 기입하기-1 462
4. 규격을 참고하여 공차 기입하기-2 466

5. 규격을 참고하여 공차 기입하기-3 472
6. 규격을 참고하여 공차 기입하기-4 478
7. 규격을 참고하여 공차 기입하기-5 480
8. 참고 답안 481

CHAPTER 13 캐스터 모델링 484

1. 3D 모델링의 개요 484
2. 모델링 과제 도면(캐스터) 486
3. 캐스터 모델링 순서 487
4. 3D 환경설정 488
5. 캐스터 모델링하기-1 491
6. 캐스터 모델링하기-2 493
7. 캐스터 모델링하기-3, 4 496
8. 캐스터 모델링하기-5 497
9. 캐스터 모델링 완성도면 498

CHAPTER 14 캐스터 분해도 제작 500

1. 캐스터 분해도 제작 순서 500
2. 캐스터 단면 처리하기 502
3. 캐스터 도면화하기 505
4. 캐스터 분해도 완성도면 511

■ 심화연습과제(A) 513

■ 참고도면(D) 및 분해도(S) 525

PART 3 부 록

■ 명령어정리 549

Computer Aided Design of Mechanical Systems

PART _ I
이 론 편

제1장 기계제도(機械製圖) 일반

제2장 투상도법(投像圖法)

제3장 치수기입과 재료표시

제4장 공차(Tolerance)

제5장 표면 거칠기(Surface Roughness)

제6장 기하공차(Geometric Tolerance)

제7장 기계요소 제도

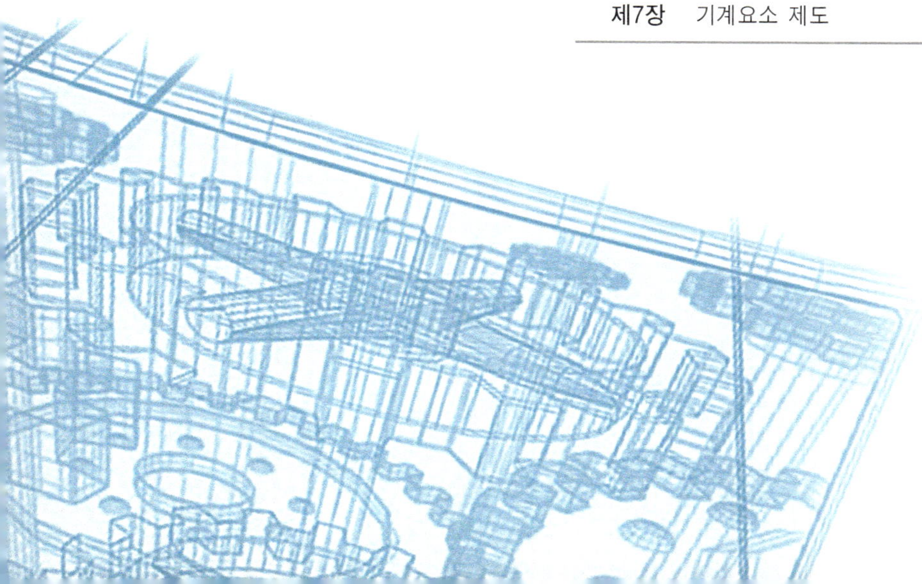

기계제도(機械製圖)

CHAPTER 01

01 기계제도의 개요

① 기계제도(Mechanical Drawing) 정의

어떤 기계나 기구를 제작하려고 하면 먼저 그 기능성, 조립성, 경제성을 고려하여 제작계획을 세워야 하는데, 이러한 프로세스를 설계(design)라고 한다. 설계된 기계가 초기 의도대로 제작되려면 설계자의 요구사항이 도면에 의하여 제작자에게 정확하게 전달되어야 한다.

기계 도면은 도면양식과 더불어 기계나 기구의 모양, 구조, 치수, 재료, 가공방법 등의 모든 정보를 도면에 표시한 것이다. 따라서 기계나 기구 등의 장치를 정해진 규칙에 따라 선, 문자 및 기호로 도면 작성하는 것을 기계제도(Mechanical Drawing)라 한다.

POINT

- 도면의 활용
  도면의 용도는 기계나 기구의 제작뿐만 아니라, 기계의 취급, 설치, 견적, 판매 및 공정관리 등에도 이용된다.

② 제도 통칙

(1) 한국 공업표준화법(1961년 제정)

1993년 한국산업 규격으로 명칭 개정

(2) 제도 통칙

KS A 0005 : 1966년 12월 22일 상공부 고시, 1988년 개정, 2003년 확인

(3) 기계제도통칙

기계제도규격(KS B 0001 : 1967년 제정, 1988년 개정, 2003년 확인) 도면의 크기, 투상법, 도형의 표시방법 등 상세히 규정-5년 주기 개정 및 폐지, 확인

▾▾▾[표1-1] 각국의 공업 규격

제정년도	규격기호	국가 규격
1901	BS(British Standards)	영국공업 규격
1917	DIN(Deutsche Industrie Normen)	독일공업 규격
1918	ANSI(American National Standards Institute)	미국공업 규격
1918	SNV(Schweitzerish Normen des Vereinigung)	스위스공업 규격
1918	NF(Norme Francaise)	프랑스공업 규격
1921(1952)	JIS(Japanese Industrial Standards)	일본공업 규격
1928(1947)	ISO(International Organization for Standardization)	국제표준화기구
1961	KS(korean Industrial Standards)	한국산업 규격

▾▾▾[표1-2] KS 규격의 분야별 분류

기호	A	B	C	D	E	F	G	H
부문	기본	기계	전기	금속	광산	토건	일용품	식료품
기호	K	L	M	P	V	R	W	X
부문	섬유	요업	화학	의료	조선	수송기계	항공	정보산업

▾▾▾[표1-3] KS 기계 부분의 분류

KS규격번호	분 류	KS규격번호	분 류
B0001~0809	기계기본	B5301~5531	측정기계용 기계 기구, 물리 기계
B1000~2403	기계요소	B6001~6430	일반기계
B3001~3402	공구	B7001~7702	산업기계
B4001~4606	공작기계	B8007~8591	철도용품

02 도면의 종류

1 도면의 성질에 따른 분류

(1) 원도(Original drawing)

연필도나 CAD로 출력한 최초 도면

(2) 트레이스도(Traced drawing)

원도를 바탕으로 트레이싱지에 본뜬 도면

(3) 복사도(Copy drawing)

원도나 트레이스도로 복사한 도면으로 공장이나 제작 현장에서 주로 취급하며 청사진, 백사진, 전자복사도 등이 있다.

2 도면의 용도에 따른 분류

(1) 계획도(Scheme drawing)

제작도의 기초 도면으로 제품 제작의 계획을 담은 도면

(2) 제작도(Manufacture drawing)

제품 제작에 사용되는 도면

(3) 주문도(Drawing for order)

주문자가 주문 명세서를 붙여 나타낸 도면으로 수주자에게 제시될 도면

(4) 견적도(Estimation drawing)

견적서에 첨부하여 주문품의 내용을 설명하는 도면으로 기계 제작비의 내용이 담긴 도면

(5) 승인도(Approved drawing)

제작자가 주문자의 검토를 거쳐 승인을 받아 제작 및 계획의 기초로 사용하는 도면

(6) 설명도(Explanation drawing)

기계의 기능, 작동원리, 구조, 취급 방법 등을 설명하기 위한 도면으로서 주로 카달로그나 설명 용도로 사용하는 도면

③ 도면의 내용에 따른 분류

(1) 조립도(Assembly drawing)

기계나 구조물의 전체 조립 상태를 나타내는 도면

(2) 부분조립도(Partial assembly drawing)

구조가 복잡한 기계 등은 몇 개의 부분으로 나누어 조립 상태를 표시한 도면

(3) 부품도(Part drawing)

제작 과정에서 주로 사용하는 도면으로 각각의 단품에 대해 부품 제작에 관한 내용을 상세하게 그린 도면

(4) 상세도(Detail drawing)

작은 부품이나 모호한 부분을 확대하여 상세하게 그린 도면

(5) 스케치도(Sketch drawing)

기계나 장치 등을 제도 기구나 CAD를 사용하지 않고 스케치하여 그린 도면

(6) 외형도(Outside view)

구조물과 기계 전체의 외형을 나타낸 도면

(7) 공정도(Process drawing)

제작도에 쓰이는 공작, 제조, 설비 등의 계통도

(8) 배치도(Arrangement drawing)

공장 안에 기계들을 설치할 때 각 기계의 위치를 명시한 도면

(9) 배선도(Wiring diagram)

전선 배치를 나타내는 시공 도면

(10) 배관도(Piping diagram)

파이프의 배치를 나타내는 시공 도면

(11) 계통도(System diagram)

물, 기름, 가스, 등의 접속과 작동 계통을 나타낸 계통 도면

(12) 장치도(Equipment drawing)

기계나 보일러 등의 부속품의 설치 상황, 화학 공장에서 각 장치의 배치 및 제조 공정 등의 관계를 나타낸 도면

03 도면의 크기 및 양식

(1) 도면의 크기 및 양식은 KS A 0106 에 규정에 따라 제도, 복사, 보존, 검색, 사용 등의 편의를 고려하여 선정하여야 한다.

(2) 도면의 크기는 대상물의 크기나 복잡도를 고려하여, 그림의 명료성을 가질 수 있도록 최소한의 크기를 선정한다. 다만 취급 편의를 위하여 관련 도면의 크기를 맞출 필요가 있을 때는 이에 따르지 않아도 된다.

① 도면의 크기

(1) 도면의 크기는 표 1-4에 따라 A열 사이즈(A1~A4)를 사용한다. 다만 크기를 연장하는 경우에는 연장 사이즈를 사용한다.

(2) 도면은 그림 1-1에 나타낸 것과 같이 길이 방향을 좌우 방향으로 놓고 사용한다. 다만 A4는 폭 방향을 좌우 방향으로 놓을 수 있다.

▾▾▾[표1-4] 도면의 크기 및 윤곽의 치수 (단위 : mm)

<table>
<tr><th colspan="5">A열 사이즈</th><th colspan="5">연장 사이즈</th></tr>
<tr><th rowspan="2">호칭 방법</th><th rowspan="2">치수 a×b</th><th rowspan="2">c (최소)</th><th colspan="2">d(최소)</th><th rowspan="2">호칭 방법</th><th rowspan="2">치수 a×b</th><th rowspan="2">c (최소)</th><th colspan="2">d(최소)</th></tr>
<tr><th>철하지 않을 때</th><th>철할 때</th><th>철하지 않을 때</th><th>철할 때</th></tr>
<tr><td>−</td><td>−</td><td>−</td><td>−</td><td>−</td><td>A0×2</td><td>1189×1682</td><td rowspan="3">20</td><td rowspan="3">20</td><td rowspan="5">25</td></tr>
<tr><td>A0</td><td>841×1189</td><td rowspan="2">20</td><td rowspan="2">20</td><td rowspan="5">25</td><td>A1×3</td><td>841×1783</td></tr>
<tr><td>A1</td><td>594×841</td><td>A2×3
A2×4</td><td>594×1261
594×1682</td></tr>
<tr><td>A2</td><td>420×594</td><td rowspan="3">10</td><td rowspan="3">10</td><td>A3×3
A3×4</td><td>420×891
420×1189</td><td rowspan="2">10</td><td rowspan="2">10</td></tr>
<tr><td>A3</td><td>297×420</td><td>A4×3
A4×4
A4×5</td><td>297×630
297×841
297×1051</td></tr>
<tr><td>A4</td><td>210×297</td><td>−</td><td>−</td><td>−</td><td>−</td><td>−</td></tr>
<tr><td colspan="10">c와 d는 윤곽선의 간격이며, 철할 때의 d는 도면 좌측편의 간격이다.</td></tr>
</table>

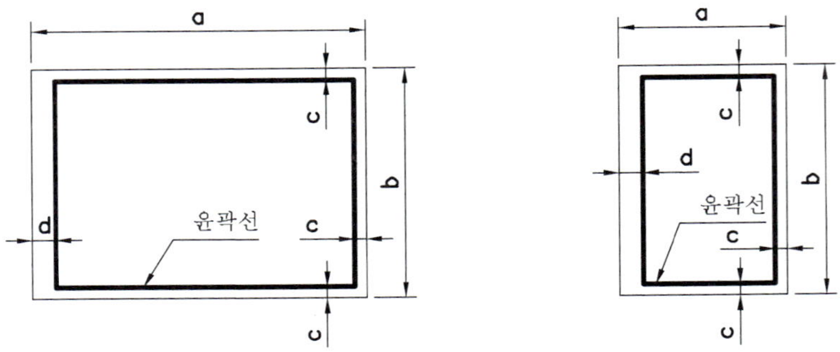

그림 1-1 도면 크기 및 윤곽의 치수

(3) 도면의 폭(b)과 길이(a)의 비는 $1:\sqrt{2}$이고, A0의 넓이는 약 $1m^2$ 이다.

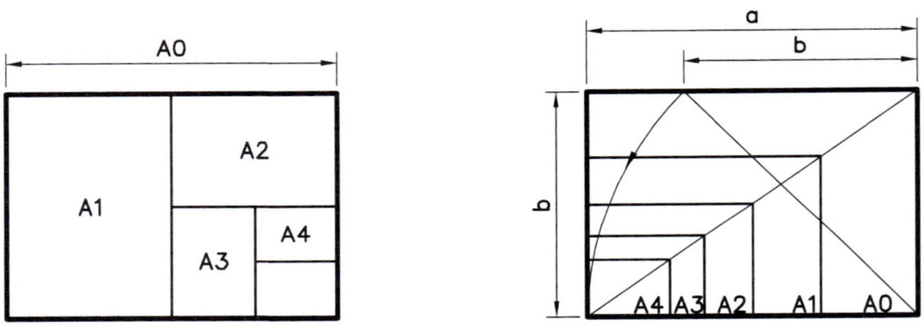

그림 1-2 도면 크기 및 폭과 길이의 비

② 도면의 양식

도면 양식은 도면관리 및 취급할 때 뿐만 아니라 도면을 이해하는데 반드시 필요한 사항이다. 도면 양식은 KS A 0106(도면의 크기 및 양식)을 보면 아래와 같은 항목들의 내용을 나타내고 있다.

(1) 반드시 도시할 항목

윤곽선(테두리선), 중심마크, 표제란

① 윤곽선(테두리선) : 0.5mm 이상의 굵은 실선으로 그린다.

② 중심마크 : 4변의 각 중앙에 선 표시하며 그 허용차는 ± 0.5mm이고 0.5mm의 굵은 실선으로 그린다.

③ 표제란 : 도면 우측 하단에 아래와 같은 내용을 나타낸다.

POINT

도면 번호(도번), 도면 명(도명), 작성 년월일, 기업(단체)명, 책임자 서명(도장), 제도자명, 척도, 투상법 등을 기입한다.

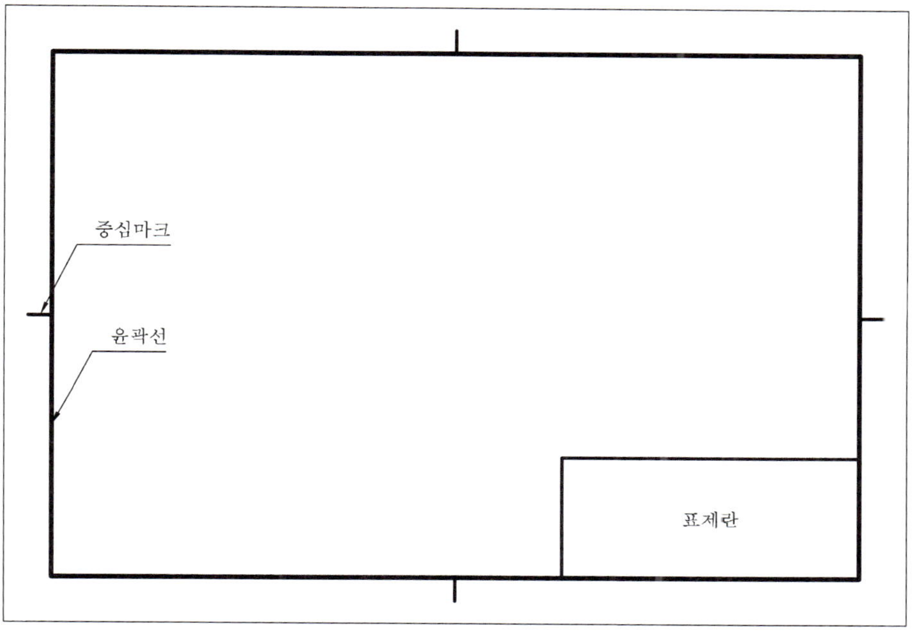

그림 1-3 도면에 반드시 있어야 할 항목

(2) 도시하면 편리한 항목

비교눈금, 도면의 구역표시, 재단마크

① 비교눈금 : 도면을 확대, 축소 복사할 때 상대적인 크기를 비교하는 편리성을 위해 도시한다. 길이 100mm를 눈금간격 10mm로 10등분하여 도면 아래 중심마크를 중심으로 표시한다.

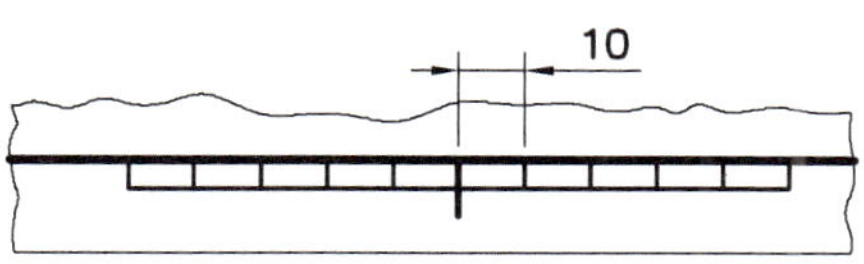

그림 1-4 비교 눈금

② 도면의 구역 표시 : 상세도 표시의 부분이나 추가, 수정 등의 위치를 도면상에서 용이하게 나타내기 위하여 모든 크기의 도면 구역 표시를 설정하는 것이 바람직하다. 분할수는 짝수로 하고 각 변의 길이는 25~75mm로 하되 도면의 복잡도에 따라 결정한다.

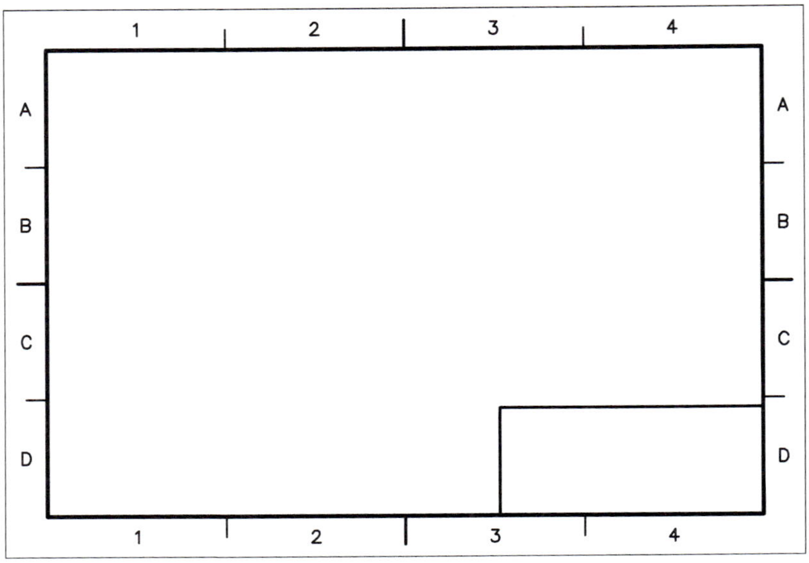

그림 1-5 도면의 구역 표시

③ 재단마크 : 복사도의 절취 용도에 따라 용지의 4구석에 재단 마크를 붙여도 좋다.

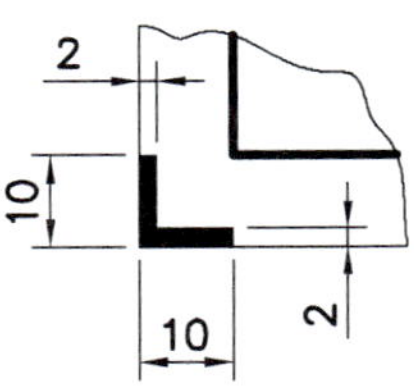

그림 1-6 재단 마크

(3) 기타

조립도나 부품도에는 대상물 또는 그 구성하는 부품의 세부 내용을 부품란에 기입한다.

① 부품란은 일반적으로 표제란 위쪽에 연결하여 도시하지만 필요에 따라 오른쪽 윗부분에 나타낼 수 있다.

② 부품도를 표제란 위쪽에 도시할 때는 부품번호를 아래에서 위로 나타낸다.

③ 부품란에는 부품번호(품번), 부품명칭(품명), 재질, 수량, 중량, 공정, 비고란을 도시하나 필요에 따라 중량, 공정은 생략하기도 한다.

- 품번 : 도면에 나타낸 부품번호를 기입한다.
- 품명 : 품번에 해당하는 부품 명칭을 기입한다.
- 재질 : 부품의 재질은 KS 규격에 정해진 재질기호로 표기한다.
- 수량 : 부품의 수량을 개소로 나타내고 단위는 기입하지 않는다.
- 중량 : 부품 1개에 대한 중량을 기입하며, 단위는 kg 또는 ton으로 기입한다.
- 공정 : 부품 주된 제작 공정을 기입한다.
- 비고 : 각종 규격품의 호칭 및 기타 특기사항을 기입한다.

④ 부품번호는 아라비아 숫자를 사용하는 것을 원칙으로 하고 조립도에서 나타낸 부품번호를 부품도에서도 동일한 일련번호로 기입한다.

⑤ 조립도 없이 작성한 단일 품목의 부품도에서는 부품번호를 부여하지 않는다.

⑥ 부품번호의 나열순서는 조립 순서나 구성 부품의 중요도에 따른다.

⑦ 부품번호의 기입방법은 명확히 나타낼 수 있는 숫자를 사용하거나, 원 속에 숫자를 넣어 표시한다.

⑧ 조립도에서 부품번호는 대상하는 부품에 지시선으로 연결하고 시각적으로 보기 쉽게 하기 위하여 세로 또는 가로 등 나란히 기입한다.

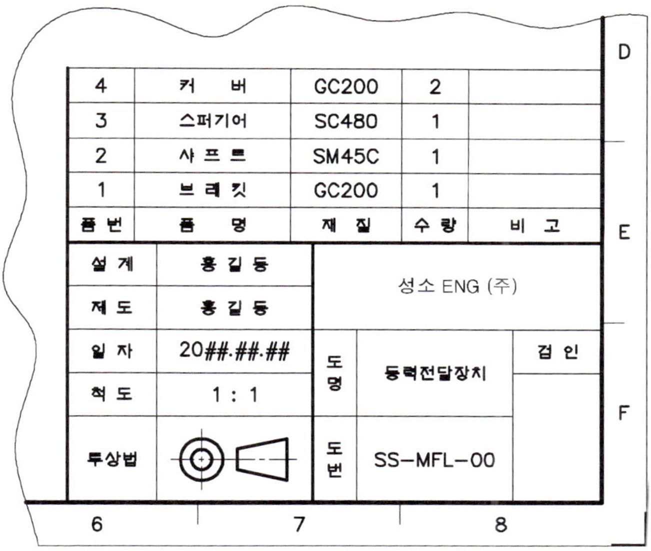

그림 1-7 부품란

[참고] 모든 항목을 나타낸 도면 양식의 예

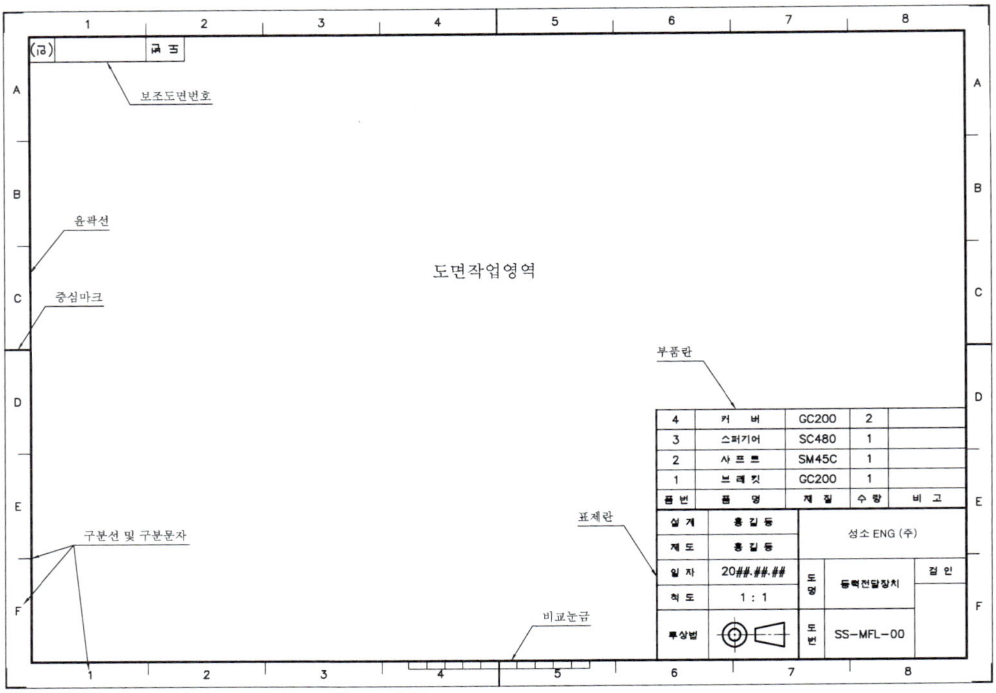

그림 1-7 도면 양식

04 척도(Scale)

도면상에 그림의 크기와 실제 대상물의 크기와의 사이에는 적절한 비례관계로 그린다. 다만 오독할 염려가 없다고 생각되는 도면은 도면의 일부 또는 전부에 대하여 이 비례 관계는 지키지 않아도 좋다.

(1) A : B 로 표시한다.(A : 도면에 그려지는 크기, B : 실물의 크기(치수))

(2) 척도의 종류

① 현척(Full scale) : 실물과 동일한 크기로 그린 척도(실척)

② 축척(Contraction scale) : 실물보다 축소하여 그린 척도

③ 배척(Enlarged scale) : 실물보다 크게 그린 척도

④ NS(None scale) : 치수와 비례하지 않는 경우(적당한 위치에 표시)

⑤ _ (Under line) : 비례치수가 아님(*가공 정도부의 치수)

(3) 척도는 표제란에 기입한다. 같은 도면에 다른 척도를 사용할 때는 해당하는 그림 부근에 기입한다.

(4) 척도의 값은 표 1-5에 따른다.

▾▾▾[표1-5] 축척, 현척 및 배척의 값

척도의 종류	난	척도
축 척	1	1 : 2 1 : 5 1 : 10 1 : 20 1 : 50 1 : 100 1 : 200
	2	1 : $\sqrt{2}$ 1 : 2 1 : 2$\sqrt{2}$ 1 : 3 1 : 4 1 : 5$\sqrt{2}$ 1 : 25 1 : 250
현 척	—	1 : 1
배 척	1	2 : 1 5 : 1 10 : 1 20 : 1 50 : 1
	2	$\sqrt{2}$: 1 2.5$\sqrt{2}$: 1 100 : 1

[비고] 1란의 척도를 우선적으로 사용한다.

05 선과 문자

1 선의 종류와 용도

(1) 굵기에 따라 분류한 선

① 가는선 : 굵기가 0.35mm 이하 인 선

② 굵은선 : 굵기가 0.35~0.8mm 인 선 ⇦ 기준(0.5)

③ 아주굵은선 : 굵기가 0.5~2mm 인 선

POINT

중간선 : 가는선 보다 굵고 굵은선 보다 가는선으로 보통 0.35mm를 사용한다. 주로 치수, 문자, 숨은선의 굵기로 사용한다.

▾ ▾ ▾ [표1-6] 선의 굵기의 비율

	가는선 : 굵은선 : 아주굵은선
기계제도	1 : 2 : 4
CAD제도	1 : 2.5 : 5

POINT CAD로 도면을 작성하고 프린터나 플로터로 출력을 할 때 선의 색상별로 구분하여 굵기를 지정한다. 각각의 출력기 마다 약간의 차이가 있지만 도면 크기나 복잡도를 고려해서 선의 색상별로 구분하여 굵기를 설정하는 것이 선명하고 명확하게 나타낼 수 있다. 아래는 도면크기에 따라 선명하고 명확하게 나타낼 수 있는 선 굵기를 권장한 것이다.

▾ ▾ ▾ [표1-7] 권장하는 선 굵기

	가는선	중간선	굵은선	아주굵은선
기본	0.2(0.25)	0.3(0.35)	0.5	1
작고 복잡한 도면	0.18	0.25	0.4	0.7

(2) 모양에 따라 분류한 선

① 실선(continuous line) : 끊어진 곳이 없이 이어져 있는 선

② 파선(dashed line) : 짧은 선을 일정한 간격을 두고 벌려 놓은 선

⇨ 짧은 선과 공백의 비(2 : 1)

③ 일점쇄선(center line) : 약간 긴 선과 짧은 선을 번갈아 벌여 놓은선

⇨ 긴 선, 공백, 일점, 공백의 비(9 : 1 : 1 : 1)

④ 이점쇄선(phantom line) : 짧은 선 두 개와 긴 선을 번갈아 벌려 놓은 선

⇨ 장선, 공백, 일점, 공백, 이점, 공백의 비(15 : 1 : 1 : 1 : 1 : 1)

POINT CAD로 도면을 작성할 때 선 굵기 및 모양은 Layer 기능을 이용하면 선 처리가 신속하고 명확하다.

(3) 선이 겹칠 때, 우선 그리는 순위

도면에서 2종류 이상의 선이 같은 위치에서 겹치게 될 경우에는 다음에 나타낸 순위에 따라 우선되는 종류의 선을 그린다.

① 외형선 → ② 숨은선 → ③ 절단선 → ④ 중심선 → ⑤ 무게 중심선 → ⑥ 치수 보조선

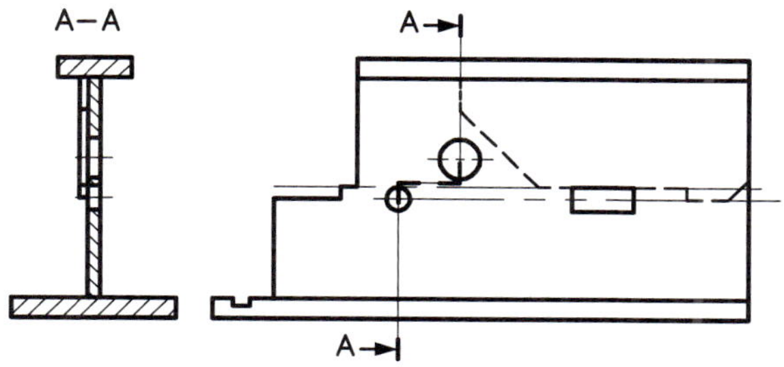

그림 1-9 선이 겹칠 때 우선 순위

(3) 용도에 의하여 분류한 선의 종류

▾▾▾[표1–8] 용도에 의한 선의 분류

선의 종류		용도에 의한 명칭	선의 용도	그림 번호
굵은 실선	──────	외형선	대상물의 보이는 부분의 모양을 표시한다.	1.1
가는 실선	──────	치수선	치수를 기입하기 위하여 쓰인다.	2.1
		치수 보조선	치수를 기입하기 위하여 도형으로부터 끌어내는데 쓰인다.	2.2
		지시선	기술·기호 및 지시사항을 기입하기 위하여 끌어내는데 쓰인다.	2.3
		회전 단면선	도형 내에 그 부분의 절단한 곳을 90° 회전하여 표시하는데 쓰인다.	2.4
		중심선	도형의 중심선을 간략하게 표시하는데 쓰인다.	2.5
		수준면선	수면, 유면 등의 위치를 표시하는데 쓰인다.	2.6
가는 파선 또는 굵은 파선	------------	숨은선	대상물의 보이지 않는 부분의 모양을 표시하는데 쓰인다.	3.1
가는 1점 쇄선	—-—-—	중심선	① 도형의 중심을 표시하는데 쓰인다. ② 중심이 이동한 궤적을 표시하는데 쓰인다.	4.1 4.2
		기준선	특히 위치결정의 근거가 된다는 것을 명시할 때 쓰인다.	4.3
		피치선	되풀이하는 도형의 피치를 취하는 기준을 표시하는데 쓰인다.	4.4

선의 종류		용도에 의한 명칭	선의 용도	그림 번호
굵은 1점 쇄선		특수 지정선	특수한 가공을 하는 부분 등 특별한 요구사항을 적용할 수 있는 범위를 표시하는데 쓰인다.	5.1
가는 2점 쇄선		가상선	① 인접부분을 참고로 표시하는데 쓰인다. ② 공구, 지그 등의 위치를 참고로 나타내는데 쓰인다. ③ 가동부분을 이동 중의 특정한 위치 또는 이동한계의 위치를 표시하는데 쓰인다. ④ 가공 전 또는 가공 후의 모양을 표시하는데 쓰인다. ⑤ 되풀이하는 것을 나타내는데 쓰인다. ⑥ 도시된 단면의 앞쪽에 있는 부분을 표시하는데 쓰인다.	6.1 6.2 6.3 6.4 6.5 6.6
		무게 중심선	단면의 무게 중심을 연결한 선을 표시하는데 사용한다.	6.7
불규칙한 파형의 가는 실선 또는 지그재그선	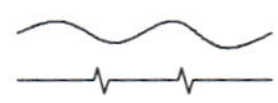	파단선	대상물의 일부를 파단한 경계 또는 일부를 떼어낸 경계를 표시하는데 쓰인다.	7.1
가는 1점 쇄선으로 끝부분 및 방향이 변하는 부분을 굵게 한다.		절단선	단면도를 그리는 경우, 그 절단 위치를 대응하는 그림에 표시하는데 쓰인다.	8.1
가는 실선으로 45° 로 기울여 등간격으로 한다.	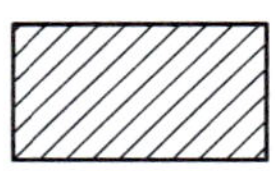	해칭선	도형의 한정된 특정 부분을 다른 부분과 구별하는데 사용한다. 예를 들면 단면도의 절단된 부분을 나타낸다.	9.1
가는 실선		특수한 용도의 선	① 외형선 및 숨은선의 연장을 표시하는데 사용한다. ② 평면이란 것을 나타내는데 사용한다. ③ 위치를 명시하는데 사용한다.	10.1 10.2 10.3
아주 굵은실선			얇은 부분의 단면을 도시하는데 쓰인다.	11.1

보기 1

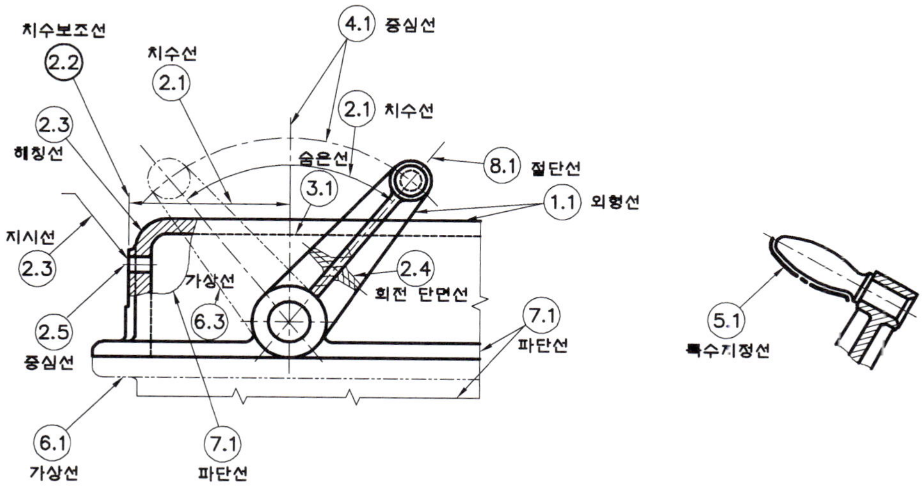
치수보조선
2.2
치수선
2.1
4.1 중심선
2.1 치수선
2.3
해칭선
숨은선
3.1
8.1 절단선
1.1 외형선
지시선
2.3
2.4
가상선
회전 단면선
2.5
중심선
6.3
7.1
파단선
6.1
가상선
7.1
파단선
5.1
특수지정선

보기 2

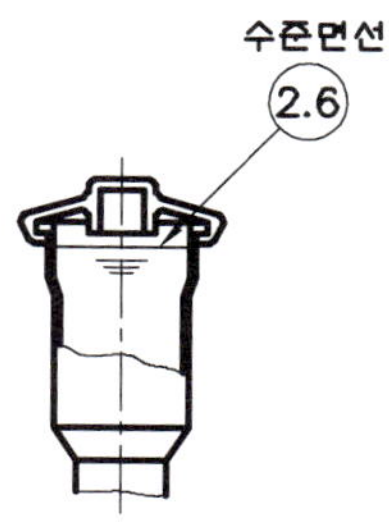
수준면선
2.6

보기 3

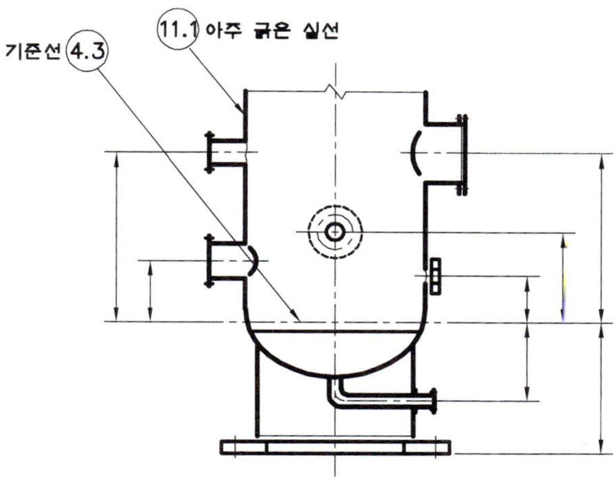
기준선 4.3
11.1 아주 굵은 실선

보기 4

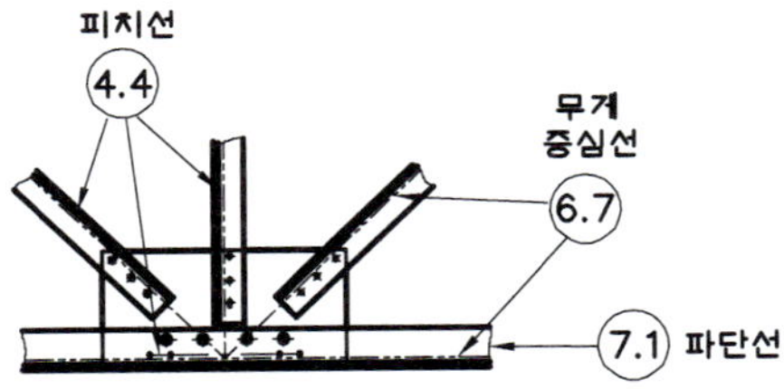

보기 5

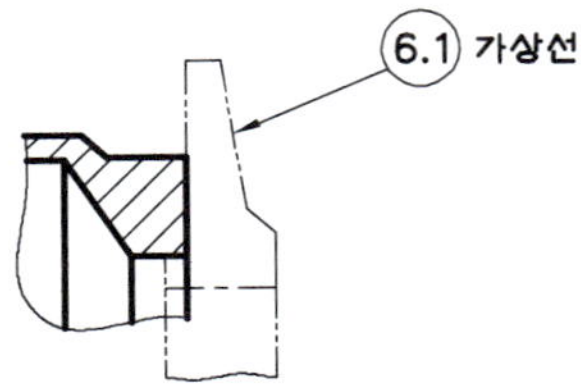

보기 6

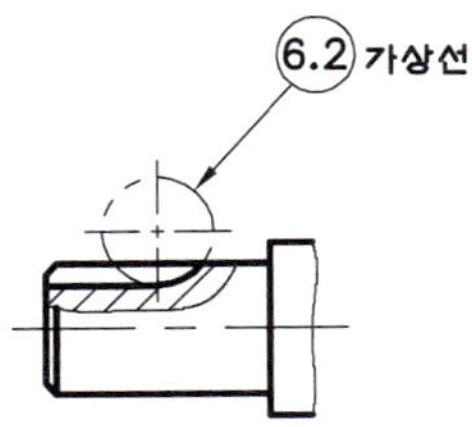

보기 7

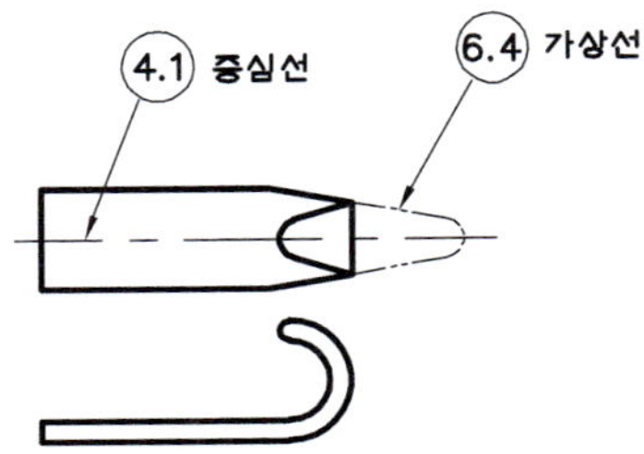

보기 8

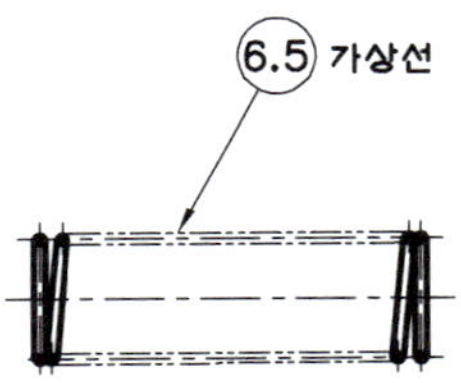

보기 9

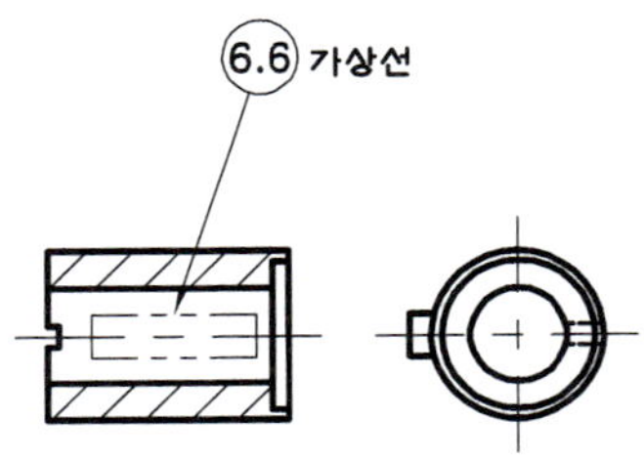

보기 10

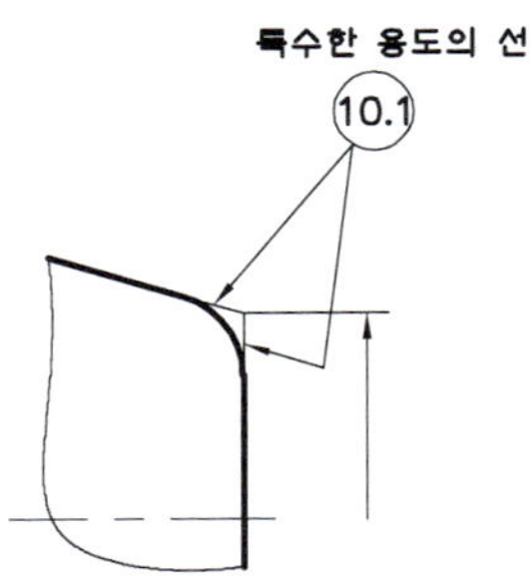

보기 11

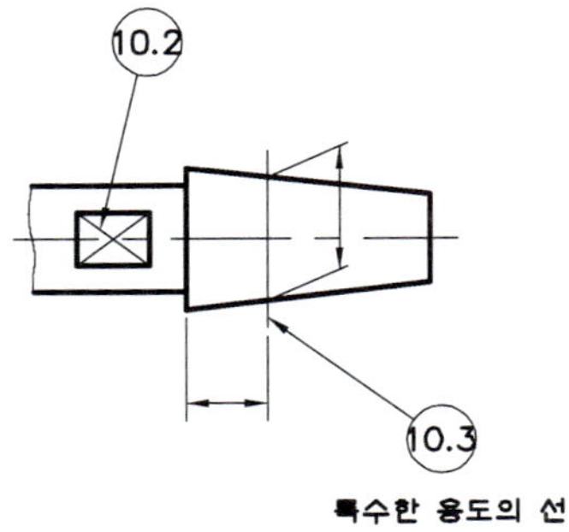

그림 1-10 선 종류에 의한 용도

② 문자(Text)

(1) 일반사항

① 글자는 명백히 쓰되 글자체는 고딕체로 하여 수직 또는 15° 경사체로 씀을 원칙으로 한다.

② 글자체는 한글일 경우 고딕체, 명조체, 그래픽체가 있고 영문이나 숫자는 고딕체 명조체, 그래픽체, 라운드리체, 이태릭체 등이 있다.

③ 한글. 로마자 및 아라비아 숫자의 크기는 높이 2.24 , 3.15 , 4.5 , 6.3 및 9mm의 5종류로 한다. 다만 필요한 경우에는 다른 치수를 사용하여도 좋다.

④ 한글. 로마자 및 아라비아 숫자의 굵기는 문자 크기의 1/9의 굵기로 한다.

⑤ 서체는 수직체 및 15° 경사체 중 어느 것을 사용하여도 좋으나 혼용은 불가능 하다.

⑥ 문장배열은 왼편에서 가로쓰기를 원칙으로 한다.

(2) 도면에 사용하는 문자의 높이(mm)

① 공차 치수 문자 : 2.24~3.15

② 일반 공차 문자 : 3.15~4.5

③ 부품 번호 문자 : 4.5~6.3

④ 도면 번호 문자 : 4.5~9

⑤ 도면 이름 문자 : 4.5~9

POINT

CAD에서 글자체는 일반적으로 그래픽체(가는체)를 많이 사용한다. 영문체는 romans.shx, simplex.shx, isocp.shx 등 한글은 whgtxt.shx를 사용한다.

크기 9 mm	가	나	다	라	마	바
크기 6.3 mm	가	나	다	라	마	바
크기 4.5 mm	가	나	다	라	마	바
크기 3.15 mm	가	나	다	라	마	바
크기 2.24 mm	가	나	다	라	마	바

그림 1-11 도면에 사용하는 문자의 크기

CHAPTER 02

투상도법(投像圖法)

01 투상도법

① 투상도법(projection)

투상도법은 공간상에 있는 물체를 보는 시각을 기준으로 표시하는 방법이다. 이때 물체의 형태가 비쳐지는 면을 투상면, 물체에서 투상면으로 수직으로 닿는 선을 투사선이라 하고 투상면에 닿는 투사선의 교점을 이어 생기는 도형을 투상도라고 한다.

투상도는 입체적으로 그리는 입체도법과 평면적으로 그리는 평면도법이 있으며 정투상도는 평면도법의 하나이고 그 외에는 입체도법들이다.

- 투상도
  - 투시 투상도
  - 평행 투상도
    - 직각 투상도
      - 축측 투상도 : 등각 투상도, 부등각 투상도
      - 정 투상도(평면도법)
    - 사 투상도

② 입체도법

입체도법에는 투시도법, 등각 투상도법, 부등각 투상도법, 사 투상도법이 있으며 입체적으로 그리기 때문에 물체에 대한 회화적 표현이 가능하다.

(1) 투시도법

투시도는 각 소점(방사선 상의 기준점)에서 방사선을 그려 만나는 교점을 이어 도형을 그리는 방법이다. 원근감이 표현되기 때문에 주로 건축, 토목의 조감도에 사용된다.

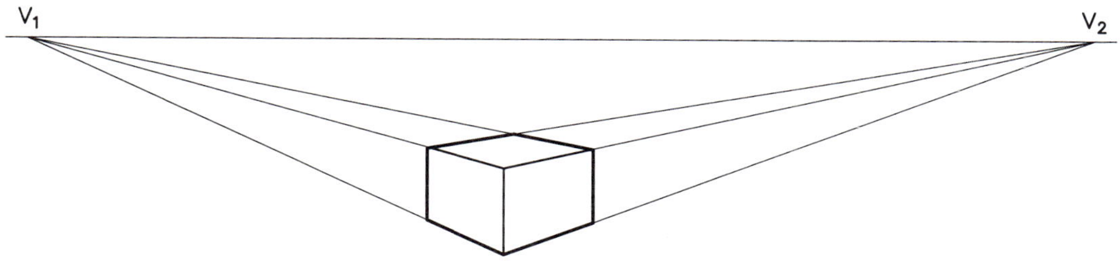

그림 2-1 2소점 투시도

(2) 축측투상도(등각투상도법, 부등각투상도법)

축측 투상도는 정형(正形) 화법으로 그리는 방법으로 등각투상도법의 부등각투상도가 있다. 등각 투상도법(isometric)은 각각의 면을 동일한 비율로 나타내어 주로 기계제도의 분해도, 조립도에 사용되고 있다. 부등각투상도법은 어떤 특정면을 강조해서 도시할 때 사용하는 것으로 주로 기계제도에서 하나의 부품을 입체도로 나타낼 때 사용한다.

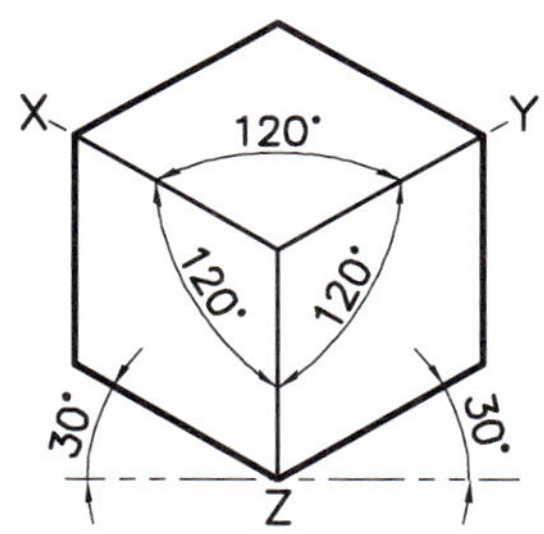

(a) 등각 투상도법

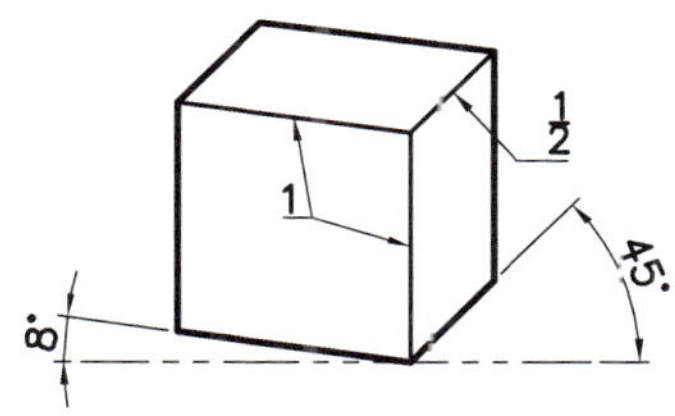

(b) 부등각투상도

그림 2-2 축측 투상도

(3) 사투상도법

사투상도는 일명 캐비넷도라고도 불리우며 어느 특정면을 중점적으로 엄밀하고 정확하게 나타낼 때 사용하는 것으로 주로 가구제도에 사용된다. 45° 캐비넷도는 정면도의 형상을 그대로 나타내며 카발리에도라고도 한다.

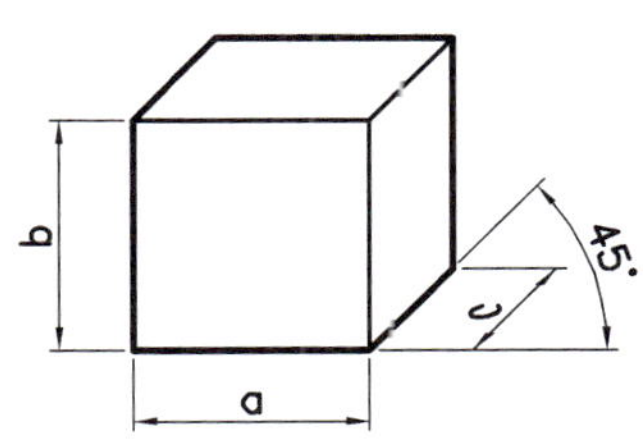

그림 2-3 사투상도

③ 평면도법(정투상도법)과 공간의 투상

일반적으로 정투상도법이라고 하며 공간의 물체를 서로 직교하는 2개의 투상면(직립면, 수평면)에 실제 크기로 나타내는 방법이다.

(1) 투상각과 투상면

직교하는 2개의 평면으로 공간을 구분하면 4개의 이면각이 생성된다. 이것을 투상각이라 하고 다음과 같이 구분한다.

① 제1상한(first quadrant)

② 제2상한(second quadrant)

③ 제3상한(third quadrant)

④ 제4상한(forth quadrant)

- 직립투상면(vertical projecting plane : 정면도) : 직각으로 있는 2개의 평면 중 수직인 평면
- 수평투상면(horizontal projecting plane : 평면도) : 수평인 평면

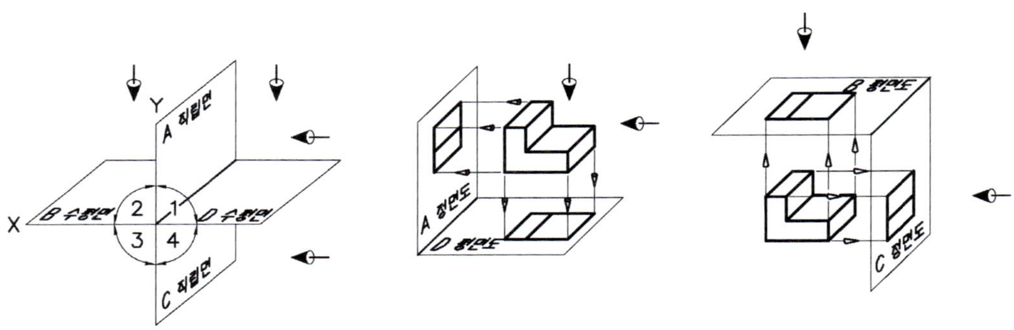

그림 2-4 평면도법

(2) 점의 투상

공간에 있는 점 P, Q가 투사선에 의해 투상면(정면도, 평면도)에 표시

① 공간에 있는 점 P는 직립면과 거리가 길고, 수평면과의 거리가 짧은 경우(a)
정면도에 기선(선분 XY)과 짧은 거리로 점을 표시하고 평면도에 기선과 긴 거리로 점을 표시

② 점 Q는 직립면과 거리가 짧고, 수평면과의 거리가 긴 경우(a)
정면도에 기선과 긴 거리로 점을 표시하고 평면도에 기선과 짧은 거리로 점을 표시

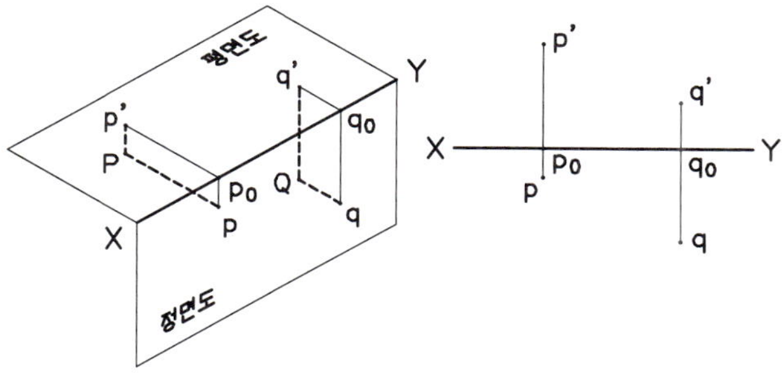

그림 2-5 점의 투상

(3) 선의 투상

공간에 있는 직선이 투사선에 의해 투상면(정면도, 평면도)에 표시

① 직선이 직립면에 수직인 경우
정면도에 점으로 표시하고 평면도에 실장(실제길이)으로 표시

② 직선이 수평면에 수직인 경우
정면도에 실장으로 표시하고 평면도에 점으로 표시

③ 직선이 수평면에 나란하고 직립면에 경사진 경우
정면도에 짧은 길이로 표시하고 수평면에 실장으로 표시

④ 직선이 직립면 붙어 있고 수평면에 경사진 경우
정면도에 실장으로 표시하고 기선에 붙어서 평면도에 짧은 길이로 표시

⑤ 직립면, 수평면 양면에 모두 나란한 경우
정면도, 평면도 모두에 실장으로 표시

⑥ 직립면, 수평면 양면에 모두 경사진 경우
정면도, 평면도 모두에 짧은 길이로 표시

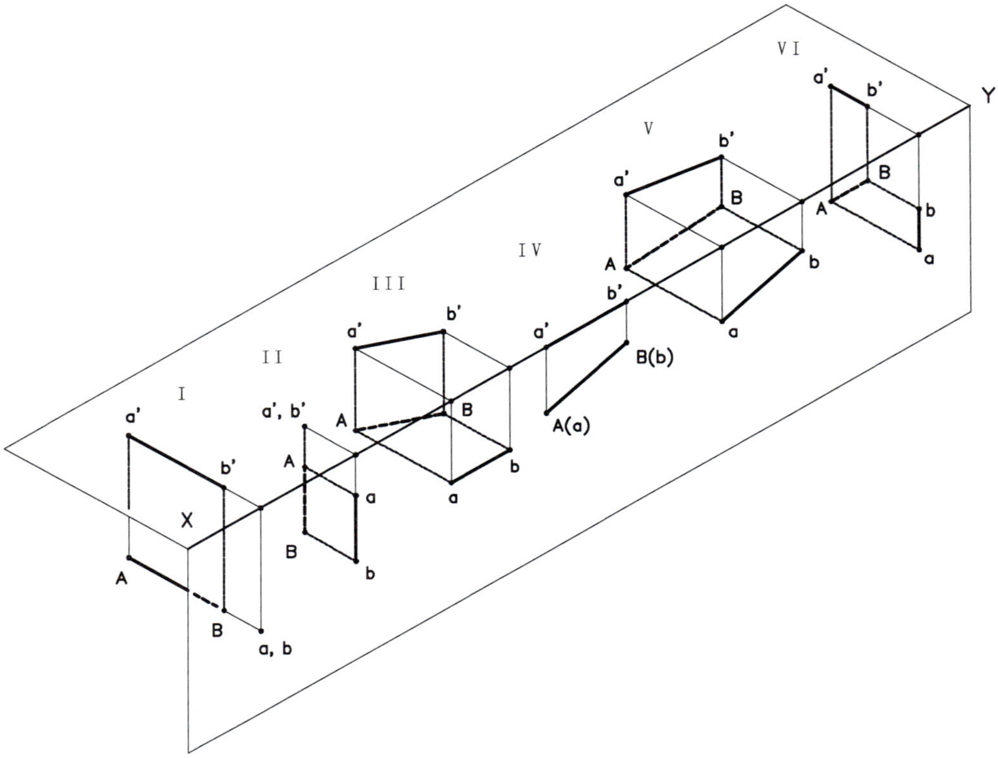

(a)

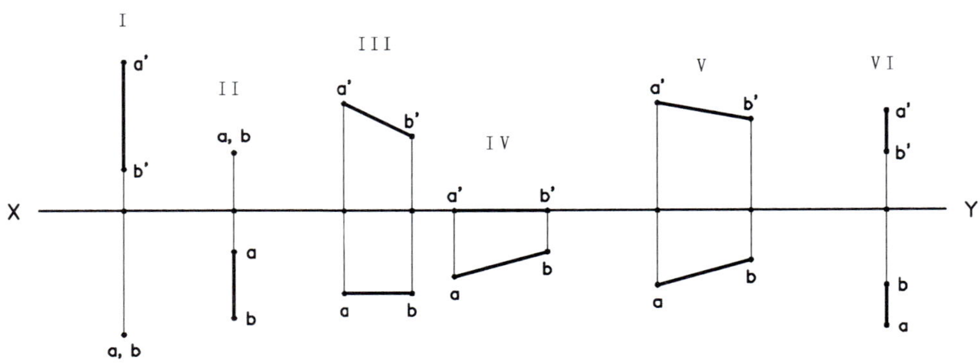

(b)

그림 2-6 선의 투상

(4) 직선의 실장과 실경각

공간에 있는 직선이 투상면 모두에 경사져 있는 경우에 실장과 실경각을 표시

⇨ 실경각을 구해야 할 경우에는 보통 보조투상도로 나타낼 때와 전개도를 작성할 때

① 원추면에 있는 굵은 이점쇄선의 사선은 직립면, 수평면 모두에 나란하지 않을 경우(그림 2-7)

- 정면도에서 실장과 수평면과의 실경각을 표시하는 방법

  그림 2-8(a)에서 보이는 것과 같이 평면도에서 선분 a, b를 중심점에서 1, 3의 중심선까지 회전한다. 그리고 그 교점(1)에서 정면도로 수직선을 내린 후 정면도의 사선 아래에서 수평선(b′, 1′)을 그어 만나는 교점에서 정면도의 사선 윗점과 선분(a′, 1′)을 그리면 그것이 실장선이 된다. 그리고 실장선과 수평선과의 이루는 각은 사선이 수평면과 이루는 실경각이 된다.

- 평면도에서 실장과 직립면과의 실경각을 표시하는 방법

  그림 2-8(b)에서 보이는 것과 같고 실장과 실경각 찾는 방법은 위 방법과 비슷하다.

- 그림 2-8(c)는 직립면, 수평면 모두 경사진 직선으로 실장과 실경각을 찾는 방법이다.

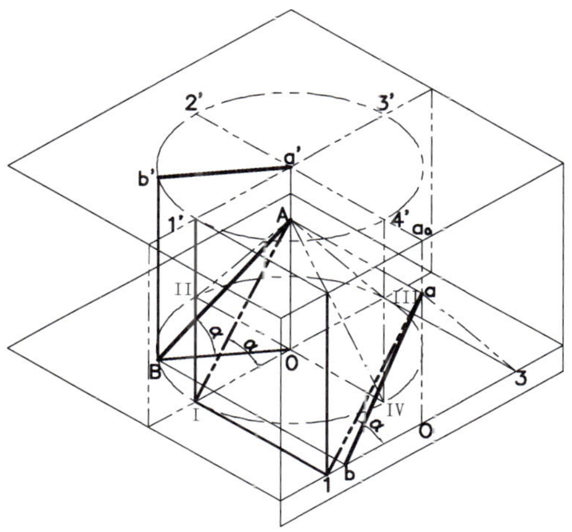

그림 2-7 원추면의 사선

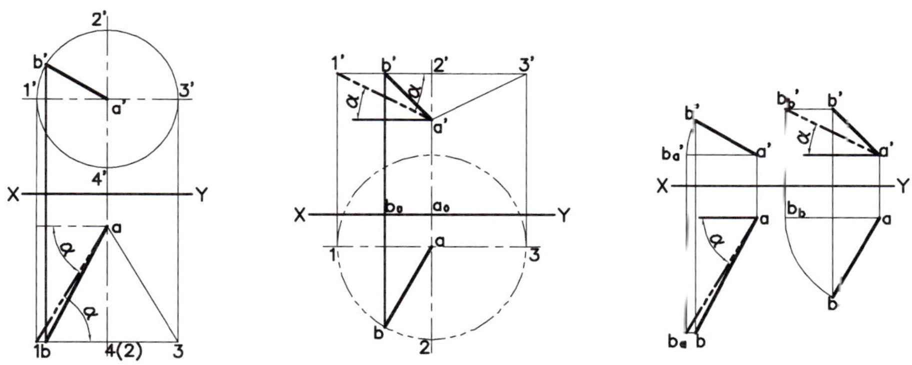

(a) (b) (c)

그림 2-8 실장과 실경각

④ 전개도법

(1) **평행선법 :** 원기둥, 각 기둥과 같은 것을 펼쳐 실장으로 나타낸다.

(2) **방사선법 :** 꼭지점이 있는 뿔류, 즉 원뿔, 사각뿔 등을 방사선을 이용하여 펼쳐 실장으로 나타낸다.

(3) **삼각형법 :** 지면에 꼭지점이 없는 잘린 원뿔 등에 펼쳐 실장으로 나타낸다.

보기 잘린 사각추의 전개도

① OA'의 실장 찾기

평면도에서 OA를 중심선(수평선)까지 회전하여 정면도로 수직선을 그리고 사각추 아랫면에서 수평선을 그어 만나는 교점에서 실장선 OA′을 그린다.

② 전개도에서 중심점에서 OA′을 반경으로 한 원호를 180° 정도 그린다.

③ 평면도에서 AD의 크기를 반경으로 전개도 A′ 점에서 원호를 그리며 D′, C′, B′, A′의 점을 찍어 직선이 잇는다.

④ 위와 같은 방법으로 윗 부분, 즉 잘린 부분을 완성한다.

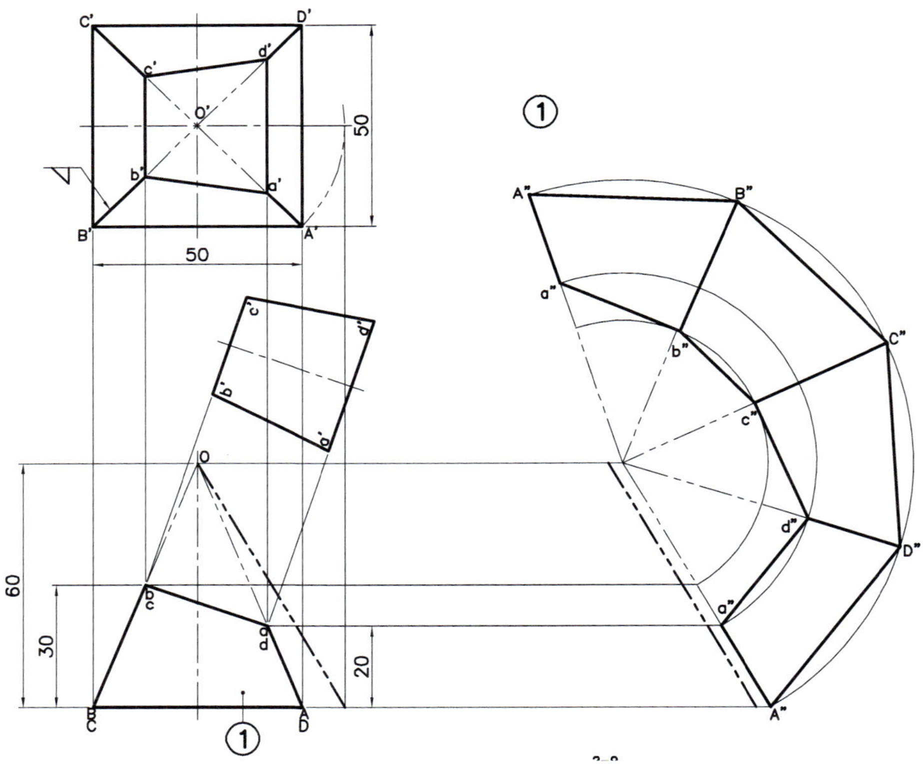

그림 2-9 방사선 전개도법

⑤ 정투상도법

물체의 크기를 실장으로 나타내어 치수기입을 하기위한 목적으로 1각법과 3각법이 있다.

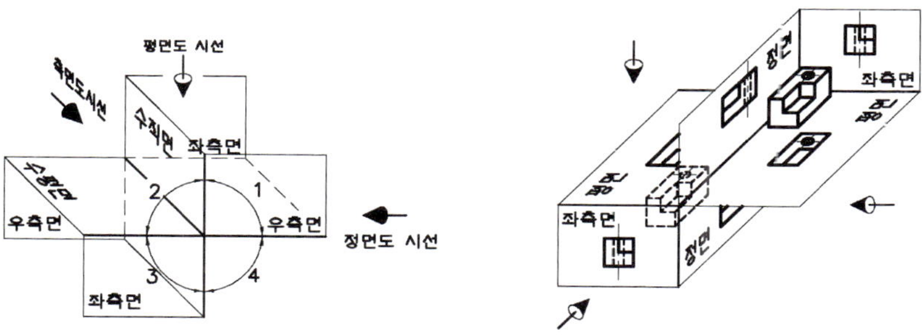

(a) (b)

그림 2-10 투상각과 정투상도법

- 1각법(눈 → 물체 → 투상) : 영국, 독일, 유럽 등에서 사용된다.
- 3각법(눈 → 투상 → 물체) : 한국, 일본, 미국 등에서 사용되며 ISO(International Standards Organization) 표준투상법이기도 하다.

※우리나라는 3각법을 원칙으로 하되 필요에 따라 1각법을 병용해서 사용할 수 있다.

(1) 투상도의 명칭

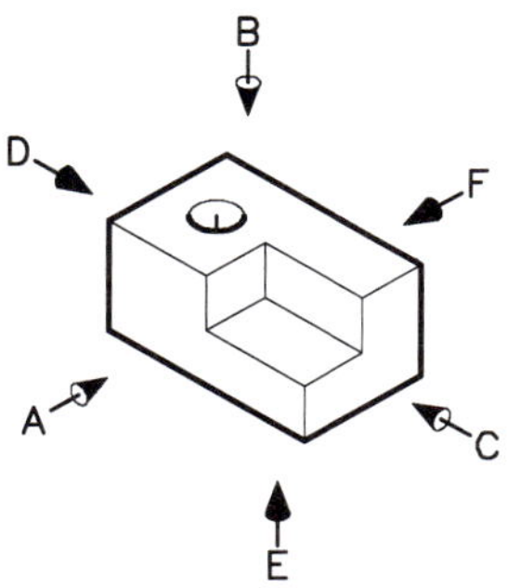

그림 2-11 투상도 명칭

투상방향		투상도 명칭
a	전면	정면도(Front View)
b	우측면	우측면도(Right Side View)
c	후면	배면도(Rear View)
d	좌측면	좌측면도(Left Side View)
e	상면	평면도(Top View)
f	하면	저면도(Bottom View)

POINT

정면도는 물체의 형상이나 기능이 가장 명확하게 표현될 수 있는 방향으로 선택한다. 정면도를 주 투상도라 하며 나머지 투상도를 관련 투상도라고 한다.

(2) 1각법(first angle projection)

① 눈 → 물체 → 투상

② 정면도를 기준으로 평면도가 아래 우측면도가 좌측에 그리고 저면도가 위에 좌측면도가 우측에 배면도가 좌측면도 우측에 배열된다.

③ 1각법의 기호는 도면의 표제란 또는 그 인접한 곳에 기입한다.

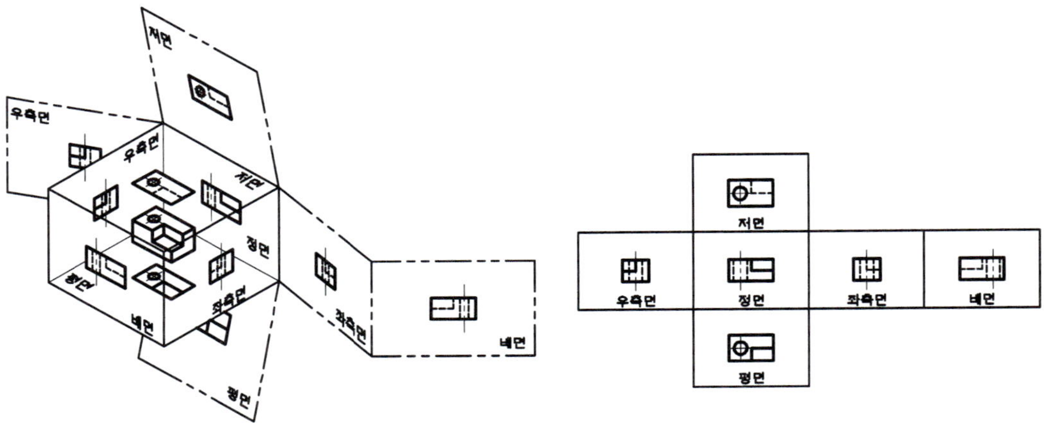

(a) 1각법의 표준배열

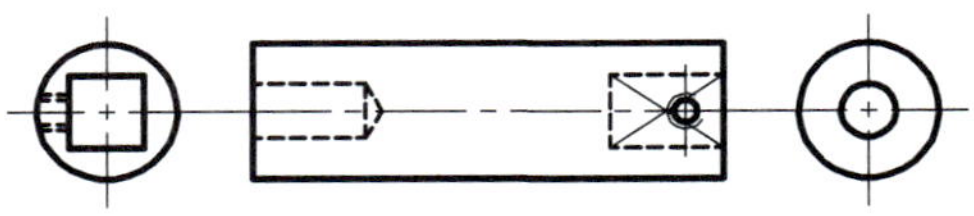

(b) 1각법의 예

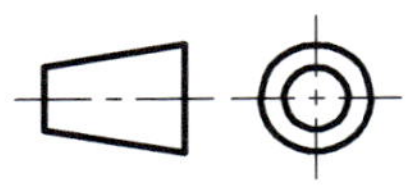

(c) 1각법의 기호

그림 2-12 1각법

(3) 3각법(third angle projection)

① 눈 → 투상 → 물체

② 정면도를 기준으로 평면도가 위에 우측면도가 우측에 그리고 좌측면도가 좌측에 저면도가 아래에 배면도가 우측면도 우측에 배열된다.

③ 3각법의 기호는 도면의 표제란 또는 그 인접한 곳에 기입한다.

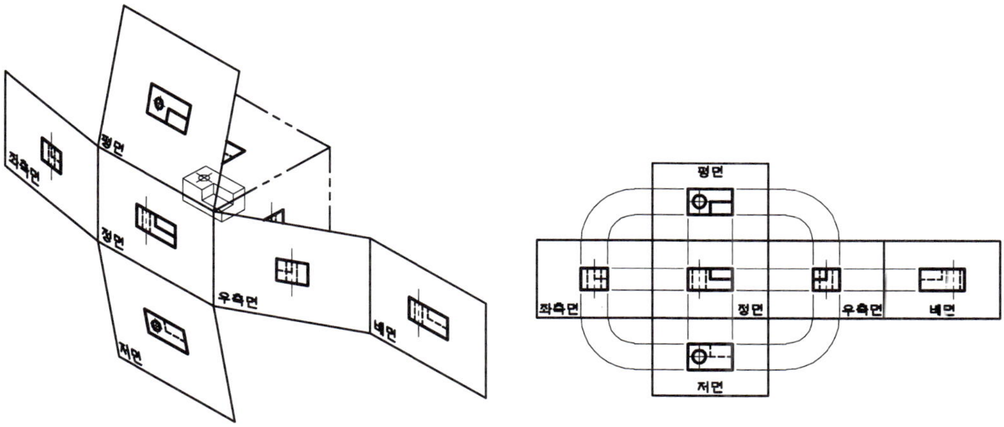

(a) 3각법의 표준배열

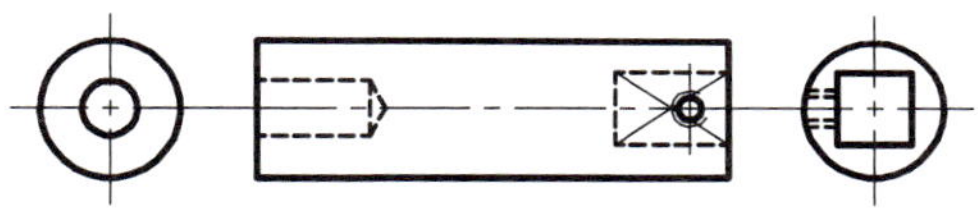

(b) 3각법의 예

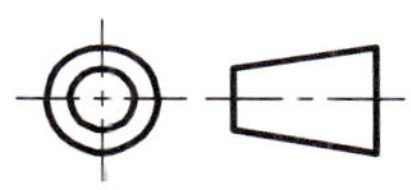

(c) 3각법의 기호

그림 2-13 3각법

(4) 제3각법과 제1각법의 비교

① 3각법과 1각법은 정면도를 기준으로 평면도와 저면도, 우측면도와 좌측면도가 반대로 배치가 되고 정면도와 배면도는 같은 위치에 배치된다.

② 한 도면에서 혼용해서 사용해서는 안된다.

③ 기본 3면도는 정면도, 평면도, 우측면도를 말한다.

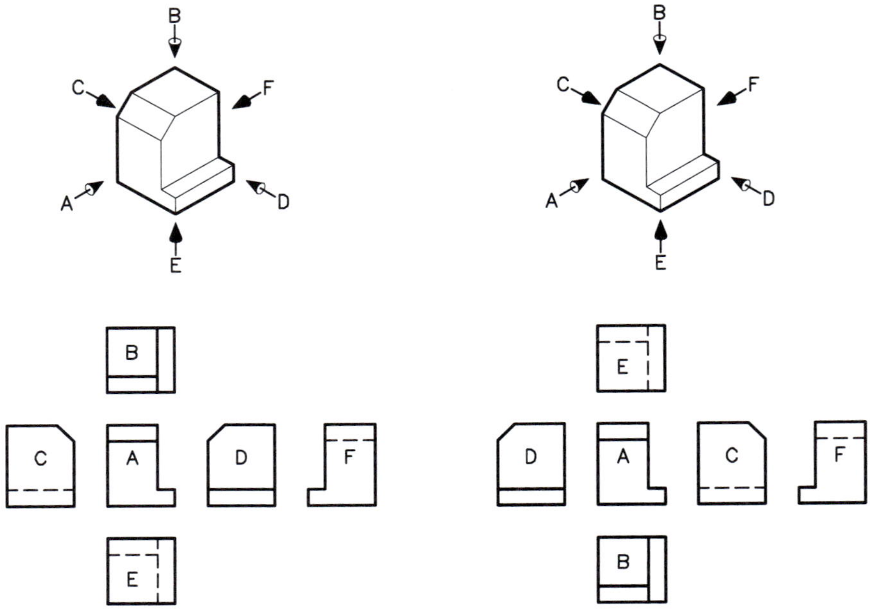

(a) 제3각법　　　(b) 제1각법

그림 2-14 3각법과 1각법의 비교

(5) 그 밖에 투상

① 화살표와 지시문자를 사용할 경우 3각법으로 정해진 위치에 나타내지 않고 투상면을 배치 할 수 있다. 다만, 3각법으로 나타내기 어려울 경우 또는 3각법으로 그리면 오히려 도형을 이해하기 곤란한 경우에 사용하는 것이 바람직하다

② 화살표는 보는 방향이고 지시문자는 투상의 방향과 관계없이 전부 윗쪽으로 명백하게 쓴다.

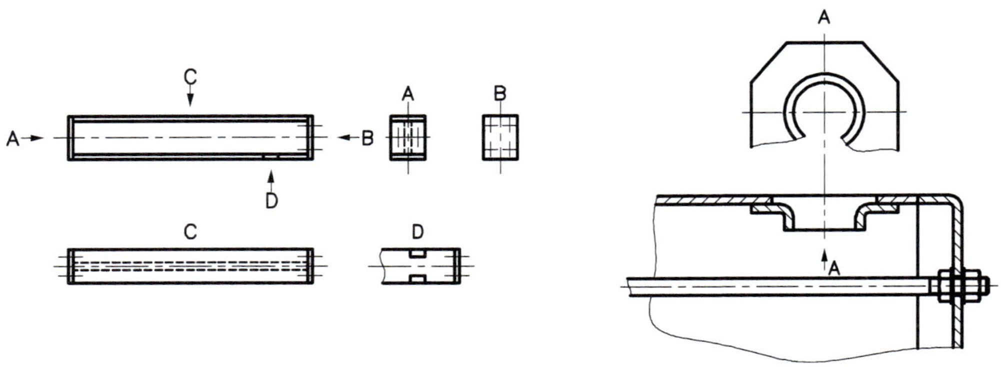

그림 2-15 그 밖에 투상

(6) 3각법 그리는 방법

정면도를 기준으로 관련 투상도와의 투상 관계선이 일치해야 한다.

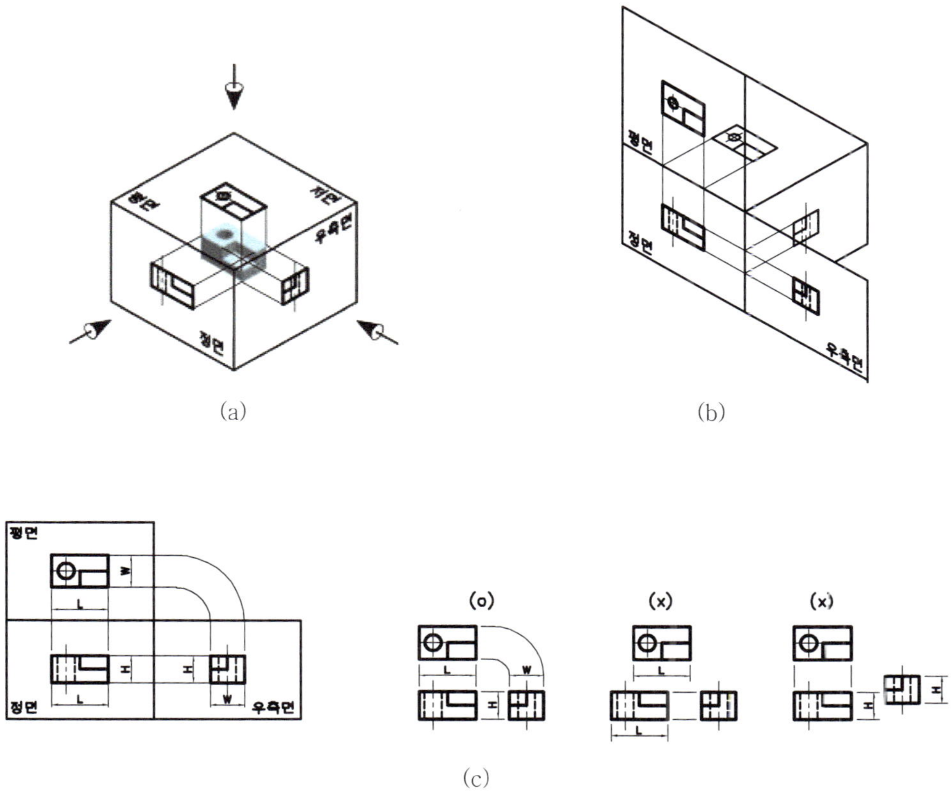

그림 2-16 투상 관계선 일치

6 필요한 투상도 선택

필요한 투상도를 선택할 때는 제작할 물체의 형상을 이해하고 치수를 나타낼 수 있을 만큼, 즉 최적 투상도를 선택하는 것이 바람직하다.

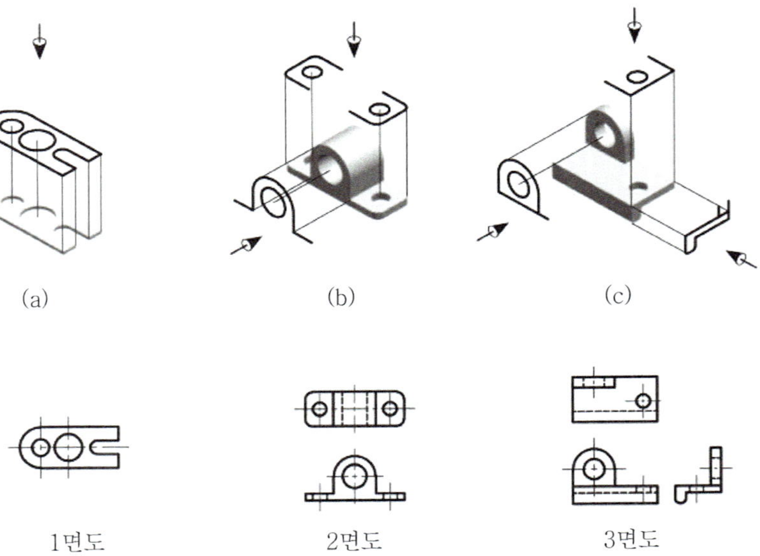

그림 2-17 필요한 투상도

(1) 3면도

① 정면도, 평(저)면도, 우측(좌측)면도

② 물체의 형태를 외형선과 숨은선으로 나타낼 때 3면도이면 물체의 6면 모두를 나타낼 수 있다.

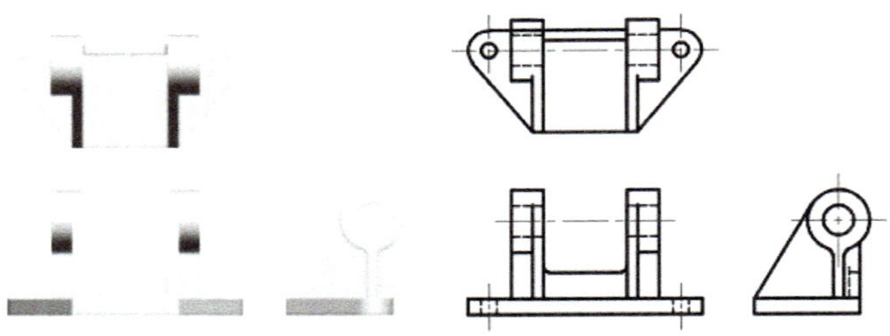

그림 2-18 3면도

POINT

투상면의 수는 최적합한 투상면의 수를 선택하되 어느 특정면에서 숨은선이 많이 나타날 경우 그 반대면에 투상면을 더 도시할 수 있어 4면, 5면 또는 6면까지도 나타낼 수 있다.

(2) 2면도

① 정면도와 평(저)면도 또는 정면도와 우측(좌측)면도

② 주로 원통형, 각 기둥 등 주로 대칭형들을 표현할 수 있다.

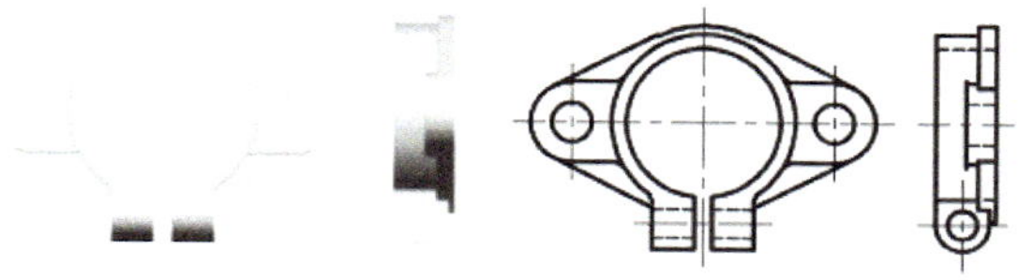

그림 2-19 2면도

(3) 1면도

① 정면도

② 원통, 정방형, 판형 등 주로 치수보조기호로 대체할 수 있는 물체를 표현할 수 있다.

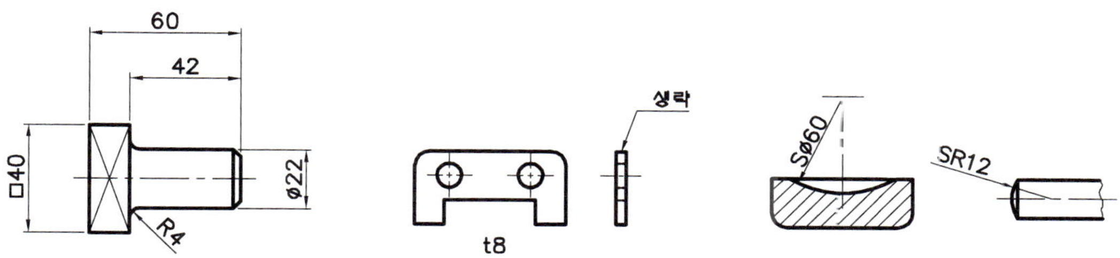

그림 2-20 1면도

▼▼▼[표2-1] 치수보조기호

기호	구분	기호	구분	기호	구분
φ	지름	R	반지름	□	정사각형
Sφ	구면의 지름	SR	구면의 반지름	t	두께

7 주 투상도 선택방법

(1) 물체는 자연스럽고 안정된 자세 및 사용의 상태로 표시한다.

(2) 모양이나 특징을 가장 뚜렷이 나타내는 면을 정면도로 선택하고, 이것을 기준으로 다른 면을 잘 나타낼 수 있는 관련 투상도(평면, 저면, 우측면, 좌측면 등)를 선택한다.

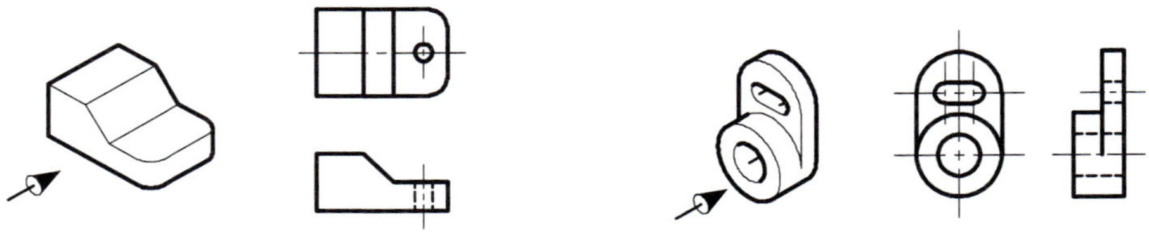

(a) (b)

그림 2-21 특징 잘 나타나는 면

(3) 제작도에서는 그 물체의 가공량이 많은 공정 상태에서 놓여지는 방향으로 그리는 것이 좋다. 또한 특별한 이유가 없는 경우, 대상물을 가로길이로 배치한 상태가 좋다.

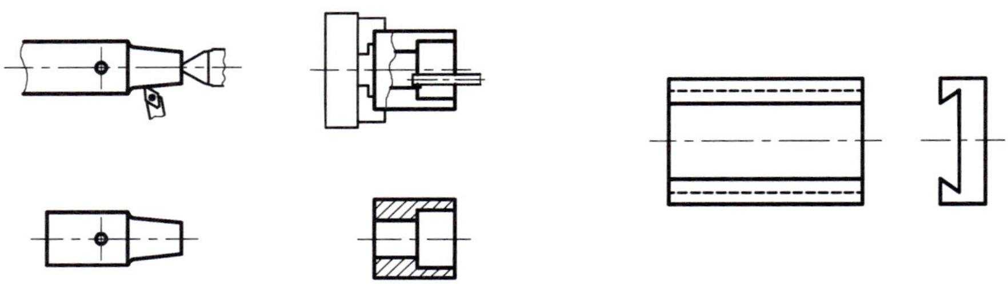

(a) 원통절삭 (b) 평면절삭

그림 2-22 공정 상태로 놓은 면

(4) 서로 관련되는 배치에서 숨은선이 적은 면을 선택하되 다만, 비교 대조하기 어려운 경우에는 예외로 한다.

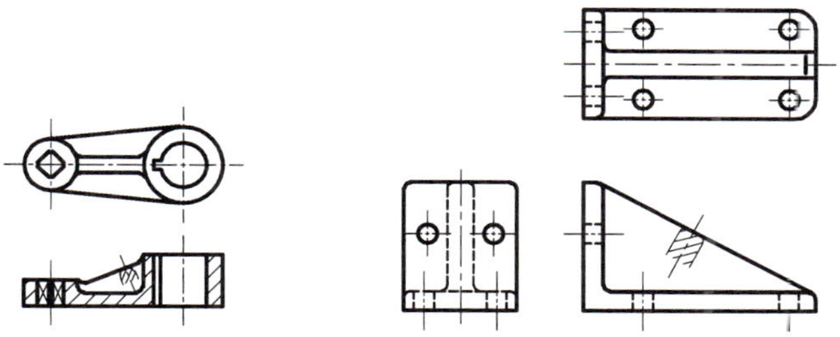

그림 2-23 비교 대조 용이한 면

02 특수투상도법

❶ 보조투상도(auxiliary view)

물체의 평면이 투상면에 평행하지 않는 경우(경사면인 경우) 면의 형상이 단축되거나 변형되어 나타난다. 이러한 경우 경사면에 대해 평행하게 필요한 부분을 도시하는 투상도이다.

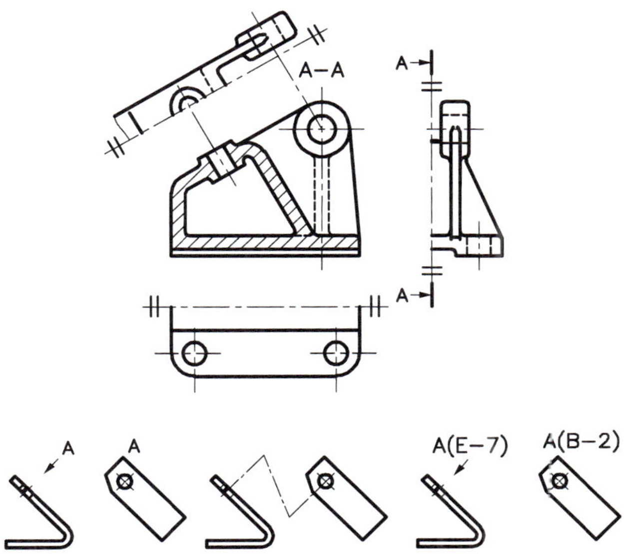

그림 2-24 보조투상도

❷ 부분 투상도(partial view)

물체의 홈, 구멍 등 투상도의 일부 특징을 파단하여 나타낸 투상도이다.

❸ 국부 투상도(lacal view)

물체의 어느 한 구멍, 홈 등, 대상물의 국부를 나타낸 투상도이다.

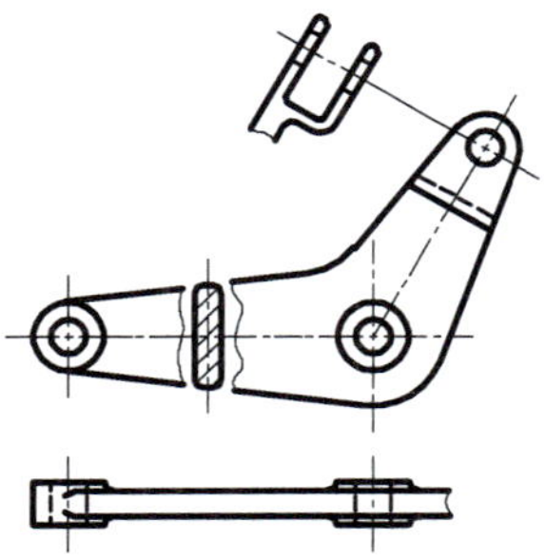

그림 2-25 부분 투상도

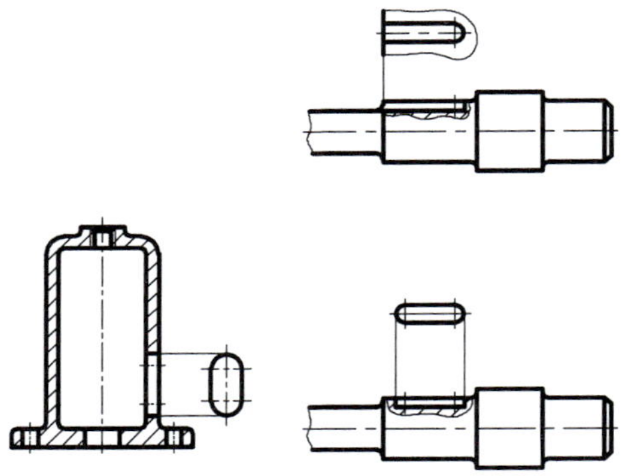

그림 2-26 국부 투상도

❹ 회전 투상도(revolved view)

투상면에 대하여 대상물의 일부분이 경사 방향으로 있는 것을 시점의 직각으로 회전하여 실제 형상을 나타낸 투상도이다.

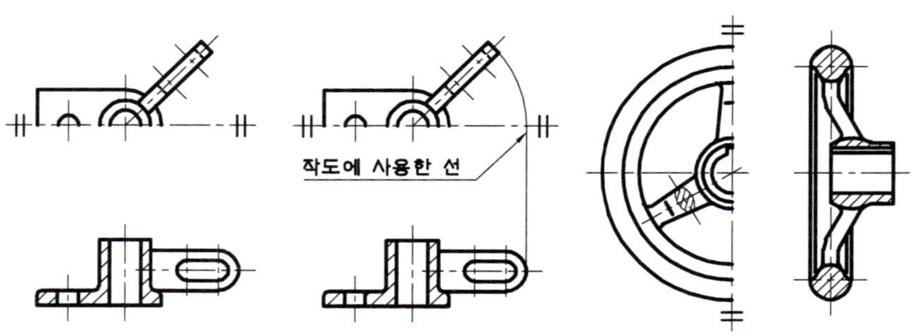

그림 2-27 회전 투상도

5 부분 확대도(elements on larger scale)

물체의 일부분이 좁거나 애매할 때 가는 실선의 원이나 타원으로 에워싸고 그 인접한 곳에 확대해서 나타낸 투상도로 확대도를 표기할 경우 척도는 생략가능하다.

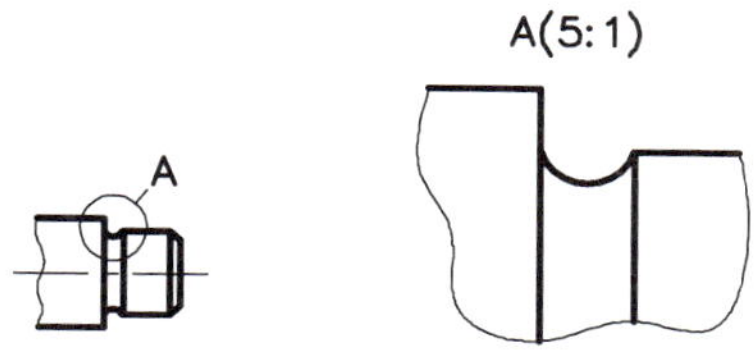

그림 2-28 부분 확대도

03 단면도법(斷面圖法)

1 단면도법(section view)

복잡한 물체의 내부를 명확히 도시할 필요가 있는 경우 그 부분을 가상으로 절단이나 파단하여 내부가 실형으로 보이도록 도시한 것이다. 외형도에서 숨은선으로 도시되는 것을 단면도에서는 외형선으로 나타내는 일종의 투상도법 중 하나이다.

(1) 단면도법의 일반사항

① 단면도는 정 투상도법의 배치에 준한다.
② 일반적으로 절단은 중심선에서 이루어진다. 또한 파단은 임의의 위치에서 하므로 파단선으로 표시한다.
③ 절단한 곳에는 해칭이나 스머징한다.
④ 단면 방향을 표시하는 화살표는 보는 방향으로 도시한다.
⑤ 숨은선은 이해하기에 필요하지 않으면 생략한다.
⑥ 뒤에 있는 외형이 절단면에 나타나지 않아도 보일 때에는 외형선을 도시한다.

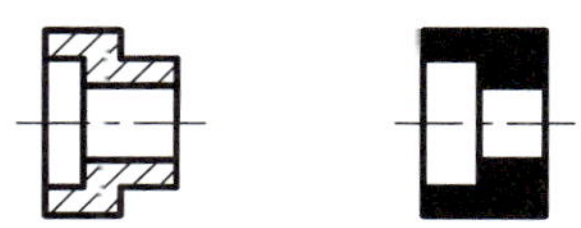

그림 2-29 해칭(좌)과 스머징(우)

② 단면도법의 종류

(1) 온단면도(full section)

① 기본 중심선을 중심으로 물체를 1/2로 절단하여 전체를 단면으로 표시한 것(절단선 생략)

② 기본 중심선이 아닌 곳에서 전체를 단면 하는 경우는 절단선 및 표시문자를 반드시 기입한다.

실제의 자른 모양　　　　도면 표시

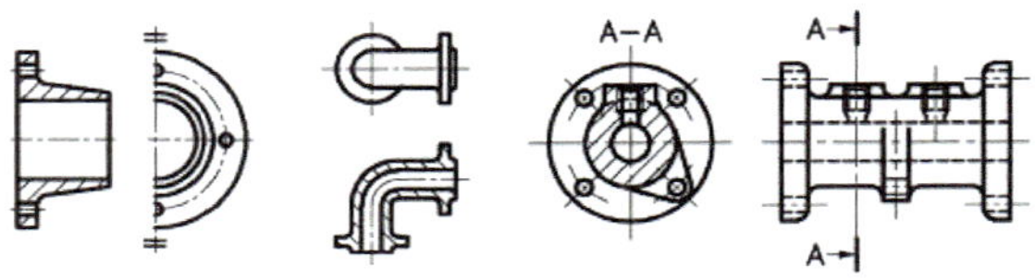

그림 2-30 온단면도

(2) 한쪽(반)단면도(half section)

① 대칭 물체를 1/4로 절단하여 단면으로 나타낸 것.

② 한쪽은 단면도, 다른 한쪽은 외형도 표시. 물체의 외형과 단면을 동시에 표시하여 이해하기 쉬운 장점이 있다.

③ 상하 대칭형은 윗쪽을 도시하고 좌우 대칭은 오른쪽을 도시한다.

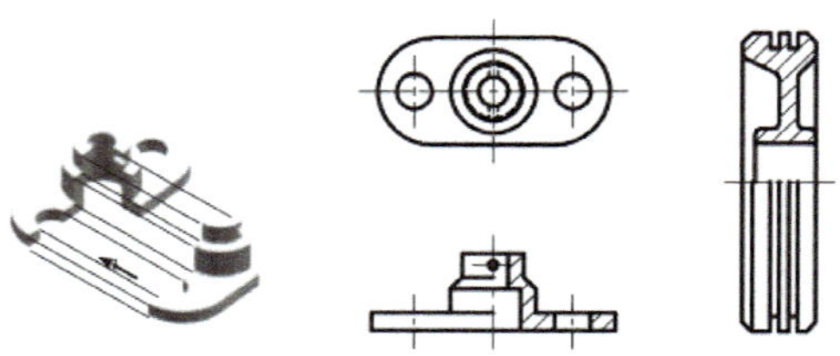

그림 2-31 한쪽단면도

(3) 부분단면도(partial section)

① 필요한 부분만을 파단하여 단면으로 나타낸 것

② 절단부 경계는 파단선(가는선)으로 나타낸다.

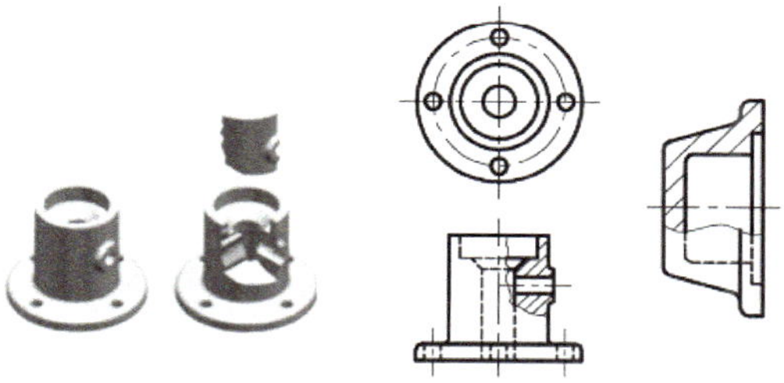

그림 2-32 부분단면도

(4) 회전단면도(revolved section)

핸들이나 기어, 풀리 등의 암, 리브, 훅, 축, 구조물의 부재 등의 절단면은 측면의 실형을 90° 회전하여 나타낸다.

① 도형내의 절단한 곳에 겹쳐서 가는 실선을 사용하여 회전단면한다.

② 절단할 곳을 연장하여 회전 단면한다.

③ 절단할 곳의 전후를 끊어서 그 사이에 회전 단면한다.

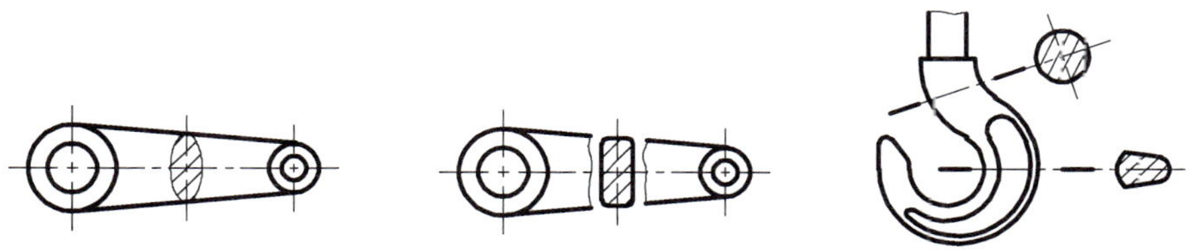

(a) (b) (c)

그림 2-33 회전단면도

※조합에 의한 단면(연속 단면)

계단 단면도, 예각 및 직각 단면도, 곡면 단면도 세가지가 있다.

(5) 계단단면도

절단해야 할 부분이 일직선상에 있지 않을 때, 평행한 2개 이상의 평면에서 절단한 단면도의 필요 부분만을 합성시켜 나타낼 수 있다. 이 경우, 절단선에 따라 절단의 위치를 나타내고 조합에 의한 단면도라는 것을 나타내기 위하여 2개의 절단선을 임의의 위치에서 이어지게 하고 그 양 끝에 화살표를 붙여 보는 방향을 나타내어야 한다.

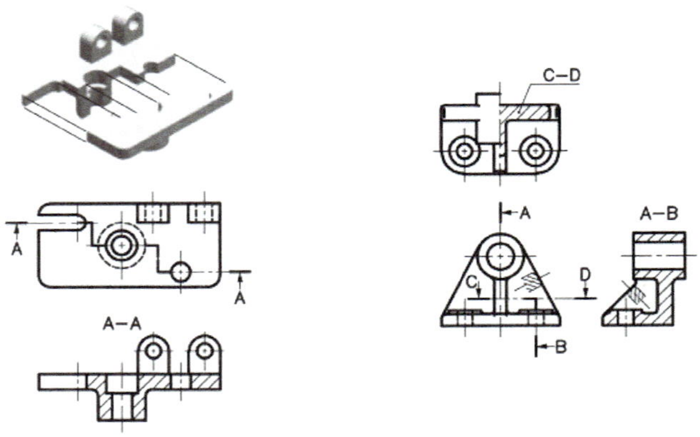

그림 2-34 계단 단면도

(6) 예각 단면도 및 직각 단면도

대칭형 또는 이에 가까운 형의 대상물의 경우에는 대칭의 중심선을 경계로 하여 그 한쪽을 투상면에 평행하게 절단하고, 다른 쪽을 투상면과 어느 각도를 이루는 방향으로 절단하는 것으로 그 각도만큼 투상면 쪽으로 회전 시켜서 도시한다.

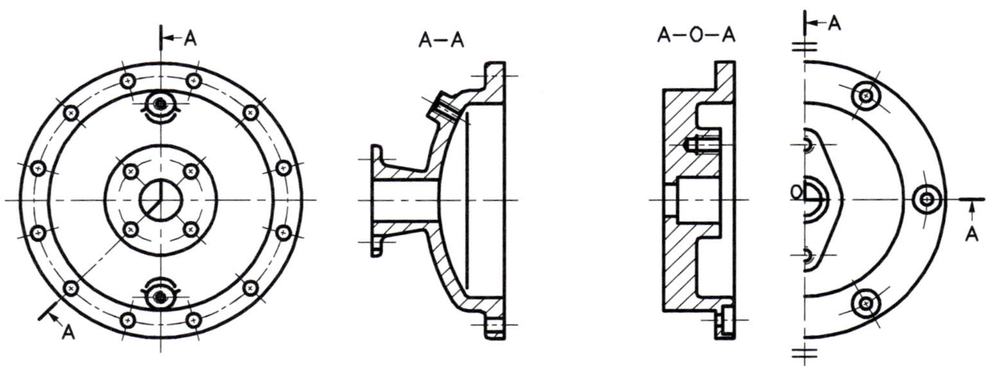

(a) 예각단면도 (b) 직각 단면도

그림 2-35 예각 및 직각 단면도

(7) 곡면 단면도

구부러진 관 등의 단면을 표시하는 경우에는 그 구부러진 중심선에 따라 절단하고 그대로 투상 할 수 있다.

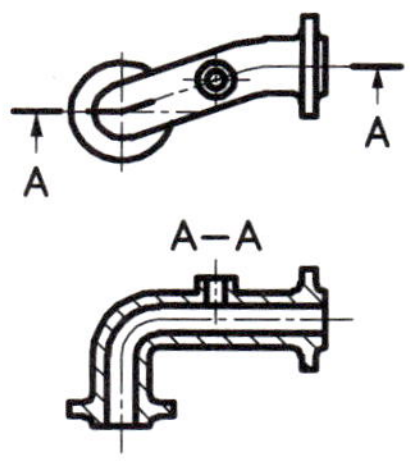

그림 2-36 곡면 단면도

(8) 얇은 두께 부분의 단면도

① 가스킷, 박판, 형강 등의 절단면이 얇은 경우에 사용한다.
② 실제 치수와 관계 없이 아주 굵은 실선으로 그린다.
③ 인접한 경우는 선 사이의 약간의 간격(0.7mm 이상)을 둔다.

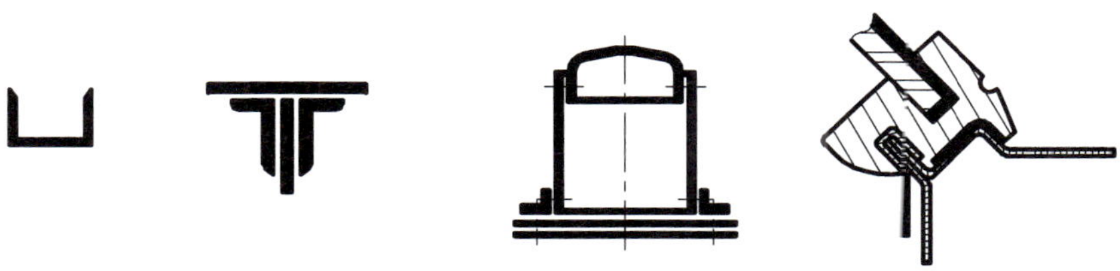

그림 2-37 얇은 물체 단면도

(9) 다수의 단면도에 의한 도시

① 복잡한 모양의 물체를 단면 할 때 사용한다.
② 일련의 단면도는 치수기입과 도면 이해에 도움이 되도록 절단선의 연장선상 또는 중심선상에 배치한다.
③ 물체의 형상이 단계적으로 변화하는 경우에 사용할 수 있다.

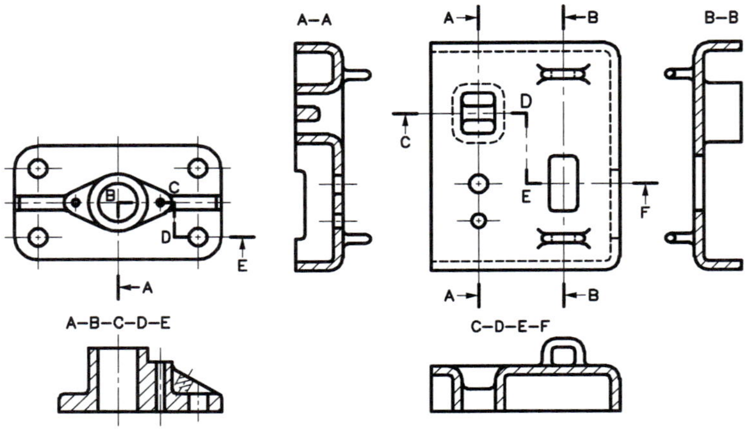

그림 2-38 다수의 단면도

③ 절단하지 않는 부품

(1) 축등과 같이 긴 물체는 길이 방향으로 절단하지 않는다.

(2) 축, 핀, 볼트, 너트, 와셔, 캡, 스크류, 멈춤나사, 리벳, 키, 코터, 테이퍼 핀, 리브, 웨브, 핸들(바퀴)의 암, 기어의 이

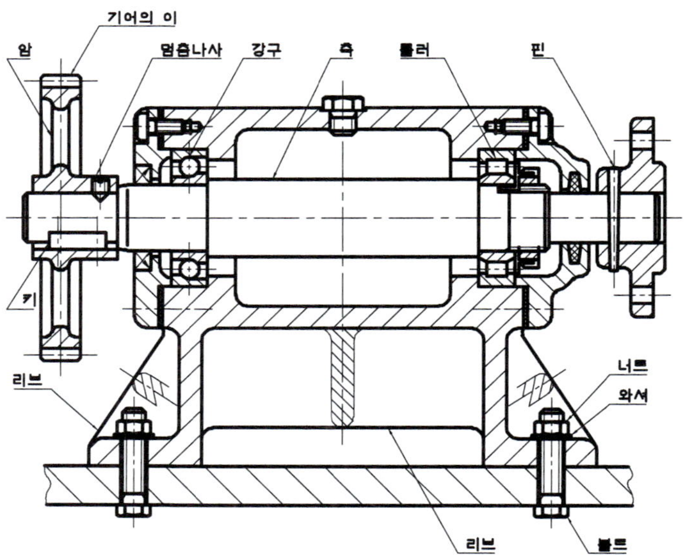

그림 2-39 절단하지 않는 부품

④ 해칭(hatching)

(1) 기본중심선 또는 기준선에 대한 45°(또는 30°, 60°)의 가는 실선으로 동일한 간격(2~3mm)으로 그린다.
(2) ISO에서는 단면이 클 때 주변만 해칭한다.
(3) 조립도에서 인접한 해칭은 각도, 해칭선의 간격을 바꾸어 구별하고 동일한 부품에 대해 해칭의 각도와 간격은 일정하게 한다.
(4) 필요에 따라 해칭 대신에 스머징(sumudging)이 가능하다.
(5) 해칭한 곳에 치수 기입할 필요가 있을 경우, 그 부분은 해칭을 하지 않는다.
(6) 비금속재료→ 단면으로 특별히 재질을 명시할 필요가 없는 경우에는 재료별 표시 방법을 따른다.

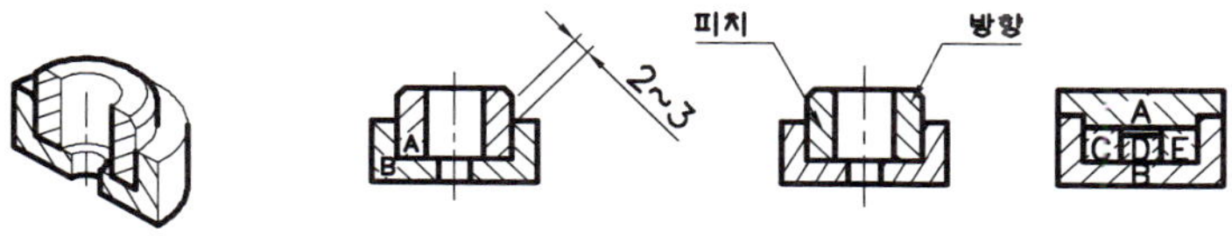

(a) 일반 해칭

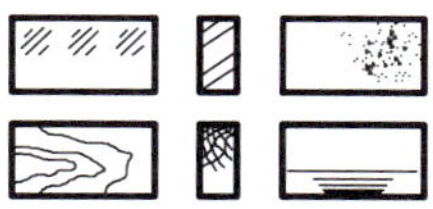

(b) 비금속 재료 표시

그림 2-40 해칭

04 특수도시법

① 특수도시도

도면에서 보기 쉽고 오해할 염려가 없는 범위에서 가능한 간단하게 도시한다. 특히 나사는 대상물의 특징 그대로 그리지 않고 간략도(능률적인 근사화법)로 도시한다.

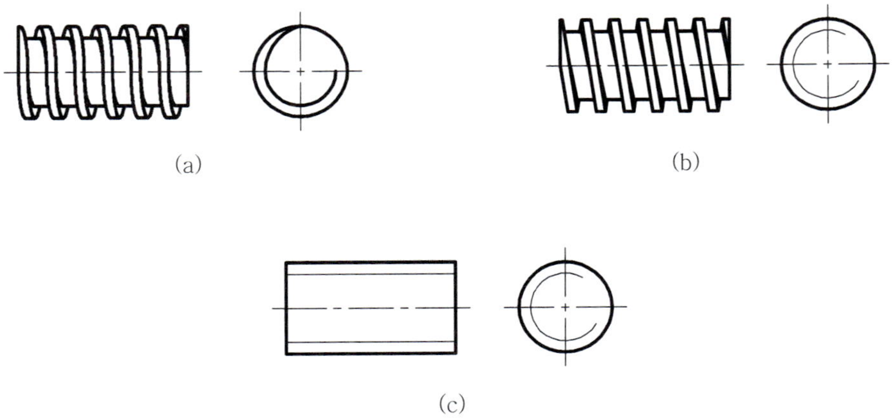

그림 2-41 사각나사의 도시법

(1) 전개투상도법

곡률이 있는 물체는 제작자로 하여금 물체의 실제 치수를 쉽게 이해시키기 위하여 전개하여 그린다.

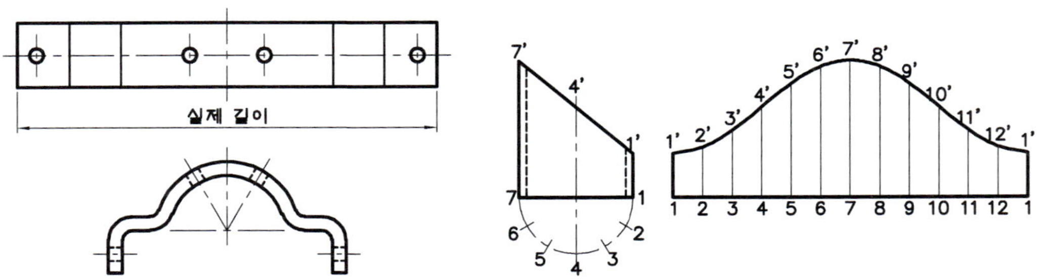

그림 2-42 전개 투상도

(2) 요점 투상도법

대상물에서 위치가 다른 특징의 물체를 하나의 투상면에 그려서 오독할 염려가 있는 경우에 필요한 면만 그리는 도법이다.

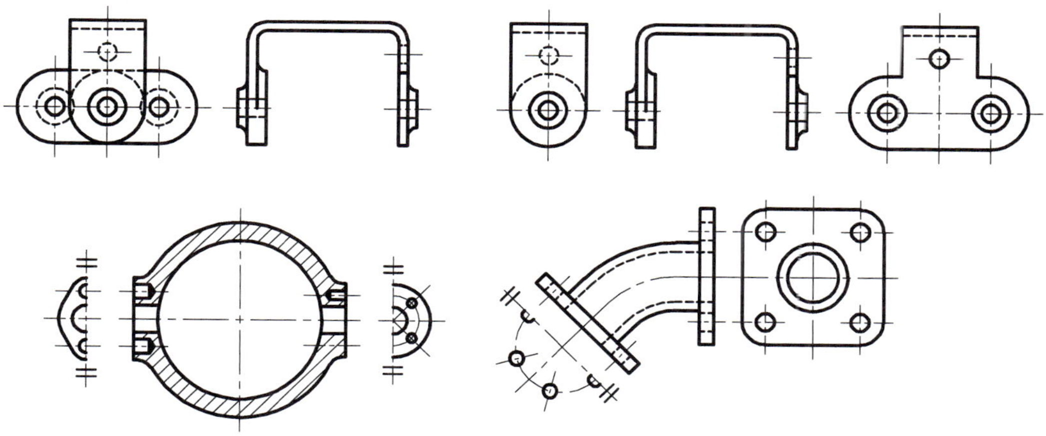

그림 2-43 요점 투상도

(3) 방사상으로 배치된 구멍과 리브(rib)

구멍이나 리브가 공통의 중심으로부터 방사상으로 배치된 경우

① 중심으로부터의 실제 거리를 나타내기 위하여 수평 또는 수직 중심선으로 회전하여 도시

② 원 모양을 표시한 도형에서는 구멍이나 리브의 배치 표시

③ 단면도에서 리브 부분은 절단하지 않는다.

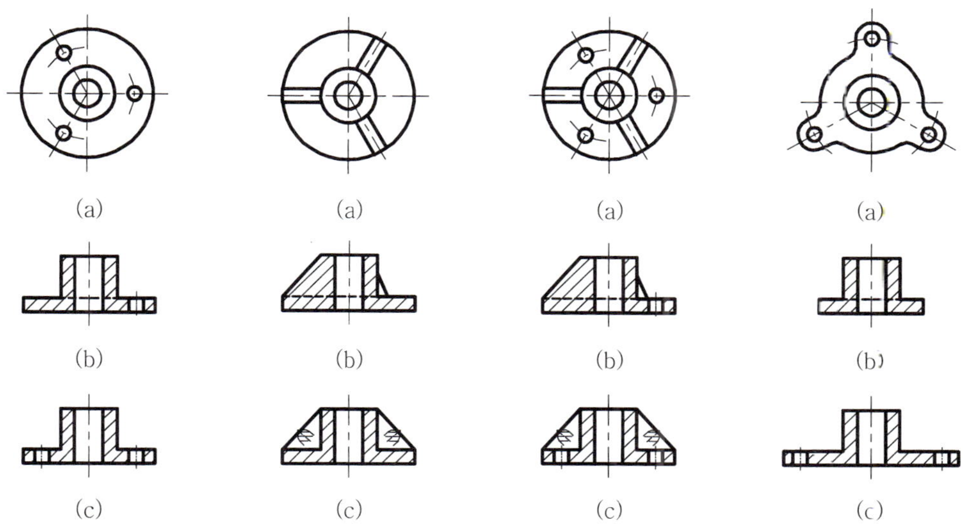

그림 2-44 방사상으로 배치된 구멍과 리브의 도시

(4) 구멍자리 회전 도시

① 자리파기 구멍이 있는 대상물을 단면 할 때 구멍이 나타나지 않아도 하나의 구멍을 회전하여 나타낼 수 있다.

② 상단이나 오른쪽에 도시하되 애매할 경우는 그 반대쪽에 나타낼 수 있다.

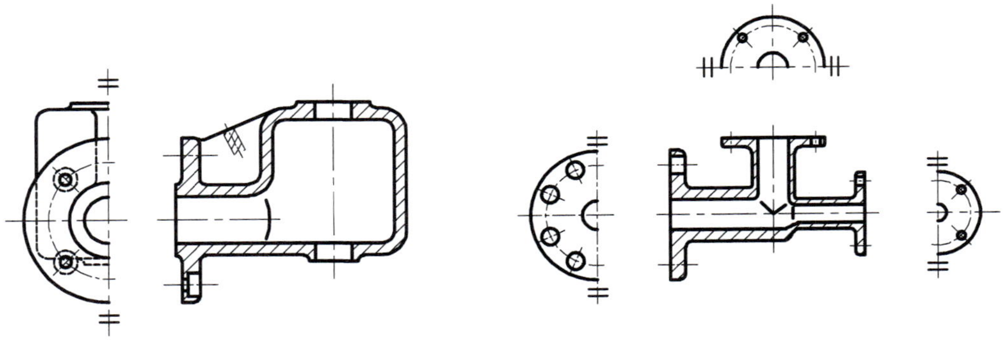

그림 2-45 구멍자리 회전 도시

(5) 대칭 도형의 생략

대상물이 대칭 형태일 때 반만 도시하고 중심선 가장자리에 대칭 기호를 도시한다. 다만 중심선을 연장하여 일부만 그릴 때는 대칭 기호를 생략하고 부분 투상도로 나타낸다.

⇨ 대칭기호 : 가는 선으로 나란한 두 개의 선

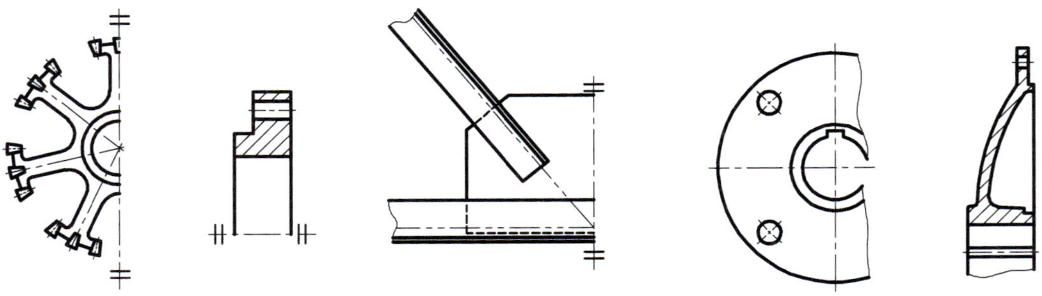

그림 2-46 대칭도형의 생략

(6) 반복도형의 생략

① 같은 도형이 일정한 간격으로 여러 개가 있을 때 피치와 합계치수를 나타낼 수 있을 개수만 그리고 나머지는 생략한다.

② 피치 : 반복되는 도형에서의 일정한 간격

③ 피치의 수×피치=합계치수로 나타낸다.

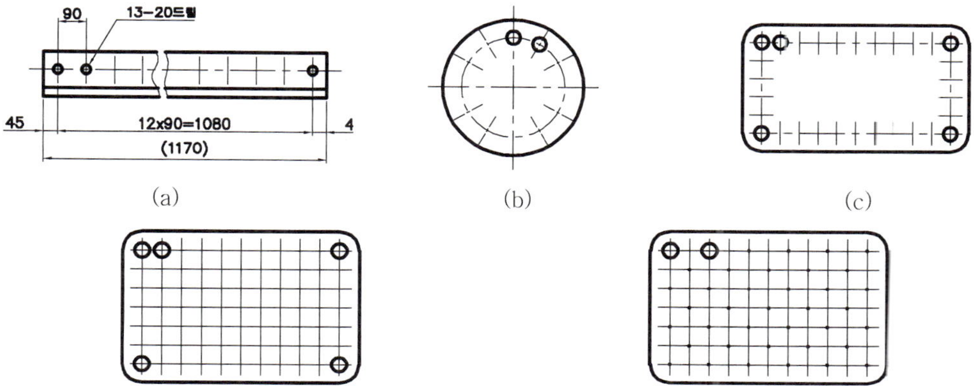

(a) (b) (c)

(d) (e)

그림 2-47 간략도

(7) 길이가 긴 물체의 생략

길이가 긴 물체는 파단선을 이용하여 길이 부분을 짧게 그리고 치수 기입시에는 실제 길이로 치수 기입을 해야 한다.

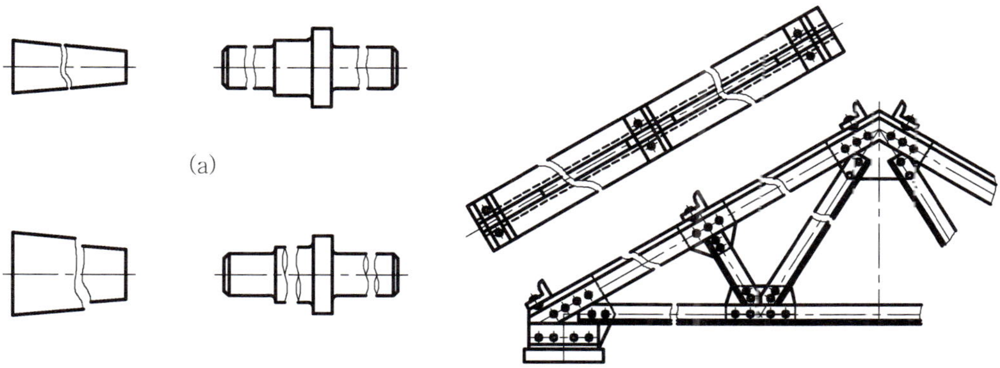

(a) (b) (c)

그림 2-48 긴물체의 생략

(8) 특정모양 부분의 도시

① 특징이 있는 부분은 부득이 한 경우를 제외하고 위쪽방향으로 그린다.

② 작은 나사의 경우 정면도에서 슬롯을 그리고 측면도에서는 45° 기울여 그린다.

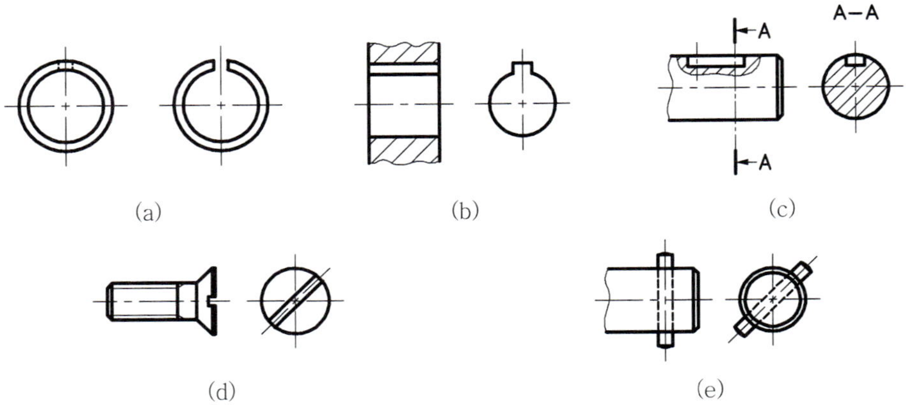

그림 2-49 특정모양 부분의 도시

(9) 두 면의 교선

기울기가 서로 다른 대상물에서 그 모서리가 필렛이나 라운드 일 때 서로 다른 기울기에 가는 실선을 연장하고 만나는 교점을 인출하여 각이 진 물체와 같이 굵은 실선으로 도시한다.

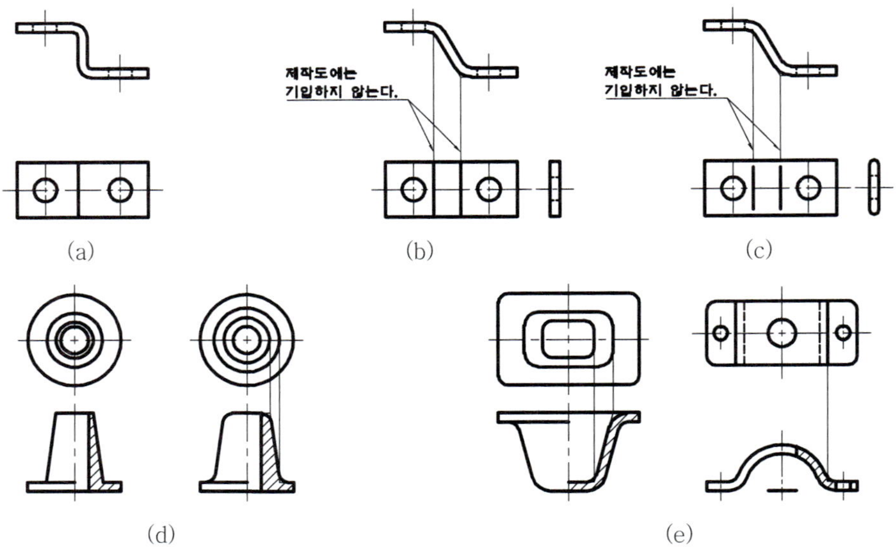

그림 2-50 두 면의 교선

(10) 리브(rib)의 표시

리브는 주조로 제조되는 한 부분이기 때문에 모서리가 라운드이다. 평면도에서 리브의 도시는 아래 그림과 같이 도시하다.

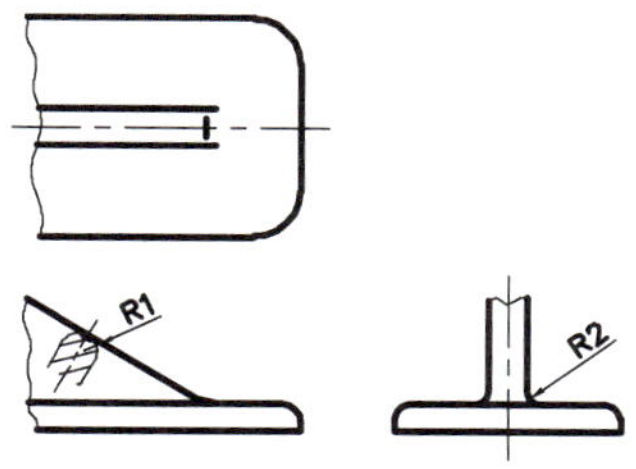

(a) R1=R2

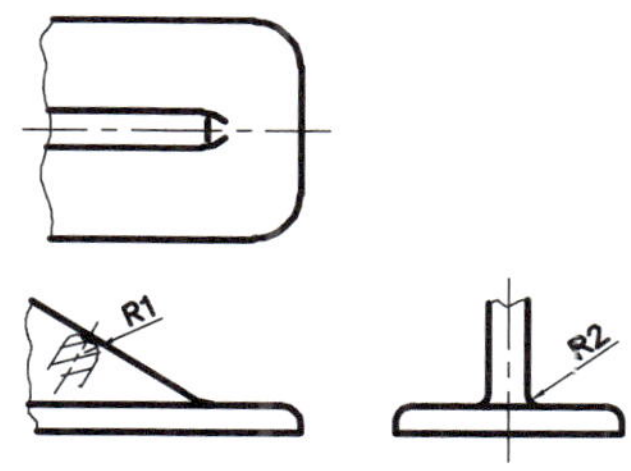

(b) R1 > R2 경우

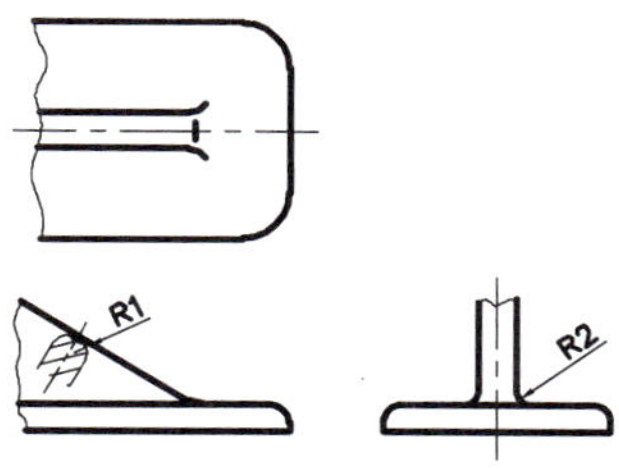

(c) R1 < R2

그림 2-51 리브의 표시

(11) 무늬 등의 표시

널링 가공 부분, 철망, 줄무늬 있는 강판 등의 특징을 외형의 일부분에 그려서 표시한다.

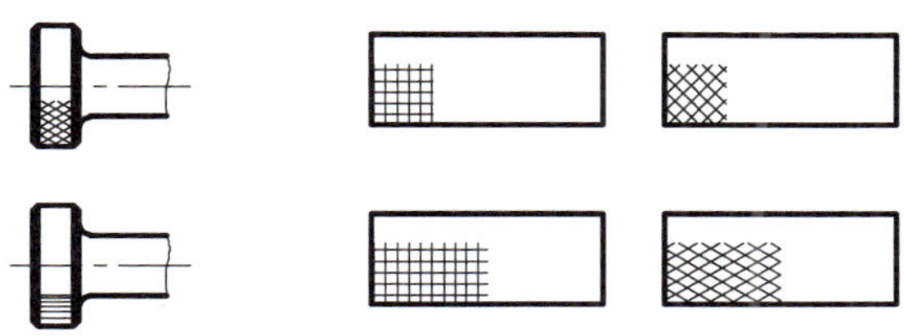

그림 2-52 무늬 표시

(12) 관용도시법

원주와 크기가 다른 원주 또는 각주와 교차하는 부분의 선을 상관선이라 하고 이 상관선을 정확하게 나타내는 투상법에 의하지 않고 직선 또는 간단한 원호로 나타내는 방법이다.

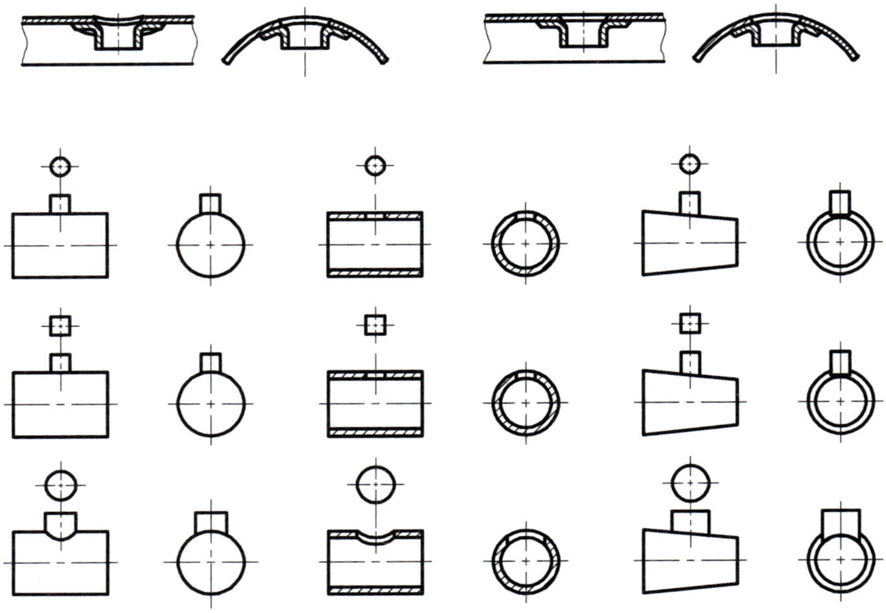

그림 2-53 관용 도시법

(13) 특수한 가공부분의 표시

대상물의 면에 또는 일부 면에 특수한 가공을 하는 경우에는 그 범위를 외형선에 나란하게 약간 분리하여 굵은 일점쇄선을 그리고 그 주변이나 주서에 특수가공을 지시 할 수 있다.

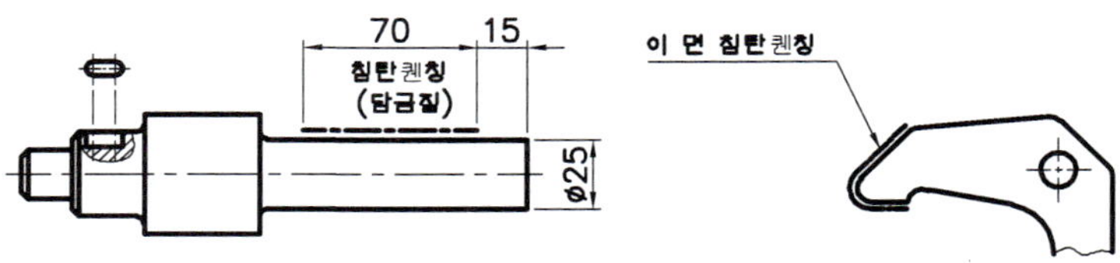

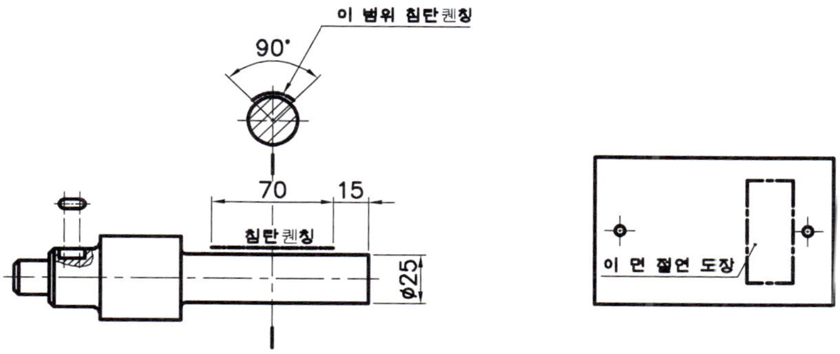

그림 2-54 특수가공 처리 표시

(14) 표준부품 및 시중구매품의 표시방법

① 볼트, 너트, 와셔, 핀 등과 같이 KS에 규정되어 있는 표준부품은 부품도를 그리지 않고 부품표 비고란에 그 호칭법을 기입한다.

② 시중구매품은 제작하지 않으므로 상세도는 필요하지 않으며, 간략도와 주요 치수를 기입한다.

CHAPTER 03

치수기입과 재료표시

01 치수기입의 일반사항

① 치수

치수는 제도법에서 가장 중요한 부분으로써 제작을 하기 위한 물체의 치수, 가공법 및 재료 등을 나타내기 때문에 작업능률에 큰 영향을 미친다.

POINT

- 가공완성치수(다듬질 치수, 마무리 치수)
  치수기입은 가공 완성치수로 기입을 하되 다듬질 여유 치수를 기입하지 않는다.

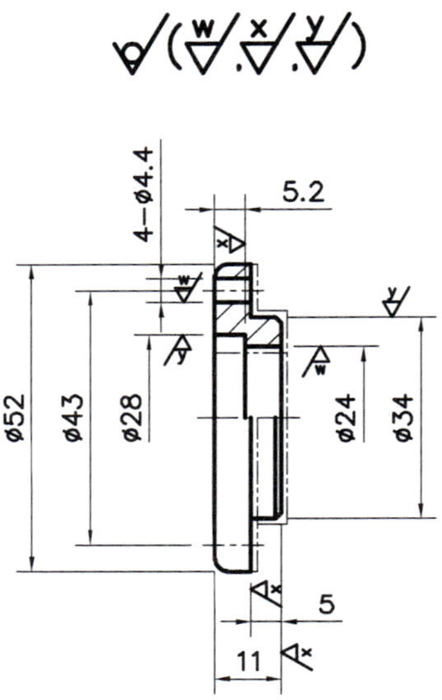

그림 3-1 가공완성치수

2 일반 사항

① 대상물의 기능, 제작, 조립 등을 필요하다고 생각되는 치수를 명료하게 도면에 지시한다.
② 치수는 대상물의 크기, 자세 및 위치를 가장 명확하게 표시하는데 필요하고 충분한 것을 기입한다.
③ 치수기입은 원칙적으로 가공완성치수로 치수기입을 한다.
④ 치수에는 기능상(호환성을 포함) 필요로 한 경우 KS A 0108에 따라 치수의 허용한계를 지시한다. 다만, 이론적으로 정확한 치수는 제외한다.
⑤ 치수는 가능하면 주 투상도에 집중한다.
⑥ 치수는 중복기입을 피한다.
⑦ 치수는 가능하면 별도로 계산해서 구할 필요가 없도록 기입한다.
⑧ 치수는 필요에 따라 기준으로 하는 점, 선 또는 면을 기준으로 하여 기입한다.
⑨ 관련되는 치수는 가능하면 한곳에 모아서 기입한다.
⑩ 치수는 가능하면 공정마다 배열을 분리하여 기입한다.
⑪ 치수 중 참고 치수에 대해서는 치수 수치에 괄호를 붙인다.

3 치수 수치의 표시 방법

① 길이의 치수 수치는 원칙으로 mm의 단위로 기입하고 단위 기호는 붙이지 않는다.
② 각도의 치수 수치는 일반적으로 도의 단위로 기입하고, 필요한 경우에는 분 및 초를 병용할 수 있다. 도, 분, 초를 표시하는 데에는 숫자의 오른쪽 어깨에 각각 °, ′, ″를 기입한다.

[보기] 90°, 22.5°, 6°21′5″, 8°0′12″

또 각도의 치수 수치를 라디안의 단위로 기입하는 경우에는 그 단위 기호 rad를 기입한다.

[보기] 0.52 rad, 3π/4 rad

③ 치수 수치의 소수점은 아래쪽의 점으로 하고 숫자 사이를 적당히 떼어서 그 중간에 약간 크게 쓴다. 또한, 치수 수치의 자리수가 많은 경우, 3자리마다 숫자의 간격을 적당히 띄우고 콤머를 찍지 않는다.

[보기] 85.078.010 000

02 치수기입 형식

1 치수기입의 요소

치수선, 치수보조선, 지시선, 화살표를 치수 요소로 치수기입을 한다.

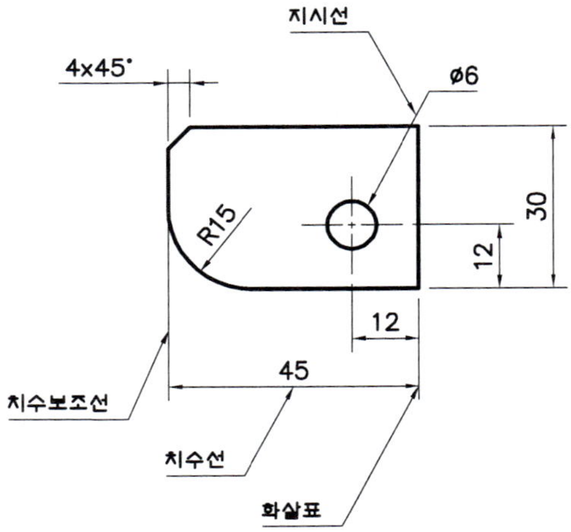

그림 3-2 치수기입의 구성

(1) 치수선

① 가는 실선으로 사용하며, 선의 양 끝에는 끝 부분 기호를 붙인다.

② 치수선은 외형선으로부터 10~15mm 띄워서 긋는다.

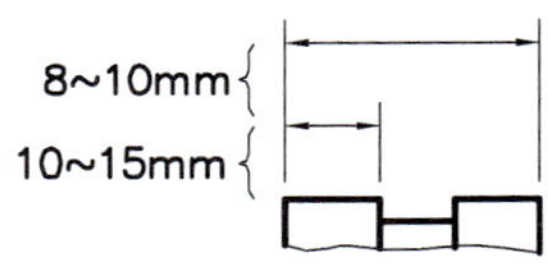

그림 3-3 치수선

(2) 치수보조선

① 가는 실선으로 사용하며, 치수선에 일반적으로 직각으로 한다.

② 테이퍼의 경우에는 구분이 불분명할 때 치수선과 적당한 각도(60° 방향)로 긋는다.

③ 치수선을 지나 약 2~3mm 지날 때까지 연장한다.

④ 치수 보조선을 인출할 때에는 도형에서 약간(0~2mm) 띄울 수 있다.

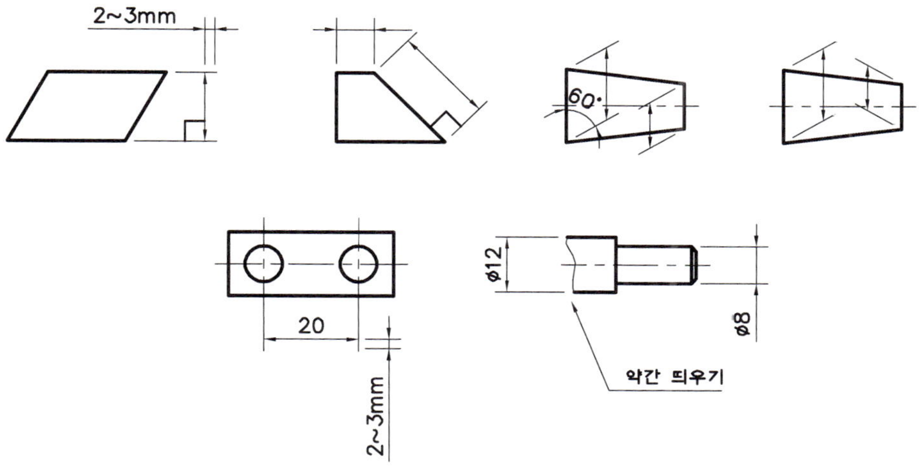

그림 3-4 치수보조선

(3) 양끝지정 표시

① 화살표의 경우에는 높이와 길이의 비율이 1 : 3 되게 한다.

② 화살표(◁, ◀, <), Tick, Dot 등의 5가지가 있는데 혼용하지 않는다.(단, 치수 보조선의 간격이 좁을 경우 Tick, Dot 중 하나를 선택하여 사용 할 수가 있다.)

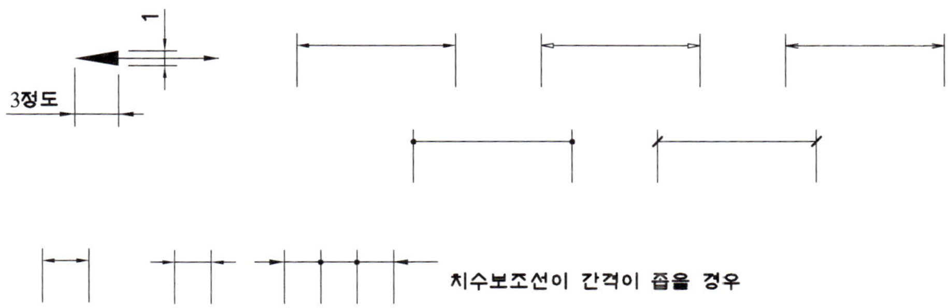

그림 3-5 치수보조선

(4) 지시선

① 가는 실선으로 수평에 대하여 보통 60° 로 그리되 경우에 따라 30°, 45° 로 그릴 수 있다.

② 작은 구멍의 치수, 가공 방법, 부품 번호 등을 기입할 때 쓰인다.

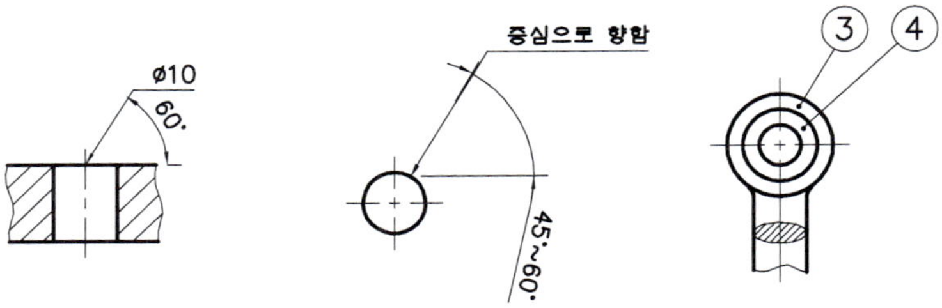

그림 3-6 지시선

(5) 치수

① 치수는 치수선 중앙 위에 약간 띄워서 표시하되 크기는 3.15~6.3mm으로 하고 굵기는 0.3 또는 0.35 정도로 한다.

② 도형의 크기와 치수가 맞지 않을 경우 치수 밑에 굵은 선으로 밑줄을 긋는다.

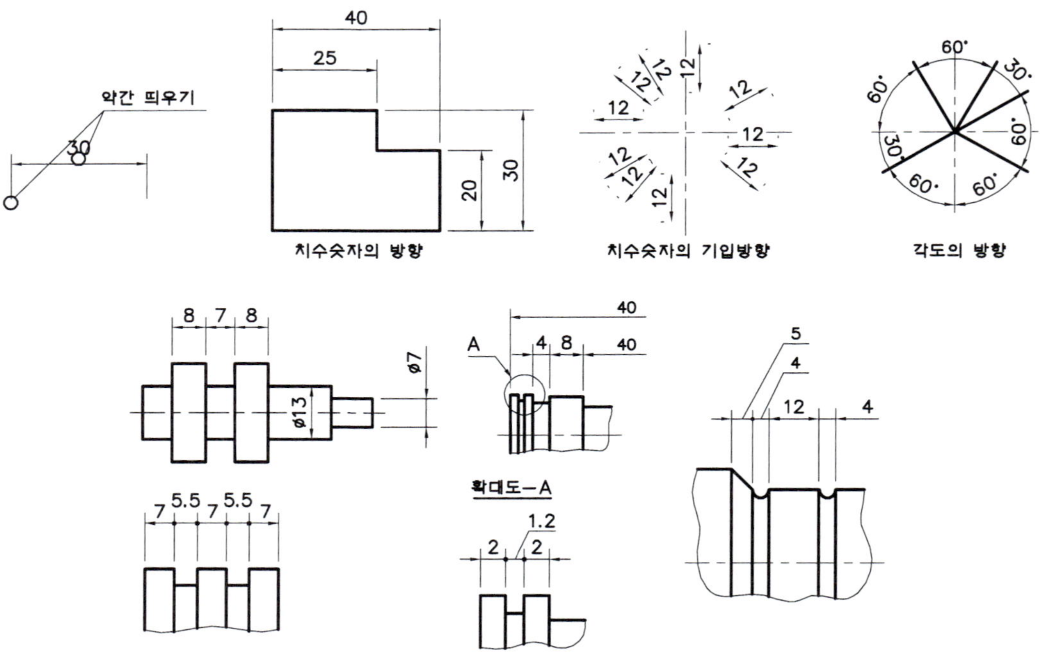

그림 3-7 치수

2 치수기입의 일반 형식

(1) 치수기입의 종류

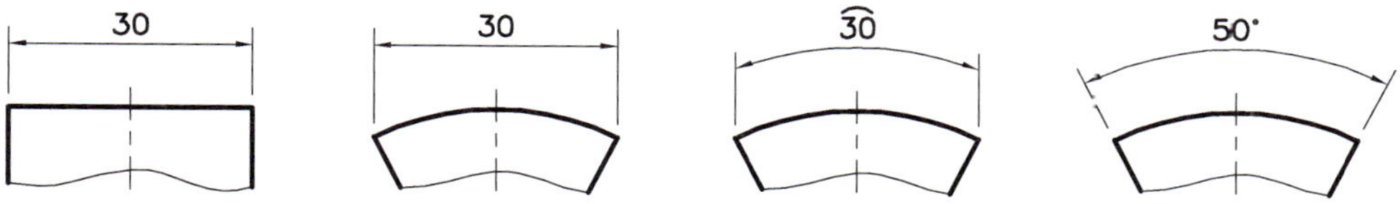

(a) 길이치수 (b) 현치수 (c) 호치수 (d) 각도치수

그림 3-8 치수기입의 종류

(2) 치수기입의 위치

치수와 각도는 일반적으로 치수선, 치수보조선과 같이 나타낸다. 다만, 내부에 직접 치수기입을 할 때는 치수보조선을 생략할 수 있다.

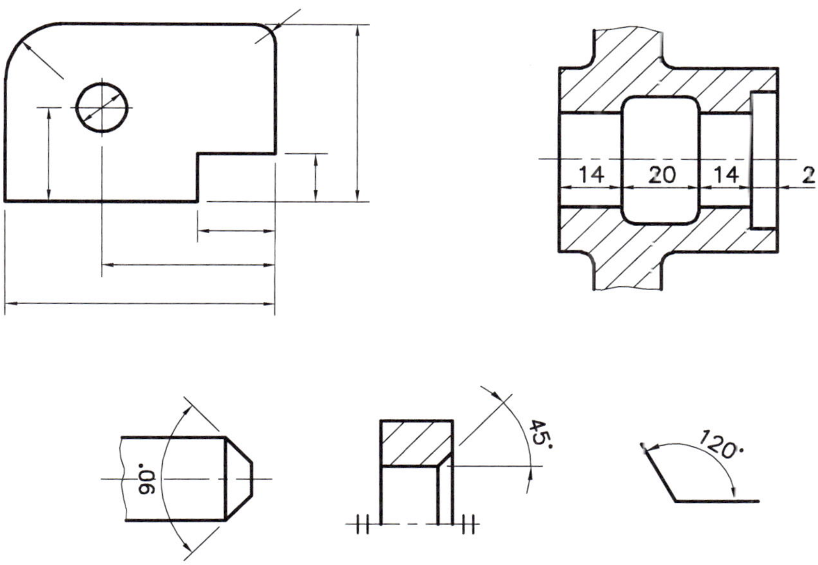

그림 3-9 치수기입의 위치

③ 치수 수치를 기입하는 위치 및 방향

(1) 치수를 치수선 중앙 위에 기입하는 경우

치수는 치수선에 대하여 중앙 상단에 기입하는 것을 일반적으로 사용한다.

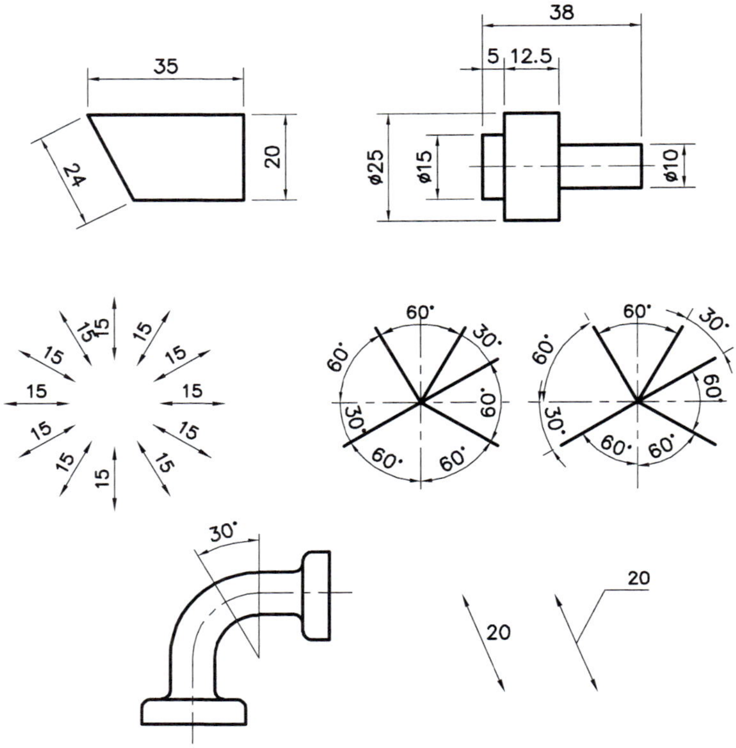

그림 3-10 치수는 치수선 위에 위치

(2) 치수를 치수선 중앙을 끊고 가운데 기입하는 경우

치수는 치수선 중앙을 끊고 항상 가로 방향으로 기입할 수 있다.

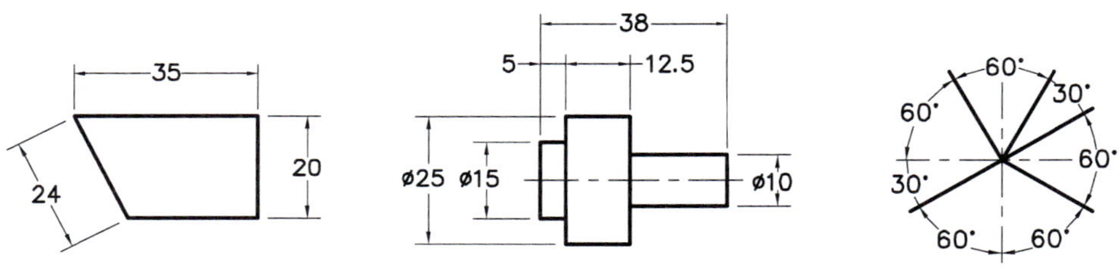

그림 3-11 치수는 치수선을 끊고 중앙에 위치

03 치수기입 방법

1 좁은 곳에서의 치수기입

① 일부분 좁아 치수기입하기 애매할 때 부분 확대도를 그려서 상세한 모양에 치수기입을 할 수 있다.

② 치수 보조선의 간격이 좁아서 화살표를 기입할 간격이 좁을 때 화살표 대신 검은 둥근점(Dot) 또는 경사선(Tick)을 사용하여도 좋다.

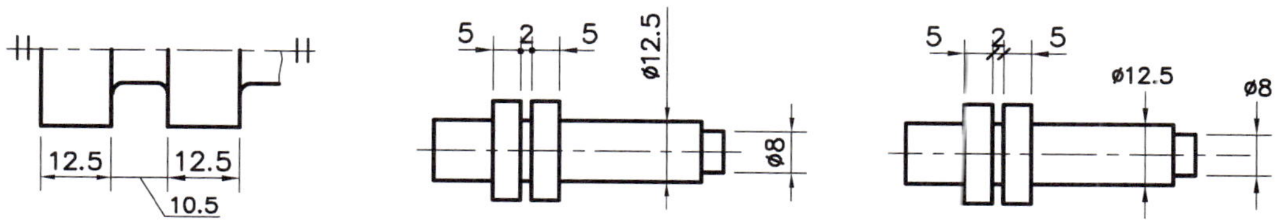

그림 3-12 좁은 곳의 치수기입

2 치수 배치

(1) 직렬치수기입

직렬로 나란히 연결된 개개의 치수선에 치수기입을 하므로 치수기입의 면적이 적게 차지하는 장점이 있는 반면에 치수공차의 누적이 발생할 수 있다. 이 때 참고치수나 중요치수가 아닌 치수는 비어 놓는다.

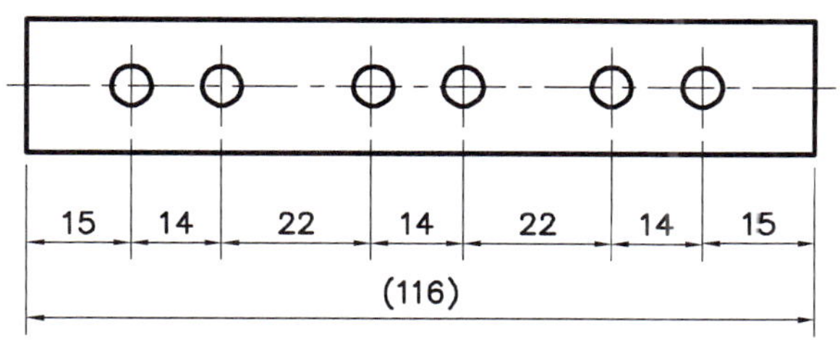

그림 3-13 직렬치수기입

(2) 병렬치수기입

치수선과 치수선을 병렬로 기입하면 치수 면적이 많이 차지하는 단점이 있는 반면 개개의 치수에 치수 공차는 다른 치수의 공차에는 영향을 주지 않는다. 이 때 공통쪽의 치수 보조선의 위치는 기능, 가공 등의 조건을 고려하여 적절히 선택한다.

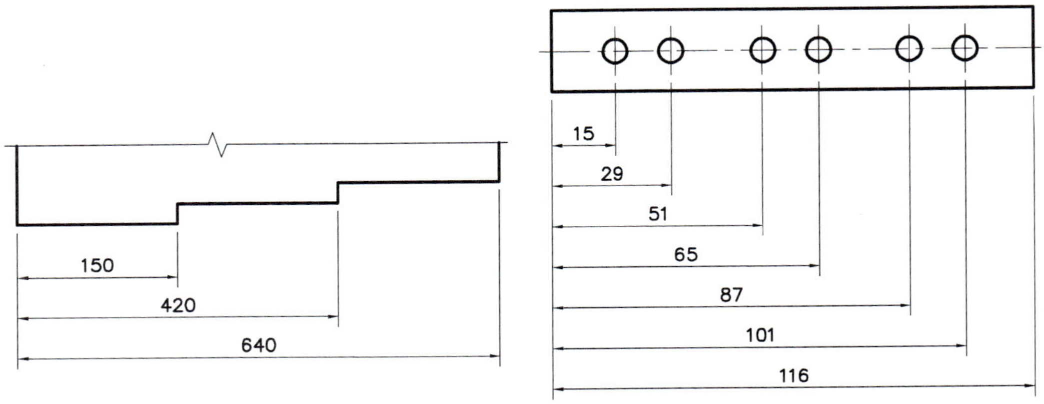

그림 3-14 병렬치수기입

(3) 누진(누적)치수기입

치수 공차에 관하여 병렬 치수 기입법과 완전히 동등한 의미를 가지면서, 한 개의 연속된 치수선으로 간편하게 표시된다. 이 경우, 치수의 기점의 위치는 기점 기호(◯)로 나타내고, 치수선의 다른 끝은 화살표로 나타낸다. 치수 수치는 치수 보조선에 나란히 기입하든지, 화살표 가까운 위치에서 치수선의 윗쪽에 쓴다.

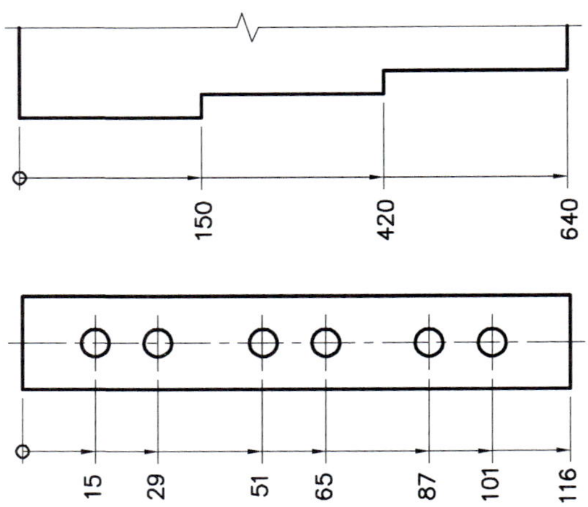

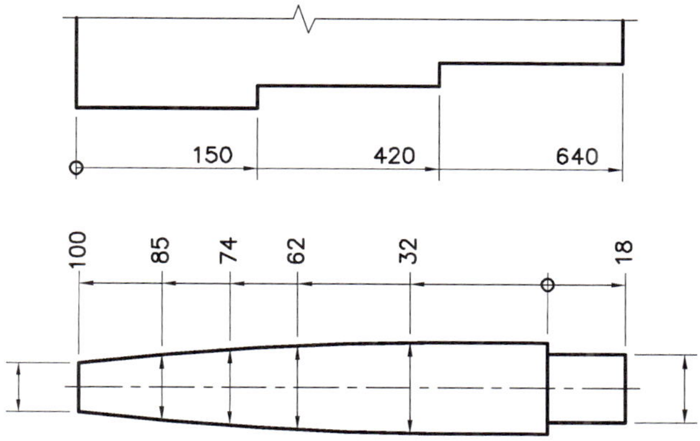

그림 3-15 누진(누적)치수기입

(4) 좌표에 의한 치수기입

구멍의 위치나 크기 또는 위치가 변화하는 물체 등에 좌표를 사용하여 표로 치수를 기입할 수 있다.

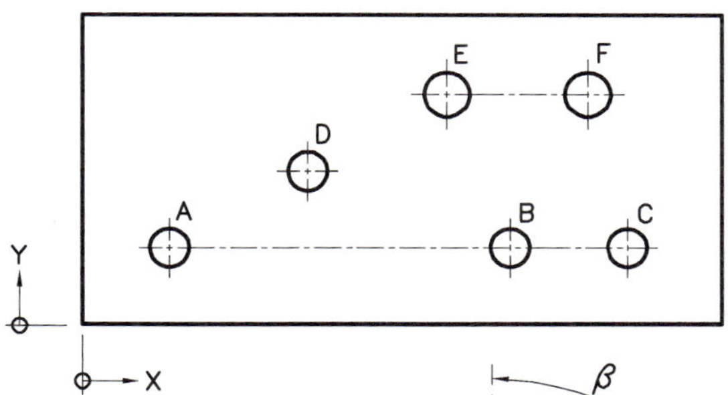

	X	Y	ϕ
A	20	20	13.5
B	140	20	13.5
C	200	20	13.5
D	60	60	13.5
E	100	90	26
F	180	90	26
G			
H			

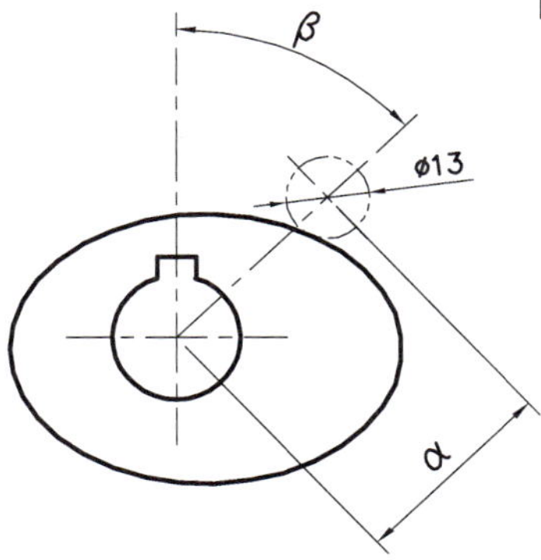

3-15

β	0°	20°	40°	60°	80°	100°	120~ 210°	230°	260°	280°	300°	320°	340°
α	50	52.5	57	63.5	70	74.5	76	75	70	65	59.5	55	52

그림 3-16 좌표 치수기입

③ 치수보조기호는 치수 앞에 표시

▾ ▾ ▾ [표3-1] 치수보조기호

기호	구분	기호	구분	기호	구분
ϕ	지름	R	반지름	ㄴ	정사각형
S ϕ	구면의 지름	SR	구면의 반지름	t	두께
C	45° 모떼기	P	나사 피치		

(1) 지름 치수기입

① 지름 치수기입은 일반적으로 길이나 깊이가 있는 방향에서 ϕ 기호와 같이 치수기입을 한다.

② 부득이 원형의 원에 치수기입을 하는 경우에는 ϕ 기호를 생략할 수 있다.

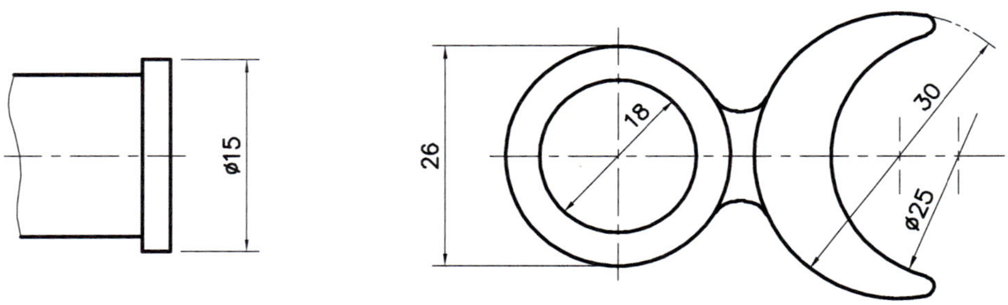

그림 3-17 지름 치수기입 – 1

③ 다른 원통이 연속되고, 수치를 기입할 여지가 없을 때 대칭인 도형에서는 그 중심선의 한 쪽만을 그리는 것이 보통이다.

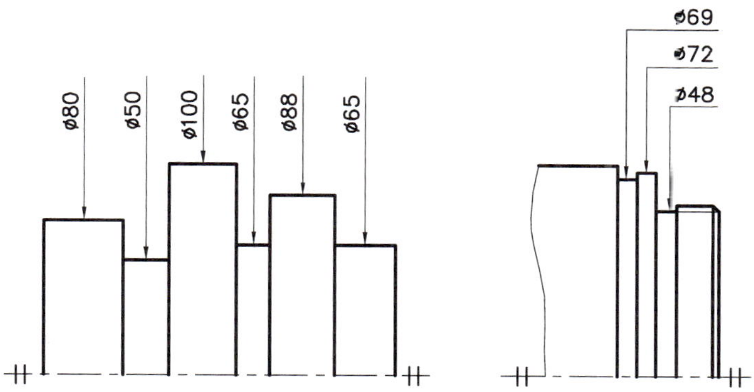

그림 3-18 지름 치수기입－2

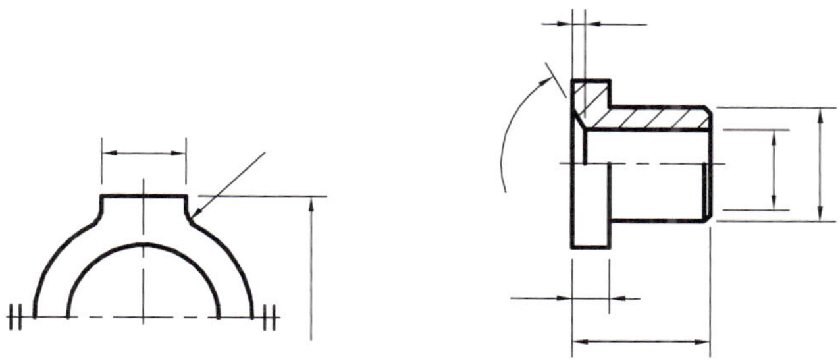

(a) 대칭 중심선의 한 쪽만 표시한 도형의 치수선

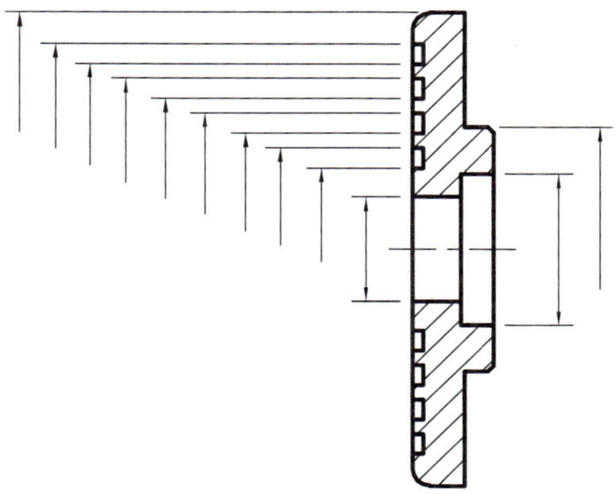

(b) 대칭형인 도형의 치수선 단축

그림 3-19 지름 치수기입－3

(2) 반지름 치수기입

① 호쪽에는 화살표를 붙이고 중심쪽은 화살표를 하지 않는다.
② 반지름의 기호 R은 숫자앞에 기입하고, 분명할 때는 생략 가능하다.
③ 원호나 반지름이 아주 작을 때 치수선 밖으로 끌어내어 표시한다.
④ 반경이 커서 중심위치가 멀 경우 치수선의 중간에서 끊고 치수숫자에 R기호를 반드시 붙여 기입한다.
⑤ 치수선을 Z자형으로 굽혀, 치수선이 실제의 중심과 만나는 방향 표시한다.

그림 3-20 반지름 치수기입－1

⑥ 원호의 치수가 180° 이하인 경우는 반지름, 초과인 경우는 지름을 표시한다.
⑦ 가공상 필요할 때에는 ϕ 기호를 붙이는 것이 좋다.

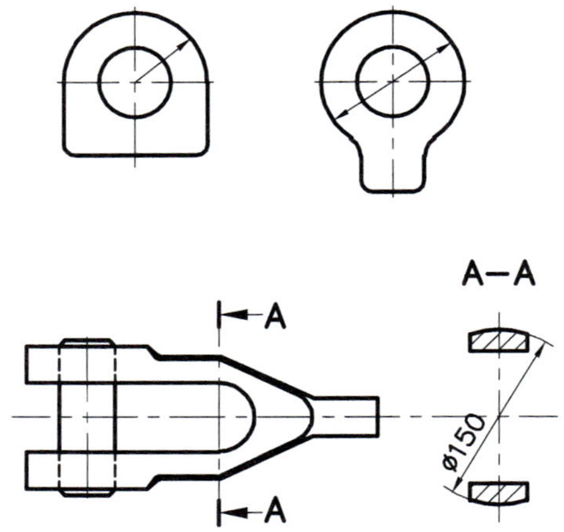

그림 3-21 반지름 치수기입－2

⑧ 실제 원호가 아닐 경우는 실 R 또는 전개 R을 이용하여 반지름의 치수를 기입할 수 있다.

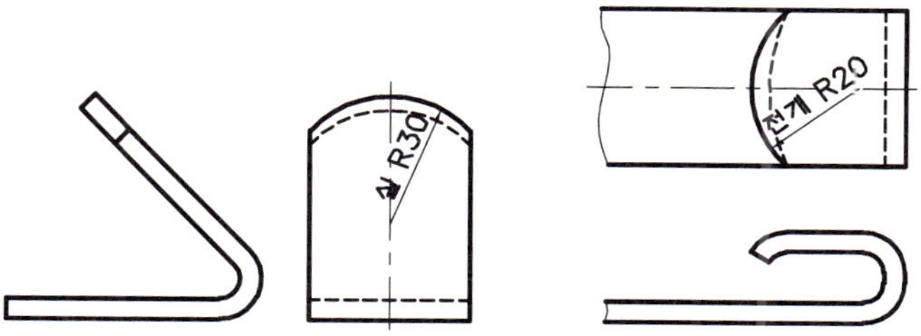

그림 3-22 반지름 치수기입－3

(3) 곡선의 치수기입

① 원호의 반지름 치수와 그 중심위치 또는 원호의 접선 위치를 나타내는 치수로 표시한다.

② 곡선의 경우는 좌표치수에 의하여 표시한다.

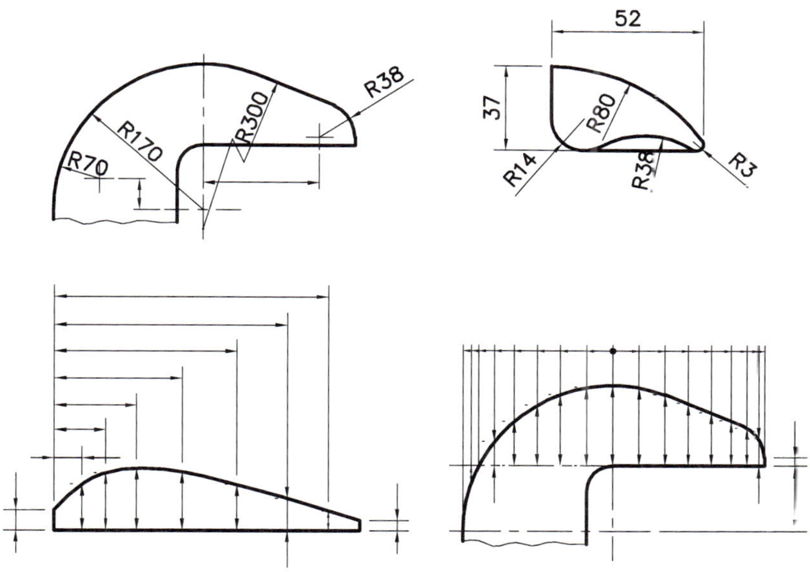

그림 3-23 곡선의 치수기입

(4) 구의 지름과 구의 반지름 치수기입 방법

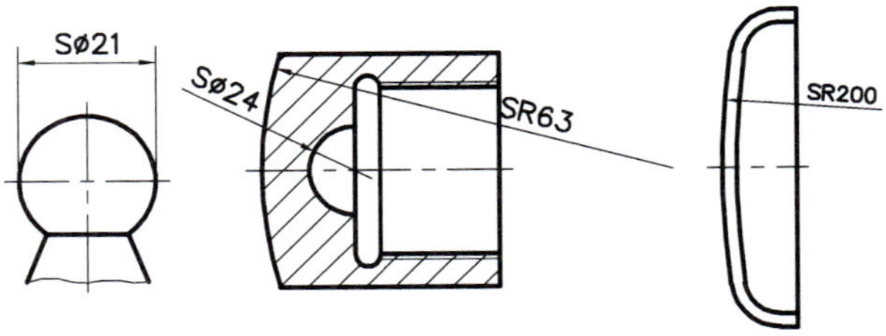

그림 3-24 구면의 치수기입

(5) 정사각형의 길이와 얇은 판의 두께 치수기입 방법

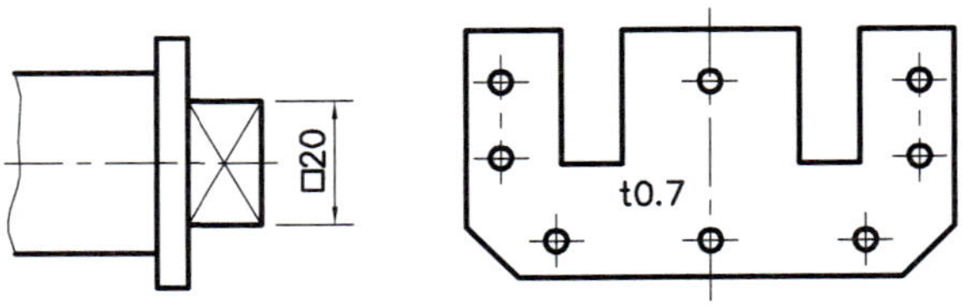

그림 3-25 정사각형과 판형의 치수기입

(6) 모떼기 치수기입 방법

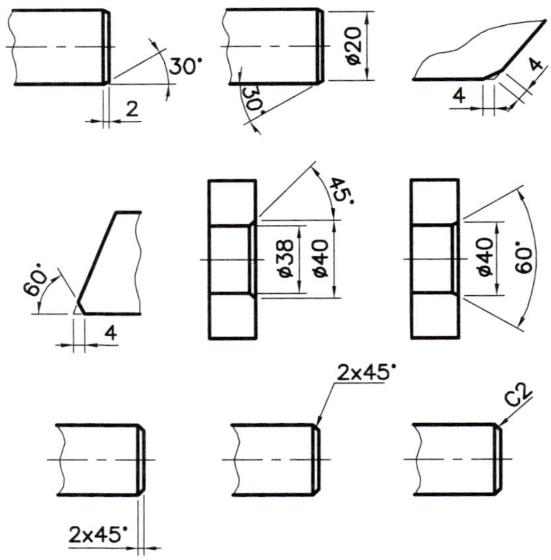

그림 3-26 구면의 치수기입

④ 가공방법은 치수 뒤에 표시

▼ ▼ ▼ [표3-2] 가공방법

기호	구분	기호	구분	기호	구분
D	드릴링	FR	리이밍	CORE	코어
DS	스폿 페이싱	DCB	카운트 보오링	DCS	카운트 싱킹

(1) 구멍의 치수기입

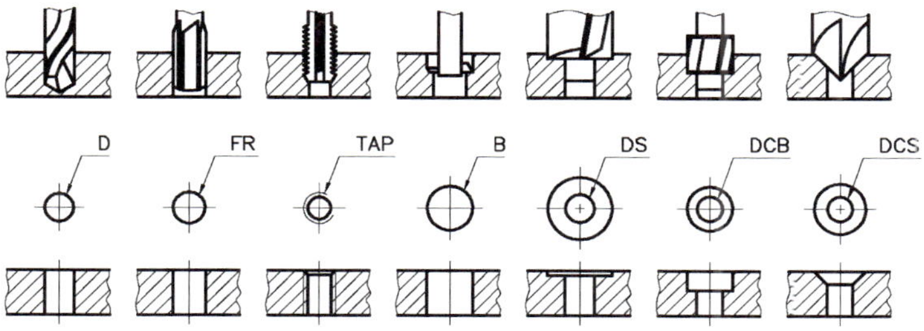

그림 3-27 구멍의 치수기입

(2) 드릴 구멍의 치수기입

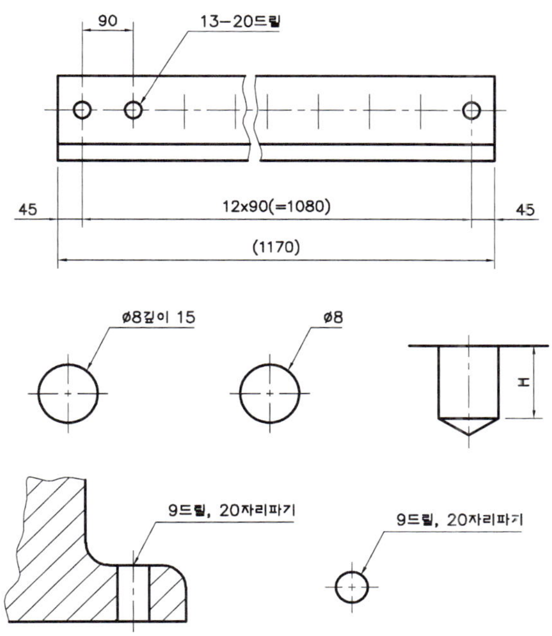

그림 3-28 드릴 구멍의 치수기입

(3) 카운트 보링의 치수기입

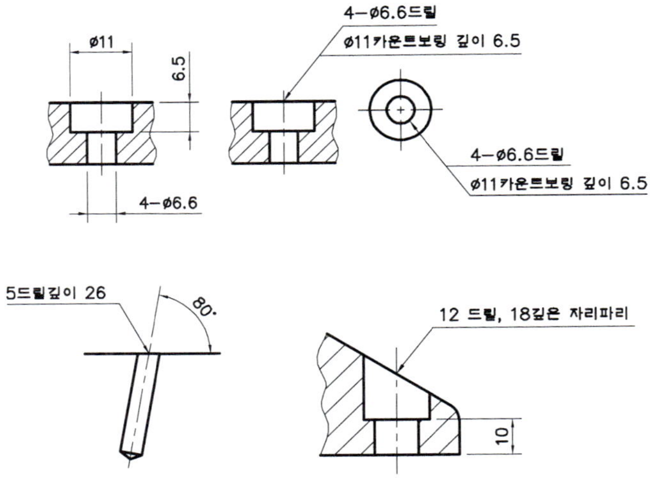

그림 3-29 카운트 보링의 치수기입

5 키 홈의 치수기입

① 축의 키 홈의 치수는 키 홈의 나비, 길이, 위치 및 끝 부분의 치수로 표시한다.

② 축의 키 홈의 치수기입은 그림 3-30에서 (a) 또는 (b)와 같이 치수기입을 할 수 있다. 주로 (b) 형태가 자주 나타난다.

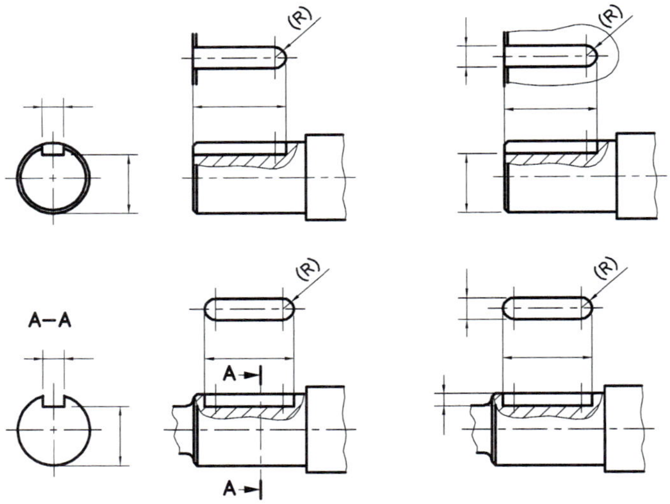

(a) 묻힘키 홈 (b) 묻힘키 홈

그림 3-30 묻힘키 홈 치수기입

③ 키 홈을 밀링 커터(milling cutter) 등에 의하여 절삭하는 경우에는 그림 3-31 (a), (b), (c)와 같이 기준 위치에서 공구의 중심까지의 거리와 공구의 지름을 표시한다.

④ 그림 3-31 (d) 보스의 키홈 측면도는 좌, 우 어느 것이든 치수기입을 할 수 있다. 주로 좌측에 있는 측면도가 일반적으로 나타내는 방법이다.

⑤ 그림 3-31 (e) 테이퍼 키 홈은 깊은 쪽을 치수기입 한다.

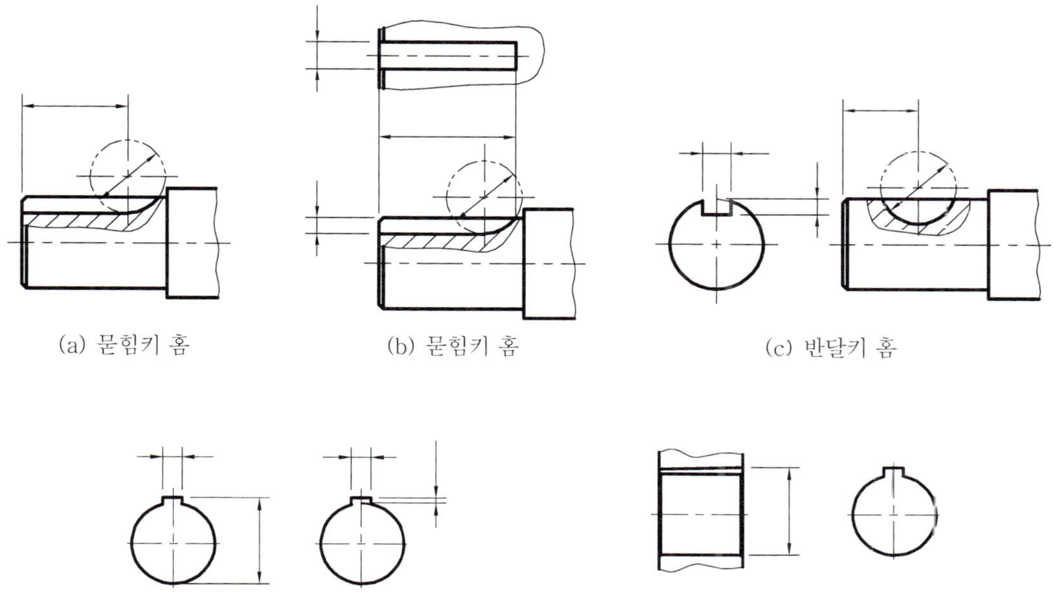

(a) 묻힘키 홈 (b) 묻힘키 홈 (c) 반달키 홈

(d) 보스의 키 홈 측면도 (e) 테이퍼키 홈

그림 3-31 키 홈의 치수기입

6 테이터, 기울기(구배)의 기입법

① 기울기(구배, slope) : 한쪽 면만 경사진 경우

② 테이퍼(taper) : 양쪽 면이 중심선에 대하여 대칭으로 경사진 경우

③ (a−b)/l 로서 그 비율을 나타냄

④ 기울기는 변에 따라 기입, 테이퍼는 중심선에 따라 기입

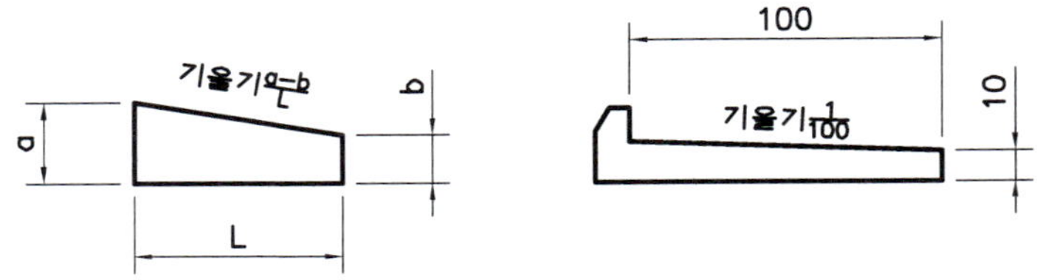

(a) 기울기의 표시법

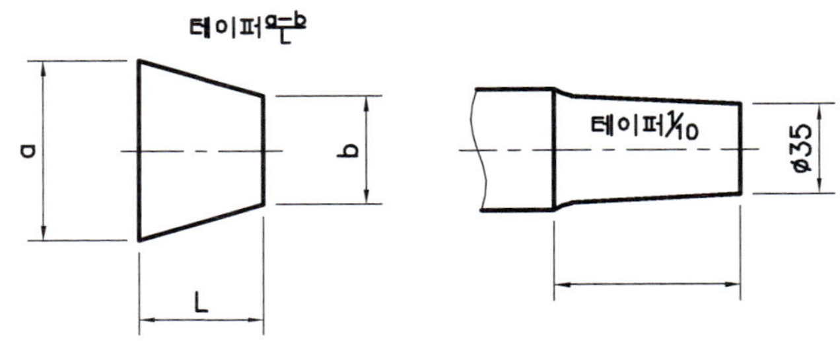

(b) 테이퍼의 기입법

그림 3-32 구배, 테이퍼의 치수기입

7 얇은 두께부분 치수기입

얇은 두께의 치수기입은 약간 띄워서 보조선에 치수기입을 한다.

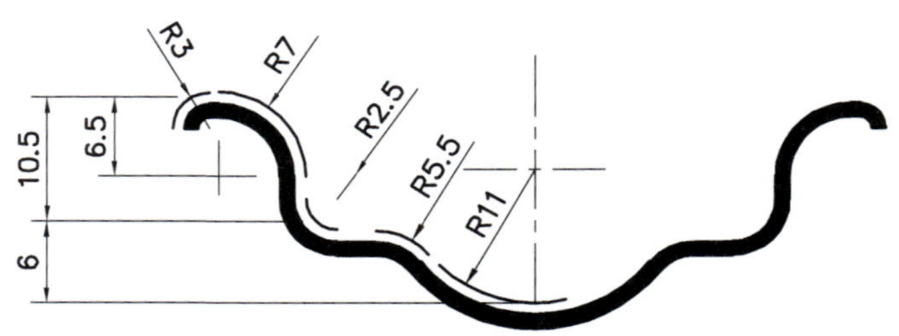

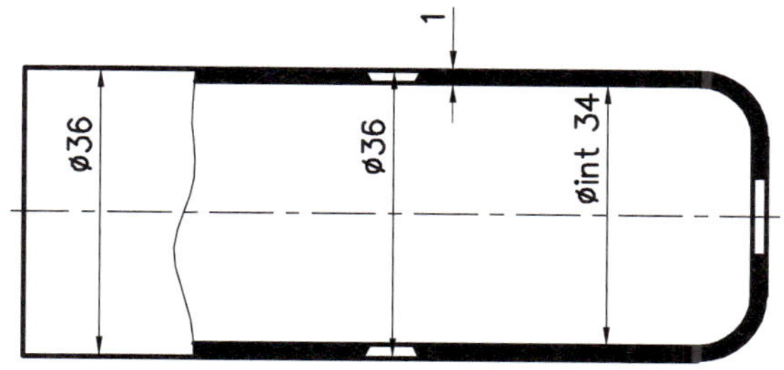

그림 3-33 얇은 두께의 치수기입

8 구조물 등의 치수

① 철골구조물이나 건축물 등을 비교적 큰 척도로 그리면 가는 선으로 표시

② 치수선, 치수보조선 그리면 복잡할 때 구조를 나타내는 선위에 치수기입

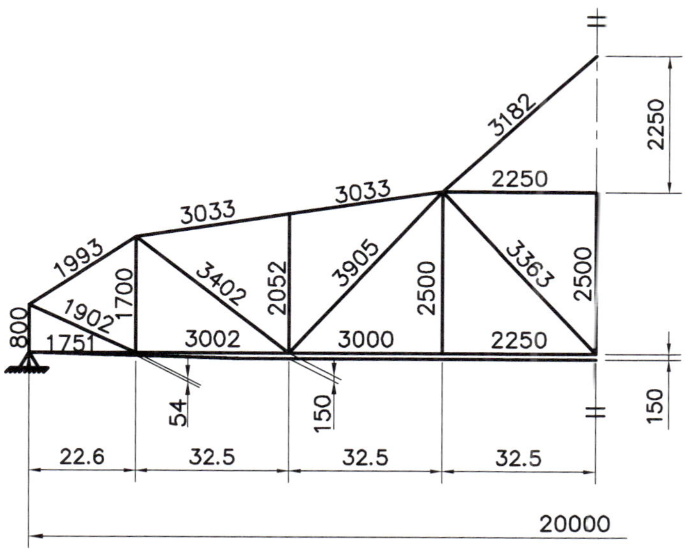

그림 3-34 구조물 등의 치수기입

9 평강, 형강의 치수기입

① 평강의 치수 : 폭×두께, 다음에 "－"를 그어 전체 길이 기입

② 형강의 치수 : 단면 모양의 기호, 단면치수－전체 길이 기입

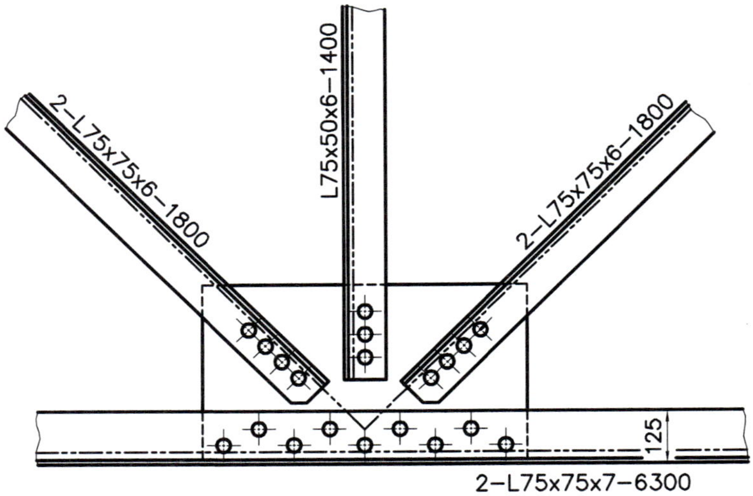

그림 3-35 형강의 치수기입

▾ ▾ ▾ [표3-3] 형강의 종별기호와 치수기입법

종류	단면모양	표시방법	종류	단면모양	표시방법
등변 ㄱ 형강	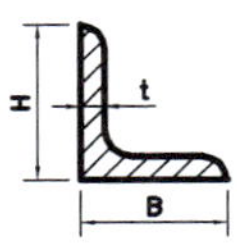	LA×B×t－L	경 Z 형강	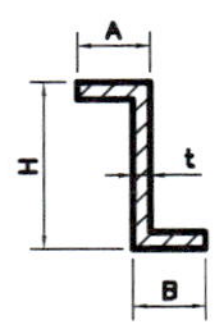	Z H×A×B×t－L
부등변 ㄱ 형강	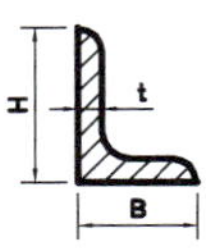	LA×B×t－L	립 ㄷ 형강	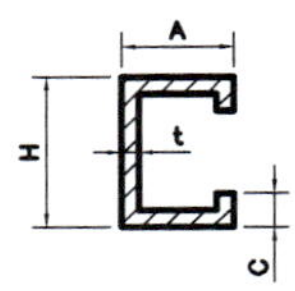	ㄷ H×A×C×t－L
부등변 부등두께 ㄱ 형강	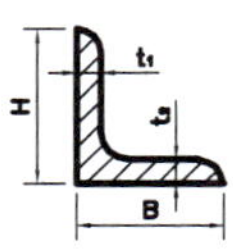	LA×B×t1×t2－L	립 Z 형강	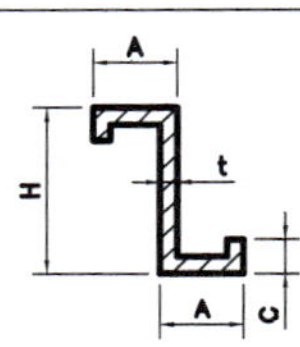	Z H×A×B×t－L

종류	단면모양	표시방법	종류	단면모양	표시당법
I 형강	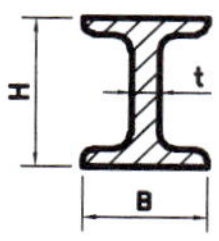	I H×B×t−L	모자 형강	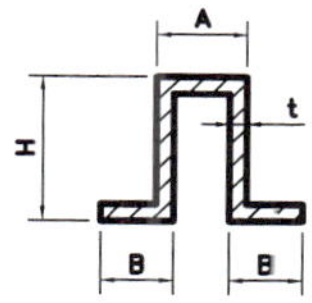	⊓H×A×B×t−L
ㄷ 형강	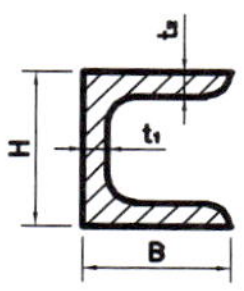	⊏H×B×t1×t2−L	환 강	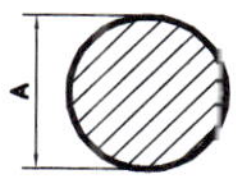	ϕA−L
구 평형강	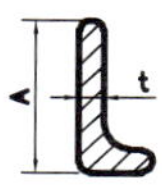	LA×t−L	강 관	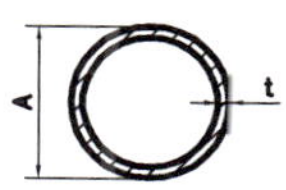	ϕA×t−L
T 형강	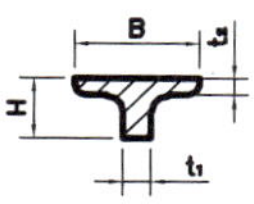	Tb×H×t1×t2−L	각 강관	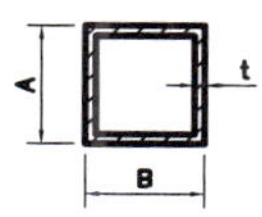	□A×B×t−L
H 형강	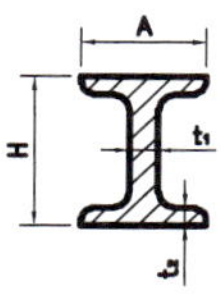	HH×A×t1×t2−L	각 강	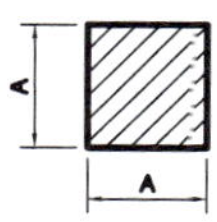	A×B×t−L
경 ㄷ 형강	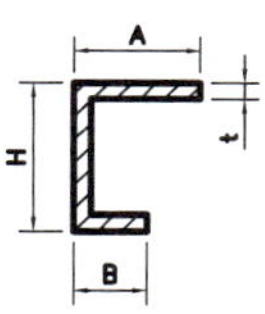	⊏H×A×B×t−L	평 강	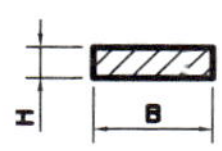	▭B×A−L

⑩ 치수기입상의 유의사항

① 교차되는 부분에 치수를 기입할 때

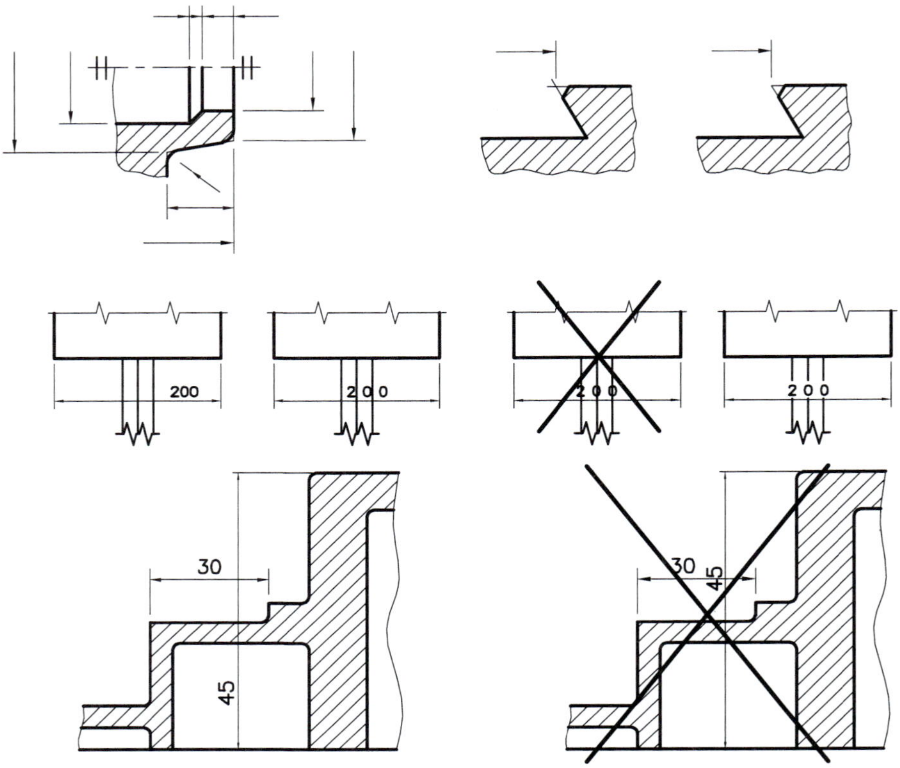

그림 3-36 교차되는 부분의 치수

② 치수선이 인접할 때

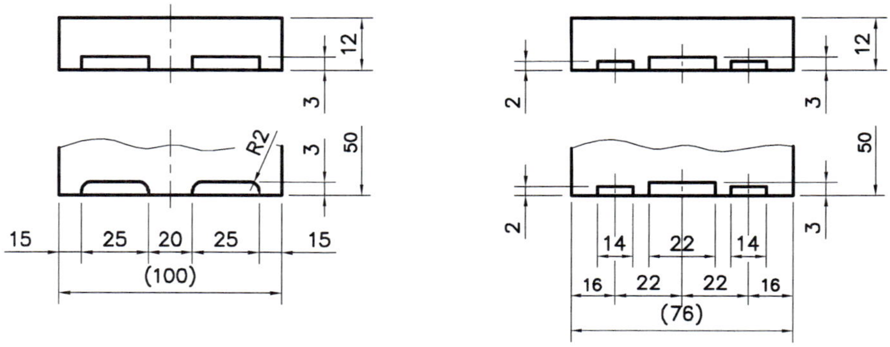

그림 3-37 치수선이 인접할 때

③ 여러 개의 지름 치수를 기입할 때

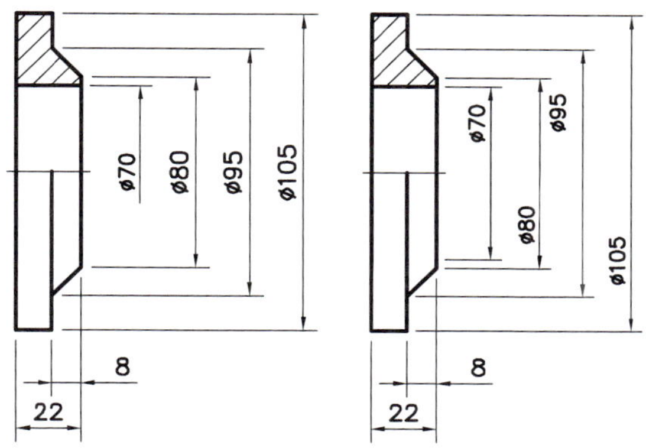

그림 3-38 여러 개의 지름 치수기입

④ 치수선이 길 때

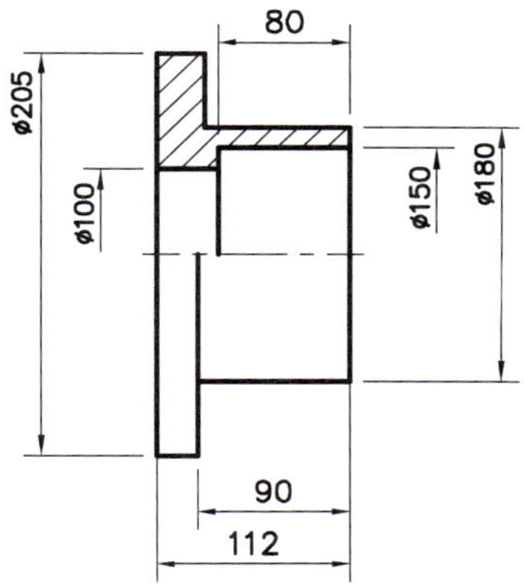

그림 3-39 치수선이 길 때

⑤ 대칭 도형의 반 생략한 치수기입

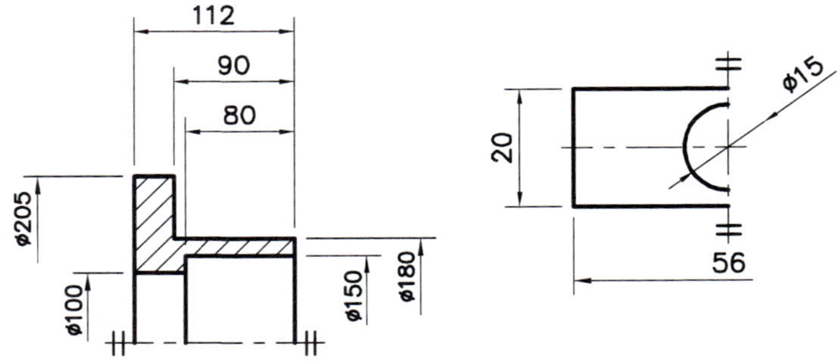

그림 3-40 대칭 도형의 치수기입

⑥ 한 도면에 변경되는 치수를 표시하고자 할 때

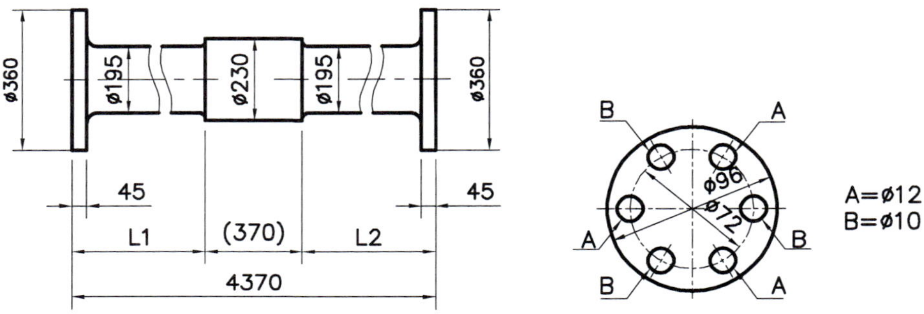

기호 \ 품번	1	2	3
L1	1915	2500	3115
L2	2085	1500	885

그림 3-41 변경 치수기입

⑦ 보스(boss)의 안지름을 표시할 때

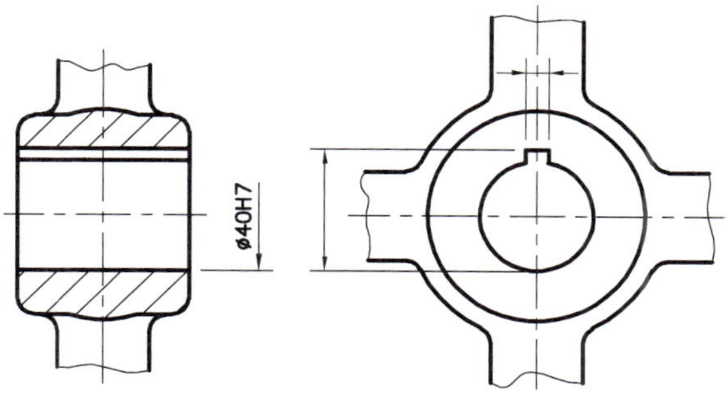

그림 3-42 보스부의 구멍 치수

⑧ 가공 또는 조립시 기준이 있을 때

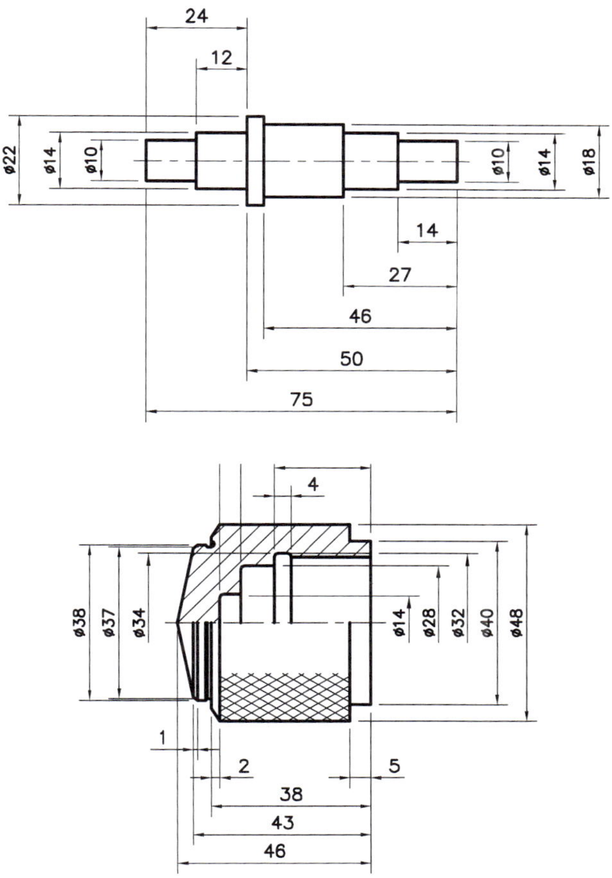

그림 3-43 가공 또는 조립시 기준을 고려한 치수기입

⑨ 공정별 배열 분리 치수기입을 할 때

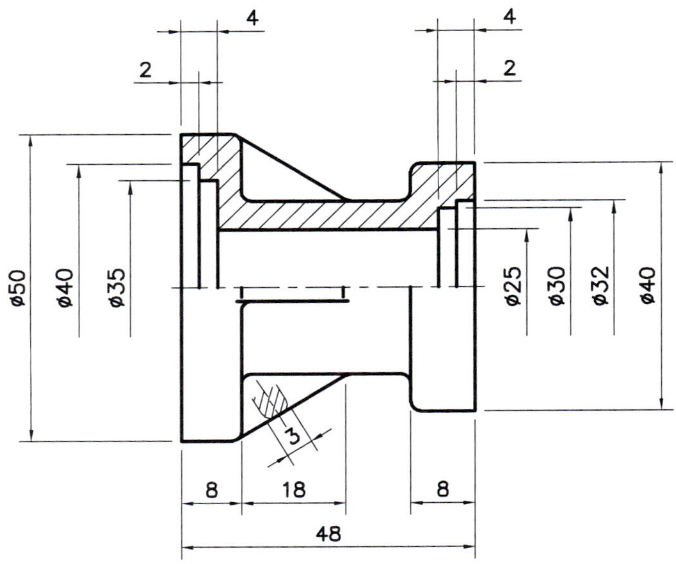

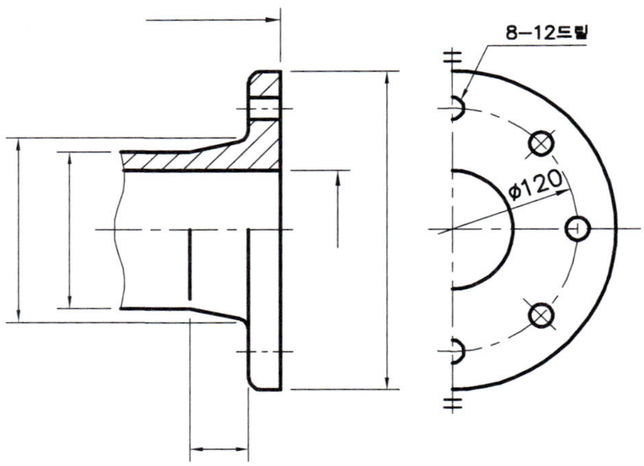

그림 3-44 가공 공정을 고려한 치수기입

⑩ 일부분의 치수가 척도에 비례하지 않을 때

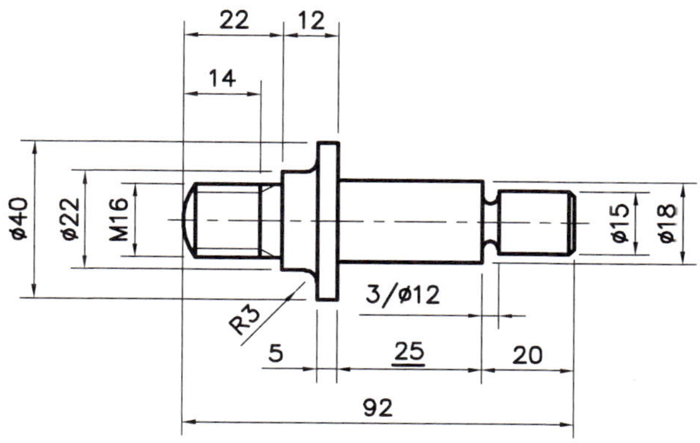

그림 3-45 척도에 비례하지 않는 치수기입

⑪ 같은 치수 부분이 두 곳 이상일 때

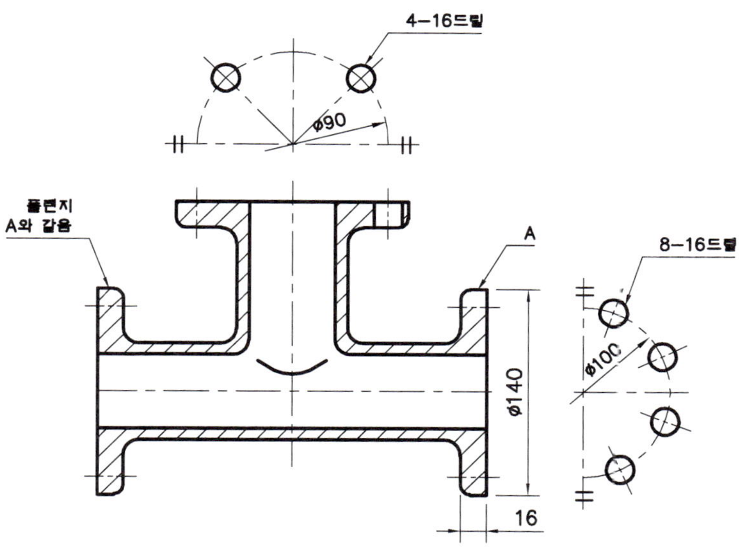

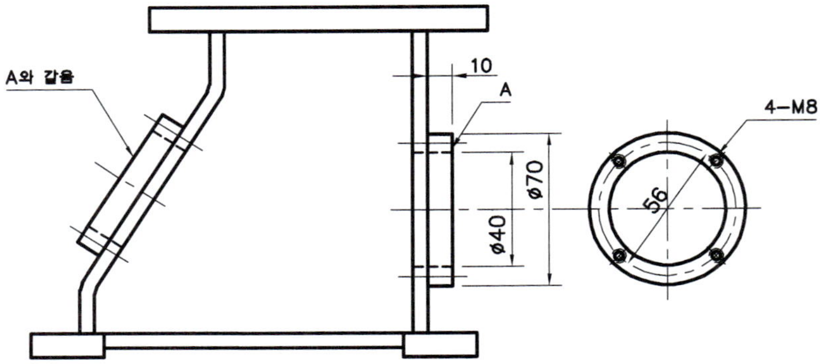

그림 3-46 동일 모양에 대한 치수기입

11 도면의 변경

① 변경개소에 적당한 기호를 부기
② 변경전의 형상과 숫자는 적당히 보존
③ 변경일자, 변경된 이유는 명백히 표시
④ 정정이 수회 이상이 되는 경우 일련의 부호를 붙여 명확히 함

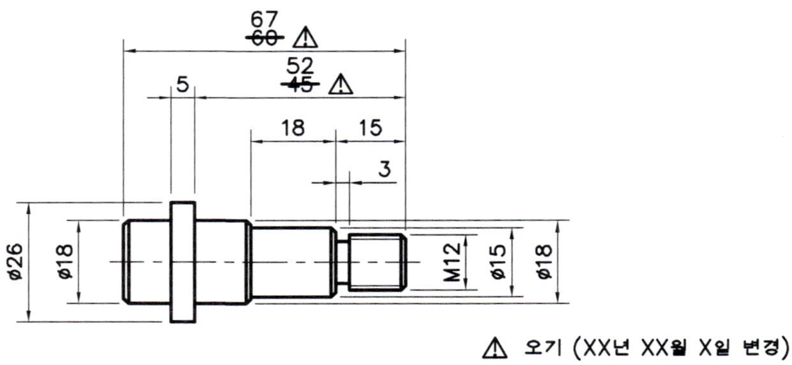

그림 3-47 도면 변경

⑫ 치수기입의 순서

(1) 조립도로부터 기준이 되는 중심선, 기준면(다듬질한 면)을 조사하고 치수기입의 기준을 정함

(2) 각 부품을 조립하는 경우, 서로 관련이 있는 주요한 위치의 치수를 구함

(3) 상세 치수나 각 부분의 치수를 기입하려면

① 물품을 간단한 기본형을 분해

② 분해한 각 부분의 치수를 기입

(4) 중심선과 기준면을 선정하여 위치의 치수를 기입

(5) 전체치수를 기입

(6) 필요한 주기를 기입

(7) 치수기입 검사

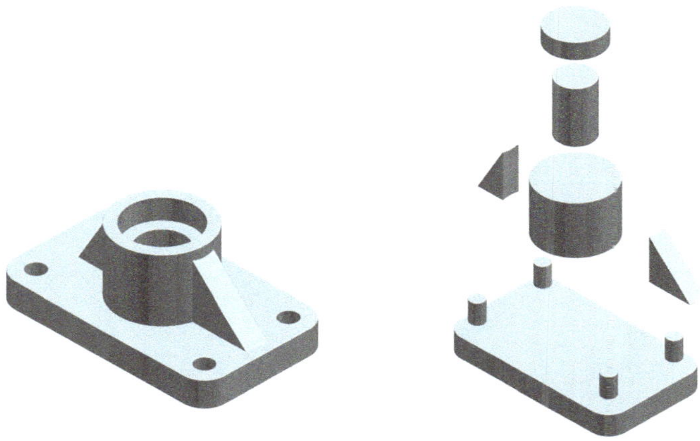

그림 3-48 기본 형상으로 분해

04 금속재료 표시법

1 재료 기호

(1) 제1위 문자

재질을 표시한다.

▾ ▾ ▾ [표3-4] 재질 표시

기호	재질	기호	재질
Al	알루미늄(aluminium)	Mg	마그네슘합금
AlA	알루미늄 합금(Al alloy)	NBs	네이벌황동(naval brass)
Br	청동(bronze)	Nis	양은(nickel silver)
Bs	황동(brass)	PB	인청동(phosphor bronze)
C	초경질합금(carbide alloy)	Pb	납(lead)
Cu	동(copper)	S	강철(steel)
F	철(ferrum)	SM	기계 구조용강
HBs	고강도황동(high strength brass)	SzB	실진청동(silzin bronze)
K	캘밋(kelmet)	W	화이트메탈(whitemetal)
MS	연강(mild steel)	Zn	아연(zinc)

(2) 제2위 문자

규격명 또는 제품명을 표시하며 판재, 봉재, 관용, 선재 , 주조품 등 제품의 형상별 종류 등과 용도를 표시한다.

▾ ▾ ▾ [표3-5] 규격명, 제품명 표시

기호	규격명 또는 제품명	기호	규격명 또는 제품명
B	비철 금속 봉재	K	공구강
B	보일러용 압연재	KH	고속도강
BF	단조용 봉재	N	니켈강
BR	보일러용 리벳	NC	니켈 크롬강
C	비철 주조품	NS	스테인리스강
CM	가단 주조품	P	비철금속 판재
DB	볼트, 너트용 냉간인발	S	구조용 연압재
E	발동기	T	철과 비철관

기호	규격명 또는 제품명	기호	규격명 또는 제품명
F	단조품	V	리벳
G	게이지 용재	W	와이어
H	표면 강화	WP	피아노선
HB	최강 봉재		

(3) 제3위 문자

재료의 종류를 나타내는 기호로서 최저 인장강도 또는 종별 번호를 나타낸다. 최저인장 강도의 단위는 kg/mm^2 또는 $MPa(N/mm^2)$의 수치로 표시한다.

① 최소인장강도 [ex] Sf46 또는 SF450(탄소강 단조품)
② 재질의 종별 [ex] STC 3(탄소공구강)
③ 표면 경화 법 [ex] SCM 415(크롬 몰리브덴강)
④ 탄소함유량 [ex] SM45C(기계구조용 탄소강)

재료표시 보기

〈보기1〉 기계 구조용 탄소강

SM 45C

- 45C: (3) 평균 탄소 함유량(0.43~0.48%C)
- SM: (1), (2) 기계구조용 탄소강

〈보기2〉 크롬몰리브덴강

S CM 415

- 415: (3) 표면경화등급 415
- CM: (2) 크롬-몰리브덴(Chrome-molybdenum)
- S: (1) 강(Steel)

〈보기3〉 회주철

GC 200(20)

- 200(20): (3) 최저인장강도 200MPa, $20kg/mm^2$
- GC: (1), (2) 회주철

〈보기4〉 주강

S C 480(49)

- (3) 최저인장강도 480MPa, 49kg/mm^2
- (2) 주조품(Casting)
- (1) 강(Steel)

〈보기5〉 단조강

S F 450(46)

- (3) 최저인장강도 450MPa, 46kg/mm^2
- (2) 단조품(Forging)
- (1) 강(Steel)

〈보기6〉 탄소공구강

S TC 3

- (3) 재질의 종별 3 등급
- (2) 탄소공구용(Carbon tool)
- (1) 강(Steel)

〈보기7〉 인청동

PB C 2

- (3) 재질의 종별 2 등급
- (2) 주조품(Casting)
- (1) 인청동(Phosphor bronze)

〈보기8〉 알루미늄 다이캐스팅

AL DC 7

- (3) 재질의 종별 7 등급
- (2) 다이캐스팅(Die-casting)
- (1) 알루미늄(Aluminum)

2 금속 재료의 기호

▾ ▾ ▾ [표3-8] 금속 재료의 기호

재 질 명	기 호	재 질 명	기 호	재 질 명	기 호
일반 구조용 압연 강재	SS	니켈 크롬강 강재	SNC	합금 공구강 다이 용 강재	STD
용접 구조용 주강품	SCW	니켈 크롬 몰리브덴 강재	SNCM	고속도 공구강 강재	SKH
기계 구조용 탄소강 강재	SM	크롬 몰리브덴강	SCM	고속도 공구강 다이용 강재	SKD
탄소 공구강 강재	STC	기계구조용 망간강	SMn	초경질합금	S
탄소강 단조품	SF	스프링 강재	SPS	회주철품	GC
탄소 주강품	SC	베어링강 강재	STB	구상 흑연 주철품	GCD
피아노 선	PW	스테인리스 주강품	SSC	백심 가단 주철품	WMC
크롬 강재	SCr	합금 공구강 강재	STS	흑심 가단 주철품	BMC

3 비금속 재료의 기호

▾ ▾ ▾ [표3-9] 비철 금속 재료의 기호

재 질 명	기 호	재 질 명	기 호	재 질 명	기 호
동주물	CuC	기계구조용 소결 재료	SMF	알루미늄 청동 주물	ALBC
황동 주물	TBSC	화이트 메탈	WM	마그네슘 합금 주물	MgC
고강도 황동 주물	HBSC	규소 청동 주물	SZBC	니켈 및 니켈 합금 주물	NC
청동주물	BC	알루미늄 합금 다이캐스팅	ALDC	티탄선	TW
인청동주물	PBC	알루미늄 합금 주물	AC	아연 합금 다이캐스팅	ZDC

CHAPTER 04 공차(Tolerance)

01 공차의 개요

① 공차(Tolerance)

기계 또는 기구 등 각각의 부품에 요구되는 설계상 필요조건은 성능(Performance), 제조(Manufacturing), 경제성(Cost)으로, 이를 충족하기 위해서 무엇보다도 제품의 정밀도 향상이 요구된다. 기계 부품을 제작할 때, 조립할 때, 또는 기능에 따라 적절한 정밀도를 선택함으로 부품 간의 호환성, 고성능, 고품질의 요구사항이 충족될 수 있기 때문이다.

공차는 제품의 크기(Size), 기하학적 형상(Shape), 자세(Orientation), 위치(Location), 표면 거칠기 (Surface roughness)등이 있으며, 이것들은 기준 치수에 허용할 수 있는 최대, 최소의 허용 범위를 숫자, 문자, 기호 등으로 표시한다.

② 공차의 종류

(1) 일반 공차(General tolerance)
(2) 치수 공차(Dimension tolerance)
(3) 끼워맞춤 공차(Fit tolerance)
(4) 표면 거칠기(Surface tolerance), 다듬질 공차
(5) 기하 공차(Geometric tolerance)

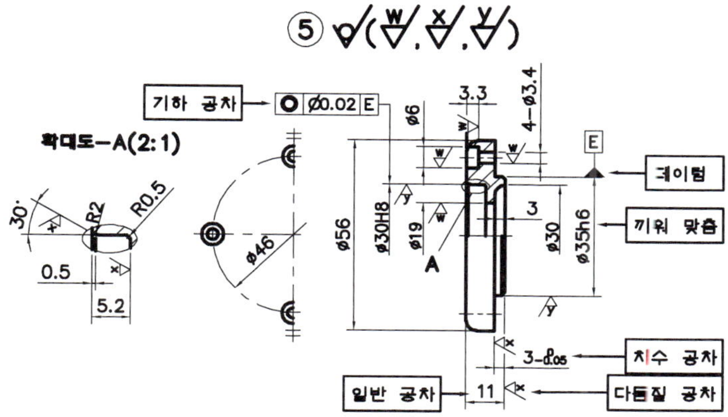

그림 4-1 공차의 표시

02 일반 공차

1 일반 공차(General tolerance)

일반 공차는 치수 공차 표시가 없는 선형 치수와 각도 치수에 대한 공차로 제작법 및 재질을 고려하여 만들어진 것으로 ± 값으로 되어 있으며 주석란(Note)에 일반 공차의 호칭법을 표시하고 도면의 간략화를 위해 허용차를 기입하지 않는다.

2 일반 공차의 관련 규격

(1) 절삭 가공부 : KS B ISO 2768-m
(2) 주조부 : KS B 0250 CT-11
(3) 주강부 : KS B 0418 보통급
(4) 프레스 가공부 : KS B 0413 보통급
(5) 단조부 : KS B 0426 보통급
(6) Al합금 주조부 : KS B0250 부속서 3
(7) 다이캐스팅부 : KS B0250 부속서 4

③ 절삭 가공부 : KS B ISO 2768

▾▾▾[표4-1] 선형 치수에 대한 일반 공차(KS B ISO 2768) [단위 : mm]

공차 등급		보통 치수에 대한 허용 편차							
호칭	설명	0.5(1) 에서 3이하	3초과 6이하	6초과 30이하	30초과 120이하	120초과 400이하	400초과 1000이하	1000초과 2000이하	2000초과 4000이하
f	정밀	±0.05	±0.05	±0.1	±0.15	±0.2	±0.3	±0.5	–
m	중간	±0.1	±0.1	±0.2	±0.3	±0.5	±0.8	±1.2	±2
c	거칢	±0.2	±0.3	±0.5	±0.8	±1.2	±2	±3	±4
v	매우 거칢	–	±0.5	±1	±1.5	±2.5	±4	±6	±8

▾▾▾[표4-2] 각도 치수에 대한 일반 공차(KS B ISO 2768)

공차 등급		각을 이루는 치수(단위 : mm)에 대한 허용 편차				
호칭	설명	10 이하	10 초과 50 이하	50 초과 120 이하	120 초과 400 이하	400초과
f	정밀	±1°	±0° 30′	±0° 20′	±0° 10′	±0° 5′
m	중간					
c	거칢	±1° 30′	±1°	±0° 30′	±0° 15′	±0° 10′
v	매우 거칢	±3°	±2°	±1°	±0° 30′	±0° 20′

④ 주철부 : KS B 0250

(1) 공차 등급 CT1~CT15에서의 살두께에 대하여 1등급 큰 공차 등급을 적용한다.

(2) 16mm까지의 치수에 대하여 CT13~CT16까지의 보통 공차는 적용하지 않으므로 이러한 치수는 개별 공차를 지시한다.

(3) 등급 CT16은 일반적으로 CT15를 지시한 주조품의 살 두께에 대해서만 적용한다.

▾▾▾[표4-3] 주조품에 대한 일반 공차(KS B 0250) [단위 : mm]

주조품의 기준 치수		전체 주조 공차															
초과	이하	주조 공차 등급 CT															
		1	2	3	4	5	6	7	8	9	10	11	12	13	14	15	16
–	10	0.09	0.13	0.18	0.26	0.36	0.52	0.74	1	1.5	2	2.8	4.2	–	–	–	–
10	16	0.1	0.14	0.2	0.28	0.38	0.54	0.78	1.1	1.6	2.2	3	4.4	–	–	–	–
16	25	0.11	0.15	0.22	0.3	0.42	0.58	0.82	1.2	1.7	2.4	3.2	4.6	6	8	10	12
25	40	0.12	0.17	0.24	0.32	0.46	0.64	0.9	1.3	1.8	2.6	3.6	5	7	9	11	14
40	63	0.13	0.18	0.26	0.36	0.5	0.7	1	1.4	2	2.8	4	5.6	8	10	12	16
63	100	0.14	0.2	0.28	0.4	0.56	0.78	1.1	1.6	2.2	3.2	4.4	6	9	11	14	18
100	160	0.15	0.22	0.3	0.44	0.62	0.88	1.2	1.8	2.5	3.6	5	7	10	12	16	20
160	250	–	0.24	0.34	0.5	0.7	1	1.4	2	2.8	4	5.6	8	11	14	18	22
250	400	–	–	0.4	0.56	0.78	1.1	1.6	2.2	3.2	4.4	6.2	9	12	16	20	25
400	630	–	–	–	0.64	0.9	1.2	1.8	2.6	3.6	5	7	10	14	18	22	28
630	1000	–	–	–	–	1	1.4	2	2.8	4	6	8	11	16	20	25	32
1000	1600	–	–	–	–	–	1.6	2.2	3.2	4.6	7	9	13	18	23	29	37
1600	2500	–	–	–	–	–	–	2.6	3.8	5.4	8	10	15	21	26	33	42
2500	4000	–	–	–	–	–	–	–	4.4	6.2	9	12	17	24	30	38	49
4000	6300	–	–	–	–	–	–	–	–	7	10	14	20	28	35	44	56
6300	10000	–	–	–	–	–	–	–	–	–	11	16	23	32	40	50	64

5 주강부 : KS B 0418

ISO 8062에서는 모래형 주조 수동 주입 방법에 대한 주강품 공차 등급을 CT11~14로, 모래형 주조 기계 주입 및 셸 모드 방식의 주강품 공차 등급을 CT8~12로 규정하고 있다.

▾▾▾[표4-4] 주강품에 대한 일반 공차(KS B 0418) [단위 : mm]

치수의 구분 \ 등급	A급	B급	C급
120 이하	±1.8	±2.8	±4.5
120 초과 315 이하	±2.5	±4	±6
315 초과 630 이하	±3.5	±5.5	±9
630 초과 1250 이하	±5	±8	±12
1250 초과 2500 이하	±9	±14	±22
2500 초과 5000 이하	–	±20	±35
5000 초과 10000 이하	–	–	±63

⑥ 프레스 가공부 : KS B 0413

▾ ▾ ▾ [표4-5] 블랭킹 가공품에 대한 일반 공차(KS B 0413) [단위 : mm]

기준 치수의 구분	등급		
	A급	B급	C급
6 이하	±0.05	±0.1	±0.3
6 초과 30 이하	±0.1	±0.2	±0.5
30 초과 120 이하	±0.15	±0.3	±0.8
120 초과 400 이하	±0.2	±0.5	±1.2
400 초과 1000 이하	±0.3	±0.8	±2
1000 초과 2000 이하	±0.5	±1.2	±3

(1) A급, B급 및 C급은 각각 KS B ISO 2768의 공차 등급 f, m 및 c에 해당한다.

▾ ▾ ▾ [표4-6] 벤딩 및 드로잉 가공품에 대한 일반 공차(KS B 0413) [단위 : mm]

기준 치수의 구분	등급		
	A급	B급	C급
6 이하	±0.1	±0.3	±0.5
6 초과 30 이하	±0.2	±0.5	±1
30 초과 120 이하	±0.3	±0.8	±1.5
120 초과 400 이하	±0.5	±1.2	±2.5
400 초과 1000 이하	±0.8	±2	±4
1000 초과 2000 이하	±1.2	±3	±6

(1) A급, B급 및 C급은 각각 KS B ISO 2768의 공차 등급 f, m 및 c에 해당한다.

7 단조부 : KS B 0426 보통급

▼ ▼ ▼ [표4-7] 단조품에 대한 일반 공차(KS B 0426 보통급) [단위 : mm]

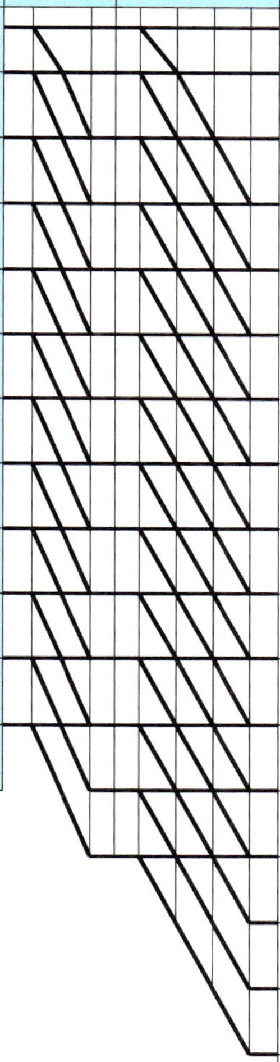

질량의 구분 (kg)	재료에 따른 가공의 난이도 M1M2	모양의 복잡도 S1 S2 S3 S4	호칭 치수의 구분 16 이하		16 초과 40 이하		40 초과 63 이하		63 초과 100 이하		100 초과 160 이하		160 초과 250 이하		250 초과	
			공차	허용차	공차	허용차	공차	허용차	공차	허용차	공차	허용차	공차	허용차	공차	허용차
0.4 이하			1	+0.7 −0.3	1.1	+0.7 −0.4	1.2	+0.8 −0.4	1.4	+0.9 −0.5	1.6	+1.1 −0.5	1.8	+1.2 −0.6	2	+1.3 −0.7
0.4 초과 1.2 이하			1.1	+0.7 −0.4	1.2	+0.8 −0.4	1.4	+0.9 −0.5	1.6	+1.1 −0.5	1.8	+1.2 −0.6	2	+1.3 −0.7	2.2	+1.5 −0.7
1.2 초과 2.5 이하			1.2	+0.8 −0.4	1.4	+0.9 −0.5	1.6	+1.1 −0.5	1.8	+1.2 −0.6	2	+0.3 −0.7	2.2	+1.5 −0.7	2.5	+1.7 −0.8
2.5 초과 5 이하			1.4	+0. −0.5	1.6	+1.1 −0.5	1.8	+1.2 −0.6	2	+1.3 −0.7	2.2	+1.5 −0.7	2.5	+1.7 −0.8	2.8	+1.9 −0.9
5 초과 8 이하			1.6	+1.1 −0.5	1.8	+1.2 −0.6	2	+1.3 −0.7	2.2	+1.5 −0.7	2.5	+1.7 −0.8	2.8	+1.9 −0.9	3.2	+2.1 −1.1
8 초과 12 이하			1.8	+1.2 −0.6	2	+1.3 −0.7	2.2	+1.5 −0.7	2.5	+1.7 −0.8	2.8	+1.9 −0.9	3.2	+2.1 −1.1	3.6	+2.4 −1.2
12 초과 20 이하			2	+1.3 −1.7	2.2	+1.5 −0.7	2.5	+1.7 −0.8	2.8	+1.9 −0.9	3.2	+2.1 −1.1	3.6	+2.4 −1.2	4	+2.7 −1.3
20 초과 36 이하			2.2	+1.5 −0.7	2.5	+1.7 −0.8	2.8	+1.9 −0.9	3.2	+2.1 −1.1	3.6	+2.4 −1.2	4	+2.7 −1.3	4.5	+3 −1.5
36 이하 63 이하			2.5	+1.7 −0.8	2.8	+1.9 −0.9	3.2	+2.1 −1.1	3.6	+2.4 −1.2	4	+2.7 −1.3	4.5	+3 −1.5	5	+3.3 −1.7
63 초과 110 이하			2.8	+1.9 −0.9	3.2	+2.1 −1.1	3.6	+2.4 −1.2	4	+2.7 −1.3	4.5	+3 −1.5	5	+3.3 −1.7	5.6	+3.7 −1.9
110 초과 200 이하			3.2	+2.1 −1.1	3.6	+2.4 −1.2	4	+2.7 −1.3	4.5	+3 −1.5	5	+3.3 −1.7	5.6	+3.7 −1.9	6.3	+4.2 −2.1
200 초과 250 이하			3.6	+2.4 −1.2	4	+2.7 −1.3	4.5	+3 −1.5	5	+3.3 −1.7	5.6	+3.7 −1.9	6.3	+4.2 −2.1	7	+4.7 −2.3
			4	+2.7 −1.3	4.5	+3 −1.5	5	+3.3 −1.7	5.6	+3.7 −1.9	6.3	+4.2 −2.1	7	+4.7 −2.3	8	+5.3 −2.7
			4.5	+3 −1.5	5	+3.3 −1.7	5.6	+3.7 −1.9	6.3	+4.2 −2.1	7	+4.7 −2.3	8	+5.3 −2.7	9	+6 −3
			5	+3.3 −1.7	5.6	+3.7 −1.9	6.3	+4.2 −2.1	7	+4.7 −2.3	8	+5.3 −2.7	9	+6 −3	10	+6.7 −3.3
			5.6	+3.7 −1.9	6.3	+4.2 −2.1	7	+4.7 −2.3	8	+5.3 −2.7	9	+6 −3	10	+6.7 −3.3	11	+7.3 −3.7
			6.3	+4.2 −2.1	7	+4.7 −2.3	8	+5.3 −2.7	9	+6 −3	10	+6.7 −3.3	11	+7.3 −3.7	12	+8 −4

8 Al합금 주조부 : KS B0250 부속서 3

▾▾▾[표4-8] Al합금 주조품에 대한 일반 공차(KS B 0250 부속서 3) [단위 : mm]

종류	호칭 치수의 구분	50 이하		50 초과 120 이하		120 초과 250 이하		250 초과 400 이하		400 초과 800 이하		800 초과 1600 이하		1600 초과 3150 이하		(참고) 해당 공차 등급	
		정밀급	보통급	정밀급	보통급	정밀급	보통급	정밀급	보통급	정밀급	보통급	정밀급	보통급	정밀급	보통급	정밀급	보통급
모래형 주물	틀 분할면을 포함하지 않은 부분	±0.5	±1.1	±0.7	±1.2	±0.9	±1.4	±1.1	±1.8	±1.6	±2.5	–	±4	–	±7	15	16
	틀 분할면을 포함하는 부분	±0.8	±1.5	±1.1	±1.8	±1.4	±2.2	±1.8	±2.8	±2.5	±4.0	–	±6	–	–	16	17
금형 주물	틀 분할면을 포함하지 않은 부분	±0.3	±0.5	±0.45	±0.7	±0.55	±0.9	±0.7	±1.1	±1.0	±1.6	–	–	–	–	14	15
	틀 분할면을 포함하는 부분	±0.5	±0.6	±0.7	±0.8	±0.9	±1.0	±1.1	±1.2	±1.6	±1.8	–	–	–	–	15	15

9 다이캐스팅부 : KS B0250 부속서 4

아연합금 다이캐스팅, 알루미늄 다이캐스팅 등의 주조한 대로의 치수의 보통 공차에 대하여 표 4-8을 따른다.

▾▾▾[표4-8] 다이캐스팅 제품에 대한 일반 공차(KS B 0250 부속서 4) [단위 : mm]

치수의 구분	고정형 및 가동형으로 만드는 부분			기둥 내부로 만드는 부분	
	틀 분할면과 평행 방향 l_1	틀 분할면과 직각 방향 l_2		l_3	
		틀 분할면과 직각 방향의 주물 투영 면적 cm^2		기둥 내부의 이동 방향과 직각인 주물 부분의 투영 면적 cm^2	
		600 이하	600 초과 2400 이하	150 이하	150 초과 600 이하
30 이하	± 0.25	± 0.5	± 0.6	± 0.5	± 0.6
30 초과 50 이하	± 0.3	± 0.5	± 0.6	± 0.5	± 0.6
50 초과 80 이하	± 0.35	± 0.6	± 0.6	± 0.6	± 0.6
80 초과 120 이하	± 0.45	± 0.7	± 0.7	± 0.7	± 0.7
120 초과 180 이하	± 0.5	± 0.8	± 0.8	± 0.8	± 0.8
180 초과 250 이하	± 0.55	± 0.9	± 0.9	± 0.9	± 0.9
250 초과 315 이하	± 0.6	± 1	± 1	± 1	± 1
315 초과 400 이하	± 0.7	–	–	–	–
400 초과 500 이하	± 0.8	–	–	–	–
500 초과 630 이하	± 0.9	–	–	–	–
630 초과 800 이하	± 1	–	–	–	–
800 초과 1000이하	± 1.1	–	–	–	–

03 치수 공차(Dimension tolerance)

물품의 사용목적에 따라 사용상 허용할 수 있는 오차의 범위를 미리 명시하여 치수 범위 내에서 가공하도록 하기 위한 것으로 기준 치수에 위 치수 공차, 아랫 치수 공차로 허용범위를 표시한다.

1 치수 공차 용어

(1) 형체(feature)

치수 공차 방식 · 끼워맞춤 방식의 대상이 되는 기계 부품의 부분

(2) 구멍(hole)과 축(shaft)

주로 원통형의 내측, 외측 형체를 말하나, 원형단면이 아닌 형체도 포함한다.

(3) 실 치수(actual size)

실제로 가공된 기계부품의 치수로 측정치

(4) 기준 치수(basic size)

허용한계의 기준이 되는 치수로 정수 또는 소수로 나타낸다.

(5) 위 치수 허용차(upper deviation)

최대 허용 치수와 대응하는 기준 치수와의 대수차. 즉, (최대 허용치수) − (기준치수)
구멍의 위 치수 허용차는 기호 ES로 , 축의 위 치수 허용차는 기호 es에 의해 나타낸다.

(6) 아래 치수 허용차(lower deviation)

최소 허용 치수와 대응하는 기준 치수의 대수차. 즉, (최소 허용치수) − (기준치수)
구멍의 아래 치수 허용차는 기호 EI로, 축의 위 치수 허용차는 기호 eI에 의해 나타낸다.

(7) 허용한계 치수(limits of size)

형체의 실 치수가 그 사이에 들어가도록 정한, 허용할 수 있는 대소 2개의 극한의 치수. 즉, 최대 허용치수 및 최소허용치수

(8) 최대 허용치수(maximum limit of size)

형체의 허용되는 최대 치수

(9) 최소 허용치수(minimum limit of size)

형체의 허용되는 최소 치수

(10) 치수 허용차(deviation)

허용 한계치수에서 기준치수를 뺀 값으로 흔히 허용차라고도 한다.

(11) 치수 공차(tolerance)

최대 허용 치수와 최소 허용 치수와의 차. 즉 위 치수 허용차와 아래 치수 허용차와의 차

(12) 기초가 되는 치수 허용차

기준선에 대한 공차역의 위치를 결정하는 치수 허용차. 위 치수 허용차 및 아래 치수 허용차의 어느 쪽이고, 보통은 기준선에 가까운 쪽의 치수 허용차

(13) 공차역

치수 공차를 도시하였을 때, 치수 공차의 크기와 기준선에 대한 그 위치에 따라 결정하는 최대 허용 치수와 최소 허용 치수를 나타내는 2개의 직선 사이의 영역

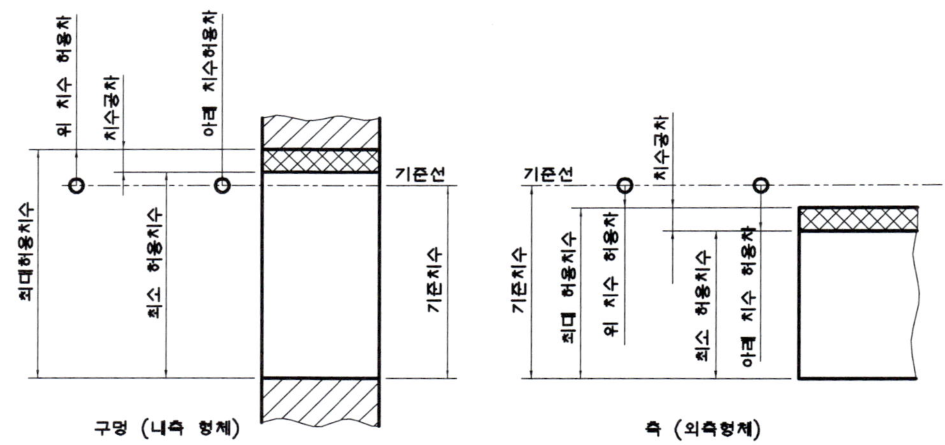

그림 4-2 치수 공차의 용어

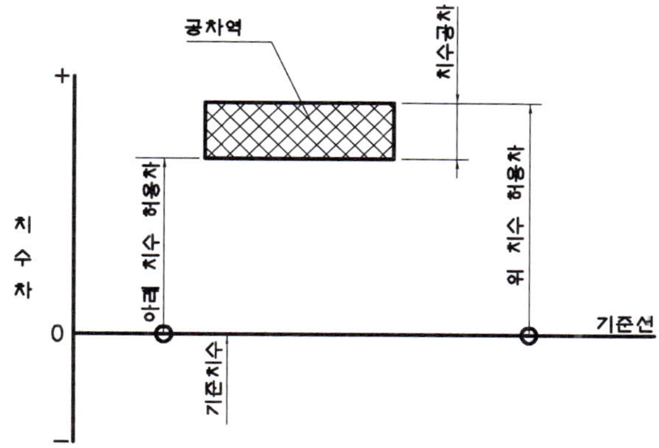

그림 4-3 치수 공차역

2 치수 공차의 활용

제작, 조립, 또는 기능과 관련하여 허용할 수 있는 범위를 미리 정해서 치수 공차로 기입할 수 있도록 일반 기계 부품의 공차역을 소개한다.

(1) 거친 등급

일반 공차를 고려하여 상대 치수를 크거나 작게 만들 때 거친 등급의 공차역을 정한다.

⇨ 0.1 이상으로 치수에 비례하여 선택하되 일반 공차의 공차역을 참고할 수 있다.

그림 4-4 거친 등급의 치수 공차

(2) 보통 등급

일반적으로 기계 부품을 조립할 때의 모든 공차는 보통 등급의 공차역을 정한다.

⇨ 0.05 이상으로 치수에 비례하여 선택하되 IT(International Tolerance) 공차에서 9~10급을 참고할 수 있다.

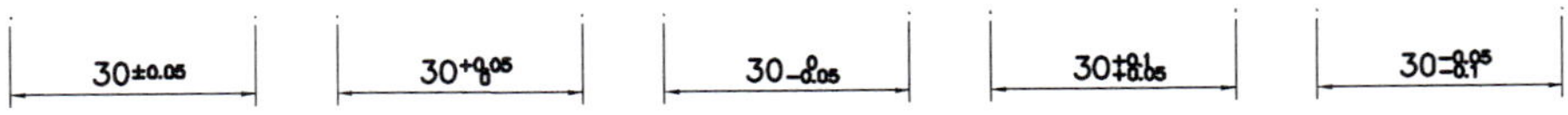

그림 4-5 보통 등급의 치수 공차

(3) 정밀 등급

보통 등급이하의 정밀도이며 운동하거나 정밀하게 끼워맞춤을 요구할 때 정밀 등급의 공차역을 정한다.

⇨ 0.01 이상으로 치수에 비례하여 선택하되 IT 공차에서 6~7급을 참고할 수 있다.

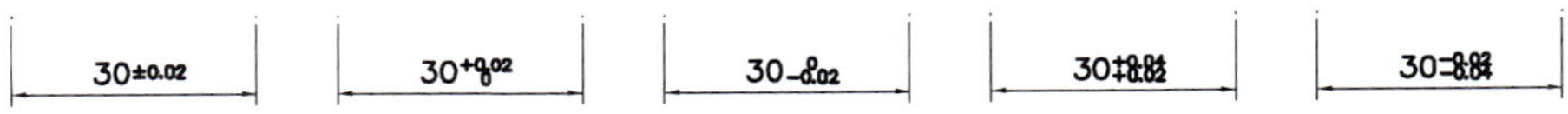

그림 4-6 정밀 등급의 치수 공차

04 끼워맞춤 공차(Fit tolerance)

구멍과 축을 조립할 때 치수 차이로 인해 생기는 관계로 기준식을 정하고 틈새 또는 죔새로 끼워맞춤을 구성할 때 문자 공차로 나타내는 것을 말한다.

1 끼워맞춤의 구성

(1) 구멍(hole)

주로 원통형의 내측 형체를 말하나, 원형 단면이 아닌 내측 형체도 포함하며 영문자의 대문자로 표기한다.

(2) 축(shaft)

주로 원통형의 외측 형체를 말하나, 원형 단면이 아닌 외측 형체도 포함하며 영문자의 소문자로 표기한다.

(3) 틈새(Clearance)

구멍의 치수가 축의 치수보다도 클 때의 구멍과 축과의 치수 차

① 최대 틈새(maximum clearance)

구멍의 최대 허용치수에서 축의 최소 허용 치수를 뺀 영역으로 헐거움 끼워맞춤 및 중간 끼워맞춤에서 나타난다.

② 최소 틈새(minimum clearance)

구멍의 최소 허용치수에서 축의 최대 허용 치수를 뺀 영역으로 헐거움 끼워맞춤에서 나타난다.

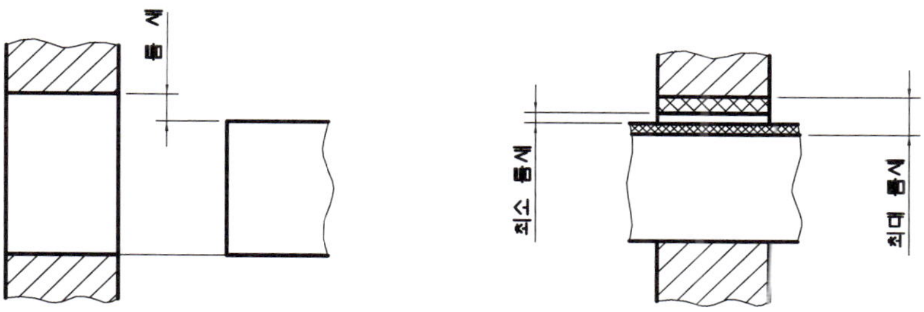

(a) (b)

그림 4-7 틈새, 최대 틈새와 최소 틈새

(4) 죔새(Interference)

구멍의 치수가 축의 치수보다도 작을 때의 조립전의 구멍과 축과의 치수 차.

① 최대 죔새(maximum interference)

축의 최대 허용치수에서 구멍의 최소 허용 치수를 뺀 영역으로 억지 끼워맞춤 및 중간 끼워맞춤에서 나타난다.

② 최소 죔새(minimum interference)

축의 최소 허용치수에서 구멍의 최대 허용 치수를 뺀 영역으로 억지 끼워맞춤에서 나타난다.

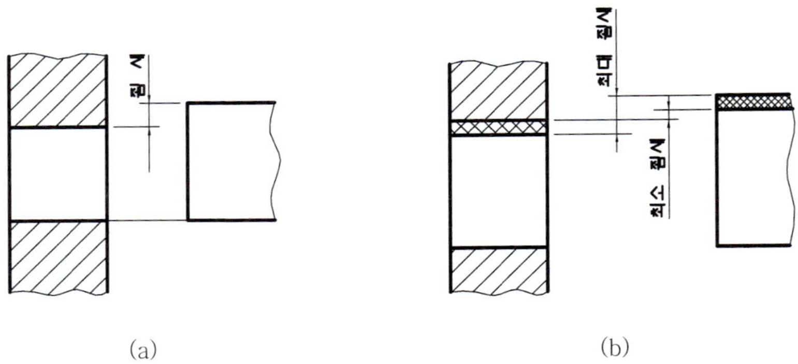

그림 4-8 죔새, 최대 죔새와 최소 죔새

2 기준식

일반적으로 제작상의 난이도로 기준식을 결정하며 기초가 되는 허용차 0을 포함한다.

(1) 구멍 기준식

외측면체 보다 내측면체 가공이 비교적 어려우므로 일반적으로 구멍 기준식을 사용한다.

⇨ 영문자의 대문자 H로 기입하며 아래 치수 공차가 0이다.

(2) 축 기준식

다수의 수량을 미리 제작을 해서 적용하거나 시중 구매품 또는 규격품의 외측면체를 기준으로 끼워맞춤을 구성하기 위해 구멍을 제작할 때 사용한다.

⇨ 영문자의 소문자 h로 기입하며 위 치수 공차가 0이다.

3 끼워맞춤의 종류

(1) 헐거움 끼워맞춤(clearance fits)

조립했을 때, 항상 틈새가 생기는 끼워맞춤으로 구멍의 공차역이 완전히 축의 공차역의 위쪽에 있는 끼워맞춤

(2) 억지 끼워맞춤(tight fits)

조립했을 때 항상 죔새가 생기는 끼워맞춤으로 구멍의 공차역이 완전히 축의 공차역의 아래쪽에 있는 끼워맞춤

(3) 중간 끼워맞춤(transition fits, sliding fits)

조립했을 때, 구멍 · 축의 실 치수에 따라 틈새 또는 죔새의 어느 것이나 되는 끼워맞춤으로 구멍·축의 공차역이 완전히 또는 부분적으로 겹치는 끼워맞춤

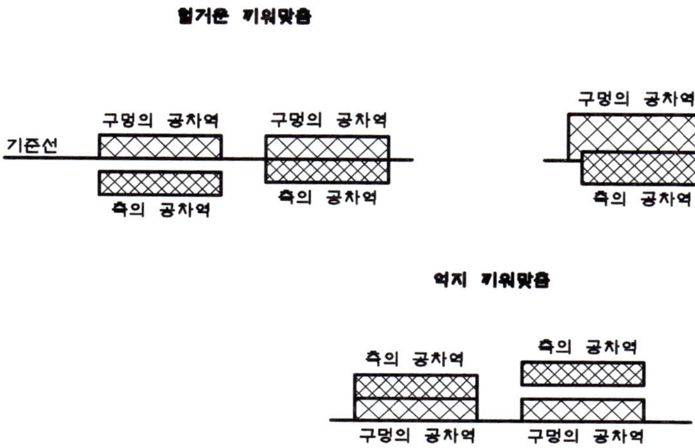

그림 4-9 헐거움 끼워맞춤

▾ ▾ ▾[표4-9] 끼워맞춤의 예

구멍의 최대허용치수 40.025mm, 구멍의 최소허용치수 40.000mm		
끼워맞춤	축의 치수(mm)	끼워맞춤의 공차역(mm)
헐거운 끼워맞춤	축의 최대허용치수 39.975	최대틈새=0.075
	축의 최소허용치수 39.950	최소틈새=0.025
억지 끼워맞춤	축의 최대허용치수 40.050	최대죔새=0.050
	축의 최소허용치수 40.031	최소죔새=0.006
중간 끼워맞춤	축의 최대허용치수 40.011	최대죔새=0.011
	축의 최소허용치수 39.995	최소틈새=0.030

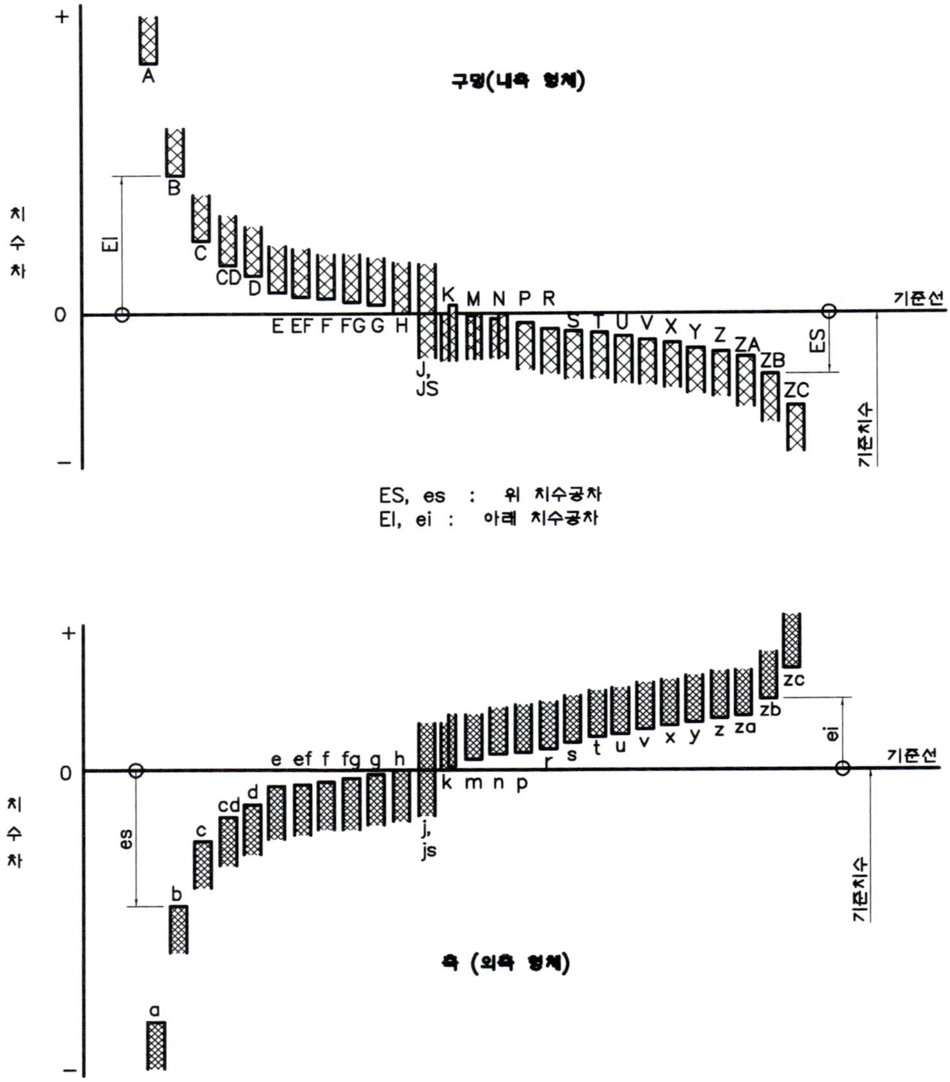

그림 4-10 끼워맞춤 문자

4 IT 공차

IIT 공차는 국제규격(ISO) International Tolerance의 약자로 IT01~IT18 등급까지 20등급이 있으나 IT01−0은 정밀도가 아주 높아 실제 제품생산에 적용하지 않고 별도로 규정하고 있다.

▼▼▼[표4-10] IT 공차의 분류

구분 \ 용도	정밀 등급 (게이지 제작 공차)	상용 등급 (일반 기계 가공품의 끼워 맞춤 공차)	거친 등급 (끼워맞춤과 무관한 공차)
구멍(N) 축(N, N-1)	IT1-IT5 IT1-IT4	IT6-IT10 IT5-IT9	IR11-IT18 IT10-IT18
정밀도	0.001mm~	0.01mm~	0.1mm~

▼▼▼[표4-11] IT 기본 공차

기준치수의 구분(mm)		공차등급																	
		1	2	3	4	5	6	7	8	9	10	11	12	13	14	15	16	17	18
초과	이하	기본 공차의 수치 (μm)											기본 공차의 수치 (mm)						
-	3	0.8	1.2	2	3	4	6	10	14	25	40	60	0.10	0.14	0.26	0.40	0.60	1.00	1.40
3	6	1	1.5	2.5	4	5	8	12	18	30	48	75	0.12	0.18	0.30	0.48	0.75	1.20	1.80
6	10	1	1.5	2.5	4	6	9	15	22	36	58	90	0.15	0.22	0.36	0.58	0.90	1.50	2.20
10	18	1.2	2	3	5	8	11	18	27	43	70	110	0.18	0.27	0.43	0.70	1.10	1.80	2.70
18	30	1.5	2.5	4	6	9	13	21	33	52	84	130	0.21	0.33	0.52	0.84	1.30	2.10	3.30
30	50	1.5	2.5	4	7	11	16	25	39	62	100	160	0.25	0.39	0.62	1.00	1.60	2.50	3.90
50	80	2	3	5	8	13	19	30	46	74	120	190	0.30	0.46	0.74	1.20	1.90	3.00	4.60
80	120	2.5	4	6	10	15	22	35	54	87	140	220	0.35	0.54	0.87	1.40	2.20	3.50	5.40
120	180	3.5	5	8	12	18	25	40	63	100	160	250	0.40	0.63	1.00	1.60	2.50	4.00	6.30
180	250	4.5	7	10	14	20	29	46	72	115	185	290	0.46	0.72	1.15	1.85	2.90	4.60	7.20
250	315	6	8	12	16	23	32	52	81	130	210	320	0.52	0.81	1.30	2.10	3.20	5.20	8.10
315	400	7	9	13	18	25	36	57	89	140	230	360	0.57	0.89	1.40	2.30	3.60	5.70	8.90
400	500	8	10	15	20	27	40	63	97	155	250	400	0.63	0.97	1.55	2.50	4.00	6.30	9.70
500	630	9	11	16	22	30	44	70	110	175	280	440	0.70	1.10	1.75	2.80	4.40	7.00	11.00
630	800	10	13	18	25	35	50	80	125	200	320	500	0.80	1.25	2.00	3.20	5.00	8.00	12.50
800	1000	11	15	21	29	40	56	90	140	230	360	560	0.90	1.40	2.30	3.60	5.60	9.00	14.00
1000	1250	13	18	24	34	46	66	105	165	260	420	660	1.05	1.65	2.60	4.20	6.60	10.50	16.50
1250	1600	15	21	29	40	54	78	125	195	310	500	780	1.25	1.95	3.10	5.00	1.80	12.50	19.50
1600	2000	18	25	35	8	65	92	150	230	370	600	920	1.50	2.30	3.70	6.00	9.20	15.00	23.00
2000	2500	22	30	41	57	77	110	175	280	440	700	1100	1.75	2.80	4.40	7.00	11.00	17.50	28.00
2500	3150	26	36	50	69	93	135	210	330	540	860	1350	2.10	3.30	5.40	8.60	13 50	21.00	33.00

(1) 공차 등급 IT 14~18은 기준 치수 1mm 이하에는 적용하지 않는다.
(2) 500mm를 초과하는 기준 치수에 대한 공차 등급 IT 1~5의 공차값은 실험적으로 사용하기 위한 잠정적인 것이다.

> **POINT**
> • 끼워맞춤 문자과 IT 공차의 표시 예
> 구멍 : 40H7, 5JS9, 축 : 40g6, 5js9

5 구멍 기준식 끼워맞춤(hole basic system of fit)

구멍의 아래치수 허용차가 "0"이며 구멍을 기준으로 축의 크기로 틈새와 죔새를 조절하여 끼워맞춤을 구성하는 것으로 일반적으로 구멍 기준식으로 끼워맞춤을 구성한다.
⇨ H6~H10 적용(주로 H7 사용)

▾ ▾ ▾ [표4-12] 구멍 기준식 끼워맞춤

기준 구멍	축의 공차 범위 클래스																	
	헐거운 끼워맞춤							중간끼워맞춤			억지 끼워맞춤							
H6						g5	h5	js5	k5	m5								
					f6	g6	h6	js6	k6	m6	n6	p6	p6					
H7					f6	g6	h6	js6	k6	m6	n6	n6	p6	r6	s6	t6	u6	x6
				e7	f7		h7	js7										
H8					f7		h7											
				e8	f8		h8											
				d9	c9													
H9			d8	e8			h8											
		c9	d9	e9			h9											
H10	b9	e9	d9															

❻ 축 기준 끼워맞춤(shaft basic system of fit)

축의 위 치수 허용차가 "0"이며 축을 기준으로 구멍의 크기로 틈새와 죔새를 조절하여 끼워맞춤을 구성하는 것으로 기존 부품이나 기계 요소에 맞는 구멍을 제작할 때 한정한다.

⇨ H5~H9적용(주로 h6 또는 h7 사용)

▾ ▾ ▾ [표4-13] 축 기준식 끼워맞춤

기준구멍	구멍의 공차 범위 클래스																
	헐거운 끼워맞춤							중간끼워맞춤			억지 끼워맞춤						
h5							H6	JS6	K6	M6	N6	P6					
h6					F6	G6	H6	JS6	K6	M6	N6	P6					
					F7	G7	H7	JS7	K7	M7	N7	P7	R7	S7	T7	U7	X7
h7				E7	F7		H7										
					F8		H8										
h8			D8	E8	F8		H8										
			D9	E9			H9										
h9			D8	E8			H8										
		C9	D9	E9			H9										
	B10	C10	D10														

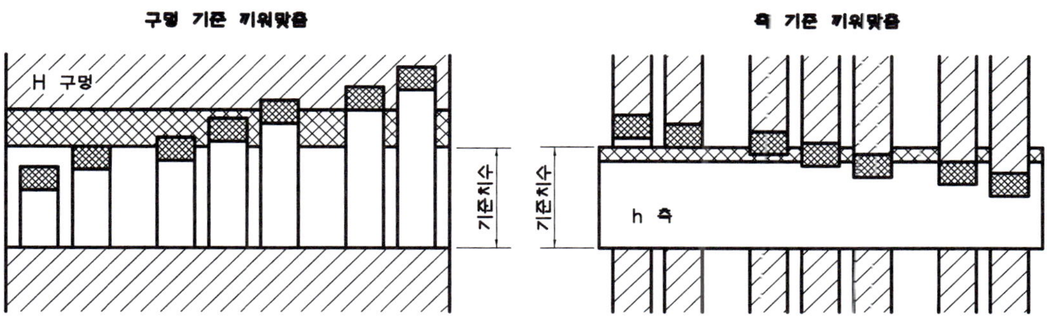

(a) (b)

그림 4-11 끼워맞춤 방식

7 끼워맞춤의 적용

▾ ▾ ▾ [표4-14] 구멍 기준식 끼워맞춤의 적용

구분 \ 기준식		구멍 기준식(H7)		
끼워맞춤의 종류		끼워맞춤의 상태	적용	가공 정도
헐거운 끼워 맞춤	f6, f7	작은 틈새, 윤활유의 사용에 의해서만 운동함, 비교적 큰 치수	크랭크 축 끼워맞춤, 미끄럼 베어링과 축	연삭, 또는 정밀 공작
	g6	작은 틈새, 윤활유의 사용에 의해서만 운동함, 비교적 작은 치수	연삭기의 스핀들 베어링, 정밀 공작기계 등의 주축과 베어링, 고급변속기의 축과 베어링	
	h6, h7	작은 틈새, 윤활유를 공급하며 수동으로 운동하거나, 운동 하지 않는 끼워맞춤	고급변속기의 축과 베어링, 키로 고정된 축과 보스, 볼트로 죈 커버와 하우징	
중간 끼워 맞춤	js6, j6	작은 틈새나 죔새, 운동 하지 않는 끼워맞춤, 작은 치수	키로 고정된 전동축과 보스, 지지점 에 고정된 축, 베어링 케이스	
	k6	작은 틈새나 죔새, 운동 하지 않는 끼워맞춤, 비교적 큰 치수	키로 고정된 전동축과 보스, 지지점 에 고정된 축, 베어링 케이스	
억지 끼워 맞춤	p6	죔새, 반 영구적 결합	보스부에 부시를 강제 끼움	

▾ ▾ ▾ [표4-15] 축 기준식 끼워맞춤의 적용

구분 \ 기준식		축 기준식(h6, h7)		
끼워맞춤의 종류		끼워맞춤의 상태	적용	가공 정도
헐거운 끼워 맞춤	F7	작은 틈새, 비교적 큰 치수	반달 키로 고정된 축과 보스의 끼워맞춤	연삭, 또는 정밀 공작
	G7	작은 틈새, 비교적 작은 치수	개폐가 빈번한 핀과 핀 구멍	
	H7	작은 틈새, 운동 하지 않는 끼워맞춤	일반 핀과 핀 구멍	
중간 끼워 맞춤	M7	거의 죔새, 비교적 경하중	외륜 베어링과 하우징 끼워맞춤	
	N7	거의 죔새, 비교적 중하중	외륜 베어링과 하우징 끼워맞춤	
억지 끼워 맞춤	P7	죔새, 반 영구적 결합	분해가 거의 없는 핀과 핀 구멍	

8 끼워맞춤과 치수 공차의 관계 해석

끼워맞춤 공차를 표 4-11 IT 기본 공차와 표 4-16 구멍 기준식 축의 치수 허용차, 표 4-17 축 기준식 구멍의 치수 허용차를 참고하여 치수 공차로 변환 한다.

▾ ▾ ▾[표4-16] 구멍 기준식 축의 치수 허용차

기준치수의 구분 (mm)		축의공차역클래스[단위 : ㎛]																		
초과	이하	f6	f7	f8	g5	g6	h5	h6	h7	h8	h9	js5	js6	js7	k5	k6	m5	m6	n6	p6
–	3	−6 −12	−6 −16	−6 −20	−2 −6	−2 −8	0 −4	0 −6	0 −10	0 −14	0 −25	±2	±3	±5	+4 0	+6 0	+6 +2	+8 +2	+10 +4	+12 +6
3	6	−10 −18	−10 −22	−10 −22	−4 −9	−4 −12	0 −5	0 −8	0 −12	0 −18	0 −30	±2.5	±4	±6	+6 +1	+9 +1	+9 −4	+12 +4	+16 +8	+20 +12
6	10	−13 −22	−13 −28	−13 −28	−5 −11	−5 −14	0 −6	0 −9	0 −15	0 −22	0 −36	±3	±4.5	±7	+7 +1	+10 +1	+12 +6	+15 +6	+19 +10	+24 +15
10 14	14 18	−16 −27	−16 −34	−16 −43	−6 −14	−6 −17	0 −8	0 −11	0 −18	0 −27	0 −43	±4	±5.5	±9	+9 +1	+12 +1	+15 +7	+18 +7	+23 +12	+29 +18
18 24	24 30	−20 −33	−20 −41	−20 −53	−7 −16	−7 −20	0 −9	0 −13	0 −21	0 −33	0 −52	±4.5	±6.5	±10	+11 +2	+15 +2	−17 +8	+21 +8	+28 +15	+35 +22
30 40	40 50	−25 −41	−25 −50	−25 −64	−9 −20	−9 −25	0 −11	0 −16	0 −25	0 −39	0 −62	±5.5	±8	±12	+13 +2	+18 +2	+20 +9	+25 +9	+33 +17	+42 +26
50 65	65 80	−30 −49	−30 −60	−30 −76	−10 −23	−10 −29	0 −13	0 −19	0 −30	0 −46	0 −74	±6.5	±9.5	±15	+15 −2	+21 +2	+24 +11	+30 +11	+39 +20	+51 +32
80 100	100 120	−36 −58	−36 −71	−36 −90	−12 −27	−12 −34	0 −15	0 −22	0 −35	0 −54	0 −87	±7.5	±11	±17	+18 −3	+25 +3	+28 +13	+35 +13	+45 +23	+59 +37
120 140 160	140 160 180	−43 −68	−43 −83	−43 −106	−14 −32	−14 −39	0 −18	0 −25	0 −40	0 −63	0 −100	±9	±12.5	±20	+21 +3	+28 +3	+33 +15	+40 +15	+52 +27	+68 +43
180 200 225	200 225 250	−50 −79	−50 −96	−50 −122	−15 −35	−15 −44	0 −20	0 −29	0 −46	0 −72	0 −115	±10	±14.5	±23	−24 +4	+33 +4	+37 +17	−46 −17	+60 +31	+79 +50
250 280	280 315	−56 −88	−56 −108	−56 −137	−17 −40	−17 −49	0 −23	0 −32	0 −52	0 −81	0 −130	±11.5	±16	±26	+27 +4	+36 +4	+43 +20	+52 +20	+66 +34	+88 +56
315 355	355 400	−62 −98	−62 −119	−62 −151	−18 −43	−18 −54	0 −25	0 −36	0 −57	0 −89	0 −140	±12.5	±18	±28	+29 +4	+40 +4	+46 +21	+57 +21	+73 +37	+98 +62
400 450	450 500	−68 −108	−68 −131	−68 −165	−20 −47	−20 −60	0 −27	0 −40	0 −63	0 −97	0 −155	±13.5	±20	±31	+32 +5	+45 +5	+50 −23	+63 +23	+80 +40	+108 +68

▾▾▾[표4-17] 축 기준식 구멍의 치수 허용차

기준치수의 구분(mm)		구멍의공차역클래스[단위 : ㎛]																		
초과	이하	F6	F7	F8	G6	G7	H6	H7	H8	H9	JS6	JS7	K6	K7	M6	M7	N6	N7	P6	P7
-	3	+12 +6	+16 +6	+20 +6	+8 +2	+12 +2	+6 0	+10 0	+14 0	+25 0	±3	±3	0 -6	0 -10	-2 -8	-2 -12	-4 -10	-4 -14	-6 -12	-6 -16
3	6	+18 +10	+22 +10	+28 +10	+12 +4	+16 +4	+8 0	+12 0	+18 0	+30 0	±4	±6	+2 -6	+3 -9	-1 -9	0 -12	-5 -13	-4 -16	-9 -17	-8 -20
6	10	+22 +13	+28 +13	+35 +13	+14 +5	+20 +5	+9 0	+15 0	+22 0	+36 0	±4.5	±7	+2 -7	+5 -10	-3 -12	0 -15	-7 -16	-4 -19	-12 -21	-9 -24
10 14	14 18	+27 +16	+34 +16	+43 +16	+17 +6	+24 +6	+11 0	+18 0	+27 0	+43 0	±5.5	±9	+2 -9	+6 -12	-4 -15	0 -18	-9 -20	-5 -23	-15 -26	-11 -29
18 24	24 30	+33 +20	+41 +20	+53 +20	+20 +7	+28 +7	+13 0	+21 0	+33 0	+52 0	±6.5	±10	+2 -11	+6 -15	-4 -17	0 -21	-11 -24	-7 -28	-18 -31	-14 -35
30 40	40 50	+41 +25	+50 +25	+64 +25	+25 +9	+34 +9	+16 0	+25 0	+39 0	+62 0	±8	±12	+3 -13	+7 -18	-4 -20	0 -25	-12 -28	-8 -33	-21 -37	-17 -42
50 65	65 80	+49 +30	+60 +30	+76 +30	+29 +10	+40 +10	+19 0	+30 0	+46 0	+74 0	±9.5	±15	+4 -15	+9 -21	-5 -24	0 -30	-14 -33	-9 -39	-26 -45	-21 -51
80 100	100 120	+58 +36	+71 +36	+90 +36	+34 +12	+47 +12	+22 0	+35 0	+54 0	+87 0	±11	±17	+4 -18	+10 -25	-6 -28	0 -35	-16 -38	-10 -45	-30 -52	-24 -59
120 140 160	140 160 180	+68 +43	+83 +43	+106 +43	+39 +14	+54 +14	+25 0	+40 0	+63 0	+100 0	±12.5	±20	+4 -21	+12 -28	-8 -33	0 -40	-20 -45	-12 -52	-36 -61	-28 -68
180 200 225	200 225 250	+79 +50	+96 +50	+122 +50	+44 +15	+61 +15	+29 0	+46 0	+72 0	+115 0	±14.5	±23	+5 -24	+13 -33	-8 -37	0 -46	-22 -51	-14 -60	-41 -70	-33 -68
250 280	280 315	+88 +56	+108 +56	+137 +56	+49 +17	+69 +17	+32 0	+52 0	+81 0	+130 0	±16	±26	+5 -27	+16 -36	-9 -41	0 -52	-25 -57	-14 -66	-47 -79	-36 -88
315 355	355 400	+98 +62	+119 +62	+151 +62	+54 +18	+75 +18	+36 0	+57 0	+89 0	+140 0	±18	±28	+7 -29	+17 -40	-10 -46	0 -57	-26 -62	-16 -73	-51 -87	-41 -98
400 450	450 500	+108 +68	+165 +68	+165 +68	+60 +20	+83 +20	40 0	+63 0	+97 0	+155 0	±20	±31	+8 -32	+18 -45	-10 -50	0 -63	-27 -67	-17 -80	-55 -95	-45 -108

▾▾▾[표4-18] 끼워맞춤과 치수 공차의 환산

끼워맞춤의 종류	구멍 기준식	헐거운 끼워맞춤	중간 끼워맞춤	억지 끼워맞춤
기준 치수, 끼워맞춤	φ40H7	φ40g6	φ40k6	φ40p6
위 치수허용차(ES, es)	ES=+0.025	es=−0.009	es=+0.018	es=+0.042
아래 치수허용차(EI, ei)	EI=0	ei=−0.025	ei=+0.002	ei=+0.026
최대허용치수(AD, ad)	AD=40.025	ad=39.991	ad=40.018	ad=40.042
최소허용치수(ID, id)	ID=40.000	id=39.975	id=40.002	id=40.026
치수 공차	AD−ID=0.025	ad−id=0.016	ad−id=0.016	ad−id=0.016
끼워맞춤 정도		최대 틈새	최대 죔새	최대 죔새
		AD−id=0.05	ad−ID=0.018	ad−ID=0.042
		최소 틈새	최대 틈새	최소 죔새
		ID−ad=0.009	AD−id=0.023	id−AD=0.001

05 공차 기입 방법

① 일반 공차에 의한 방법

기준 치수에 공차 직접 기입하지 않고, 일반 공차로 일괄적으로 도면 내에 지시한다.

(1) 규격에서 정한 일반 공차의 규격 번호, 등급 등을 주석란(Note)에 표시한다.

[예] 절삭 가공부 : KS B ISO 2768-m

(2) 특정한 치수 공차 등을 표로 작성하거나 주석란(Note)에 표시한다.

[예] 절삭상의 일반 공차 ±0.1

② 치수 공차에 의한 방법

(1) 소수점 이하의 자릿수는 소수점 전의 0의 위치에 가지런히 배열한다.(그림 4-12 (a))

(2) 위·아래 치수 허용차의 어느 한쪽 치수가 0일 때에는 숫자 0으로 표시한다. 이 때 음, 양의 기호는 붙이지 않는다.(그림 4-12 (b))

(3) 양측 공차에서 위 치수 허용차와 아래 치수 허용차가 같을 때에는 치수 허용차의 치수를 하나로 하고, 그 치수 앞에 ±의 기호를 붙여서 표시한다.(그림 4-12 (c))

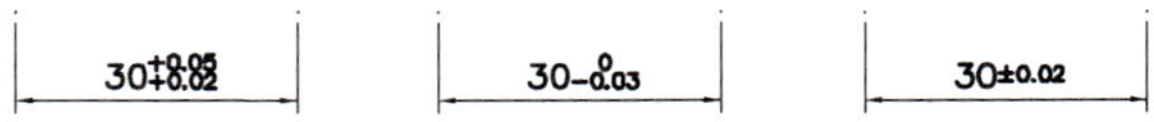

(a) (b) (c)

그림 4-12 치수 공차 기입 방법

3 끼워맞춤에 의한 방법

(1) 끼워맞춤 문자에 의한 방법(그림 4-13 (a))

(2) 끼워맞춤 문자 공차 뒤에 치수 공차로 환산된 값을 괄호 안에 덧붙여 기입한다.(그림 4-13 (b))

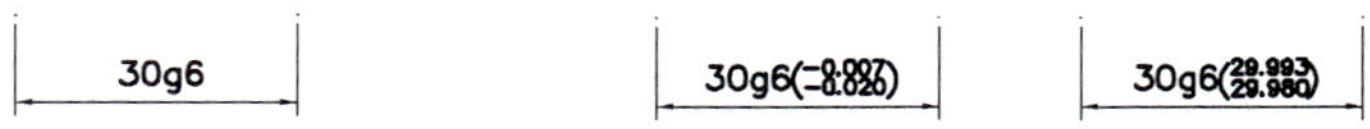

(a) (b)

그림 4-13 끼워맞춤 기입 방법

4 각도 치수의 치수 공차 기입 방법

각도 치수의 치수 공차는 도, 또는 도, 분, 초로 기입하되 반드시 단위 기호를 붙인다.

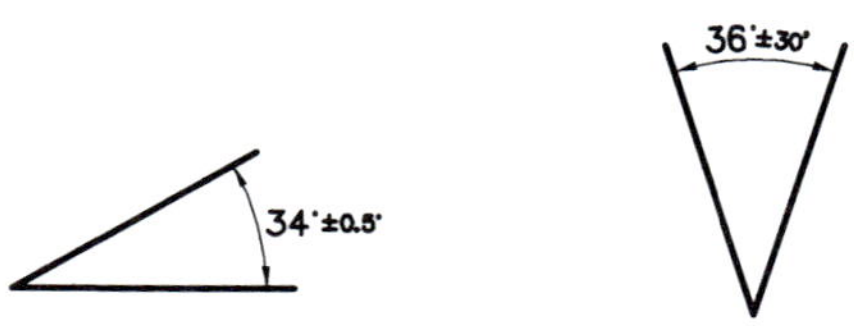

그림 4-14 각도 치수 공차 기입 방법

5 조립도에 치수 공차 기입 방법

(1) 치수 공차에 의한 방법

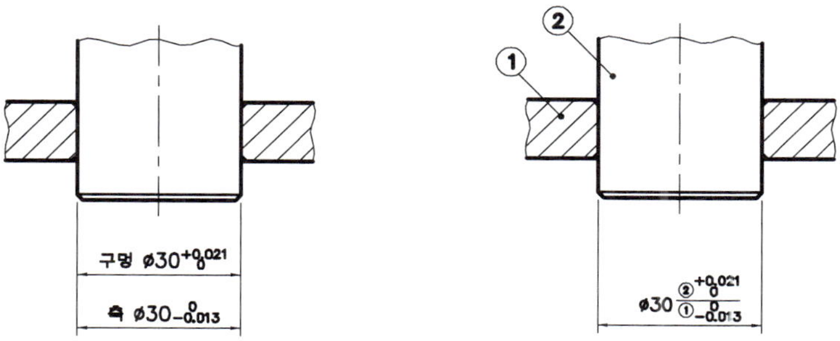

그림 4-15 치수 공차에 의한 방법

(2) 끼워맞춤 공차에 의한 방법

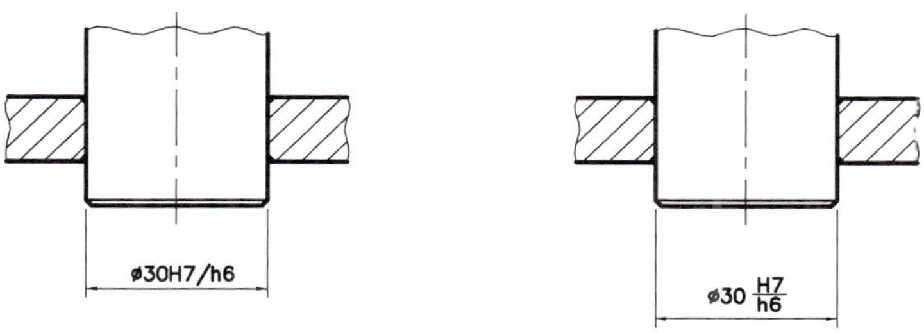

그림 4-16 끼워맞춤에 의한 방법

6 치수 기입의 배치에 대한 치수 공차 기입 방법

(1) 직렬 치수 기입 방법으로 치수기입을 할 때에는 치수 공차의 누적에 의한 오차가 생기므로 중요하지 않는 치수에는 치수 공차를 생략하거나 참고 치수로 표시한다.

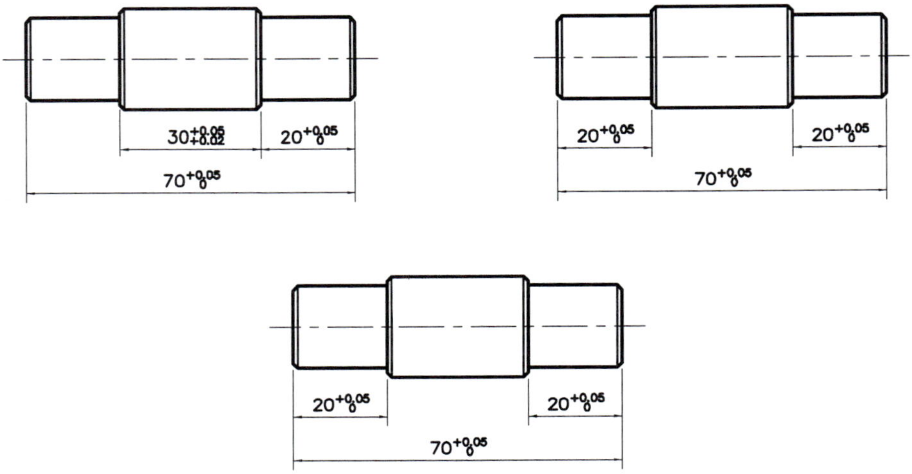

그림 4-17 직렬 치수 기입 방법의 치수 공차 기입 방법

(2) 병렬 치수 기입 방법 또는 누진(누적) 치수기입 방법은 각각의 치수 공차가 다른 치수에 영향을 주지 않으므로 기준 위치로부터 기능, 가공 등의 조건을 고려하여 적절히 선택한다.

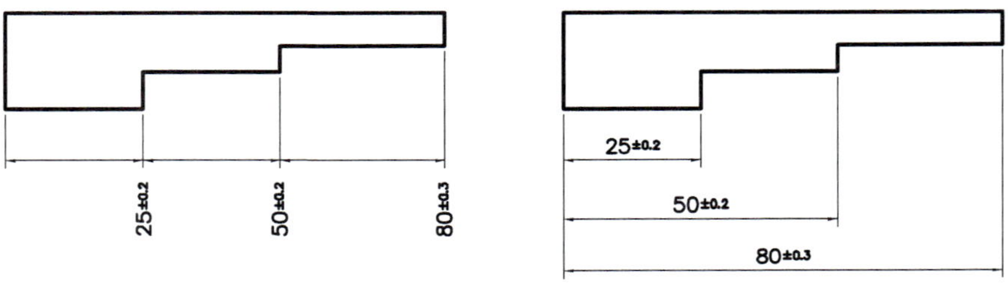

그림 4-18 병렬, 누진(누적) 기입 방법의 치수 공차 기입 방법

표면 거칠기(Surface Roughness)

CHAPTER 05

01 표면조도(表面粗度)

기계적 가공에 의해 부품 표면에 생긴 작은 구간에서의 규칙적이거나 불규칙한 요철을 표면조도 또는 표면 거칠기라고 하며 단위는 마이크로미터(μm, 0.001mm)를 사용한다.

① 파상도(波狀度)

표면 거칠기보다 큰 간격으로 반복되는 굴곡의 상태로 공작기계나 바이트의 변형 또는 진동에 의해 발생한 것이다.

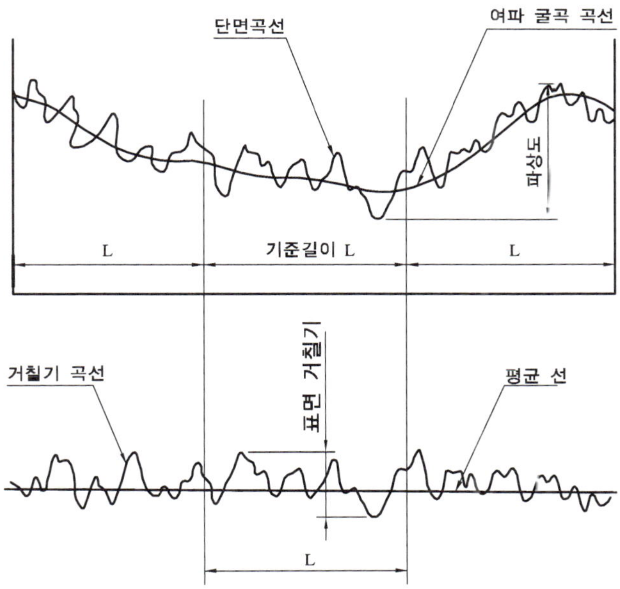

그림 5-1 표면 거칠기와 파상도

② 단면 곡선과 거칠기 곡선

대상면에 직각인 평면으로 대상면을 절단했을 때 그 단면에 나타나는 오목 볼록한 윤곽(profile)을 단면곡선(unfiltered profile)이라 하며 요철이 가장 크게 나타나는 방향으로 측정하는 것을 원칙으로 한다. 거칠기곡선(roughness profile)은 단면곡선을 컷오프해서 얻은 곡선이다.

(1) 컷오프

단면곡선을 필터링 할 때 고역필터를 통과하느냐 못하느냐의 기준이 되는 파장을 컷오프 값이라 하는데, KS에서는 "감쇠율이 −2dB/oct인 고역필터를 사용하였을 때 그 이득이 75%가 되는 주파수의 파장"으로 규정하고 있다.

컷오프 값(λc) : 0.08, 0.25, 0.8, 2.5, 8, 25 [mm]

그림 5-2는 단면곡선과 컷오프된 거칠기곡선을 보여준다.

(2) 기준길이와 평가길이

거칠기 곡선에서 컷오프 값을 취한 부분의 길이를 기준길이라 하며 표면 거칠기의 평가에 사용되는 기준길이를 하나 이상 포함하는 길이를 평가길이라 한다. 평가길이의 표준 값은 기준길이의 5배로 정의한다.

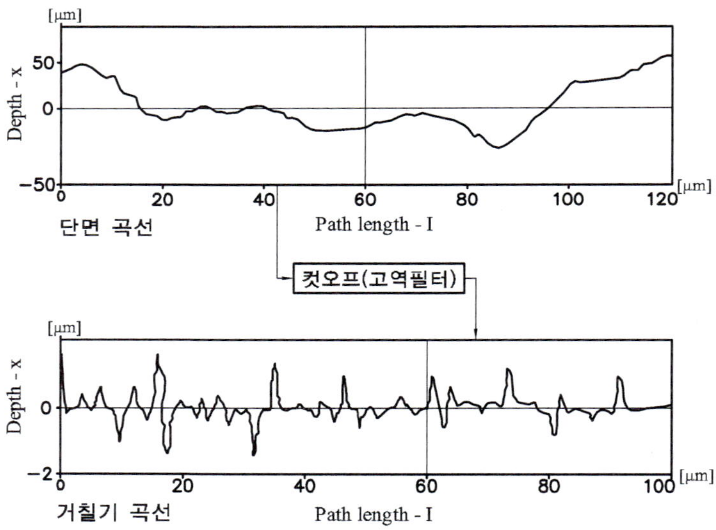

그림 5-2 단면곡선과 거칠기곡선

02 표면 거칠기의 종류

(1) 최대높이(R_{max}) 거칠기

(2) 10점 평균 거칠기(R_z)

(3) 산술(중심선) 평균 거칠기(R_a(75)) : 현재 표준화로 사용되고 있다.(KS, ISO)

❶ 최대높이 거칠기(R_{max} : maximum height roughness)

거칠기 곡선에서 평균 선의 방향에 기준길이 만큼 뽑아내어 이 부분의 산봉우리 선과와, 골바닥 선의 간격을 거칠기 곡선의 세로 배율의 방향으로 측정하여 이 값을 마이크로 미터(μm)로 표시한 것을 말한다.(m : 평균선)

$$R_{max} = R_p + R_v$$

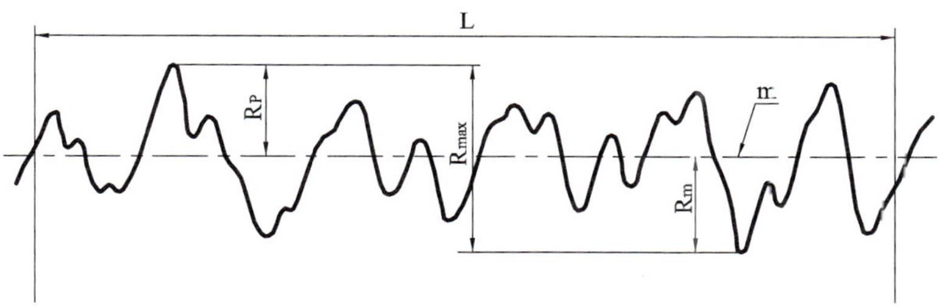

그림 5-3 최대높이 거칠기

(1) 기준길이

원칙적으로 6종류(단위 : mm) : 0.08, 0.25, 0.8, 2.5, 8, 25

(2) 기준길이의 표준값

특별한 지정이 없는 경우 표 5-1의 기준길이의 표준값을 사용한다.

▾ ▾ ▾ [표5-1] 기준길이의 표준값

최대높이의 범위(μm)		기준길이(mm)	평가길이(mm)
초과	이하		
(0.025)	0.1	0.08	0.4
0.1	0.5	0.25	1.25
0.5	10	0.8	4
10	50	2.5	12.5
50	200	8	40

(3) 표준 수열

최대높이 거칠기에 따라 표면 거칠기를 표시하는 경우에는 일반적으로 표 5-2의 표준 수열을 사용한다.

▾ ▾ ▾ [표5-2] 최대 높이 거칠기의 표준 수열(μm)

0.025	0.4	6.3	100
0.05	0.8	12.5	200
0.10	1.6	25	400
0.20	3.2	50	800

❷ 10점 평균 거칠기(R_z : ten point median height roughness)

거칠기 곡선에서 평균 선의 방향으로 기준 길이만큼 뽑아내어, 이 부분의 평균 선에서 세로 배율의 방향으로 측정한 가장 높은 곳으로부터 5번째까지 봉우리의 절대값의 평균값과 가장 깊은 곳으로부터 5번째까지 골바닥의 절대값의 평균값과의 합을 구하여, 이 값을 마이크로 미터(μm)로 표시한 것을 말한다.

$$R_z = \frac{|R_{p1} + R_{p2} + R_{p3} + R_{p4} + R_{p5}| + |R_{v1} + R_{v2}\ R_{v3} + R_{v4} + R_{v5}|}{5}$$

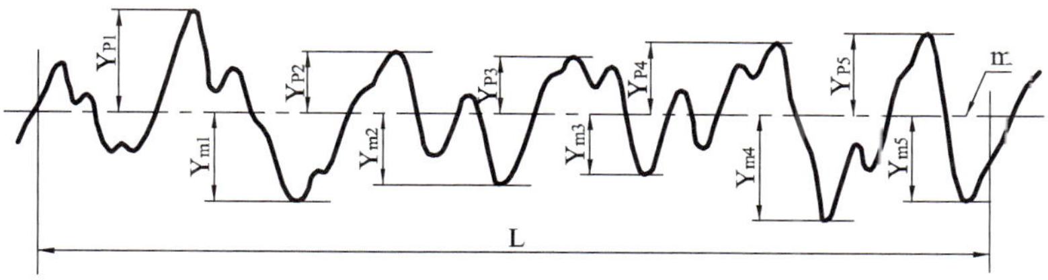

그림 5-4 10점 평균거칠기

(1) 기준길이

원칙적으로 6종류(단위 : mm) : 0.08, 0.25, 0.8, 2.5, 8, 25

(2) 기준길이의 표준값

특별한 지정이 없는 경우 표 5-3의 기준길이의 표준값을 사용한다.

▾ ▾ ▾ [표5-3] 기준길이의 표준값

최대높이의 범위(μm)		기준길이(mm)	평가길이(mm)
초과	이하		
(0.025)	0.1	0.08	0.4
0.1	0.5	0.25	1.25
0.5	10	0.8	4
10	50	2.5	12.5
50	200	8	40

(3) 표준 수열

10점 평균 거칠기에 따라 표면 거칠기를 표시하는 경우에는 일반적으로 표 5-4의 표준 수열을 사용한다.

▾ ▾ ▾ [표5-4] 최대 높이 거칠기의 표준 수열(μm)

0.025	0.4	6.3	100
0.05	0.8	12.5	200
0.10	1.6	25	400
0.20	3.2	50	800

❸ 산술(중심선) 평균거칠기(R_a(75) : arithmetical average roughness)

산술(중심선) 평균 거칠기는 거칠기 곡선으로부터 그 평균 선의 방향에 기준 길이만큼 뽑아내어, 그 부분의 평균 선 방향에 x축을, 세로 배율 방향에 y축을 잡고, 거칠기 곡선을 $y=f(x)$로 나타냈을 때, 다음 식에 따라서 구해지는 값을 마이크로미터(μm)로 나타낸 것을 말한다.

여기서 m=평균선, L=기준길이이다.

$$Ra=\frac{1}{L}\int_0^l |f(x)|dx$$

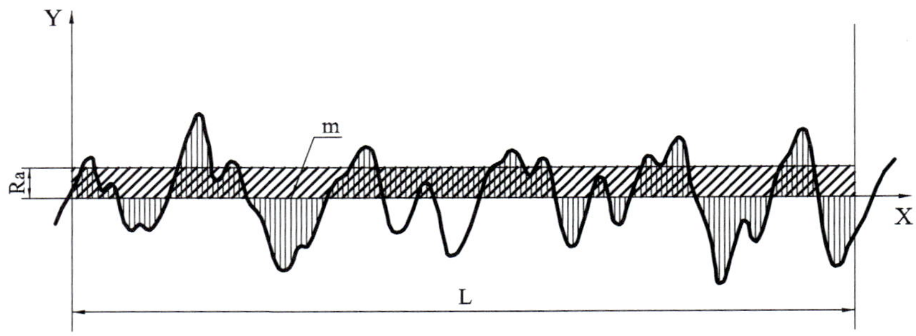

그림 5-5 중심선 거칠기

(1) 컷오프값

원칙적으로 6종류(단위 : mm) : 0.08, 0.25, 0.8, 2.5, 8, 25

(2) 기준길이의 표준값

특별한 지정이 없는 경우 표 5-5의 컷오프값의 표준값을 사용한다.

▾ ▾ ▾ [표5-5] 기준길이의 표준값

최대높이의 범위(μm)		컷오프값(mm)	평가길이(mm)
초과	이하		
(0.025)	0.1	0.08	0.4
0.1	0.5	0.25	1.25
0.5	10	0.8	4
10	50	2.5	12.5
50	200	8	40

(3) 표준 수열

산술(중심선) 거칠기에 따라 표면 거칠기를 표시하는 경우에는 일반적으로 표 5-6의 표준 수열을 사용한다.

▾▾▾[표5-6] 산술(중심선) 평균 거칠기의 표준 수열(μm)

0.012	0.2	3.2	50
0.025	0.4	6.3	100
0.05	0.8	12.5	200
0.10	1.6	25	400

03 표면조도 도시방법

기계부품, 구조 부재 등의 표면에 조도에 관한 지시는 도면상에 기호로써 그 대상물의 표면, 제거 가공의 필요 여부 및 표면 거칠기에 대하여 반드시 지시한다. 또한, 기능상 엄밀하게 정의할 경우에는 그 대상면의 가공방법, 줄 무늬 방향 및 표면 파상도도 지시한다.

① 대상면을 지시하는 기호

(1) 표면에 제거 가공을 요구하는 것의 지시(그림 5-6 (a))
(2) 표면에 제거가공을 허용하지 않는 것의 지시(그림 5-6 (b))
(3) 제거가공의 필요 여부를 묻지 않는 것의 지시(그림 5-6 (c))

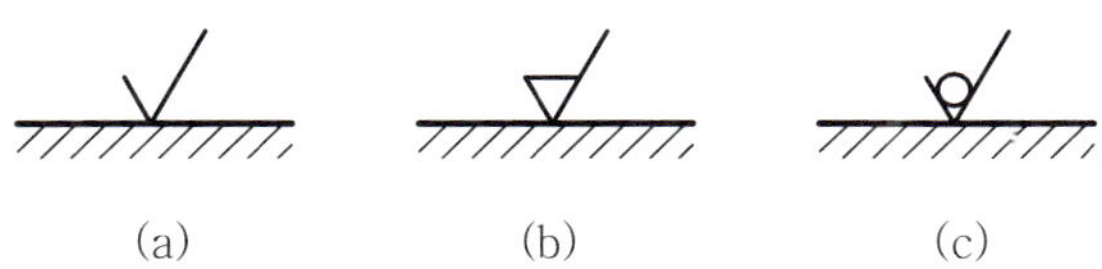

그림 5-6 대상면의 지시 기호

2 표면 거칠기값 기입 위치

(1) 상한만을 지시하는 경우에는, 위쪽 면에 지시 할 때 위로 도시하고 아랫면에 지시할 때 아래로 지시하되 문자는 가로 쓰기로 하며 바르게 쓴다.(그림 5-7 (a))

(2) 상한 및 하한을 지시하는 경우에는, 위쪽 면에 지시 할 때 상한을 위로 하한을 아래고, 아래면에 지시 할 때 위로 상한을 아래로 하한을 기입한다.(그림 5-7 (b))

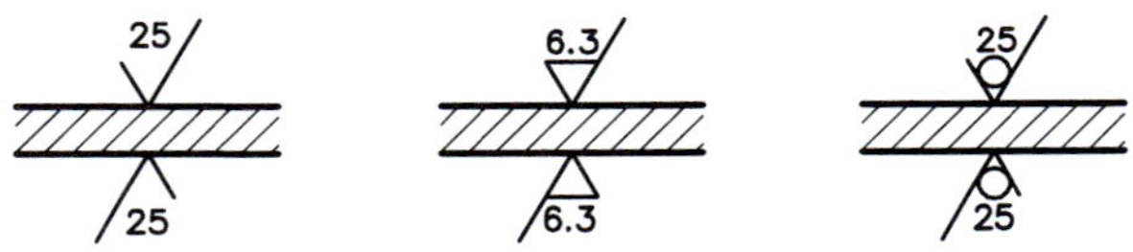

(a)

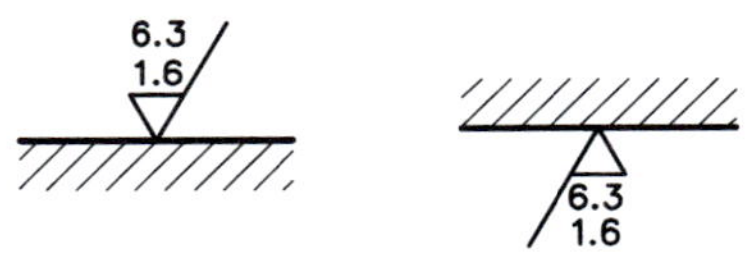

(b)

그림 5-7 표면 거칠기값 기입 위치

3 특수한 요구 사항의 지시 방법

(1) 필요한 표면의 조도를 얻기 위하여 표 5-7에 나타낸 특정 가공 방법을 지시할 필요가 있는 경우에는 면의 지시 기호의 긴 쪽에 가로선을 붙이고, 그 위쪽에 문자로 기입한다.(그림 5-8 (a))

(2) 줄무늬 방향을 지시할 필요가 있을 경우에는 표 5-8에 규정하고 있는 것을 기호 오른쪽에 기입한다.(그림 5-8 (b))

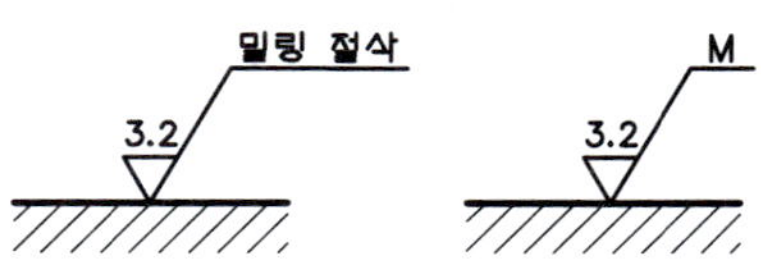

(a)

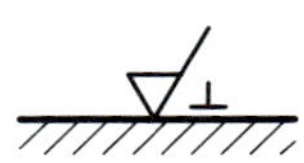

(b)

그림 5-8 가공 방법 및 줄무늬 지시

(3) 표면 처리 전후에 양쪽의 표면 거칠기를 동시에 지시하고자 할 경우에는 전(前)가공에서의 표면 거칠기는 표면처리선(굵은일점쇄선) 위에 지시한다.(그림 5-9)

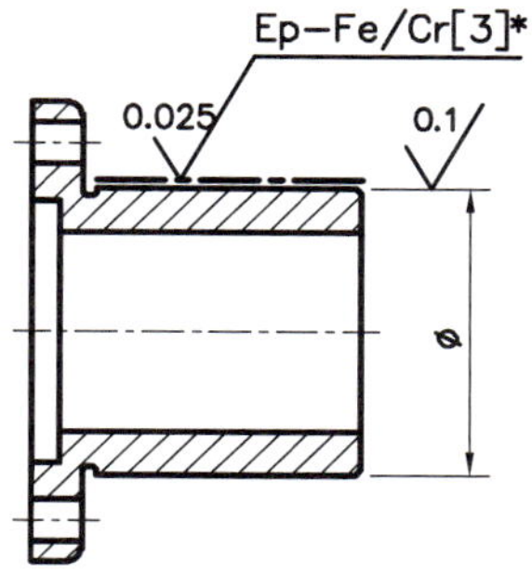

그림 5-9 표면 처리의 앞 및 뒤의 표면 거칠기 지시

▼ ▼ ▼ [표5-7] 가공 방법의 기호

가공방법	기호	가공방법	기호
선반 가공	L	혼 가공	GH
드릴 가공	D	액체 호닝 다듬질	SPL
보링머신 가공	B	배럴 연마 가공	SPBR
밀링 가공	M	버프 다듬질	FB
플레이너 가공	P	블라스트 다듬질	SB
셰이퍼 가공	SH	랩다듬질	FL
브로치 가공	BR	줄다듬질	FF
리머 가공	FR	스크레이퍼 다듬질	FS
연삭 가공	G	페이퍼 다듬질	FCA
벨트 샌드 가공	GB	주조	C

▾ ▾ ▾ [표5-8] 줄무늬의 기호

기호	의 미	설명도
=	가공으로 생긴 앞줄의 방향이 기호를 기입한 그림의 투상면에 평행(세이퍼 면)	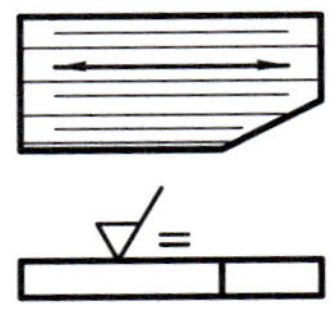
⊥	가공으로 생긴 앞줄의 방향이 기호를 기입한 그림의 투상면에 직각(선삭, 원통 연삭면)	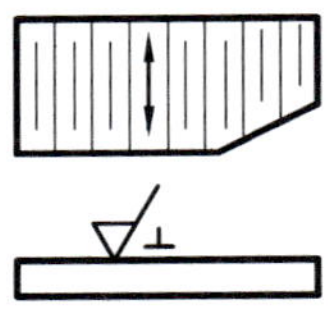
×	가공으로 생긴 선이 두 방향으로 교차(호닝 다듬질면)	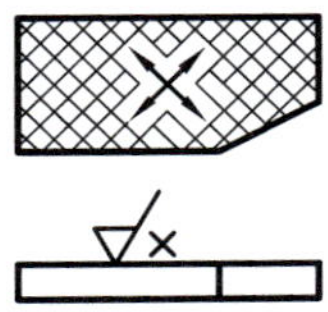
M	가공으로 생긴 선이 다방면으로 교차 또는 무방향(래핑, 슈퍼피니싱 면)	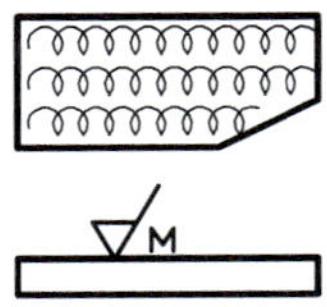
C	가공으로 생긴 선이 거의 동심원(선삭, 끝면 절삭면)	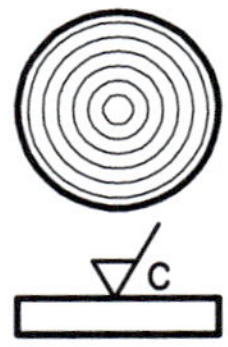
R	가공으로 생긴 선이 거의 방사상	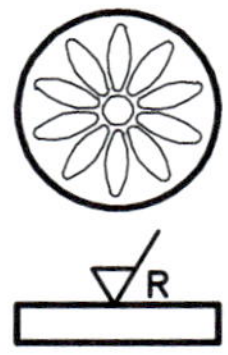

④ 표면 지시 기호의 위치

표면의 조도에 관한 지시 기호는 면의 지시 기호에 대하여 표면 거칠기의 값, 컷오프값 또는 기준길이, 가공 방법, 줄무늬 방향의 기호, 다듬질 여유, 표면 파상도 등을 그림 5-10에 나타낸 것과 같은 위치에 배치하여 나타낸다.

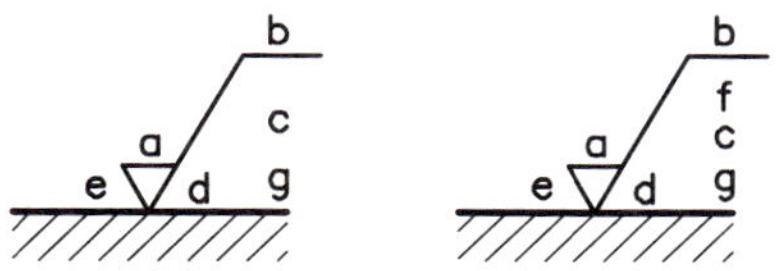

a : 거칠기 값　　　　　　　b : 가공 방법
c : 컷오프값, 평가 길이　　c' : 기준길이, 평가 길이
d : 줄무늬 방향의 기호　　 e : 다듬질 여유
f : 거칠기 이외에 파라미터　g : 표면 파상도

그림 5-10 표면 지시 기호의 기입 위치

04 도면 기입 방법

① 도면 기입 방법의 기본

(1) 표면의 지시기호는 대상 면을 나타낸 선과 그 연장선, 또는 치수 보조선에 접하여 실체의 바깥쪽에 기입한다.

(2) 표면의 지시기호가 가공방법과 같이 나타낼 때 가로 쓰기 방향, 그리고 아래에서 위로 쓰는 방향으로 나타낸다. 다만, 직접 지시가 어려울 경우 지시선을 사용하여 나타낸다.(그림 5-11(a))

(3) 거칠기 값만 지시하는 경우에는 그림 5-11(b)와 같이 나타낸다.

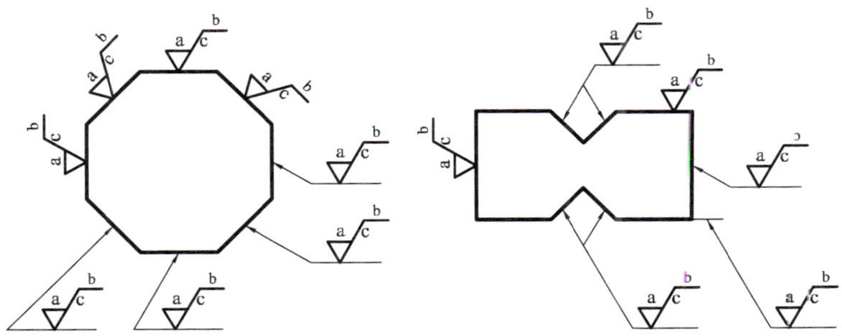

(a)

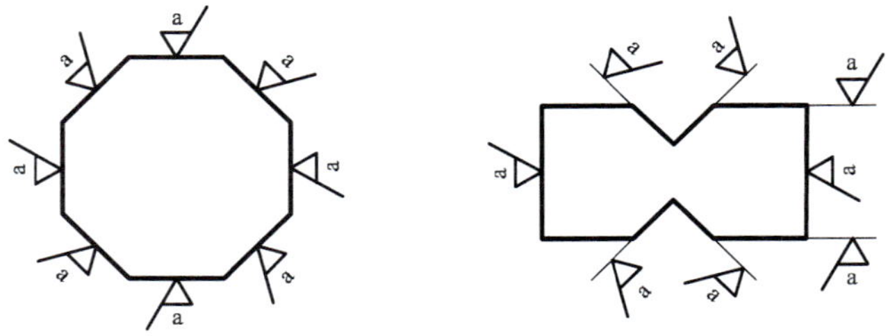

(b)

그림 5-11 표면 지시기호 기입 방법

(4) 라운딩부나 모떼기부에 표면 지시기호를 기입하는 경우에는, 라운딩의 반지름 또는 모떼기를 나타내는 치수선의 가로로 연장한 지시선 위에 기입한다.(그림 5-12(a)) 다만, 이들 부분에 접하는 두 개의 면 중에서 어느 한 쪽이 거친 쪽의 면과 같을 때에는 이 기호를 생략해도 좋다.(그림 5-12(b))

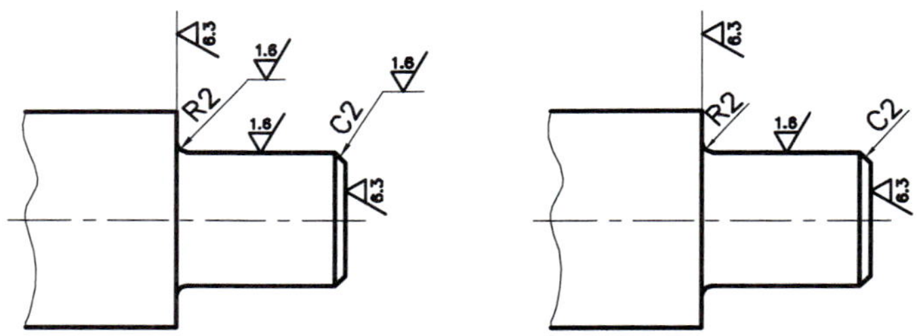

(a) (b)

그림 5-12 라운딩과 모떼기

(5) 구멍의 지름 치수 또는 지시선을 사용하여 나타내는 경우에는 지름 치수 다음에 기입한다.(그림 5-13)

그림 5-13 지름 치수의 다음에 기입

(6) 표면의 조도 기호는 가능하면 대상 면의 치수를 지시한 치수보조선이나 대상 면 위에 기입하고, 동일한 면에 대하여는 두 곳 이상 기입하지 않는다.(그림 5-14)

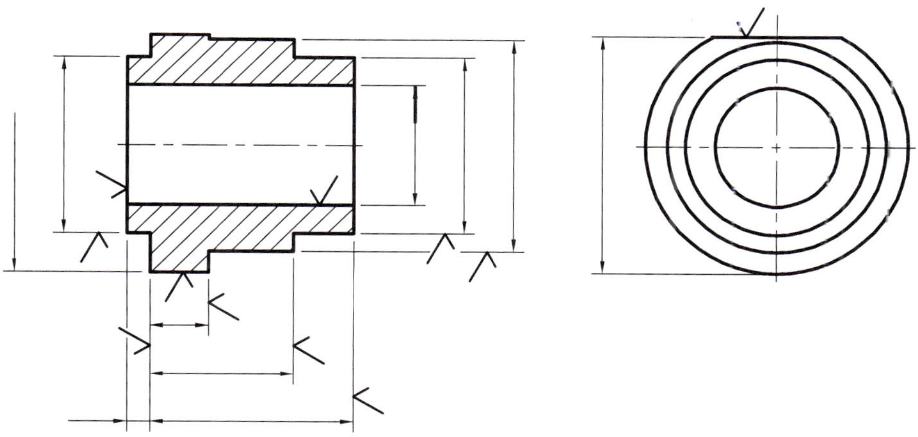

그림 5-14 치수보조선이나 대상 면 위에 기입

2 도면 기입에 간략한 방법

(1) 부품의 전체 면을 동일한 조도로 지정하는 경우에는, 조도의 주 투상도 위에, 투품 번호 옆에 또는 표제란 근처에 기입한다.(그림 5-15)

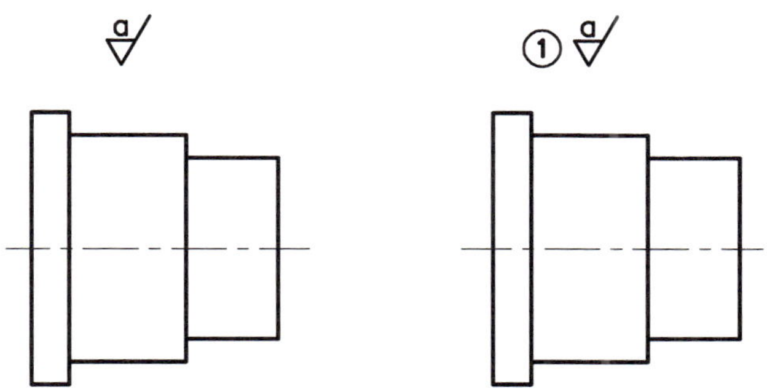

그림 5-15 전면 동일한 지시의 간략한 기입방법

(2) 하나의 부품에 대하여 대부분이 동일한 표면조도이고 일부분만이 다르게 되어 있는 경우에는 공통이 아닌 기호를 그림의 해당하는 면 위에 기입한다. 이때 공통인 표면조도 기호 뒤에 괄호를 붙여서 가공 면의 지시기호만을 기입하거나(그림 4-16(a)), 또는 공통이 아닌 기호를 차례로 기입한다.(그림 5-16(b))

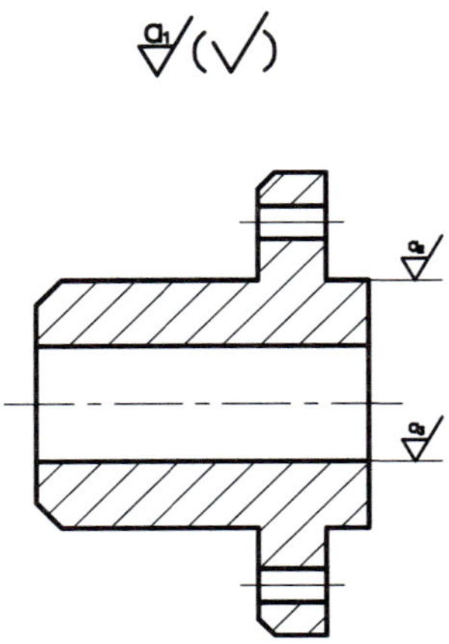

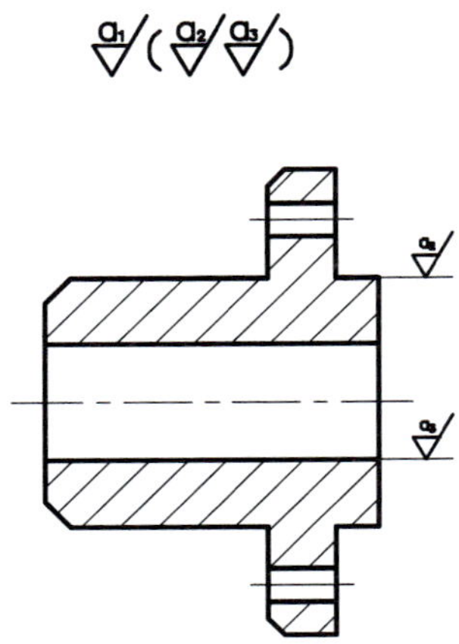

그림 5-16 대부분이 동일한 지시의 간략한 기입방법

(3) 표면조도 기호를 많은 곳에 반복해서 기입하는 경우, 또는 기입하는 공간이 한정되어 있는 경우에는, 대상 면에 가공 면의 지시기호와 알파벳의 소문자 부호로 기입하고, 그 의미를 주투상도, 부품번호, 표제란 근처에 기입한다.(그림 5-17)

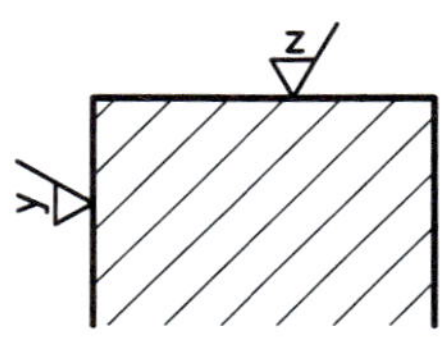

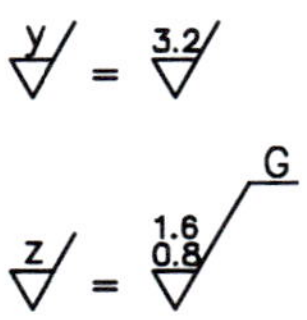

그림 5-17 반복 지시의 간략한 기입방법

▾▾▾[표5-9] 다듬질 기호와 표면 거칠기의 구분값

가공 정도	다듬질 기호		표면 거칠기의 구분값		
	Ry, Rz	Ra	Ry	Rz	Ra
가공 그대로	~	$\sqrt{}$ (○)	특별히 규정하지 않는다.		
거친 표면	▽	$\overset{w}{\bigtriangledown}$	100S	100Z	25a
보통 표면	▽▽	$\overset{x}{\bigtriangledown}$	25S	25Z	6.3a
정밀 표면	▽▽▽	$\overset{y}{\bigtriangledown}$	6.3S	6.3Z	1.6a
초정밀 표면	▽▽▽▽	$\overset{z}{\bigtriangledown}$	0.8S	0.8Z	0.2a

③ 도면에 간략한 도시 방법

부품의 전체 면을 동일한 조도로 간략하게 지시하는 경우에는 다듬질 기호로 트상도 상단, 또는 부품번호 옆에 기입한다. 또한 일부분 다른 조도를 간략하게 지시하는 경우에는 공통이 아닌 다듬질 기호를 차례로 기입한다.

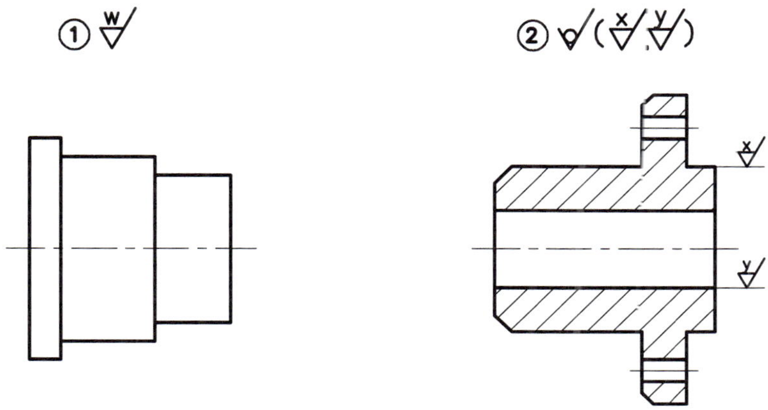

그림 5-18 다듬질 기호의 간략한 기입방법

CHAPTER 06 기하공차(Geometric Tolerance)

01 기하공차(幾何公差)

기계는 여러개의 부품으로 조립되어 있으므로 개개의 부품에 대한 치수 오차나 조립 할 때의 난이도 및 기능에 따라 문제가 생기는 경우가 있다. 그 원인으로는 종래의 치수 공차 및 표면 거칠기로 부품의 형상을 기하학적으로 정확하게 할 수 없기 때문에 대상물의 모양, 자세, 위치 및 흔들림에 대한 기하학적인 정밀도를 보장할 필요가 있다. 정확한 형상으로 가공할 수 없으므로 기하학적으로 어느 정도까지의 오차를 허용할 수 있는가를 기하공차로 나타내는 것이다.

1 일반사항

(1) 도면에 지정하는 대상물의 모양, 자세 및 위치의 편차 그리고 흔들림의 허용값에 대하여는 원칙적으로 기하 공차에 의하여 도시한다.

(2) 형체에 지정한 치수의 허용한계는 특별히 지시가 없는 한, 기하 공차를 규제하지 않는다.

(3) 기하 공차는 기능상의 요구, 호환성 등에 의거하여 불가결한 곳에만 지정한다.

(4) 기하 공차의 지시는 생산 방식, 측정방법 또는 검사방법을 특정한 것에 한정하지 않는다.

> **POINT**
> 특정한 측정방법 또는 검사방법이 별도로 지시되어 있지 않는 경우에는, 대상으로 하는 공차역의 정의에 대응하는 임의의 측정방법 또는 검사방법을 선택할 수 있다.

② 용어

(1) 형체

기하 공차를 적용할 대상이 되는 점, 선, 축선, 면 또는 중심면

(2) 공차역

형체가 기하학적으로 정확한 모양, 자세 또는 위치로부터 벗어나는 것이 허용되는 영역

(3) 데이텀(datum)

형체의 자세, 위치, 흔들림 등의 편차 값을 정하기 위하여 설정된 이론적으로 정확한 기하학적 기준(점, 선, 축선, 면 및 중심면)

(4) 단독형체

데이텀 없이 단독으로 정하여지는 형체로 진직도, 평면도, 진원도, 원통도 등의 편차 값을 적용할 수 있다.

(5) 관련형체

기준이 되는 데이텀을 바탕으로 정하여지는 형체로 자세, 위치, 흔들림의 편차 값을 적용할 수 있다.

02 기하공차의 종류와 기호

기하공차의 종류와 기호는 표 6-1, 그리고 기하공차에 부가 기호는 표 6-2에 따른다.

▾▾▾[표6-1] 기하 공차의 종류와 기호

적용하는 형체	공차의 종류		기호
단독 형체	모양 공차	진직도 공차	—
		평면도 공차	⏥
		진원도 공차	○
		원통도 공차	⌭
단독 형체 또는 관련 형체		선의 윤곽도 공차	⌒
		면의 윤곽도 공차	⌓

적용하는 형체	공차의 종류		기호
관련 형체	자세 공차	평행도 공차	//
		직각도 공차	⊥
		경사도 공차	∠
	위치 공차	위치도 공차	⌖
		동축도 공차 또는 동심도 공차	◎
		대칭도 공차	⌯
	흔들림 공차	원주 흔들림 공차	↗
		온 흔들림 공차	⌰

▾ ▾ ▾ [표6-2] 부가 기호

표시하는 내용		기호
공차붙이 형체	직접 표시하는 경우	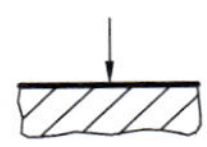
	문자 기호에 의하여 표시하는 경우	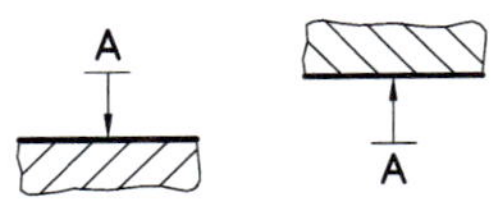
데이텀	직접 표시하는 경우	
	문자기호에 의하여 표시하는 경우	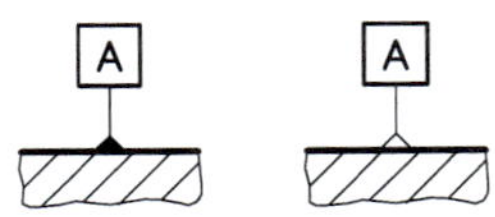
데이텀 타깃 기입틀		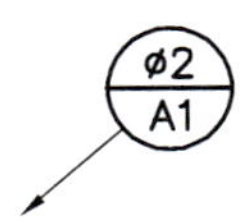
이론적으로 정확한 치수		50
돌출 공차역		Ⓟ
최대 실체 공차 방식(Maximum Material Condition)		Ⓜ

03 공차역의 일반사항

(1) 형체(점, 선, 축선, 면 또는 중심면)에 적용하는 기하 공차는 그 형체가 포함되어야 할 공차역을 정한다.

(2) 공차의 종류와 그 공차값의 지시방법에 의하여 공차역은 표 6-3에 나타내는 공차역 중의 어느 한가지로 된다.

▾▾▾ [표6-3] 공차역과 공차값

공차역	공차값
원 안의 영역	원의 지름
두 개의 동심원 사이의 영역	동심원의 반지름의 차
두 개의 등 간격의 선, 또는 두 개의 평행한 직선 사이에 끼인 영역	두 선, 또는 두 직선의 간격
구 안의 영역	구의 지름
원통 안의 영역	원 통의 지름
두 개의 동 축의 원통 사이에 끼인 영역	동 축 원통의 반지름의 차
두 개의 등거리의 면, 또는 두 개의 평행한 평면 사이에 끼인 영역	두면, 또는 두 평면의 간격
직육면체 안의 영역	직육면체의 각 변의 길이

(3) 공차역이 원 또는 원통인 경우에는 공차값 앞에 기호 φ를 붙이고, 공차역이 구인 경우에는 기호 $S\phi$를 붙여서 나타낸다.

(4) 공차붙이 형체에는 기능상의 이유로 두 개 이상의 기하 공차를 지정하는 수가 있다. 또 기하 공차 중에는 다른 종류의 기하 편차를 동시에 규제하는 것도 있다(보기를 들면, 평행도를 규제하면, 그 공차역 내에서는 선의 경우에는 진직도, 면의 경우에는 평면도도 규제한다.). 반대로 기하 공차 중에는 다른 종류의 기하 편차를 규제하지 않는것도 있다(보기를 들면, 진직도 공차는 평면도를 규제하지 않는다).

(5) 공차붙이 형체는 공차역 내에 있어서 어떠한 모양 또는 자세라도 좋다. 다만, 보충의 주기나, 더욱 엄격한 공차역의 지정에 의하여 제한이 가해질 때에는 그 제한에 따른다.

(6) 지정한 공차는 대상으로 하고 있는 형체의 온길이 또는 온면에 대하여 적용된다. 다만, 그 공차를 적용하는 범위가 지정되어 있는 경우에는 그것에 따른다.

(7) 관련 형체에 대하여 지정한 기하 공차는 데이텀 형체 자신의 모양 편차를 규정하지 않는다. 따라서 필요에 따라 데이텀 형체에 대하여 모양 공차를 지시한다.

POINT | 데이텀의 모양은 데이텀으로서의 목적에 어울리는 정도로 충분히 기하 편차가 작은 것이 좋다.

04 기하공차의 도시방법

1 도시방법 일반

(1) 단독 형체의 기하 공차는 공차의 종류와 공차값을 기입한 직사각형의 틀(이하 공차기입틀이라 한다.)과 그 형체를 지시선으로 연결해서 도시한다.(그림 6-1 (a))

(2) 관련 형체에 기하 공차는 데이텀에 데이텀 삼각 기호(직각이등변삼각형으로 한다.)를 붙이고, 공차 기입틀과 관련시켜서 (a)에 준하여 도시한다.(그림 6-1 (b))

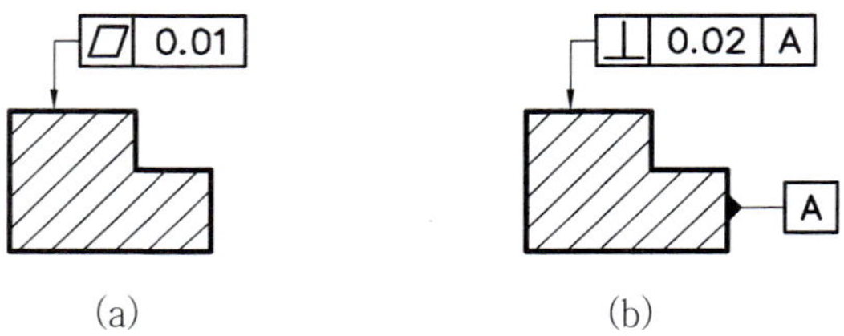

그림 6-1 단독 형체와 관련 형체

2 공차 기입틀의 표시 사항

(1) 기하 공차에 대한 표시 사항은 공차 기입틀을 두 칸 또는 그 이상의 칸으로 구분하여 그 안에 기입한다. 이들 칸에는 각각 다음의 내용을 ①~③의 순서로 왼쪽에서 오른쪽으로 기입한다.

① 기하 공차의 종류를 나타내는 기호

② 공차값

③ 데이텀을 지시하는 문자 기호 또한, 규제하는 형체가 단독 형체인 경우에는 문자 기호를 붙이지 않는다.

POINT 복수 데이텀인 경우에는 우선적으로 지시하는 데이텀을 순서대로 기입한다.

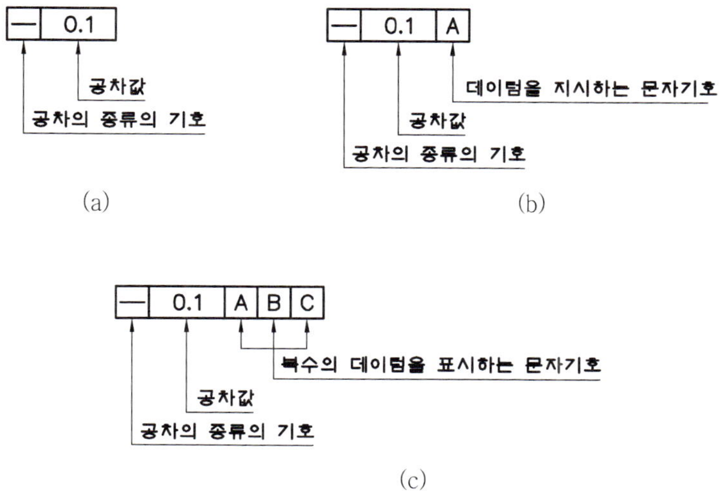

그림 6-2 공차 기입틀의 표시 사항

(2) "6구멍", "4면"과 같은 공차붙이 형체에 연관시켜서 지시하는 주기는 공차 기입틀의 위쪽에 쓴다.(그림 6-3(a))

(3) 한 개의 형체에 두 개 이상의 종류의 공차를 지시할 필요가 있을 대에는 이들의 공차 기입틀을 상하로 겹쳐서 기입한다.(그림 6-3(b))

그림 6-3 주기 표시와 두 개 이상의 공차 기입틀

③ 공차에 의하여 규제되는 형체의 표시방법

기하 공차에 의하여 규제되는 형체는 공차 기입틀로부터 끌어내어, 끝에 화살표를 붙인 지시선에 의하여 대상으로 하는 형체에 연결해서 나타낸다.

(1) 선 또는 면 자체에 기하 공차를 지정하는 경우에는 형체의 외형선 위 또는 외형선의 연장선 위에 지시선의 화살표를 수직으로 도시한다. 다만, 대상이 곡선이나 곡면의 경우는 제외한다.

그림 6-4 대상 선 또는 면이나 연장선 위에 지시

(2) 치수가 지정되어 있는 형체의 축선 또는 중심면에 기하 공차를 지정하는 경우에는 치수 보조선에 지시선의 화살표를 수직으로 도시한다.

그림 6-5 치수보조선 위에 지시

(3) 축선 또는 중심면이 공통인 모든 형체의 축선 또는 중심면에 공차를 지정하는 경우에는 축선 또는 중심면을 나타내는 중심선에 지시선의 화살표를 수직으로 도시한다.

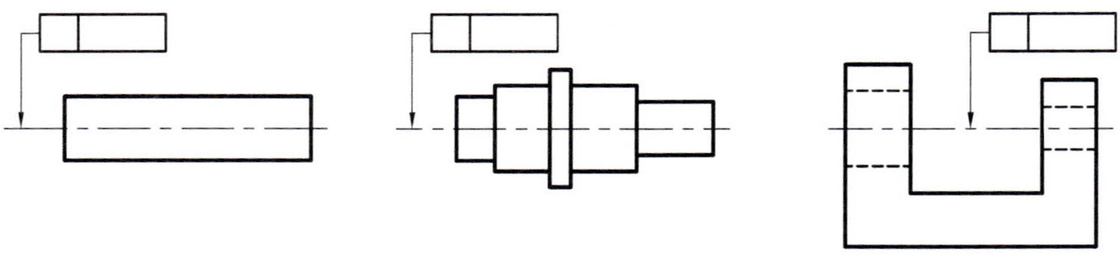

그림 6-6 축선 또는 중심면 위에 지시

(4) 여러 개의 떨어져 있는 형체에 같은 공차를 지정하는 경우에는 공통의 공차 기입틀로부터 끌어낸 지시선을 각각의 형체에 분기해서 연결하거나(그림 6-7(a)), 각각의 형체를 문자 기호로 나타낼 수 있다.(그림 6-7(b))

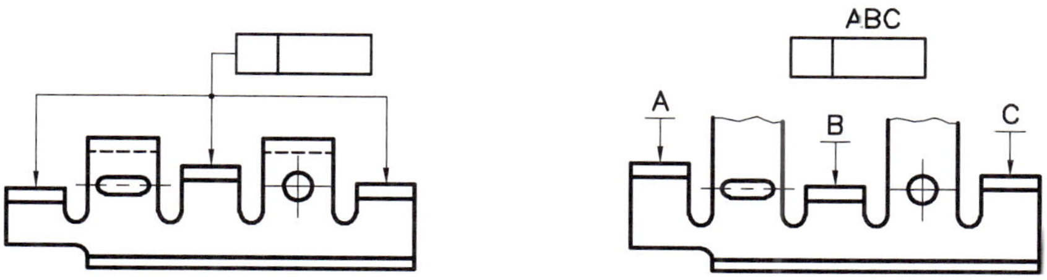

(a) (b)

그림 6-7 여러개의 형체에 공통의 공차 기입틀 지시

4 도시방법과 공차역의 관계

(1) 공차역은 공차값 앞에 기호 ϕ가 없는 경우에는 공차 기입틀과 공차붙이 형체를 연결하는 지시선의 화살표 방향에 존재하는 것으로서 취급한다.(그림 6-8(a)) 기호 ϕ가 부기되어 있는 경우에는 공차역은 원 또는 원통의 내부에 존재하는 것으로서 취급한다.(그림 6-8(b))

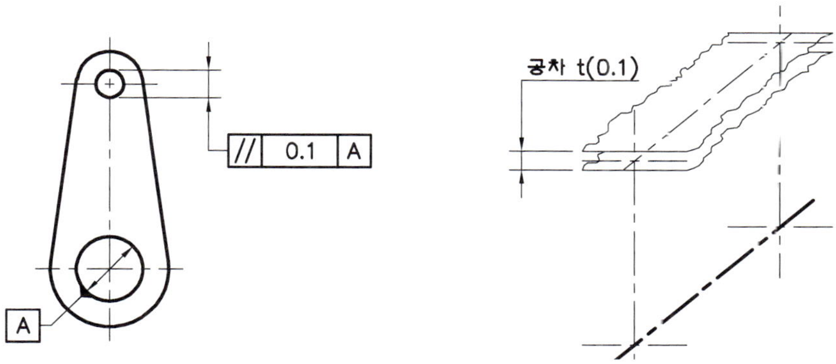

(a)

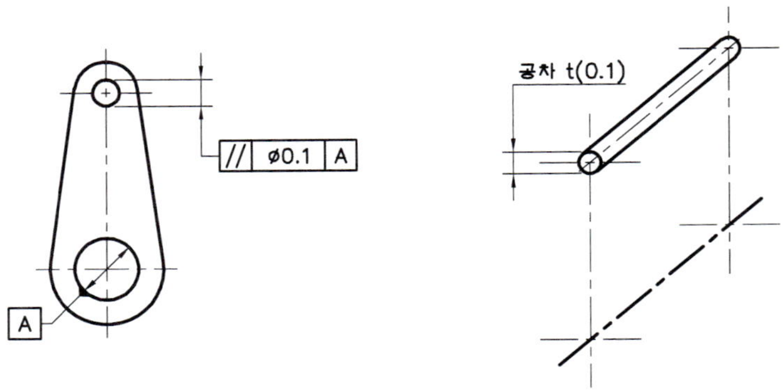

(b)

그림 6-8 ϕ가 없는 경우와 있는 경우

(2) 공차역은 원칙적으로 규제되는 면에 대하여 법선방향에 존재하는 것으로 취급한다.

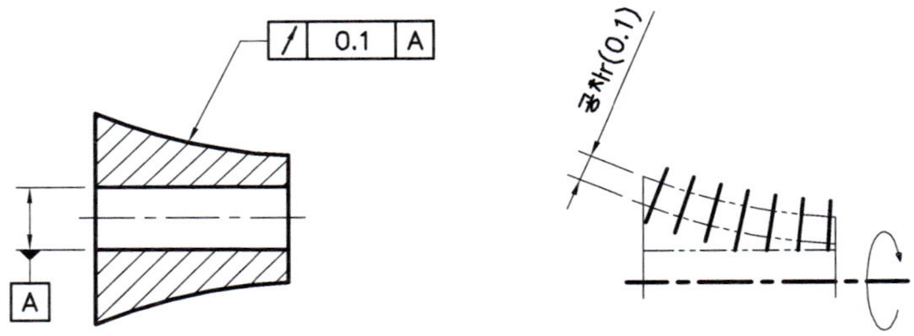

그림 6-9 곡선이나 곡면의 경우

(3) 공차역을 면의 법선방향이 아니고 특정한 방향에 지정하고 싶을 때에는 그 방향을 지정한다.

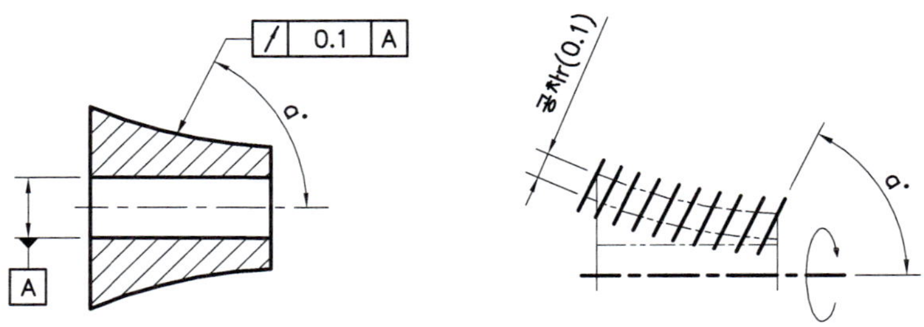

그림 6-10 곡선이나 곡면의 경우 특정한 방향에 지정하는 방법

(4) 여러 개의 떨어져 있는 형체에 같은 공차를 공통인 공차 기입틀을 사용하여 지정하는 경우에는 특별히 지정하지 않는 한 각각의 형체마다 지정하는 공차역을 적용한다.

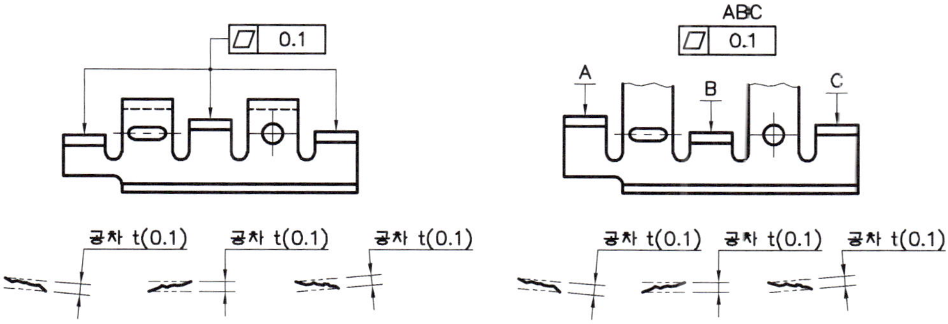

그림 6-11 각각의 형체마다 지정하는 공차역

(5) 여러 개의 떨어져 있는 형체에 공통의 영역을 갖는 공차값을 지정하는 경우에는 공통의 공차 기입틀의 위쪽에 "공통 공차역"이라고 기입한다.

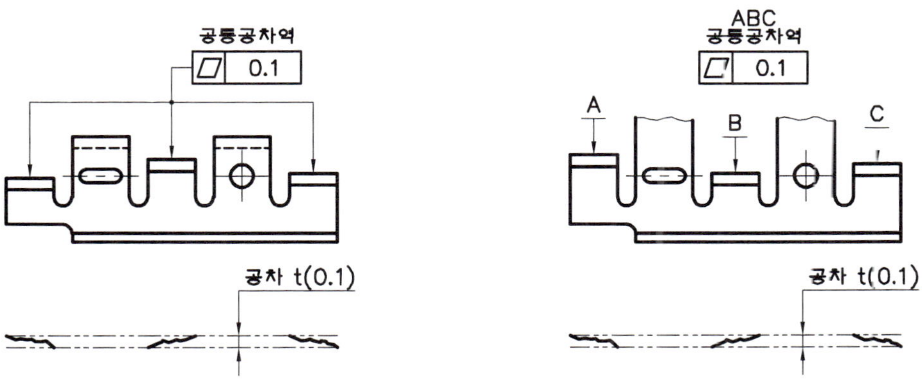

그림 6-12 공통 공차역을 표시한 경우

5 데이텀의 도시방법

(1) 데이텀은 영어의 대문자를 정사각형으로 둘러 싸고, 삼각 기호를 지시선을 사용하여 연결해서 나타낸다. 데이텀 삼각 기호는 빈틈없이 칠해도 좋고, 칠하지 않아도 좋다. 단, 혼용해서 사용하지 않는다.

그림 6-13 데이텀의 삼각기호

(2) 데이텀을 지시하는 문자에 의한 데이텀의 표시방법은 다음에 따른다.

① 선 또는 면 자체가 데이텀인 경우에는 형체의 외형선 위 또는 외형선의 연장하는 가는 선 위에 데이텀 삼각 기호를 붙인다.

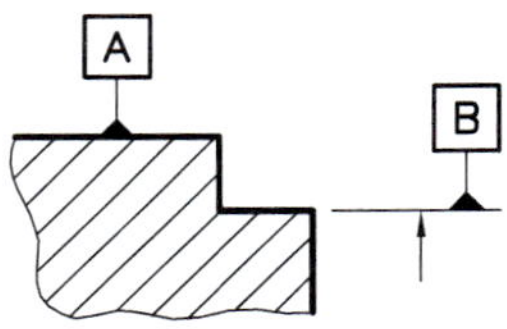

그림 6-14 대상 선 또는 면이나 연장선 위에 지시

② 치수가 지정되어 있는 형체의 축직선 또는 중심 평면이 데이텀인 경우에는 치수선의 연장선을 데이텀의 지시선으로서 사용하여 나다낸다.(그림 6-15(a))

> **POINT**
> 치수선의 화살표를 치수 보조선 또는 외형선의 바깥쪽으로부터 기입한 경우에는 그 한쪽을 데이텀 삼각 기호로 대응한다.(그림 6-15(b))

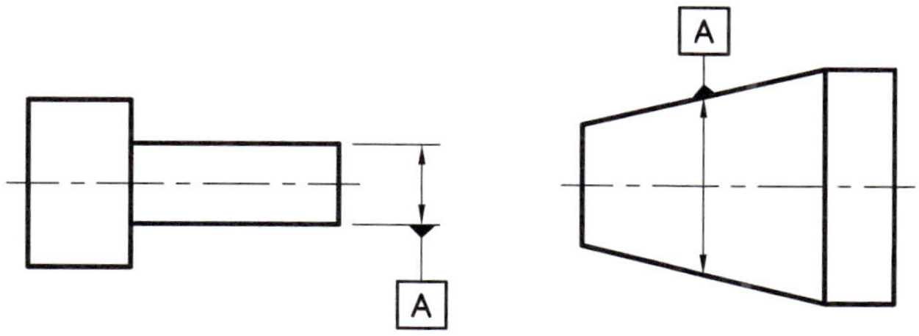

(a)

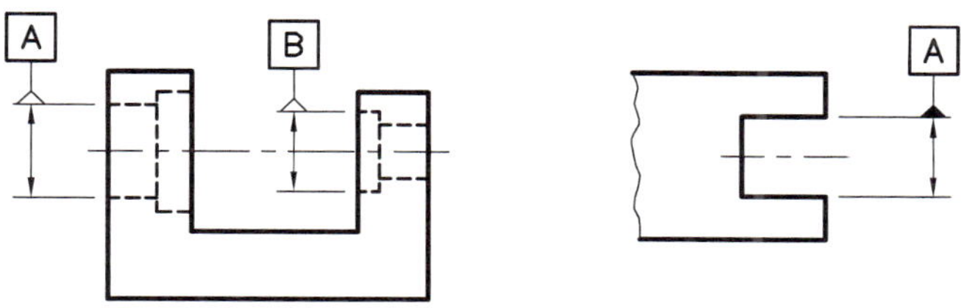

(b)

그림 6-15 치수보조선 위에 지시

③ 축선 또는 중심면이 공통인 모든 형체의 축선 또는 중심면이 데이텀인 경우에는 축선 또는 중심면을 나타내는 중심선에 데이텀 삼각 기호를 붙인다.(그림 6-16)

> **POINT**
> 다른 형체가 세 개 이상 연속하는 경우, 그 공통 축직선을 데이텀에 지정하는 것은 피하는 것이 좋다.

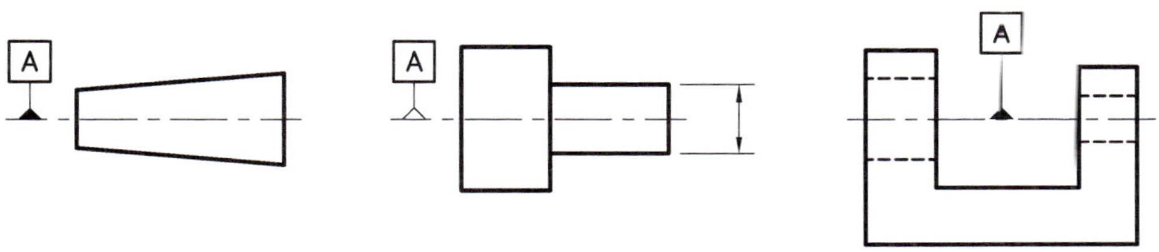

그림 6-16 축선 또는 중심면 위에 지시

④ 잘못 볼 염려가 없는 경우에는 공차 기입틀과 데이텀 삼각 기호를 직접 지시선에 의하여 연결함으로써 데이텀을 지시하는 문자 기호를 생략할 수 있다.

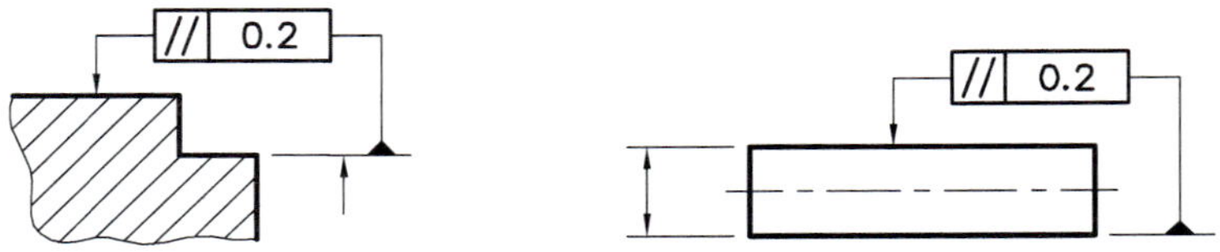

그림 6-17 문자 기호 생략하여 직접 지시

(3) 데이텀을 지시하는 문자 기호를 공차 기입틀에 기입할 때에는 다음에 따른다.

① 한 개의 형체에 의하여 설정하는 데이텀은 그 데이텀을 지시하는 한 개의 문자 기호로 나타낸다.(그림 6-18(a))

② 두 개의 데이텀 형체에 의하여 설정하는 공통 데이텀은 데이텀을 지시하는 두 개의 문자 기호를 하이픈으로 연결한 기호로 나타낸다.(그림 6-18(b))

③ 두 개 이상의 데이텀이 있고, 그들 데이텀에 우선순위를 지정할 때에는 우선순위가 높은 순서로 왼쪽에서 오른쪽으로 데이텀을 지시하는 문자 기호를 각각 다른 칸에 기입한다.(그림 6-18(c))

④ 두 개 이상의 데이텀이 있고 그들 데이텀의 우선순위를 문제삼지 않을 때에는 데이텀을 지시하는 문자 기호를 같은 칸 내에 나란히 기입한다.(그림 6-18(d))

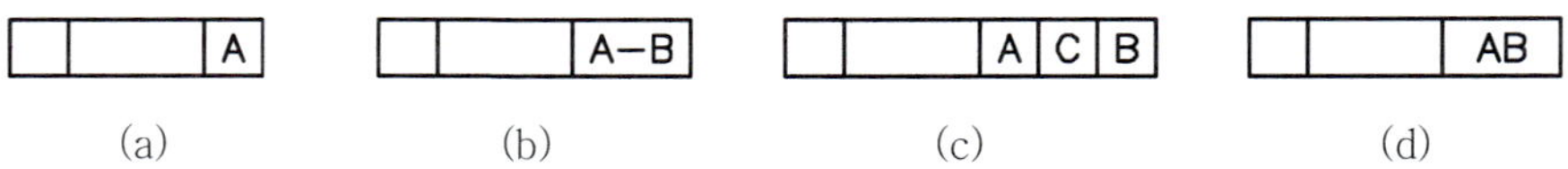

그림 6-18 데이텀 지시

6 공차 적용의 한정

(1) 선 또는 면의 어느 한정된 범위에만 공차값을 적용하고 싶을 경우에는 선 또는 면에 따라 굵은 1점 쇄선으로 한정하는 범위를 나타내고 도시한다.

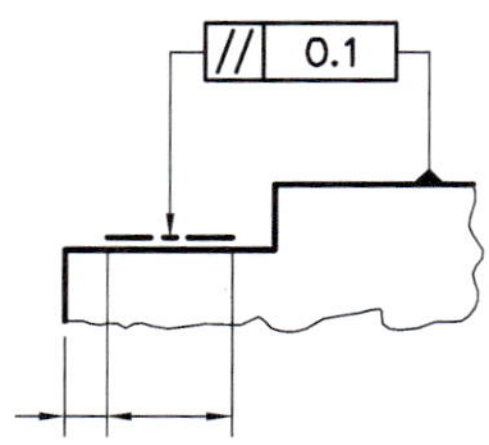

그림 6-19 한정된 범위에 지시

(2) 대상으로 한 형체의 임의의 위치에서 특정한 길이마다에 대하여 공차를 지정하는 경우에는 공차값 뒤에 사선을 긋고 그 길이를 기입한다.

//	0.1/100	AB

그림 6-20 지정 길이를 구분하여 지시

(3) 대상으로 한 형체의 전체에 대한 공차값과 그 형체의 어느 길이마다에 대한 공차값을 동시에 지정할 때에는 전자를 위쪽에, 후자를 아래쪽에 겹쳐서 기입하고, 상하를 가로선으로 구분한다.

<table><tr><td rowspan="2">//</td><td>0.1</td><td rowspan="2">AB</td></tr><tr><td>0.05/200</td></tr></table>

그림 6-21 전체 길이와 지정 길이를 구분하여 지시

(4) 공차역 내에서의 형체의 성질을 특별히 지시하고 싶을 때에는 공차 기입을 근처에 요구사항을 기입하거나 또는 이것을 인출선으로 연결한다.

⏥	0.1	중앙이 높지 않을 것

중앙이 높지 않을 것

//	0.1	A

그림 6-22 형체의 성질을 특별히 지시할 경우

7 이론적으로 정확한 치수의 도시방법

위치도, 윤곽도 또는 경사도의 공차를 형체에 지정하는 경우에는 이론적으로 정확한 위치, 윤곽 또는 각도를 정하는 치수를 그림 6-23과 같이 사각형 틀로 둘러싸서 나타낸다.

POINT

이와 같은 사각형 틀 내에 나타내는 치수를 이론적으로 정확한 치수라 하고, 그 자체는 치수 허용차를 갖지 않는다.

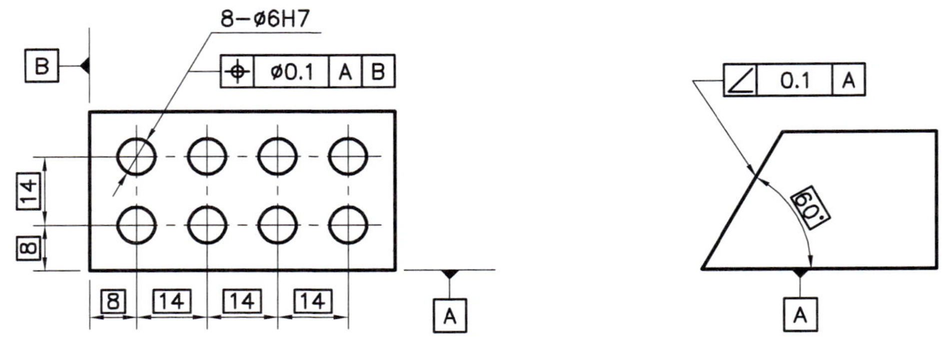

그림 6-23 이론적으로 정확한 치수의 표시

8 돌출 공차역의 지시방법

공차역을 그 형체 자체의 내부가 아니고, 그 외부에 지정하고 싶을 경우에는 그 돌출부를 가는 2점 쇄선으로 표시하고, 그 치수 숫자 앞 및 공차값 뒤에 기호 Ⓟ를 기입한다.

POINT 이와 같은 지시에 의하여 정해지는 공차역을 돌출 공차역이라 하며, 이것은 자세 공차 및 위치 공차에 적용할 수 있다.

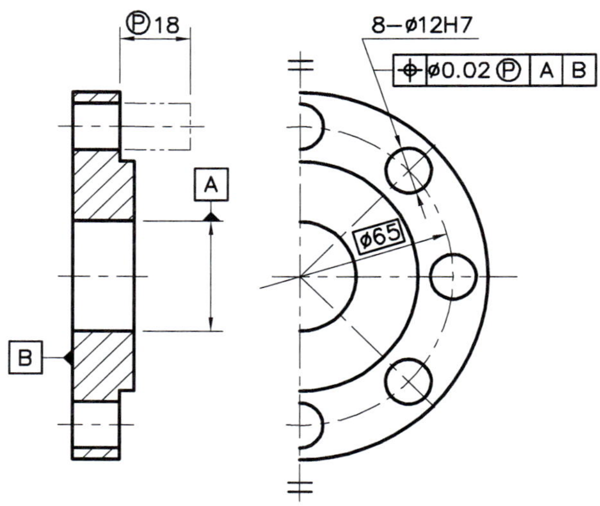

그림 6-24 돌출 공차역의 표시

9 최대 실체 공차방식의 적용을 지시하는 방법

(1) 최대 실체 공차방식을 적용하는 것을 지시하기 위하여 최대 실체 공차방식을 공차의 대상으로 된 형태, 데이텀 형체 또는 그 양자에 적용하는가에 따라 기호 Ⓜ을 사용하여 각각 다음과 같이 나타낸다.

① 공차붙이 형체에 적용하는 경우에는 공차값 뒤에 Ⓜ을 기입한다.(그림 6-25(a))

② 데이텀 형체에 적용하는 경우에는 데이텀을 나타내는 문자 기호 뒤에 Ⓜ을 기입한다.(그림 6-25(b))

③ 공차붙이 형체와 그 데이텀 형체의 양자에 적용하는 경우에는 공차값 뒤와 데이텀을 나타내는 문자 기호 뒤에 Ⓜ을 기입한다.(그림 6-25(c))

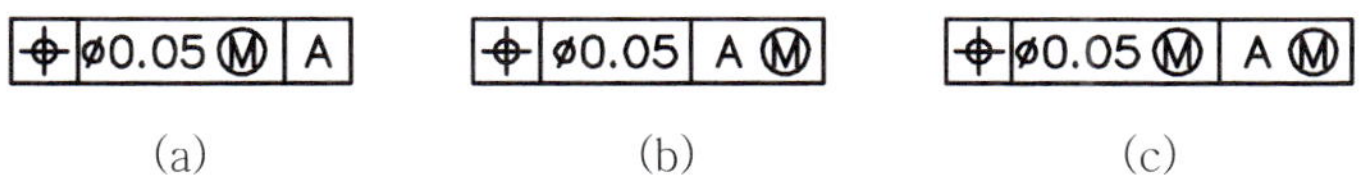

그림 6-25 최대 실체 공차방식의 표시

(2) 데이텀을 지시하는 문자 기호에 의하여 표시되어 있지 않은 경우에 최대 실체 공차방식을 적용하는 것을 지시하기 위하여 공차 기입틀의 세 번째의 칸에 기호 Ⓜ을 기입한다.

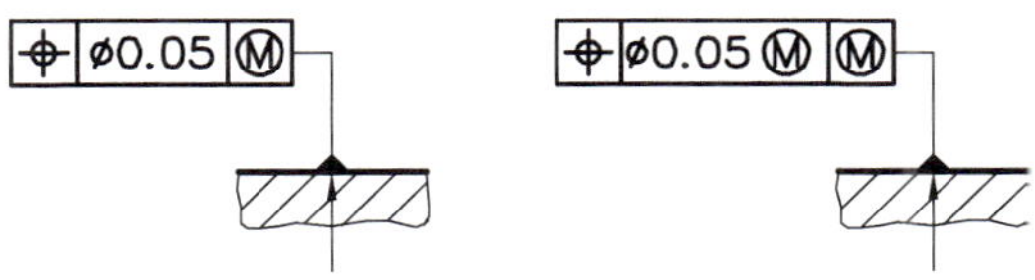

그림 6-26 데이텀 없이 직접 최대 실체 공차방식의 표시

05 공차역의 정의 및 도시 보기와 그 해석

그림 6-27(a)는 3차원 도시방법이며, 그림 6-27(b)는 그것을 평면에 투상한 그림이다. 이 두 개의 표면 방법에는 그 뜻을 나타내는데 다름이 없다. 아래에 설명도 이와 같은 방법의 해석이다.

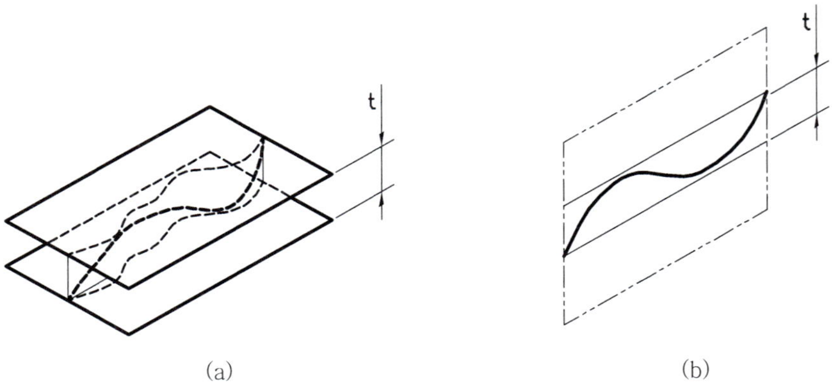

그림 6-27 공차역의 정의 및 그 해석

1 단독 형체

(1) 진직도

① 공차역의 정의

한 개의 평면에 투상되었을 때에는, t만큼 떨어진 두 개의 평행한 직선 사이에 끼인 영역이다.(그림 6-28(a))

② 도시 보기와 그 해석

지시선의 화살표로 나타낸 직선은, 화살표 방향으로 0.1mm만큼 떨어진 두 개의 평행한 평면 사이에 있어야 한다.(그림 6-28(b))

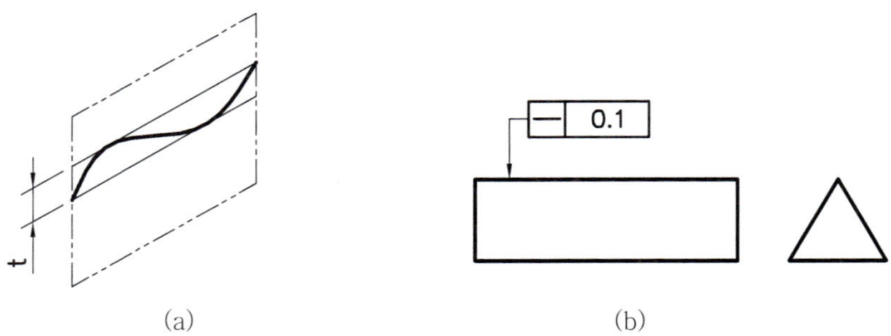

그림 6-28 진직도

(2) 평면도

① 공차역의 정의

공차역은 t만큼 떨어진 두 개의 평행한 평면 사이에 끼인 영역이다.(그림 6-29(a))

② 도시 보기와 그 해석

이 표면은 0.8mm 만큼 떨어진 두 개의 평행한 평면 사이에 있어야 한다.(그림 6-29(b))

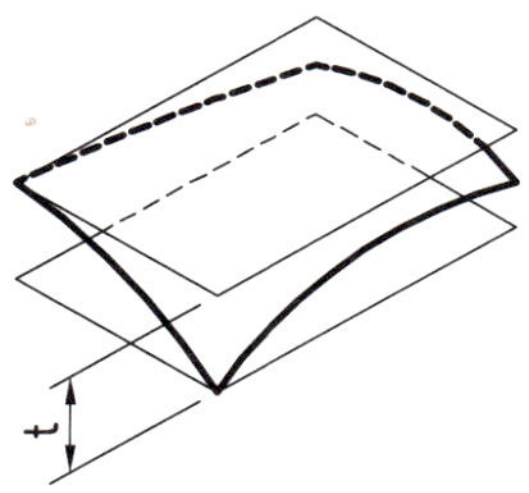

(a)

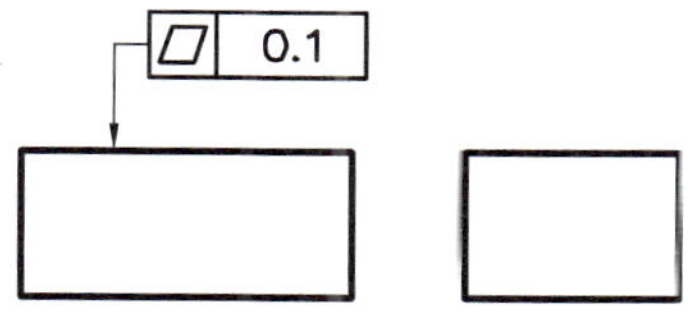

(b)

그림 6-29 평면도

(3) 진원도

① 공차역의 정의

공차역은 t만큼 떨어진 두 개의 동심원 사이의 영역이다.(그림 6-30(a))

② 도시 보기와 그 해석

바깥지름 면의 임의의 축직각 단면에 있어서의 바깥둘레는, 동일 평면 위에서 0.03mm 만큼 떨어진 두 개의 동심원 사이에 있어야 한다.(그림 6-30(b))

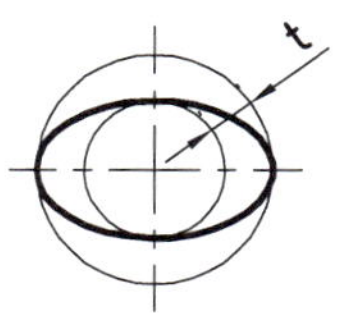

(a)

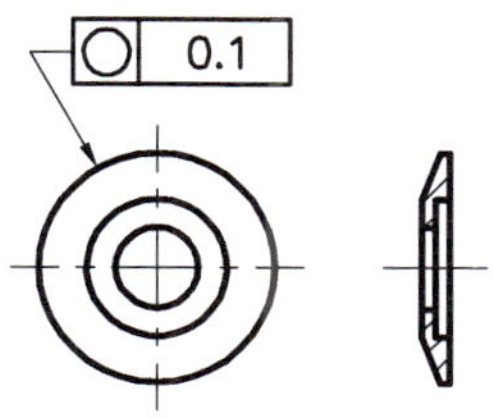

(b)

그림 6-30 진원도

(4) 원통도

① 공차역의 정의

공차역은 t만큼 떨어진 두 개의 동축 원통면 사이의 영역이다.(그림 6-31(a))

② 도시 보기와 그 해석

대상으로 하고 있는 면은, 0.1mm만큼 떨어진 두 개의 동축 원통면 사이에 있어야 한다.(그림 6-31(b))

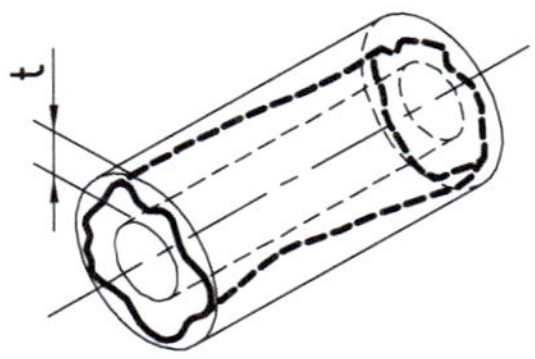

(a)

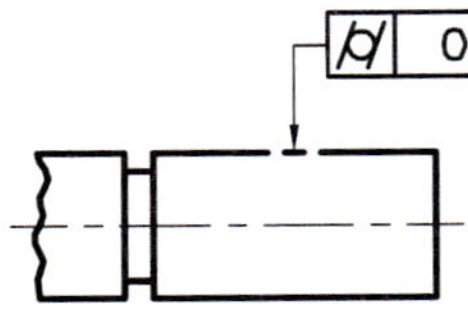

(b)

그림 6-31 원통도

(5) 선의 윤곽도

① 공차역의 정의

이론적으로 정확한 윤곽선 위에 중심을 두는 지름 t의 원이 만드는 두 개의 포락선 사이에 끼인 영역이다.(그림 6-32(a))

② 도시 보기와 그 해석

투상면에 평행한 임의의 단면에서 대상으로 하고 있는 윤곽은, 이론적으로 정확한 윤곽을 갖는 선 위에 중심을 두는 지름 0.04mm의 원이 만드는 두 개의 윤곽선 사이에 있어야 한다.(그림 6-32(b))

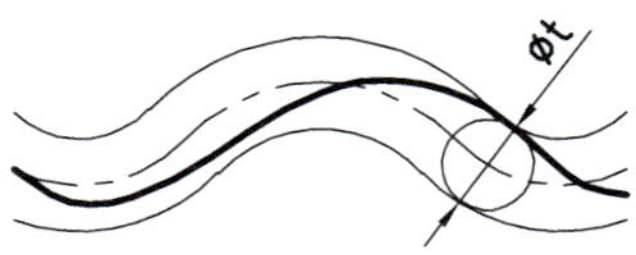

(a)

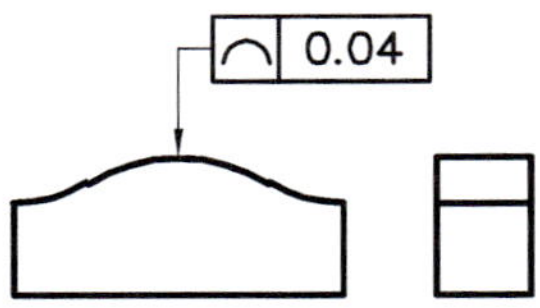

(b)

그림 6-32 선의 윤곽도

(6) 면의 윤곽도

① 공차역의 정의

이론적으로 정확한 윤곽면 위에 중심을 두는 지름 t의 구가 만드는 두 개의 포락면 사이에 끼인 영역이다.(그림 6-33(a))

② 도시 보기와 그 해석

대상으로 하고 있는 면은, 이론적으로 정확한 윤곽을 갖는 면 위에 중심을 두는 지름 0.02mm의 구가 만드는 두 개의 윤곽면 사이에 있어야 한다.(그림 6-33(b))

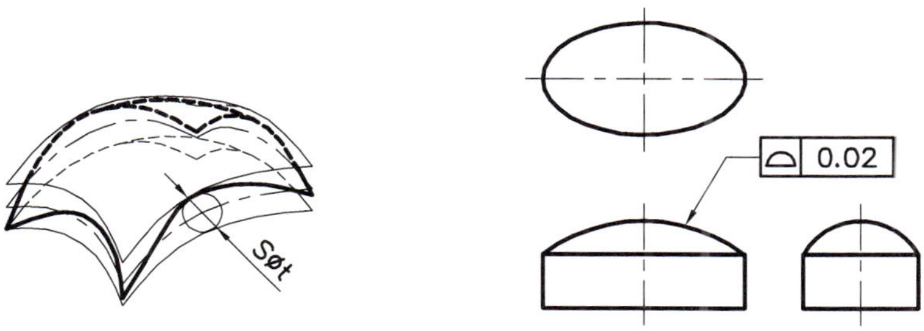

(a) (b)

그림 6-33 면의 윤곽도

POINT	선의 윤곽도 및 면의 윤곽도는 단독 형체 또는 관련 형체로도 지시할 수 있다.

2 관련 형체의 자세 공차

(1) 평행도

① 공차역의 정의

한 개의 평면에 투상되었을 때에는 데이텀 직선에 평행하고 t만큼 떨어진 두 개의 평행한 직선 사이에 끼인 영역이다.(그림 6-34(a))

② 도시 보기와 그 해석

지시선의 화살표로 나타내는 축선은, 데이텀 축 직선 A에 평행하고, 또한 지시선의 화살표 방향(수직한 방향)에 있는 0.1mm만큼 떨어진 두 개의 평면 사이에 있어야 한다.(그림 6-34(b))

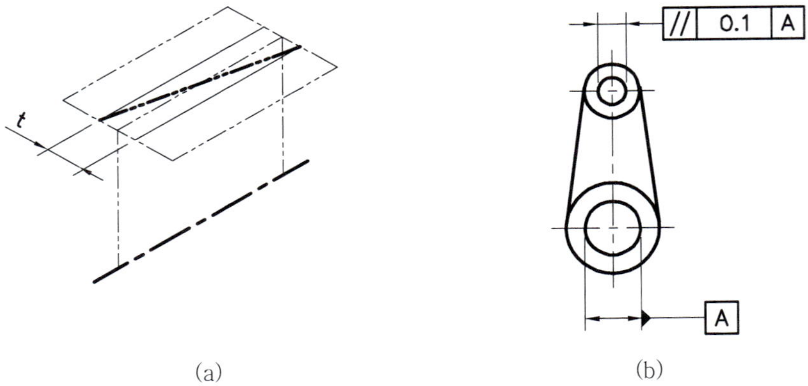

그림 6-34 평행도

(2) 직각도

① 공차역의 정의

공차를 나타내는 수치 앞에 기호 ϕ가 붙어 있는 경우에는, 이 공차역은 데이텀 평면에 수직한 지름 t의 원통 안의 영역이다.(그림 6-35(a))

② 도시 보기와 그 해석

지지선의 화살표로 나타내는 원통의 축선은 데이텀 평면 A에 수직한 지름 0.1mm의 원통 내에 있어야 한다.(그림 6-35(b))

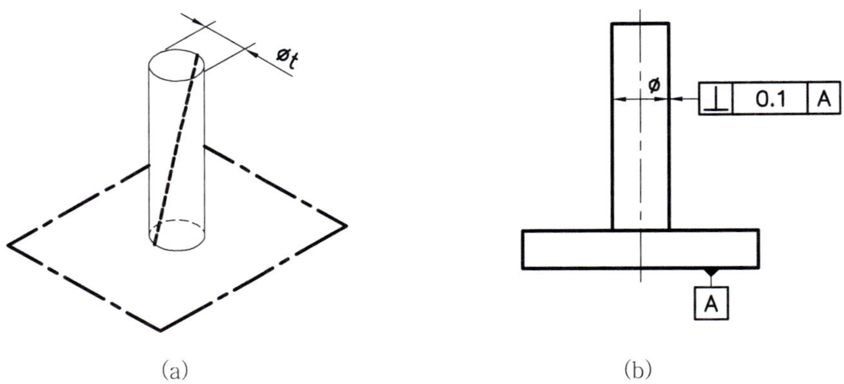

그림 6-35 직각도

(3) 경사도

① 공차역의 정의

한 평면에 투상된 공차역은 데이텀 평면에 대하여 지정된 각도로 기울고, t만큼 떨어진 두 개의 평행한 직선 사이에 끼인 영역이다.(그림 6-36(a))

② 도시 보기와 그 해석

지시선의 화살표로 나타낸 원통의 축선은 데이텀 평면에 대하여 이론적으로 정확하게 80° 기울고, 지시선의 화살표 방향으로 0.1mm 만큼 떨어진 두 개의 평행한 평면 사이에 있어야 한다.(그림 6-36(b))

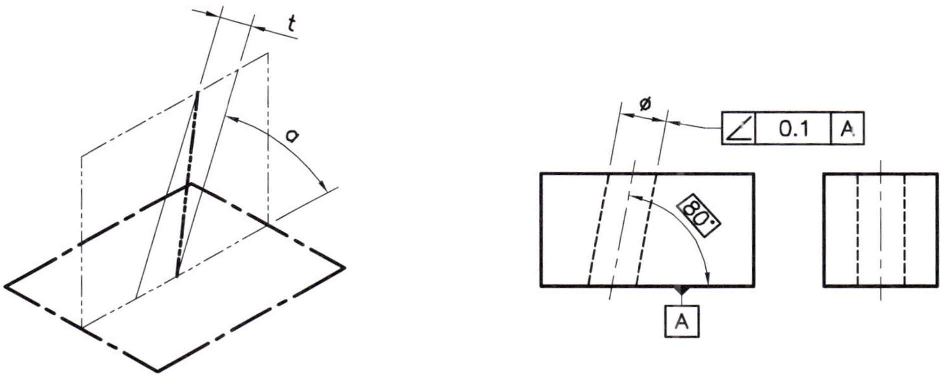

(a) (b)

그림 6-36 경사도

POINT 자세 공차는 면대 면, 원통면대 면 또는 면대 원통면, 원통면대 원통면으로 나타낼 수 있다.

3 관련 형체의 위치 공차

(1) 위치도

① 공차역의 정의

대상으로 하고 있는 점의 이론적으로 정확한 위치(이하 진위치라 한다.)를 중심으로 하는 지름 t의 원 안 또는 구 안의 영역이다.(그림 6-37(a))

② 도시 보기와 그 해석

지시선의 화살표로 나타낸 점은, 데이텀 직선 A로부터 60mm, 데이텀 직선 B로부터 100mm 떨어진 진위치를 중심으로 하는 지름 0.03mm의 원 안에 있어야 한다. 또한, 이 그림 보기의 경우는 데이텀 직선 A, B의 우선순위는 없다.(그림 6-37(b))

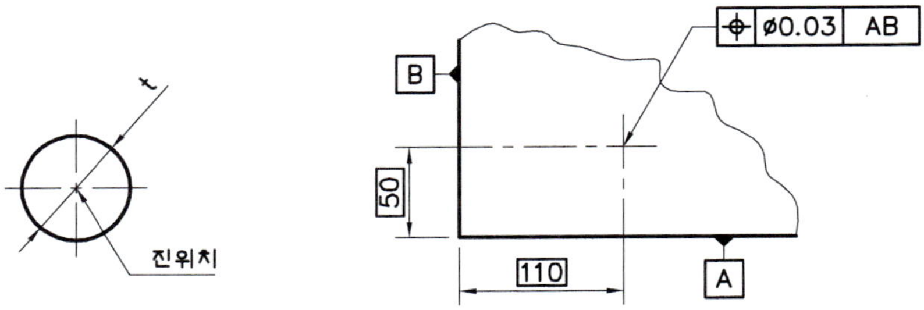

(a) (b)

그림 6-37 위치도

(2) 동심도 또는 동축도

① 공차역의 정의

공차를 나타내는 수치 앞에 기호 ϕ가 붙어 있는 경우에는 이 공차역은 데이텀 축직선과 일치한 축선을 갖는 지름 t인 원통 안의 영역이다.(그림 6-38(a))

② 도시 보기와 그 해석

지시선의 화살표로 나타낸 축선은 데이텀 축직선 A-B를 축선으로 하는 지름 0.08mm인 원통 안에 있어야 한다.(그림 6-38(b))

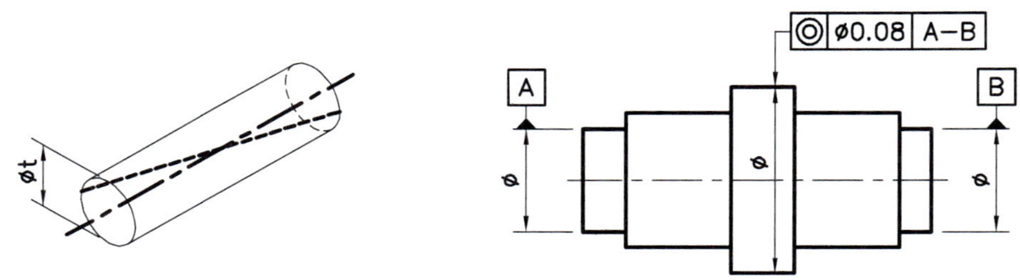

(a) (b)

그림 6-38 동심도 또는 동축도

(3) 대칭도

① 공차역의 정의

데이텀 중심 평면에 대하여 대칭으로 배치되고, 서로 t만큼 떨어진 두 개의 평행한 평면사이에 끼인 영역이다.(그림 6-39(a))

② 도시 보기와 그 해석

지시선의 화살표로 나타낸 중심면은 데이텀 중심 평면 A에 대칭으로 0.08mm의 간격을 갖는 평행한 두 개의 평면 사이에 있어야 한다.(그림 6-39(b))

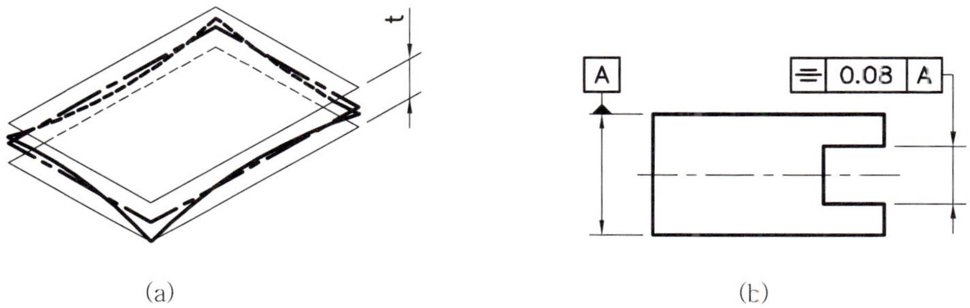

그림 6-39 대칭도

4 관련 형체의 흔들림 공차

(1) 원주 흔들림

① 공차역의 정의

데이텀 축직선에 수직한 임의의 측정 정면 위에서 데이텀 축직선과 일치하는 중심을 갖고, 반지름 방향으로 t만큼 떨어진 두 개의 동심원 사이의 영역이다.(그림 6-40(a))

② 도시 보기와 그 해석

지시선의 화살표로 나타내는 원통면의 반지름 방향의 흔들림은 데이텀 축직선 A-B에 관하여 1회전시켰을 때, 데이텀 축직선에 수직한 임의의 측정 평면 위에서 0.1mm를 초과해서는 안 된다.(그림 6-40(b))

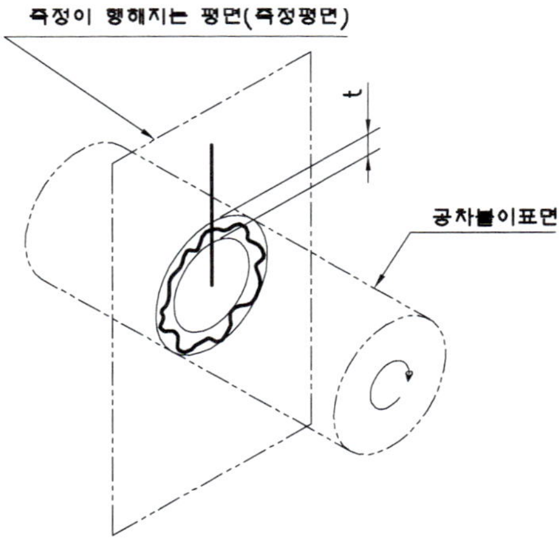

(a)

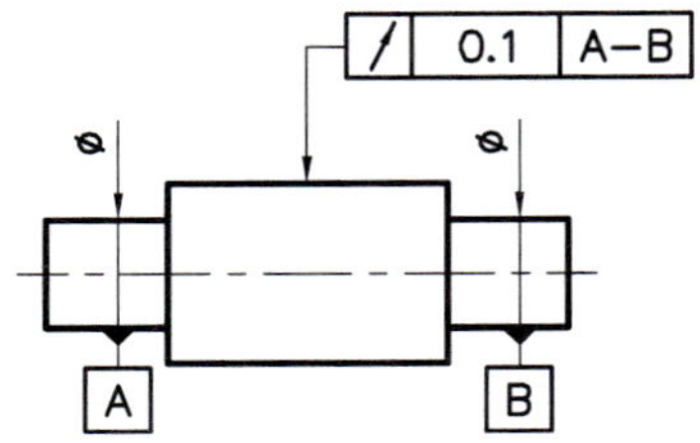

(b)

그림 6-40 원주 흔들림

(2) 온 흔들림

① 공차역의 정의

데이텀 축직선과 일치하는 축선을 갖고, 반지름 방향으로 t만큼 떨어진 두 개의 동축 원통 사이의 영역이다.(그림 6-41(a))

② 도시 보기와 그 해석

지시선과 화살표로 나타낸 원통면의 반지름 방향의 온 흔들림은 이 원통 부분과 측정 기구 사이에서 축선 방향으로 상대 이동시키면서, 데이텀 축직선 A-B에 관하여 원통 부분을 회전시켰을 때, 원통 표면 위의 임의의 점에서 0.1mm를 초과해서는 안 된다. 측정 기구 또는 대상물의 상대 이동은 이론적으로 정확한 윤곽선에 따르고, 데이텀 축직선에 대하여 정확한 위치에서 실시되어야 한다.(그림 6-42(b))

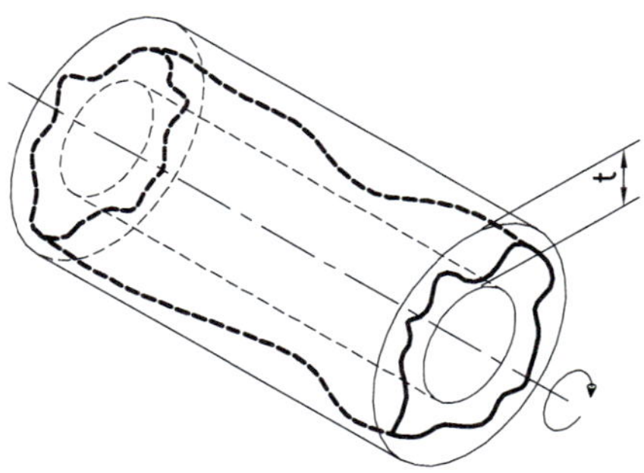

(a)

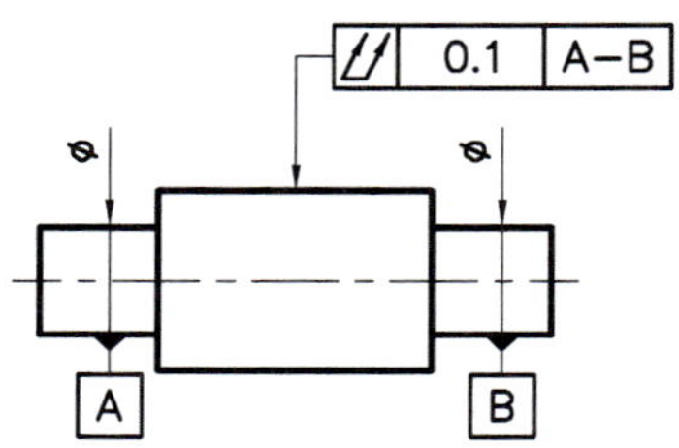

(b)

그림 6-41 온 흔들림

기계요소제도

CHAPTER 07

기계요소는 여러 가지 기계에 공통으로 자주 사용되는 부품들로 용도에 따라 체결용, 축용, 전동용 등으로 분류된다. 이와 같은 부품들을 기계요소(machine elements)라 하고 한국산업규격(KS)에 표준화 되어 있다. 이장에서는 자주 사용하는 기계요소제도에 필요한 KS규격에 대하여 주로 설명한다.

01 체결용 기계요소

체결용 기계요소에는 여러 가지가 있으나 주로 많이 사용하는 나사, 블트와 너트, 키 등의 제도 부분을 소개한다.

1 나사(Screw)

나사는 나사 곡선(helix)의 모양에 따라 원통면에 산과 골을 낸 것으로 외면(外面)의 나사를 수나사 내면(內面)의 나사를 암나사라고 한다.

(1) 나사의 종류

① 삼각 나사

주로 체결용이며 나사산의 모양이 삼각형인 나사

- 미터 나사 : 미터 보통 나사와 미터 가는 나사가 있다.
- 관용 나사 : 관용 평행 나사와 관용 테이퍼 나사가 있다.

② 사다리꼴 나사

주로 운동용이며 나사산각이 30° 인 미터사다리꼴 나사

(2) 나사의 호칭 표시 방법

① 미터 나사

나사산의 감긴 방향	나사산 줄의 수	나사의 호칭	—	나사의 등급

- 나사의 감긴 방향 : 왼나사일 때는 "왼" 또는 L 표시, 오른나사일 때는 생략한다.
- 나사산의 줄수 : 한줄 나사일 때는 생략하고, 줄수가 여러 줄일 때는 2줄 또는 2N, 3줄 또는 3N으로 표시한다.
- 나사의 호칭 : 나사의 호칭은 나사의 종류를 표시하는 기호 그리고 지름을 표시하는 숫자×피치로 표시한다.

[예] M10×1 : 호칭 지름이 10이고 피치가 1인 미터 가는 나사
M8 : 호칭 지름이 8인 미터 보통 나사
(보통 나사는 하나의 피치가 규정되어 있어 피치를 생략한다.)

② 미터사다리꼴 나사의 표시 방법의 보기

- 1줄 미터 사다리꼴 나사의 표시 방법

[예] Tr 40×7 : 호칭 지름 40mm, 피치가 7mm인 경우

- 여러 줄 미터 사다리꼴 나사의 표시 방법

[예] Tr 40×14(p7) : 호칭 지름 40mm, 리드 14mm, 피치가 7mm인 경우

- 미터 사다리꼴 왼나사의 표시 방법

[예] Tr 40×14(P7)LH−7e : 호칭 지름 40mm, 리드 14mm, 피치가 7mm, 왼나사

▾▾▾[표7-1] 나사의 종류 및 나사의 호칭 표시 방법

구 분		나사의 종류		나사의 종류	나사의 호칭 방법	관련규격
일반용	ISO 규격에 있는 것	미터 보통 나사		M	M10	KS B 0201
		미터 가는 나사			M8×1	KS B 0204
		미니추어 나사		S	S0.5	KS B 0228
		유니파이 보통 나사		UNC	3/8-16UNC	KS B 0203
		유니파이 가는 나사		UNF	No.8-36 UNF	KS B 0206
		미터 사다리꼴 나사		Tr	Tr10×2	KS B 0229
		관용 테이퍼 나사	테이퍼 수나사	R	R3/4	KS B 0222
			테이퍼 암나사	Rc	Rc3/4	
			평행 암나사	Rp	Rp3/4	
		관용 평행 나사		G	G1/2	KS B 0221
	ISO 규격에 없는 것	30° 사다리꼴 나사		TM	TM18	KS B 0227
		관용 테이퍼 나사	테이퍼 나사	PT	PT7	KS B 0222
			평행 암나사	PS	PS7	
		관용 평행 나사		PF	PF7	KS B 0221
특수용		후강 전선관 나사		CTG	CTG16	KS B 0223
		박강 전선관 나사		CTC	CTC19	
		자전거 나사	일반용	BC	BC3/4	KS B 0224
			스포츠용		BC2.6	
		미싱 나사		SM	SM 1/4 산40	KS B 0225
		전구 나사		E	E 10	KS C 7702
		자동차용 타이어 밸브 나사		TV	TV 8	KS R 4007
		자전거용 타이어 밸브 나사		CTV	CTV 8 산 30	KS R 8044

▾ ▾ ▾ [표7-2] 나사의 등급 표시 방법

<table>
<tr><th>구 분</th><th>나사의 종류</th><th colspan="2">암나사, 수나사의 구별</th><th>나사의 등급 보기</th><th>관련규격</th></tr>
<tr><td rowspan="8">ISO 규격에 있는 등급</td><td rowspan="4">미터 나사</td><td>암나사</td><td>유효 지름과 안지름의 등급이 같은 경우</td><td>6H</td><td>KS B 0235</td></tr>
<tr><td rowspan="2">수나사</td><td>유효 지름과 바깥 지름의 등급이 같은 경우</td><td>6g</td><td>KS B 0211</td></tr>
<tr><td>유효 지름과 바깥 지름의 등급이 다른 경우</td><td>5g, 6g</td><td>KS B 0214</td></tr>
<tr><td colspan="2">암나사와 수나사를 조합한 것①</td><td>6H/6g, 5H/5g, 6g</td><td></td></tr>
<tr><td rowspan="3">미터 사다리꼴 나사</td><td colspan="2">암나사</td><td>7H</td><td>KS B 0237</td></tr>
<tr><td colspan="2">수나사</td><td>7e</td><td>KS B 0219</td></tr>
<tr><td colspan="2">암나사와 수나사를 조합한 것②</td><td>7H/7e</td><td></td></tr>
<tr><td>관용 평행 나사</td><td colspan="2">수나사</td><td>A</td><td>KS B 0221</td></tr>
<tr><td rowspan="6">ISO 규격에 없는 등급</td><td rowspan="2">미터 나사</td><td>암나사, 수나사</td><td>암나사와 수나사의 등급 표시가 같은 것</td><td>2급, 혼동될 우려 가 없을 경우에는 ‘급’의 문자를 생략해도 좋다.</td><td>KS B 0211
KS B 0214</td></tr>
<tr><td colspan="2">암나사와 수나사를 조합한 것③</td><td>3급/2급, 혼동될 우려가 없을 경우에는 3/2로 해도 좋다.</td><td>—</td></tr>
<tr><td rowspan="2">유니파이 나사</td><td colspan="2">암나사</td><td>2B</td><td>KS B 0213</td></tr>
<tr><td colspan="2">수나사</td><td>2A</td><td>KS B 0216</td></tr>
<tr><td rowspan="2">관용 평행 나사</td><td colspan="2">암나사</td><td>B</td><td rowspan="2">KS B 0221</td></tr>
<tr><td colspan="2">수나사</td><td>A</td></tr>
</table>

(주) ① 미터 보통 나사 중 M1.7, M2.3 및 M2.6은 ISO규격에 규정되어 있지 않다.
② 이 평행 암나사 Rp는 테이퍼 수나사 R에 대해서만 사용한다.
③ 이 평행 암나사 PS는 테이퍼 수나사 PT에 대해서만 사용한다.

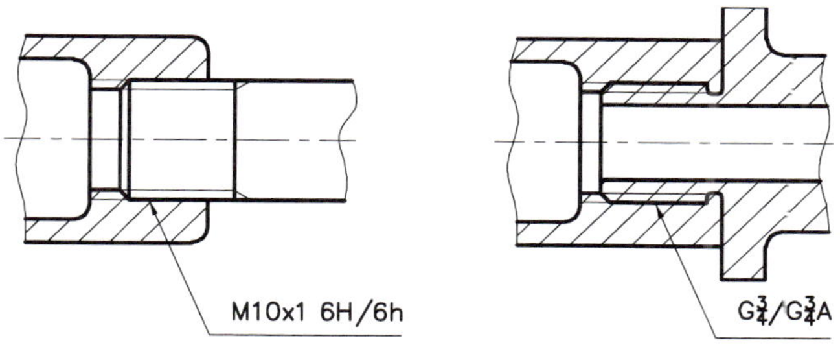

그림 7-1 나사의 등급

(3) 나사의 도시법

나사는 실제 형상을 그리면 복잡하기 때문에 모든 종류의 제도에서 나사 및 나사 부품의 도시는 관례에 따라 간략도로 나타낸다.

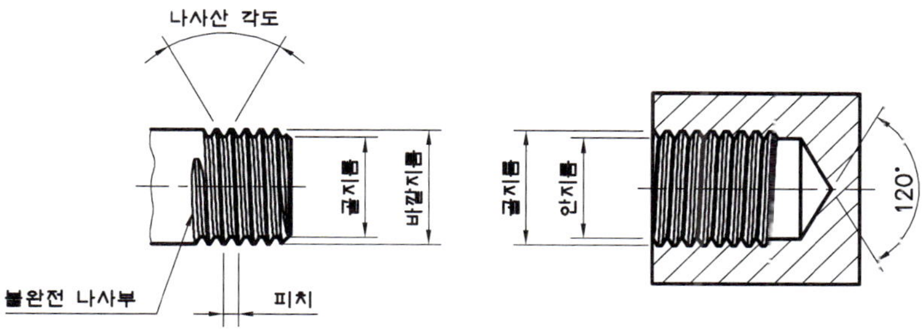

그림 7-2 나사의 형상 및 각부 명칭

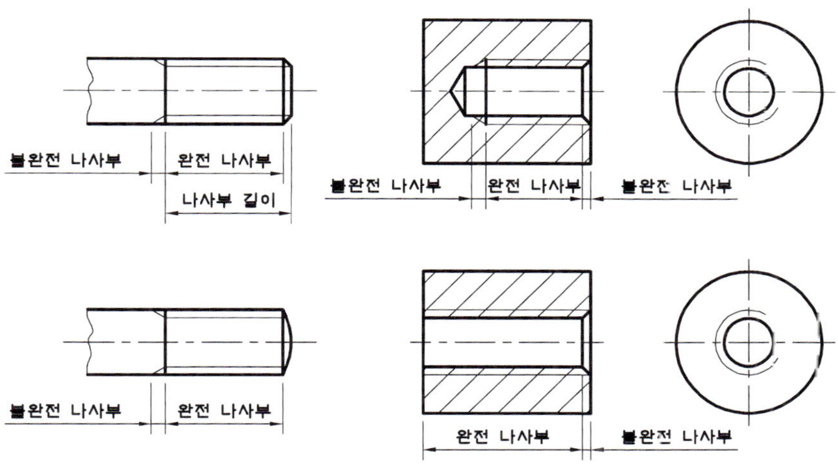

(a)

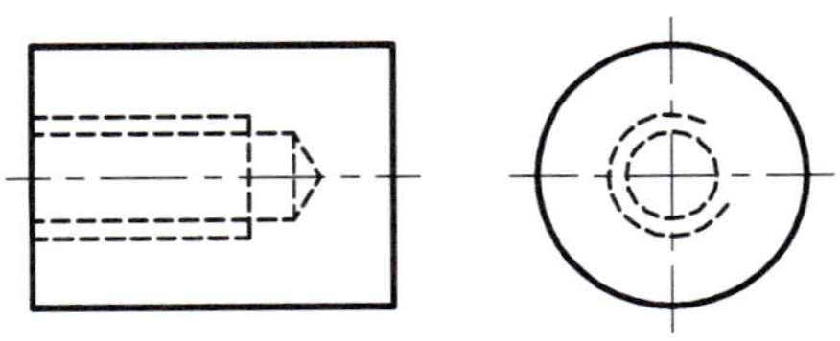

(b)

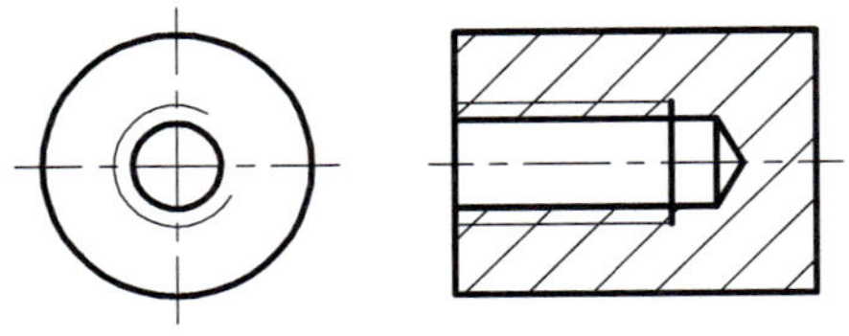

(c)

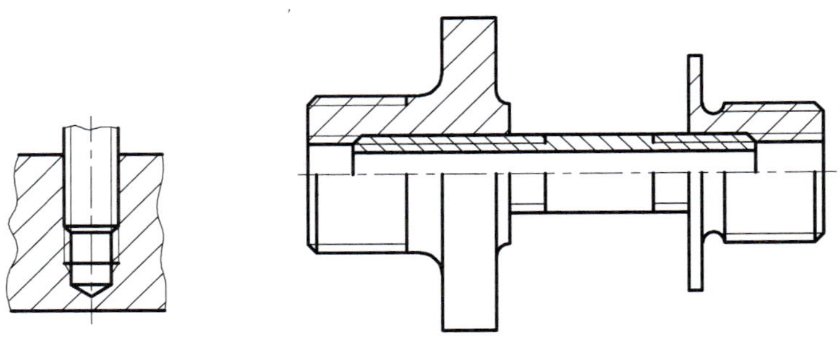

(d)

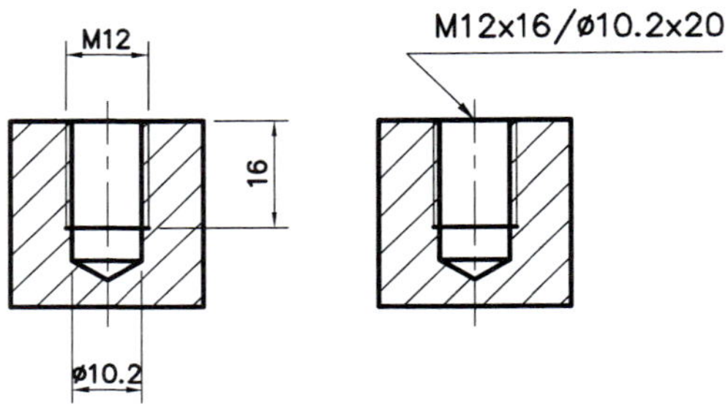

(e)

그림 7-3 나사의 제도

① 수나사의 바깥 지름, 암나사의 안지름을 나타내는 선은 굵은 실선으로 그린다.(그림 7-3(a))

② 나사의 골을 표시하는 선은 가는 실선으로 그린다.(그림 7-3(a))

POINT	나사산과 나사골을 표시하는 선의 간격은 나사산의 높이와 가능한 한 같게 하는 것이 좋다. 다만, 이 선 사이의 틈새는 어떠한 경우에도 다음의 어느 것 중 큰 값 이상이 되도록 한다. ⇒ 굵은 선의 굵기의 2배 또는 0.7mm

③ 나사의 끝면에서 본 그림에서는 나사의 골 밑을 가는 실선으로 그리되 원의 3/4 정도로 표시하고 가능하면 오른쪽 위에 4분원을 열어두는 것이 좋다. 모떼기 원을 표시하는 굵은 선은, 일반적으로 끝면에서 본 그림에서는 생략한다.(그림 7-3(a))

④ 불완전 나사부와 완전 나사부의 경계선은 굵은 실선으로 그린다.(그림 7-3(a))

⑤ 암나사의 단면에서 드릴 구멍의 끝부분은 굵은 실선으로 120° 되게 그린다.(그림 7-3(a))

⑥ 보이지 않는 부분의 나사는 가는 파선으로 그린다.(그림 7-3(b))

⑦ 불완전 나사부는 기능상 필요한 경우, 또는 치수 지시를 하기 위하여 필요한 경우 경사된(30°) 가는 실선으로 표시한다. 다만 생략 가능하면 표시하지 않아도 좋다.(그림 7-3(c))

⑧ 수나사와 암나사의 결합된 부분은 수나사로 표시한 후 나머지 암나사를 그린다.(그림 7-3(d))

⑨ 나사부를 단면으로 그렸을 때 해칭은 수나사는 나사산, 암나사는 드릴지름까지 그린다.(그림 7-3(d))

⑩ 수나사의 외경을 나사의 호칭 치수로 기입하고 나사부의 깊이 치수 기입을 한다.(나사부의 깊이는 1.5~2.5D(수나사의 외경)) 그 외에는 나사 가공에 사용하는 공구 여하에 달렸기 때문에 생략해도 된다.

POINT

드릴 구멍의 크기는 d=D(수나사의 외경)−p(피치)이고 드릴 깊이는 나사 깊이의 1.25배 정도로 그린다.(그림 7-3(e))

(4) 미터 보통 나사(KS B 0201)

① 기준 산형 : 미터 보통 나사의 기준 산형은 굵은 실선으로 나타낸다.

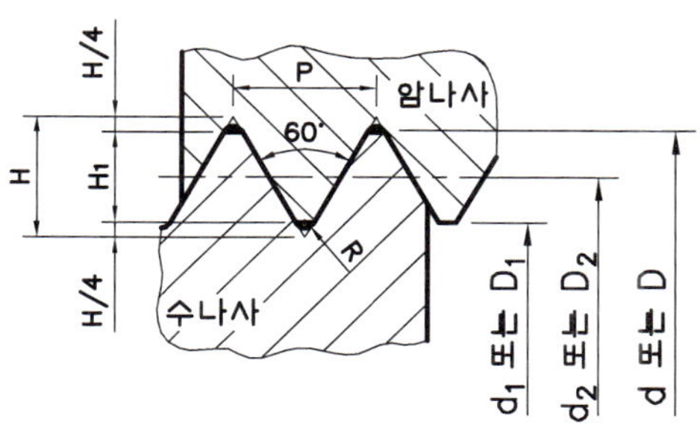

그림 7-4 미터 보통나사의 기준 산형

② 공식

$H = 0.866025P$ $d_2 = d - 0.649519P$ $D = d$

$H_1 = 0.541266P$ $d_1 = d - 1.082532P$ $D_2 = d_2$ $D_1 = d_1$

▾ ▾ ▾ [표7-3] 미터 보통 나사의 기준 치수

나사의 호칭			피치 P	접촉높이 H_1	암나사		
					골의 지름 D	유효지름 D_2	안지름 D_1
					수나사		
1란	2란	3란			바깥지름 d	유효지름 d_2	골의 지름 d_1
M1			0.25	0.135	1.000	0.838	0.729
	M1.1		0.25	0.135	1.000	0.938	0.829
M1.2			0.25	0.135	1.200	1.038	0.929
	M1.4		0.3	0.162	1.400	1.205	1.075
M1.6			0.35	0.189	1.600	1.373	1.221
	M1.8		0.35	0.189	1.800	1.573	1.421
M2			0.4	0.217	2.000	1.740	1.567
	M2.2		0.45	0.244	2.200	1.908	1.713
M2.5			0.45	0.244	2.500	2.208	2.013
M3			0.5	0.271	3.000	2.675	2.459
	M3.5		0.6	0.325	3.500	3.110	2.850
M4			0.7	0.379	4.000	3.545	3.242
	M4.5		0.75	0.406	4.500	4.013	3.688
M5			0.8	0.433	5.000	4.480	4.134
M6			1	0.541	6.000	5.350	4.917
		M7	1	0.541	7.000	6.350	5.917
M8			1.25	0.677	8.000	7.188	6.647
		M9	1.25	0.677	9.000	8.188	7.647
M10			1.5	0.812	10.000	9.026	8.376
		M11	1.5	0.812	11.000	10.026	9.376
M12			1.75	0.947	12.000	10.863	10.106
	M14		2	1.083	14.000	12.701	11.835
M16			2	1.083	16.000	14.701	13.835
	M18		2.5	1.353	18.000	16.376	15.294
M20			2.5	1.353	20.000	18.376	17.294
	M22		2.5	1.353	22.000	20.376	19.294
M24			3	1.624	24.000	22.051	20.752

(주) 1란을 우선적으로 필요에 따라 2란, 3란의 순으로 선정한다.

(5) 미터 사다리꼴 나사(KS B 0226)

① 기준 산형 : 미터 사다리꼴 나사의 기준 산형은 그림의 굵은 실선으로 나타낸다.

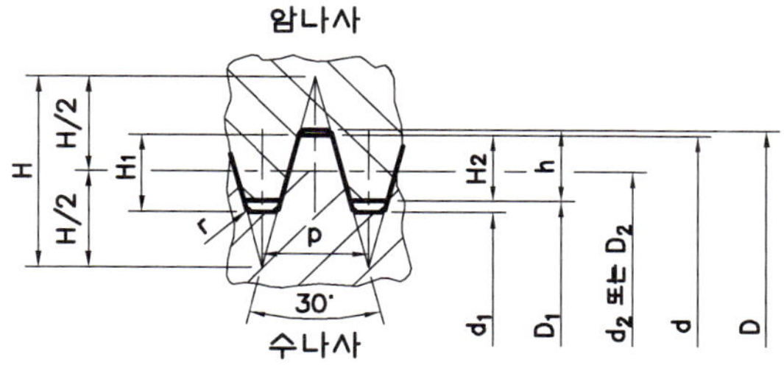

그림 7-5 미터 사다리꼴 나사의 기준 산형

② 공식

$H = 1.866P$ $d_2 = d - 0.5P$ $D = d$

$H_1 = 0.5P$ $d_1 = d - P$ $D_2 = d_2$ $D_1 = d_1$

▾ ▾ ▾ [표7-4] 미터 사다리꼴 나사의 기준 치수

나사의 호칭	피치 P	접촉 높이 H_1	암나사		
			골지름 D	유효 지름 D_2	안지름 D_1
			수나사		
			바깥 지름 d	유효 지름 d_2	골지름 d_1
Tr8×1.5	1.5	0.75	8.000	7.250	6.500
Tr9×2	2	1	9.000	8.000	7.000
Tr9×1.5	1.5	0.75	9.000	8.250	7.500
Tr 10×2	2	1	10.000	9.000	8.000
Tr 10×1.5	1.5	0.75	10.000	9.250	8.500
Tr 11×3	3	1.5	11.000	9.500	8.000
Tr 11×2	2	1	11.000	10.000	9.000
Tr 12×3	3	1.5	12.000	10.500	9.000
Tr 12×2	2	1	12.000	11.000	10.000
Tr 14×3	3	1.5	14.000	12.500	11.000
Tr 14×2	2	1	14.000	13.000	12.000

나사의 호칭	피치 P	접촉 높이 H_1	암나사		
			골지름 D	유효 지름 D_2	안지름 D_1
			수나사		
			바깥 지름 d	유효 지름 d_2	골지름 d_1
Tr 16×4	4	2	16,000	14,000	12,000
Tr 16×2	2	1	16,000	15,000	14,000
Tr 18×4	4	2	18,000	16,000	14,000
Tr 18×2	2	1	18,000	17,000	16,000
Tr 20×4	4	2	20,000	18,000	16,000
Tr 20×2	2	1	20,000	19,000	18,000

2 볼트와 너트

(1) 볼트의 호칭

규격번호	종류	부품 등급	나사의 호칭 ×호칭 길이	—	강도구분	재질	—	지정사항
↓	↓	↓	↓		↓	↓		↓
KS B 1002	6각 볼트	A	M8×40	—	8.8	SM20C	—	C

① 규격번호는 특히 필요가 없으면 생략해도 좋다.

② 지정 사항으로는 나사 끝의 모양, 표면 처리의 종류 등을 필요에 따라 표시한다.

(2) 너트의 호칭

규격번호	종류	형식	부품 등급	나사의 호칭	-	강도 구분	지정사항	-	재질
↓	↓	↓	↓	↓		↓	↓		↓
KS B 1012	6각 너트	스타일 1	A	M8	-	8	SM20C	-	C

① 규격번호는 특히 필요가 없으면 생략해도 좋다.

② 지정사항으로는 6각 너트의 자리 붙이, 표면 처리의 종류 등을 필요에 따라 표시한다.

(3) 볼트와 너트의 도시법

볼트와 너트는 규격품이므로 부품도는 그리지 않고 조립도에 그림 7-6(a)과 같이 간략도로 나타낸다. 다만 그림 7-6(b)와 같이 불완전 나사부를 생략할 수 있다.

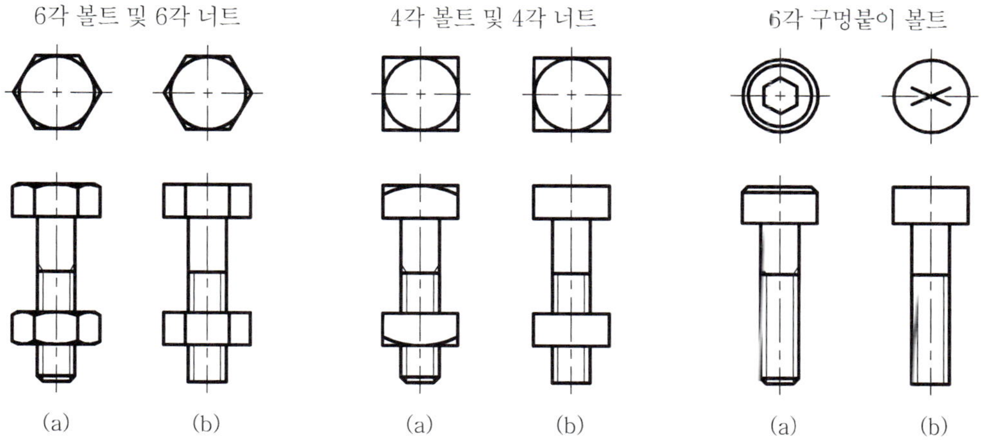

그림 7-6 볼트 · 너트의 제도

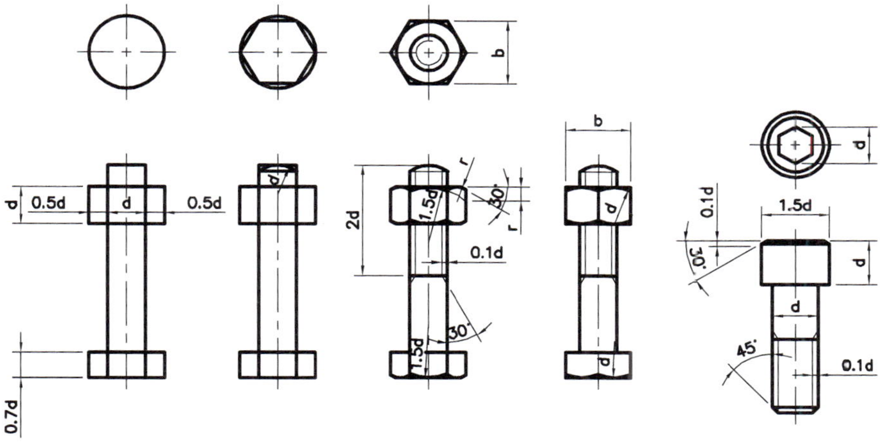

그림 7-7 볼트 · 너트의 그리는 방법

(4) 자리 파기

볼트와 너트를 사용하여 두 개의 부재를 체결하기 위해 어느 한 쪽 부품 또는 양 쪽 부품 모두에 자리 파기를 하여 두 개의 부재를 체결한다.

① 스폿 페이싱(spot facing, DS)

일반적으로 육각 볼트의 머리부나 육각 너트의 닿는 자리면을 제거 가공하기 위한 것으로 특히 주물 제품에 가공한다.(그림 7-8(a))

② 카운터 보오링(counter boring, DCB)

주로 둥근 머리 홈붙이 볼트의 머리부를 묻히게 하거나 들어갈 자리를 마련하기 위해제거 하공하기 위한 것이다.(그림 7-8(b))

③ 카운터 싱킹(counter sinking, DCS)

접시 머리 볼트의 머리부를 묻히게 하기 위한 가공이다.(그림 7-8(c))

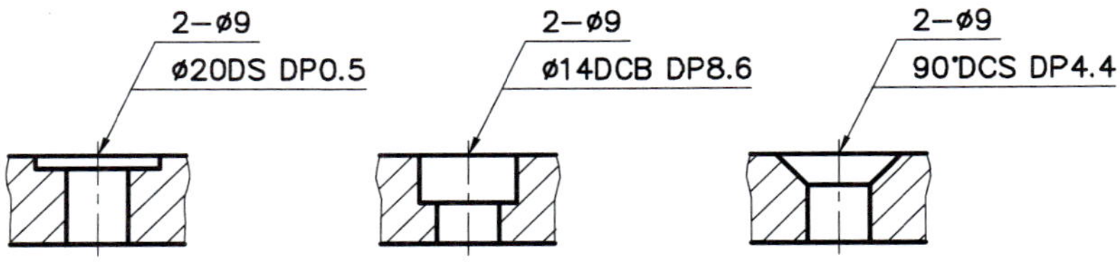

(a) (b) (c)

그림 7-8 자리 파기

▾ ▾ ▾ [표7-5] 자리파기

호칭			DS		DCB		DCS	
BOLT TAP	DRILL d		D	DP	D	DP	DP	ANGLE
M3	3.4	3.6	9	0.5	6	3.3	1.75	
4	4.5	4.8	11	0.5	8	4.4	2.3	
5	5.5	5.8	13	0.5	9.5	5.4	2.8	
6	6.6	7	15	0.5	11	6.5	3.4	
8	9	10	20	1	14	8.6	4.4	
10	11	12	24	1	17.5	10.8	5.5	$90^{\circ}\ ^{+2^{\circ}}_{0}$
12	14	15	28	1	22	13	6.5	
14	16	17	32	1	23	15.2	7	
16	18	19	35	1.2	26	17.5	7.5	
18	20	21	39	1.2	29	19.5	8	
20	22	24	43	1.2	32	21.5	8.5	

3 키(key)

키는 축에 기어 또는 풀리 등을 결합하여 회전력을 전달할 목적으로 사용된다.

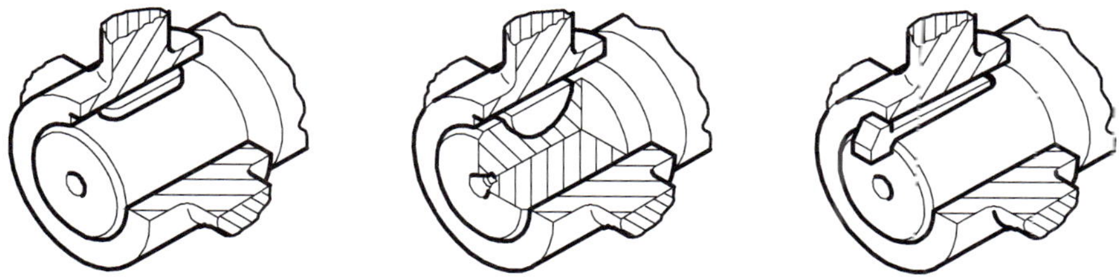

(a) 묻힘키 (b) 반달키 (c) 머리부착경사키

그림 7-9 키의 종류

(1) 키의 종류

묻힘키(sunk key), 미끄럼키(sliding key), 반달키(woodruff key), 평키(flat key), 핀키(pin key), 접선키, 스플라인, 세레이션 등과 같이 여러 종류가 있으나 한국산업규격(KS)에서는 묻힘키, 미끄럼키, 반달키가 표준화 되어 있다. 여기에서는 주로 많이 사용하는 묻힘키에 대해서 설명한다.

(2) 묻힘키의 호칭

규격번호	종류	호칭치수×길이	단면부의 형상	재질
↓	↓	↓	↓	↓
KS B 1311	평행키	6×6×22	양쪽 둥금	S45C－D

(3) 묻힘키의 선정 방법

키는 주로 전단력을 받는 부품으로 키의 나비는 축 지름과 비례한다. 그러므로 설계된 도면에서 축경을 측정하여 키를 선정한 후 기어나 풀리쪽의 보스부와 축의 홈에 관한 치수를 규격을 참고하여 제도 한다.

[예] 축경이 ϕ15일 경우 표 7－6에서 참고하여 그림 7－10와 같이 제도한다.

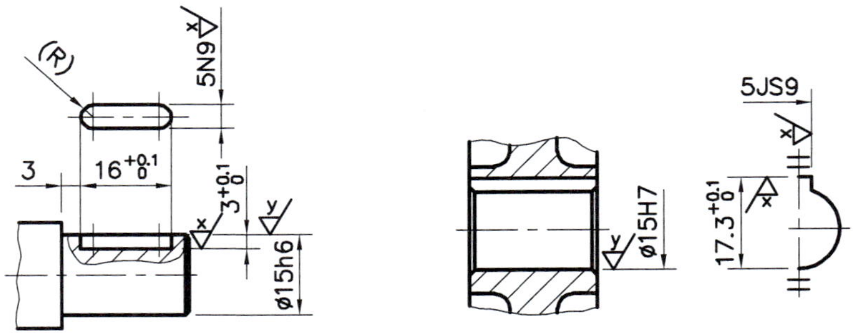

(a) 축부 (b) 보스부

그림 7-10 키 홈의 제도

(4) 묻힘키의 규격

그림 7-11은 키 규격에 관한 그림이고 표 7-6은 키와 키 홈의 치수이다. 이 데이터를 참조하여 키 홈을 제도한다.

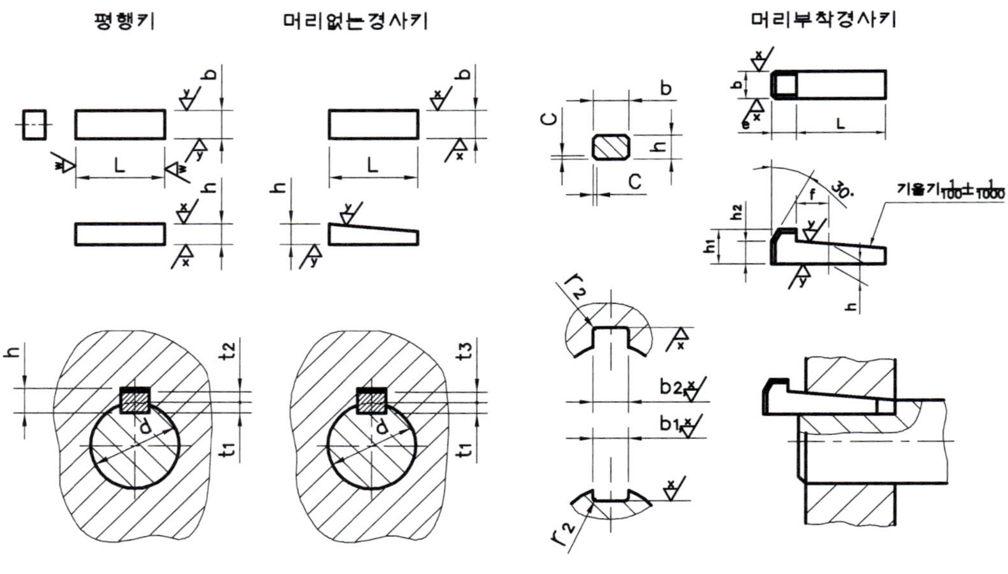

그림 7-11 평행키, 머리없는 경사키, 머리부착 경사키

▾ ▾ ▾ [표7-6] 키와 키 홈의 치수

적용하는 축경 d	키이의 호칭 치수 b×h	키의치수: b 허용차 (h9)	키의치수: h 허용차 (h9)	키의치수: C	키의치수: l	키 홈의 치수: b_1 b_2 의 기준치수	보통급 b_1 허용차 N 9	보통급 b_2 허용차 JS 9	r_1 및 r_2	t_1 의 기준치수	t_2 의 기준치수	t_1 t_2 의 허용차	t_3 의 기준치수
6~8	2×2	30 −0.025	0 −0.025	0.16 ~ 0.25	6~20	2	−0.004 −0.029	±0.0125	0.08 ~ 0.16	1.2	1.0	+0.1 0	0.5
8~10	3×3				6~36	3				1.8	1.4		0.9
10~12	4×4	0 −0.030	0 −0.030		8~45	4	0 −0.030	±0.0150		2.5	1.8		1.2
12~17	5×5			0.25 ~ 0.40	10~56	5			0.16 ~ 0.25	3.0	2.3		1.7
17~22	6×6				14~70	6				3.5	2.8		2.2
20~25	(7×7)	0 −0.036	0 −0.036		16~80	7	0 −0.036	±0.0180		4.0	3.0	+0.2 0	3.0
22~30	8×7		0 −0.090		18~90	8				4.0	3.3		2.4
30~38	10×8			0.40 ~ 0.60	22~110	10			0.25 ~ 0.40	5.0	3.3		2.4
38~44	12×8	0 −0.043			28~140	12	0 −0.043	±0.0215		5.0	3.3		2.4
44~50	14×9				36~160	14				5.5	3.8		2.9
50~55	(15×10)				40~180	15				5.0	5.0		5.0
50~58	16×10				45~180	16				6.0	4.3		3.4
58~65	18×11		0 −0.110		50~200	18				7.0	4.4		3.4

길이 l의 표준
6, 8, 10, 12, 14, 16, 18, 20, 22, 25, 28, 32, 36, 40, 45, 50, 56, 63, 70, 80, 90, 100, 110, 125, 140, 160, 180, 200

(주) ① 호칭치수에 괄호 친 것은 가급적 사용하지 않는다.
② 키의 치수에 괄호 친 것은 경사키의 치수이다.

02 축용 기계요소

일반적으로 회전 운동하여 동력을 전달하는데 핵심이 되는 기계요소로 축과 축의 원활한 회전 운동을 하기 위한 축 지지요소인 베어링 등이 있고 그 외 축이음이 있으나 이장에서는 축과 베어링을 설명한다.

1 축(shaft)

(1) 모양에 따른 축의 종류

① 직선 축 : 보통 사용되는 곧은 축이다.

② 크랭크 축 : 굽은 축으로 되어 있고 직선 왕복 운동을 회전으로 또는 그 반대의 운동을 전달하는 축이다.

③ 플렉시블 축(flexible shaft) : 축의 굽힘이 비교적 자유로운 축으로 철사를 코일 모양으로 이중, 삼중으로 감아 만든 축이다.

(2) 하중에 따른 축의 종류

① 차축 : 2개의 바퀴 사이에 사용되며 주로 굽힘 하중을 받는 축이다.

② 스핀들 : 주로 공작기계의 주축에 설치된 것으로 비틀림(torsion) 하중을 받는 축이다.

③ 전동축 : 전동기나 원동기를 이용하여 동력을 전달하는 축으로 굽힘 하중과 비틀림 하중을 동시에 받는 축

(3) 축의 도시법

① 축은 길이 방향으로 단면 도시 하지 않는다. 단, 부분 단면은 가능하다.(그림 7-12(a))

② 긴 축은 중간을 파단하여 짧게 그리되, 치수는 실제 길이로 기입해야 한다.(그림 7-12(b))

③ 평면 표시는 가는 실선 대각선으로 표시하고 모떼기의 치수는 치수 기입법에 따른다.(그림 7-12(c))

④ 축에 널링(knurling)을 도시할 때 빗줄인 경우는 축선에 대해 30° 로 엇갈리게 나타낸다.(그림 7-12(d))

⑤ 축을 가공하기 위한 센터의 도시를 한다.(그림 7-12(e))

[예] KS B 0410 60° A형 2 양끝

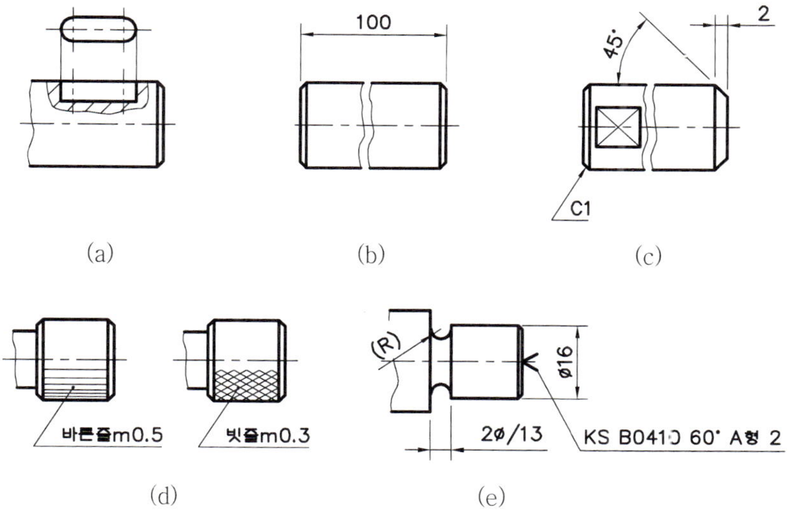

그림 7-12 축의 도시 방법

② 베어링

회전축을 지지하는 축용 기계요소를 베어링(bearing)이라 하고 베어링과 접촉하고 있는 축 부분을 저널(journal)이라고 하며, 그 접촉상태에 따라 미끄럼베어링(sliding bearing)과 구름베어링(rolling bearing)의 두 종류로 분류한다. 또한 축에 받는 하중의 방향에 따라서, 축에 직각인 하중을 받는 레이디얼 베어링(radial bearing)과 스러스트 베어링(thrust bearing)이 있다.

구름 베어링(rolling bearing)의 치수는 mm계와 inch계열을 사용하며 mm 치수는 ISO에 의해 구체적으로 표준화 되어 있다.

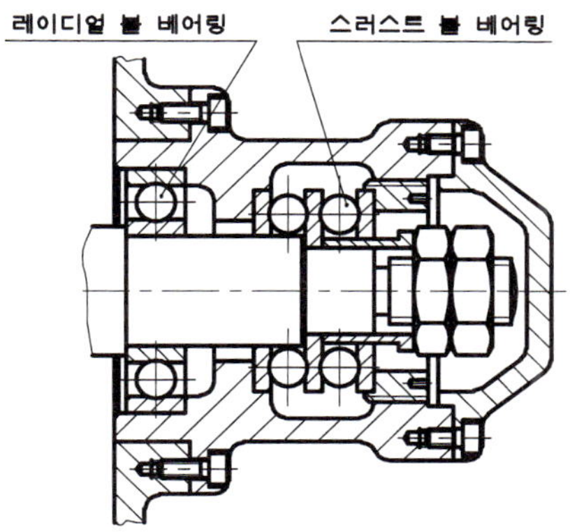

그림 7-13 하중방향에 따른 베어링의 종류

(1) 구름 베어링의 구조

구름 베어링은 일반적으로 내륜과 외륜, 볼(ball) 또는 롤러(roller), 리테이너(retainer)로 구성되어 있다.

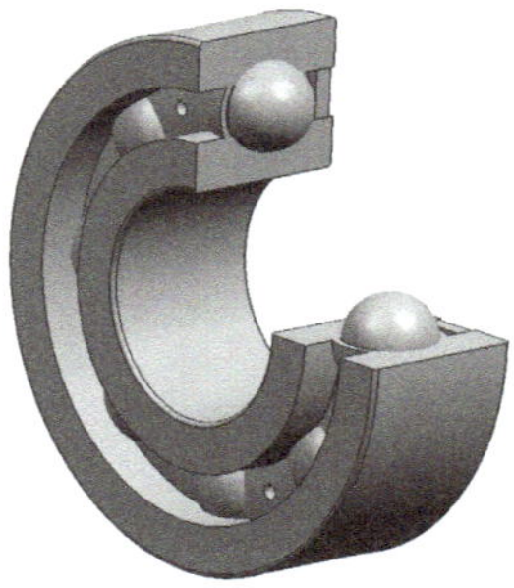

그림 7-14 구름베어링의 구조

(2) 롤링 베어링의 기본 호칭(KS B 2012)

형식번호	치수기호(나비와 지름 기호)	안지름(축지름) 번호	접촉각 기호

① 형식 번호(첫번째 숫자)

1 : 복렬 자동 조심형	2, 3 : 복렬 자동 조심형(큰 나비)
5 : 드러스트 베어링	6 : 단열 홈형
7 : 단열 앵귤러 볼형	N : 원통 롤러형

② 치수 번호(두번째 숫자)

0, 1 : 특별 경하중형	2 : 경하중용
3 : 보통 하중형	4 : 큰 하중형

③ 안지름 번호(세번째, 네 번째 숫자)

00 : 안지름 10mm	01 : 안지름 12mm
02 : 안지름 15mm	03 : 안지름 17mm

04(04부터는 번호×5) : 안지름 20mm

④ 접촉각 기호(앵귤러 볼 베어링(형식번호 7)일 경우 표시)

A : 30°　　B : 40°　　C : 20°

[예] 6 2 03
안지름 번호(17mm)
치수번호(경하중)
형식번호(단열홈형)

N 3 07
안지름 번호(35mm)
치수번호(보통하중)
형식 번호(원통 롤러형)

(3) 베어링의 끼어 맞춤

① 레이디얼 베어링의 끼어 맞춤 공차는 표 7-8과 표 7-9에 따른다.

▾▾▾[표7-8] 레이디얼 베어링과 하우징 구멍의 끼워맞춤

구성	회전륜	하중 조건	구멍의 끼워맞춤
일체 하우징	외륜 회전	가볍고 변동 하우징	M7
		보통 및 큰 하우징	N7
일체 또는 분할 하우징	내륜 회전	모든 종류의 하중	H7

▾▾▾[표7-9] 레이디얼 베어링과 축의 끼워맞춤

회전륜	축 지름(mm)	축의 끼워맞춤	비 고
외륜 회전	모든 종류의 축 지름	h6	정밀도 고려하여 h5
내륜 회전	100 이하	j6	정밀도 고려하여 j5
	100 이상	k6	정밀도 고려하여 k5

② 스러스트 베어링의 끼어 맞춤 공차는 표 7-10과 표 7-11에 따른다.

▾▾▾[표7-10] 스러스트 베어링과 하우징 구멍의 끼워맞춤

조건	하중 조건	구멍의 끼워맞춤
외륜 회전	레이디얼과 스러스트의 동시 작용하는 하중	K7(일반적인 경우) M7(비교적 하중이 큰 경우)
내륜 회전	스러스트 하중	H8

▾ ▾ ▾ [표7-11] 스러스트 베어링과 축의 끼워맞춤

하중 조건	축 지름(mm)	축의 끼워맞춤
스러스트 하중	모든 종류의 축 지름	j6
레이디얼과 스러스트의 동시 작용 하는 하중	모든 종류의 축 지름	j6
	200 이하	k6

(4) 베어링의 도시법

구름베어링은 베어링의 제도(KS B 0004-1~2)에 따라서, 지장이 없는 한 그림 7-15와 같이 약도로 표시한다.

① 구름 베어링의 형식을 도면에서 이해할 정도로 도시하려면 그림 7-15의 1.1~1.16와 같이 그린다.

② 계통을 나타내기 위한 골조만을 나타내는 그림에 구름베어링을 도시할 때 그림 7-15의 2.1~2.16에 나타낸 바와 같이 그린다. 그림 7-16은 베어링 계통도이다.

깊은 홈 베어링	깊은 홈 볼 베어링	앵귤러 볼 베어링	자동조심 볼베어링	원통 롤러 베어링				
				NJ	NU	NF	N	NN
1.1	1.2	1.3	1.4	1.5	1.6	1.7	1.8	1.9
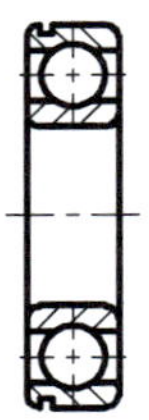	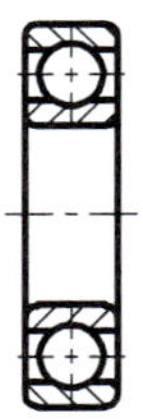	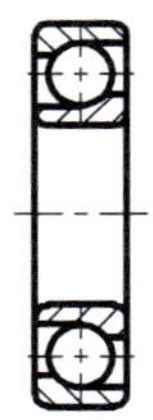	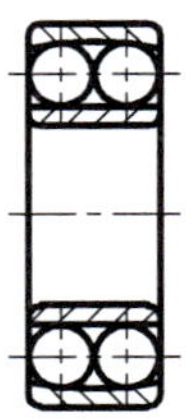	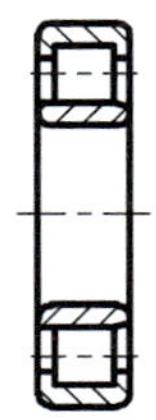	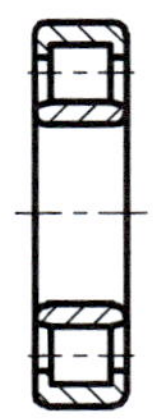		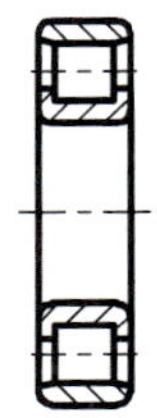	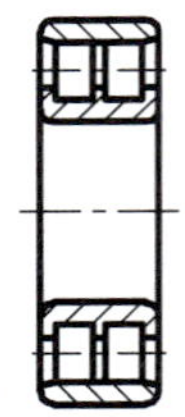
2.1	2.2	2.3	2.4	2.5	2.6	2.7	2.8	2.9
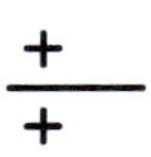				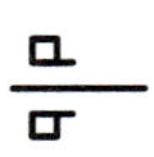	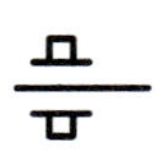	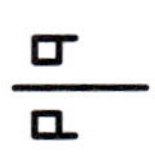	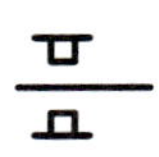	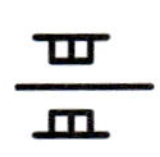

니들 롤러 베어링		테이퍼 롤러 베어링	자동조심 롤러 베어링	평면 자리형 트러스트 볼 베어링		드러스트 자동조심 롤러 베어링	깊은 홈 볼 베어링
NA	RNA			단 식	복 식		
1.10	1.11	1.12	1.13	1.14	1.15	1.16	1.21
	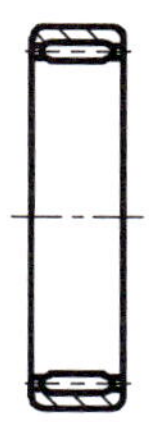	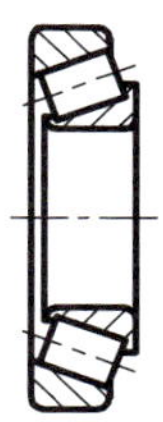	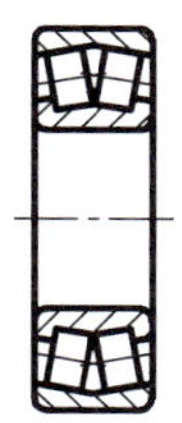	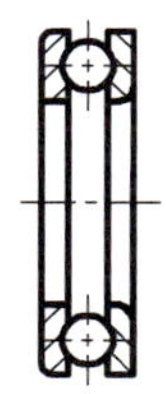	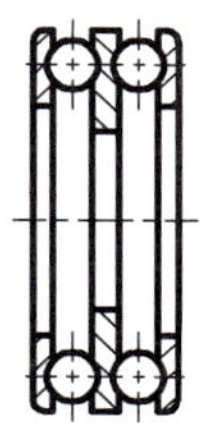	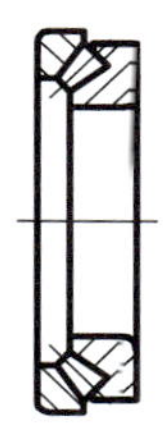	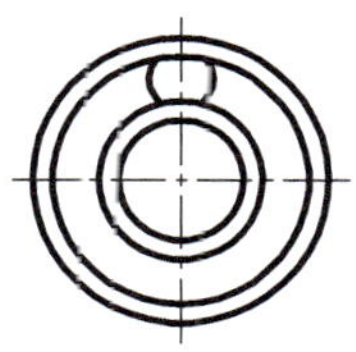
2.10	2.11	2.12	2.13	2.14	2.15	2/16	2.21
	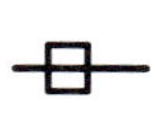	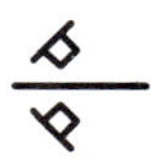					

그림 7-15 구름 베어링의 약도와 형식기호

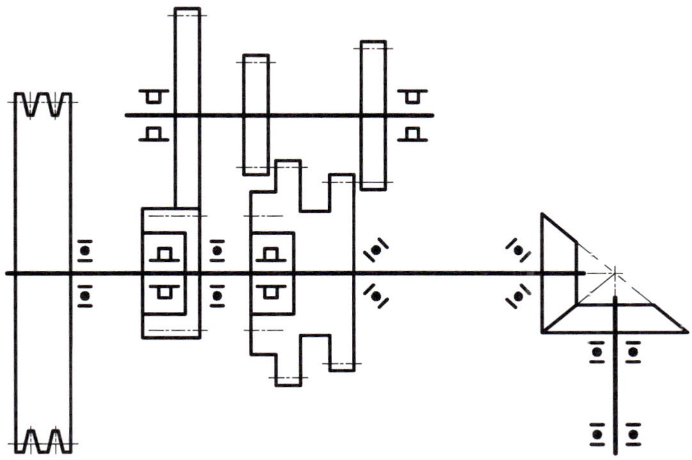

그림 7-16 베어링의 계통도

03 전동용 기계요소

전동기나 원동기로부터 동력을 받아 전달하는데 사용되는 기계요소를 전동용 기계요소라고 하며 기어, 벨트 풀리와 스프로킷 휠 등이 있다.

1 기어(gear)

한 쌍의 마찰차 접촉면에 이(tooth)를 깎아 미끄러지지 않고 서로 물고 돌아가는 기계요소로서, 축간 거리가 가까우며 큰 동력을 일정 속도비로 정확하게 전달할 때 사용된다.

(1) 기어의 종류

표 7-7은 기어의 종류이고 그림 7-17는 맞물린 한 쌍의 기어이다.

▾▾▾[표7-7] 두 축의 상대 위치 및 접촉에 따른 기어의 종류

기어의 종류	두 축의 상대 위치	이의 접촉	비고
스퍼 기어(spur gear)	평행	직선	원통형, 이가 축에 평행
내접 기어(internal gear)		직선	이는 스퍼기어와 같음
헬리컬 기어(helical gear)		직선	이가 축에 비틀어짐
더블 헬리컬 기어(double helical gear)		직선	좌우의 헬리컬 기어를 조합
래크(rack)		직선	회전 운동을 직선 운동으로 바꿈
직선 베벨 기어(straight bevel gear)	교차	직선	원뿔면에 스퍼기어의의 이 모양과 같음
스파이럴 베벨 기어(spiral bevel gear)		곡선	이가 곡선으로 비틀린 베벨 기어
하이포이드 기어(hypoid gear)	평행하지도, 교차하지도 않음	곡선	이가 곡선으로 비틀린 베벨 기어
스크류 기어(screw gear)		점	원뿔형 2개의 헬리컬 기어와 맞물림
웜 기어(worm gear)		점	감속비가 큼

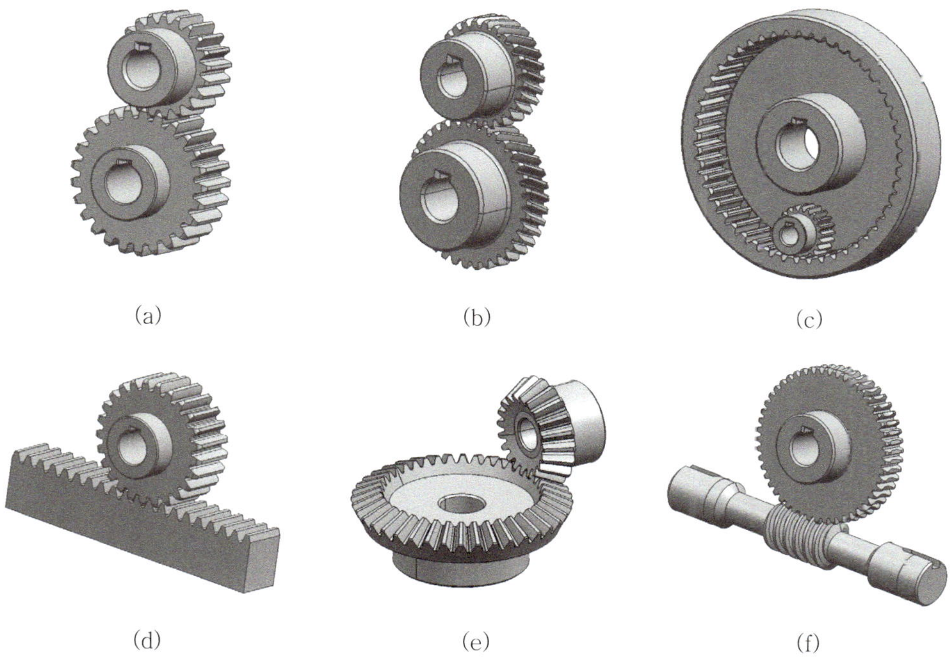

그림 7-17 기어의 종류

(2) 기어의 용어 및 계산식

그림 7-18 기어의 각 부 명칭과 스퍼기어의 계산공식 이다.

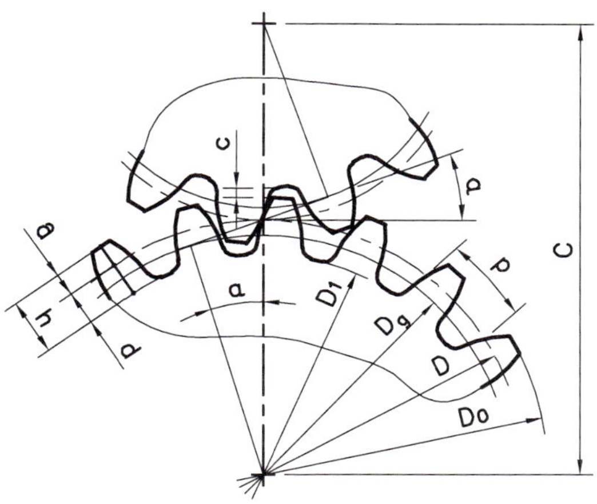

- a : 이끝 높이
- d : 이뿌리 높이
- h : 전체 이 높이
- c : 이 끝 틈새
- p : 원주 피치
- D : 피치원 지름
- C : 중심 거리
- D_0 : 이봉우리원 지름(이끝원 지름)
- D_1 : 이골원 지름(이뿌리원 지름)
- D_g : 기초원 지름
- α : 압력각

그림 7-18 스퍼 기어의 각부 명칭

① 기어의 이 크기

- 모듈(m) = D(피치원경)/Z(잇수)
- 원주피치(p) = $\pi \cdot m$
- 직경피치(dp) = Z/D(inch) = 1/m
- 잇봉우리(이끝) 높이(addendum, a) = m
- 이골(이뿌리) 높이(dedendum, d) = 1.157m(α = 14.5° 일 때), 1.25m(α = 20° 일 때)
- 전체 이높이(h) = a + d = 2.25m(압력각 20° 일 때)
- 이 틈새(clearence, c) = 0.25m(압력각 20° 일 때)

② 기어 소재 크기

- 피치원지름(D) = m×Z
- 기어의 바깥지름(D0) = (Z + 2)m
- 축간 거리(S) = (D1±D2)/2(+ : 외접, − : 내접)
- 기초원 지름(Dg) = D cos(α)
- 압력각(α) = 14.5°, 20° (표준)

(3) 기어의 도시법

기어를 도시할 때 일반적으로 축 직각 방향에서 본 면을 정면도, 축 방향에서 본 면을 측면도로 도시하고 요목표를 병행한다. 요목표에는 기어 치형, 공구의 이모양, 모듈, 압력각, 잇수, 피치원지름 등은 반드시 마련한다. 또한 기어이(gear tooth)의 열처리에 관한 사항은 필요에 따라 요목표의 비고란 또는 투상도 상단에 적당히 기입한다.

> **POINT**
>
> • 요목표
> 요목표는 기어 투상도 인접한 곳에 표로 만들어 표시하되 이 절삭, 조립, 검사 등에 필요한 사항을 기입한다.

① 기어의 치형란

표준 또는 전위 등을 기입한다. 기준 공구의 피치선과 가공할 기어의 피치원과 접하여 절삭한 기어를 표준기어라고 하며 전위기어는 약간 어긋나게 절삭한 것으로 이뿌리높이와 이 두께가 크게 되어 이의 강도를 개선한 기어이다.

② 기준 래크의 이모양란

보통이 또는 낮은이 등을 기입한다. 보통이는 이 끝의 높이가 모듈과 같은 이모양이고 낮은이는 높이가 보통이 보다 낮은 것으로 보통 이끝높이가 모듈의 0.8 정도이다.

③ 기준 래크의 모듈란

모듈을 기입한다.(모듈=피치원경/잇수)

④ 기준 래크의 압력각란

공구의 압력각을 기입한다. 전위기어 일 경우 공구 압력각과 맞물림 압력각이 다른 경우에는 공구 압력각을 입력하고, 맞물림 압력각을 비고란에 기입한다. KS에서 표준 압력각은 20° 이다.

⑤ 잇수와 기준 피치원경란

잇수와 기준 피치원경을 기입한다.(피치원경=모듈×잇수) 단, 치 직각 방식의 헬리컬 기어의 피치원경은 모듈×잇수÷cosβ (비틀림 각)로 기입한다.

⑥ 상대 기어의 이의 특성이나 재료, 열처리, 경도 등을 비고란을 기입할 수 있다.

- 스퍼 기어(spur gear)

㉠ 잇봉우리원(이끝원)은 굵은실선으로 그린다.(그림 7－19)

㉡ 피치원과 피치선은 가는 1점 쇄선으로 그린다.

㉢ 이골원(이뿌리원)은 가는 실선으로 그리되, 측면도는 생략해도 좋다. 단, 정면도를 단면으로 도시할 때 이를 절단하지 않고 이골의 선은 굵은 실선으로 표시한다.

㉣ 서로 맞물리는 한 쌍의 스퍼 기어를 도시할 때 측면도의 두 개의 이끝원은 굵은 실선으로 그리고 정면도를 단면도로 그릴 때 한쪽은 굵은 실선 다른 쪽은 가는 파선 또는 굵은 파선으로 표시한다.(그림 7－20)

<table>
<tr><th colspan="6">스퍼 기어</th></tr>
<tr><td colspan="2">기어 치형</td><td>전위</td><td>다듬질 방법</td><td colspan="2">호브절삭</td></tr>
<tr><td rowspan="3">기준
래크</td><td>치형</td><td>보통이</td><td>정밀도</td><td colspan="2">KS B 1405 5급</td></tr>
<tr><td>모듈</td><td>6</td><td colspan="2" rowspan="7">비 고</td><td rowspan="7">상대기어 전위량0
상대기어 잇수50
중심거리207
백래시0.20~0.89*재료
*열처리
*경도</td></tr>
<tr><td>압력각</td><td>20°</td></tr>
<tr><td colspan="2">잇 수</td><td>18</td></tr>
<tr><td colspan="2">기준피치원 지름</td><td>114</td></tr>
<tr><td colspan="2">전 위 량</td><td>+3.16</td></tr>
<tr><td colspan="2">전체 이높이</td><td>13.34</td></tr>
<tr><td>이두께</td><td>벌림 이두께</td><td>47.96
(벌림 잇수=3)</td></tr>
</table>

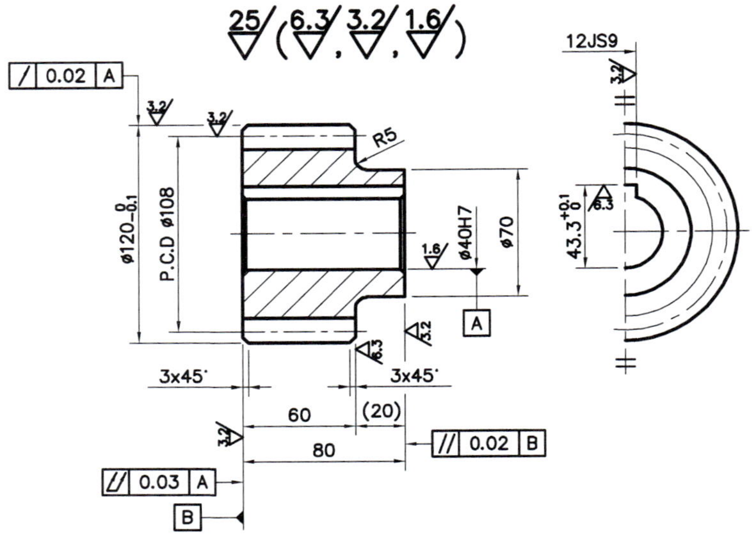

그림 7-19 스퍼 기어의 도시

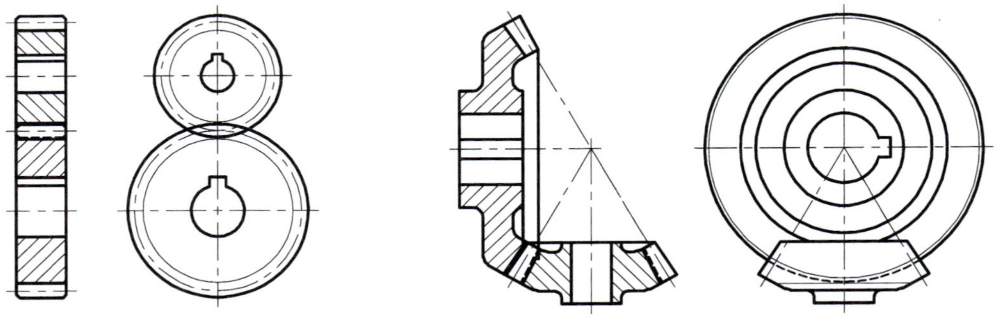

(a) 스퍼 기어 (b) 베벨 기어

그림 7-20 맞물리는 한 쌍의 스퍼 기어의 도시

- 헬리컬 기어(helical gear)

㉠ 잇줄 방향은 3개의 가는 실선으로 나타낸다. 단, 경사각은 30° 로 그리되 각도 치수는 실제 각도를 도(°) 또는 도분(° ')까지 기입한다.

㉡ 정면도를 단면도로 할 때, 지면보다 앞쪽에 있을 때는 잇줄 방향은 3개의 가는 이점 쇄선으로 표시한다.(그림 7-21)

㉢ 헬리컬 기어의 계산공식

⇒ 치 직각 모듈(m),축 직각 모듈(mn) = $mn/\cos\beta$ (비틀림각)

⇒ 피치원 지름(D) = $Z \cdot mn/\cos\beta$, 바깥지름(D0) = $(Z/\cos\beta + 2)m$

⇒ 리이드(L) = $\pi \cdot D/\tan\beta$

<table>
<tr><th colspan="6">헬리컬 기어</th></tr>
<tr><td colspan="2">기어치형</td><td>표준</td><td colspan="2">전체 이높이</td><td>9.40</td></tr>
<tr><td colspan="2">치형 기준 평면</td><td>치 직 각</td><td rowspan="2">이두께</td><td rowspan="2">오버핀(볼)
치수</td><td rowspan="2">95.19
(볼지름=7.144)</td></tr>
<tr><td rowspan="3">기준
래크</td><td>치형</td><td>보 통 이</td></tr>
<tr><td>모듈</td><td>4</td><td colspan="2">다듬질 방법</td><td>연삭 다듬질</td></tr>
<tr><td>압력각</td><td>20°</td><td colspan="2">정밀도</td><td>KS B 1405 1급</td></tr>
<tr><td colspan="2">잇수</td><td>19</td><td rowspan="5">비고</td><td colspan="2" rowspan="5">상대 기어 잇수 24
중심 거리 96.265
기초원 지름 78.783
*재료 SNCM415
*열처리 침탄 퀜칭
*경도(표면) HRC 55~61
유효 경화층 깊이 0.8~1.2
백래시 0.15~0.31
치형 수정 및 크라우닝을 할 것</td></tr>
<tr><td colspan="2">비틀림각</td><td>26.7°
(26°42′)</td></tr>
<tr><td colspan="2">비틀림 방향</td><td>왼쪽</td></tr>
<tr><td colspan="2">* 리드</td><td>531.385</td></tr>
<tr><td colspan="2">기준 피치원 지름</td><td>85.071</td></tr>
</table>

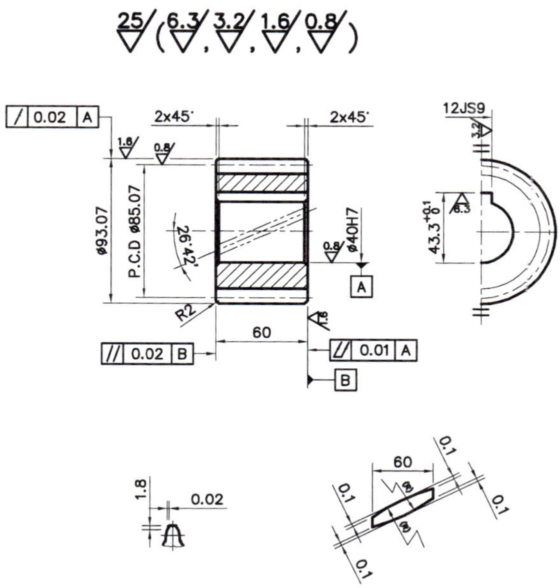

그림 7-21 헬리컬 기어의 도시

- 베벨 기어(bevel gear)

㉠ 축 방향에서 본 베벨 기어의 잇봉우리원은 굵은 실선, 피치원은 가는 1점 쇄선으로 그리되 이골원은 생략한다.(그림 7-22)

㉡ 스파이럴 베벨 기어의 잇줄을 나타내는 선은 3줄의 가는 실선으로 그린다.

직선 베벨 기어						
구별	기 어	(피니언)	구별		기어	(피니언)
치형	글리슨식		기준 피치 원추각		60° 39′	(29° 21′)
모듈	6		이골 원추각		57° 32′	
압 력 각	20°		잇봉우리 원추각		62° 28′	
잇수	48	(27)	이두께	측정 위치	바깥끝 잇봉우리원부	
축각	90°			활줄 이두께 (치직각)	8.08 캘리퍼 4.14	
기준 피치원 지름	288	(162)	다듬질 방법		절삭	
이 높이	13.13		정밀도		KS B 1412 4급	
이끝 높이	4.11		비고	백래시 이접촉 *재 료 *열처리 *유효 경화층 깊이 *경도(표면)	0.2~0.5 KS B 1417 구분 B 0.9~1.4 HRC 60±3	
이뿌리 높이	9.02					
원추 거리	165.22					

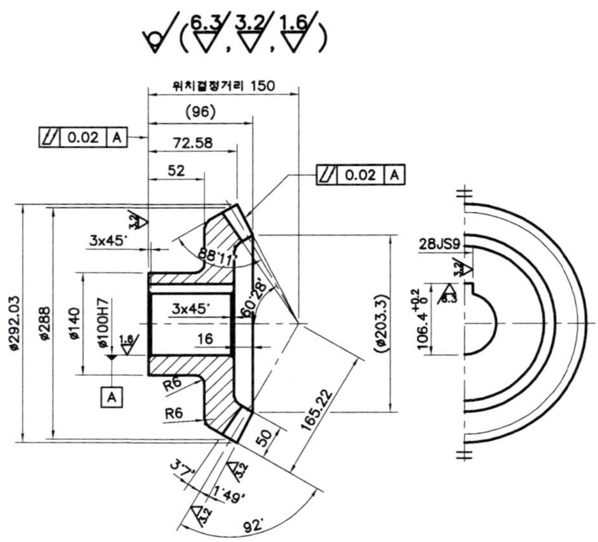

그림 7-22 직선 베벨기어의 도시

• 웜 기어

㉠ 웜 축의 잇줄 방향은 헬리컬 기어에 준하여 3줄의 가는 실선으로 그린다.(그림 7－23)

㉡ 웜 휠의 측면도는 기어의 바깥지름을 굵은 실선으로 그리고, 피치원은 가는1점 쇄선으로 그리며, 이골원과 목 부분의 원은 그리지 않는다. 또한 피치원은 상대 웜 축을 포함하여 단면 모양을 그린다.(그림 7－24)

웜				
치형	KS B 1416 3형	이두께	활줄 이두께 (치직각)	12.32 캘리퍼 이높이=8
축방향 모듈	8			
줄수	2		오버핀 치수 핀 지름	
비틀림 방향	오른쪽			
기준 피치원 지름	80	비고	백래시	0.21~0.35
지름 계수	10.00		중심거리	200
리 드 각	11° 18′ 36″		이접촉	KS B 1417 구분 B
다듬질 방법	연삭		*재료	SM 48C
			*열처리	치면 고주파 퀜칭
*정 밀 도			*경도(표면)	HRC 50~55

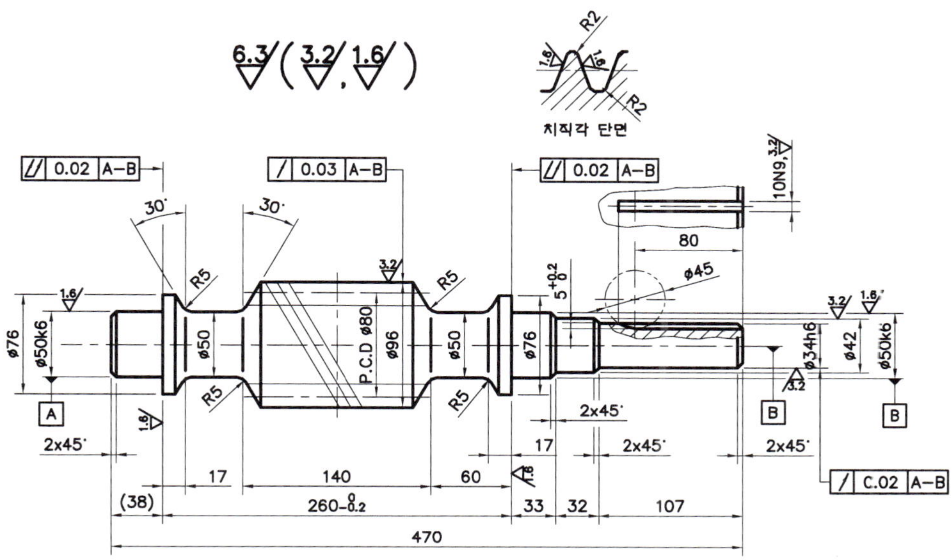

그림 7-23 웜 축의 도시

<table>
<tr><th colspan="5">웜 휠</th></tr>
<tr><td colspan="2">상대 웜 치형</td><td>KS B 1416</td><td>다듬질 방법</td><td>호브 절삭</td></tr>
<tr><td colspan="2">축방향 모듈</td><td>8</td><td>*정밀도</td><td></td></tr>
<tr><td colspan="2">잇 수</td><td>40</td><td colspan="2" rowspan="6">백래시 (피치 원둘레 방향) 0.21~0.35
참고 이두께(활줄 이두께 (치직각) 12.32
(캘리퍼 이높이 8.12
전위량 0
이접촉 KS B 1417 구분 B
*재료 PBC 2 B</td></tr>
<tr><td colspan="2">기준 피치원 지름</td><td>320</td></tr>
<tr><td rowspan="4">상대웜</td><td>줄 수</td><td>2</td></tr>
<tr><td>비틀림 방향</td><td>오른쪽</td></tr>
<tr><td>기준 피치원 지름</td><td>80</td></tr>
<tr><td>리드 각</td><td>11° 18′ 36″</td></tr>
</table>

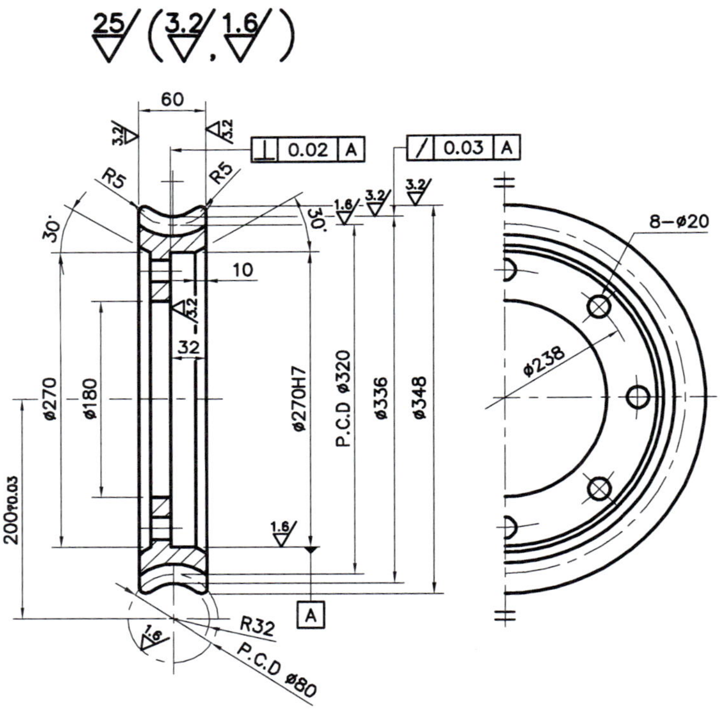

그림 7-24 웜 휠의 도시

❷ 벨트 풀리(Belt pulley)

벨트를 감아 걸어 동력을 전달할 때 사용하는 것으로 축간 거리가 비교적 크다.

(1) 평벨트 풀리

평벨트 풀리는 가죽, 직물, 고무, 강판 등으로 만든 띠 모양의 벨트를 원동축과 종동축에 결합한 풀리를 걸어서 동력을 전달할 때 사용하는 것으로 구조에 따라서 일체형과 분할형이 있고, 벨트가 걸리는 외주면의 모양에 따라 그림 7-25와 같이 4가지 종류가 있다. 일반적으로 원동축 풀리는 평탄한 Ⅲ형이나 Ⅳ형을 사용하고 종동축 풀리는 중앙부가 높은 Ⅰ형이나 Ⅱ형을 사용하지만 전동속도가 비교적 고속이면 벨트가 벗겨지지 않도록 중앙부가 높은 Ⅰ형이나 Ⅱ형을 사용한다. 풀리 재료는 주로 주철이나 알루미늄 합금을 사용한다.

표 7-8은 평벨트 풀리의 폭 B에 따라 외주면의 높이를 나타낸 것이다.

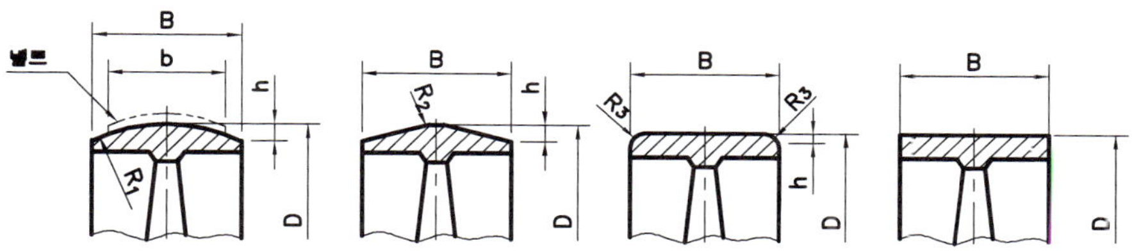

(a) Ⅰ형 (b) Ⅱ형 (c) Ⅲ형 (d) Ⅳ형

그림 7-25 평벨트 풀리의 종류

▾ ▾ ▾ [표7-8] 평벨트 풀리의 외주면의 높이

종류	평벨트 풀리의 치수			
호칭 지름 D(mm)	50, 55, 65, 70, 75, 90, 100, 115, 125, 140, 150, 180, 200, 230, 305, 355, 405, 455, 510, 560, 610, 660, 710, 760, 810,865 915, 965, 1015, 1120, 1270, 1525			
호칭폭 B(mm)	25, 38, 50, 65	75, 90, 100, 125	150, 205	255, 305, 355
외주면의 높이 약 h(mm)	1	1.5	2	3

(2) 평벨트 풀리의 도시법(그림 7-26)

① 벨트 풀리는 축 직각 방향의 투상을 정면도로 한다.

② 벨트 풀리와 같이 대칭형인 것은 그 일부만을 도시한다.

③ 암과 같은 방사형의 것은 수직 중심선 또는 수평 중심선까지 회전하여 투상한다.

④ 암의 길이 방향으로 절단하여 단면의 도시를 하지 않는다.

⑤ 암의 단면형은 도형의 안이나 밖에 도시할 때에는 가는 실선으로 그린되 단면형은 대개 타원형이며, 타원을 그릴 때에는 근사화법으로 원호를 그린다.

⑥ 암의 테이퍼 부분 치수를 기입할 때 치수 보조선은 기준선으로부터 30° 로 기울인다.

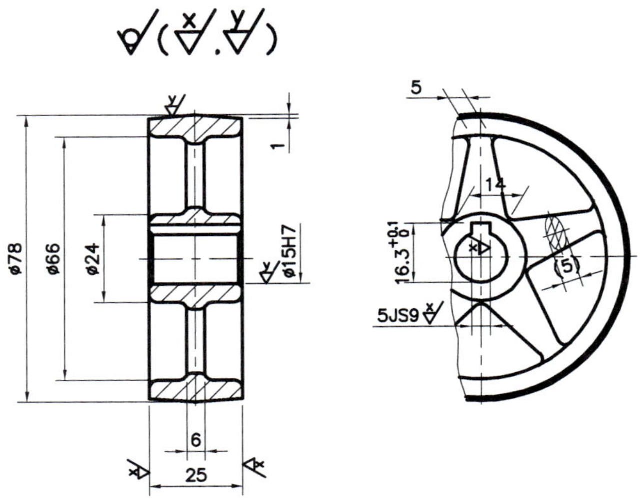

그림 7-26 평벨트 풀리의 도시

(3) V벨트 풀리

V 벨트는 단면이 사다리꼴인 고무벨트를 V형 풀리의 홈에 끼워서 쐐기작용에 의한 회전을 전달하는 장치로 평벨트에 비해 미끄럼과 진동이 적고, 운동이 조용하며 공작 기계나 내연 기관 등의 동력전달에 널리 사용된다. 풀리의 재료는 주로 주철이고, 고속인 경우에는 주강이나 알루미늄합금을 사용한다.

▾ ▾ ▾ [표7-9] V벨트의 종류와 단면 치수

종류	a	b	V벨트의 단면
M형 A형 B형 C형 D형 E형	10.0 12.5 16.5 22.5 31.5 38.0	5.5 9.0 11.0 14.0 19.0 25.0	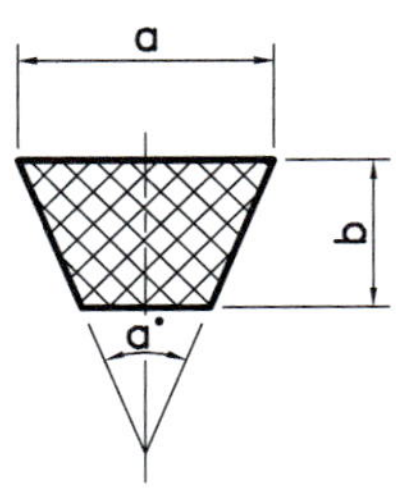

① V벨트와 V벨트 풀리의 홈 치수

- V벨트 : V벨트의 종류는 M, A, B, C, D, E형의 6종류가 있으며 단면적이 M형이 가장 작고 E형으로 갈수록 크다. 표 7－9는 V벨트의 종류와 치수를 나타낸 것이다.
- V벨트 풀리의 홈 치수 : 풀리의 크기를 고려하여 V벨트의 형별을 선정한다. 그리고 아래 그림의 치수 dp를 호칭 지름으로 V홈 각도을 선택하고 각각의 치수를 표 7－11를 참조하여 각 부 치수 기입한다. 또한 표 7－10을 참조하여 알맞은 공차를 기입한다.

POINT

k의 허용차는 외경 de를 기준으로 홈 폭 l0가 되도록 하기 위한 공차역이다. 따라서 dp는 참고 치수로 나타내야 한다.

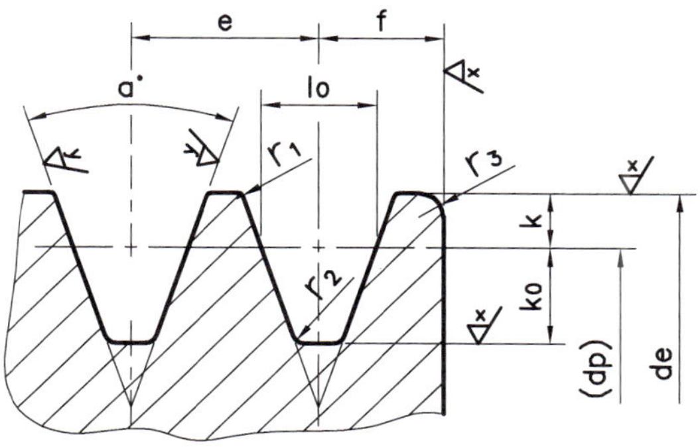

▾ ▾ ▾ [표7－10] 홈부의 치수허용차

<table>
<tr><th>V벨트의 형별</th><th>α의 허용차</th><th>k의 허용차</th><th>e의 허용차</th><th>f의 허용차</th></tr>
<tr><td>M</td><td rowspan="6">±0.5° 또는
±30'</td><td rowspan="3">+0.2
0</td><td>—</td><td rowspan="4">+2
－1</td></tr>
<tr><td>A</td><td rowspan="2">±0.4</td></tr>
<tr><td>B</td></tr>
<tr><td>C</td><td>+0.3
0</td><td rowspan="3">±0.5</td></tr>
<tr><td>D</td><td>+0.4
0</td><td>+3
－1</td></tr>
<tr><td>E</td><td>+0.5
0</td><td>+4
－1</td></tr>
</table>

▾ ▾ ▾ [표7-11] V벨트의 풀리의 홈 치수

V벨트의 형별	호칭 지름	α(°)	l0	k	k_0	e	f	r_1	r_2	r_3	V벨트의 두께(b)
M	50이상 71이하 71초과 90이하 90초과 하는 것	34 36 38	8.0	2.7	6.3	—	9.5	0.2 ~0.5	0.5 ~1.0	1~2	5.5
A	71이상 100이하 100초과 125이하 125초과 하는 것	34 36 38	9.2	4.5	8.0	15.0	10.0	0.2 ~0.5	0.5 ~1.0	1~2	9
B	125이상 160이하 160초과 200이하 200초과 하는 것	34 36 38	12.5	5.5	9.5	19.0	12.5	0.2 ~0.5	0.5 ~1.0	1~2	11
C	200이상 250이하 250초과 315이하 315초과 하는 것	34 36 38	16.9	7.0	12.0	25.5	17.0	0.2 ~0.5	0.5 ~1.0	2~3	14
D	355이상 450이하 450초과 하는 것	36 38	24.6	9.5	15.5	37.0	24.0	0.2 ~0.5	0.5 ~1.0	3~4	19
E	500이상 630이하 630초과 하는 것	36 38	28.7	12.7	19.3	44.5	29.0	0.2 ~0.5	0.5 ~1.0	4~5	25.5

② V벨트 풀리의 도시법

벨트 풀리는 평벨트 풀리의 도시법과 같다. 다만 V홈의 치수나 공차가 많기 때문에 부분 확대도로 나타내는 것이 좋다.(그림 7-27)

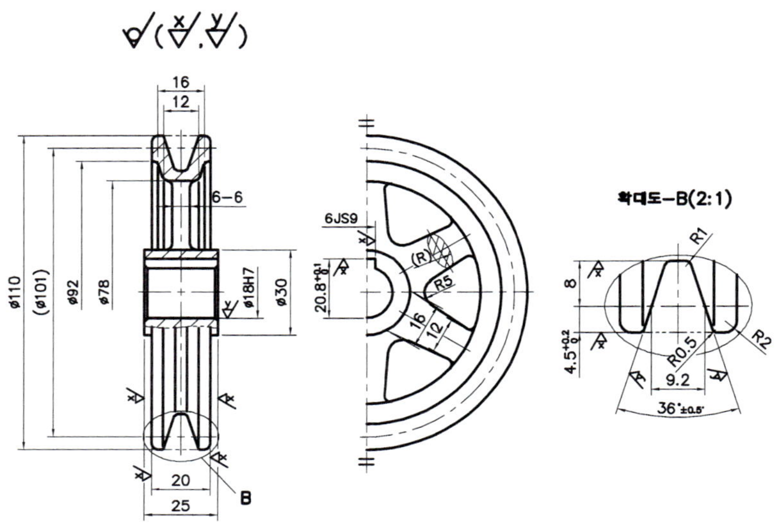

그림 7-27 V벨트 풀리의 도시

③ 스프로킷 휠(sprocket wheel)

스프로킷 휠은 체인을 감아 걸어서 체인과 휠의 이가 서로 맞물려 동력을 전달하는 기계요소로 체인 기어라고도 하며 축간 거리가 4m 이하이고, 회전비를 일정하게 할 필요가 있을 때나, 전달 동력이 크고 속도가 5m/s 이하일 때 사용한다. 보통의 벨트 풀리의 동력 전달방식에 비하면 전동은 확실하나 소음발생의 결점이 있다.

(1) 체인

체인은 여러 종류가 있으나 일반적으로 롤러 체인을 많이 사용한다. 롤러 체인은 롤러 내면으로 부시가 붙은 롤러 링크와 핀 링크가 엇갈리게 연결된 것으로 스프로킷의 잇면에 롤러가 구르면서 접촉한다.

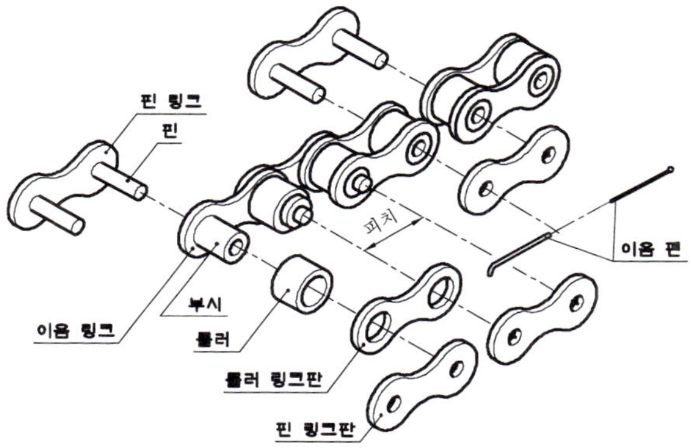

그림 7-28 롤러 체인

(2) 스프로킷

롤러 체인용 스프로킷은 주강 또는 고급 주철로 만들며 치형은 S형과 U형이 있고 S형이 비교적 간단하여 일반적으로 사용 된다.

① 스프로킷의 기준 치수

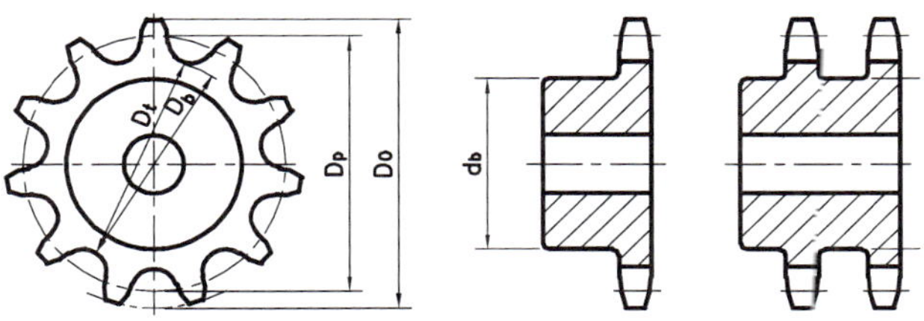

그림 7-29 스프로킷

▾ ▾ ▾ [표7-12] 스프로킷 기준 치수

항목	계산식
피치원 직경(D_p)	$D_p = \dfrac{p}{\sin \dfrac{180^\circ}{N}}$
외경(D_o)	$D_o = p\left(0.6 + \cot \dfrac{180^\circ}{N}\right)$
이뿌리원 직경(D_B)	$D_B = D_p - d_1$
이뿌리간의 거리(D_c)	$D_C = D_B$ (짝수 이) $D_C = D_P \cos \dfrac{90^\circ}{N} - d_1$ (홀수 이) $= p \cdot \dfrac{1}{2\sin \dfrac{180^\circ}{2N}} - d_1$
최대 보스직경(D_H)	$D_H = P\left(\cot \dfrac{180^\circ}{N} - 1\right) - 0.76$

여기서 P : 롤러 체인의 피치

d_1 : 롤러 체인의 롤러 바깥지름

N : 잇수

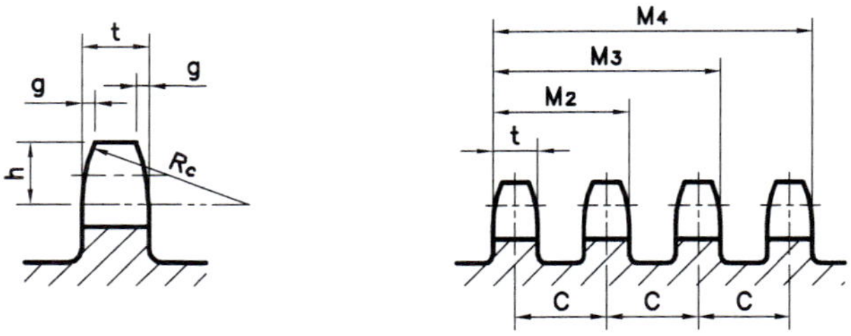

그림 7-30 스프로킷의 가로 치형

▾▾▾[표7-13] 스프로킷의 가로치형

호칭 번호	가로 치형							가로 피치 C	적용롤러체인(참고)		
	모떼기 나비 g (약)	모떼기 깊이 h (약)	모떼기 반지름 Rc (최소)	둥글기 rf (최대)	이나비 t (최대)				피치 P	롤러 외경 d_1 (최대)	안쪽링크 안쪽나비 b_1 (최소)
					1줄	2줄·3줄	4줄 이상				
25	0.8	3.2	6.8	0.3	2.8	2.7	2.4	6.4	6.35	3.30	3.10
35	1.2	4.8	10.1	0.4	4.8	4.1	3.8	10.1	6.525	5.08	4.88
41	1.6	6.4	13.5	0.5	5.8	-	-	-	12.70	7.77	6.25
40	1.6	6.4	13.5	0.5	7.2	7.0	6.5	14.4	12.70	7.95	7.85
50	2.0	7.9	16.9	0.6	8.7	8.4	7.9	18.1	15.875	10.16	9.40
60	2.4	9.5	20.3	0.8	11.7	11.3	10.6	22.8	19.05	11.91	12.57
80	3.2	12.7	27.0	1.0	14.6	14.1	13.3	29.3	25.40	15.88	15.75
100	4.0	15.9	33.8	1.3	17.6	17.0	16.1	35.8	31.75	19.05	18.90
120	4.8	19.0	40.5	1.5	23.5	22.7	21.5	45.4	38.10	22.23	25.22

(주) ① Rc는 일반적으로 표에 표시한 최소치를 사용하지만 이 값 이상 무한대(이 때 원호는 직선이 된다.)로 되어도 좋다.
② rf(최대)는 보스지름 및 홈지름의 최대치 DH를 사용하였을 때의 값이다.
③ 이 경우의 d_1은 부시 바깥지름을 표시한다.
④ 41은 1줄만으로 한다.
⑤ 총 이나비 : M2, M3, M4, Mn=C(n−1)+t,n=줄 수

(3) 스프로킷의 도시법

① 바깥지름은 굵은 실선, 피치원은 가는1점쇄선, 이골원은 가는 실선으로 그린다.

② 축의 직각 방향에서 본 그림을 단면으로 도시할 때에는 이골의 위치에서 절단하고 이골선은 굵은 실선으로 그린다.

③ 요목표에는 체인과 스프로킷 이의 특성을 기입한다. 스프로킷의 항목 중에서 치저거리는 홀수 이 일 때 기입한다.

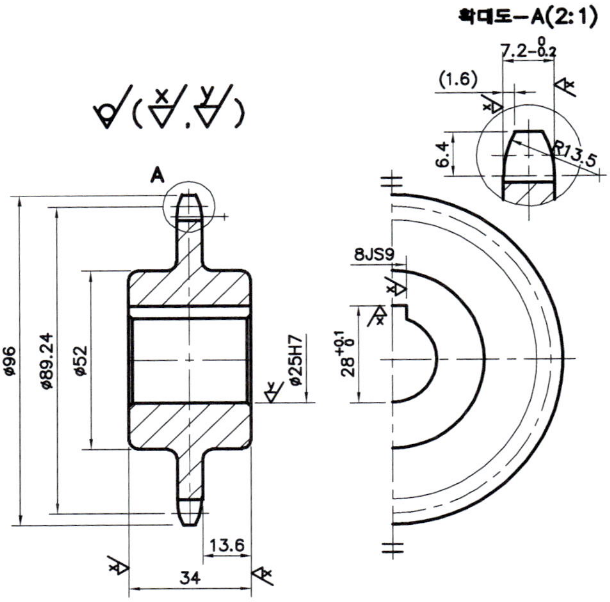

체인과 스프로킷		
롤러 체인	호칭번호	40
	피치	12.70
	롤러외경	7.94
스프로킷	치형	S형
	잇수	22
	피치원경	89.24
	외경	96
	치저원경	81.30
	치저거리	–

그림 7-31 스프로킷의 도시

참고문헌

KS B 0001 기계 제도, 1987(2003 확인)

KS B ISO 2768-1, 일반 공차 제1부, 2002(2007 확인)

KS B 0401 치수공차 및 끼워 맞춤, 1988(2003 확인)

KS B 0617 제도-표면의 결 도시 방법, 1999(2004 확인)

KS B 0608 기하 공차의 도시방법, 2007

KS B 0200 나사의 표시 방법, 1984(2004 확인)

KS B 0003-1 제도-나사 및 나사 부품-제1부, 1999(2004 확인)

KS B 0201 미터 보통 나사, 1999(2006 확인)

KS B 0229 미터 사다리꼴 나사, 1992(2004 확인)

KS B 1311 키 및 키홈, 1999(2004 확인)

KS B 1313 미끄럼 키 및 키홈, 1965(2006 확인)

KS B 1312 반달 키 및 키홈, 2005

KS B 2023 깊은 홈 볼 베어링, 2000(ISO16:1998)(2006 확인)

KS B 2024 앵귤러 볼 베어링, 2001

KS B 0004-1 구름 베어링 제도, 2001(2006 확인)

KS B 0002 기어 제도, 2001(2007 확인)

KS B 1402 평 벨트 풀리, 2003

KS B 1400 주철제 V벨트 풀리, 2001(2006 확인)

KS B 1408 롤러 체인용 스프로킷 치형, 2005

오수철, 신공업 제도, 청문각, 1996

김영상, 문태영, 송희덕, 기계 제도, 학교법인 기능대학 사업본부, 2001

Computer Aided Design of Mechanical Systems

PART _ Ⅱ

실 습 편

제1장 도면양식(Layout)

제2장 투상도(Projection)

제3장 단면도(Section)

제4장 조합단면도 및 특수투상도

제5장 치수 및 공차 기입하기-1

제6장 치수 및 공차 기입하기-2

제7장 동력전달장치 도면해독

제8장 기계요소 도표편람 참조하기

제9장 내륜 회전 전동장치-1

제10장 내륜 회전 전동장치-2

제11장 외륜 회전 전동장치-1

제12장 외륜 회전 전동장치-2

제13장 캐스터 모델링

제14장 캐스터 분해도 제작

1

실습 목표

1. 한국산업규격(KS)에서 도면에 있어야 할 양식을 알아본다.
2. CAD system을 활용하여 도면양식을 만들 수 있다.
3. 도면양식 파일 저장 및 관리하는 방법을 알 수 있다.

1장 실습 내용

1. CAD system 환경 설정하기
2. 도면 양식 만들기 순서
3. 도면 양식 만들기
4. 도면 저장하기

평가 사항(배점)

- 실습 방법 및 태도 (　　점)
- 도면양식 항목 누락 (　　점)
- 선과 문자 오기 (　　점)
- 시간 준수 (　　점)
- 완성도 (　　점)
- 소요시간 : 2~3hr

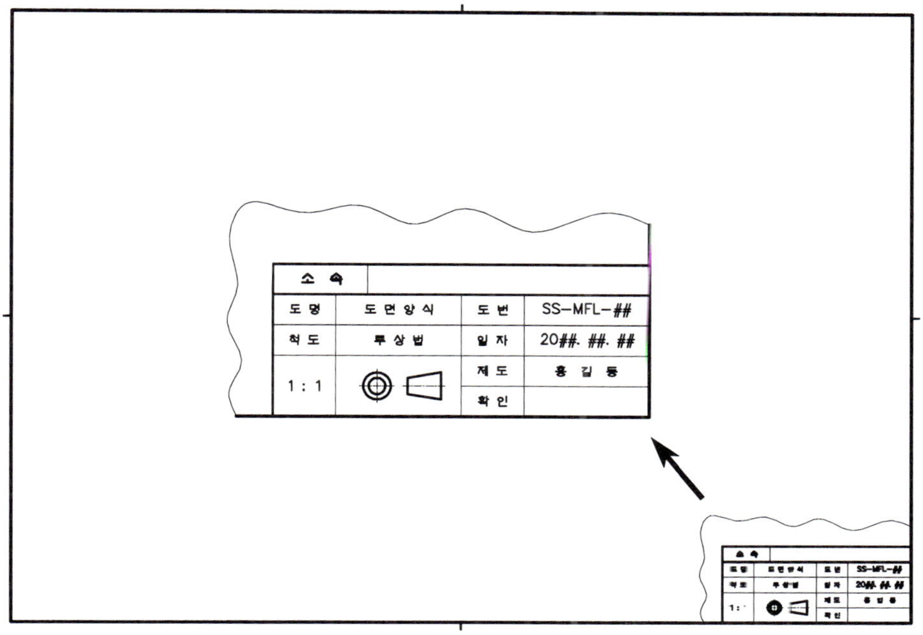

CHAPTER 01 도면양식(Layout)

01 CAD system 환경 설정하기

2차원의 도면 작업을 보다 빠르고 편리하게 드로잉(drawing)을 하기 위해서 환경설정 창, 즉 Options...에서 몇 가지 기본 설정을 변경 한 후에 사용해야 한다.

❶ Options 실행방법

Tools 메뉴에서 Options…을 선택한다.

Command : OP(Options)

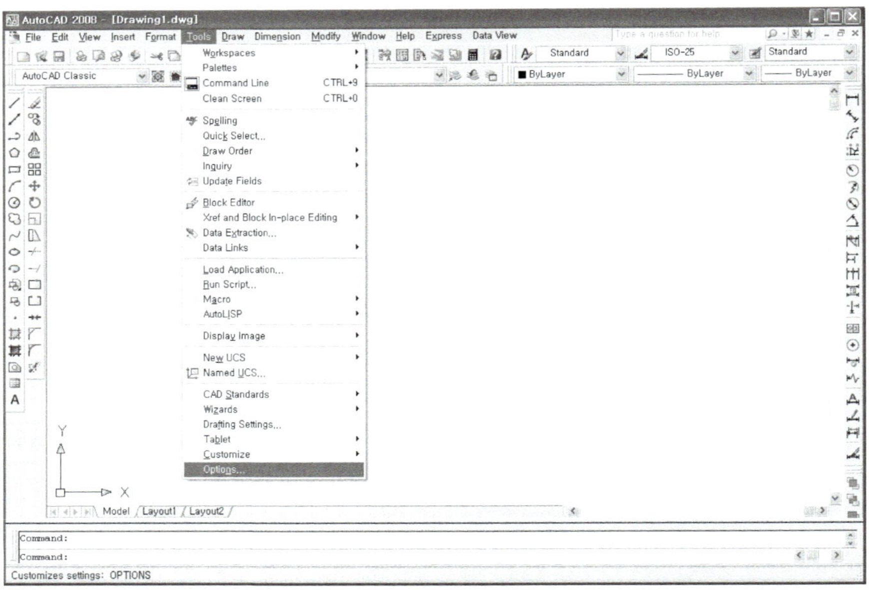

Options을 선택하여 실행 하면 아래와 같은 창이 나타난다.

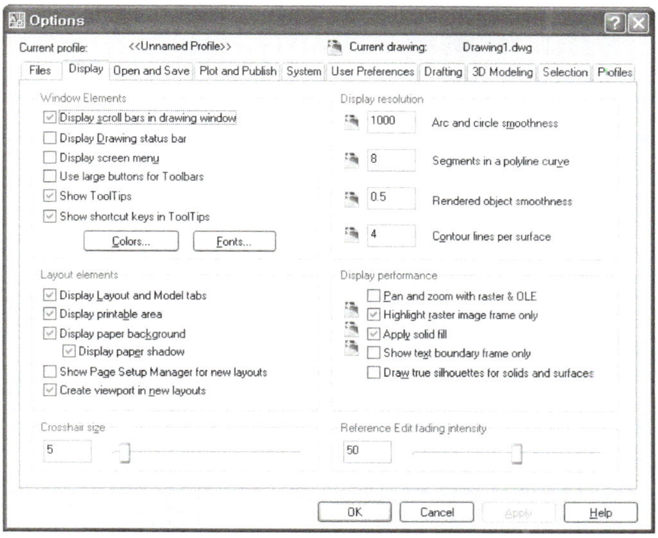

② Options... Files

Files는 AutoCAD 환경에 관한 파일을 관리하는 탭이다. 아래 그림에서 지시한 Automatic Save File Location에서 +를 −로 변경하면 자동 저장되는 파일의 폴더 경로를 지정할 수 있다. 사용자가 정한 폴더의 경로를 지정하는 것이 자동저장을 쉽게 찾을 수 있다.

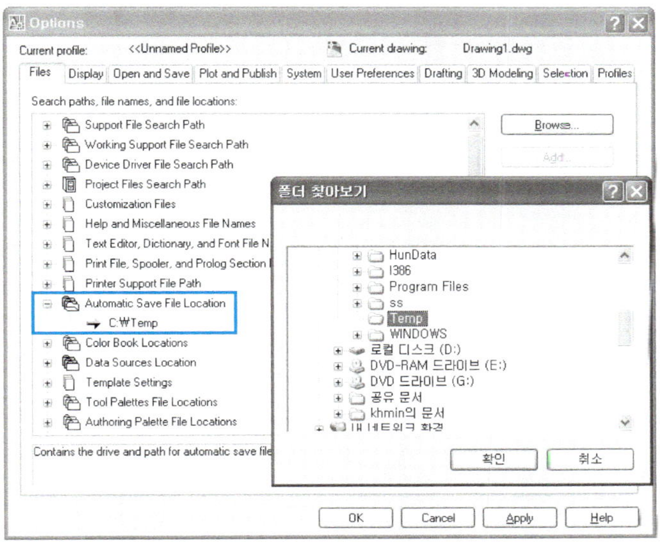

자동저장이란 사용자가 저장하지 않아도 AutoCAD가 현재 작업 상태까지 *.sv$ 파일형식으로 자동 저장하는 것으로 savetime 명령으로 자동 저장시간을 분 단위로 설정할 수 있다. 혹시 컴퓨터가 다운(down)이 되거나 예기치 않은 상태에서 AutoCAD가 종료 됐을 때 사용자가 정한 폴더에서 파일 확장자 *.sv$를 사용자파일명.dwg로 파일 형식을 변경하면 최근에 자동저장 한 상태를 불러 올 수 있다.

3 Options... Display

Display는 AutoCAD 화면에 관한 탭이다. 아래 그림에서 지시한 Colors...버튼을 이용하여 바탕화면의 색상을 변경할 수 있어 도면을 다른 응용 프로그램에 삽입할 때 흰색 바탕을 활용할 수 있다. 또한 그 아래 그림에서 지시한 Crosshair size는 선택 커서의 크기를 설정하는 것으로 기본값이 5로 설정되어 있다. 2차원 드로잉을 할 때 선택 커서의 크기가 짧은 것 보다 긴 것이 매우 유용하다. 왜냐하면 도면 작업할 때 커서로 비교 대조를 할 수 있고 치수기입을 할 때 인접 치수와 나란하게 할 수 있어 편리하다.

제도할 때 상하좌우의 도면을 상대적으로 비교하면서 작업하기 위해 긴 자(스케일)가 필요 하듯이 긴 선택 커서가 유용하다. 그러므로 2D 도면 할 때는 Crosshair size를 100으로 권장한다.

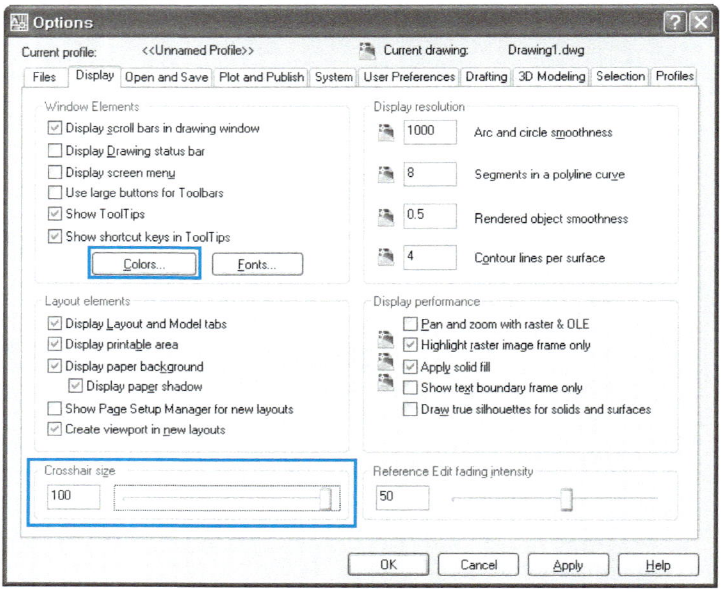

④ Options... Open and Save

Open and Save는 AutoCAD에서 작성한 파일 관리에 관한 탭이다. 아래 그림에서 지시한 Automatic save에서 자동저장 시간을 분 단위로 저장할 수 있다. 자동저장의 기본 시간은 10분으로 설정되어 있고 이것은 파일 크기와 컴퓨터 성능에 따라서 적당한 시간을 설정하는 것이 유용하다. 최근에 컴퓨터 성능이 우수하여 짧으면 짧을수록 가장 최근 상태의 파일을 불러올 수 있으므로 도면 파일이 대략 1~2MB 정도를 취급한다면 2분으로 권장한다.

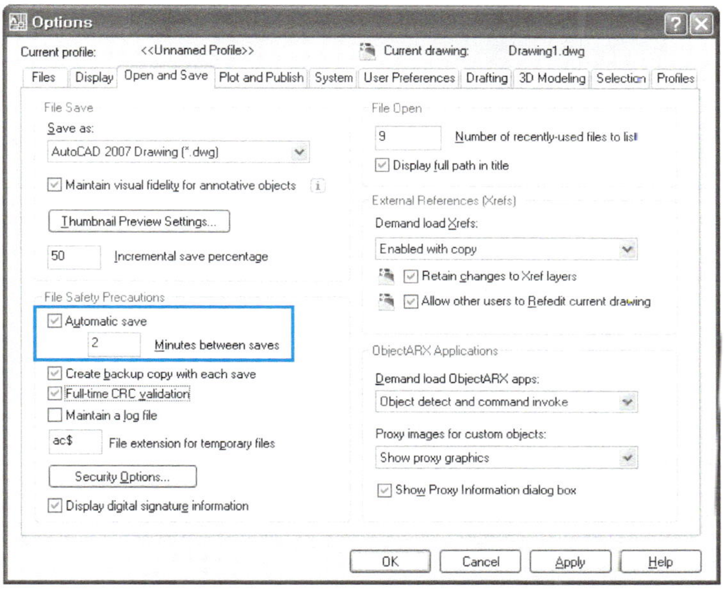

⑤ Options... User Preferences

User Preferences는 AutoCAD의 사용자 환경에 관한 탭이다. 아래 그림에서 지시한 Shortcut menus in drawing area는 도면 작업 할 때 마우스 우측버튼을 선택하면 Sub menu를 나타나게 하는 기능이다. 이 기능을 사용하지 않으면 마우스 우측버튼 선택시 Enter(입력) 기능이 된다. 도면 작업 할 때 좀 더 빠르게 작업을 하기 위해서는 Sub menu를 제거하고 Enter 기능으로 사용하는 것이 유용하다.

기본값이 좌측 부분에 ✔ 표시가 되어 있어 Sub menu가 나타나게 되어 있다. ✔ 표시를 하지 않는 것을 권장한다.

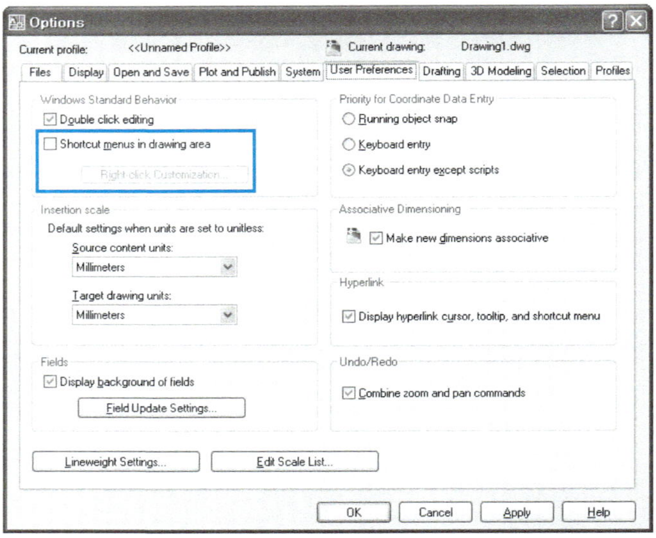

6 Options... Selection

Selection은 AutoCAD에서 마우스 선택버튼(좌측버튼)으로 각종 선 등의 객체를 선택할 때에 관한 탭이다. 아래 그림에서 지시한 Pick box는 선택할 때 나타나는 커서의 크기를 설정하는 것으로 적당한 크기를 선정한다. 또한 그 아래 지시한 None/verb selection, Implied windowing, Object grouping의 세 가지가 기본값으로 ✔ 표시 되어 있는데 이것을 반드시 확인하고 작업하는 것이 필요하다.

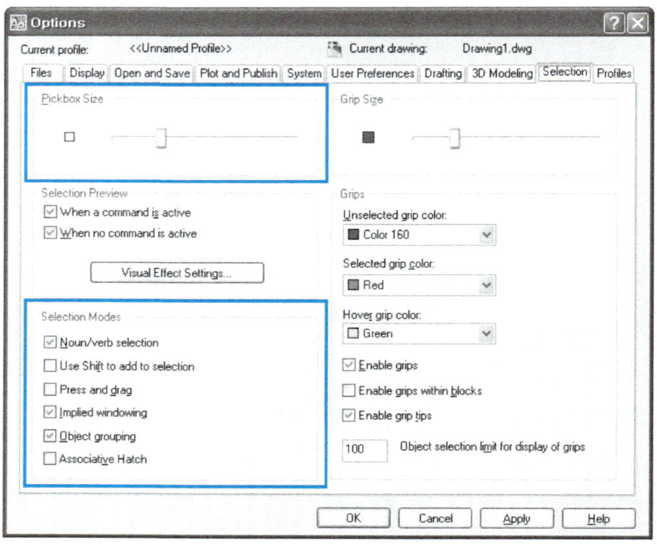

(1) None/verb selection

객체 선택 후 편집 및 변환명령이 사용 가능한 기능으로 색상이나 layer 변경할 때 매우 유용하며 중요한 기능이다.

(2) Implied windowing

요소를 선택할 때 crossing(점선박스) 기능이나 window(실선박스) 기능을 사용할 수 있게 하는 기능이다.

(3) Object grouping

그룹으로 묶은 요소를 한 번에 선택하는 기능이다. 일반적으로 그룹 기능은 자주 사용하지 않으나 기본값이므로 ✔ 표시를 없앨 필요는 없다.

02 도면 양식 만들기 순서

도면양식은 규격에서 정한 항목을 표시하고 도면 작성에 필요한 요소 중에서 반복해서 사용하는 양식을 미리 마련하면 도면 작성 시간을 단축할 수 있다.

01 도면 크기를 설정한다.

04 Dimension 변수를 설정한다.

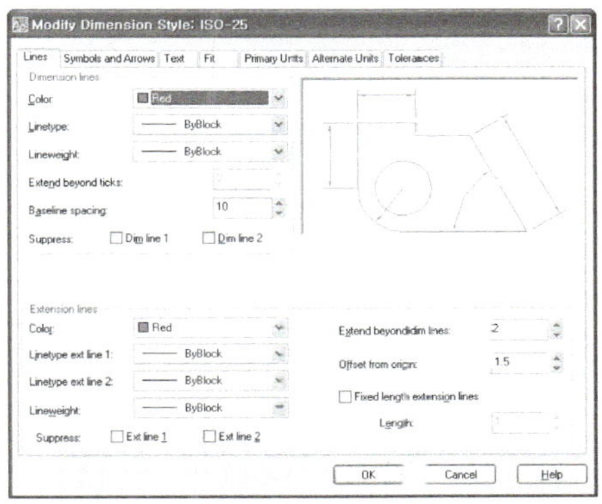

02 윤곽선과 중심마크를 그린다.

05 Layer를 설정한다.

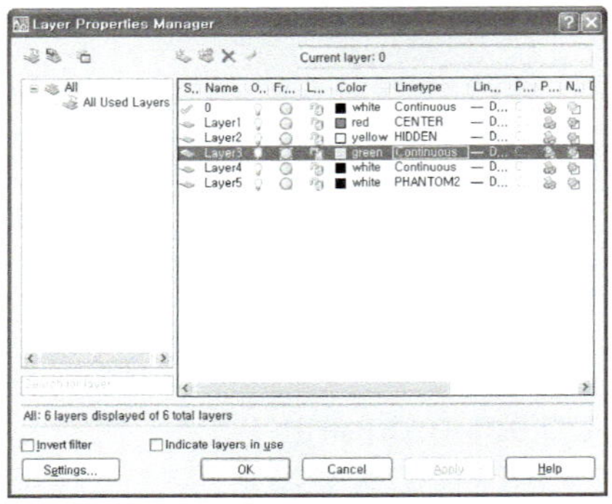

03 표제란을 마련한다.

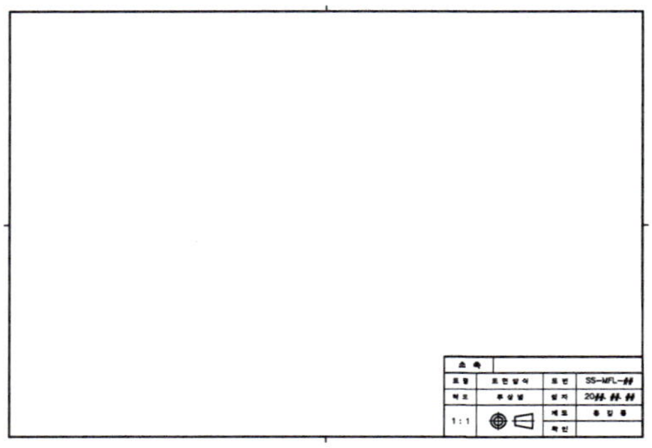

06 도면양식을 저장한다.

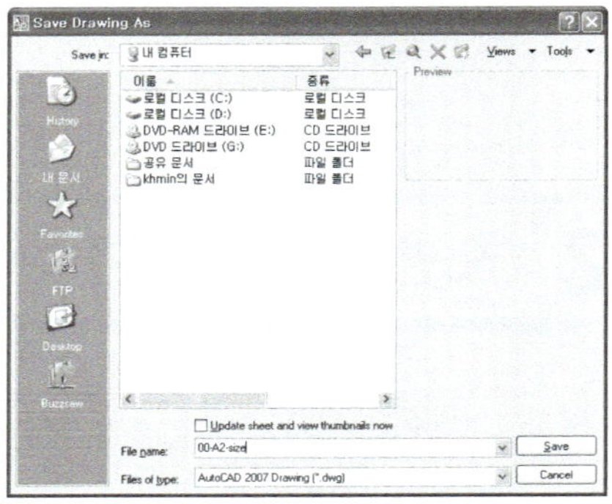

03 도면 양식 만들기

01 도면 크기(A2 size)를 설정한다.

- AutoCAD에서 도면 크기 설정은 일반적으로 limits/ Zoom-All/ RECtangle로 한다. 그런데 mvsetup이라는 명령으로는 위 세가지 명령이 한 번에 처리되어 유용하다.

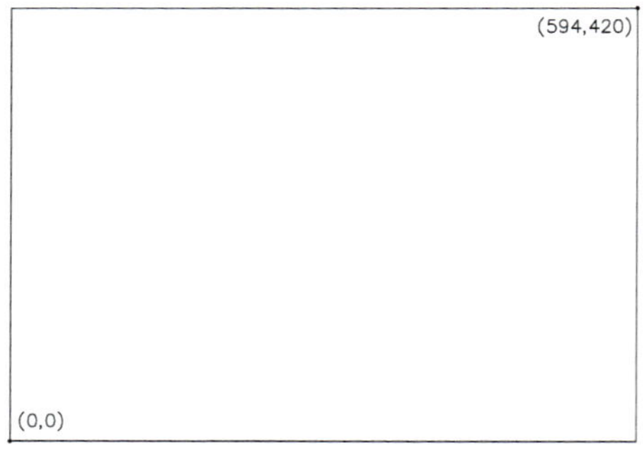

Command : mvsetup
Enable paper space? [No/Yes] <Y> : N
Enter units type [Scientific.../Metric] : M
Enter the scale factor : 1
Enter the paper width : 594
Enter the paper height : 420

02 윤곽선과 중심마크의 보조선을 그린다.

- CAD제도 규격에서 A2 size는 윤곽선 : 10mm 간격으로 하고 중심마크는 : 5mm로 그린다.

Command : O (offset)
Specify offset distance ... <0.0> : 5
마우스 왼쪽버튼으로 외곽선을 선택하고 화면 중앙을 선택하고 복사된 선을 추가로 선택하여 화면 중앙을 한번 더 선택하면 그림과 같게 된다.

03 중심마크를 그리기 위한 보조선을 그린다.

Command : OS (osnap)
이 기능은 요소들의 속성점 찾는 기능으로 END/ MID/ CEN/ INT를 미리 설정하면 좀 더 빠르게 속성점을 찾을 수 있다.

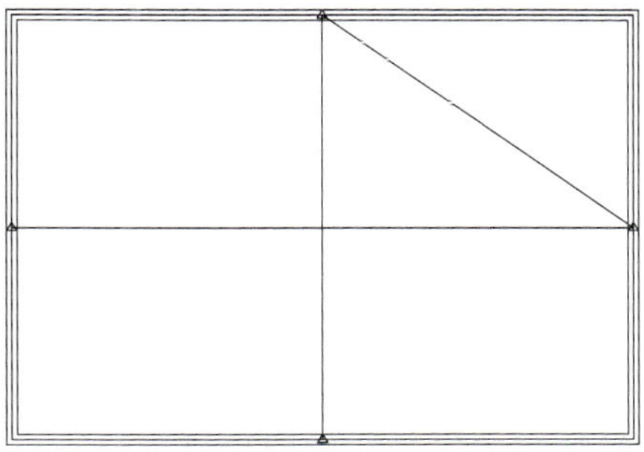

Command : L (line)
좌변부터 중간선의 가운데 지점을 선택하면 중간점을 선택할 수 있게 되고 계속해서 우변, 상변, 하변을 선택하면 다음 그림과 같이 된다.

04 윤곽선과 중심마크를 정리하고 색상을 변경한다.

Command : E (erase)

Select objects : P_1, P_2, P_3의 선을 선택하고 마우스 우측 버튼

Command : TR (trim)

Select objects : 안쪽에 있는 윤곽선만 선택

Select objects : 마우스 우측 버튼 선택

Select object to trim.../Edge/Undo] : F

P_1, P_2 점을 선택하고 마우스 우측 버튼을 두 번 선택하면 아래 그림과 같이 된다.

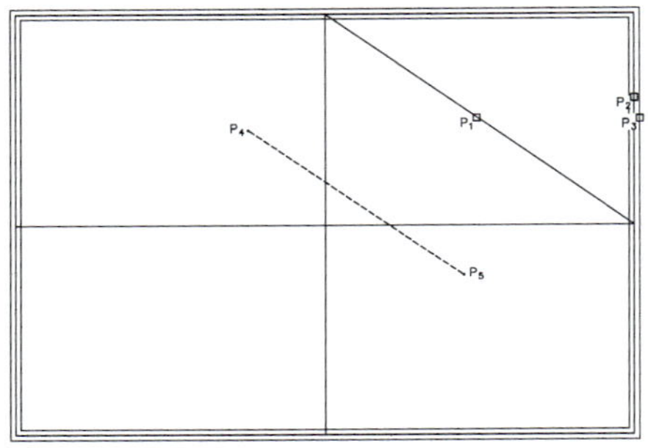

- CAD제도에서 선 색상은 선의 굵기를 나타낸다. 도면을 출력할 때 출력메뉴에서 색상별로 선 굵기를 지정할 수 있기 때문이다. 도면에 표현하는 굵기는 가는 선/ 중간 선/ 굵은 선/ 아주 굵은 선 모두 4가지가 있어서 최소 4가지 이상의 색상을 설정하여 사용해야 한다. 앞으로 가는 선은 red, white, 중간 선은 yellow, 굵은 선은 green, 아주 굵은 선은 cyan을 선택하도록 권장한다.
- 윤곽선은 아주굵은선(cyan))이고 중심마크는 굵은선(green)이다.

선 선택 후 화면 위에 있는 Object Properties 두 번째 색상 툴을 사용하여 색상을 선택하고 ESC키를 선택하면 변경된다.

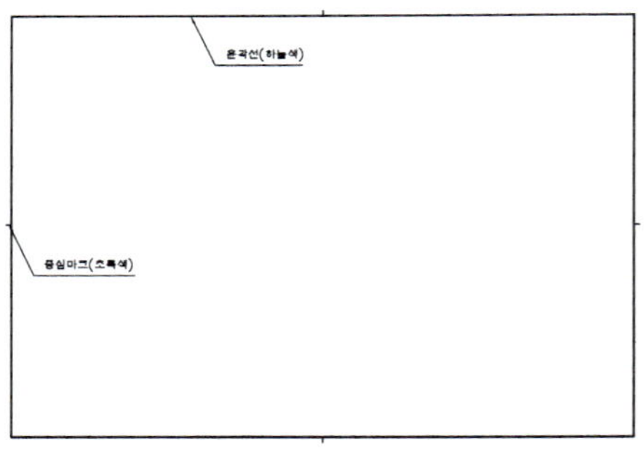

05 표제란을 마련하기 위한 기초선 그린다.

- 윤곽선이 하나의 객체로 선택되어 있어 개개별로 분리해야 한다.

Command : X (explode)

Select objects : 윤곽선을 선택한 후 마우스 우측 버튼을 선택한다.

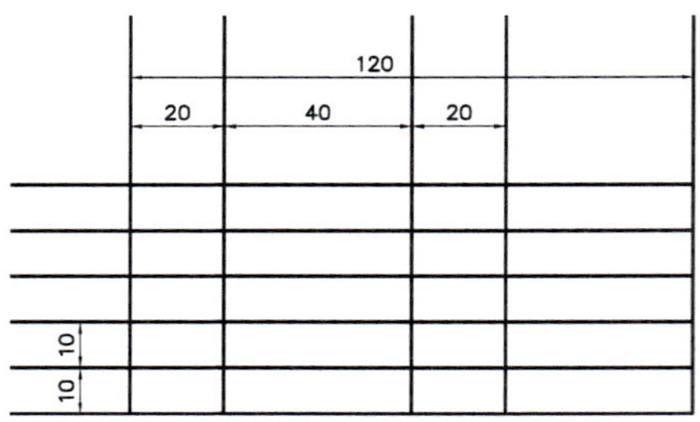

Command : O (offset)

Specify offset distance ... <0.0> : 120

오른쪽의 선을 선택하여 복사한 후 20, 40, 20mm을 같은 방법으로 복사한다.

또한 같은 방법으로 아래의 선을 선택하여 10mm 간격으로 위로 다섯 칸을 복사한다.

06 표제란의 표를 정리한다.

Command : TR (trim)

Select objects : [Space Bar] 두 번 선택

Select object to trim.../Edge/Undo] : F

그림의 P_1, P_2, P_3 점을 선택하고 마우스 우측 버튼

계속해서 F [Space Bar] P_4, P_5 점을 선택하고 마우스 우측 버튼 그리고 P_6, P_7의 선을 선택한다.

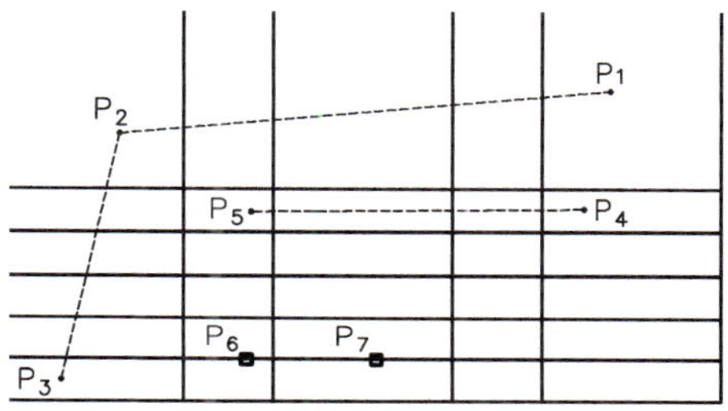

Command : O (offset)

Specify offset distance ... <0.0> : 30

표에서 좌측의 수직선 선택 후 우측 방향으로 나란하게 복사한다.

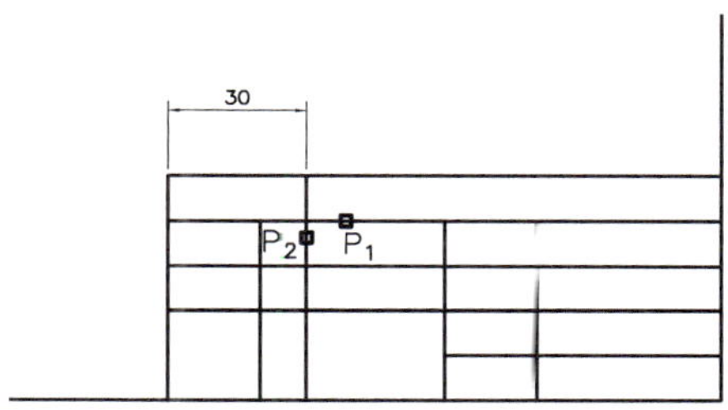

Command : TRim

Select objects : P_1 점 선택

Select objects : 마우스 우측 버튼 선택

Select object to trim.../Edge/Undo] : P_2 점 선택 후 마우스 우측 버튼

표제란 내부의 선은 모두 가는 선 색상(red)으로 처리하고 그림에서 지시하는 두 선만 굵은 선 색상(green)을 처리한다.

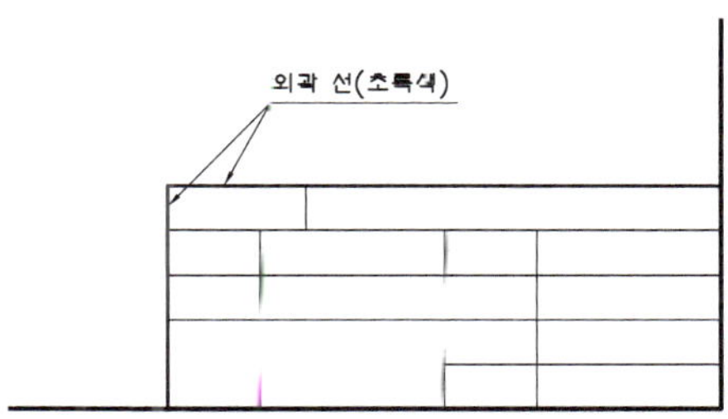

07 표제란의 문자 쓰기

Command : L (line)

문자를 칸 안에 알맞게 정렬하기 위한 보조선을 그린다.

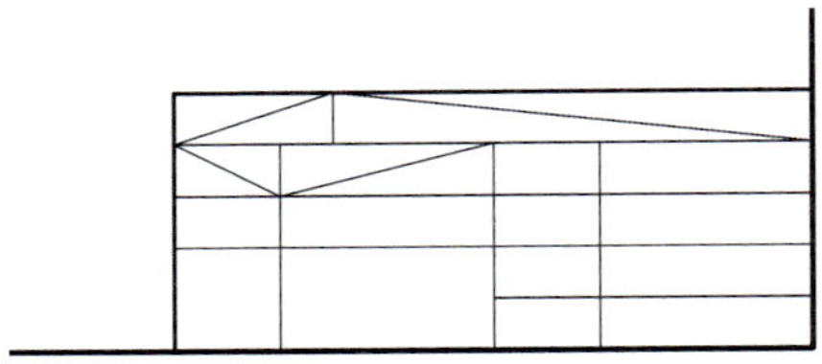

08 글자체 설정하기

Command : ST(style)

글자체는 하나의 style name에 영문과 한글을 같이 설정해야 도면에 영문과 한글을 동시에 사용하기에 편리하다. 그림에서 사각형으로 지시한 것과 같이 설정한다.

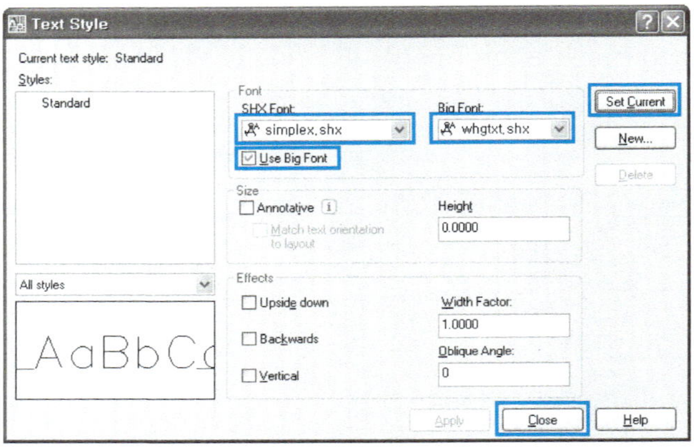

09 문자 알맞게 정렬하여 쓰기

Command : DT(dtext)

Specify start point ··· [Justify/Style] : M

소속란 대각선의 중간점을 선택한다.

Specify height <0.0000> : 4

Specify rotation angle of text <0> : 0

Enter text : 소 속 [Enter↵] 두 번

Command : DT(dtext)

Specify start point ··· [Justify/Style] : M

도명란 대각선의 중간점을 선택한다.

Specify height <0.0000> : 3.2

Specify rotation angle of text <0> : 0

Enter text : 도 명 [Enter↵] 두 번

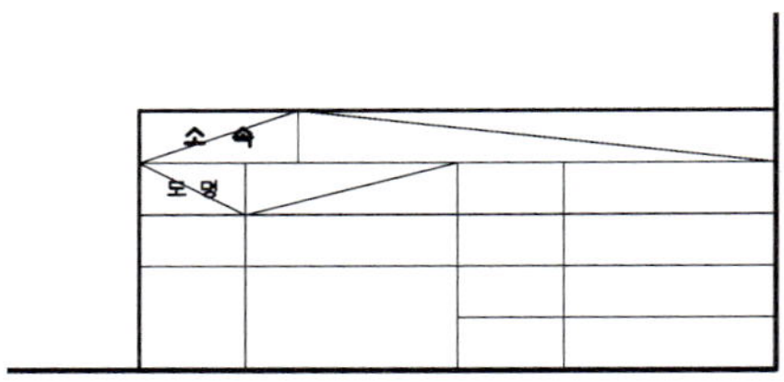

Command : CO (copy)

Select objects : 소속 선택

Enter↵ 후 소속란 대각선의 중간점에서 복사할 대각선 중간점으로 복사한다.

Command : CO (copy)

도명은 다중복사 m을 선택 후 그림과 같이 다중복사한다.

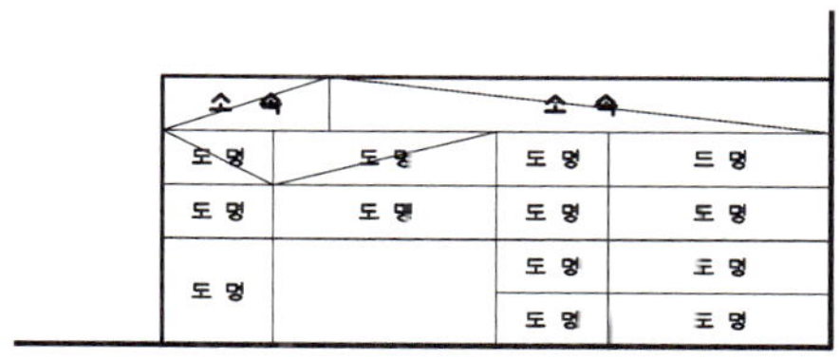

10 문자 변경하기

Command : ED (ddedit)

내용 변경할 문자를 선택하고 그림과 같이 만든다.

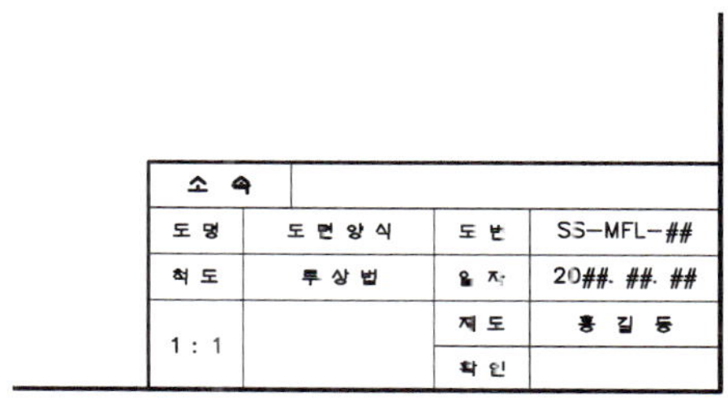

11 투상법 기호 그리기

Command : L (line)

3각법의 기호를 마련하기 위해 적당한 중심선을 그린다.

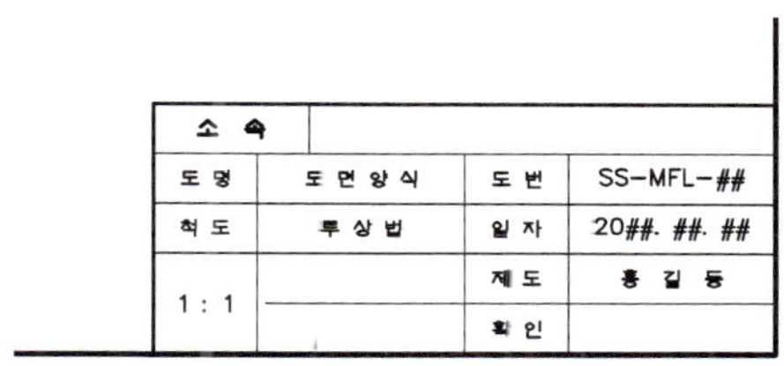

Command : C (circle)

교차점을 중심으로 원의 직경을 6mm와 10mm 그린다.

Command : L (line)

적당한 위치에 수직선을 긋는다.

Command : O (offset)

테이퍼의 길이부는 12mm 정도로 한다.

각 각의 크기는 적당한 크기를 권장한 것임

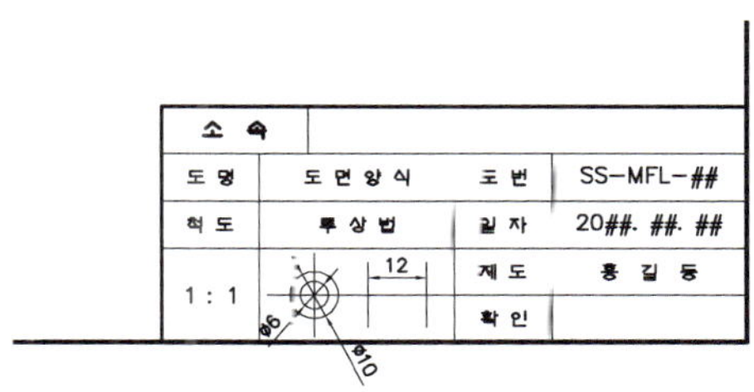

Command : L (line)
원과 중심선이 교차된 곳에서 선을 끌어서 두 선을 그리고 그림과 같이 교차점을 이용하여 사선을 그린다.
Command : MI (mirror)
사선만 선택하여 중심선을 기준으로 대칭복사 한다.

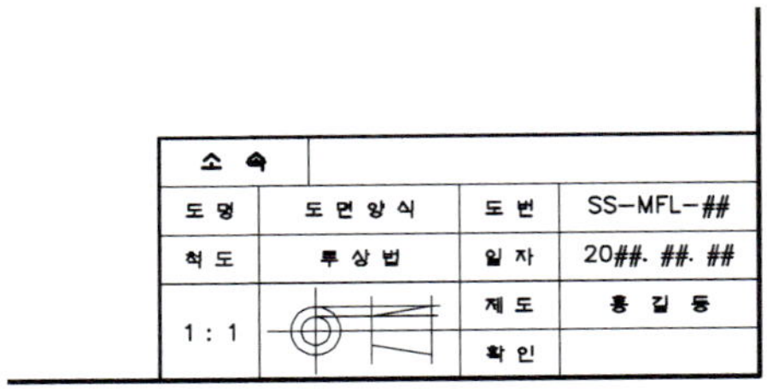

Command : E (erase)
원에서 인출한 두 개의 선을 삭제한다.
Command : TR (trim)
그림과 같이 마무리 한다.
Command : BR (break)
중심선의 크기를 적당한 크기(외형선에서 약 3mm 정도 연장하게 한다.)로 할 때 끊을 선분의 위치와 그 선분의 끝을 선택하면 잘라낼 수 있다.

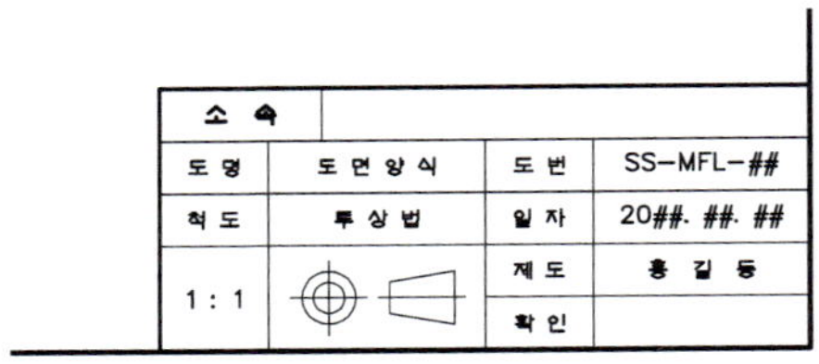

Object Properties 세 번째 선 모양 툴에서 Other…를 선택하고 Load를 선택하여 Center, Hidden, Phantom2의 선 모양을 선택한다.
그림에서 굵은 선은 선 색상을 green으로 선택하고 ESC를 선택한다.
또한 중심선은 가는 일점쇄선이므로 선 색상은 red로 선택하고 선 모양은 center를 선택하고 ESC를 선택한다.
Command : LTS(ltscale)
0.3 입력(선 모양을 배율로 간격을 조절한다.)
중심선을 선택 한 후
Command : CH
Linetype scale : 0.6을 주고 Esc 를 선택한다.
Command : Z(zoom)
[All/ Center…] : All(화면 전체 보기)

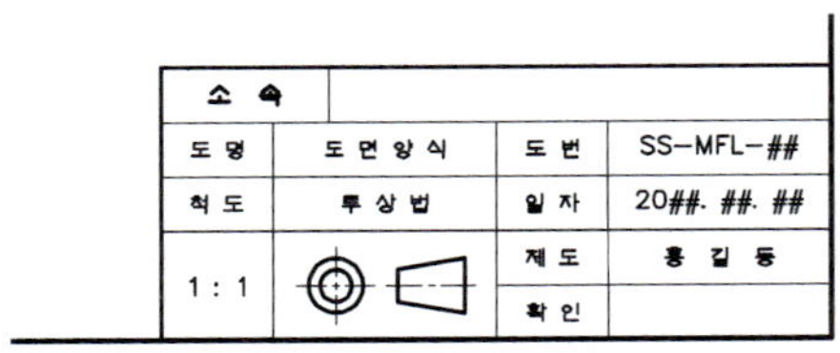

12 Dimension 변수 설정

KS 제도규격에서 치수기입에 필요한 치수 요소들의 크기 및 위치, 자세, 단위 등을 설정한다.

Command : D(ddim)

아래 그림에서 Modify 클릭하기

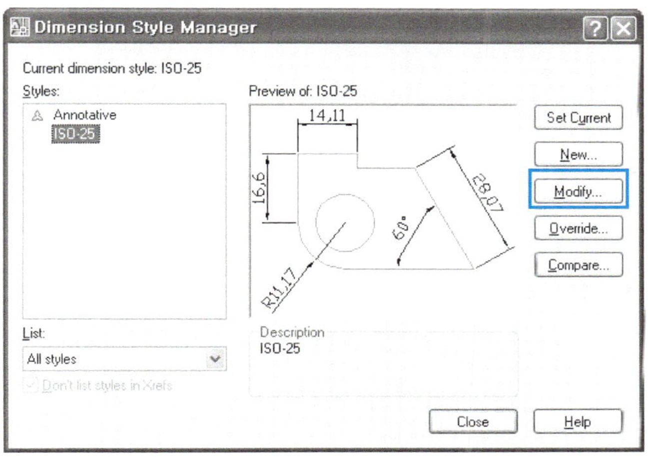

■ Lines : 치수선 및 치수보조선 목록

① Dimension lines color : 치수선은 가는 실선(Red 권장)

② Baseline spacing : 병렬 치수 기입할 때 치수선과 치수선의 간격 10mm

③ Extension lines color : 치수보조선은 가는 실선(Red 권장)

④ Extend beyond dim lines : 치수보조선이 치수선 너머로 연장되는 간격 2~3mm(2mm 권장)

⑤ Offset from origin : 치수보조선을 외형에서 인출할 때에 약간 띄우기(1.5mm 권장)

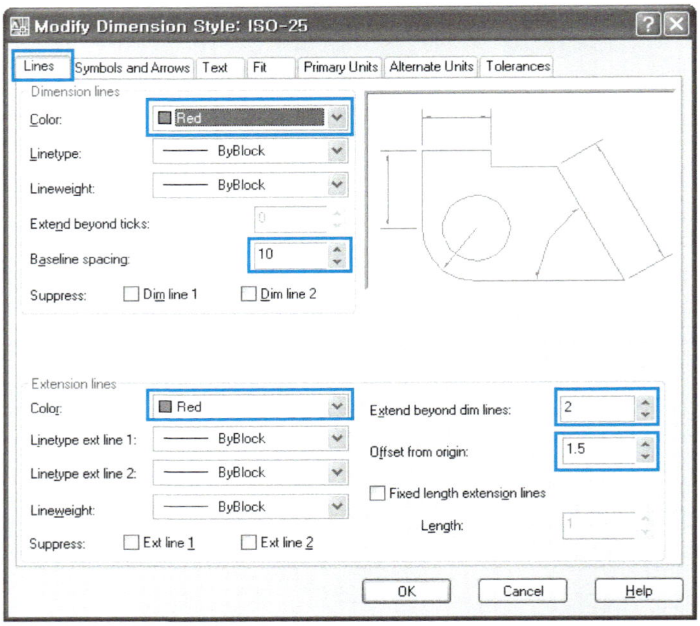

■ Symbols and Arrows : 기호와 화살표 목록

① Arrow size : 화살표 3mm 크기(2.5mm 권장)

② Center marks : 반지름이나 지름 치수 기입할 때 중심점이나 중심선 표시(None 권장)

③ Arc length symbol : 호길이 치수의 기호는 치수 상단에 표시(Above dimension text)

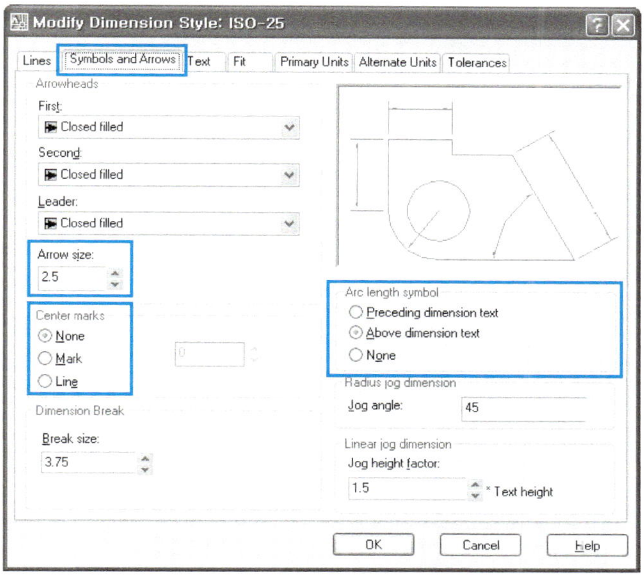

■ Text : 치수 목록

① Text color : 치수 굵기는 치수 크기에 1/9의 굵기 즉, 중간선(Yellow 권장)

② Text height : 치수 크기는 3.15~6.3mm(3.15mm 권장)

③ Text placement... Offset from dim line : 치수와 치수선 사이 약간 띄우기(1.5mm 권장)

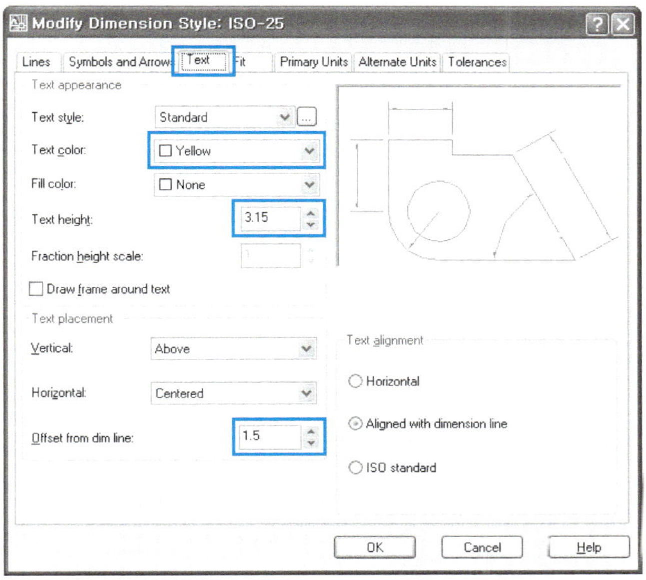

■ Fit : 치수와 화살표 위치제어 목록

치수와 화살표의 위치를 치수보조선 안이나 밖으로 함께 제어하기 위한 것.

Both text and arrows에 표시 권장

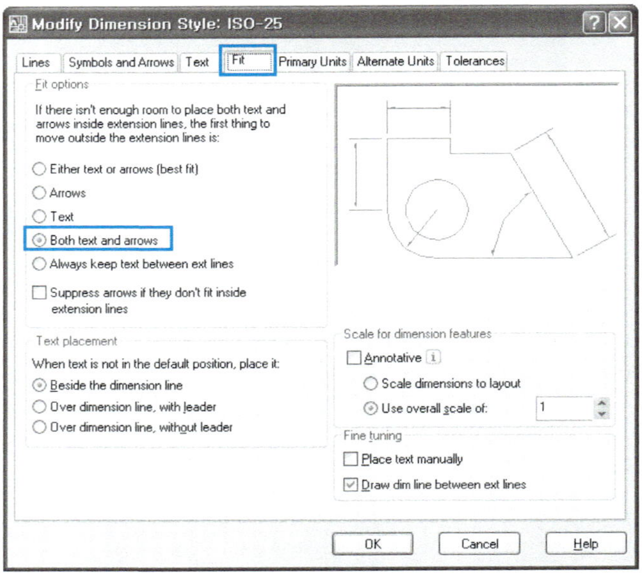

■ Primary Units : 단위 목록

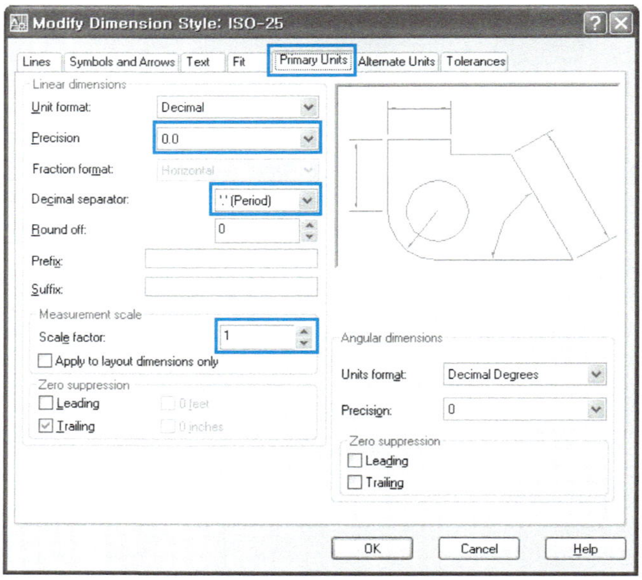

① Linear dimensions... Precison : 치수공차를 소수점 둘째 자리를 기입할 때 치수 공차는 소수점 첫째 자리를 설정한다.(0.0 권장)

② Decimal separator : 소수점의 모양으로 중간 아래점이기 때문에 comma를 Period로 바꾸어야 한다.

③ Scale factor : 치수의 배율을 설정하는 것으로 축, 배척시 값을 변경한다.
[예] 실척 = 1, 1 : 2 축척은 = 2, 2 : 1 배척은 0.5 또는 1/2

Alternate Uints : 대체 단위 목록
Tolerances : 치수 공차 목록
※위의 대체 단위는 일반적으로 사용하지 않고 공차는 Dtext 명령으로 써놓은 것을 ED (ddedit) 명령으로 편집해서 기입하거나 Mtext 명령의 편집 기능을 이용하여 기입하는 것이 신속한 알맞은 공차 기입을 할 수 있다.

13 Layer 설정

Layer는 도면층을 말하는 것으로 같은 속성을 가진 요소들을 미리 설정한 도면층에서 관리하므로 편집 및 변환 기능을 사용할 때 매우 유용한 기능이다. 도면 작업 할 때 도면층은 주로 선의 굵기와 모양 그리고 용도에 알맞은 선의 도면층을 만들어 활용한다.

Command : LA (layer) 또는 지시한 원 안에 아이콘을 클릭

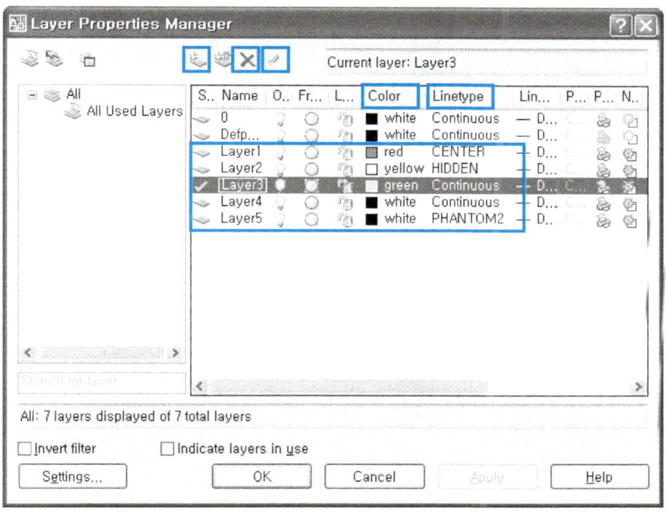

① New : 도면층 추가하여 만들기
② Delete : 선택한 도면층 삭제하기
③ Current layer : 현재 도면층으로 만들기
④ Color : 선택한 도면층의 색상 설정
⑤ Linetype : 선택한 도면층의 선 모양 설정
⑥ Lineweight : 선택한 도면층의 선 굵기 정의
⑦ Plot : 선택한 도면층의 Plot에 대한 on/off 설정

[권장] New 버튼을 클릭하면 도면층이 새로이 만들어진다.
0- white-continuous(도면 양식의 Layer로 사용)
Layer1-red-center(중심선의 Layer로 사용)
Layer2-yellow-hidden(숨은선의 Layer로 사용)
Layer3-green-continuous(외형선의 Layer로 사용)
Layer4-white-continuous(가는실선의 Layer로 사용)
Layer5-white-phantom2(가상선의 Layer로 사용)

Command : LTS(Ltscale)
Enter new linetype scale factor <1.0000> : 0.3 권장(선 모양을 배율로 조절)

※LTS는 LINETYPE의 대화상자 중에서 "Global scale factor" 값과 같은 것으로 선 모양을 이전이나 이후, 즉 전체적으로 선 모양의 크기를 배율로 조절한다.

04 도면 양식 저장하기

도면 양식은 도면을 작성하고 출력을 할 때 반드시 필요한 것으로 도면 양식에 필요한 사항들이 잘못된 편집이나 또는 변경되지 않게 관리하는 것이 중요하다. 그래서 도면양식을 두 가지 방법으로 관리하는 것이 바람직하다. 하나는 도면 파일(*.dwg)로 저장하고 다른 하나는 도면 양식 템플릿 파일(*.dwt)로 저장한다. 템플릿파일(*.dwt)은 처음 도면양식을 열거하여 도면을 작성할 때 사용하고 도면 파일(*.dwg)은 도면의 내용을 먼저 그리고 후처리로 도면양식을 INSERT 명령으로 끼워 넣을 때 사용하는 것이 바람직한 방법이다.

Command : saveas

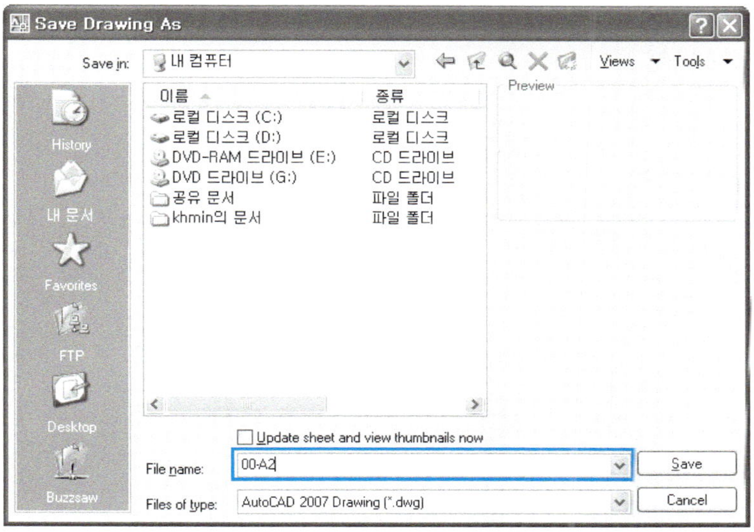

File name

파일 이름란에 파일명을 입력하고 저장을 클릭하면 확장자는 "*.dwg"로 현재 도면으로 저장된다.(단, 저장할 도면은 DB 관리 차원에서 이미 정한 폴더에 저장하고 파일명은 현지 도번이나 도명으로 저장한다.)

- 파일명의 식별이 용이하도록 앞으로 ##(일련번호)-######(도면 이름).dwg로 저장하도록 권장 한다.

2

실습 목표

1. 투상도법에서 3각법과 주투상도 선택 방법을 알아본다.
2. 물체를 보고 3각법으로 기본 3면도를 그릴 수 있다.
3. 완성된 투상도에 치수 기입을 할 수 있다.

2장 실습 내용

1. 투상도 작성 순서
2. 기초 투상도 그리기
3. 기초 투상도 치수 기입하기
4. 기본 투상도 그리기
5. 기본 투상도 치수 기입하기
6. 연습 과제 1, 2, 3
7. 참고 답안-(연습과제-3)

평가 사항(배점)

- 실습 방법 및 태도 (　　점)
- 투상도 (　　점)
- 선 오기 및 누락 (　　점)
- 치수기입 누락 (　　점)
- 표제란 및 배치 (　　점)
- 시간 준수 (　　점)
- 소요시간 : 2~3hr

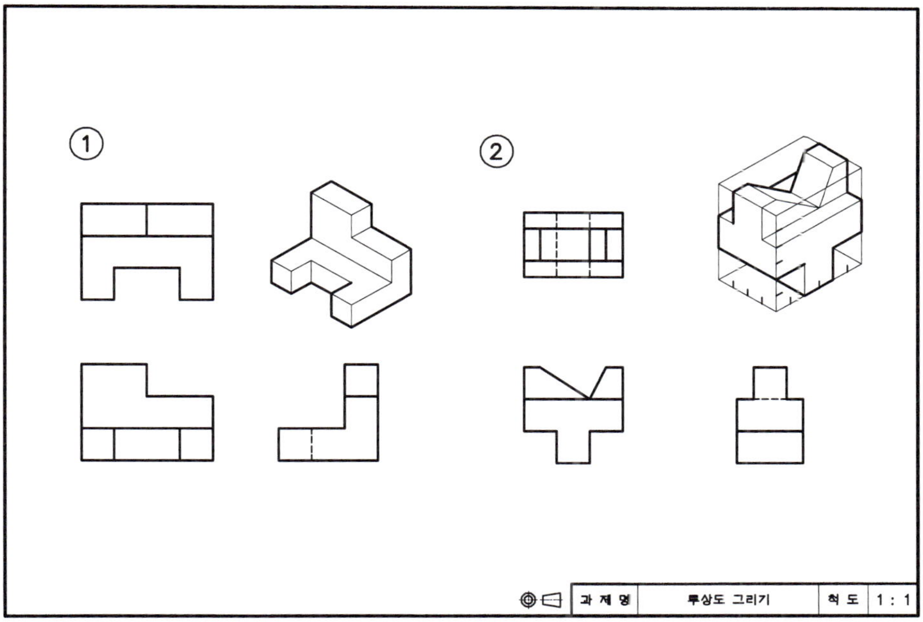

CHAPTER 02

투상도(Projection)

01 투상도 작성 순서

투상도를 작성 할 때 실제 제작하는 방법을 이해하고 공정 순서를 고려해서 그리는 것이 좀 더 완성도 높은 투상도를 그릴 수 있다.

01 투상도를 그리기 위한 기초선 긋기

①

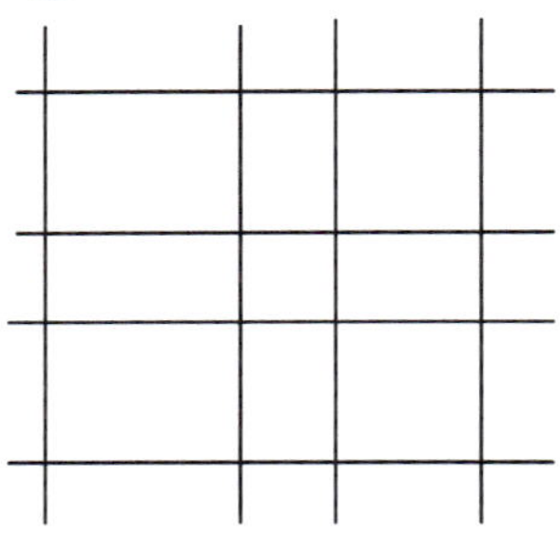

04 정면도 방향을 선택, 기초선 긋기

②

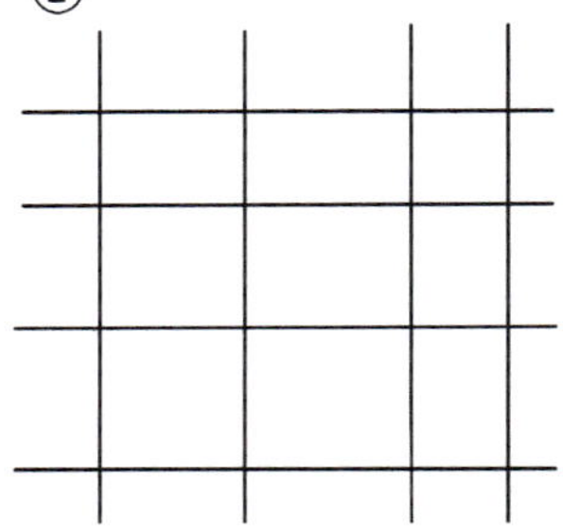

02 투상도 정리

①

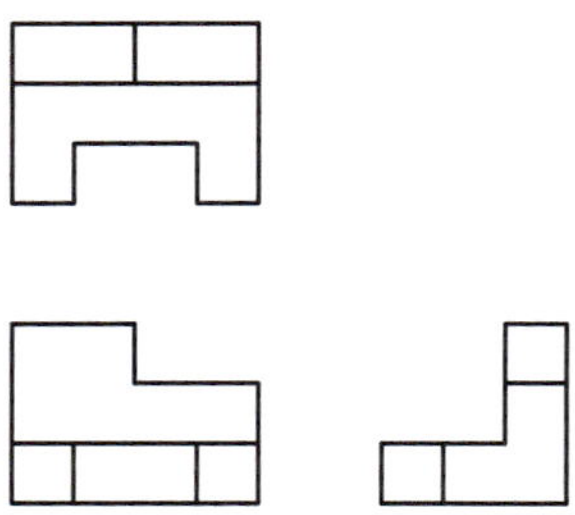

05 투상도 정리

②

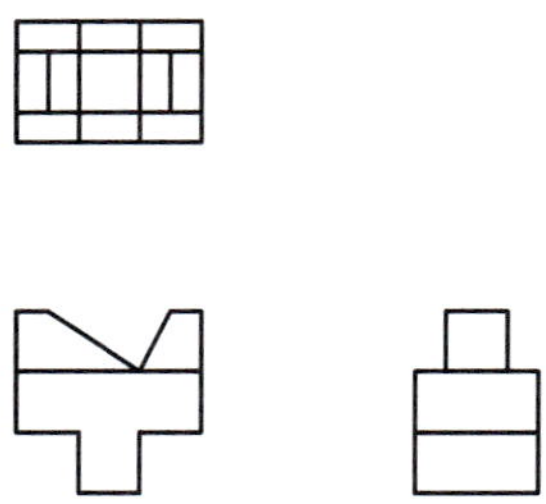

03 선 처리 및 적당한 배치

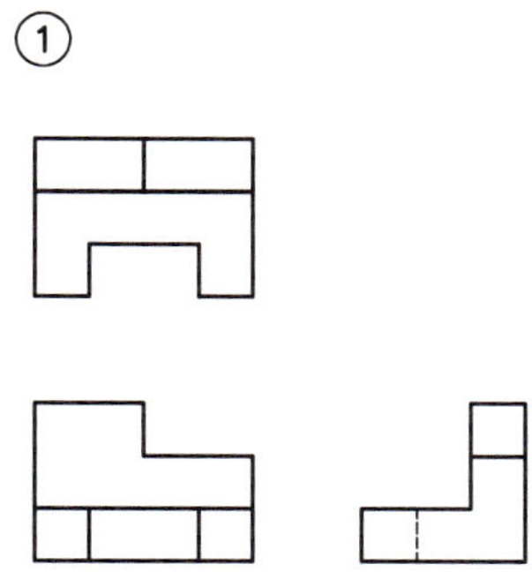

06 선 처리 및 적당한 배치

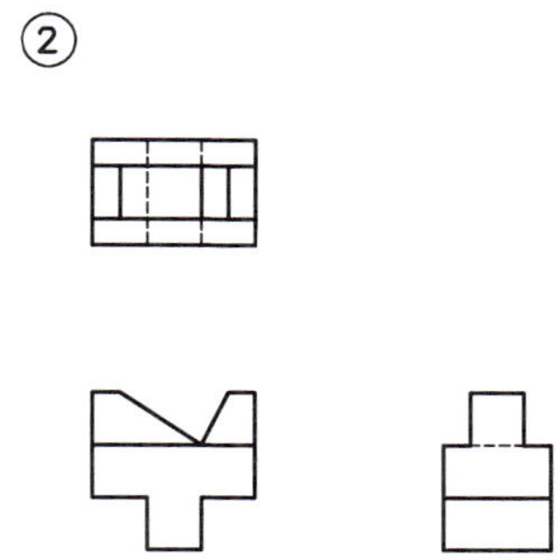

02 기초 투상도 그리기

도면 양식을 취급하는 방법은 1장에서 설명한 것과 같이 두 가지 방법이 있다.

첫 번째 방법은 주로 실척인 경우에 사용하는 방법으로 도면 양식을 열고 투상도 및 기타 도면을 완성해 가는 방법이고 두 번째 방법은 주로 축척이나 배척 도면을 작성할 때 사용하는 방법으로 먼저 투상도 및 기타 도면의 내용을 완성한 후에 도면 양식을 끼워 넣어 완성하는 방법이다.

두 가지 방법 중에서 첫 번째 방법을 사용하여 도면을 작성 해 보자.

도면 양식 열기

1장에 만들어 놓은 도면 양식(00-A2.dwg)을 열기 한 후 도면 양식의 내용을 변경하기 전에 반드시 다른 이름으로 저장하고 도면 작업을 시작한다.

Command : open

Command : saveas

다른 이름으로 저장하면 저장된 파일이 현재 파일명이 되고 도면 양식 파일은 변경되지 않아 곧바로 도면 작업을 시작할 수 있다. 파일명은 식별이 용이하도록 일련번호-도면내용.dwg로 저장하기를 권장한다.

[예] 01-투상도 그리기.dwg

투상도 그리는 방법은 앞에서 설명한 것처럼 제품 공정 순서와 같이 작성하는 것이 올바른 투상도 작성 방법이다.

예를 들면 부품을 절삭 가공하여 제작하기 위한 도면이라 가정한다.

① 1차 소재 금긋기 후 가공 → 도면 작성 : 금긋기 후 소재 형상 정리

② 2차 절삭량 많은 부분 금긋기 후 가공 → 도면 작성 : 2차 금긋기 후 가공 부위 정리

③ 3차 금긋기 후 가공 → 도면 작성 : 3차 금긋기 후 가공 부위 정리

...등등 이와 같은 방법으로 도면을 작성하면 완성도 높은 도면 작업을 할 수 있다.

위와 같은 방법으로 아래 보기와 같은 도면을 작성 해 보자.

①

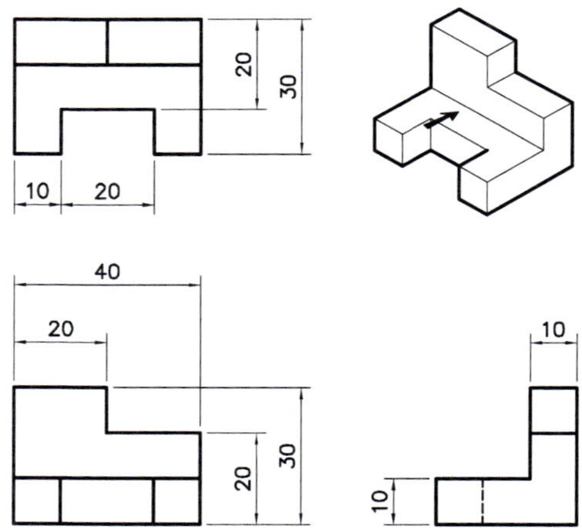

01 정면도를 결정하고 투상도 그리기 위한 기초선을 그린다.

위 보기의 입체도에서 화살표 방향을 정면도로 선택하여 기본 3면도를 작성한다.

Command : L(line)

키보드 위쪽 부분의 기능키 중에서 F8을 선택하여 직교모드로 변경한다.

마우스 왼쪽 버튼으로 화면의 한 점을 선택하고 긴 수평선의 끝점을 찍고 마우스 우측버튼으로 종료한다.

마우스 우측버튼을 한 번 더 선택하면 이전에 실행된 명령이 다시 실행된다.

이와 같은 방법으로 화면과 같은 선들을 그린다.

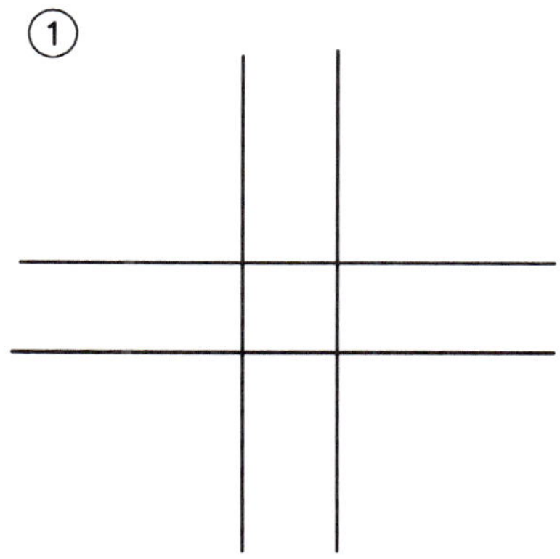

02 소재 크기를 위한 기초선 그리기

Command : O (offset)

40 [Space Bar]

정면도의 위치에서 40 간격을 복사하기 위해 왼쪽의 수직선을 선택하고 왼쪽 방향의 한 점을 선택 한 후 마우스 우측버튼 선택

계속해서 우측버튼을 한 더 선택하면 offset 명령이 재실행된다.

30 [Space Bar]

우측의 수직선을 선택하고 우측방향의 한 점을 선택하면 된다.

같은 방법으로 화면과 같이 만든다.

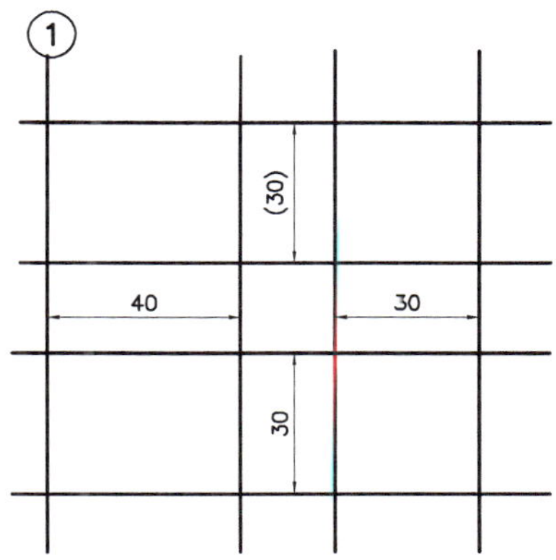

03 소재 크기 정리

Command : TR(trim)

경계선 선택 상태 일 때 [Space Bar] 두 번 선택하면 자르기 위한 상태가 됨

F [Space Bar]를 선택하고 마우스 왼쪽 버튼으로 P_1 점을 선택하고 자를 선을 걸쳐서 P_2 점, P_3 점, P_4 점, P_1 점을 선택한 후 마우스 우측 버튼

계속해서 F [Space Bar]를 선택하고 가운데 선도 같은 방법으로 걸쳐서 선택하여 소재 크기를 정리한다.

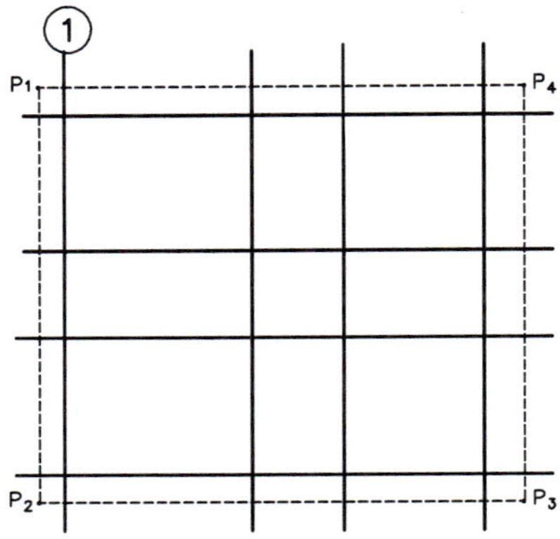

04 소재 투상도 정리

Command : E(erase)

우측 상단을 Crossing(점선 창)으로 선택하여 삭제한다.

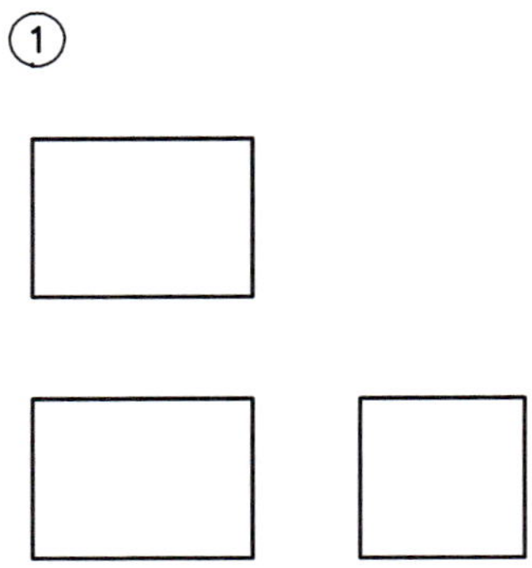

05 절삭량이 많은 부위 1차 금긋기

Command : O(offset)

10 [Space Bar]

화면과 같이 나란히 복사한다.

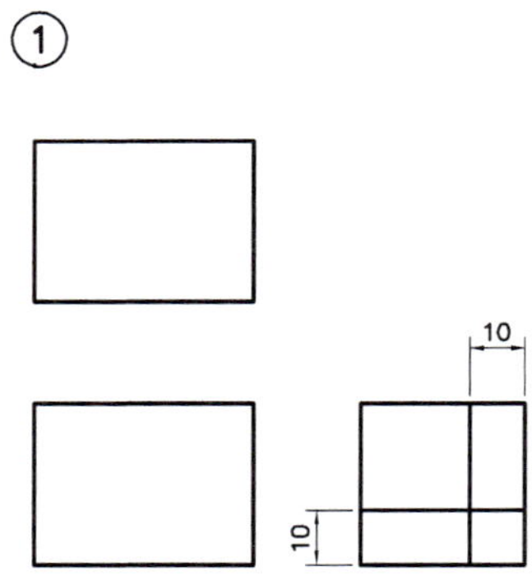

06 1차 가공된 부분 정리

Command : TR(trim)

경계선 선택 상태 일 때 Space Bar 두 번 선택하여 화면과 같이 자른다.

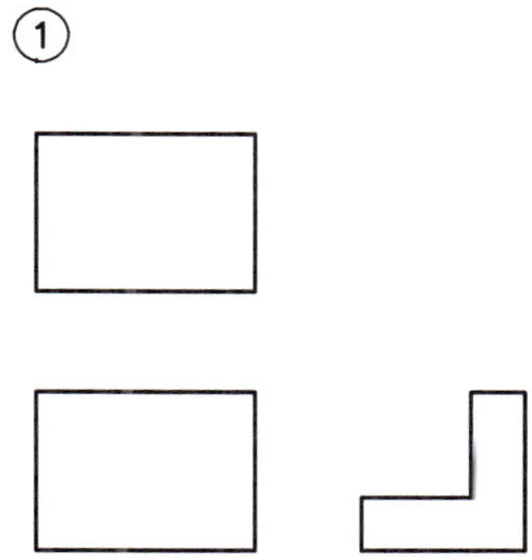

07 1차 가공된 부위의 정면도 및 평면도 금긋기

Command : L(line)

우측면도의 꼭지점에서 인출하여 정면도로 선 긋기

Command : O(offset)

우측면도 세로부분의 두께 10 만큼을 평면도 위에서 아래로 나란하게 복사

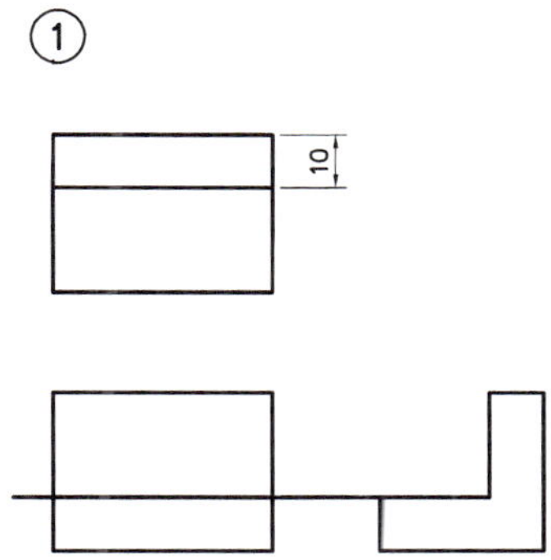

08 1차 가공된 부분의 투상도 정리

Command : TR(trim)

경계선 선택 일 때 Space Bar 두 번 선택하여 화면과 같이 자른다.

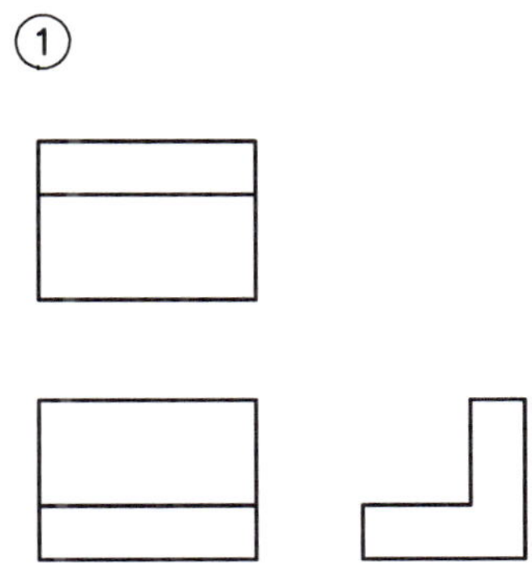

09 2차 가공을 위한 금긋기

Command : O(offset)

10 Space Bar

옆 그림과 같이 나란하게 복사한다.

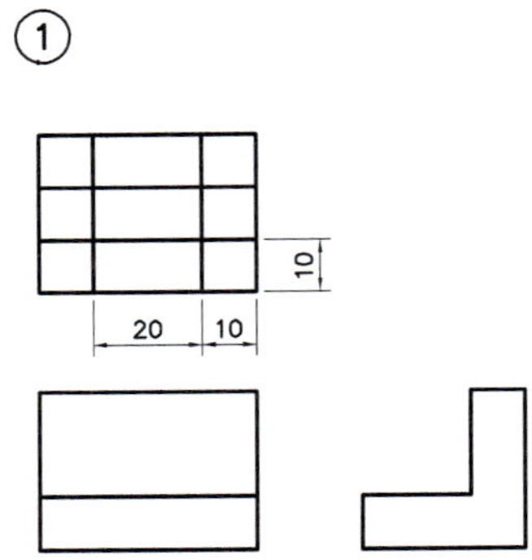

10 2차 가공 부분 정리

Command : TR(trim)

경계선 선택 일 때 offset으로 방금 전에 복사한 선들만 선택 후 마우스 우측 버튼 선택 화면과 같이 자른다.

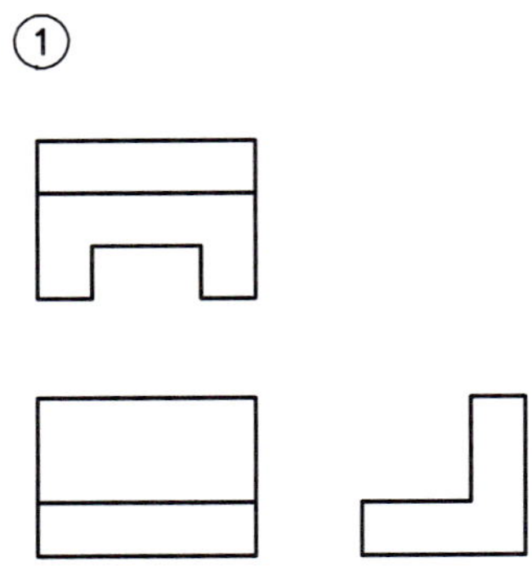

11 2차 가공 부위 정면도, 우측면도 정리를 위한 금긋기

Command : L(line)

가공된 평면도의 꼭지점에서 인출하여 정면도로 선 긋기

Command : O(offset)

평면도의 가공 깊이 10mm 부분에 해당하는 우측면도 아래 좌측 부분을 나란히 복사한다. 복사된 선은 마지막 선 처리에서 숨은선으로 변경하게 된다.

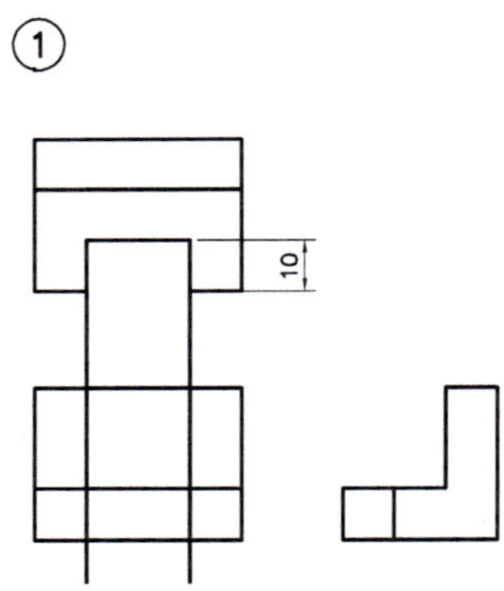

12 2차 가공 부위 투상도 정리

Command : TR(trim)

경계선 선택 일 때 정면도 아래에서 두 선만 선택하고 화면과 같이 자른다.

①

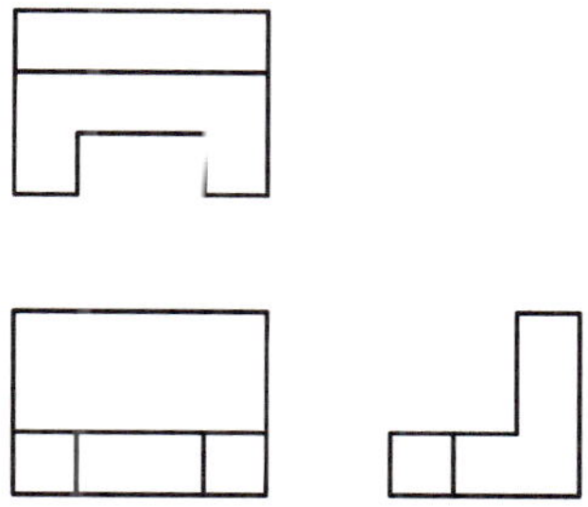

13 3차 가공 부분 정면도에서 금긋기

Command : O(offset)

20 [Space Bar]

정면도 우측의 수직선 선택 후 왼쪽 방향 선택 그리고 마우스 우측 버튼 두 번 선택

10 [Space Bar]

정면도 상단의 수평선 선택 후 아래 방향 선택

①

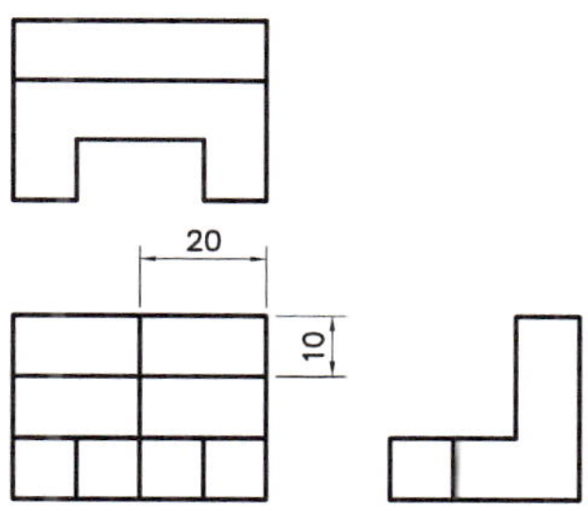

14 3차 가공 부위 정리

Command : TR(trim)

경계선 선택 일 때 방금 전 Offset으로 나란하게 복사된 두 선만 선택 후 마우스 우측 버튼 그리고 화면과 같이 자른다.

①

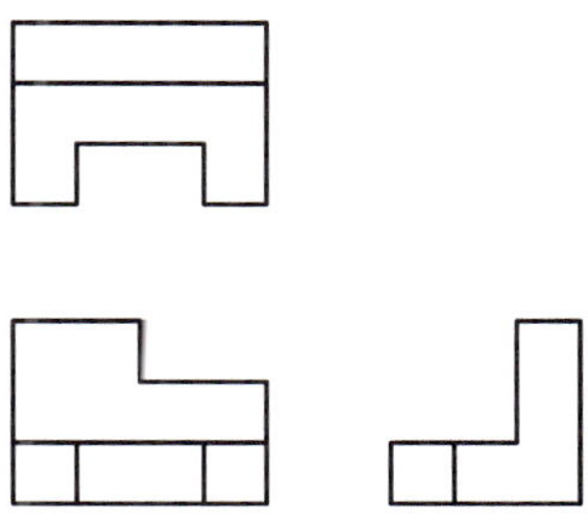

15 3차 가공 부위 평면도, 우측면도 정리를 위한 금긋기

Command : L(line)

가공된 정면도의 꼭지점에서 인출하여 화면과 같이 평면도, 우측면도에 선 긋기

①

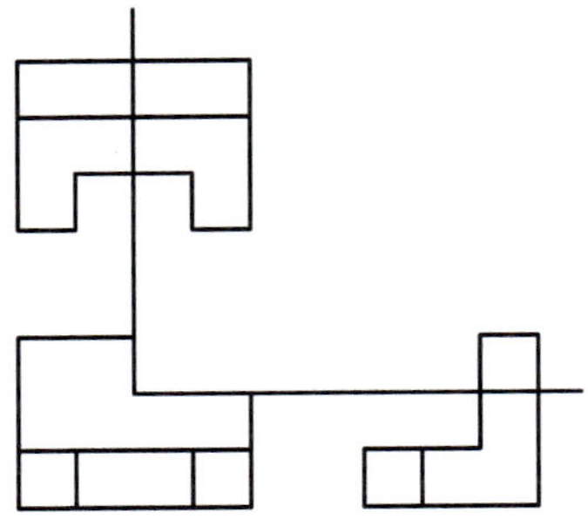

16 3차 가공 부위 투상도 정리

Command : TR(trim)

경계선 선택 일 때 평면도의 위에서 두 선 그리고 우측면도 우측의 수직선 두 개를 추가로 선택하고 마우스 우측 버튼 선택하여 화면과 같이 자른다.

①

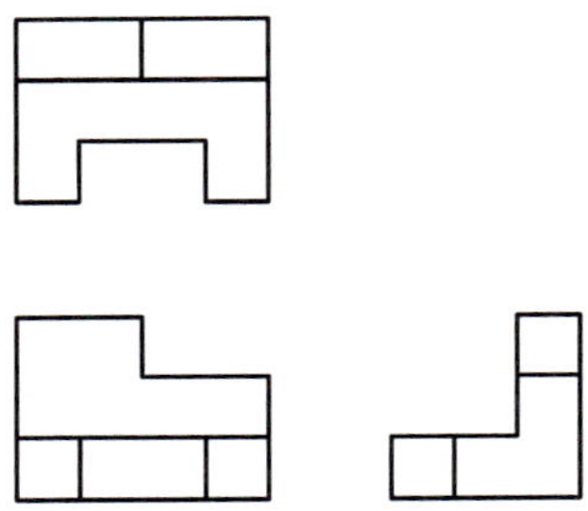

17 투상도 완성

- 숨은선 처리 : 우측면도에서 숨은선이 될 선을 선택하고 작업 영역 상단의 Object Properties에서 Layer 부분을 선택하면 이미 만들어 놓은 Layer 중에 2번을 선택하고 자판의 ESC 버튼을 선택하면 숨은선으로 변경된다.

①

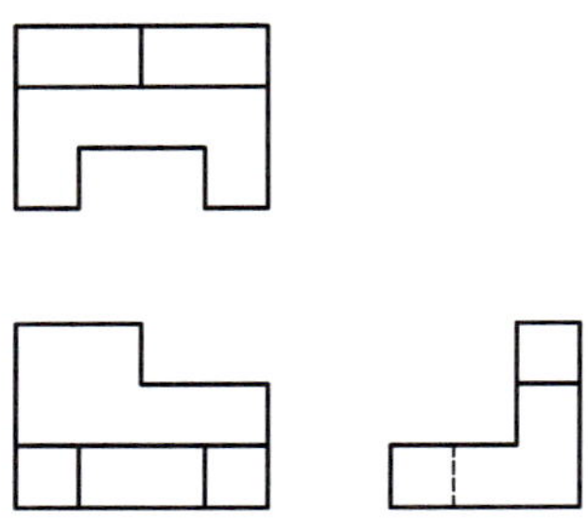

18 치수 기입을 위한 여백 만들기

Command : M(move)

F8 직교 모드를 켜고 투상면을 선택하여 치수 기입을 위한 간격을 적당히 띄운다.

띄울 때 반드시 나란하게 이동해야 한다.

정면도를 기준으로 우측면도와의 간격을 띄우고 또한 정면도를 기준으로 평면도와의 간격을 띄운다.

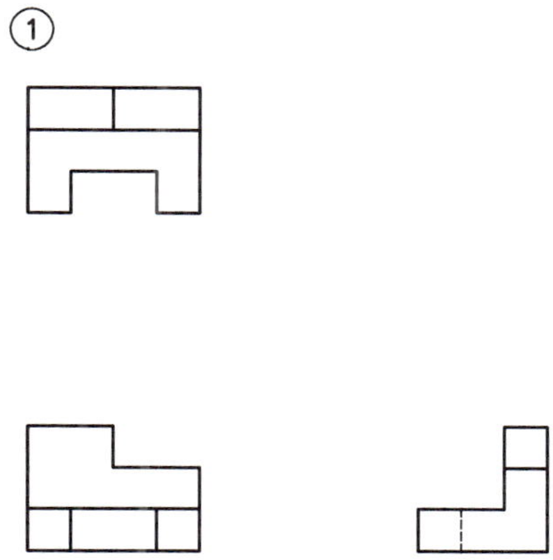

03 기초 투상도 치수 기입하기

❶ 치수 기입을 할 때 간격을 나란하게 하기 위해 그리드를 켠다.

키보드 상단의 기능키(Function key) 중에서 F7로 그리드(Grid)를 켠다.

❷ 치수 기입하기

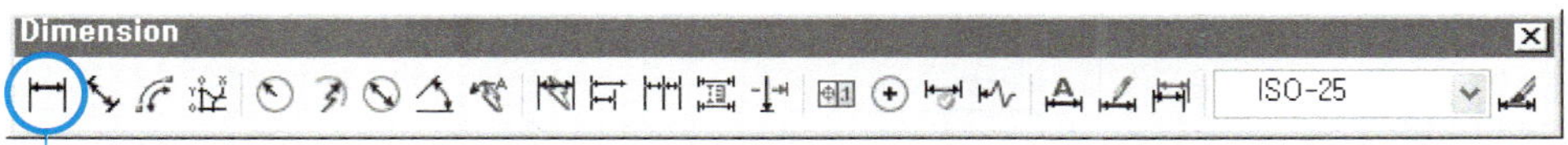

Linear 치수 기입은 가로/세로 치수기입을 할 때 사용한다.

아래 그림과 같이 치수 기입을 할 때 위 그림에서 지시한 Linear로 치수 기입을 할 수 있다.

보통 세점(인출하기 위한 첫점, 두 번째 점, 그리고 치수의 위치)으로 치수기입을 하고 단일 선분의 크기는 점 선택 없이 선분을 선택하여 치수 기입을 하면 된다.

①

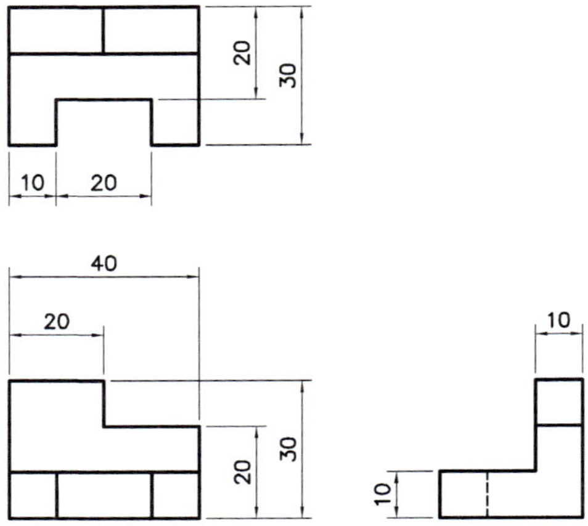

04 기본 투상도 그리기

기본 투상도 그리기도 기초 투상도 그리기와 같은 방법으로 설명한다.

②

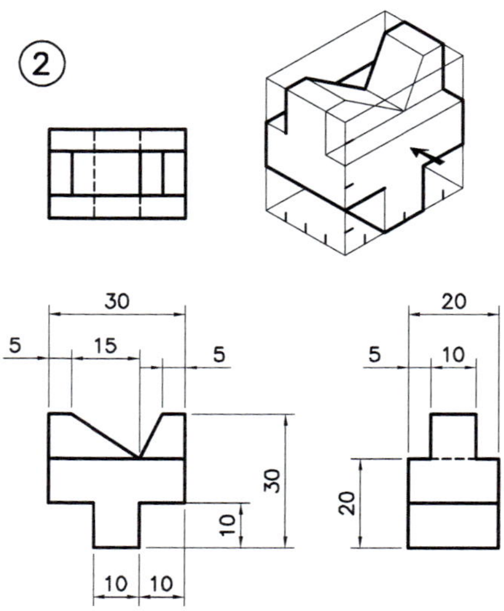

01 정면도를 결정하고 투상하기 위한 기초선을 그린다.

위 보기의 입체도에서 화살표 방향을 정면도로 선택하여 기본 3면도를 작성한다.

Command : L(line)

키보드 위쪽 부분의 기능키 중에서 F8을 선택하면 직교 모드로 변경된다.

마우스 왼쪽 버튼으로 화면의 한 점을 선택하고 긴 수평선의 끝점을 찍고 마우스 우측버튼으로 종료한다. 마우스 우측버튼을 한 번 더 선택하면 이전에 실행된 명령이 다시 실행된다.

이와 같은 방법으로 화면과 같은 선들을 그린다.

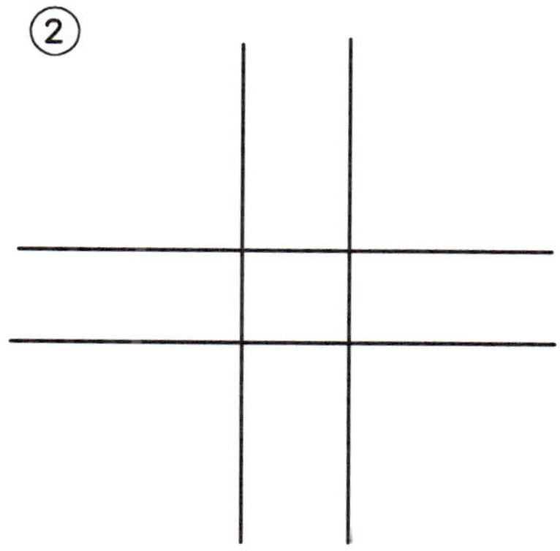

02 소재 크기를 위한 기초선을 마련한다.

Command : O(offset)

30 [Space Bar]

정면도의 위치에서 30간격을 복사하기 위해 왼쪽의 수직선을 선택하여 왼쪽 방향을 선택하고 마우스 우측버튼 선택. 다시 우측버튼 선택하면 offset 명령이 다시 실행

20 [Space Bar]

우측의 수직선 선택 후 우측방향 선택 같은 방법으로 화면과 같이 만든다.

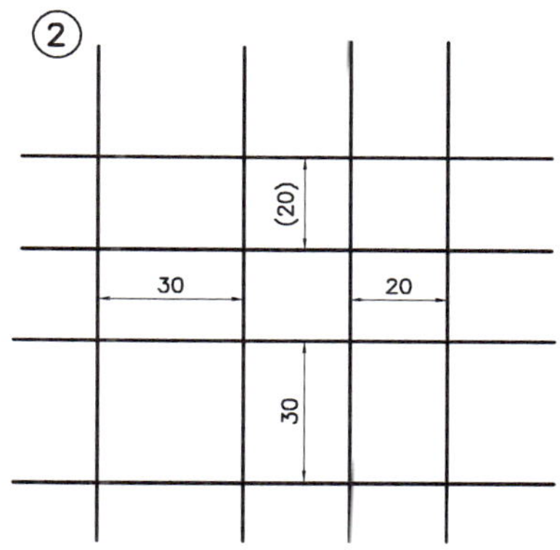

03 소재 크기 정리

Command : TR(trim)

경계선 선택 상태 일 때 [Space Bar] 두 번 선택하면 자르기 위한 상태가 됨

F [Space Bar]를 선택하고 마우스 왼쪽 버튼으로 P_1 점을 선택하고 자를 선을 걸쳐서 P_2 점, P_3 점, P_4 점, P_1 점을 선택한 후 마우스 우측 버튼

계속해서 F [Space Bar]를 선택하고 가운데 선도 같은 방법으로 걸쳐서 선택하여 소재 크기를 정리한다.

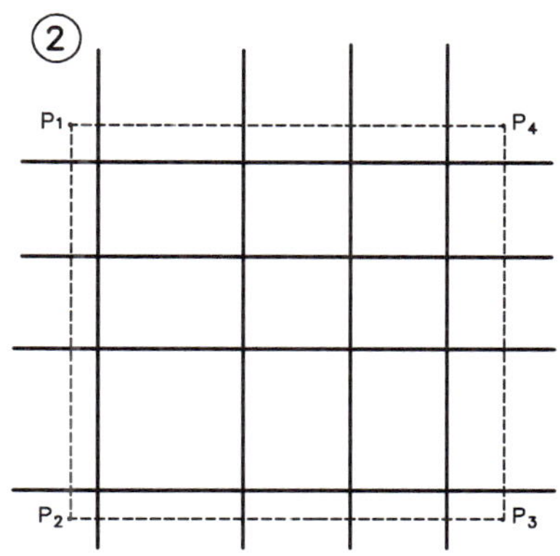

04 소재 투상도 정리

Command : E(erase)

우측 상단을 Crossing으로 선택하여 삭제한다.

②

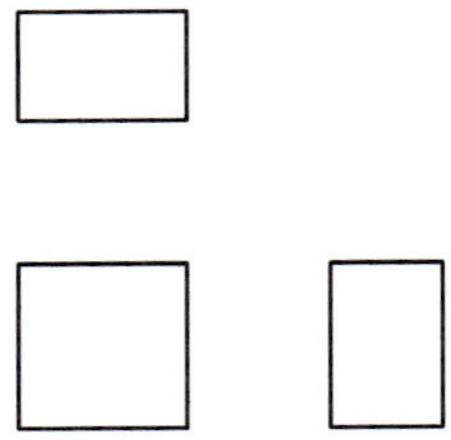

05 절삭량이 많은 부위 1차 금긋기

Command : O(offset)

10 [Space Bar]

화면과 같이 나란히 복사

②

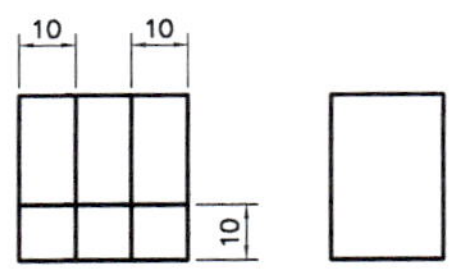

06 1차 가공된 부분 정리

Command : TR (trim)

경계선 선택 상태 일 때 [Space Bar]두 번 선택 화면과 같이 자른다.

②

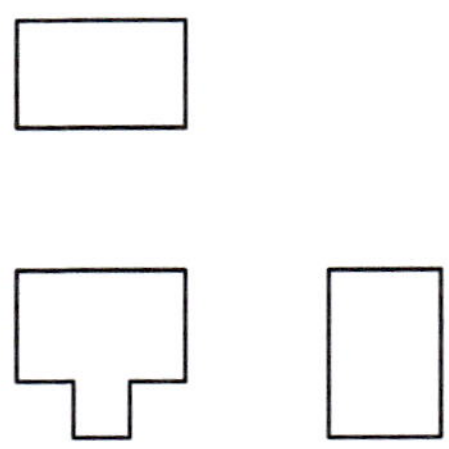

07 1차 가공된 부위의 평면도 및 우측면도 금긋기

Command : L(line)

가공된 정면도 꼭지점에서 인출하여 평면도와 우측면도에 선 긋기

②

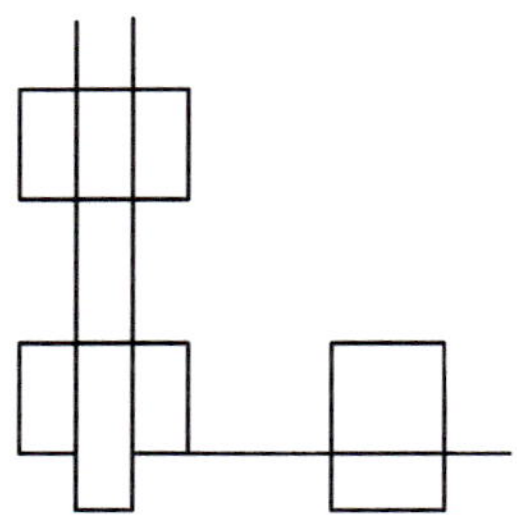

08 1차 가공된 부분의 투상도 정리

Command : TR (trim)

경계선 선택 일 때 평면도의 수평선 위, 아래 두 선과 우측면도 수직선 좌, 우측 두 선을 선택하고 화면과 같이 자른다.

②

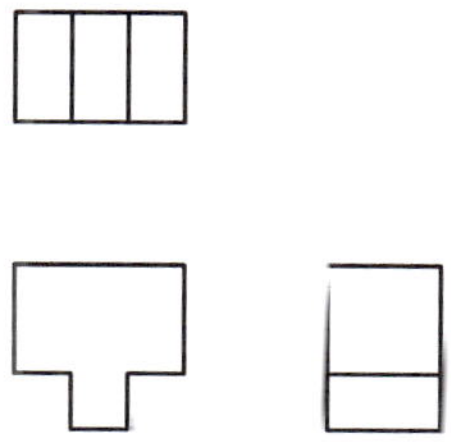

09 평면도의 숨은선 처리

- 숨은선 처리 : 평면도에서 숨은선이 될 두 선을 선택하고 작업 영역 상단의 Object Properties에서 Layer 부분을 선택하면 이미 만들어 놓은 Layer중에 2번을 선택하고 자판의 Esc 버튼을 선택하면 숨은선으로 변경됨

②

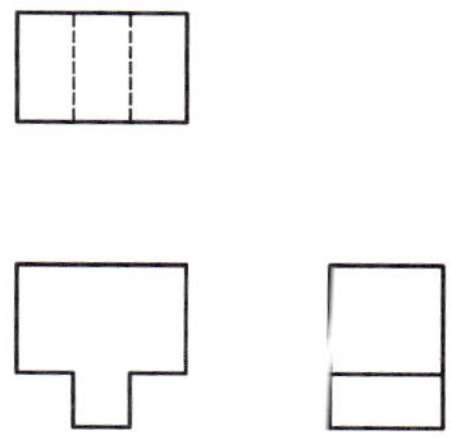

10 2차 가공 부분 우측면도, 평면도 금긋기

Command : O(offset)

5 Space Bar

그림과 같이 나란히 복사한 후 마우스 우측 버튼 두 번 선택

그러면 계속해서 offset 명령이 재실행된다.

10 Space Bar

그림과 같이 나란하게 복사한다.

②

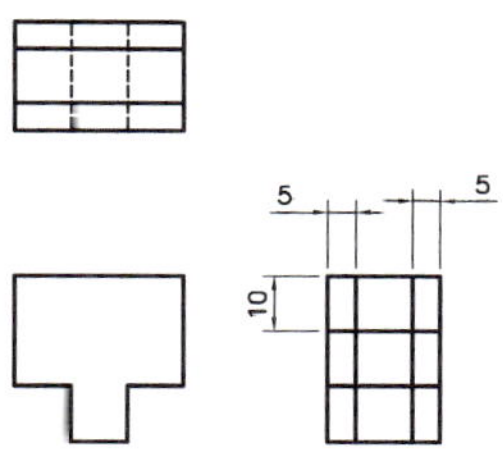

11 2차 가공 부위 정면도, 우측면도 금긋기

Command : L(line)

나란하게 복사된 10mm 부분의 꼭지점에서 인출하여 정면도에 선 긋기

②

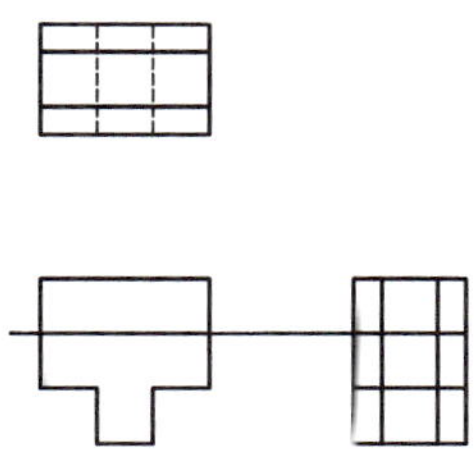

12 2차 가공 부위 투상도 정리

Command : TR(trim)

경계선 선택 일 때 우측면도 윗 부분을 Crossing 선택 후 마우스 우측 버튼 그리고 화면과 같이 자른다.

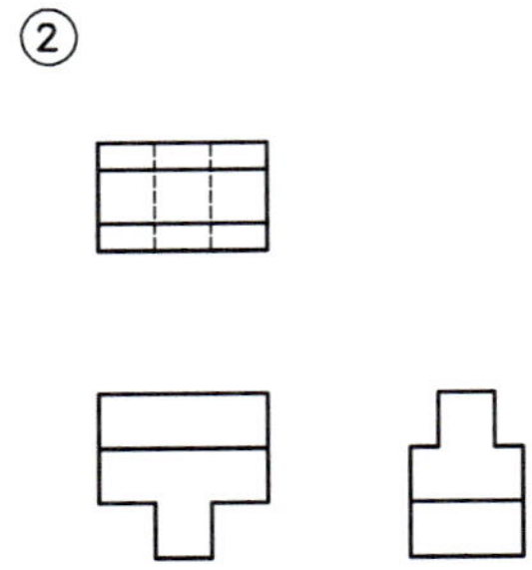

13 3차 가공 부분 정면도에서 금긋기

Command : O(offset)

5 Space Bar

화면과 같이 나란히 복사

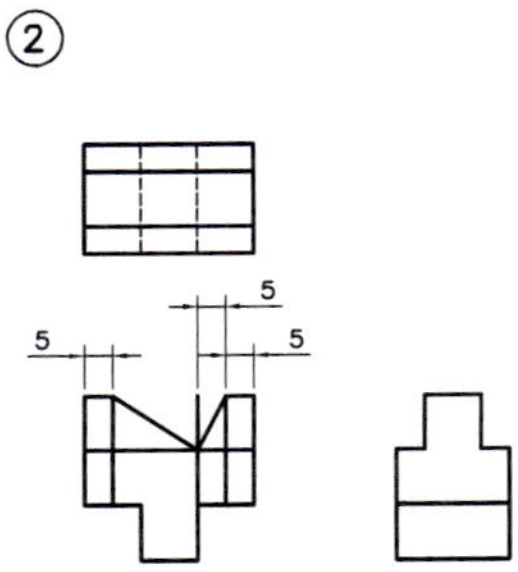

14 3차 가공 부위 정리

Command : TR(trim)

경계선 선택 일 때 방금 전 Offset으로 나란하게 복사된 선만 선택 후 마우스 우측 버튼 그리고 화면과 같이 자른다.

Command : E(erase)

자르기 위해 그린 보조선을 선택하여 삭제한다.

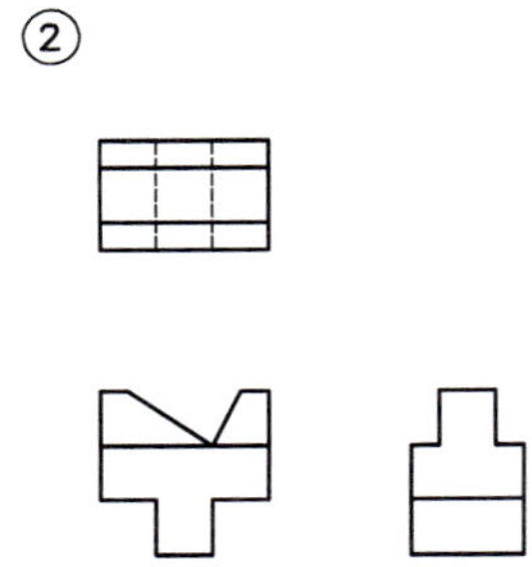

15 3차 가공 부위 평면도 정리를 위한 금긋기

Command : L(line)

가공된 정면도의 꼭지점에서 인출하여 화면과 같이 평면도에 선 긋기 또한 우측면도에서 숨은 선이 될 선을 추가하여 그린다.

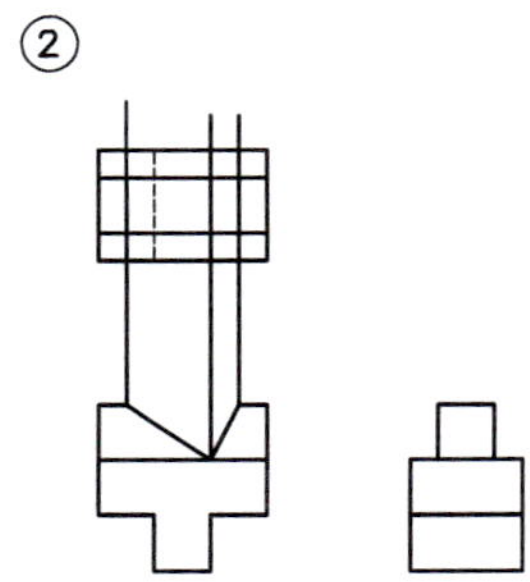

16 3차 가공 부위 투상도 정리

Command : TR(trim)

경계선 선택 일 때 평면도의 가운데 두 수평선을 선택하고 마우스 우측 버튼 선택 그리고 화면과 같이 자른다.

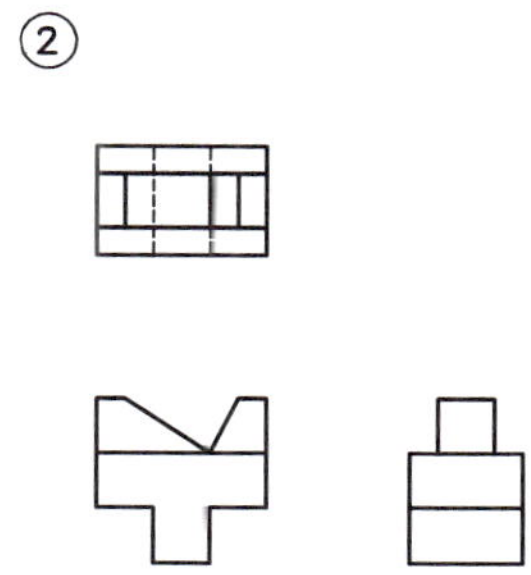

17 투상도 완성

- 숨은선 처리 : 우측면도에서 숨은선이 될 선을 선택하고 작업 영역 상단의 Object Properties 에서 Layer 부분을 선택하면 이미 만들어 놓은 Layer 중에 2번을 선택하고 키보드의 Esc 버튼을 선택하면 숨은선으로 변경됨

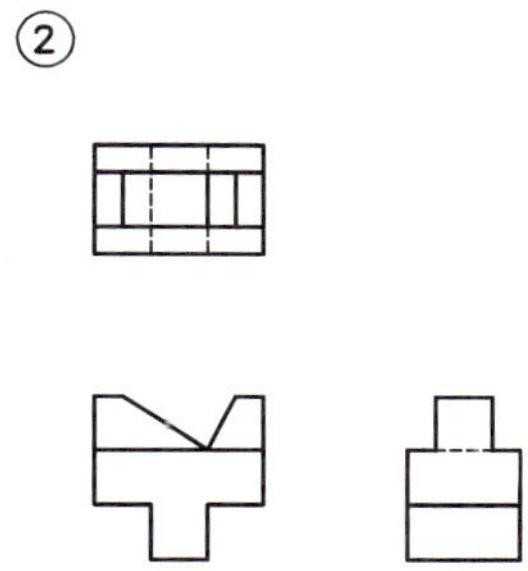

18 치수 기입을 위한 여백 만들기

Command : M(move)

F8 직교 모드를 켜고 투상면을 선택하여 치수 기입을 위한 간격을 적당히 띄운다.

투상선이 어긋나지 않도록 주의한다.

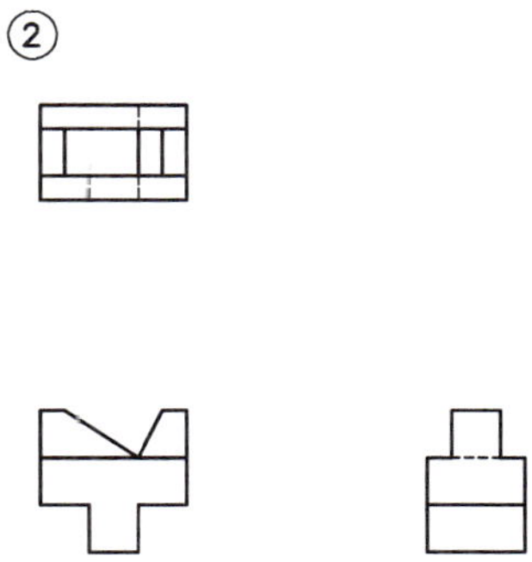

05 기본 투상도 치수 기입하기

❶ 치수 기입을 할 때 간격을 나란하게 하기 위해 그리드를 켠다.

키보드 상단의 기능키(Function key) 중에서 F7로 그리드(Grid)를 켠다.

❶ 치수 기입하기

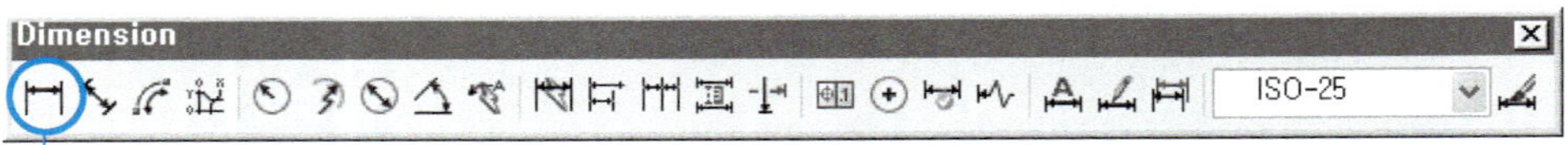

Linear 치수 기입은 가로/세로 치수기입을 할 때 사용한다.

②

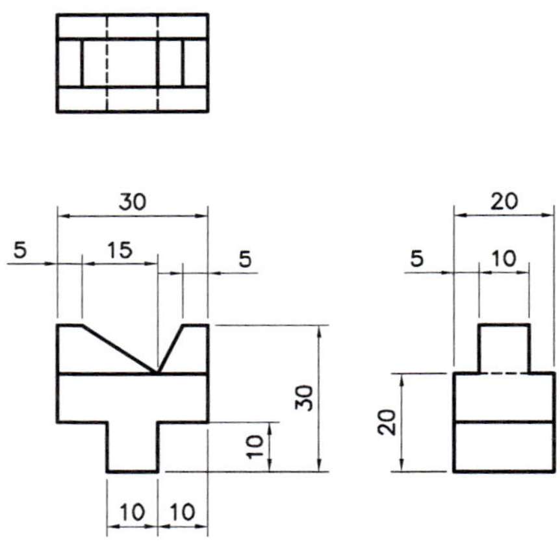

연 습 과 제-1

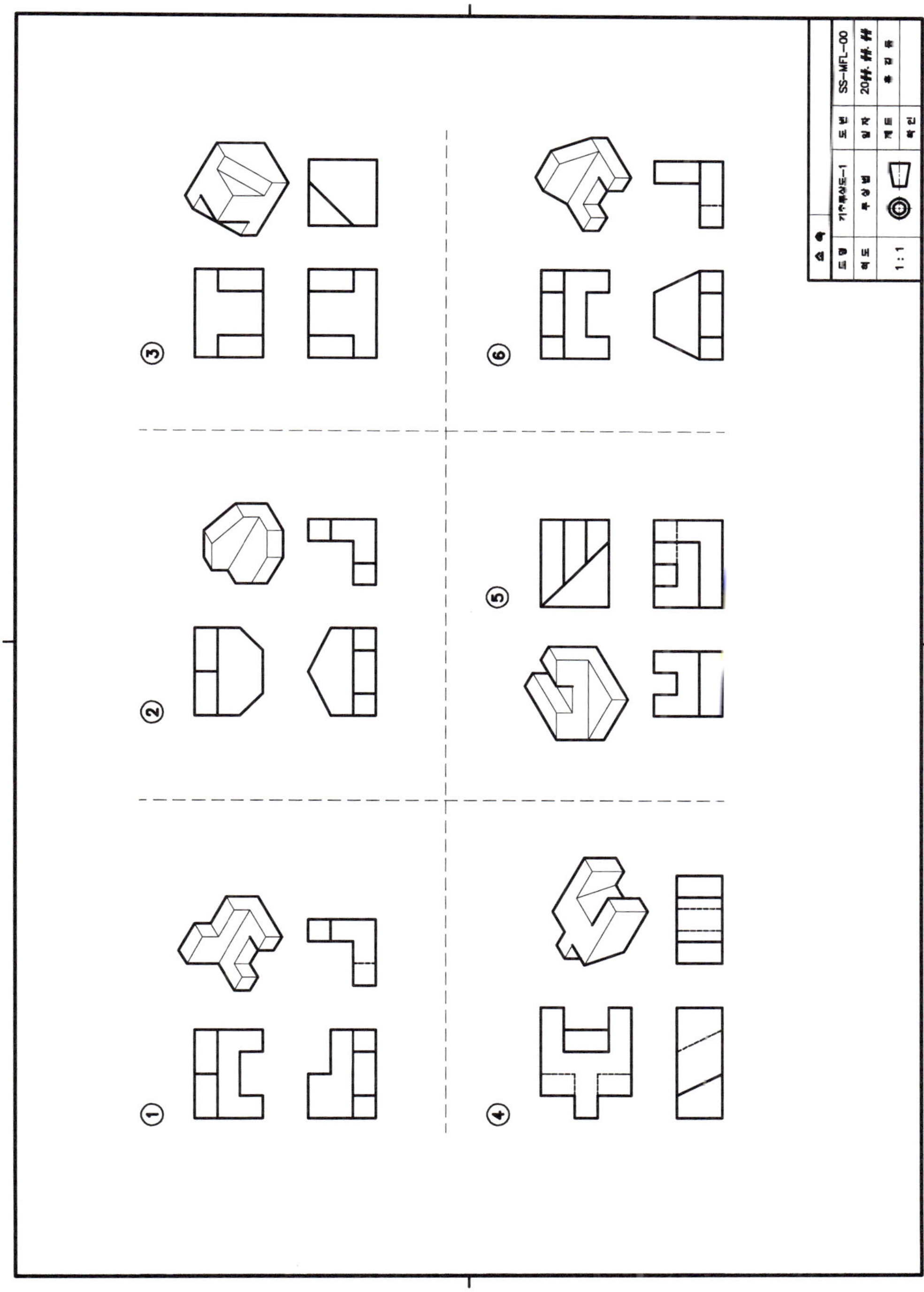

연 습 과 제-2

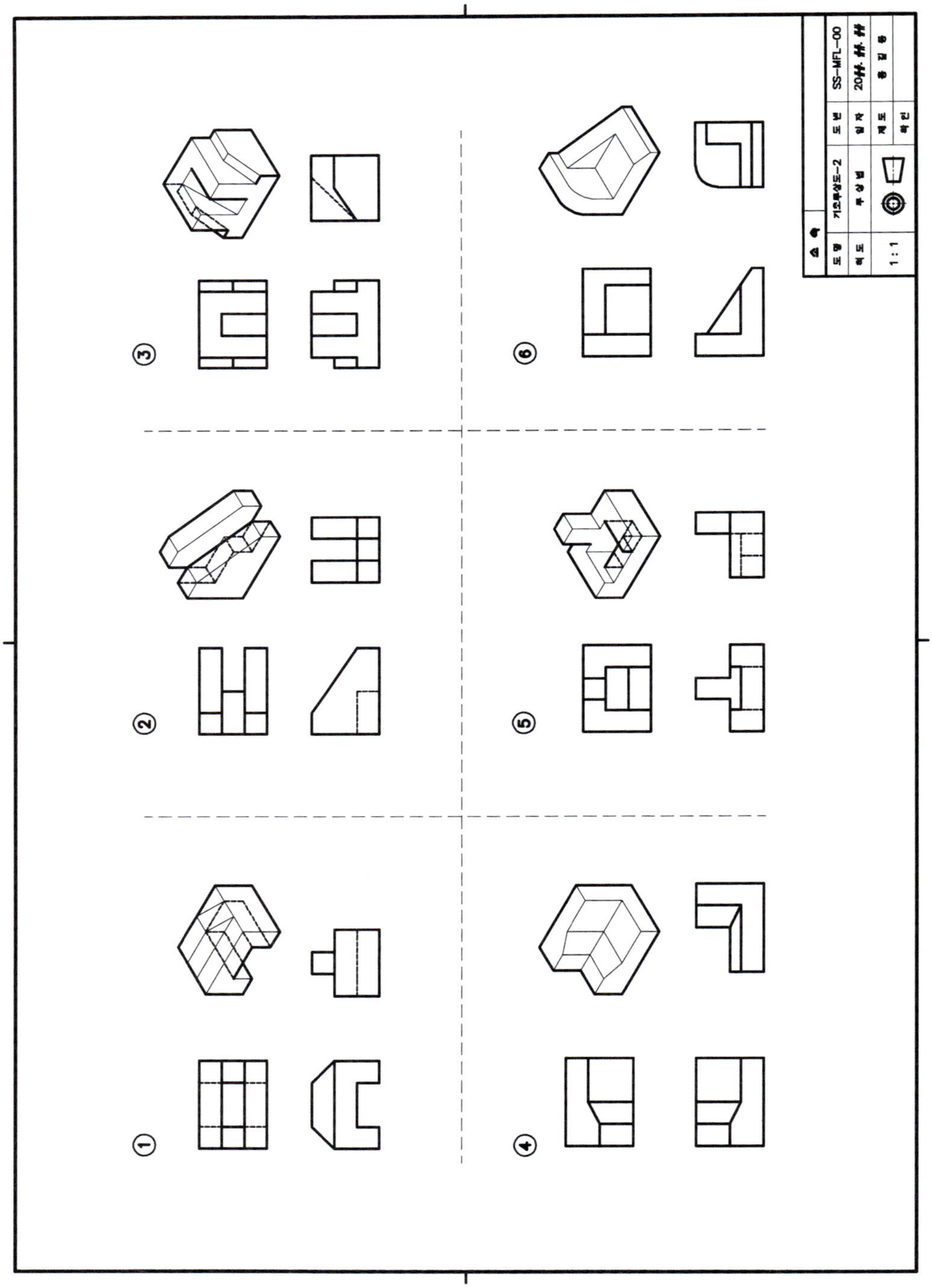

연 습 과 제-3

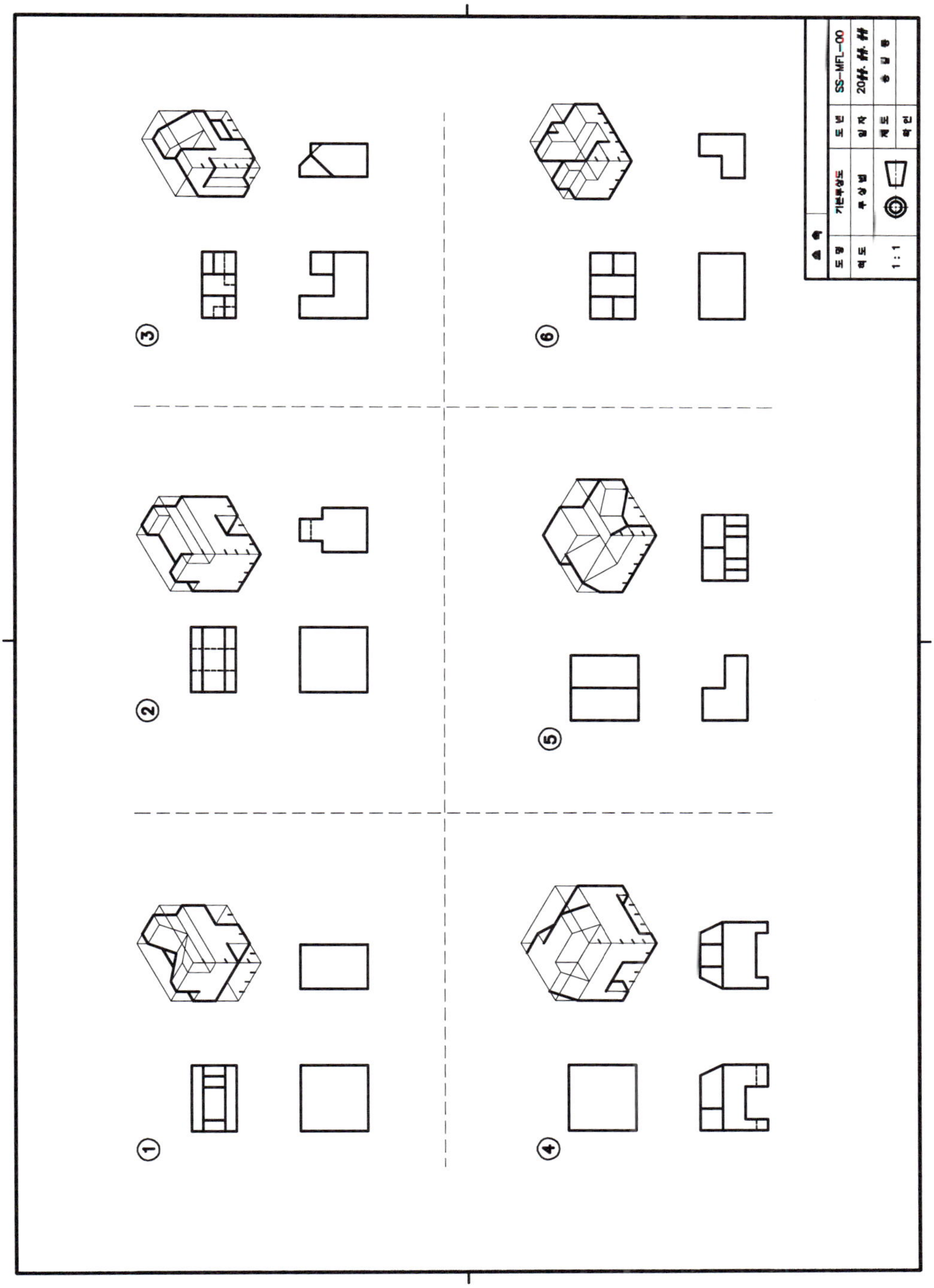

참 고 답 안

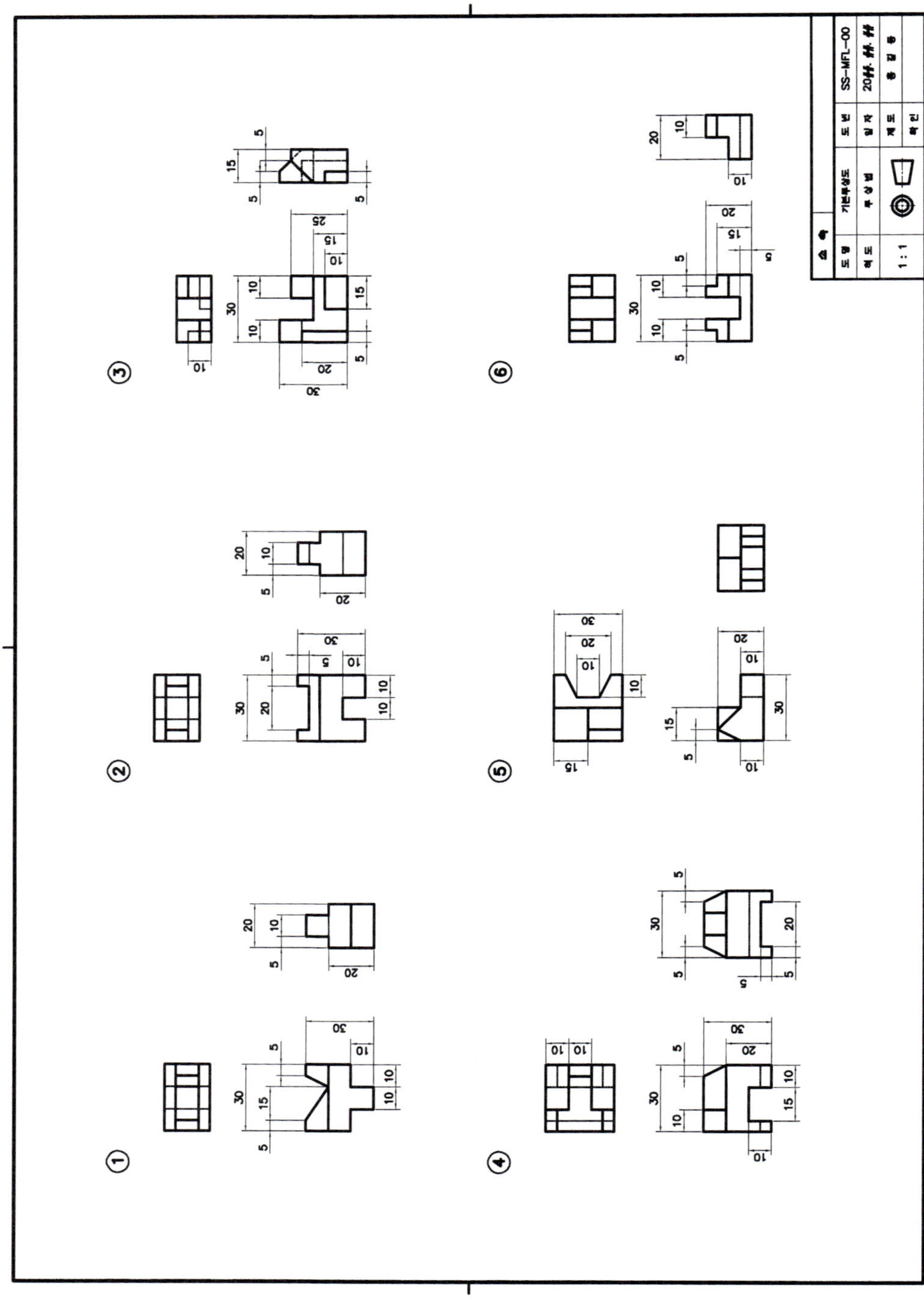

3

실습 목표

1. 단면도를 이해하고 해칭에 관해 알아본다.
2. 아래 그림에서 온단면도와 부분단면도를 그릴 수 있다.
3. 단면도로 그린 투상도에 치수 기입을 할 수 있다.

3장 실습 내용

1. 단면도 그리기 순서
2. 기본 단면도-1 그리기
3. 기본 단면도-1 치수 기입하기
4. 기본 단면도-2 그리기
5. 기본 단면도-2 치수 기입하기
6. 연습 과제 1, 2
7. 참고 답안 1, 2

평가 사항(배점)

- 실습 방법 및 태도 (　　점)
- 단면도 (　　점)
- 선 오기 및 누락 (　　점)
- 치수기입 누락 (　　점)
- 표제란 및 배치 (　　점)
- 시간 준수 (　　점)
- 소요시간 : 2~3hr

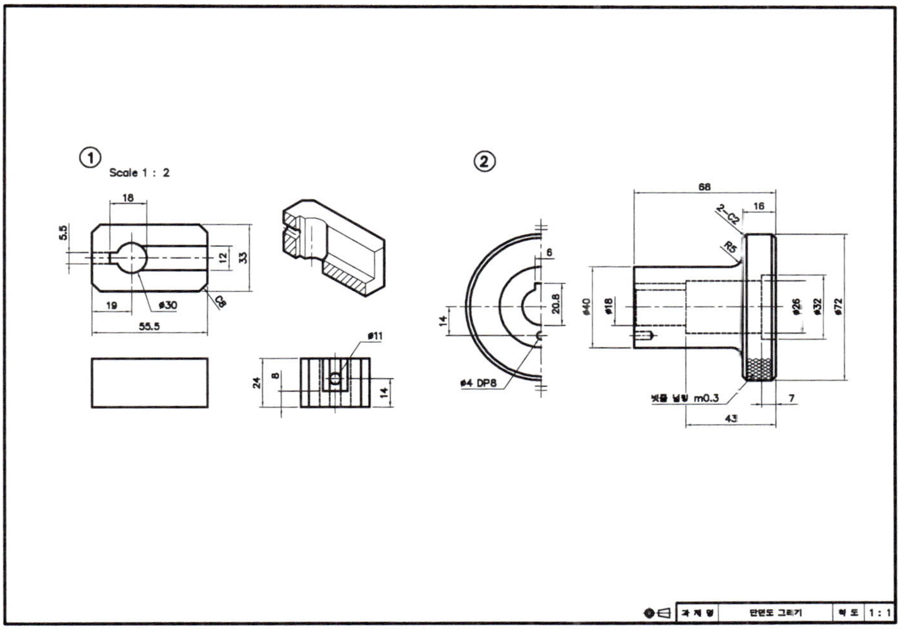

CHAPTER 03

단면도(Section)

01 단면도 그리기 순서

구멍이나 특정한 홈이 있는 물체를 단면도로 작성할 때 제작 공정과 같이 작도하되 특징이 있는 부분을 먼저 그리고 도시된 부분에서 선을 인출하여 관련 투상도를 완성한다.

01 투상도 그리기

①

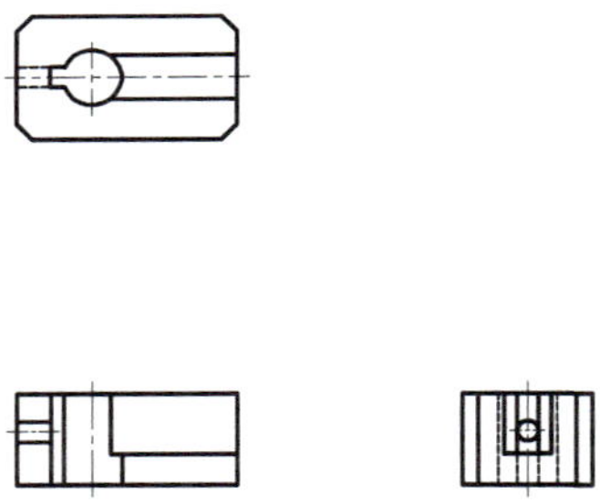

02 단면도의 해칭 처리하기

①

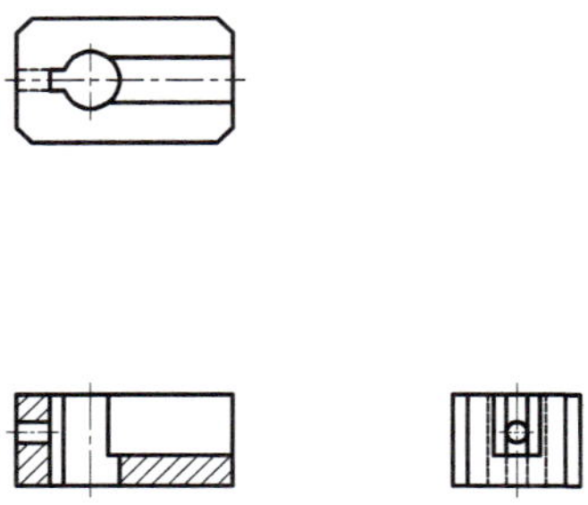

04 투상도 그리기

②

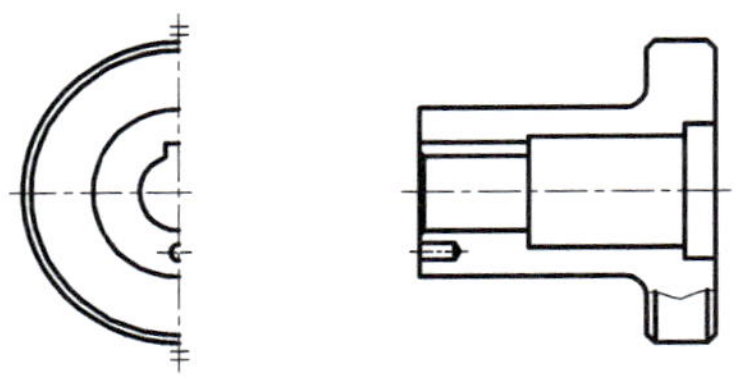

05 단면도의 해칭 처리하기

②

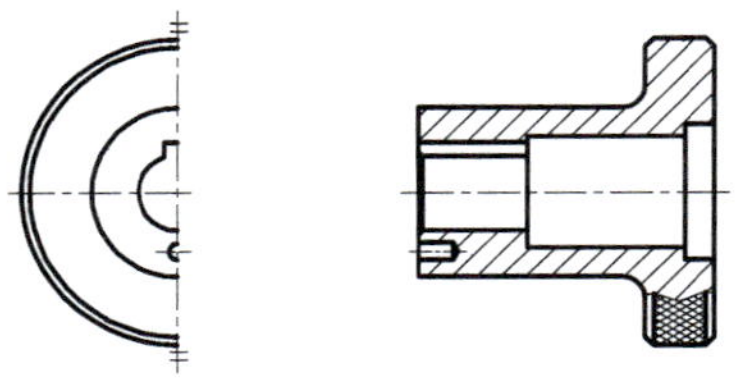

03 치수 기입하기

①

Scale 1 : 2

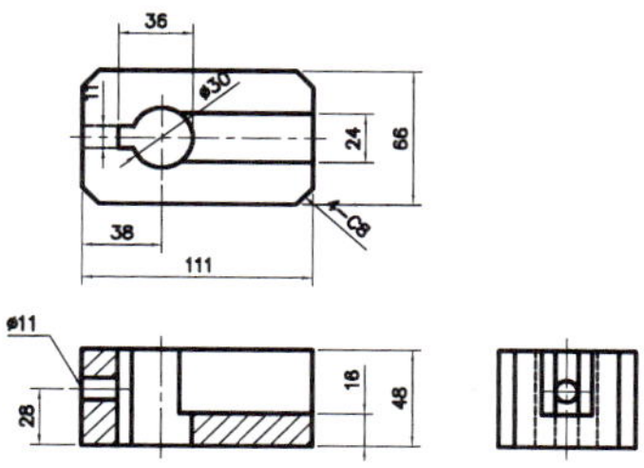

06 치수 기입하기

②

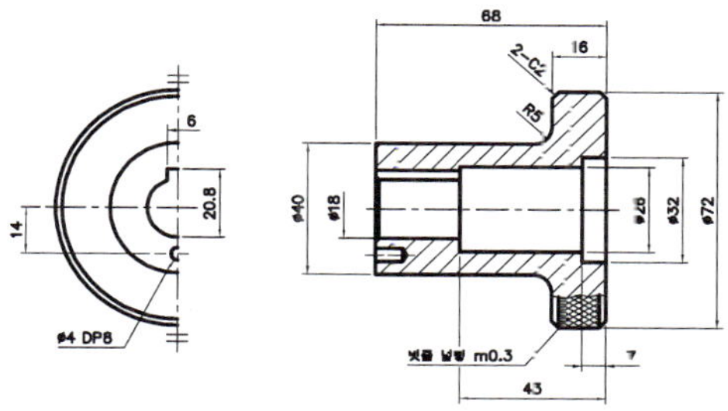

02 기본 단면도-Ⅰ 그리기

2장에 설명한 것과 같이 축척, 배척 도면은 주로 투상도를 먼저 그리고 후처리로 도면양식을 끼워 넣어 완성한다고 설명했다.(큰 배율의 척도일 경우)

이 번 과제는 단면도 작성 과제로 1 : 2 축척 도면이다. 물체의 크기에 따라서 비교적 작은 경우는 지난 2장와 같이 도면양식을 열고 실척(1 : 1) 도면으로 작성한 후에 축척으로 후처리하여 투상도를 완성 할 수 있다.

도면 양식 열기

이미 1장에 만들어 놓은 도면 양식(00-A2.dwg)을 열기 한 후 다른 이름으로 저장하고 새 도면 작도를 시작한다.

Command : open

Command : saveas

①

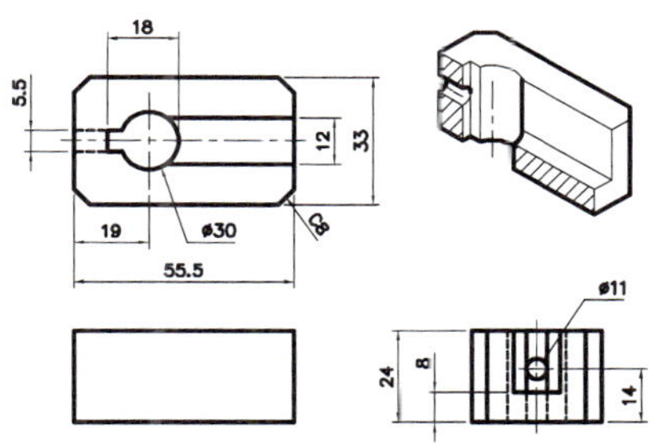

01 정면도를 결정하고 투상하기 위한 기초선을 그린다.

위 보기의 입체도로 나타낸 등각투상도에서 단면도로 나타난 면을 정면도로 선택하여 기본3면도를 작도한다.

Command : L(line)
키보드 위쪽 부분의 기능키 중에서 F8을 선택하면 직교모드로 변경된다.
마우스 왼쪽 버튼으로 화면의 한 점을 선택하고 긴 수평선의 끝점을 찍고 마우스 우측 버튼으로 종료한다.
마우스 우측버튼을 한 번 더 선택하면 이전에 실행된 명령이 다시 실행된다. 이와 같은 방법으로 옆 그림과 같은 선들을 그린다.

①

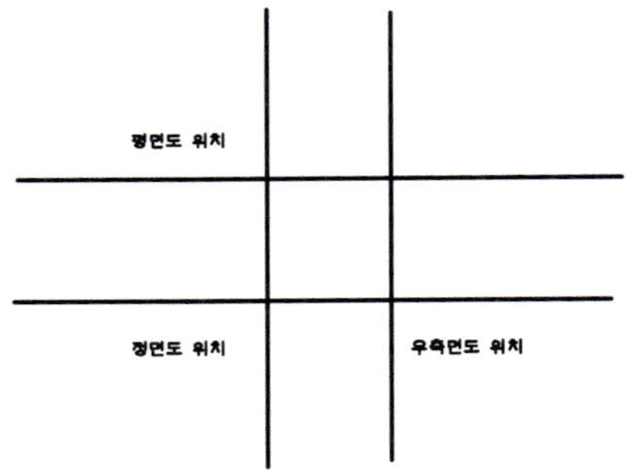

02 소재 크기를 위한 기초선을 마련한다.

Command : O(offset)
111 `Space Bar`
정면도의 위치에서 111간격을 복사하기 위해 왼쪽의 수직선을 선택하여 왼쪽 방향을 선택하고 마우스 우측버튼 선택
다시 우측버튼 선택하면 offset 명령이 다시 실행
48 `Space Bar`
아래의 수평선 선택 후 아래쪽 방향 선택 같은 방법으로 옆 그림과 같이 만든다.

①

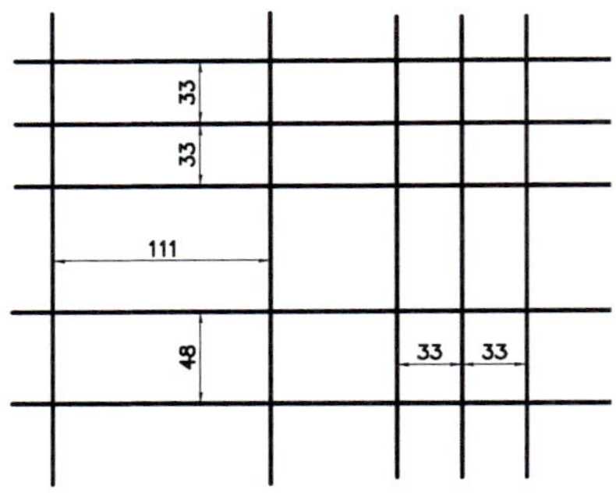

03 소재 크기 정리

Command : TR(trim)

경계선 선택 상태 일 때 Space Bar 를 두 번 선택하면 자르기 위한 상태가 됨

F Space Bar 를 선택하고 마우스 왼쪽 버튼으로 잘라 없앨 선들을 모두 걸쳐 선택하고 마우스 우측 버튼을 선택. 그 다음 단계에서 Space Bar 를 선택하고 안쪽 부분에서 자를 부분의 선들을 걸쳐 두 점 선택으로 위, 아래 그리고 좌측, 우측을 선택하여 옆 그림과 같이 잘라낸다.

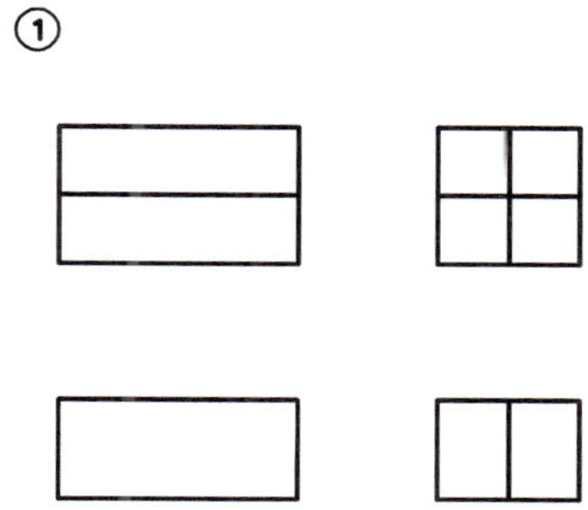

04 소재 투상도 정리

Command : E(erase)

우측 상단을 Crossing(점선창)으로 선택하여 삭제한다.

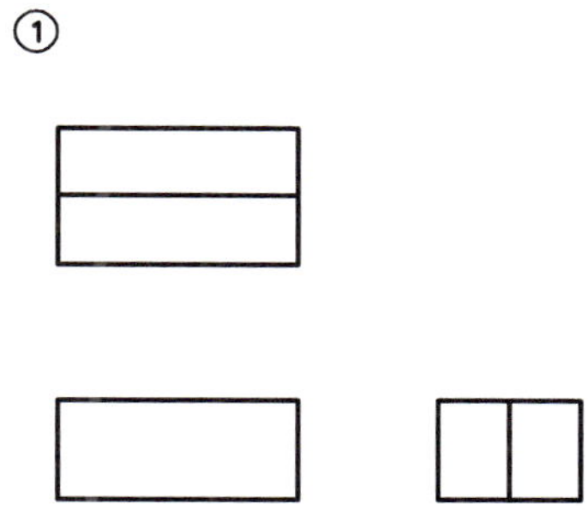

05 키 홈(드릴링 → 슬로팅) 모양을 위한 기초선 그리기 1

Command : O(offset)

38 Space Bar

옆 그림과 같이 나란히 복사한다.

Command : C(circle)

교차점을 마우스 왼쪽 버튼으로 중심점 선택

D Space Bar 30 Space Bar

Command : O(offset)

11/2 Space Bar

옆 그림과 같이 나란히 복사한다.

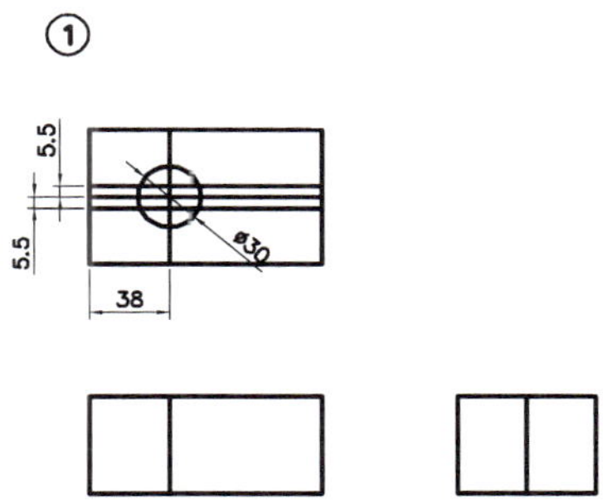

06 키 홈(드릴링 → 슬로팅) 모양을 위한 기초선 그리기 2

Command : L(line)

원의 우측 교차점에서 아래 방향으로 짧은 수직 선을 그리기 위한 끝점 선택 후 마우스 우측버튼으로 종료

①

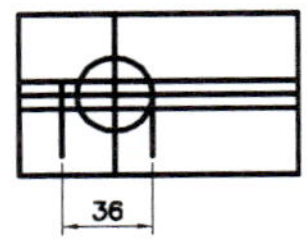

Command : O(offset)

36 [Space Bar]

옆 그림과 같이 나란히 복사

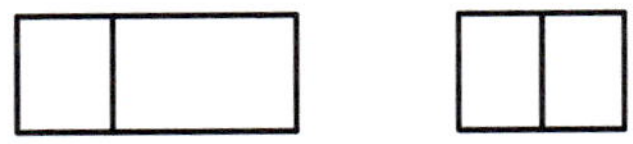

07 키 홈 모양 정리

Command : TR(trim)

경계선 선택 일 때 마우스 우측 버튼 선택 화면과 같이 자른다.

①

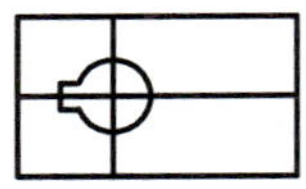

Command : E(erase)

불필요한 선이나 짧은 수직선을 삭제한다.

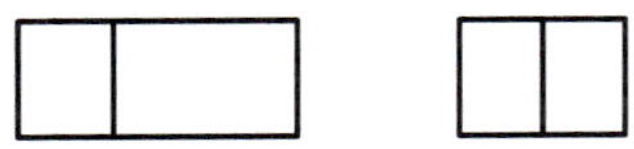

08 중심선을 외형선에서 2~3mm 연장

Command : BR(break)

중심선을 외형선에서 3mm 정도 끊기 위해 해당되는 첫 점과 그 선분의 끝점을 선택한다.

같은 방법으로 옆 그림과 같이 중심선을 알맞게 정리한다.

①

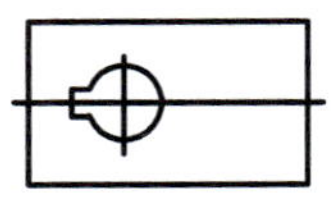

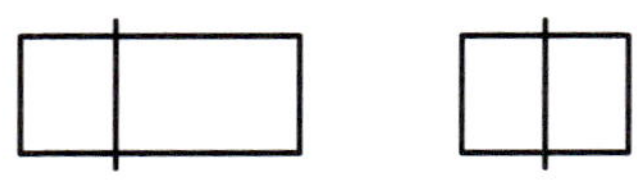

09 2차 가공을 위한 금긋기

Command : L(line)

키 홈 모양의 꼭지점에서 인출하여 정면도로 선을 긋는다.

마우스 우측버튼(Line 명령 재실행) 옆 그림과 같이 선을 긋는다.

Command : O(offset)

11/2 Space Bar

우측면도와 같이 나란하게 복사

마우스 우측버튼 선택

30/2 Space Bar

옆 그림과 같이 나란하게 복사

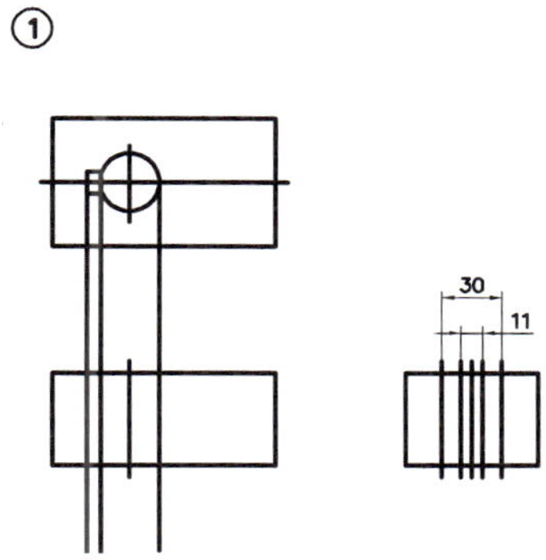

10 2차 가공 부분 정리

Command : TR(trim)

경계선 선택 일 때 offset으로 이 전에 복사한 선들과 정면도의 위, 아래에 있는 두 개의 수평선을 선택 후 마우스 우측 버튼 선택 옆 그림과 같이 자른다.

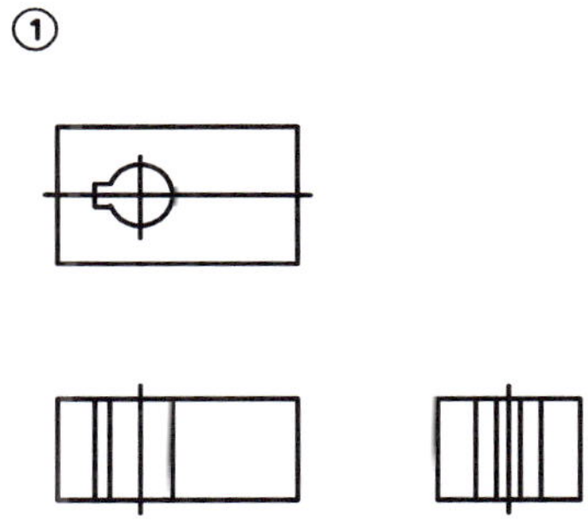

11 우측면도 중심선 처리

- 숨은선 처리 : 우측면도에서 숨은선이 될 선들을 선택하고 작업 영역 상단의 Object Properties에서 Layer 2번을 선택 후 키보드의 Esc 버튼을 누르면 숨은선으로 변경됨

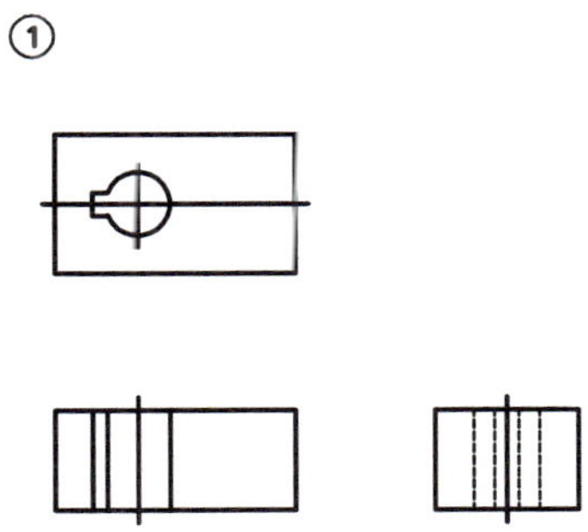

12 3차 가공 부위 기초선 긋기

Command : O(offset)

12 `Space Bar`

평면도에서 중심선을 선택 후 위 쪽, 아래 쪽 선택 후 계속해서 우측면도에서 중심선 선택 후 좌, 우측을 선택하고 마우스 우측 버튼 두 번 선택 그러면 명령이 다시 실행됨.

16 `Space Bar`

우측면도에서 아랫 수평선 선택 후 위 쪽 방향 선택 후 마우스 우측버튼

①

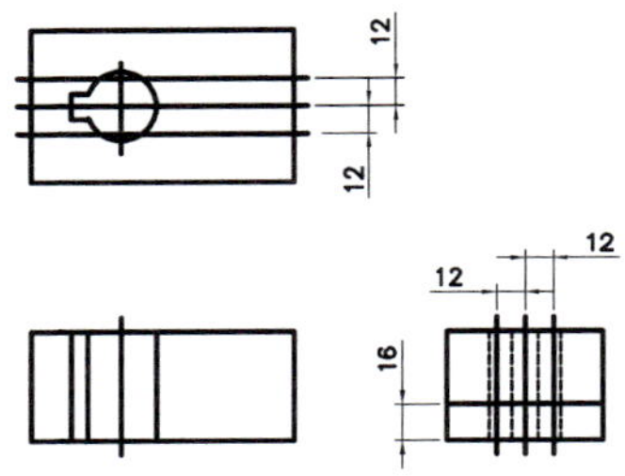

13 3차 가공 부분 정리

Command : TR(trim)

경계선 선택 일 때 마우스 우측 버튼 선택

화면과 같이 자른다.

Command : E(erase)

불필요한 선 선택 후 지우기

①

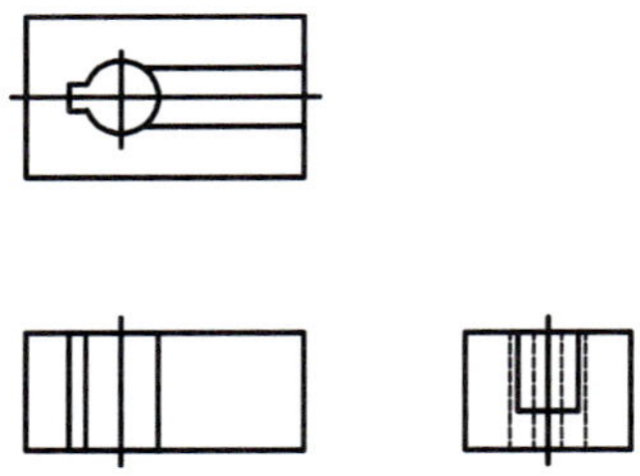

14 3차 가공 부위 정면도의 기초선 긋기

Command : L(line)

평면도의 꼭지점에서 인출하여 정면도로 선을 긋는다. 또 우측면도에서 3차 가공 부분의 꼭지점 선택 후 정면도로 선을 긋는다.

Command : TR(trim)

경계선 선택 일 때 16mm 높이의 수평선을 기준으로 윗 부분의 숨은선을 자른다.

Command : L(line)

숨은선의 끝점에서 인출하여 위로 두개의 선을 긋는다.

①

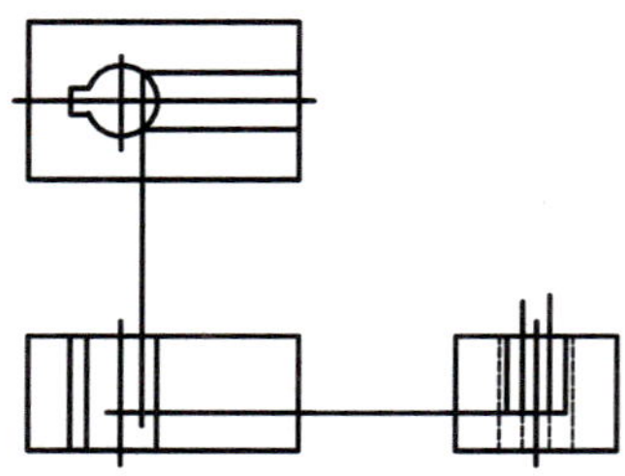

15 3차 가공 부위 정면도와 우측면도 정리

Command : TR(trim)

경계선 선택 일 때 마우스 우측 버튼 선택

옆 그림과 같이 자른다.

①

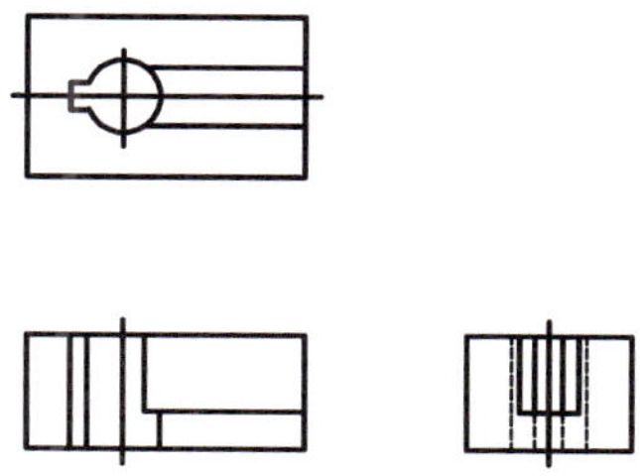

16 드릴링 처리를 위한 기초선 긋기

Command : O(offset)

28 [Space Bar]

우측면도에서 아래 수평선을 선택 후 위쪽 방향 선택

Command : C(circle)

교차점을 중심점으로 선택한 후

D [Space Bar] 11 [Space Bar]

Command : L(line)

원의 위쪽과 아랫쪽에서 선을 인출하여 정면도로 긋는다.

①

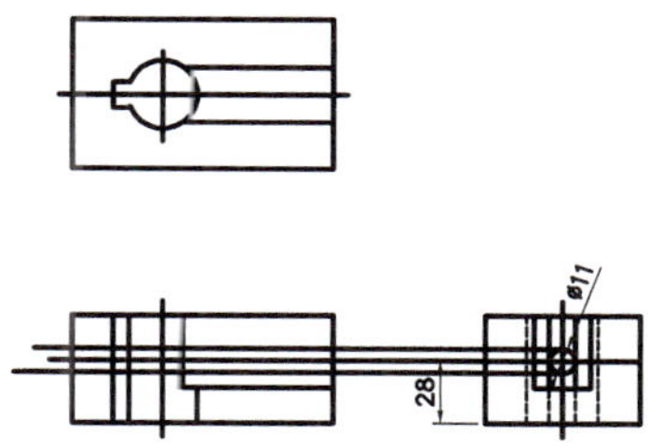

17 드릴링 부분 정면도와 우측면도 정리

Command : TR(trim)

경계선 선택 일 때 마우스 우측 버튼 선택

옆 그림과 같이 자른다.

Command : BR(break)

중심선을 외형선에서 3mm 정도 끊는다.

①

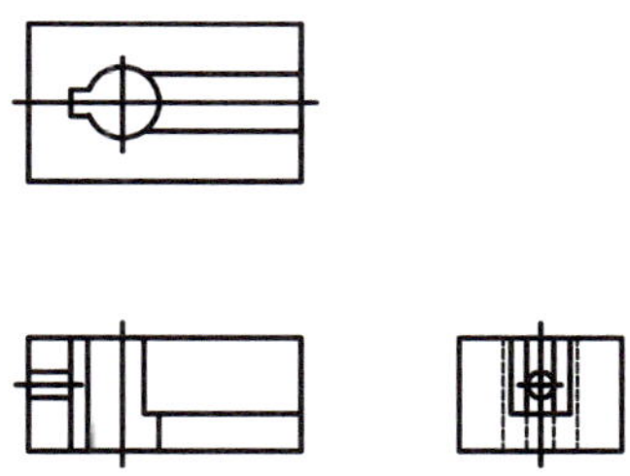

18 드릴링 부분 평면도 정리

Command : CO(copy)

정면도에서 드릴링 부분의 선을 선택하여 평면도 키홈의 너비와 나란하게 복사한다.

- 복사된 선 숨은선 처리

Command : MA(matchprop)

우측면도에서 숨은선 선택 후 평면도에서 숨은선이 될 선 선택

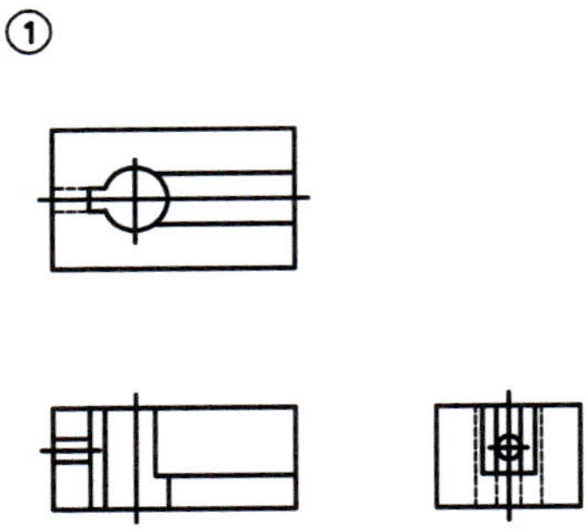

19 모떼기 처리

Command : CHA(chamfer)

D [Space Bar] 8 [Space Bar]

평면도에서 모떼기 될 부분의 두 선 선택

Command : O(offset)

8 [Space Bar]

우측면도에서 좌, 우측의 선을 안쪽으로 옆 그림과 같이 나란하게 복사

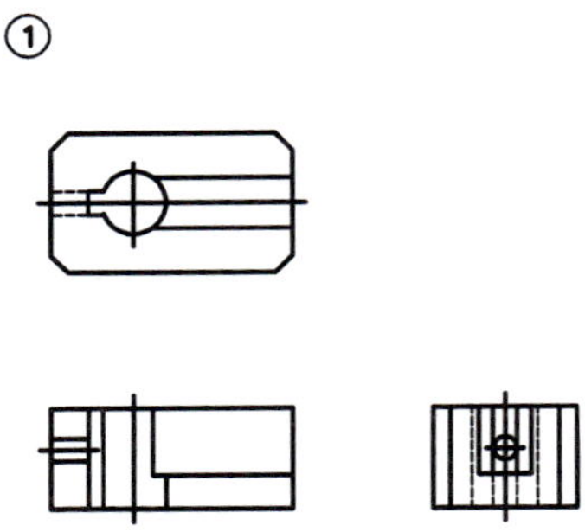

20 중심선 처리

- 중심선 처리 : 투상도에서 중심선이 될 선들을 선택하고 작업 영역 상단의 Object Properties에서 Layer 1번을 선택 후 키보드의 [Esc] 버튼을 누르면 중심선으로 변경됨

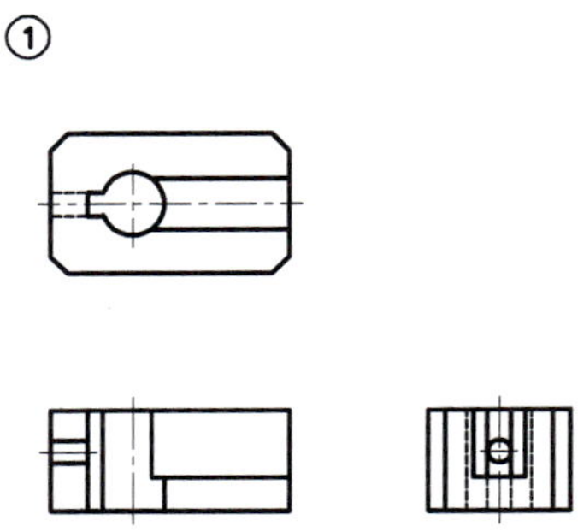

21 1 : 2 축척 처리

Command : SC(scale)

투상도를 crossing으로 모두 선택

그림의 가운데를 마우스 왼쪽 버튼으로 기준점을 선택하고 마우스 우측 버튼

1/2 Space Bar

그러면 전체 크기가 절반으로 축소된다.

①

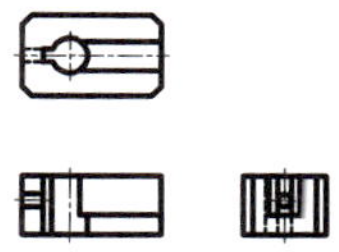

22 단면 처리

Command : BH(bhatch)

User defined

Angle : 45

spacing : 3

Pick point : 절단면의 부분만 선택 후 마우스 우측 버튼 OK

①

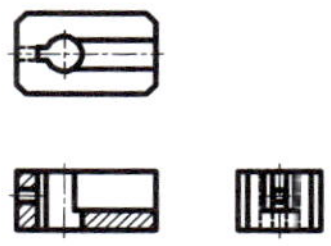

23 치수 기입을 위한 여백 만들기

Command : M(move)

F8 직교모드를 켜고 투상면을 선택하여 간격을 띄울 때 반드시 나란하게 이동해야 한다.

정면도를 기준으로 우측면도와의 간격을 띄우고 또한 정면도를 기준으로 평면도와의 간격을 띄워 조정한다.

①

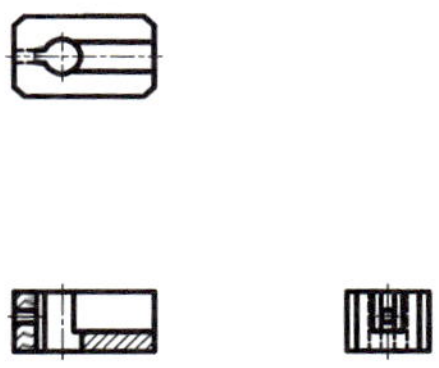

03 기본 단면도 - I 치수 기입하기

❶ 치수 기입을 할 때 간격을 나란하게 하기 위해 그리드를 켠다.

키보드 상단의 기능키(Function key) 중에서 F7로 그리드(Grid)를 켠다.

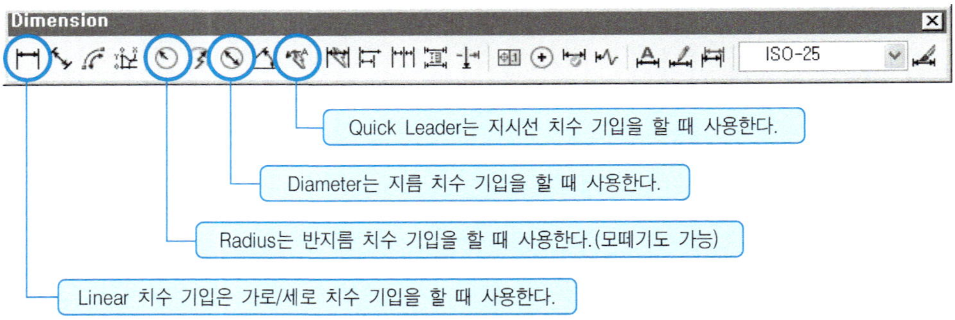

(1) 아래 그림에서 평면도의 모떼기 치수 기입을 할 때 먼저 적당한 원을 그리고 위 그림에서 원으로 지시한 Radius를 선택하여 반지름 치수 기입을 −45° 방향으로 한다. 그리고 치수만을 선택하여 4−C8이라고 입력하고 적당한 크기로 편집한 후 모떼기 위치에 이동한다.

(2) Diameter로 지름 치수 기입을 할 때 치수선을 일반적으로 45° 방향으로 한다.

(3) Quick Leader가 Dimension 아이콘 메뉴에 없을 때 아이콘 메뉴에 마우스의 커서를 올리고 마우스 우측버튼을 선택하면 Sub−menu가 나타나는데 그 중 맨 아래의 Customize... 를 선택한다. 그러면 Customize User Interface 대화상자가 나타난다. 대화상자에서 Dimension, Leader를 찾아 드래그 앤 드롭(Drag and drop)으로 Dimension 아이콘에 끼워 넣기 하면 된다. 그리고 그것을 마우스로 클릭하고 Space Bar 를 선택하여 Annotation에서 Mtext... 그리고 Attachment에서 하단에 Underline bottom line을 선택하고 지시선 치수기입을 한다. 지시선 치수가 지시될 중심점 선택하고 120° 방향으로 한 점을 선택한 후 마우스 우측 버튼 세 번을 선택하고 %%C11이라고 입력하면 ϕ11로 지시선 치수 기입이 된다.

② 치수 기입하기

①

Scale 1 : 2

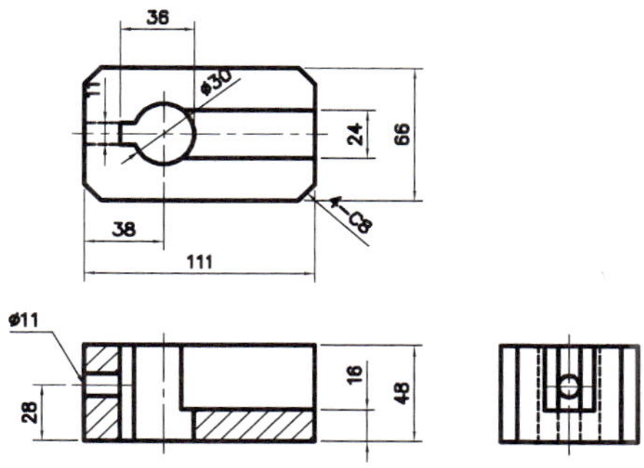

04 기본 단면도-Ⅱ 그리기

두 번째 따라하기 과제는 원통형상의 제품으로 이전에 해왔던 각이 진 물체 그리는 방법과 다른 방법으로 그리게 된다. 주로 특징이 있는 부분을 먼저 그리고 선을 인출하여 관련 투상도를 보충해서 그리는 방법이다. 기계 장치나 제품에는 원통형상이 많기 때문에 이번 과제에서 그리는 방법이 앞으로 자주 사용하게 될 것이다.

②

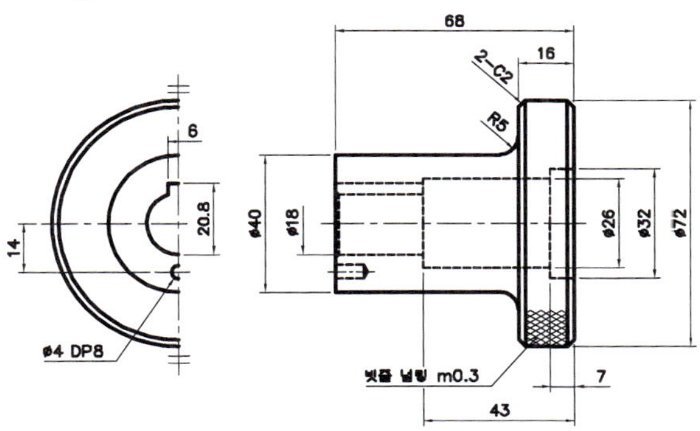

01 정면도를 결정하고 투상하기 위한 중심선을 그린다.

위 보기는 원통형상을 투상도로 나타낸 것으로 축 직각 방향이 나타난 것이 정면도(위보기의 우측 투상면)가 되며 내부의 특징을 부분 단면도로 나타내는 것이 올바른 투상도가 된다.

Command : L(line)
키보드 위쪽 부분의 기능키 중에서 F8을 선택하면 직교모드로 변경한다.
마우스 왼쪽 버튼으로 화면의 한 점을 선택하고 긴 수평선의 끝점을 찍고 마우스 우측 버튼으로 종료한다.
마우스 우측버튼을 한 번 더 선택하면 이전에 실행된 명령이 다시 실행된다.
이와 같은 방법으로 옆 그림과 같은 선을 그린다.

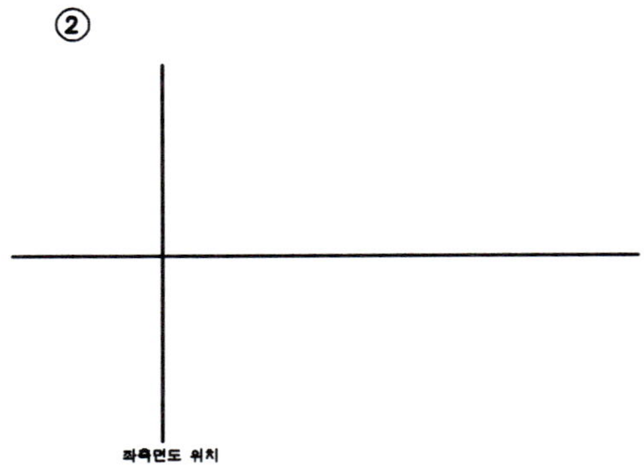

02 외형의 소재 크기를 위한 기초원 그리기

Command : C(circle)
교차점을 중심점으로 선택한 후
D [Space Bar] 40 [Space Bar]
[Space Bar] (명령 재실행)
교차점을 중심점으로 선택
D [Space Bar] 72 [Space Bar]

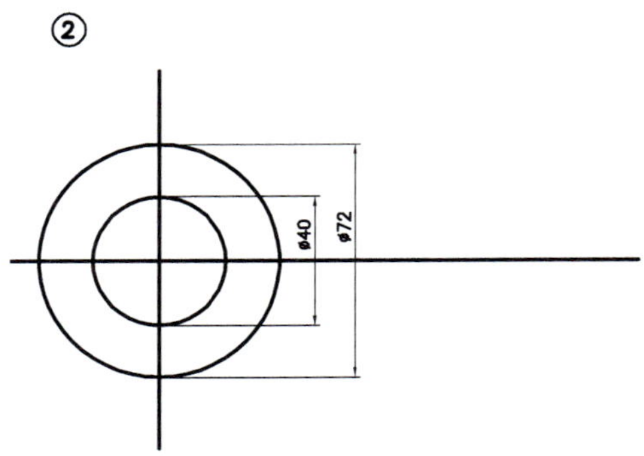

03 정면도에서 소재 크기를 위한 기초선 긋기

Command : L(line)
원 옆에 있는 수직선의 상단 점 선택 F8 직교모드에서 하단에 한 점 선택 후 마우스 우측버튼으로 종료
Command : O(offset)
68 [Space Bar]
옆 그림과 같이 나란히 복사 후 마우스 우측버튼 두 번 선택
16 [Space Bar]
옆 그림과 같이 나란히 복사 후 마우스 우측버튼

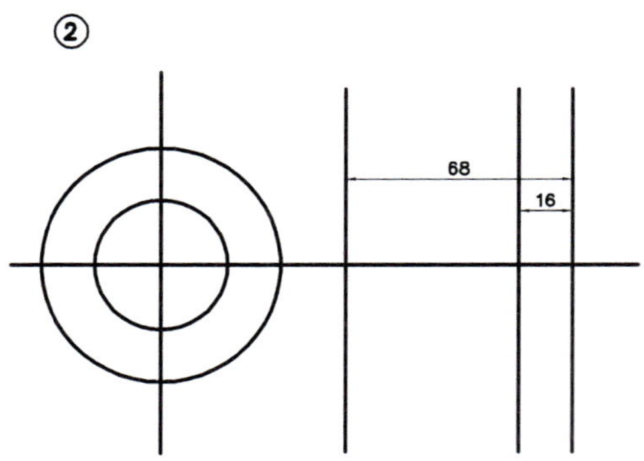

04 정면도에서 소재 크기를 위한 기초선 긋기

Command : L(line)

좌측 면도에서 원의 상단 교차점에서 인출하여 옆 그림과 같이 선을 긋는다.

②

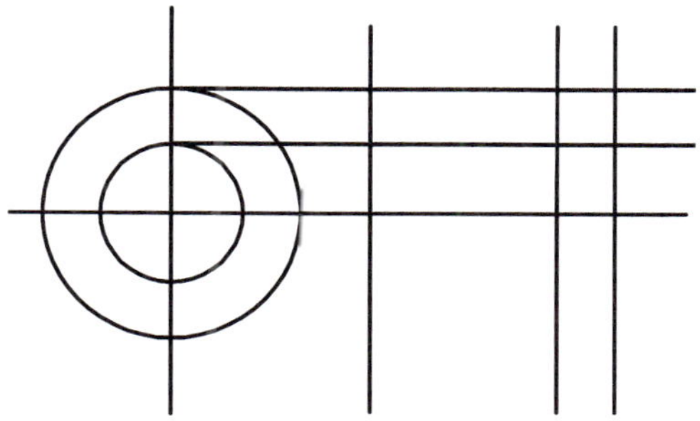

05 모떼기와 필렛 처리하기

Command : CHA(chamfer)

D [Space Bar] 2 [Space Bar] 두 번 옆 그림과 같이 모떼기를 처리한다.

Command : F(fillet)

R [Space Bar] 5 [Space Bar]

옆 그림과 같이 라운드를 처리한다.

②

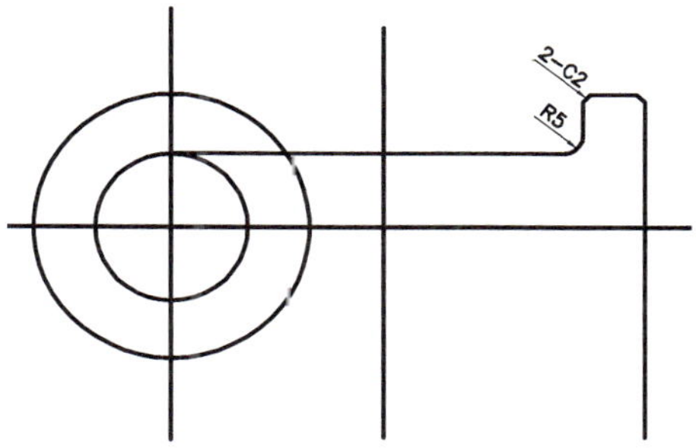

06 정면도에서 모서리 정리와 좌측면도의 모떼기 외형 그리기

Command : TR(trim)

경계선 선택 일 때 정면도에서 교차된 두 선 선택 후 마우스 우측 버튼 옆 그림과 같이 잘라낸다.

Command : O(offset)

2 [Space Bar]

옆 그림과 같이 나란히 복사

②

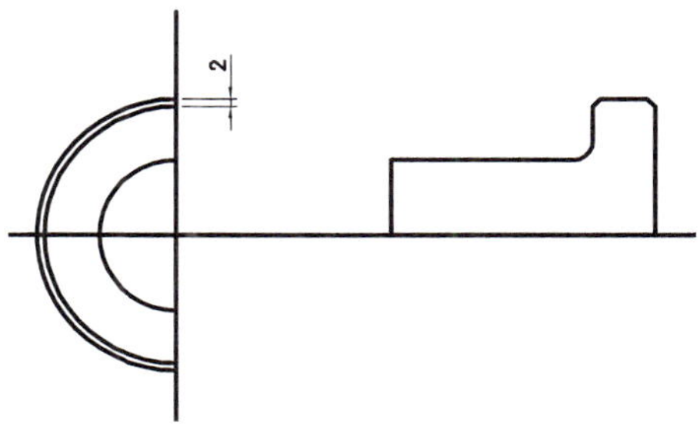

07 대칭 기호 그리기

Command : L(line)

중심선 끝 부분에서 한 점을 선택 후 F8 직교모드로 놓고 마우스를 오른쪽 방향으로 향하고 4 [Space Bar]

Command : O(offset)

2 [Space Bar]

이전에 그린 선 선택 후 아래 방향 선택

②

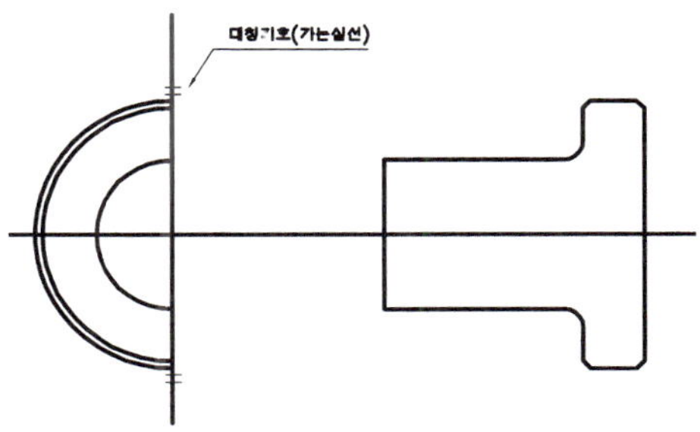

Command : M(move)

중심점 끝 부분에 적당하게 이동시킨다.

Command : CO(copy)

아래 중심점 끝 부분에 적당하게 복사한다.

08 중심선 크기 처리

Command : BR(break)

중심선을 외형선에서 3mm 정도 되게 끊는다.

②

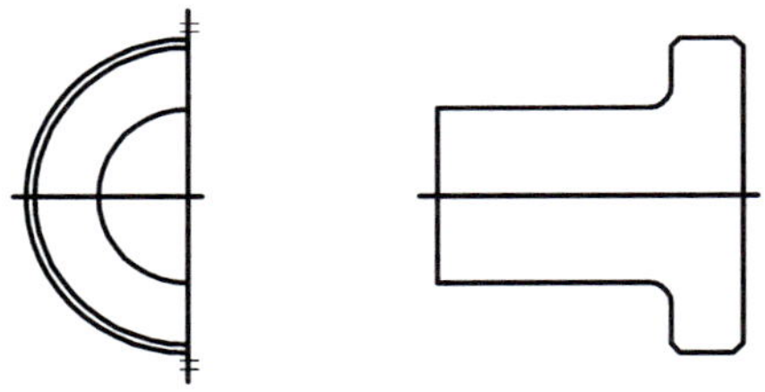

09 1차 내부 구멍 가공을 위한 선 긋기

Command : O(offset)

7 [Space Bar]

옆 그림과 같이 나란하게 복사 후 마우스 우측 버튼 두 번 선택

16 [Space Bar]

옆 그림과 같이 나란하게 복사

②

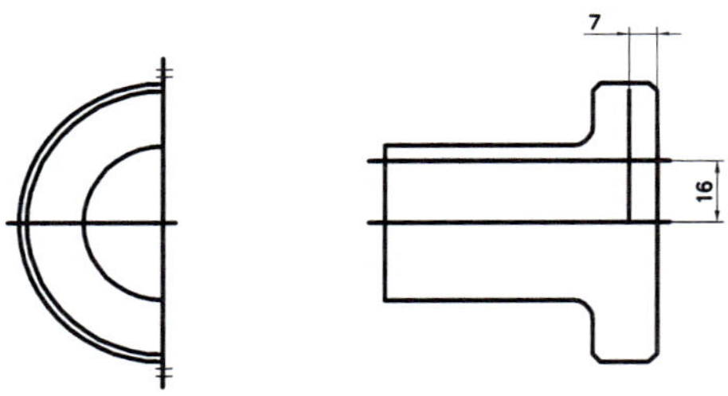

10 1차 내부 구멍 부분 정리

Command : TR(trim)

경계선 선택 일 때 offset으로 이전에 복사 한 선들만 선택 후 마우스 우측 버튼 선택

옆 그림과 같이 자른다.

②

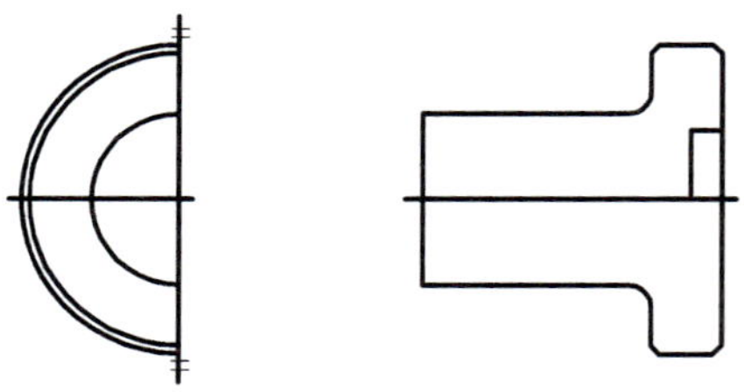

11 2차 내부 구멍 부분 선 긋기와 정리

Command : O(offset)

43 Space Bar

옆 그림과 같이 나란하게 복사 후 마우스 우측 버튼 두 번 선택

13 Space Bar

옆 그림과 같이 나란하게 복사

Command : TR(trim)

경계선 선택 일 때 offset으로 이전에 복사 한 선들만 선택 후 마우스 우측 버튼 선택 옆 그림과 같이 자른다.

②

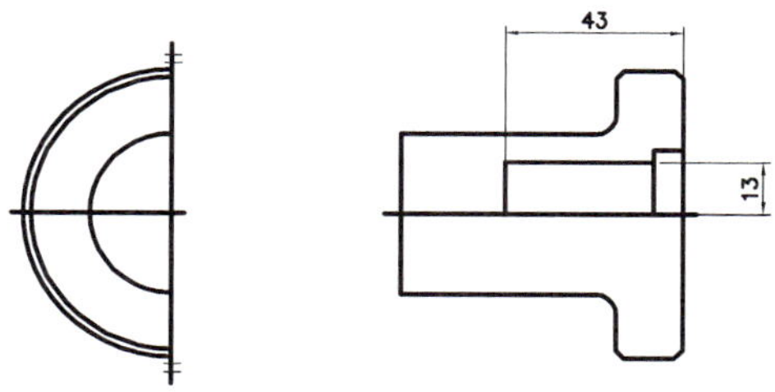

12 대칭 복사하여 구멍 부분 정리

Command : Mi(mirror)

절반의 구멍 부분을 선택한 후 마우스 우측 버튼

중심선 좌, 우의 끝점을 선택 후 마우스 우측 버튼 그러면 대칭 복사된다.

②

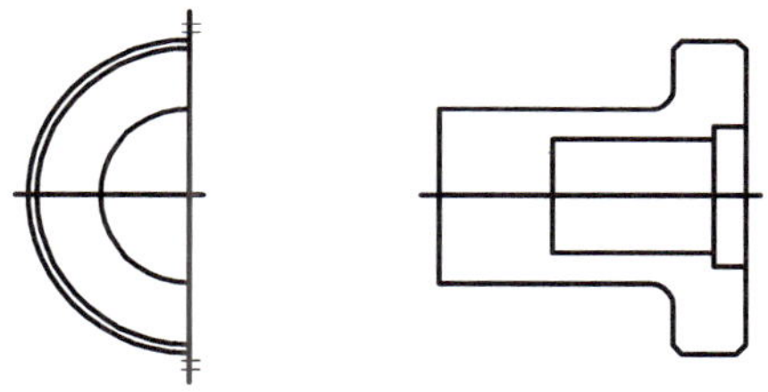

13 축 부분의 원 그리기

Command : C(circle)

좌측면도에서 교차점을 중심점으로 선택하고

D Space Bar 18 Space Bar

②

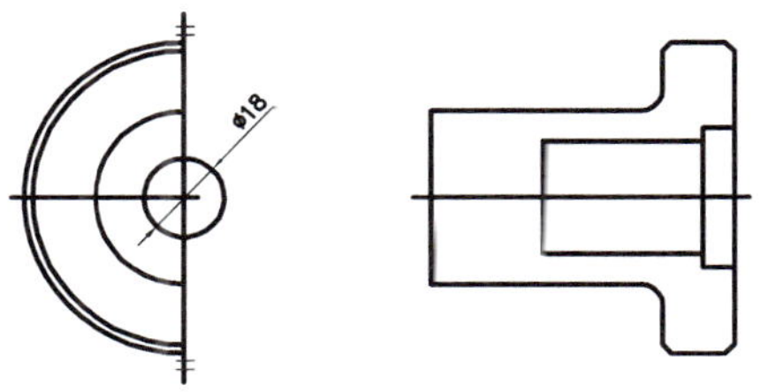

14 좌측면도 키 홈 폭의 기초선 그리기

Command : O(offset)

3 Space Bar

수직 중심선을 선택하고 우측 방향으로 나란하게 복사

Command : L(line)

아래의 짧은 수평선을 긋고, 종료

Command : O(offset)

20.8 Space Bar

옆 그림과 같이 나란하게 복사 한다.

②

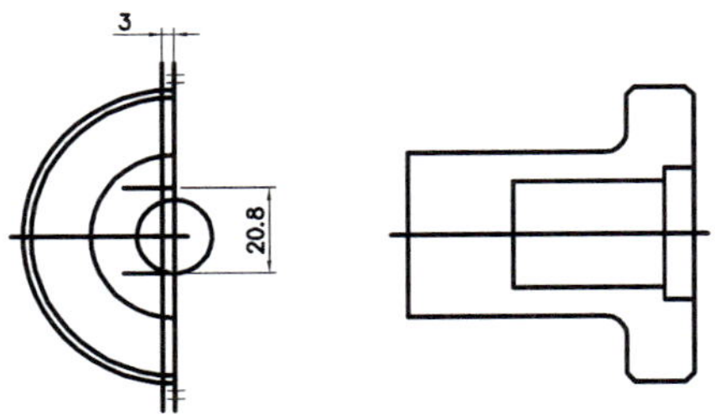

15 좌측면도 키 홈 부분 정리

Command : TR(trim)

경계선 선택 일 때 마우스 우측 버튼 선택

옆 그림과 같이 자른다.

Command : E(erase)

불필요한 선이나 짧은 수평선 선택 후 삭제

②

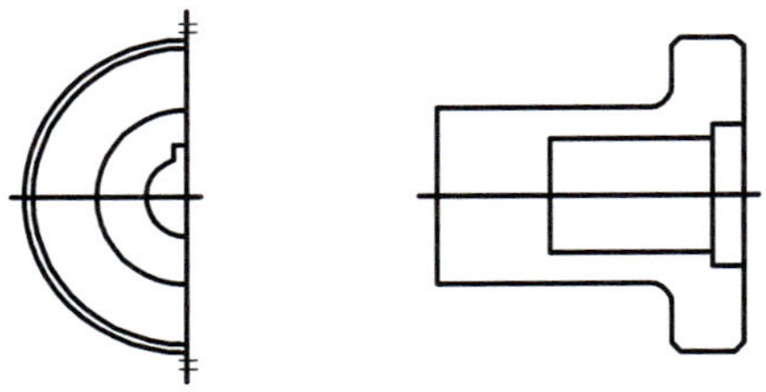

16 축과 키 홈 부분 정면도에 기초선 긋기

Command : L(line)

키보드 위쪽 부분의 기능키 중에서 F8을 선택하면 직교모드로 변경된다.

마우스 왼쪽 버튼으로 키 홈 부분에서 선을 인출하여 옆 그림과 같이 그린다.

②

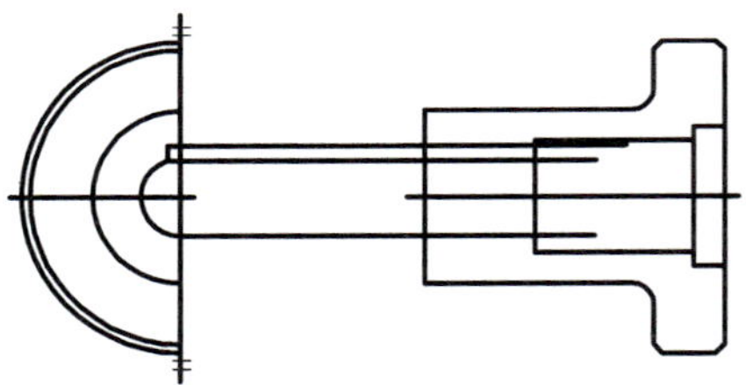

17 축과 키 홈 부분 정리하기

Command : TR(trim)

경계선 선택 일 때 자르기 위한 경계선 두 선만 선택 후 마우스 우측 버튼 선택

옆 그림과 같이 자른다.

②

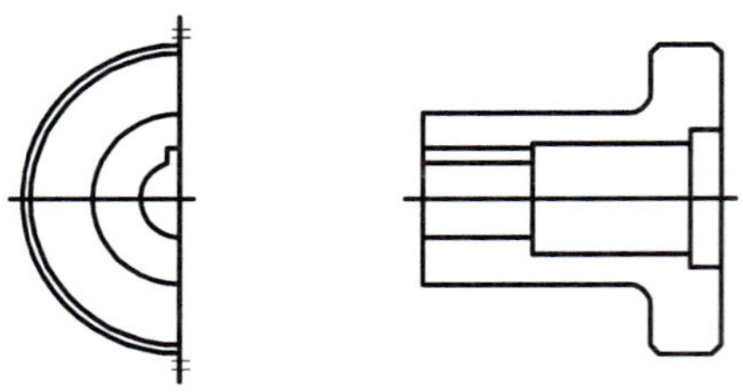

18 모떼기 처리

Command : CHA(chamfer)

D [Space Bar] 1 [Space Bar]

정면도에서 모떼기 될 부분의 두 선 선택

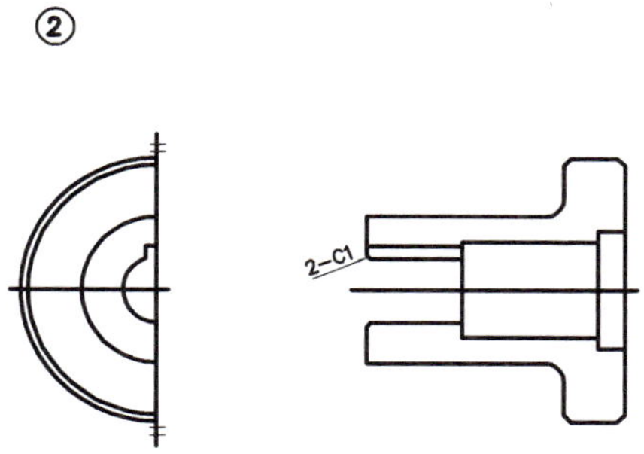

19 모떼기 부분 정리와 드릴링을 위한 기초선 긋기

Command : L(line)

정면도에서 옆 그림과 같이 두 선을 추가하여 그린다.

Command : O(offset)

14 [Space Bar]

중심선 복사

Command : C(circle)

교차점을 중심점으로 지름 4mm의 원을 그린다.

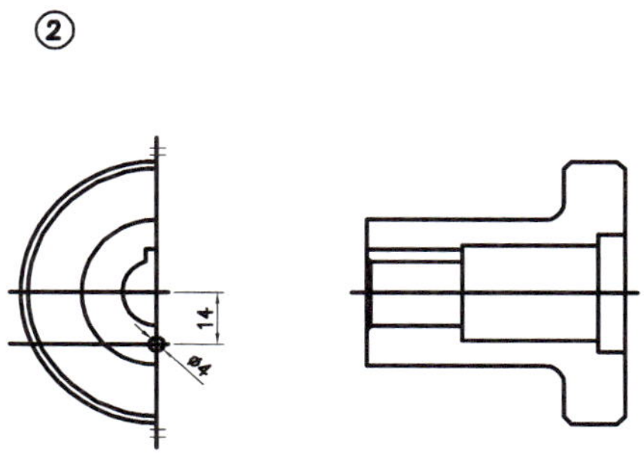

20 드릴링 부분 정면도에 기초선 긋기

Command : L(line)

원의 상단의 교차점에서 오른쪽 방향으로 선을 옆 그림과 같이 인출하여 그린다.

Command : O(offset)

8 [Space Bar]

옆 그림과 같이 나란히 복사

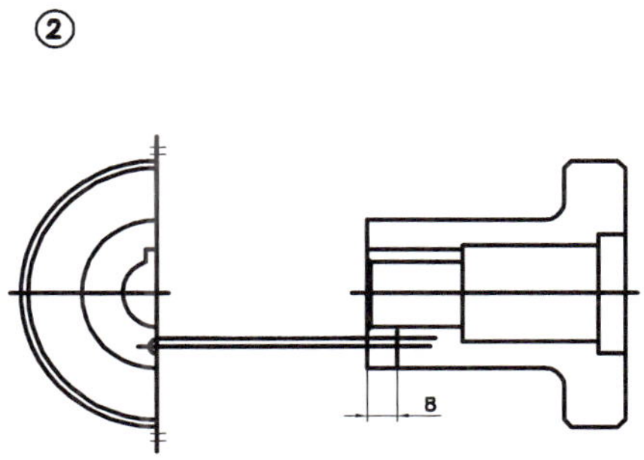

21 드릴링 부분의 날끝각 처리를 위한 기초선 긋기

Command : XLxline)

A [Space Bar] −60 [Space Bar]

교차점 선택 후 마우스 우측으로 종료

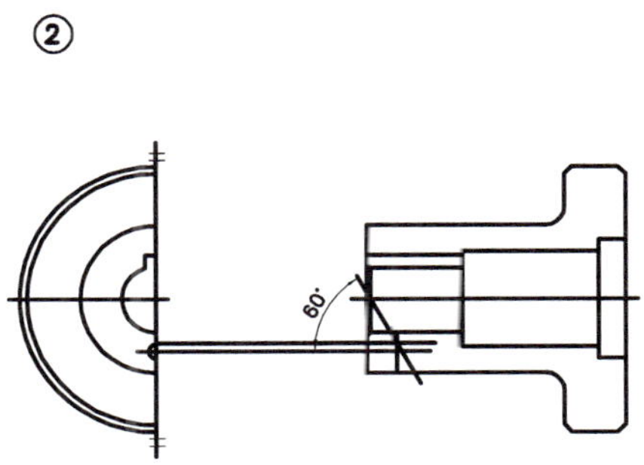

22 드릴 구멍 정리

Command : TR(trim)

경계선 선택 일 때 마우스 우측 버튼 선택 옆 그림과 같이 자른다.

Command : MI(mirror)

경계선 선택 일 때 중심선 선택 후 마우스 우측 버튼 60° 사선을 선택한 후 옆 그림과 같이 대칭 복사한다.

Command : Br(break)

중심선을 외형선에서 3mm 정도 지나게 끊기

Command : E(erase)

불필요한 선들을 선택 후 삭제

②

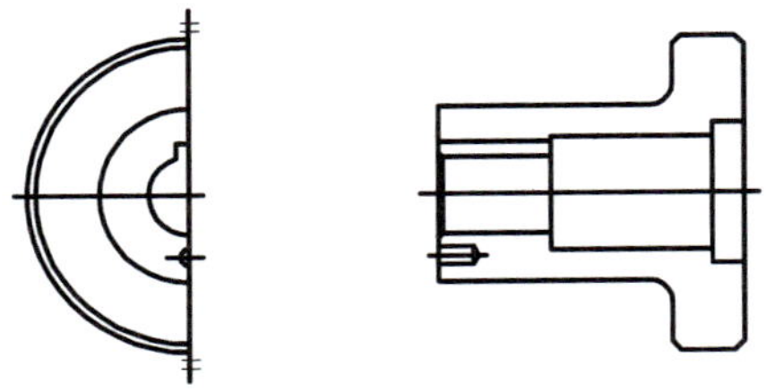

②

23 부분 단면도를 위한 파단선 처리

Command : SPL(spline)

파단선을 그릴 부분을 Zoom 해서 확대한 후 완만한 파단선이 되도록 점을 선택한다.(5점 권장 : 기러기 날개 편 모양)

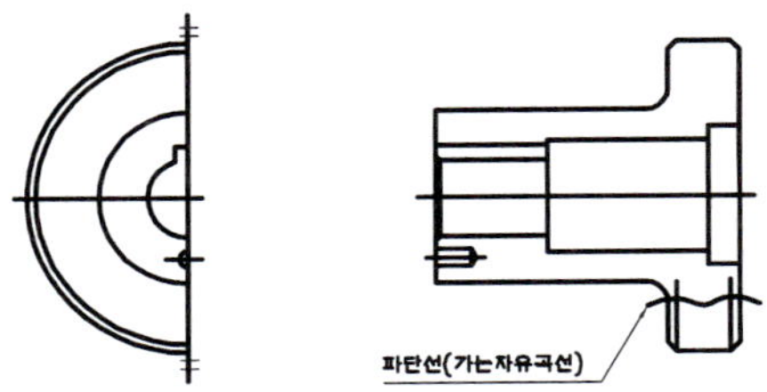

②

24 파단선은 가는 실선

• 가는 실선 처리 : 스플라인으로 그린 선을 선택하고 작업 영역 상단의 Object Properties에서 Layer 4번을 선택 후 키보드의 Esc 버튼

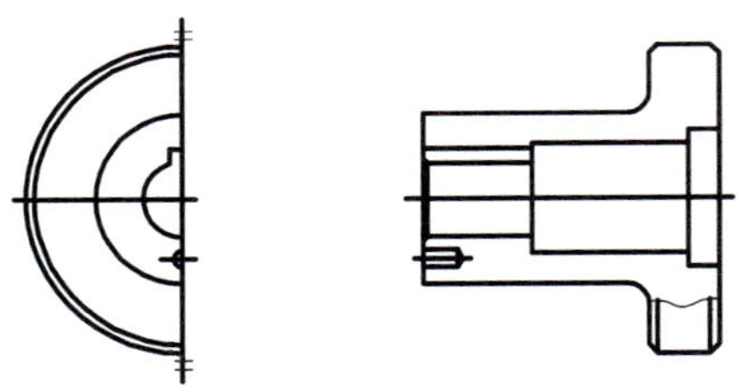

②

25 중심선 처리

• 중심선 처리 : 투상도에서 중심선이 될 선들을 선택하고 작업 영역 상단의 Object Properties에서 Layer 1번을 선택 후 키보드의 Esc 버튼 그러면 중심선으로 변경됨

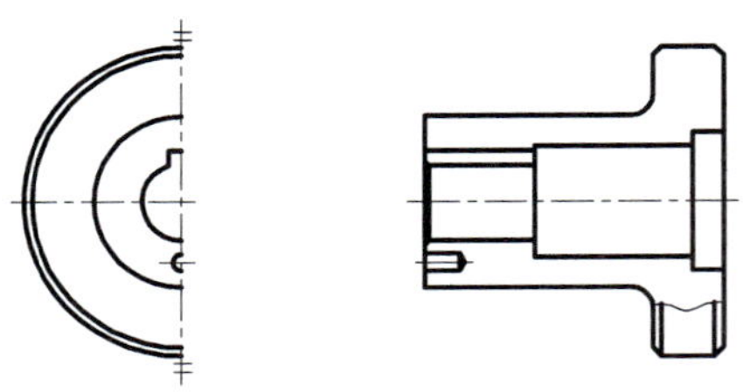

26 부분 단면도의 해칭 처리

Command : BH(bhatch)
User defined
Angle : 45
spacing : 4
Pick point : 절단면의 부분만 선택 후 마우스 우측 버튼 OK

②

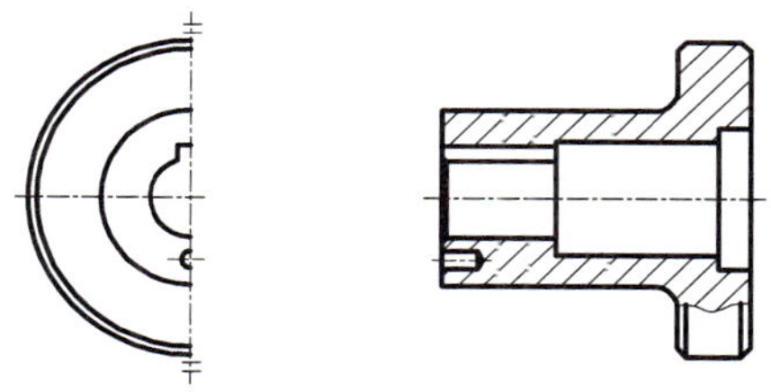

27 널링 처리

Command : BH(bhatch)
User defined
Angle : 30
spacing : 1.5
Pick point : 널링 부분만 선택 후 마우스 우측 버튼 OK
마우스 우측 버튼(명령 재실행)
Angle : −30
spacing : 1.5
Pick point : 널링 부분만 선택 후 마우스 우측 버튼 OK

②

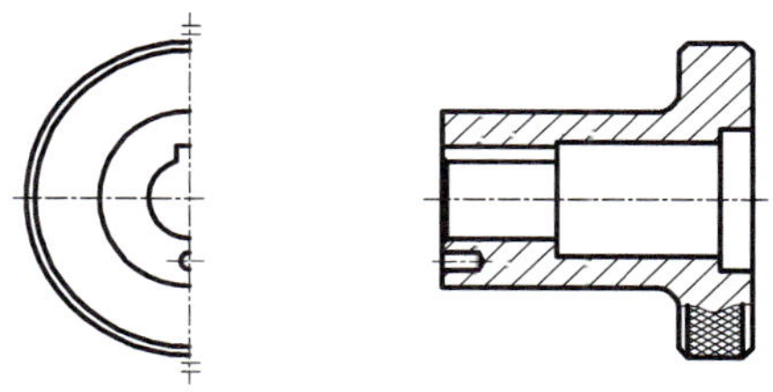

28 치수 기입을 위한 여백 만들기

Command : M(move)
F8 직교모드를 켜고 투상면을 선택하여 간격을 띄울 때 반드시 나란하게 이동해야 한다.
정면도를 기준으로 좌측 면도 간격을 적당히 띄운다.

②

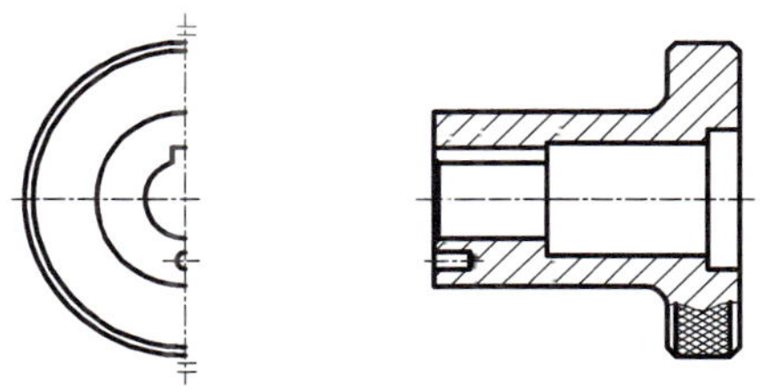

05 기본 단면도-Ⅱ 치수 기입하기

① 치수 기입을 할 때 간격을 나란하게 하기 위해 그리드를 켠다.

키보드 상단의 기능키(Function key) 중에서 F7로 그리드(Grid)를 켠다.

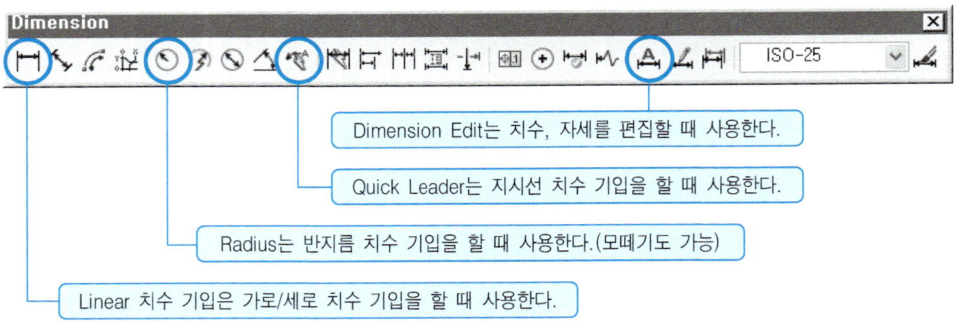

정면도에서 지름 치수 기입을 간격 10mm 단위로 일정하게 치수 기입을 하고 일괄하여 치수 앞에 ϕ기호를 기입한다. 위 그림에서 Dimension Edit를 선택하고 N(new기능)을 선택한다. 그러면 Mtext창이 나타나는데 0치수 앞에 %%C를 입력하고 OK를 선택한 후 지름 치수 기입 요소들을 모두 선택하고 마우스 우측 버튼을 선택하면 치수 앞에 ϕ기호가 기입된다.

② 치수 기입하기

②

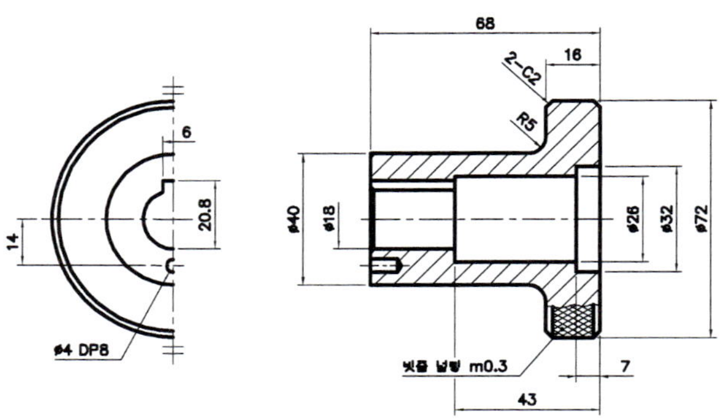

연 습 과 제-1

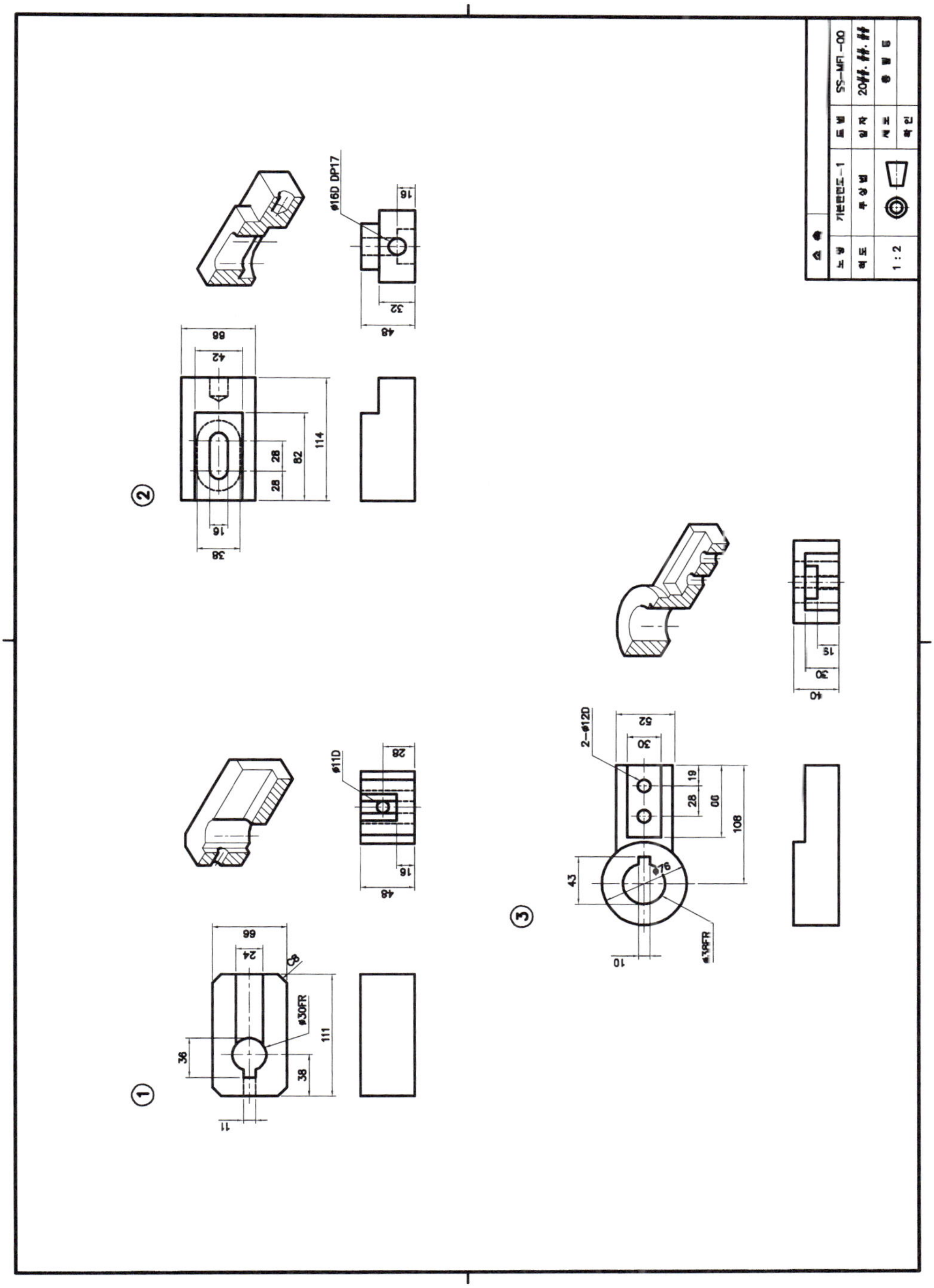

연 습 과 제-2

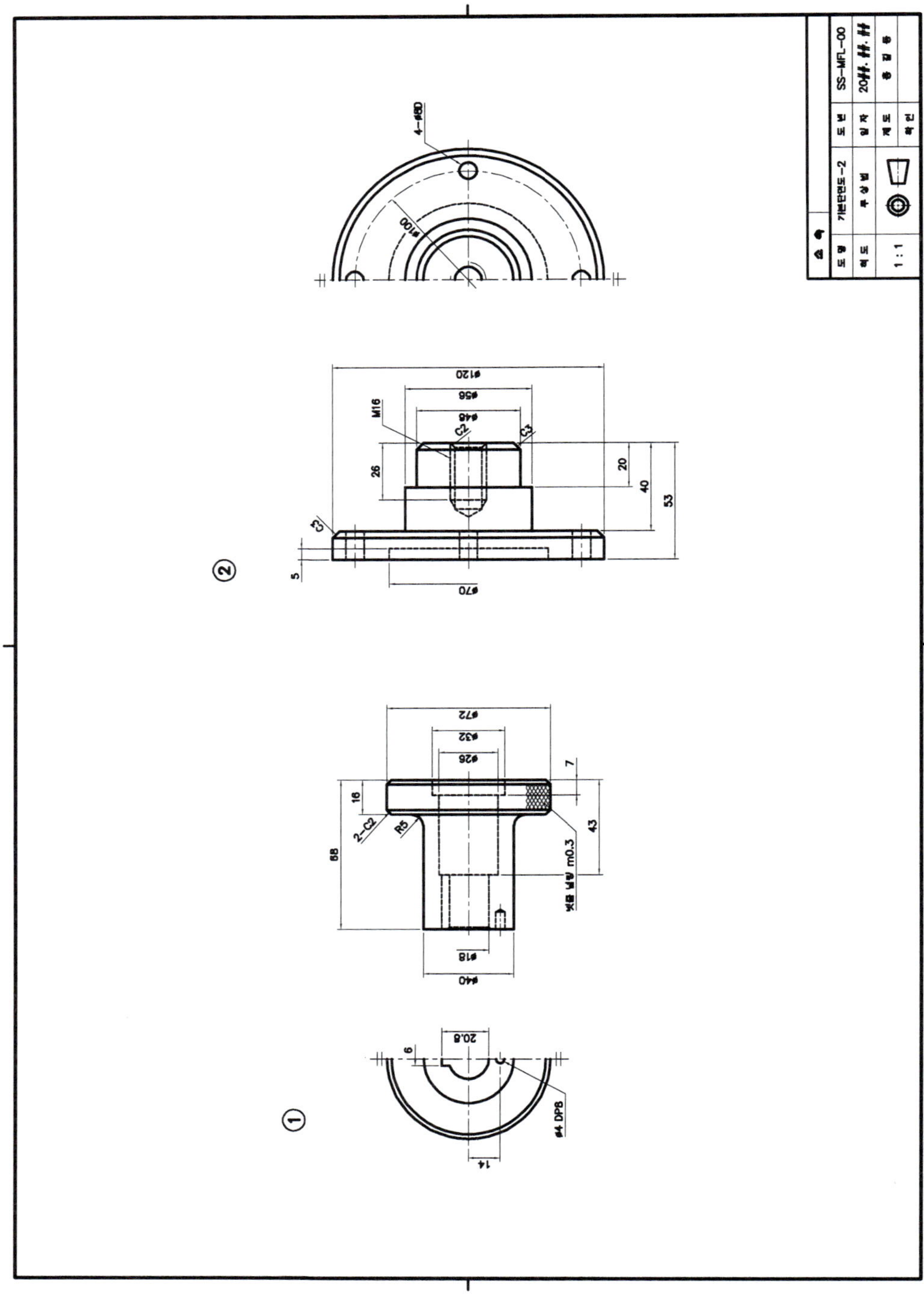

참 고 답 안-1

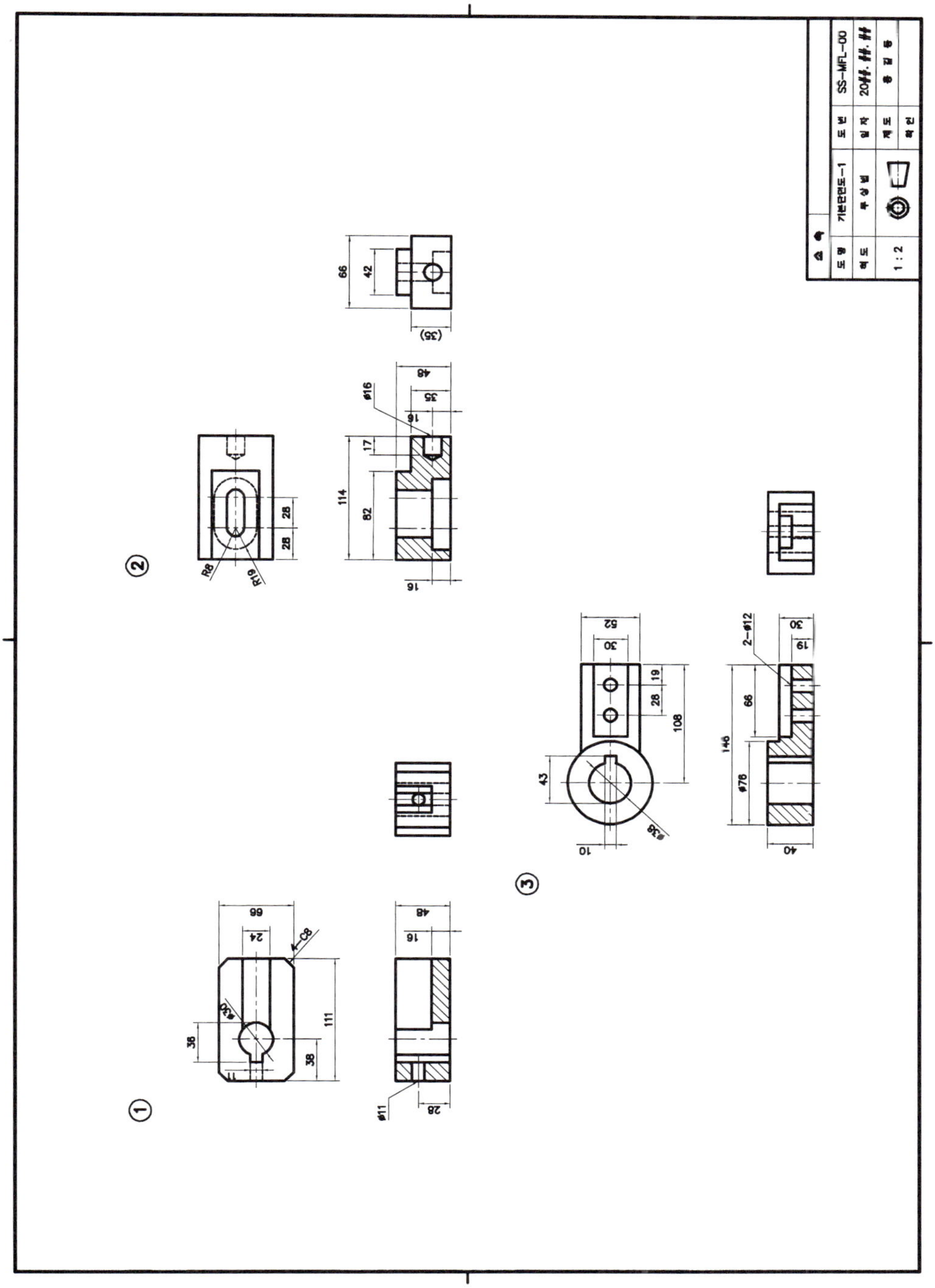

참 고 답 안-2

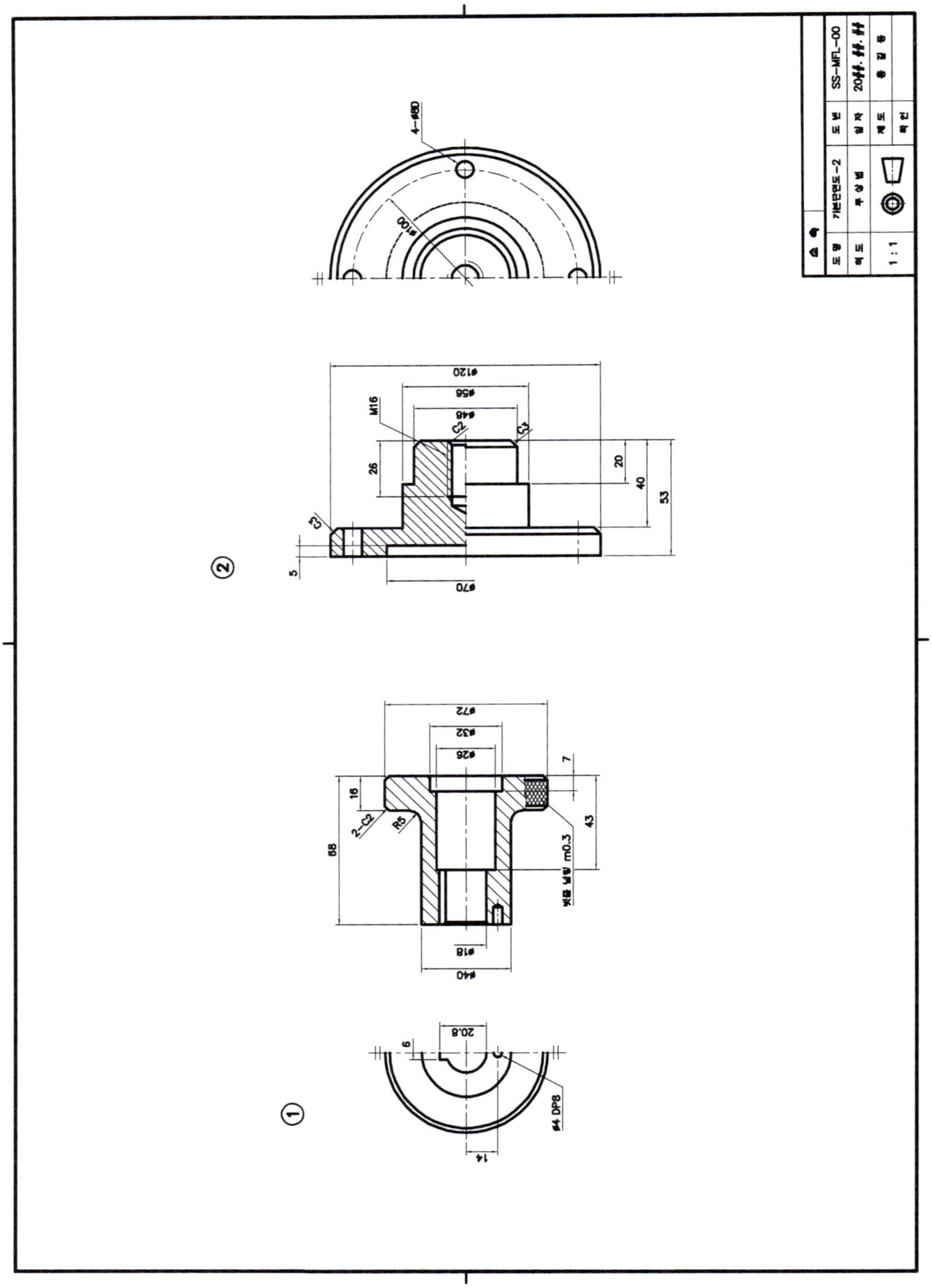

①
②
M16
C2
C3
R5
2-C2
ø4 DP8
20.8
ø120
ø56
ø48
ø70
ø72
ø32
ø26
ø18
ø40
ø100

4

실습 목표

1. 조합단면도와 특수 투상도의 종류에 대하여 알아본다.
2. 과제 도면에서 조합단면도와 보조투상도를 그릴 수 있다.
3. 완성된 도면에 치수기입을 할 수 있다.

4장 실습 내용

1. 조합단면도 및 보조투상도 그리기 순서
2. 부분단면도 그리기
3. 부분단면도 치수 기입하기
4. 보조투상도 그리기
5. 보조투상도 치수 기입하기
6. 연습 과제 1, 2
7. 참고 답안 1

평가 사항(배점)

- 실습 방법 및 태도 (　　점)
- 단면도와 보조투상도 (　　점)
- 선 오기 및 누락 (　　점)
- 치수기입 누락 (　　점)
- 표제란 및 배치 (　　점)
- 시간 준수 (　　점)
- 소요시간 : 2~3hr

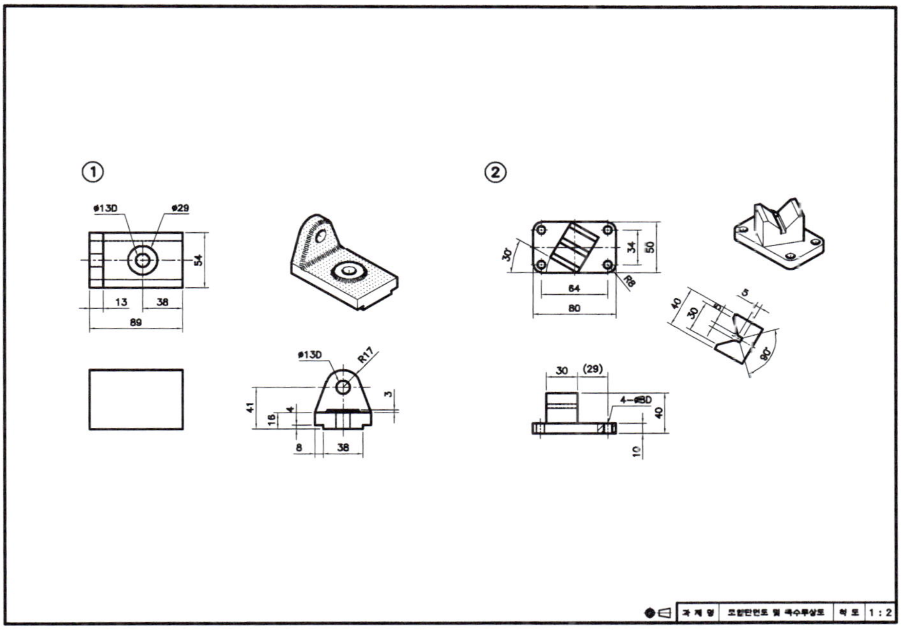

CHAPTER 04 조합단면도 및 특수투상도

01 부분단면도 및 보조투상도 그리기 순서

부분단면도는 일부분 파단 할 때 파단선(가는 실선으로 자유곡선)을 사용하여 처리한다. 보조투상도는 경사면에 대향하는 위치에 나란하게 실형을 나타낸다.

01 투상도 그리기

①

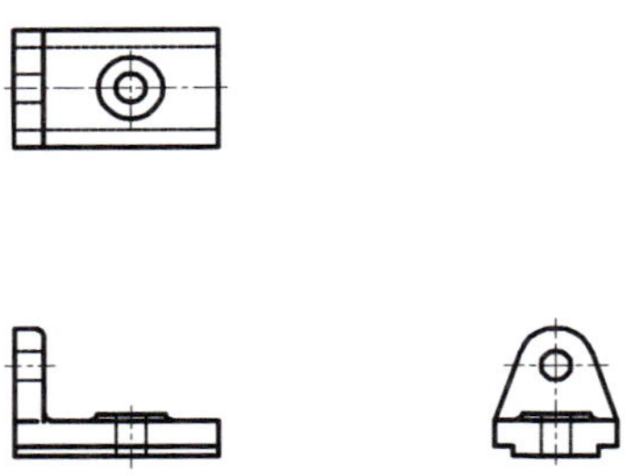

02 단면도의 해칭 처리하기

①

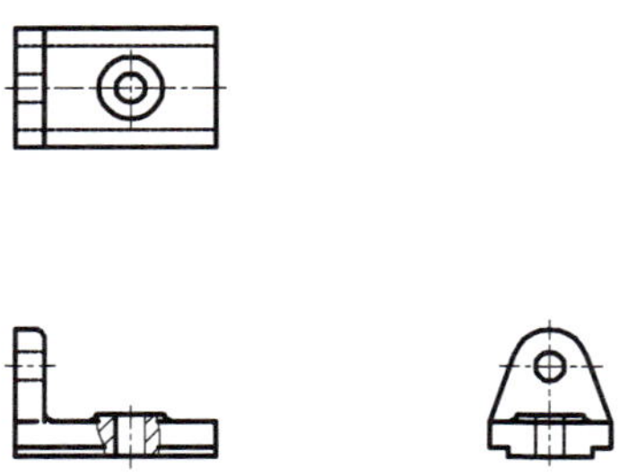

04 투상도 그리기

②

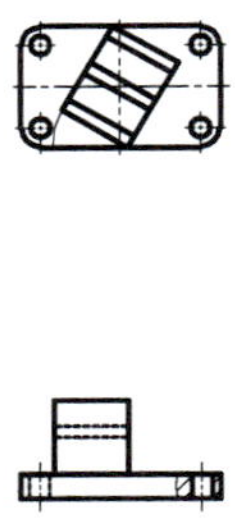

05 보조투상도 그리기

②

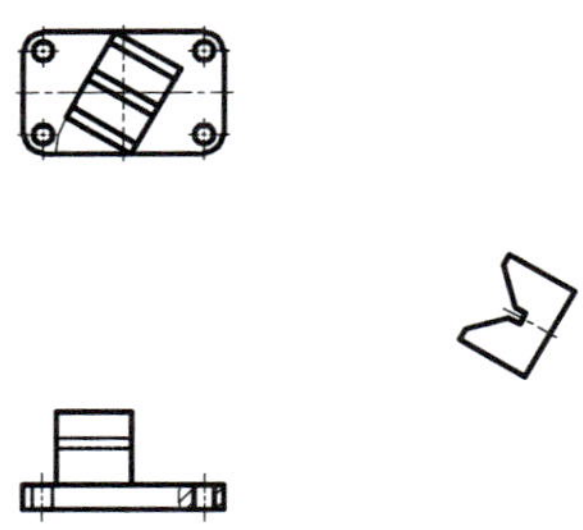

03 치수 기입하기

06 치수 기입하기

①

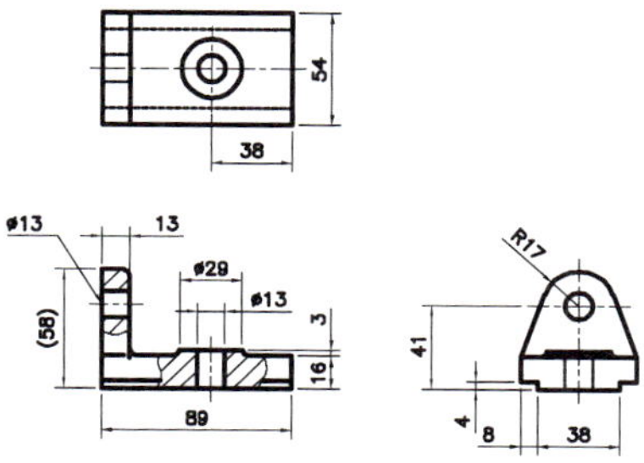

②

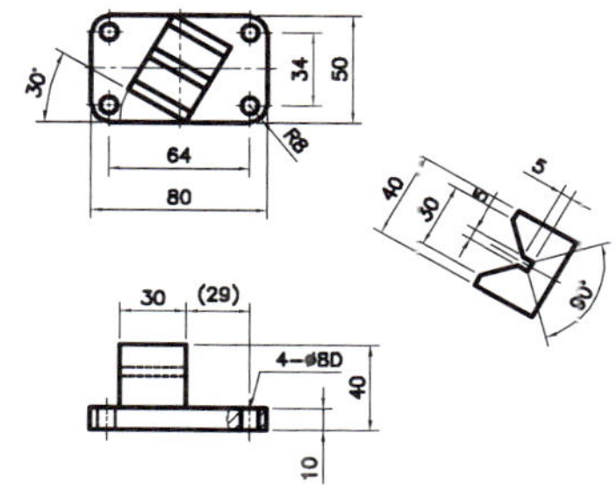

02 부분단면도 그리기

도면 양식 열기

이미 1장에 만들어 놓은 도면 양식(00-A2.dwg)을 열기 한 후 다른 이름으로 저장하고 새 도면 작도를 시작한다.

Command : open

Command : saveas

①

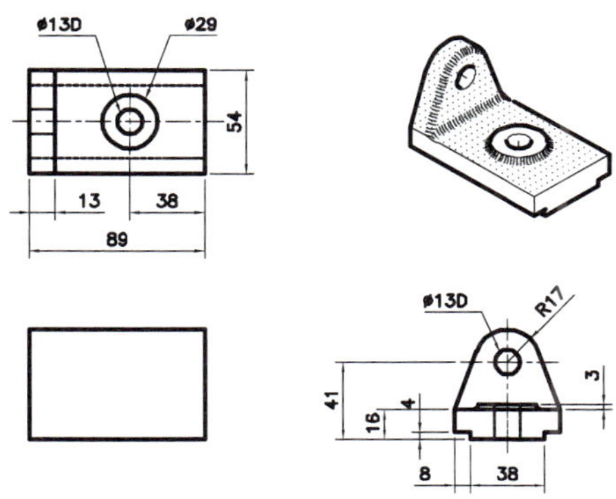

01 정면도를 결정하고 투상하기 위한 기초선을 그린다.

위 보기의 입체도로 나타낸 등각투상도에서 부분 단면도로 나타낼 면을 정면도로 선택하여 3면도를 작성하되 특징이 있는 면을 먼저 그리고 나머지 투상면을 보충한다.

Command : L(line)
키보드 위쪽 부분의 기능키 중에서 F8을 선택하면 직교모드로 변경된다.
마우스 왼쪽 버튼으로 화면의 한 점을 선택하고 긴 수평선의 끝점을 찍고 마우스 우측버튼으로 종료한다.
마우스 우측버튼을 한 번 더 선택하면 이전에 실행된 명령이 다시 실행된다.
옆 그림과 같이 수직선을 그린다.

①

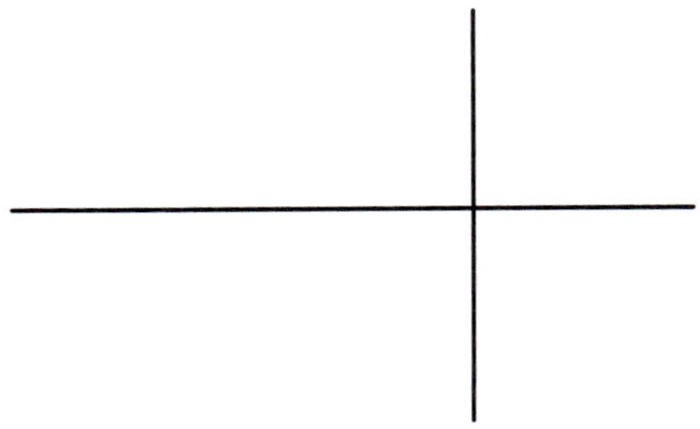

02 특징이 있는 면(우측면도)의 기초선을 추가한다.

Command : C(circle)
교차점을 중심점으로 선택 후
17(반지름) Space Bar
Command : O(offset)
41 Space Bar
그림에서와 같이 41 간격 복사 후 마우스 우측버튼 선택
다시 우측버튼 선택하면 offset 명령이 다시 실행 같은 방법으로 옆 그림과 같이 만든다.

①

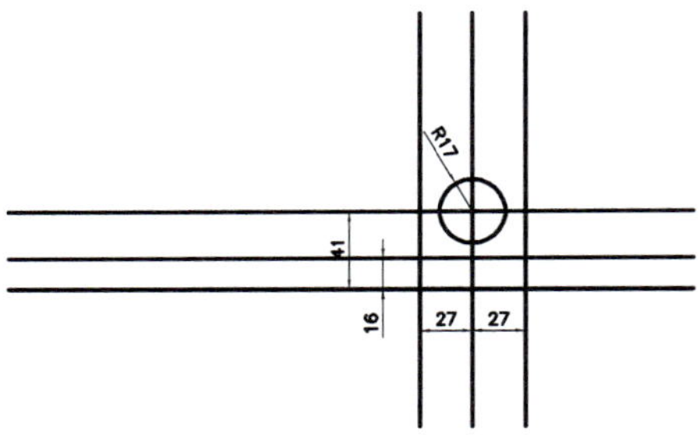

03 우측면도 정리

Command : TR(trim) 입력
경계선 선택 상태 일 때 Space Bar 한 번 선택하면 자르기 위한 상태가 됨
옆 그림과 같이 만든다.

①

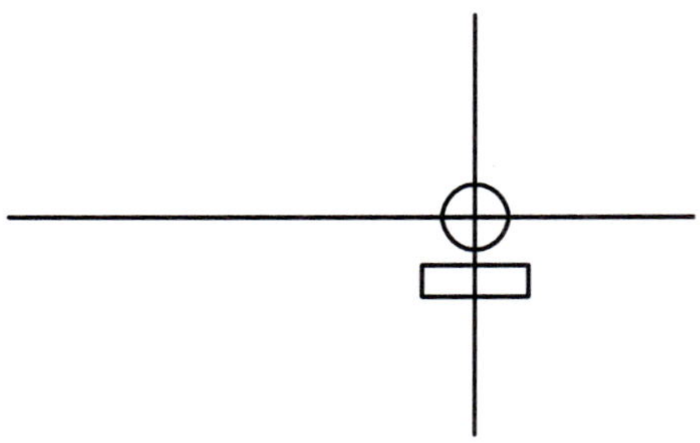

04 우측면도 외형선 추가

Command : L(line)

첫점 선택일 때 "tan" Space Bar 원의 인접점 선택 후 사각형의 교차점 선택 후 마우스 우측버튼 두 번 선택 그러면 Line명령 다시 실행… 같은 방법으로 옆 그림과 같이 만든다.

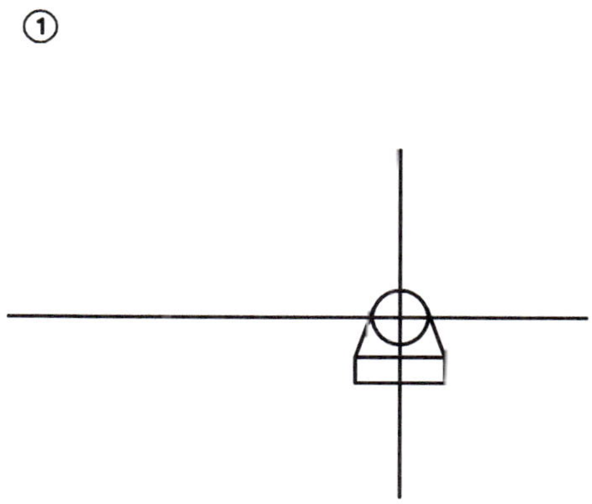

05 우측면도 하단 정리

Command : O(offset)

8 Space Bar

옆 그림과 같이 두 개를 나란하게 복사한 후 마우스 우측 버튼 두 번(명령 재실행)

4 Space Bar

하단의 수평선을 선택하고 위로 나란하게 복사한다.

Command : TR(trim)

경계선 선택 일 때 마우스 우측 버튼 선택 옆 그림과 같이 자른다.

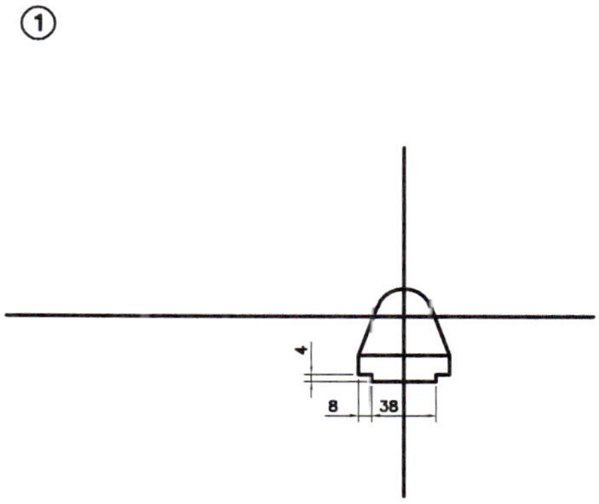

06 정면도를 그리기 위한 기초선 그리기

Command : L(line)

옆 그림과 같이 우측면도의 교차점에서 인출하여 옆 그림과 같이 만든다.

Command : O(offset)

13 Space Bar

옆 그림과 같이 나란하게 복사한다.

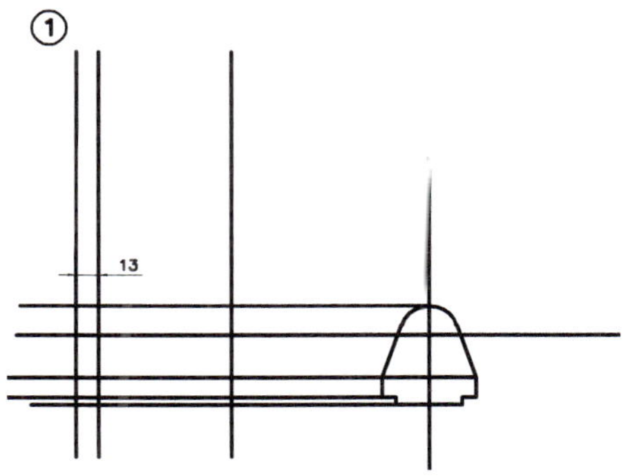

07 정면도 정리

Command : F(fillet)

R Space Bar 3 Space Bar

옆 그림과 같이 선택 후 라운드를 처리한다.

Command : TR(trim)

경계선 선택 일 때 마우스 우측 버튼 선택 옆 그림과 같이 자른다.

Command : E(erase)

불필요한 선들을 선택 후 삭제한다.

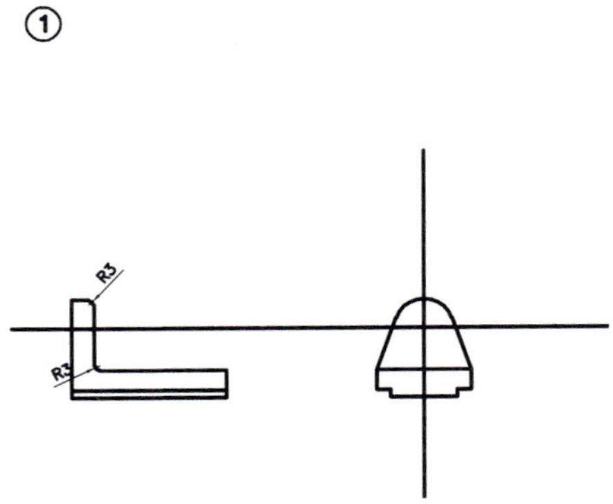

08 평면도의 기초선을 정면도에서 인출하여 그린다.

Command : L(line)

정면도에서 인출하여 평면도로 선을 긋는다.

마우스 우측버튼 계속해서 옆 그림과 같이 선을 긋는다.

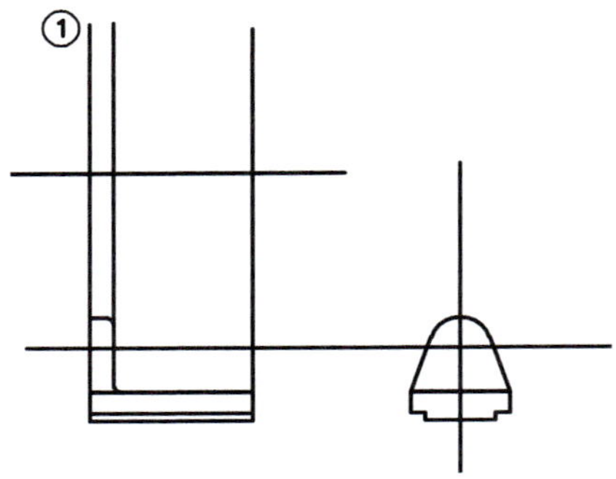

09 평면도의 외형선을 추가로 그린다.

Command : O(offset)

54/2 Space Bar

평면도의 수평선을 선택한 후 위쪽 방향으로 두 번 복사한다.

Command : TR(trim)

경계선 선택 일 때 마우스 우측 버튼 선택 옆 그림과 같이 자른다.

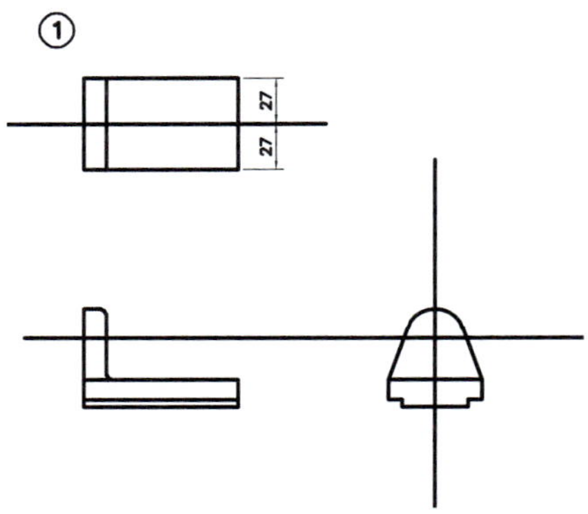

10 평면도를 정리한다.

Command : BR(break)

중심선을 외형선에서 3mm 정도 지나도록 끊기 위한 첫 점과 끝점을 선택한다.

마우스의 우측버튼을 선택하여 옆 그림과 같이 중심선을 알맞게 정리한다.

Command : O(offset)

8 [Space Bar]

평면도에서 위, 아래의 수평선을 선택하여 옆 그림과 같이 나란하게 복사한다.

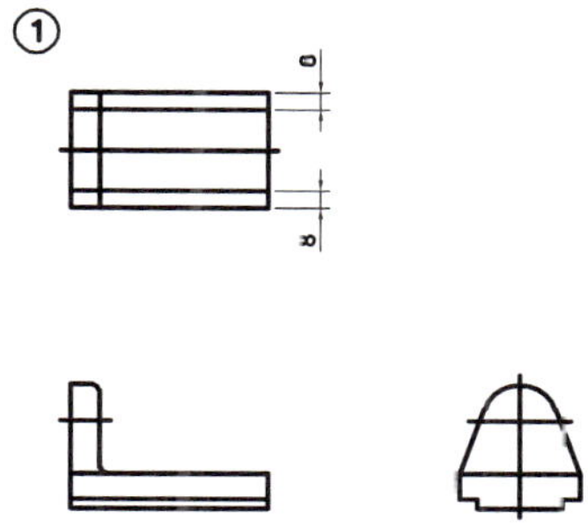

11 우측면도에서 원을 그리고 정면도로 기초선을 인출한다.

Command : C(circle)

우측면도에서 교차점을 중심점으로 선택 후

D [Space Bar] 13 [Space Bar]

Command : L(line)

우측면도에서 선을 인출하여 정면도로 선을 긋는다.

마우스 우측버튼 계속해서 옆 그림과 같이 선을 긋는다.

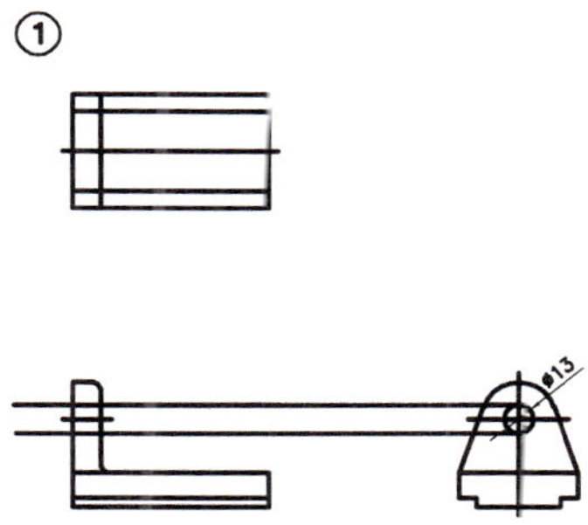

12 정면도에서 드릴링 부분을 정리한다.

Command : TR(trim)

경계선 선택 일 때 마우스 왼쪽 버튼으로 정면도의 왼쪽 부분 수직선 두 개만 선택 후 마우스 우측 버튼 선택 옆 그림과 같이 자른다.

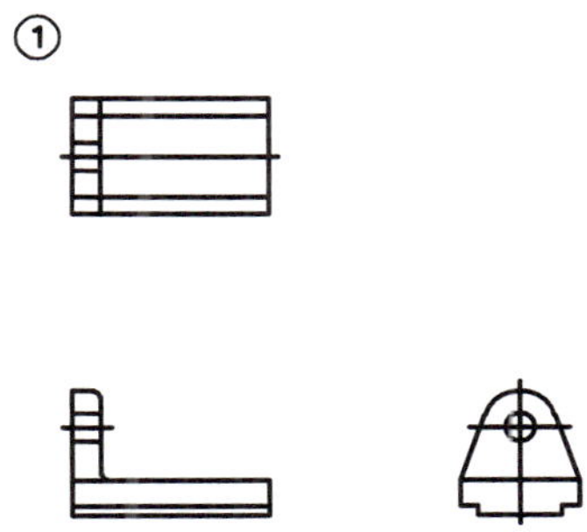

13 평면도에서 원을 그리고 정면도로 선을 인출한다.

Command : C(circle)

평면도에서 교차점을 중심점으로 선택 후

D [Space Bar] 13 [Space Bar] 두 번 선택

원 명령이 다시 실행 됨

D [Space Bar] 29 [Space Bar]

Command : L(line)

평면도에서 선을 인출하여 정면도로 선을 긋는다.

마우스 우측버튼 계속해서 옆 그림과 같이 선을 긋는다.

Command : O(offset)

3 [Space Bar]

정면도에서와 같이 나란하게 복사한다.

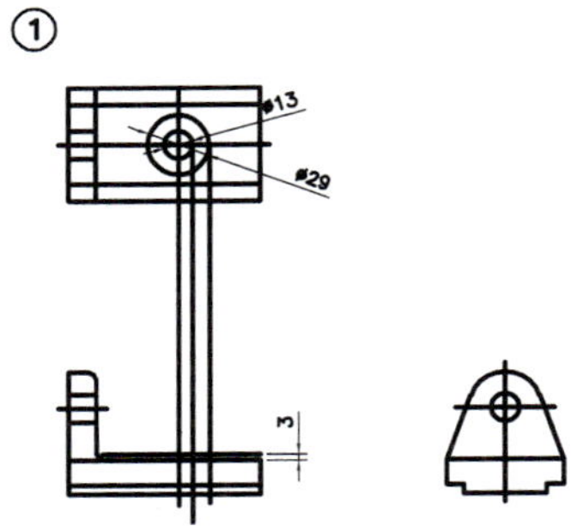

14 정면도를 정리하다.

Command : F(fillet)

R [Space Bar] 3 [Space Bar]

옆 그림과 같이 라운드를 처리한다.

Command : TR(trim)

경계선 선택 일 때 마우스 우측 버튼 선택

옆 그림과 같이 자른다.

Command : E(erase)

불필요한 선들 선택 후 삭제한다.

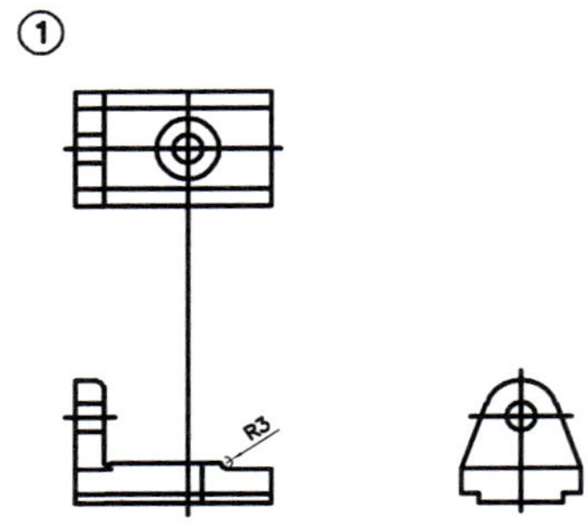

15 3차 가공 부위 정면도와 우측면도 정리

Command : TR(trim)

경계선 선택 일 때 마우스 우측 버튼 선택하여 옆 그림과 같이 자른다.

Command : BR(break)

중심선을 외형선에서 3mm 정도 끊기 위한 첫 점과 끝점을 선택한다.

마우스의 우측버튼을 선택하여 옆 그림과 같이 중심선을 알맞게 정리한다.

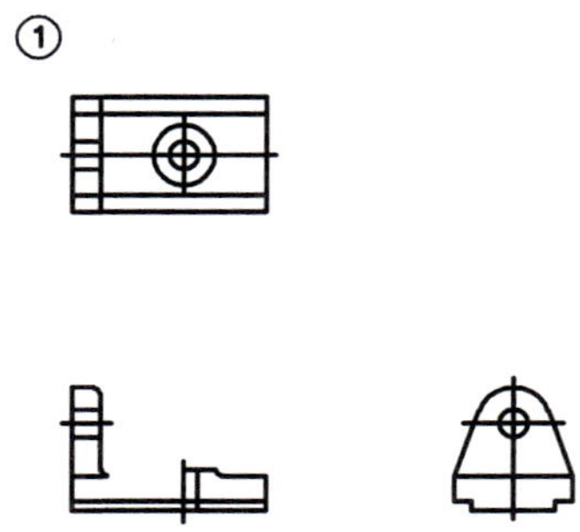

16 드릴링 처리를 위한 기초선 긋기

Command : Mi(mirror)
정면도에서 대칭 복사할 요소를 선택 후 마우스 우측버튼 선택
중심선의 윗점과 아랫점을 기준선으로 선택 마우스 우측버튼 두 번 선택한다.
Command : L(line)
정면도에서 선을 추가하여 옆 그림과 같이 만든다.
Command : BR(break)
정면도 좌측 부분에서 경사진 부분과 평면이 만나는 모서리는 라운드이기 때문에 대략적으로 3mm 정도 끊어야 한다.

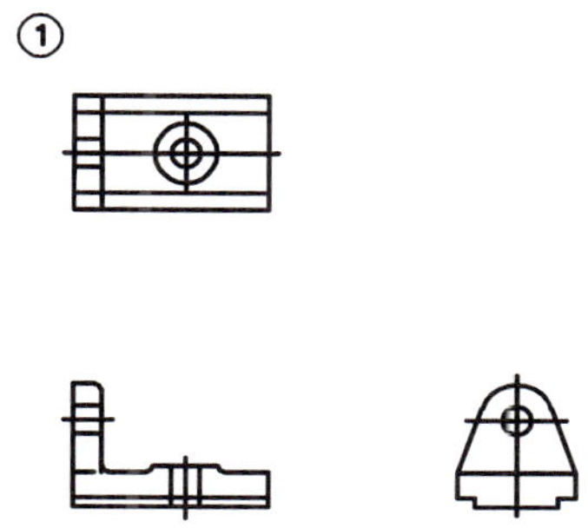

17 정면도의 원통 부분을 복사하여 우측면도의 외형을 정리한다.

Command : CO(copy)
정면도에서 드릴링 부분과 돌출된 부분의 선들을 선택하고 기준점으로 중심선의 아래 교차점을 선택한 후 우측면도에서 중심선의 아래 교차점을 선택하여 복사한다.

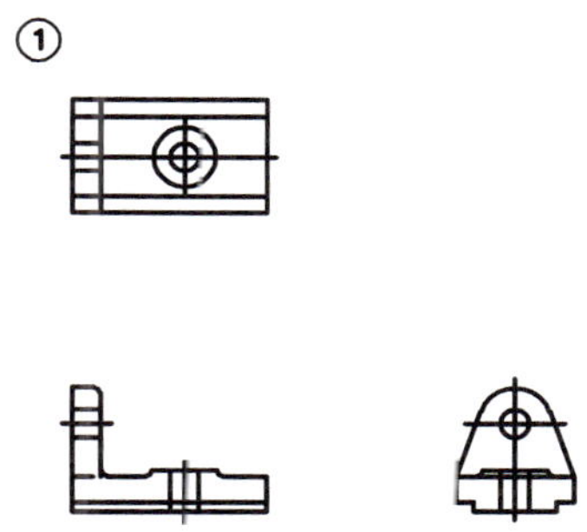

18 정면도에서 부분 단면도의 파단선을 그린다.

Command : SPL(spline)
정면도에서 드릴링 부분만 부분 단면이 되기 위해 완만한 자유곡선을 옆 그림과 같이 다섯 점을 선택한 후 마우스 우측 버튼 두 번을 선택 한다. 한 번 더 우측버튼을 선택하여 이전 명령을 다시 실행하고 우측의 자유곡선도 같은 방법으로 그린다.

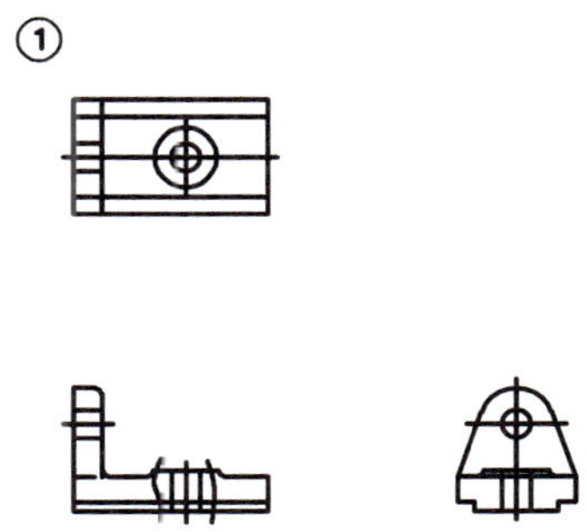

19 정면도에서 파단선을 정리한다.

Command : TR(trim)

경계선 선택 일 때 마우스 우측 버튼 선택하여 옆 그림과 같이 자른다.

①

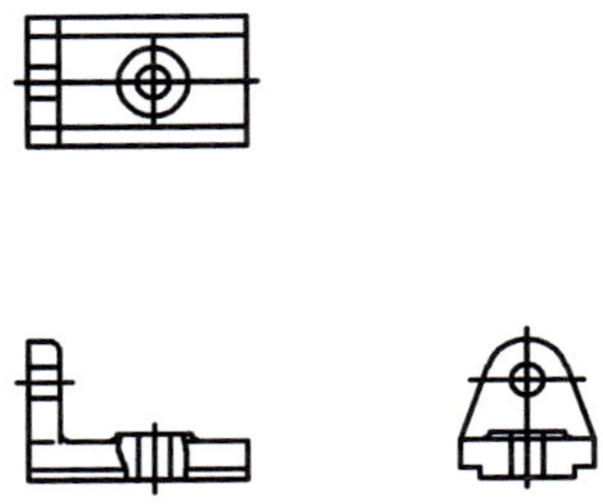

20 단면 처리

Command : BH(bhatch)

User defined

Angle : 45

spacing : 5(축척을 고려한 간격)

Pick point : 절단면의 부분만 선택 후 마우스 우측 버튼 OK

①

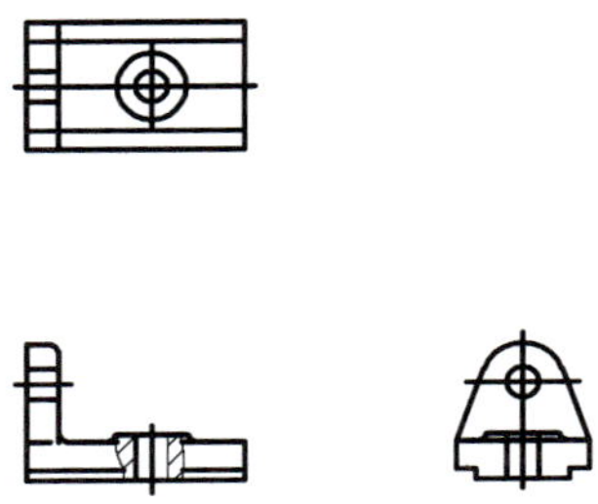

21 중심선 및 숨은선 처리

- 중심선 처리 : 투상도에서 중심선이 될 선들을 선택하고 작업 영역 상단의 Object Properties Layers에서 Layer 1번을 선택 후 키보드의 Esc 버튼을 선택하면 중심선으로 변경됨

- 숨은선 처리 : 투상도에서 숨은선이 될 선들을 선택하고 작업 영역 상단의 Object Properties Layers에서 Layer 2번을 선택 후 키보드의 Esc 버튼을 선택하면 숨은선으로 변경됨

①

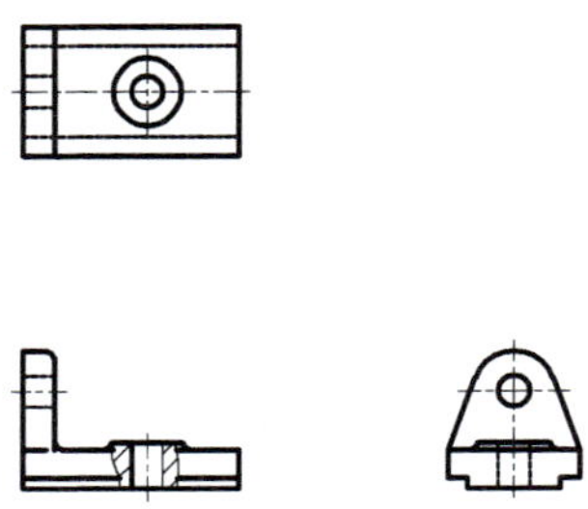

22 1 : 2 축척 처리

Command : SC(scale)

투상도를 crossing으로 모두 선택 그림의 가운데를 마우스 왼쪽 버튼으로 기준점을 선택하고 마우스 우측 버튼

1/2 Space Bar

그러면 전체 크기가 절반으로 축소된다.

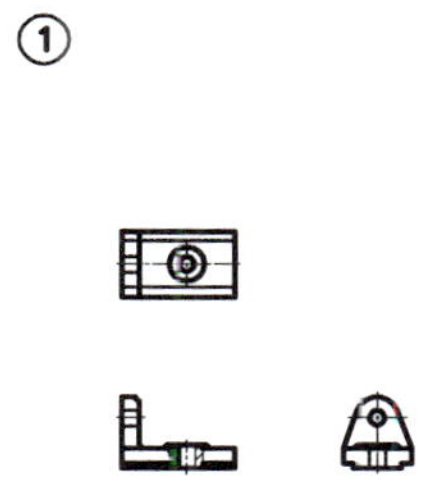

23 치수 기입을 위한 여백 만들기

Command : M(move)

F8 직교모드를 켜고 투상면을 선택하여 간격을 띄울 때 반드시 나란하게 이동해야 한다.

정면도를 기준으로 우측면도 간격을 띄우고 또한 정면도를 기준으로 평면도의 간격을 띄운다.

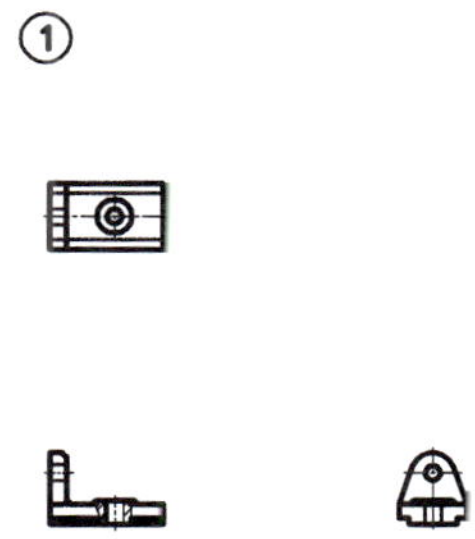

03 부분단면도 치수 기입하기

① 치수 기입을 할 때 간격을 나란하게 하기 위해 그리드를 켠다.

키보드 상단의 기능키(Function key) 중에서 F7로 그리드(Grid)를 켠다.

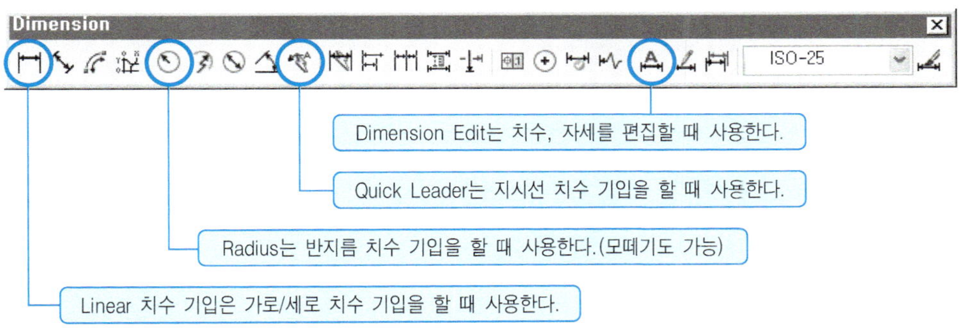

② 치수 기입하기

①

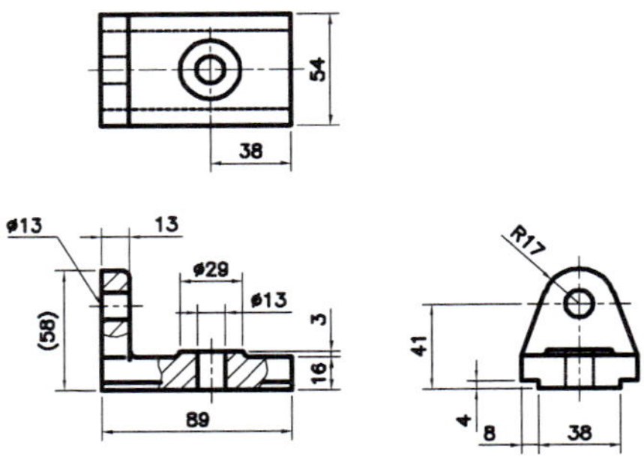

04 보조투상도 그리기

두 번째 보조투상도 과제는 경사면이 있는 제품으로 이전에 투상했던 방법과는 달리 투상도를 먼저 그리고 경사면에 대향하는 위치에 나란하게 보조투상도를 그린다.

②

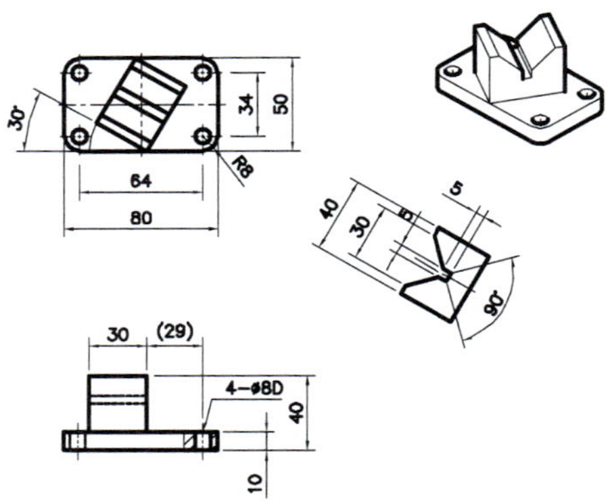

01 정면도를 결정하고 투상하기 위한 기초선을 그린다.

위 보기의 입체도로 나타낸 등각투상도에서 가로로 긴 부분을 정면도로 선택하여 2면도를 작성하고 경사진 부분의 보조 투상도를 그려 완성한다.

Command : L(line)

키보드의 기능키 중에서 F8을 선택하여 직교모드로 변경한다. 옆 그림과 같이 투상하기 위한 기초 선들을 그린다.

②

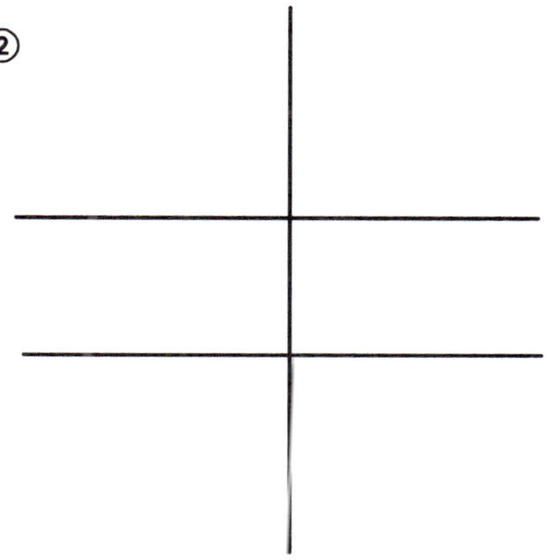

02 정면도와 평면도에 필요한 기초선을 그린다.

Command : O(offset)

80 [Space Bar]

정면도의 위치에서 80 간격을 복사하기 위해 왼쪽의 수직선을 선택하여 왼쪽 방향을 선택하고 마우스 우측버튼 선택

다시 우측버튼 선택하면 offset 명령이 다시 실행

40 [Space Bar]

아래의 수평선 선택 후 아래쪽 방향 선택하고 마우스 우측버튼 선택. 같은 방법으로 옆 그림과 같이 만든다.

②

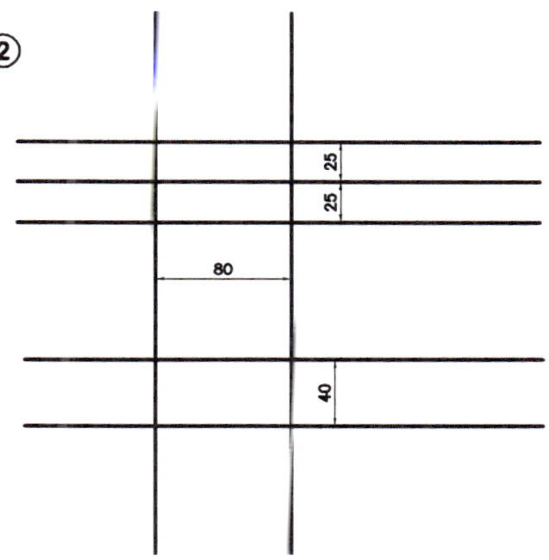

03 소재 크기 정리

Command : TR(trim)

경계선 선택 상태 일 때 [Space Bar] 한 번 선택하면 자르기 위한 상태가 됨

F [Space Bar]를 선택하고 옆 그림과 같이 잘라낸다.

②

04 라운드 처리 및 정면도의 외형선 긋기

Command : F(fillet)

R [Space Bar] 8 [Space Bar]

옆 그림과 같이 라운드를 처리한다.

Command : O(offset)

10 [Space Bar]

정면도의 위치에서 10 간격을 복사하기 위해 아래의 수평선을 선택하여 윗쪽 방향을 선택하고 마우스 우측버튼을 선택한다.

②

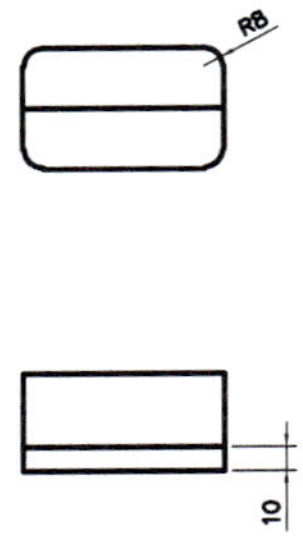

05 정면도와 평면도의 기초선 추가하기

Command : L(line)

정면도에서 아래의 중간점을 선택하여 옆 그림과 같이 중심선을 길게 그린다.

Command : O(offset)

15 [Space Bar]

평면도의 위치에서 15 간격으로 좌, 우측에 나란하게 복사하고 같은 방법으로 옆 그림과 같이 만든다.

Command : TR(trim)

경계선 선택 일 때 마우스 우측 버튼 선택 옆 그림과 같이 자른다.

②

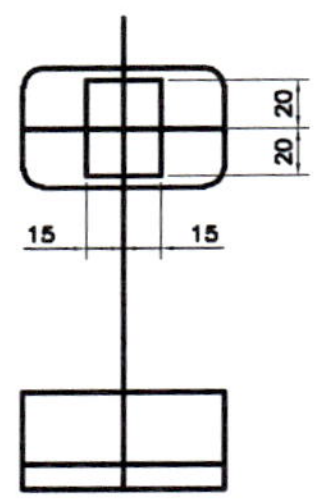

06 평면도에서 기초선을 추가하기

Command : O(offset)

5 [Space Bar]

평면도에서 윗쪽 부분과 아랫쪽 부분을 선택하여 옆 그림과 같이 나란하게 복사한다.

Command : O(offset)

5/2 [Space Bar]

중심선을 선택하여 위, 아래 방향을 선택하여 옆 그림과 같이 나란하게 복사한다.

②

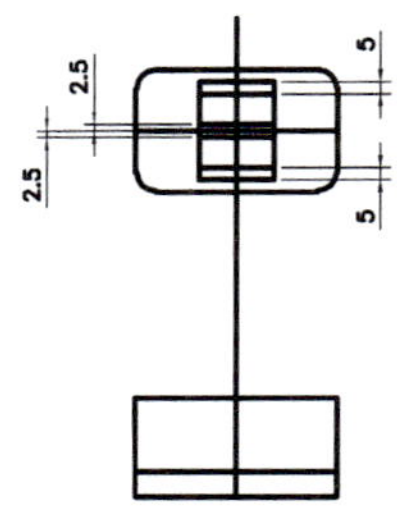

07 평면도에서 내부의 형상을 회전하고 기초선을 추가한다.

Command : Ro(rotate)

요소 선택 일 때 window로 안쪽 부분만 선택하고 마우스 우측 버튼 선택

평면도에서 가운데 교차점을 기준점으로 선택

−30 Space Bar

Command : L(line)

옆 그림과 같이 꼭지점에서 좌측으로 기초선을 그리기 또한 꼭지점에서 정면도로 기초선을 내려 그리기를 한다.

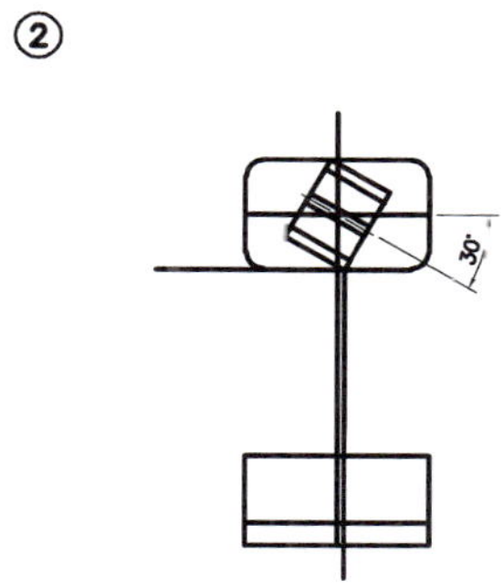

08 회전 도시선 그리기 및 정면도에서 회전 투상도에 필요한 기초선 추가하기

Command : C(circle)

평면도에서 꼭지점을 중심점으로 선택한 후

D Space Bar 30 Space Bar

Command : O(offset)

30 Space Bar

정면도에서 옆 그림과 같이 나란하게 복사한 후 마우스 우측버튼

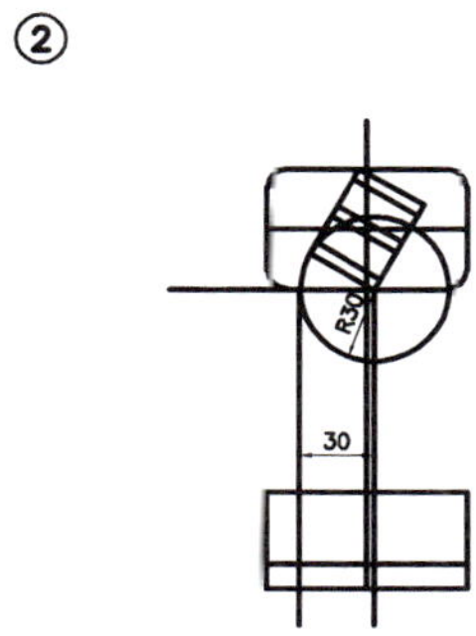

09 회전 도시선 및 정면도 정리

Command : TR(trim)

경계선 선택 일 때 마우스 우측 버튼 선택 옆 그림과 같이 자른다.

Command : E(erase)

불필요한 선들 선택 후 삭제하여 옆 그림과 같이 나타낸다.

Command : BR(break)

중심선을 외형선에서 3mm 정도로 끊기

- 중심선 크기 조절 : 명령 입력 없이 늘리고자 하는 선을 선택하여 끝점의 파란상자 부분을 선택한 후 연장하려는 점. 즉, 약 3mm 정도의 위치를 선택하면 늘어난다.

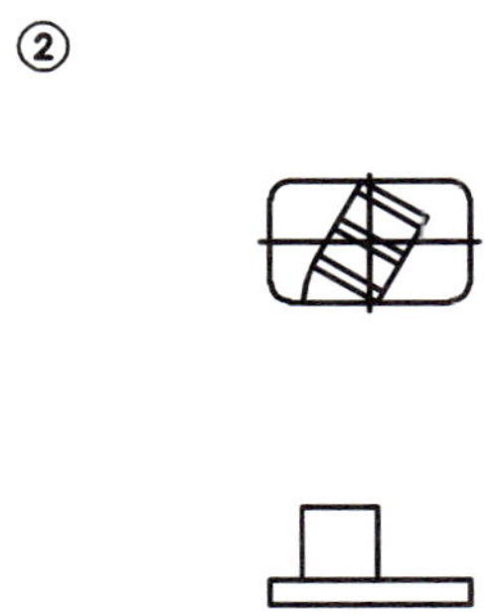

10 중심선 처리 및 드릴링 부분 그리기

②

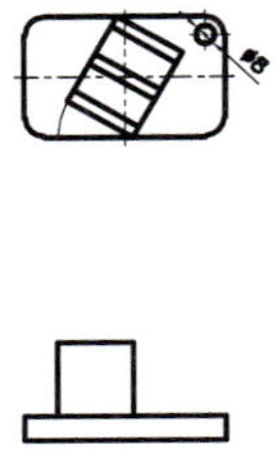

- 중심선 처리 : 평면도에서 중심선이 될 선들을 선택하고 작업 영역 상단의 Object Properties Layers에서 Layer 1번을 선택 후 키보드의 Esc 버튼

Command : C(circle)

평면도에서 라운드의 중심점을 선택한 후

D Space Bar 8 Space Bar

- 옆 그림과 같이 중심선이 될 선을 추가하여 그리고 중심선으로 변경한다.

11 평면도에서 드릴링 부분을 대칭 복사하여 배열하기

②

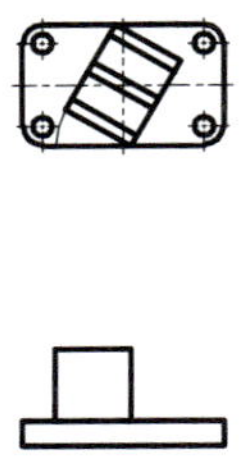

Command : Mi(mirror)

원과 중심선을 선택한 후 마우스 우측 버튼 평면도의 수평 중심선 양 끝점을 선택하고 마우스 우측 버튼 두 번을 선택한다.

같은 방법으로 나머지 부분도 대칭 복사를 한다.

12 정면도에서 드릴링 부분의 기초선 그리기

②

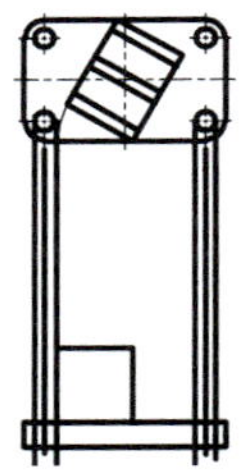

Command : L(line)

평면도에서 원과 중심선이 교차되는 부분을 선택하고 정면도로 인출하여 옆 그림과 같이 선을 그린다.

13 드릴링 부분 정리

②

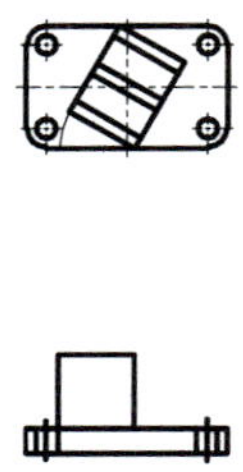

Command : TR(trim)

경계선 선택 일 때 마우스 우측 버튼 선택 옆 그림과 같이 자른다.

Command : E(erase)

불필요한 선들 선택 후 삭제한다.

14 정면도의 숨은선 및 중심선 처리

- 중심선 처리 : 정면도에서 중심선이 될 선들을 선택하고 작업 영역 상단의 Object Properties Layers에서 Layer 1번을 선택 후 키보드의 Esc 버튼
- 숨은선 처리 : 정면도에서 숨은선이 될 선들을 선택하고 작업 영역 상단의 Object Properties Layers에서 Layer 2번을 선택 후 키보드의 Esc 버튼

②

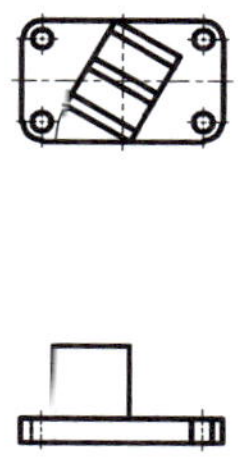

15 정면도에서 부분 단면도 처리

Command : SPL(spline)

정면도에서 드릴링 부분의 부분 단면도를 위한 파단선을 그린다.

Command : TR(trim)

경계선 선택 일 때 마우스 우측 버튼 두 번 선택하여 옆 그림과 같이 파단선을 만든다.

Command : BH(bhatch)

User defined

Angle : 45

spacing : 4(축척을 고려한 간격)

Pick point : 절단면의 부분만 선택한 후 마우스 우측 버튼 OK

②

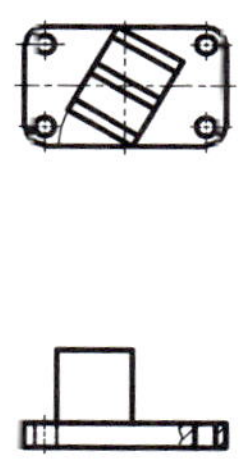

16 보조투상도의 외형선 그리기

Command : O(offset)

T Space Bar

평면도에서 경사선을 선택한 후 옆 그림과 같은 위치에 나란하게 복사한 후 마우스 우측 버튼 두 번 선택 30 Space Bar를 선택하여 나란하게 복사한다.

Command : L(Line)

옆 그림과 같이 끝점을 연결하여 완성한다.

②

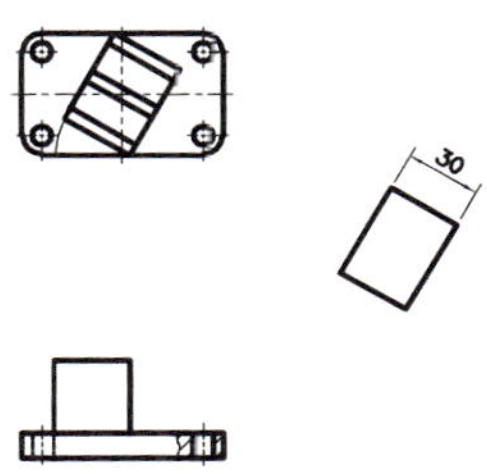

17 보조투상도에서 V홈 모양의 기초선 그리기

Command : O(offset)

5 [Space Bar]

보조투상도에서 옆 그림과 같이 나란하게 복사한 후 마우스 우측버튼 두 번 선택

20 [Space Bar]

옆 그림에서 아래 경사선을 선택 후 중심선이 될 선을 나란하게 복사한다.

Command : L(line)

보조투상도에서 옆 그림과 같이 교차 선들을 그린다.

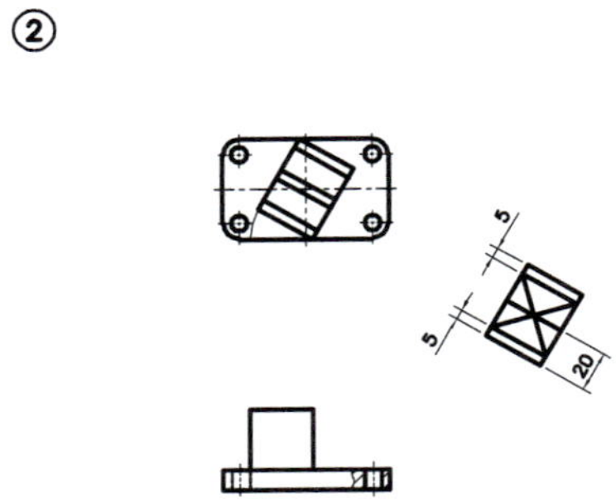

18 V홈을 위한 기초선 추가하기

Command : O(offset)

5/2 [Space Bar]

보조투상도에서 옆 그림과 같이 나란하게 복사 후 마우스 우측버튼

Command : L(line)

보조투상도에서 옆 그림과 같이 교차된 짧은 선을 그린다.

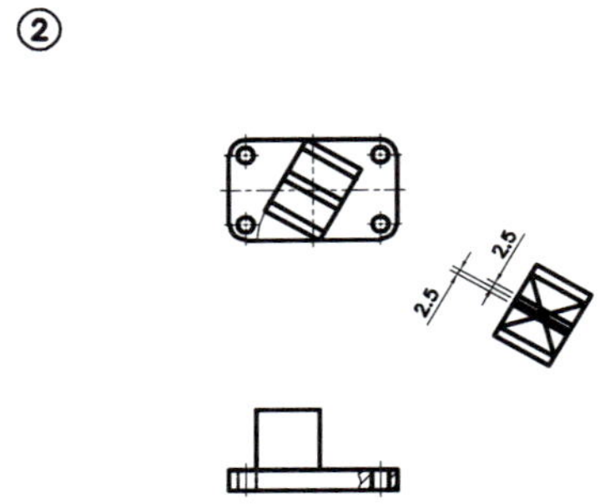

19 모떼기 처리

Command : O(offset)

5 [Space Bar]

보조투상도에서 옆 그림과 같이 나란하게 복사 후 마우스 우측버튼

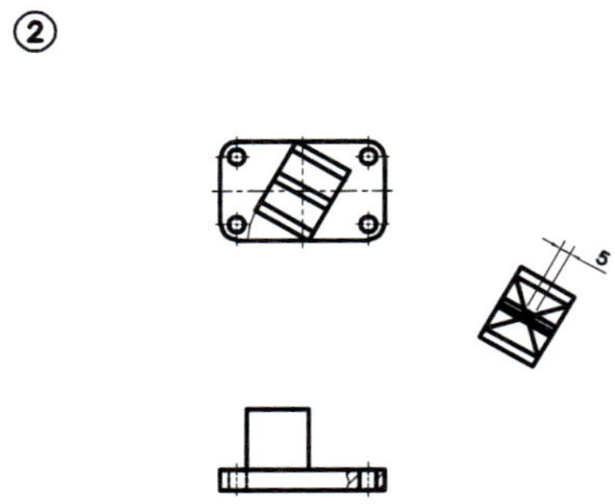

20 보조투상도 정리

Command : TR(trim)

경계선 선택 일 때 마우스 우측 버튼 선택

보조투상도에서와 같이 잘라낸다.

Command : E(erase)

불필요한 선들 선택한 후 삭제하여 옆 그림과 같이 만든다.

②

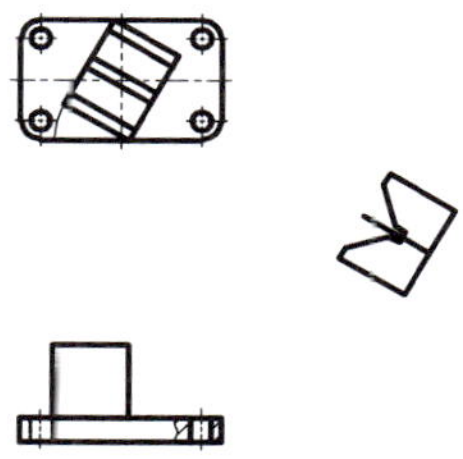

21 보조투상도의 중심선 처리

- 중심선 처리 : 보조 투상도에서 중심선이 될 선을 선택하고 작업 영역 상단의 Object Properties Layer에서 Layer 1번을 선택 후 키보드의 Esc 버튼

②

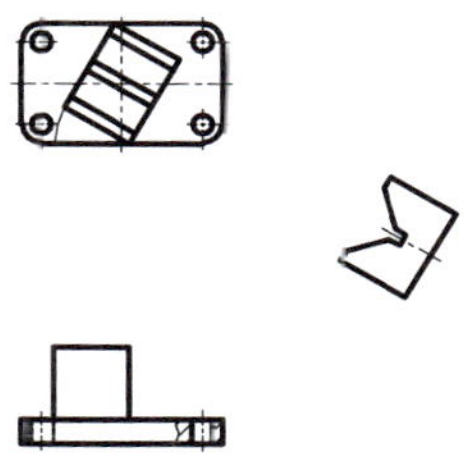

22 정면도에서 숨은선을 위한 기초선 그리기

Command : O(offset)

보조투상도 가운데 부분에서 하단의 교차점을 선택하고 V홈 하단의 교차점을 두 번째 점으로 선택한다.

그러면 간격이 측정되고 정면도에서 12.5mm 부분을 나란하게 복사한 후 마우스 우측 버튼 두 번 선택하고 5 Space Bar

옆 그림과 같이 나란하게 복사한다.

②

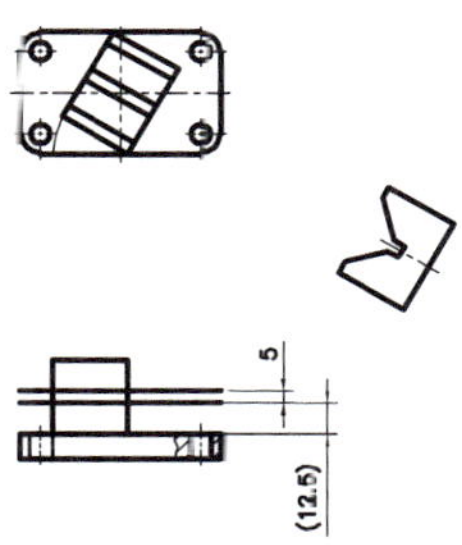

23 정면도에서 V홈 부분 숨은선 처리

Command : TR(trim)

경계선 선택 일 때 마우스 우측 버튼 선택 정면도와 같이 자른다.

- 숨은선 처리 : 정면도에서 숨은선이 될 선들을 선택하고 작업 영역 상단의 Object Properties Layers에서 Layer 2번을 선택 후 키보드 Esc 버튼

②

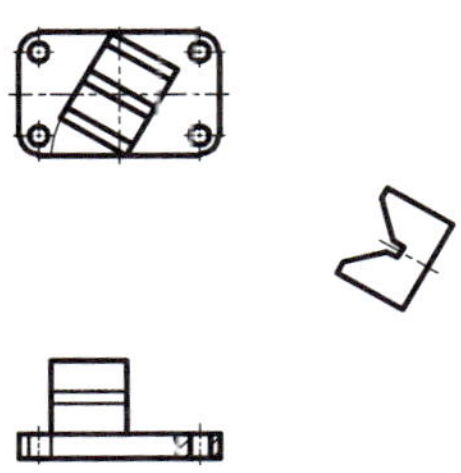

24 1 : 2 축척 처리

Command : SC(scale)

투상도를 crossing으로 모두 선택 그림의 가운데를 마우스 왼쪽 버튼으로 기준점을 선택하고 마우스 우측 버튼

1/2 Space Bar

그러면 전체 크기가 절반으로 축소된다.

25 치수 기입을 위한 여백 만들기

Command : M(move)

F8 직교모드를 켜고 투상면을 선택하여 간격을 띄울 때 반드시 나란하게 이동해야 한다.

정면도를 기준으로 평면도 간격을 띄운다. 평면도와 보조투상도의 간격은 보조투상도의 중심선을 이용하여 간격을 조절한다.

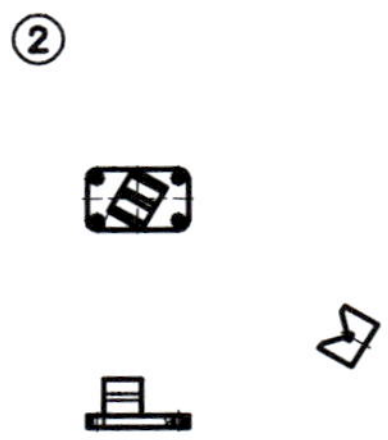

05 보조투상도 치수 기입하기

❶ 치수 기입을 할 때 간격을 나란하게 하기 위해 그리드를 켠다.

키보드 상단의 기능키(Function key) 중에서 F7로 그리드(Grid)를 켠다.

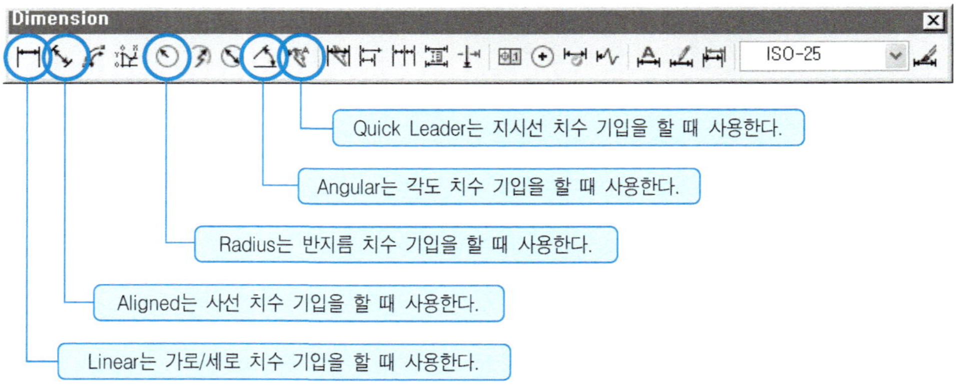

(1) Aligned는 사선 치수 기입을 할 때 사용하는 것으로 보조투상도의 치수 기입할 때 사용한다. 사용방법은 Linear 치수 기입과 같은 방법으로 세점이나 선분을 선택한다.

(2) Angular는 각도 치수 기입을 할 때 사용하는 것으로 두 선과 각도치수 위치를 선택한다.

❷ 치수 기입하기

②

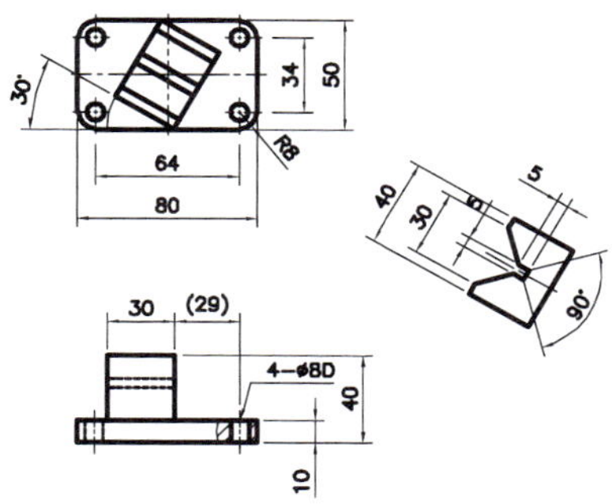

연 습 과 제-1

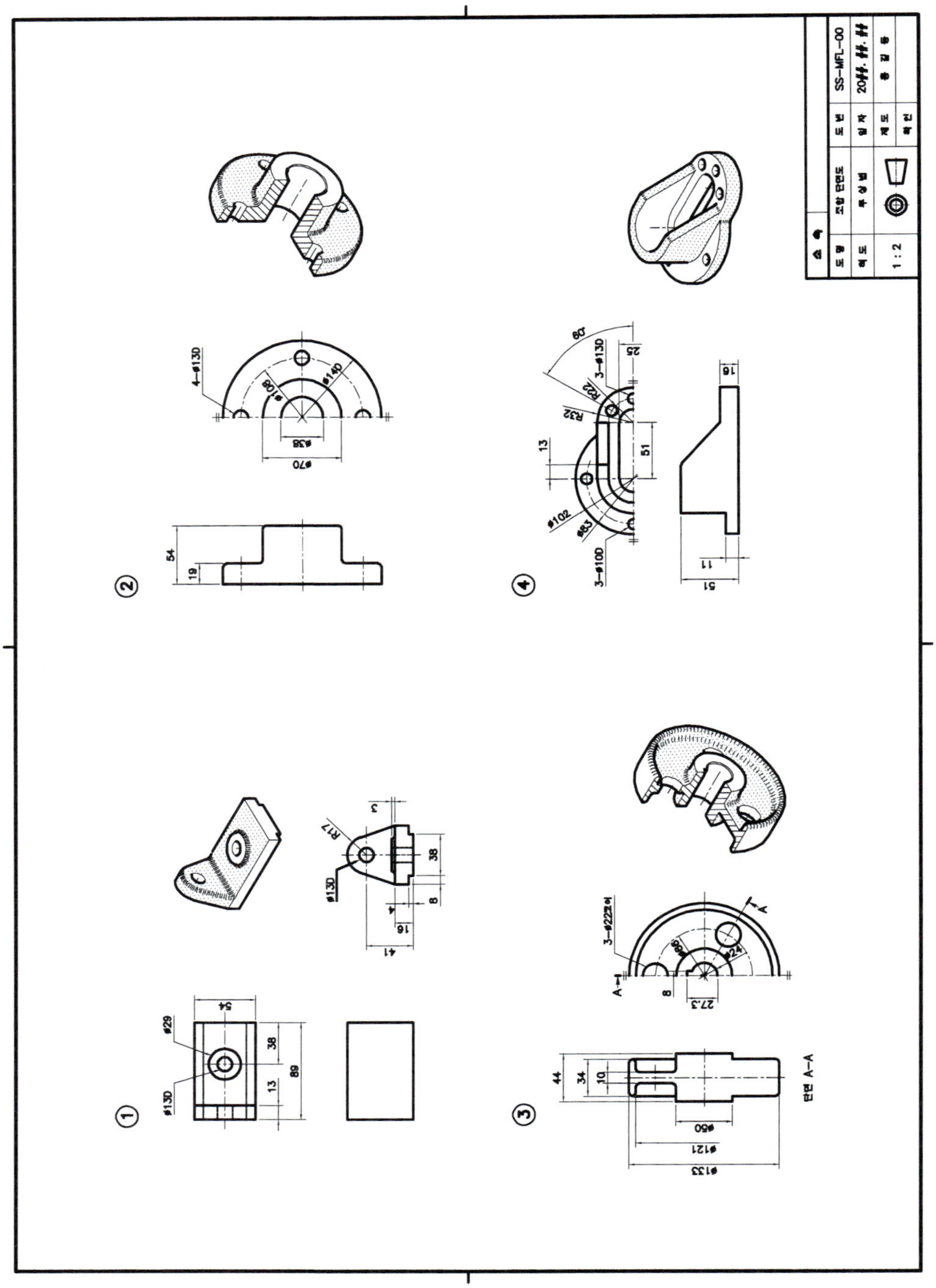

연 습 과 제 - 2

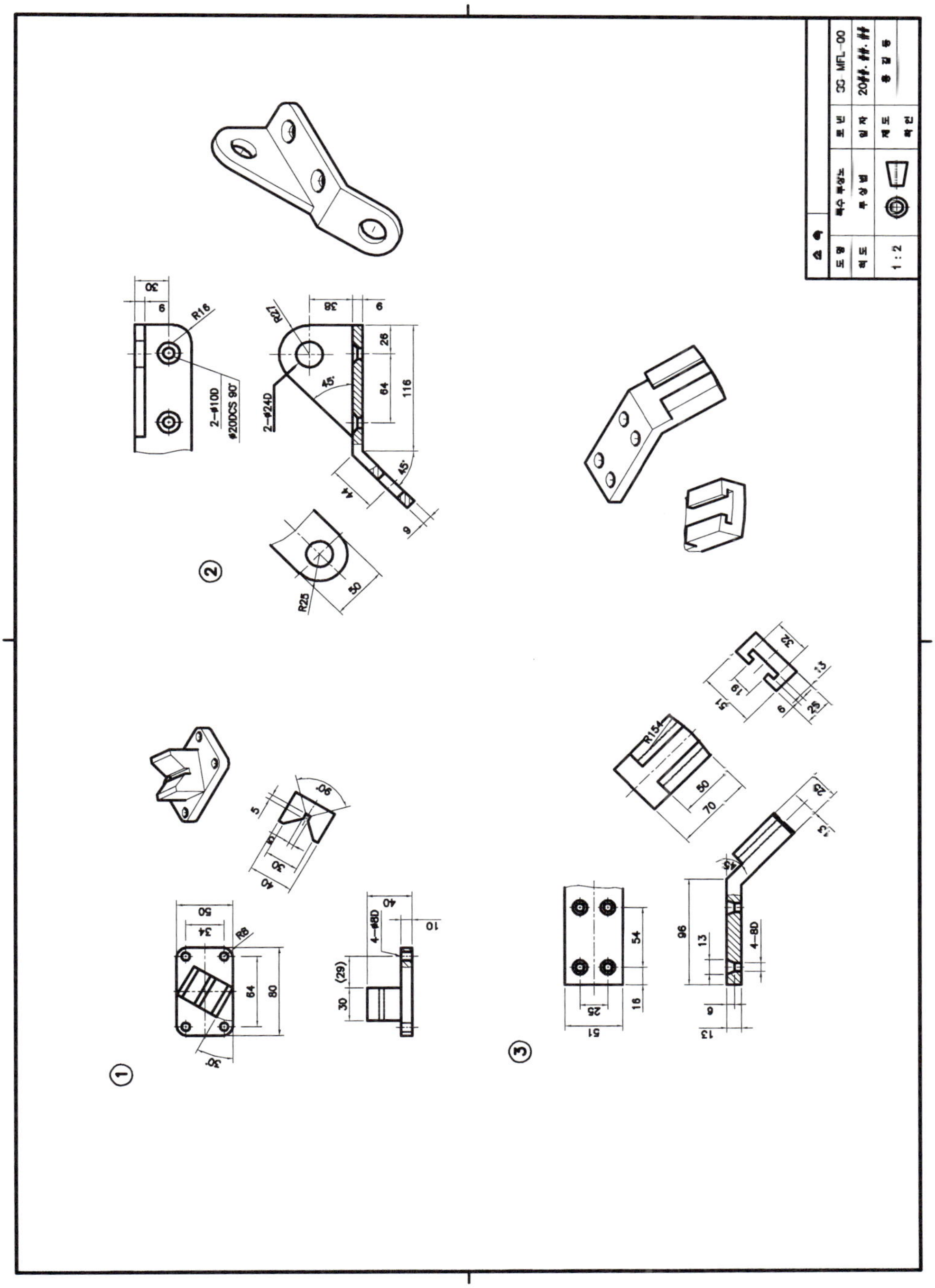

참 고 답 안

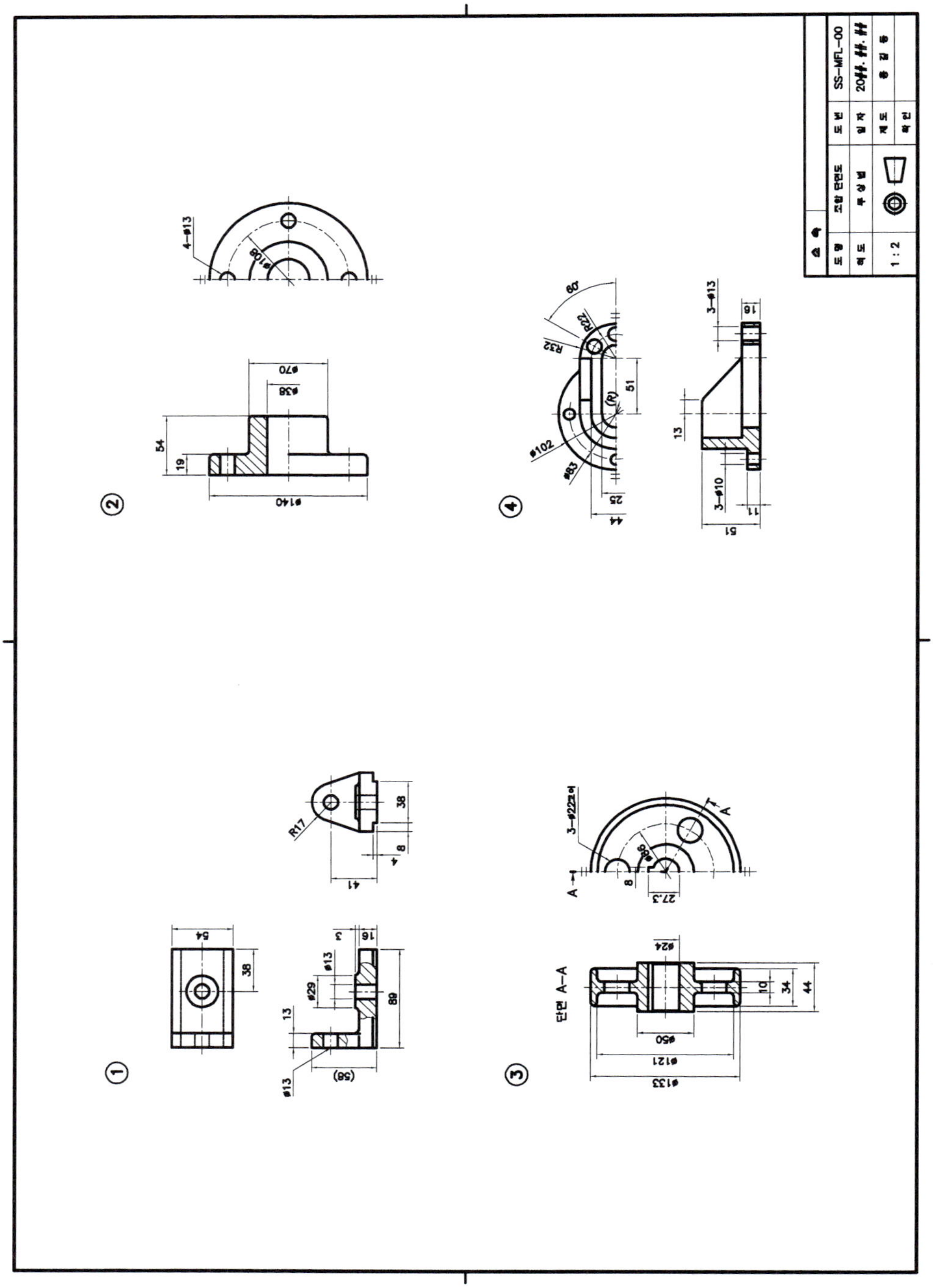

5

실습 목표

1. 치수기입법과 치수공차에 대해서 알아본다.
2. 풀리, 축, 칼라의 투상도를 그릴 수 있다.
3. 완성된 투상도에 치수와 공차를 기입할 수 있다.

5장 실습 내용

1. 치수 및 공차 기입하기 1 순서
2. 도면 양식 추가하여 완성하기
3. 칼라의 투상도와 치수 및 공차 기입하기
4. 샤프트의 투상도와 치수 및 공차 기입하기
5. 평벨트풀리의 투상도와 치수 및 공차 기입하기
6. 참고 답안
7. 분해도

평가 사항(배점)

- 실습 방법 및 태도 (　　점)
- 선 오기 및 누락 (　　점)
- 치수기입 누락 (　　점)
- 치수공차 누락 (　　점)
- 표제란 및 배치 (　　점)
- 시간 준수 (　　점)
- 소요시간 : 2~3hr

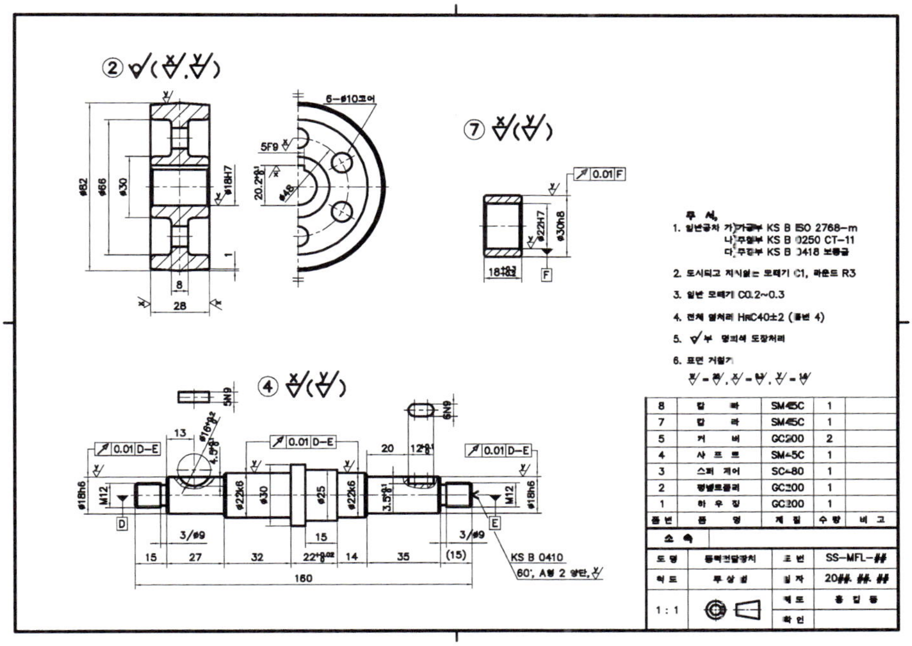

CHAPTER 05

치수 및 공차 기입하기-1

01 치수 및 공차 기입하기 1 순서

도면 양식에는 공통적으로 자주 들어가거나 복잡한 것들을 미리 만들어 활용하면 도면작업 시간을 줄일 수 있다. 이 번 장에서 도면 양식을 마무리하고 칼라, 샤프트, 평벨트풀리의 투상도와 치수 및 공차 기입하는 방법을 익혀보자.

01 1장에 만든 도면 양식을 열기

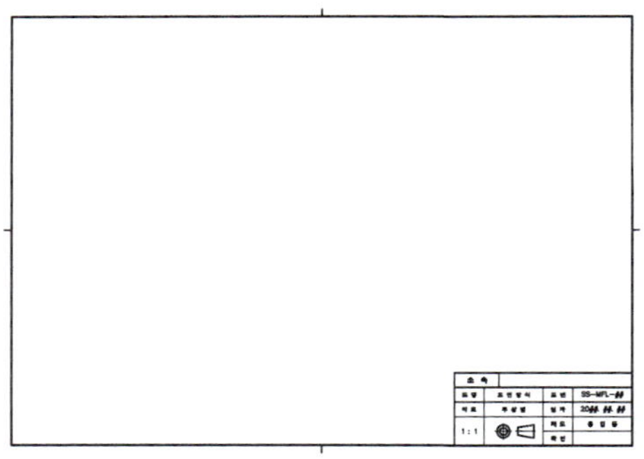

02 부품란 및 주서를 추가한다.

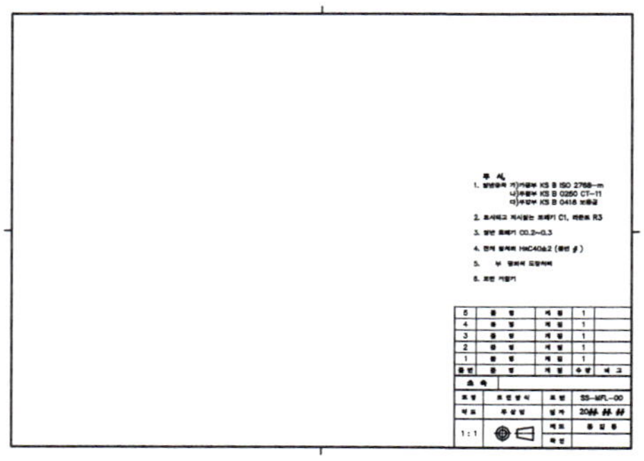

04 투상도 완성하기

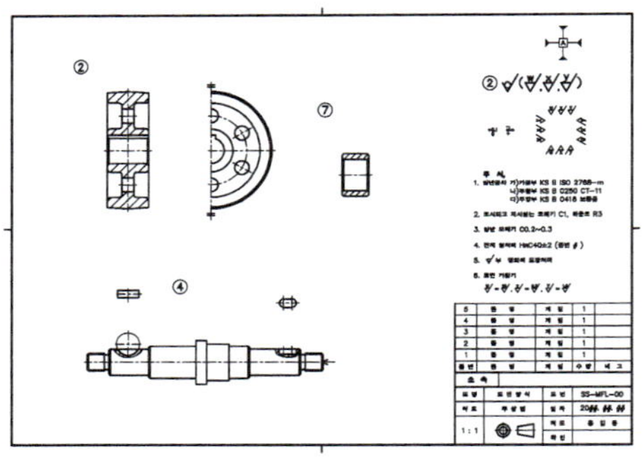

05 치수 기입하기

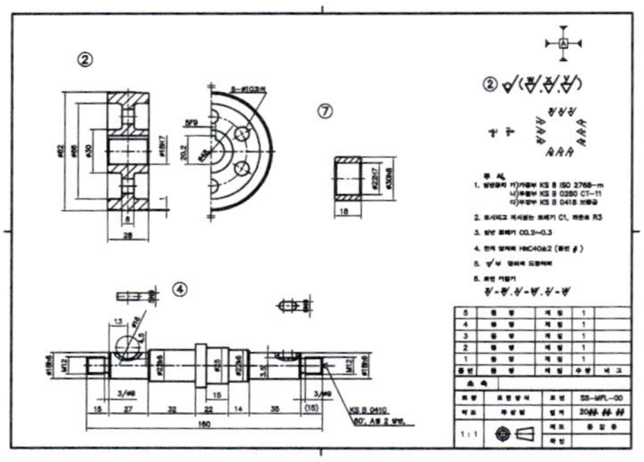

03 공차 기입을 위한 요소를 추가한다.

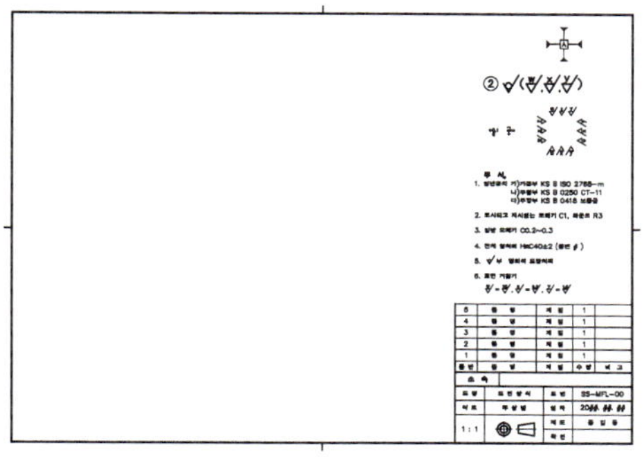

06 공차 넣어 완성하기

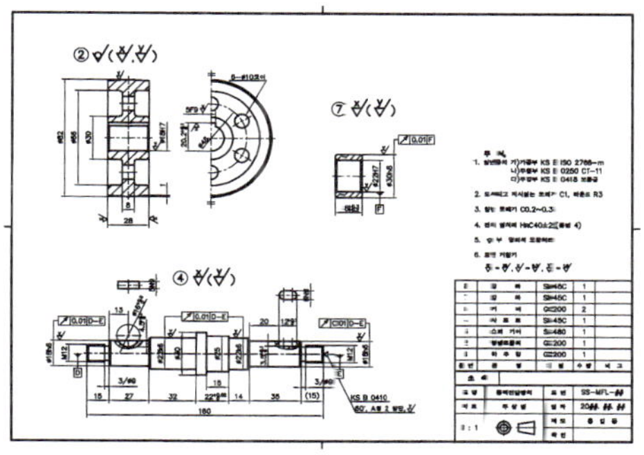

도면 양식 열기

이미 1장에 만들어 놓은 도면 양식(00-A2.dwg)을 열기 한 후 부품란 및 주서, 치수공차, 다듬질공차, 데이텀 등을 추가하여 도면양식을 완성하자.

Command : open

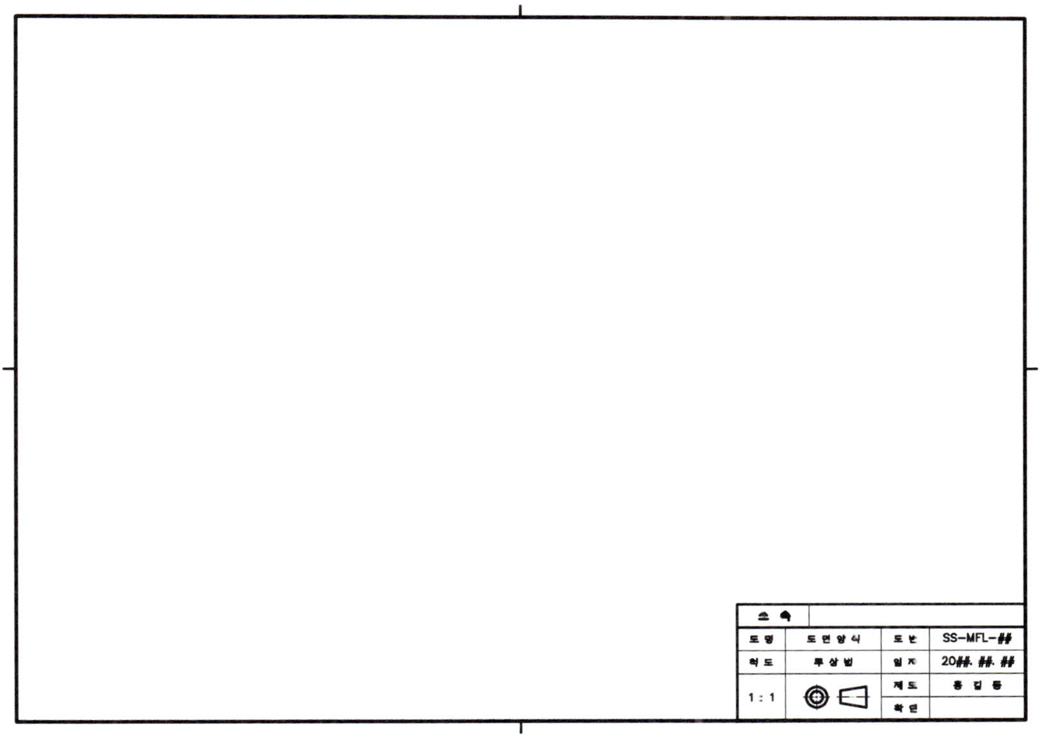

02 도면 양식 추가하여 완성하기

01 부품란 만들기

부품란에 위치는 표제란 위에 놓는 것이 일반적이며 부품 번호는 아래에서 위로 오름차순으로 나열한다.

Command : L(line)

표제란 좌측 상단에서 위로 수직선을 그린다.

Command : O(offset)

15 [Space Bar]

그려진 수직선을 선택하고 우측 방향 선택하여 마우스 우측 버튼 두 번 선택

40 [Space Bar]

옆 그림과 같이 나란하게 복사한다.

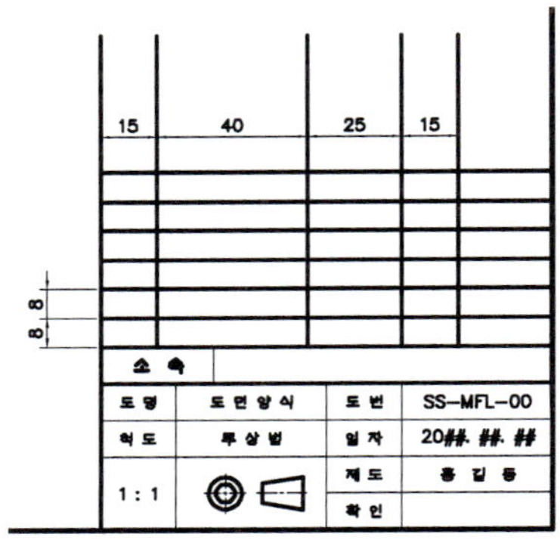

02 부품란 정리하기

Command : TR(trim)

옆 그림과 같이 자른다.

- 굵게 보이는 선은 굵은선 색상(Green)으로 처리하고 나머지 내부의 선은 가는선 색상(Red)으로 처리한다.

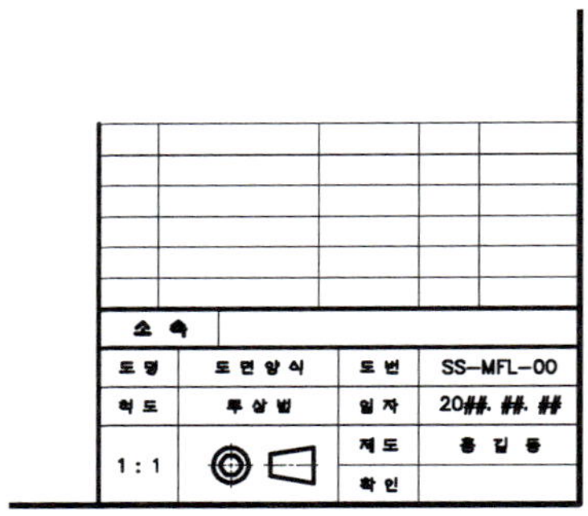

03 부품란에 문자 쓰기

Command : L(line)

교차점을 이용하여 옆 그림과 같이 보조선을 그린다.

Command : DT(dtext)

M [Space Bar] 대각선의 중간점 선택 후 마우스 우측 버튼

height : 3.2

rotation angle : 0

품 번 Enter 두 번 선택한다.

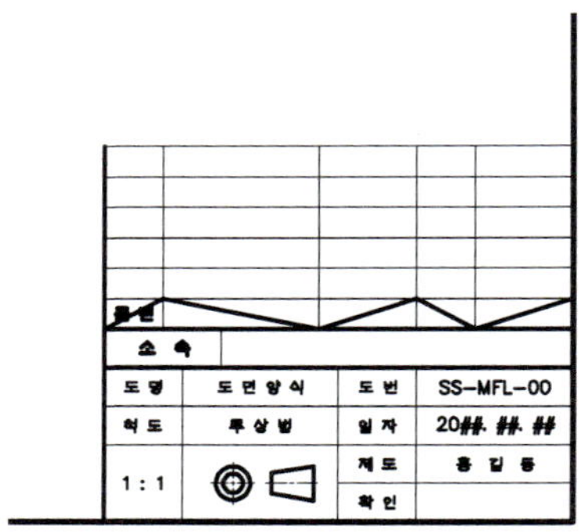

04 부품란에 문자 복사하기

Command : CO(copy)

품 번 선택 후 마우스 우측 버튼

대각선의 중간점으로부터 비고까지 복사한다.

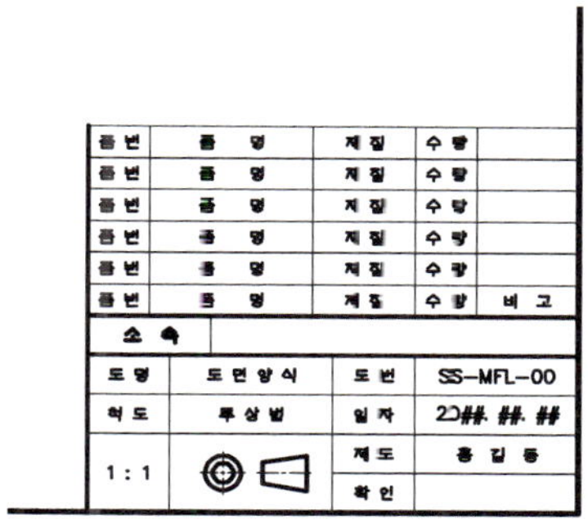

Command : ED(ddedit)

옆 그림과 같이 문자를 선택해서 편집한다.

Command : CO(copy)

품번, 품명, 재질, 수량만을 선택한 후 마우스 우측 버튼 옆 그림과 같이 복사한다.

05 주서 작성하기

Command : ED(ddedit)

복사된 품번과 수량을 선택해서 옆 그림과 같이 숫자로 변경한다.

- 나머지 품명과 재질은 도면 작업을 할 때 그 도면에 알맞은 내용으로 수정한다.

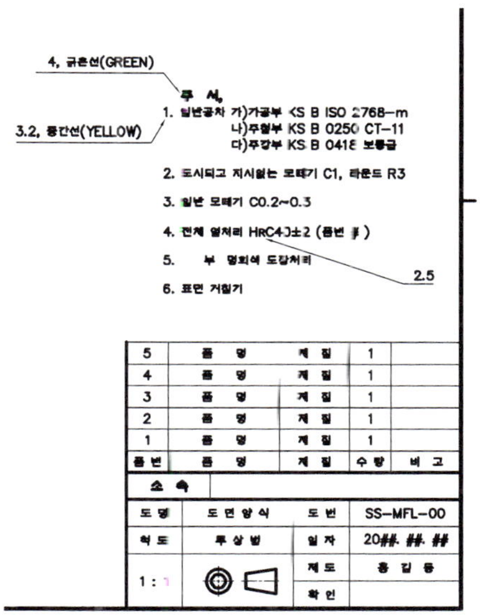

Command : MT(mtext)

주서 내용이 들어갈 화면 좌측 상단점과 우측 하단점을 선택한다.

- 주의 : Mtext 화면에서 문자를 쓸 때 Esc 키를 누르면 모두 취소되어 복구할 수 없으니 주의한다.

옆 그림과 같은 내용으로 쓰고 선 색상과 크기 변경을 한다. 사용 방법은 일반 워드프로세서 기능과 유사하다.

06 치수공차 쓰기

- 치수 공차는 CAD 명령을 활용하여 쓸 수 있지만 그 기능이 복잡하고 크기와 자세를 맞추는데 여러 가지를 조작해야 하기 때문에 일반 문자로 써서 활용하는 것이 유용하다.

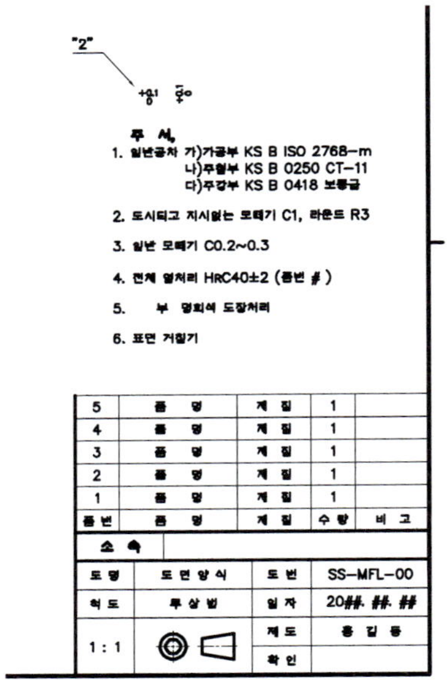

Command : DT(dtext)

화면에 한 점을 선택한 후 마우스 우측 버튼

height : 2

rotation angle : 0

+0.1 Enter 후 [Space Bar] 두 번 그리고 0 Enter

Command : M(move)

아래 치수 공차 0을 선택한 후 이동하여 줄간을 줄인다.

Command : CO(copy)

위, 아래 치수공차를 모두 선택하여 나란하게 복사한다.

Command : RO(rotate)

복사된 것들을 선택하고 마우스 우측버튼

기준점을 선택하고 90도로 회전 복사한다.

07 다듬질공차 도시하기

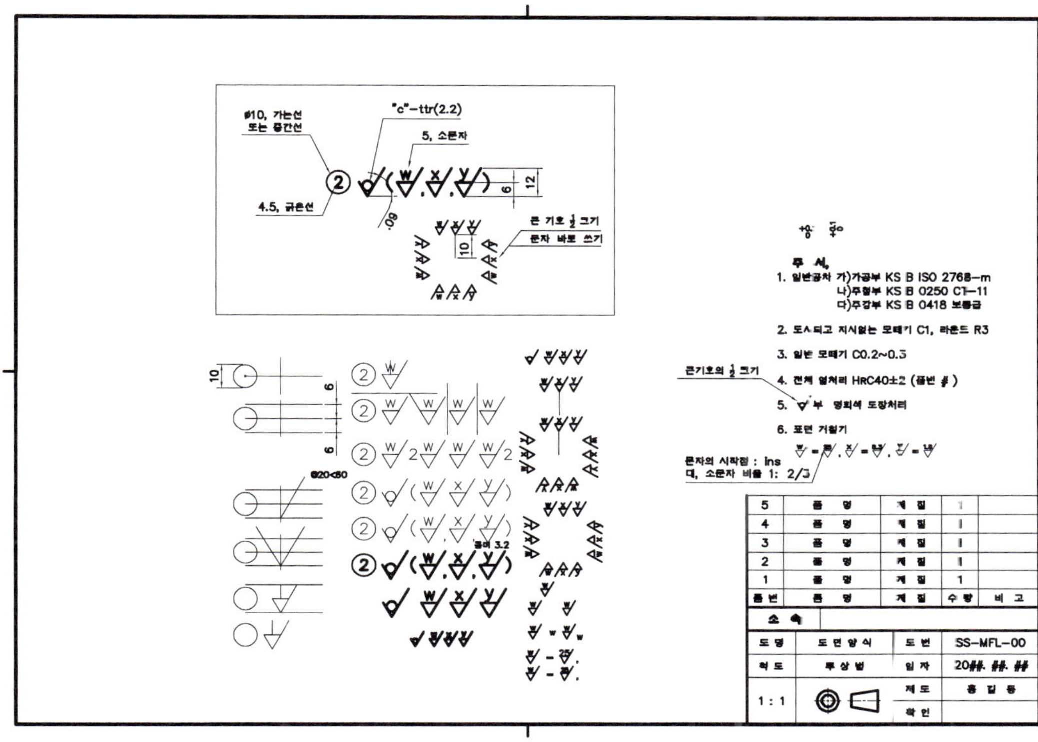

·다듬질 공차는 CAD 명령에서 제공하지 않으므로 위 그림과 같이 그려놓고 복사해서 활용하는 것이 빠르고 유용하다. 명령 진행 과정이 상당히 길어 명령어 순서를 나열하되 처음 실행해 보는 명령어는 진행 과정만 간략히 소개한다.

(1) C(circle) - φ10의 원그리기

(2) L(line) -수평선과 수직선 그리기

(3) O(offset) -위, 아래 6mm 나란하게 복사하기

(4) XL(xline) -a Space Bar 60 Space Bar 아래 교차점 선택 후 마우스 우측버튼

(5) Mi(mirror) -사선 복사하기

(6) Tr(Trim) -불필요한 선 잘라내기

(7) E(erase) -위, 아래 수평선 지우기

(8) M(move) -원 근접하게 이동하기

(9) DT(dtext) -M 기능으로 원 안으로 4.5 크기의 숫자, 짧은 수직에 5 크기의 w자 쓰기

(10) E(erase) -짧은 수직선 지우기

(11) Co(copy) -기호와 숫자를 나란하게 복사하기

(12) Co(copy) -괄호 열고 닫기에 필요한 원 안에 숫자를 두 번 복사하기

(13) E(erase)－원 옆에 있는 짧은 수평선과 w를 지우기
(14) C(circle)－TTR 기능으로 V모양에 내접한 반경 2.2 원 그리기
(15) ED(ddedit)－x, y,(,)로 변경하기
(16) DT(dtext)－3.2 크기의 콤머 쓰기
(17) M(move)－콤머를 중간 아래로 이동하기
(18) Co(copy)－콤머 복사하기
(19) Co(copy)－기호들만 복사하기
(20) SC(scale)－1/2 축소 복사하기
(21) 축소복사된 것 모두 중간선 색상으로 변경하기
(22) M(move)－주물기호 주서로 5번으로 이동하기
(23) L(line)－10mm 수직선 그리기
(24) AR(array)－4개 원형배열 복사하기
(25) E(erase)－우측과 하단의 문자 지우기
(26) Co(copy)－w,x,y만 두 곳 복사하기
(27) Co(copy)－w와 기호 복사하기
(28) Co(copy)－복사된 것을 나란하게 복사하기
(29) Co(copy)－w를 =과 ,자리에 복사하기
(30) ED(ddedit)－ "= , 25"로 변경하기
(31) SC(scale)－25를 선택하여 ins(삽입점) 기능으로 2/3 축소 복사하기
(32) Co(copy)－나란하게 두 곳에 복사하기
(33) ED(ddedit)－x, y, 6.3, 1.6으로 변경하기
(34) M(move)－다듬질공차 큰 기호와 작은 기호를 이동하여 알맞게 배치하기

08 데이텀기호 도시하기

Command : L(line)

수평선과 수직선이 교차되게 그린다.

Command : O(offset)

3 [Space Bar]

옆 그림과 같이 나란하게 복사한다.

Command : So(solid)

세 개의 교차점을 선택한 후 마우스 우측 버튼 두 번 선택한다.

Command : TR(trim)

옆 그림과 같이 자른다.

- 데이텀의 삼각형 및 수직선을 선택 후 가는 선 색상(Red)으로 처리한다.

Command : Tol(tolerance)

빈 공란에 A라고 쓰고 화면 적당히 한 점을 선택한다.

Command : M(move)

A 기호를 수직선 아래로 이동한다.

Command : L(line)

대각선을 그린다.

Command : AR(array)

4개를 원형 배열 복사한다.

Command : EX(extend)

짧은 두 수평선을 사각형에 닿도록 연장한다.

Command : E(erase)

대각선을 지우고 정렬한다.

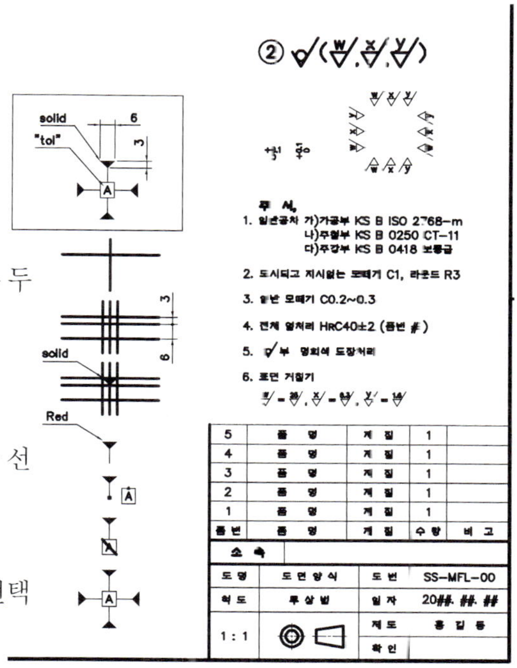

Command : M(move)

데이텀기호를 다듬질공차 상단에 이동하여 알맞게 배치한다.

09 도면 양식 완성 후 저장하기

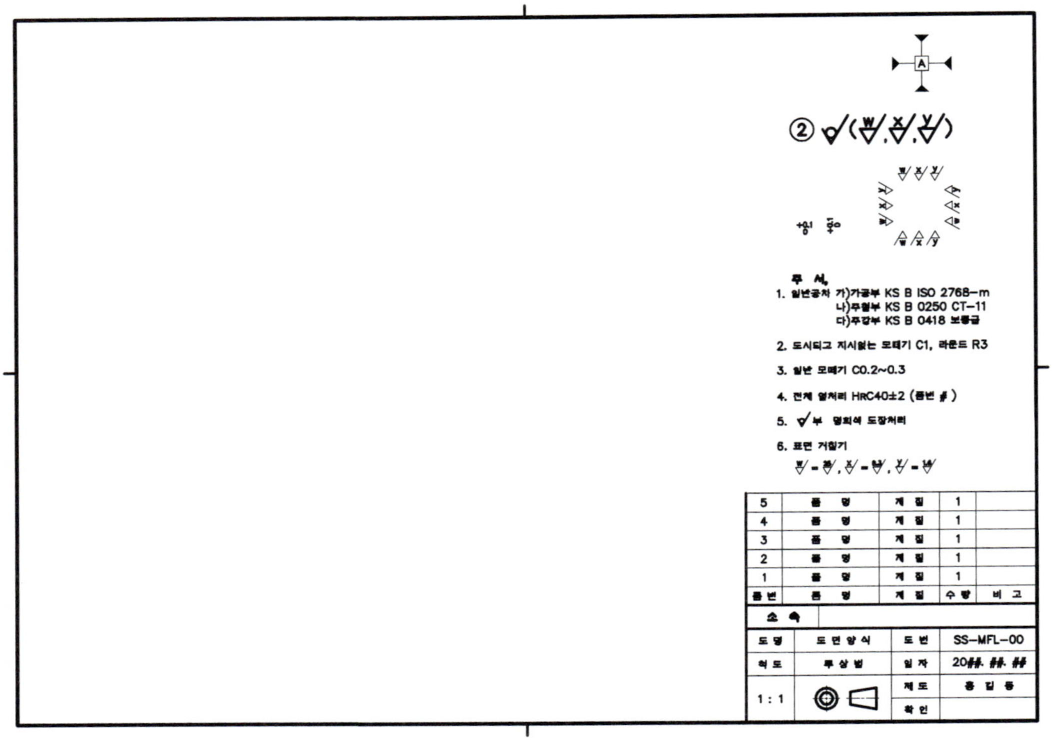

Command : saveas

00-A2size.dwg로 저장한다.

03 칼라의 투상도와 치수 및 공차 기입하기

칼라는 베어링의 간격을 조절하기 위한 부품으로 주로 반경강이나 경강(SM30C~SM45C)으로 제작한다.

(1) 칼라의 투상도는 원통형의 축 직각 방향에서 본 면을 정면도로 하여 온단면도로 그린다.

(2) 치수 기입은 좌측 보다 우측으로 기입하고 품번의 위치가 상단에 있으므로 상단보다 하단에 기입한다.

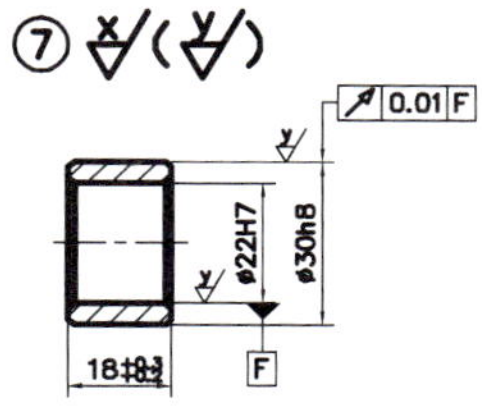

01 칼라의 투상도를 위한 기초선 그리기

Command : L(line)

수평선, 수직선을 교차되게 그린다.

Command : C(circle)

옆 그림의 치수와 같이 원들을 그린다.

Command : O(offset)

18 [Space Bar]

옆 그림과 같이 나란하게 복사한다.

Command : L(line)

옆 그림과 같이 선들을 인출한다.

⑦

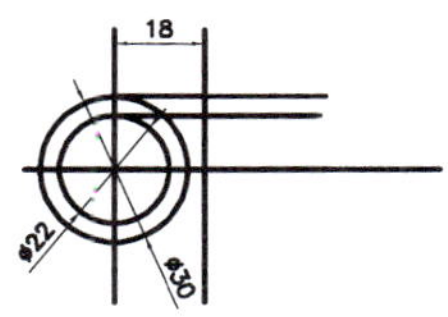

02 원통 소재 가공을 위한 기초선 그리기

Command : CHA(chamfer)

D [Space Bar] 1 [Space Bar], [Space Bar] 옆 그림과 같이 내, 외부 모서리를 모두 모떼기 처리한다.

⑦

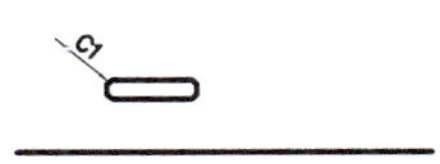

03 대칭 복사하기

Command : Mi(mirror)

옆 그림과 같이 대칭 복사한다.

⑦

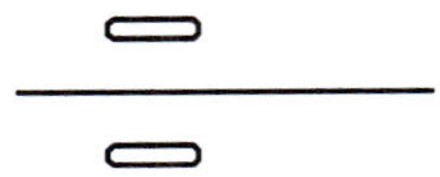

04 투상도 완성하기

Command : L(Line)

모떼기 부분을 선으로 이어 그린다.

Command : BR(break)

중심선 크기(외형에서 3mm 정도)를 조절한다.

Command : BH(bhatch)

45도 3mm 하고 가는 선 처리한다.

- 중심선 처리한다.

⑦

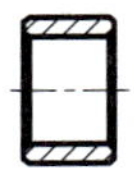

05 선형 치수 기입하기

- 치수기입 할 때 키보드의 기능키(Function-key) 중에서 F7을 선택하여 화면상에 격자점을 켜고 치수기입을 하면 치수선의 간격을 10mm 정도로 조절하기에 편리하다.

원으로 지시한 가로/세로 치수기입을 선택하여 옆 그림과 같이 치수기입을 한다.

18 치수에 치수공차를 기입하기 위해 그림에서 사각형으로 지시한 부분을 선택해서 치수의 위치를 조절하거나 eXplode로 끊고 치수만을 Move로 이동한다.

⑦

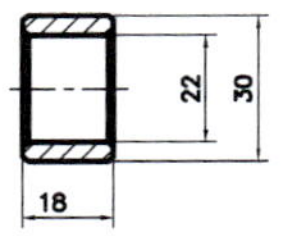

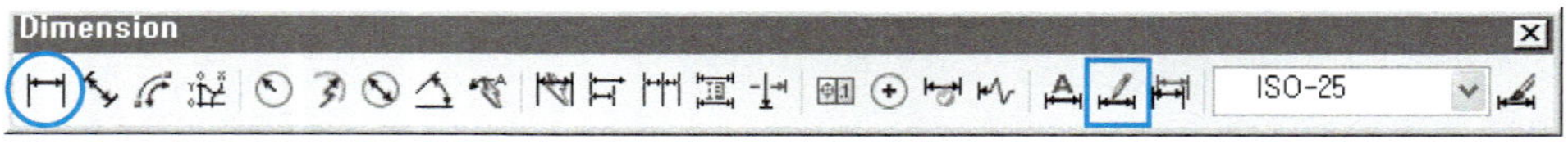

06 치수에 ф기호와 끼워맞춤 공차 기입하기

위의 아이콘은 치수를 편집하는 것으로 치수값이나 치수보조선의 자세를 편집 할 때 유용하다.

⑦

그림에서 원으로 지시한 명령을 선택하고 N Space Bar

치수 앞에 %%C<>치수 뒤에 H7을 입력하고 변경하려는 치수들을 선택한다.

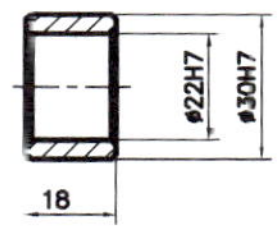

07 끼워맞춤 공차 수정하기

⑦

Command : ED(DDedit)

30 치수 부분만 선택하고 H7을 h8로 수정한다.

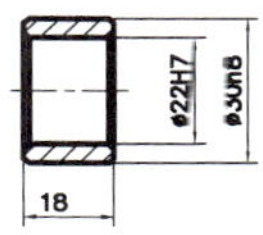

08 치수공차 기입하기

• 도면양식에 이미 만들어 놓은 치수공차를 투상도 근처로 복사한다.

⑦

18 치수 옆에 가로 치수공차를 복사한다.

Command : ED(DDedit)

옆 그림과 같이 치수공차를 수정한다.

Command : E(erase)

불필요한 치수 공차를 지운다.

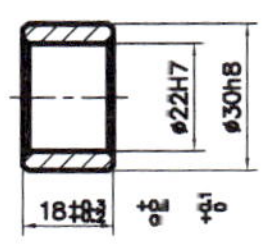

09 다듬질공차 기입하기

• 도면양식에 이미 만들어 놓은 다듬질공차를 투상도 근처로 복사한다.

copy 명령으로 옆 그림과 같이 복사할 때 osnap 기능에서 End/ Nea 기능만 켜고 기입하면 편리하다.

품번과 큰 다듬질 공차를 편집하여 옆 그림과 같이 만든다.

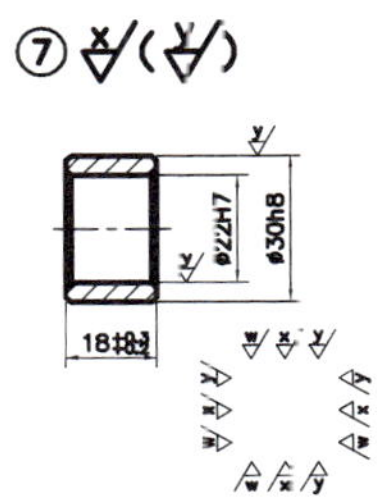

10 데이텀과 기하공차 기입하기

- 도면양식에 이미 만들어 놓은 데이텀기호를 투상도 근처로 복사한다.

Copy 명령으로 옆 그림과 같이 복사한 후 ED(ddedit) 명령으로 A를 F로 변경한다.

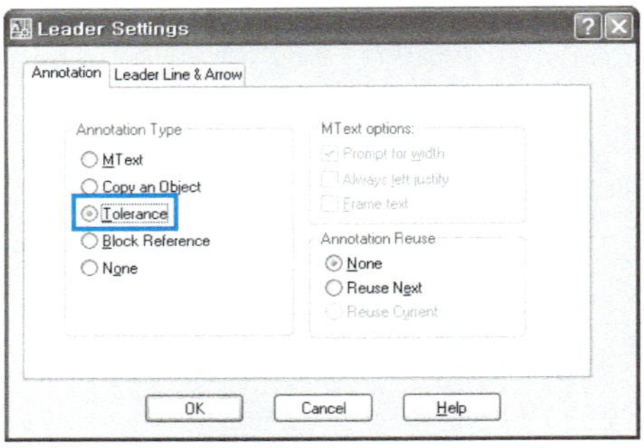

옆 그림의 명령을 선택한 후 Space Bar 를 선택하여 그림과 같이 Tolerance로 변경한다.
그리고 30 치수 위쪽의 화살표 위치를 선택 한 후 수직선의 두 번째 점, 수평선의 세 번째 점을 선택하면 기하공차 기입하는 창이 나타난다.
옆 그림과 같이 기하 공차를 기입한다.

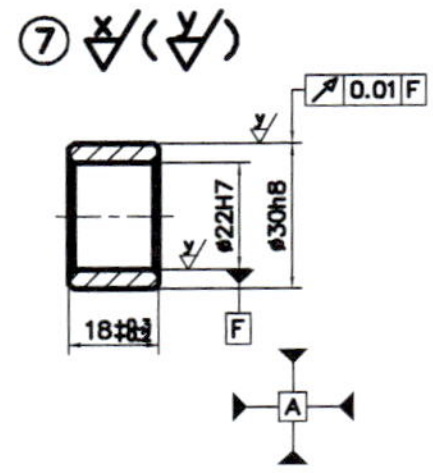

11 칼라의 부품도를 완성하기

Erase로 필요 없는 부분을 선택하여 지우고 Move로 옆 그림 전체를 선택하여 알맞은 위치로 배치한다.

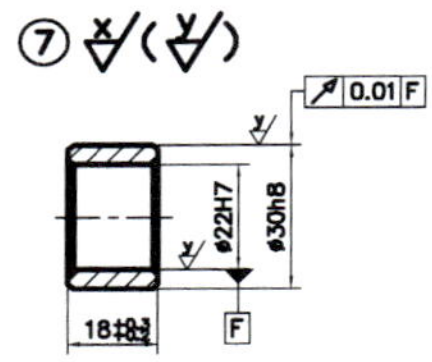

04 샤프트의 투상도와 치수 및 공차 기입하기

축은 동력기관에 핵심이 되는 부품으로 선반에서 소재가공하고 연삭기나 연마로 마무리 가공을 해야 하는 정밀 부품이다.

(1) 축의 투상도는 원통형의 축 직각 방향에서 본 면을 정면도로 그리되 긴 물체는 전체를 단면할 수 없고 부분 단면도로 도시한다. 그리고 평면도는 키 홈부를 국부 투상도로 도시한다.

(2) 치수 기입은 직렬치수 기입으로 하되 공정마다 배열 분리하여 치수 기입을 한다.

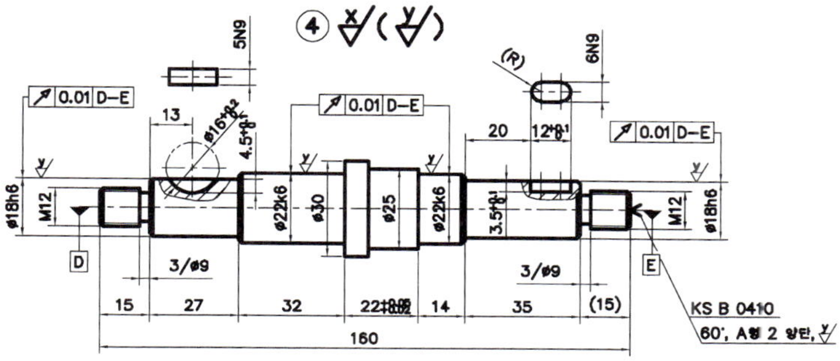

01 샤프트의 투상도를 위한 기초선 그리기

Command : L(line)

수평선, 수직선을 교차되게 그린다.

Command : O(offset)

옆 그림처럼 나란하게 복사한다.

Command : C(circle)

옆 그림과 같이 원들을 그린다.

Command : L(line)

옆 그림과 같이 선을 인출한다.

④

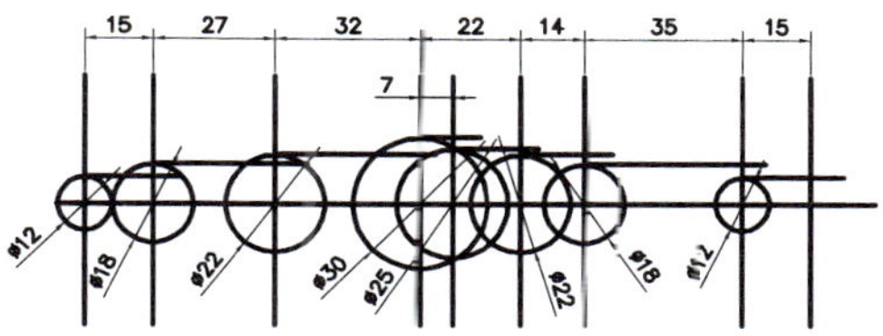

02 원통 소재 가공을 위한 기초선 그리기

Command : CHA(chamfer)

C1 값으로 모서리를 모떼기로 처리한다.

④

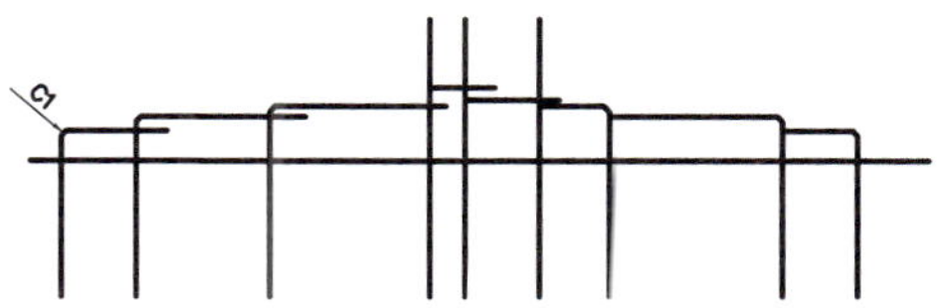

03 불필요한 선들을 자르고 대칭 복사하기

Command : TR(trim)

옆 그림과 같이 불필요한 선들을 잘라낸다.

Command : Mi(mirror)

옆 그림과 같이 대칭 복사한다.

④

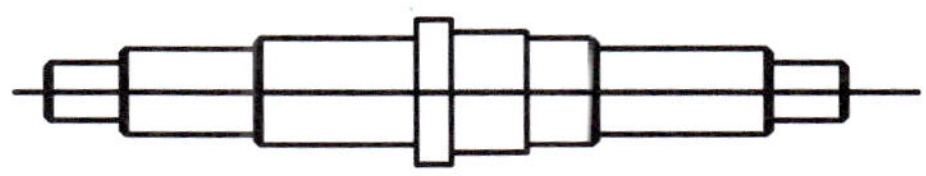

04 릴리이프 홈의 기초선 그리기

Command : O(offset)

옆 그림과 같이 나란하게 복사한다.

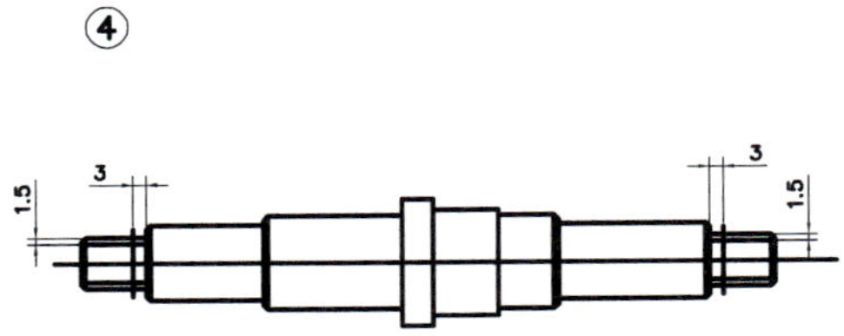

05 릴리이프홈 및 수나사 그리기

Command : TR(trim)

옆 그림과 같이 잘라낸다.

Command : L(line)

모떼기 부분에서 인출하여 나사의 골을 그린다.

Command : TR(trim)

연장하여 그린 선을 잘라낸다.

- 나사의 골은 가는 선(Red)으로 처리한다.

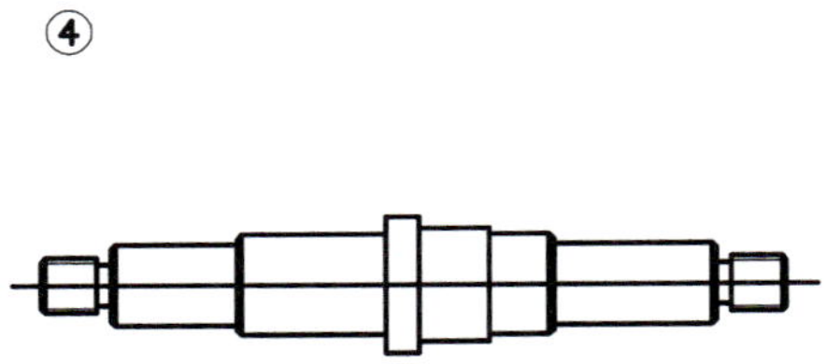

06 반달키 홈과 묻힘키 홈의 기초선 그리기

Command : O(offset)

옆 그림과 같이 나란하게 복사한다.

Command : C(circle)

4.5 아래의 교차점에서 원을 그리고 다시 원 명령을 실행하여 원과 수직선이 만나는 교차점에서 같은 크기의 원을 그린다.

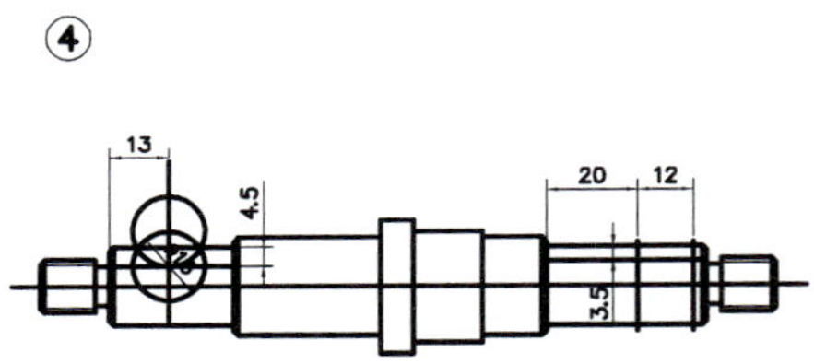

07 반달키 홈과 묻힘키 홈을 정리한다.

Command : TR(trim)

옆 그림과 같이 잘라낸다.

Command : L(line)

원의 중심점에서 인출하여 중심선을 그린다.

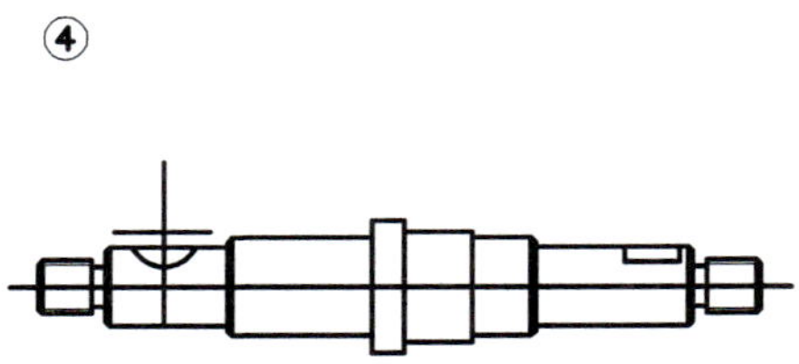

08 원을 추가로 그리고 파단하기

Command : C(circle)

교차점에서 원을 추가로 그린다.

Command : TR(trim)

중첩된 원의 아래 부분을 잘라낸다.

Command : SPL(spline)

파단선을 그린다.

Command : TR(trim)

옆 그림과 같이 파단선의 일부를 잘라낸다.

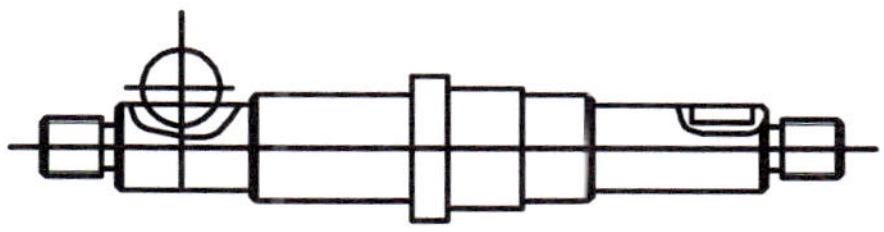

09 평면도를 국부 투상도로 나타내기 위한 기초선 그리기

Command : L(line)

정면도에서 인출하여 평면도로 선을 그린다.

Command : O(offset)

옆 그림과 같이 나란하게 복사한다.

Command : C(circle)

묻힘키 부분의 원을 그린다.

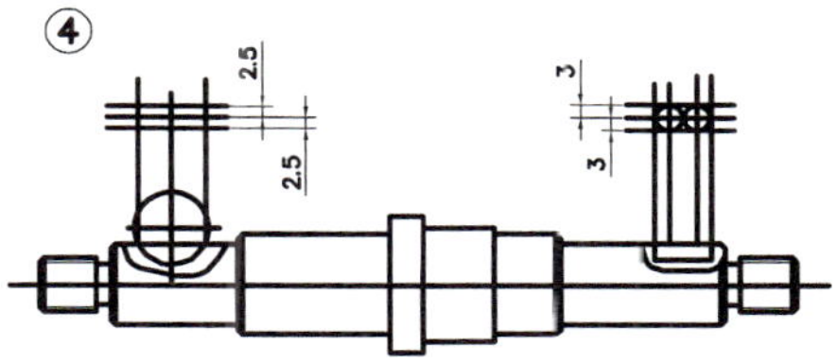

10 국부투상도 정리

Command : TR(trim)

옆 그림과 같이 잘라내어 정리한다.

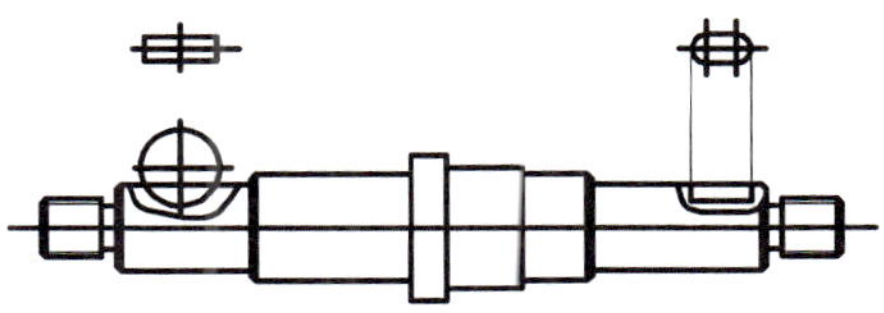

11 축의 투상도를 완성하기

① 공구의 모양을 참고로 나타낼 때는 가상선으로 도시하므로 Layer 5번으로 변경한다.

② 파단선, 해칭선은 가는 실선이므로 Layer 4번으로 변경한다.

③ 중심선은 Layer 1번으로 변경한다.

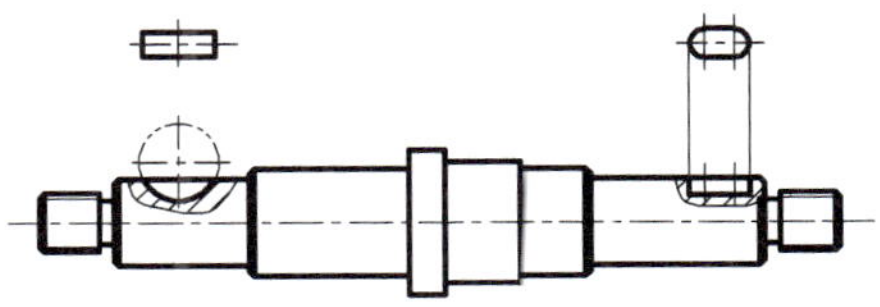

12 직렬 치수기입 하기

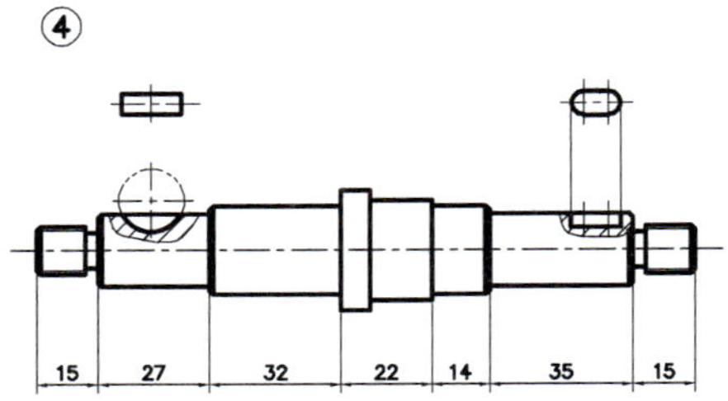

위 명령을 선택 한 후 축의 단이 되는 선을 연속해서 선택하고 연속해서 직렬 치수기입을 한다.

13 선형 치수기입 하기

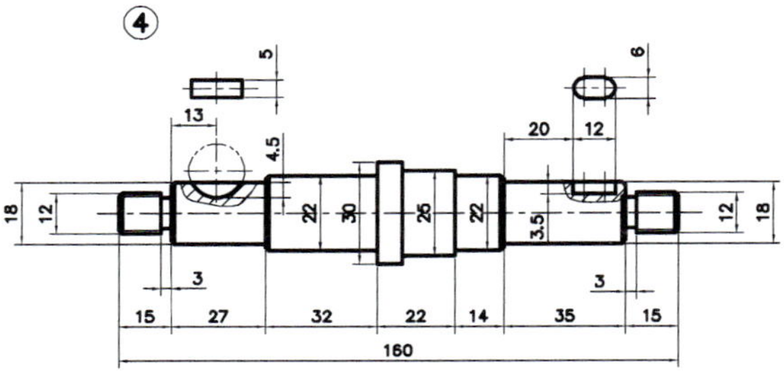

옆 그림과 같이 두 점을 인출하여 선형 치수기입을 한다.

14 치수에서 ϕ기호 및 끼워맞춤 공차 편집하기

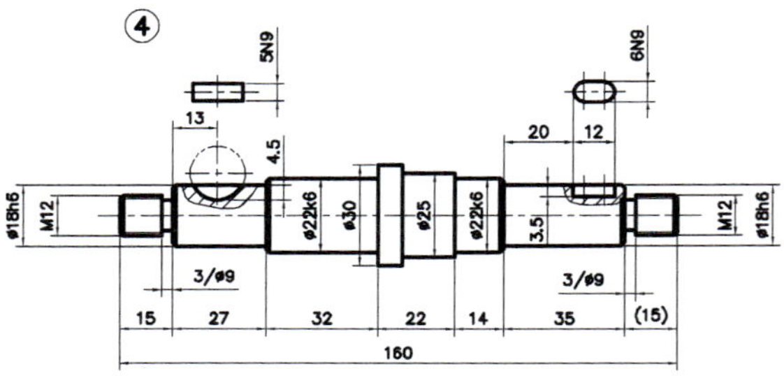

위 그림에서 지시한 명령을 선택하고

N [Space Bar]

치수 앞에 %%C<> 치수 뒤에 h6을 입력하고 해당하는 치수들을 선택한다.

Command : ED(ddedit)

h6가 아닌 부분의 지름 치수들을 옆 그림의 치수와 같이 변경한다.

15 지름 치수기입과 반지름 치수기입하기

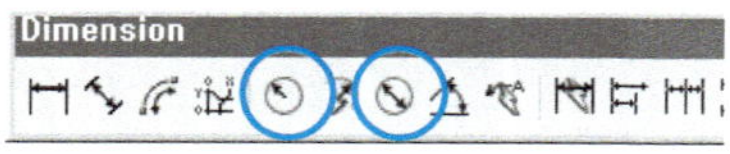

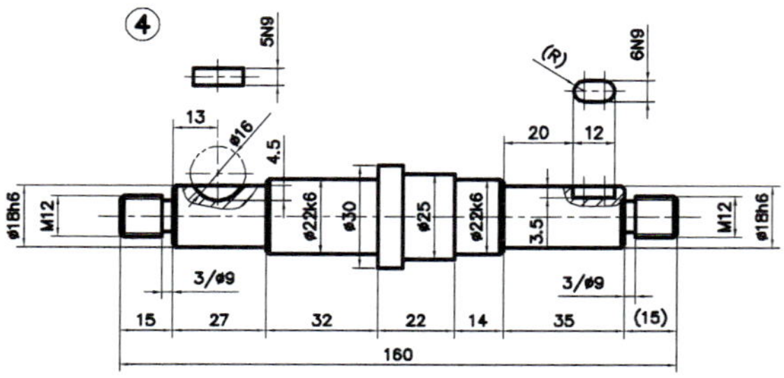

위 그림에서 지시한 명령을 선택하고 지름 치수와 반지름 치수기입을 한다.

Command : ED(ddedit)

반지름 치수를 참고 치수(R)로 변경한다.

16 치수공차를 복사하고 수정하기

• 치수공차들을 투상도 근처에 복사한다

Command : ED(ddedit)

옆 그림과 같이 치수공차를 수정한다.

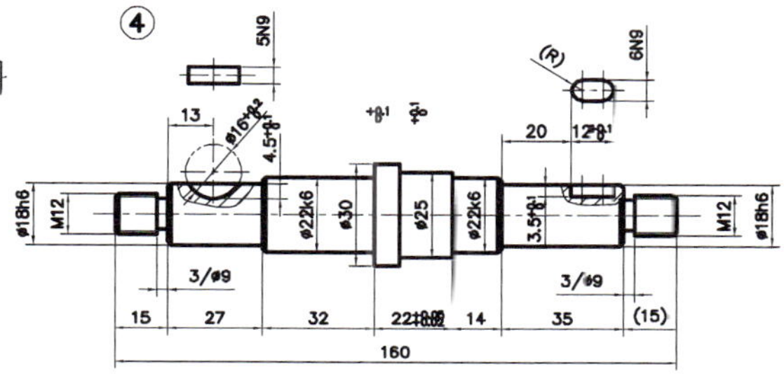

17 다듬질공차 기입하기

• 다듬질공차들을 투상도 근처에 복사한

① Copy 명령으로 옆 그림과 같이 복사한다.

② 품번과 큰 다듬질 공차를 편집하여 옆 그림과 같이 변경한다.

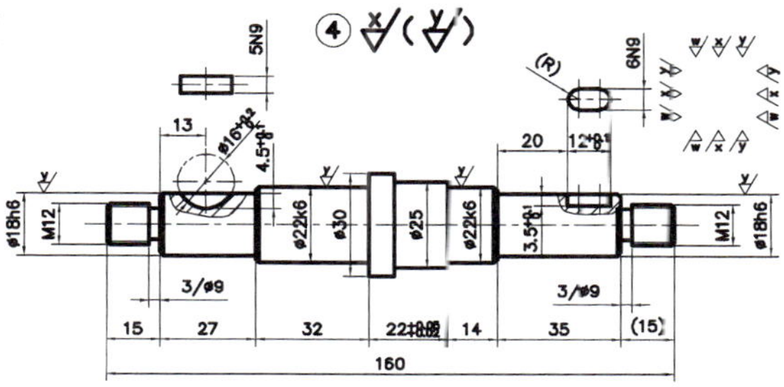

18 데이텀과 기하공차 기입하기

• 데이텀들을 복사한다.

Copy 명령으로 옆 그림과 같이 복사 한 후 ED (ddedit) 명령으로 A를 D와 E로 변경한다.

위 명령을 선택 한 후 Space Bar 를 선택하여 Tolerance를 선택한다.

옆 그림과 같이 기하 공차를 기입한다.

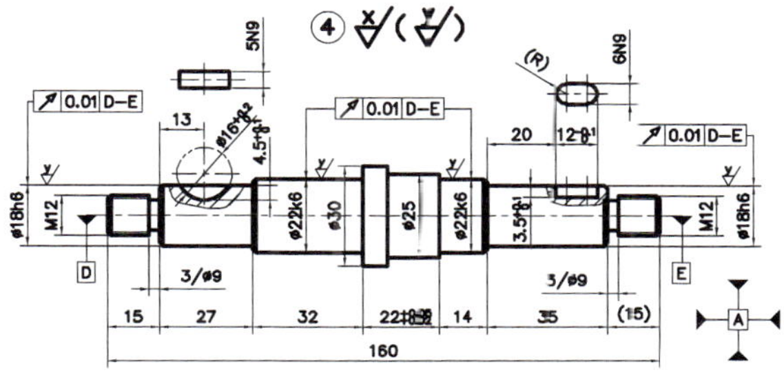

19 축의 부품도를 완성하기

• 센터가공 도시 기호

① 센터 마크(<)는 마주보는 각도가 60° 이고 굵은 실선으로 한다.

② 지시선은 Line으로 그리고 가는 실선으로 한다.

③ 문자는 Dtext로 직접 쓴다. Erase로 필요 없는 부분을 선택하여 삭제하고 Move로 옆 그림 전체를 선택하여 적당한 위치로 배치한다.

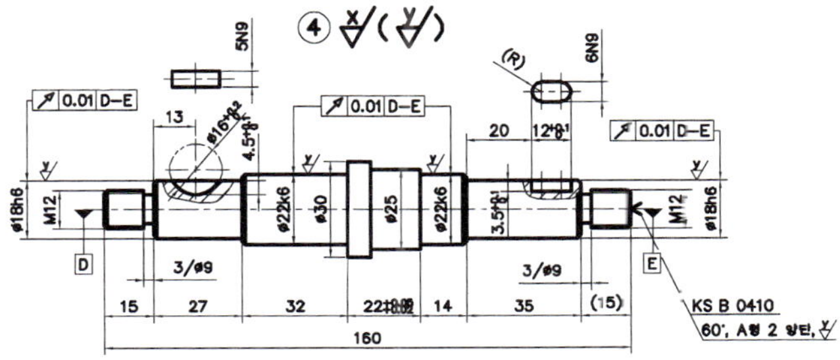

05 벨트풀리의 투상도와 치수 및 공차 기입하기

풀리는 주물로 만들고 벨트 걸치는 부분이나 축 장착부를 매끄러운 표면으로 정밀 가공한다.

(1) 풀리의 투상도는 원통형이므로 축 직각 방향에서 본 면을 정면도로 그리되 온단면도로 도시한다. 그리고 우측면도는 축과 키홈부의 국부투상도로 도시한다.

(2) 치수기입은 공정마다 배열 분리하여 치수 기입을 한다. 즉 원통형은 좌측에 축 장착부와 키홈부는 중간에, 코어홀은 측면에 치수 기입을 한다.

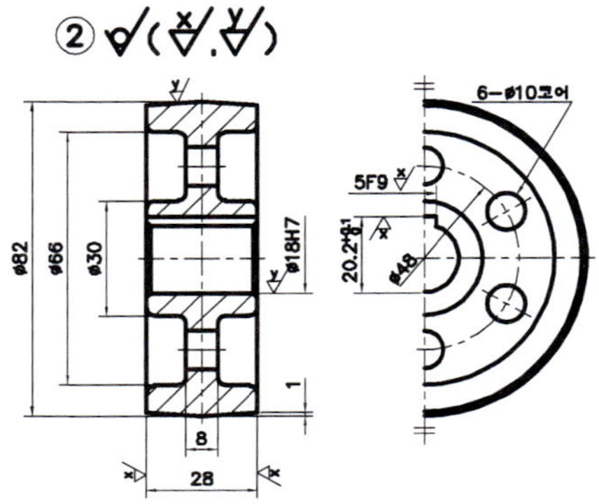

01 측면도의 원 그리기

Command : L(line)

수평선, 수직선을 교차되게 그린다.

Command : C(circle)

옆 그림과 같이 원들을 그린다.

②

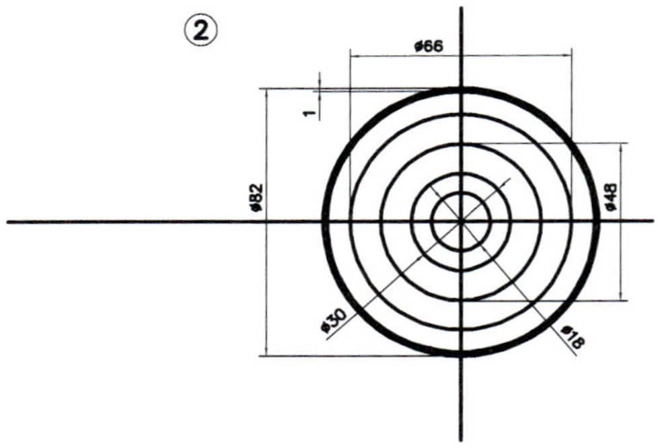

02 키 홈부의 기초선 그리기

Command : TR(trim)

옆 그림과 같이 잘라낸다.

Command : L(line)

원 아래 짧은 수평선을 긋는다.

Command : O(offset)

20.2와 2 부분을 옆 그림과 같이 나란하게 복사한다.

②

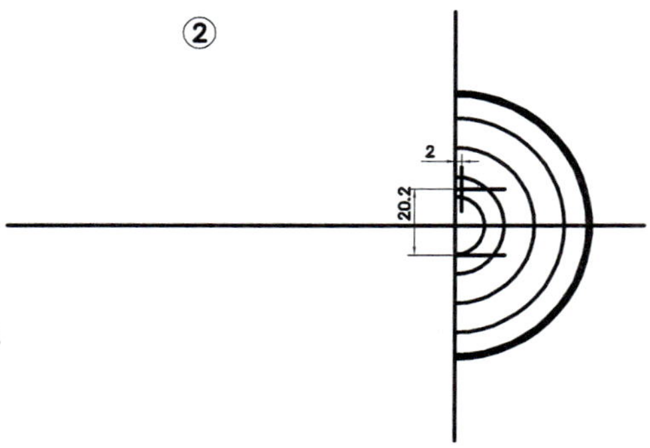

03 우측면도 정리하고 정면도 기초선 그리기

Command : TR(trim)

옆 그림과 같이 잘라낸다.

Command : O(offset)

28 치수를 옆 그림과 같이 나란하게 복사한다.

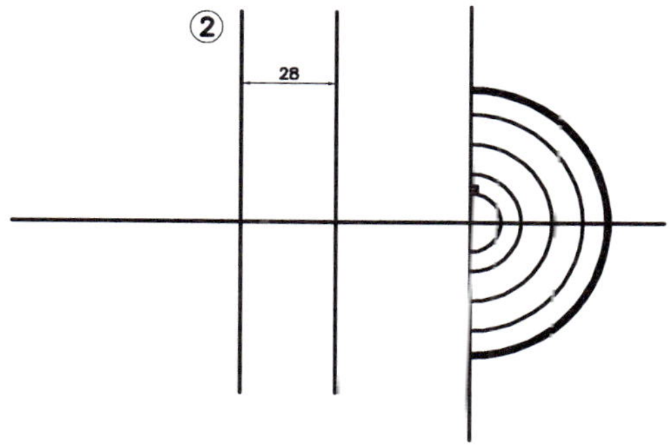

04 코어 홀, 원형 배열 복사하기

Command : C(circle)

지름 10mm 원을 그린다.

Command : AR(array)

원을 선택하고 중심점으로부터 6개를 원형 배열 복사한다.

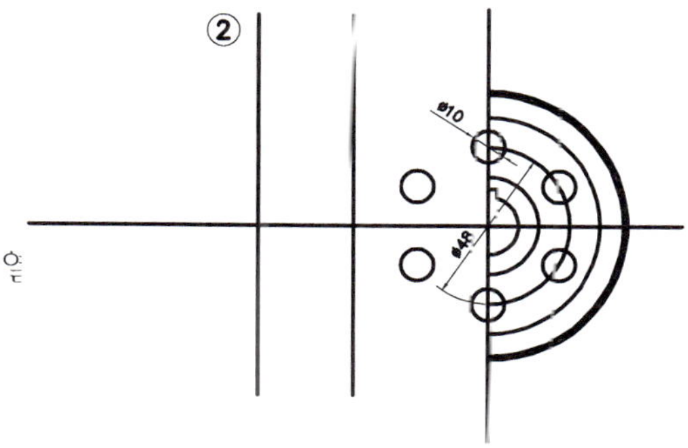

05 정면도를 위한 기초선 그리기

Command : TR(trim)

옆 그림의 우측면도와 같이 잘라낸다.

Command : L(line)

원 부분에서 인출하여 정면도의 기초선을 그린다.

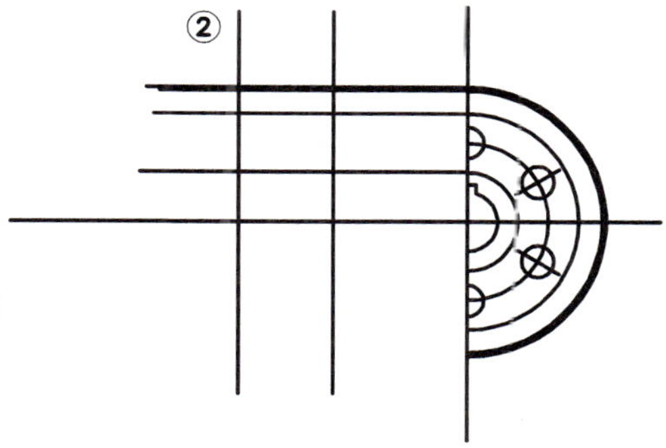

06 정면도 상단부를 정리하기

Command : O(offset)

14 치수를 그림과 같이 나란하게 복사한다.

Command : L(line)

중앙부분을 조금 높게 하기위한 사선들을 그린다.

Command : TR(trim)

옆 그림과 같이 잘라낸다.

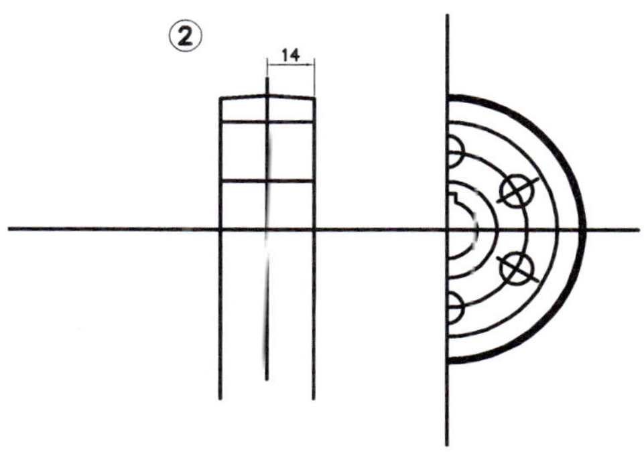

07 암부 그리기

Command : O(offset)

정면도에서 암의 4mm 부분 양쪽으로 나란하게 복사한다.

Command : TR(trim)

복사된 선 안쪽 부분만 위, 아래 두 곳을 잘라낸다.

Command : F(fillet)

R3으로 라운드를 만든다.

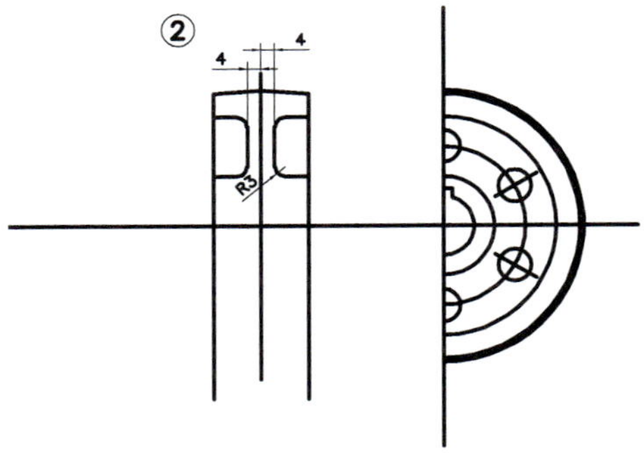

08 정면도의 코어 홀(hole) 완성하기

Command : L(line)

우측면도에서 코어홀 부분의 선을 인출한다.

Command : TR(trim)

옆 그림의 정면도에서와 같이 코어홀부를 정리한다.

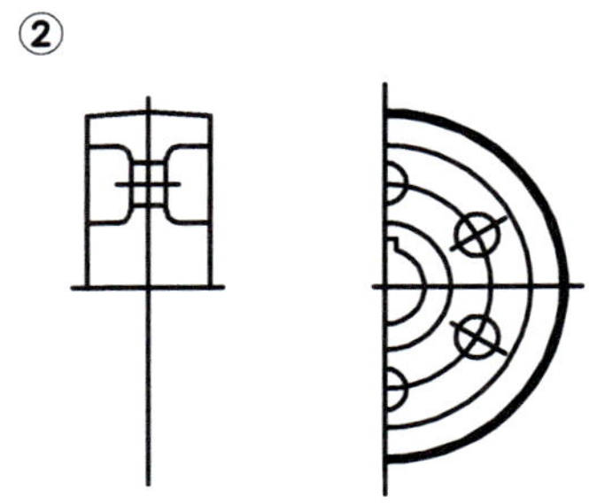

09 대칭복사하고 축 장착부의 기초선 그리기

Command : Mi(mirror)

옆 그림과 같이 대칭 복사한다.

Command : L(line)

우측면도에서 인출하여 정면도로 기초선을 그린다.

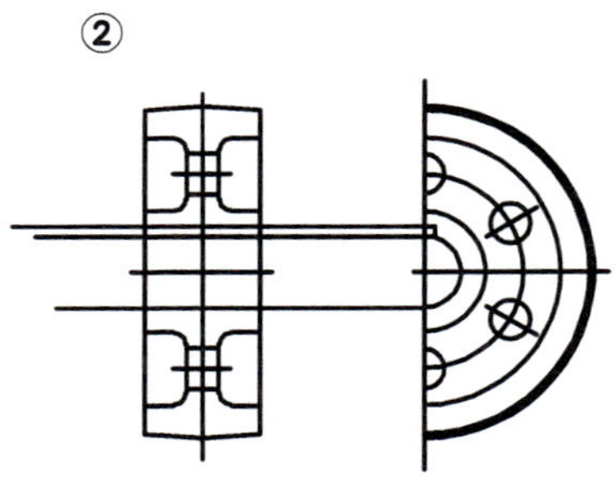

10 국부투상도 정리하기

Command : CHA(chamfer)

C1로 내부의 모서리를 모떼기 처리한다.

Command : L(line)

모떼기 부분에 선들을 보충한다.

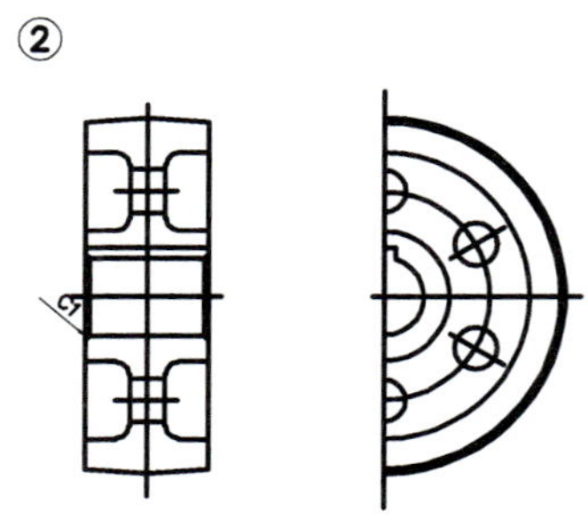

11 평벨트풀리의 투상도 완성하기

- 대칭기호 길이 4mm, 간격 2mm 가는 실선으로 우측면도 위, 아래에 도시한다.

Command : BH(bhatch)
45도 4mm간격으로 해칭 한다.
① 해칭선은 Layer 4번으로 변경하여 가는 실선으로 처리한다.
② 중심선 처리한다.

②

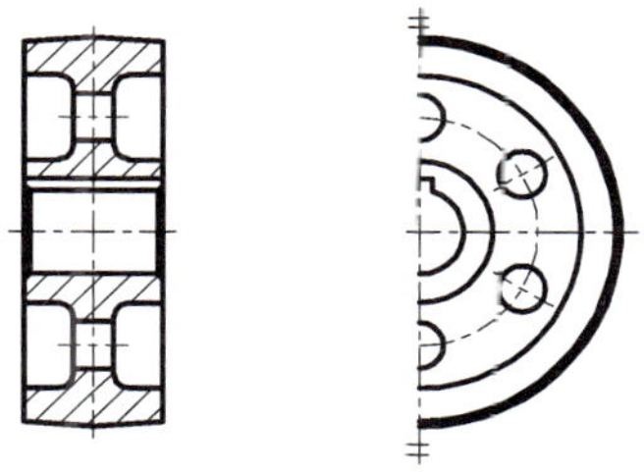

12 선형 치수 기입하기

위 그림에서 원으로 지시한 명령을 선택 한 후 옆 그림과 같이 치수 기입을 한다.

②

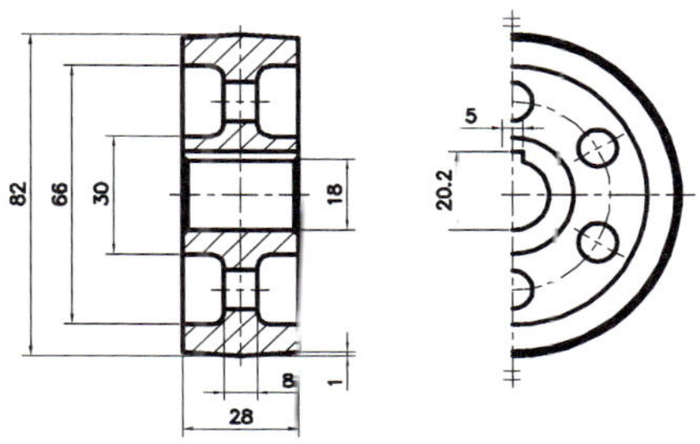

13 치수에서 ϕ기호 및 끼워맞춤 공차 편집하기

위 그림에서 원으로 지시한 명령을 선택한다.
N [Space Bar]
치수 앞에 %%C<>를 입력하고 관련 있는 치수들을 선택한다.
Command : ED(ddedit)
옆 그림과 같이 ϕ18 치수에 ϕ18H7으로 편집한다.

②

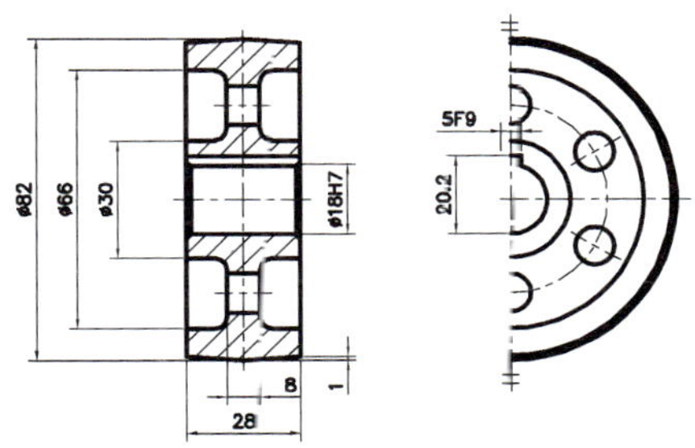

14 치수요소를 분해하여 반쪽 생략한 치수기입 모양 만들기

Command : X(explode)

ϕ18H7의 치수를 선택하여 분해한다.

Command : BR(break)

끊어서 반쪽의 모양을 만든다.

Command : E(erase)

불필요한 요소 지운다.

Command : M(move)

치수만은 선택해서 적당한 위치로 배치한다.

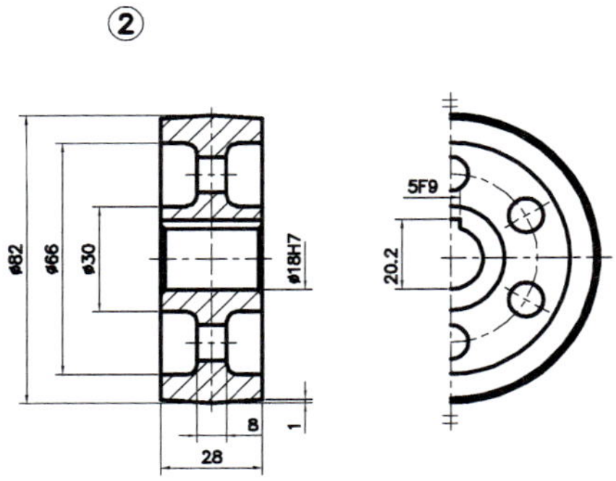

15 지시선 치수 기입하기

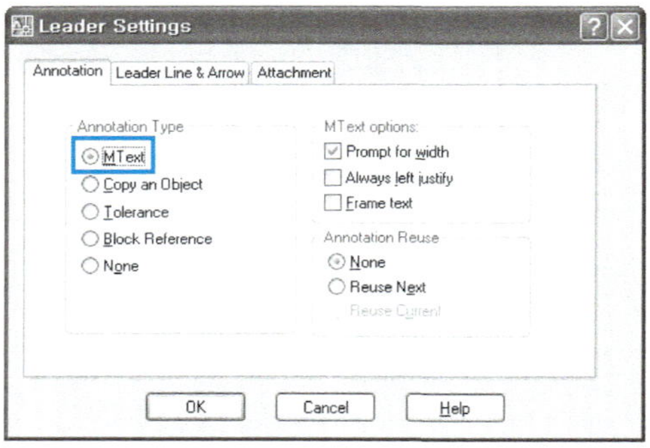

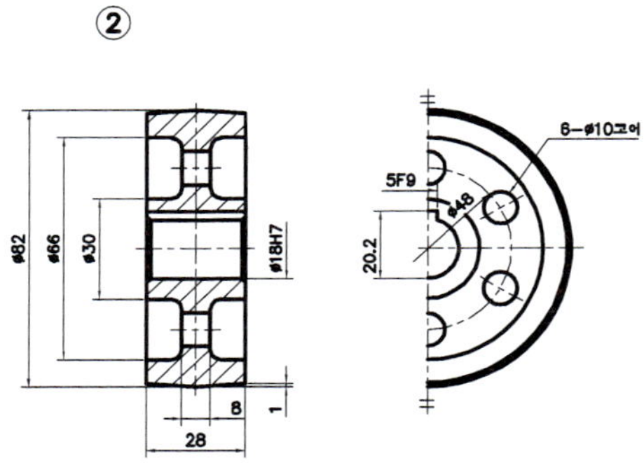

위 그림의 원으로 지시한 명령을 선택 한 후 Space Bar 를 선택하여 Annotation Type에서 Mtext를 선택한다.

요소의 근접점(Nea)을 선택하여 원을 선택 한 후 60도 분위기로 인출하여 마우스 우측 버튼을 세 번 누르면 치수 편집기가 나타난다.

편집기에서 6− ϕ10코어라고 쓰고 OK를 선택한다.

16 치수공차 기입하기

• 도면양식에 이미 만들어 놓은 치수 공차를 투상도 근처로 복사한다.

Command : Co(copy)

옆 그림과 같이 치수공차를 복사한다.

Command : E(erase)

복사된 공차들을 지운다.

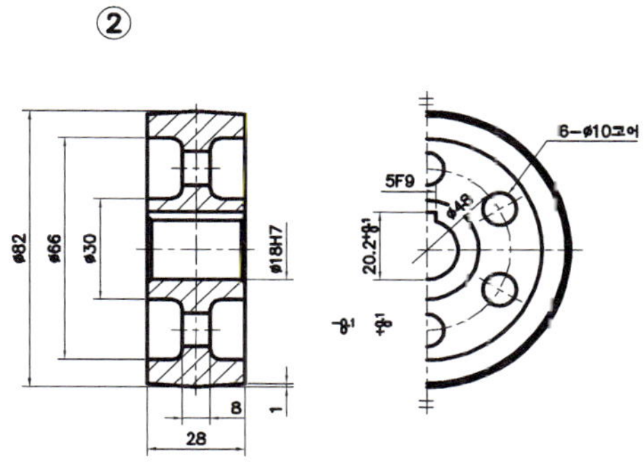

17 다듬질공차 기입하기

• 도면양식에 이미 만들어 놓은 다듬질공차를 투상도 근처에 복사한다.

Copy 명령으로 옆 그림과 같이 다듬질공차를 기입한다.

품번과 큰 다듬질 공차를 편집하여 옆 그림과 같이 편집한다.

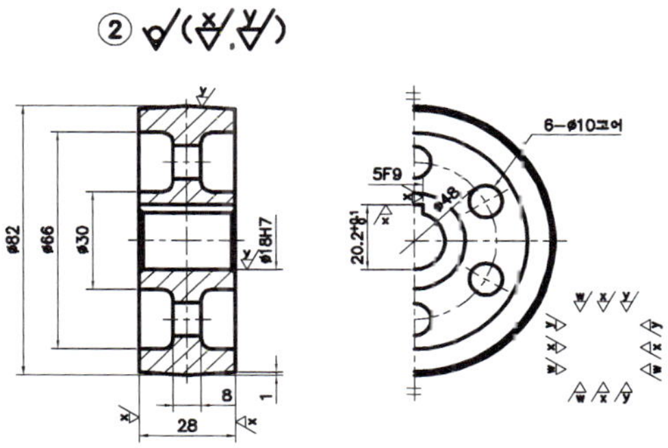

18 평벨트풀리의 부품도를 완성하기

Erase로 필요 없는 부분을 선택하여 삭제하고 Move로 옆 그림 전체를 선택하여 적당한 위치로 배치한다.

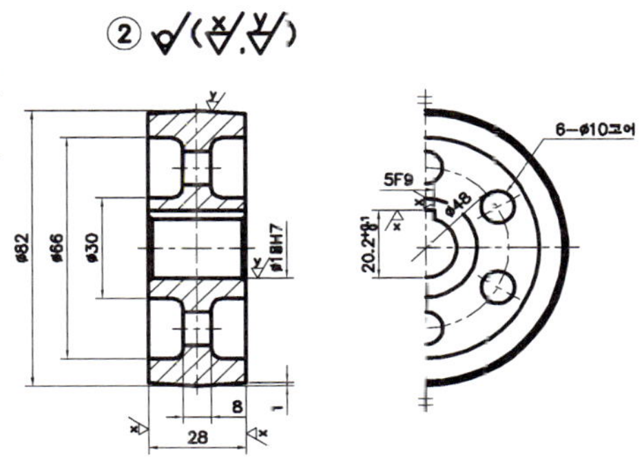

06 참고 답안

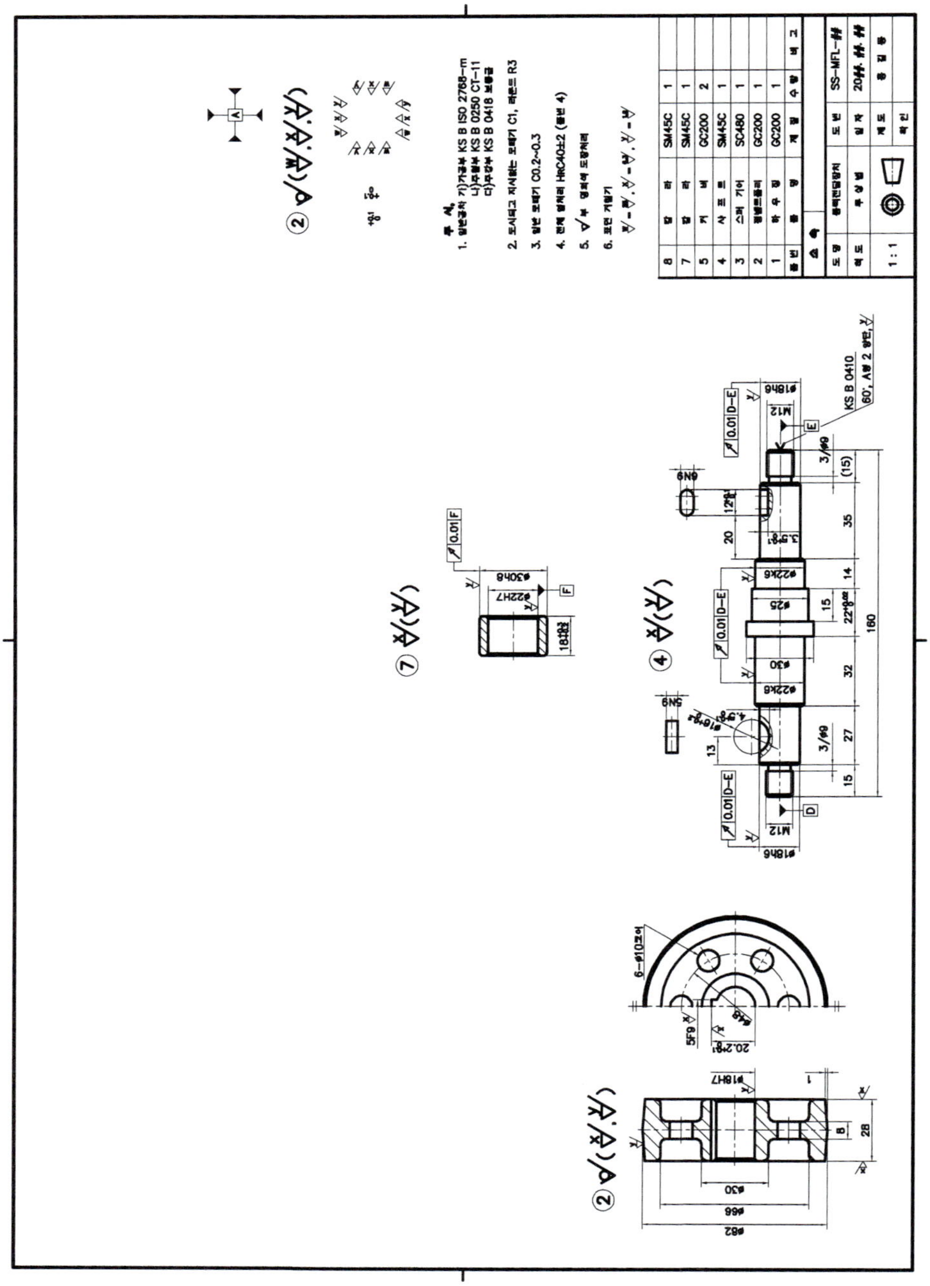

07 분해도

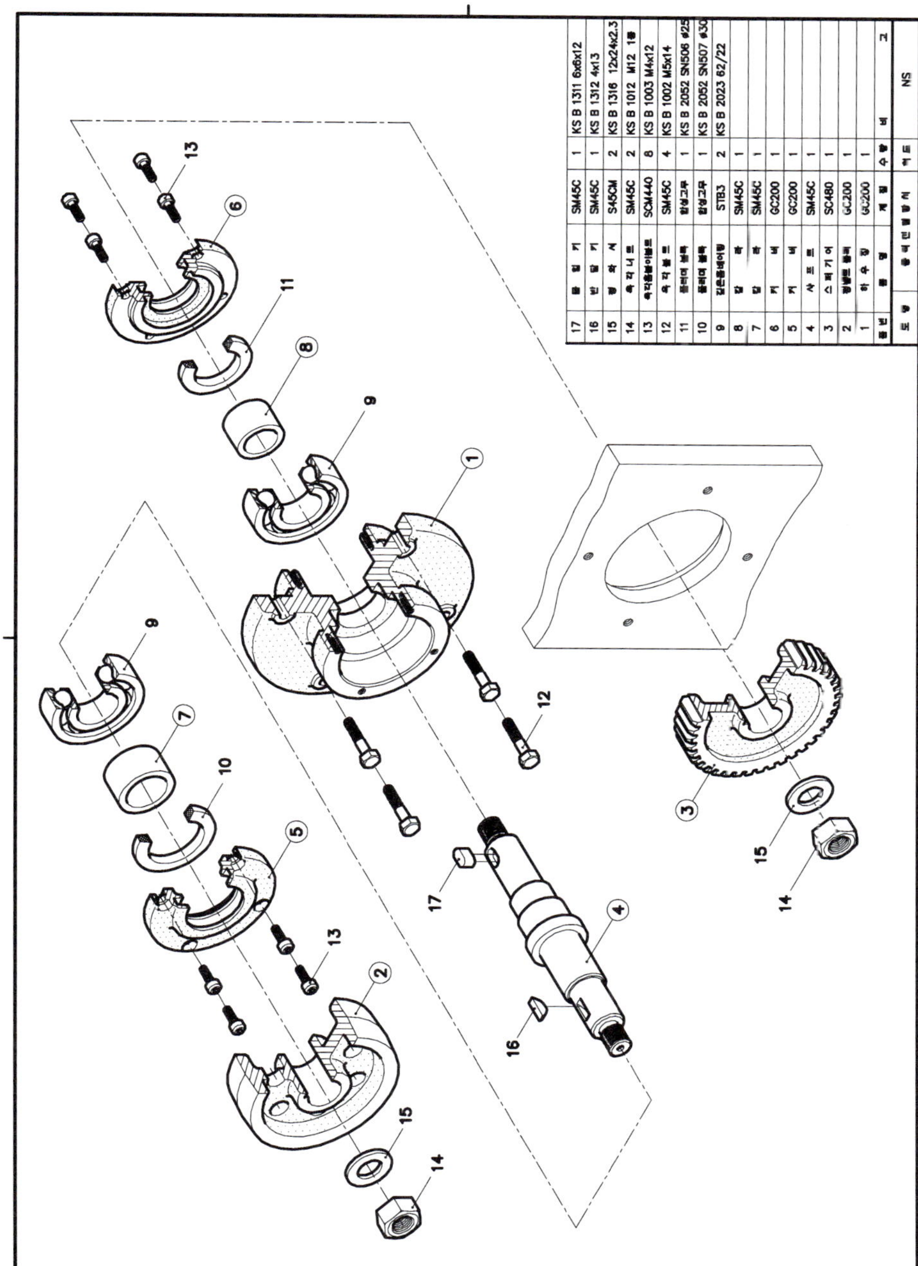

품번	품명	재질	수량	비고
17	묻힘 키	SM45C	1	KS B 1311 6x6x12
16	반달 키	SM45C	1	KS B 1312 4x13
15	평 와셔	S45CM	2	KS B 1316 12x24x2.3
14	육각 너트	SM45C	2	KS B 1012 M12 1종
13	육각구멍붙이볼트	SCM440	8	KS B 1003 M4x12
12	육각 볼트	SM45C	4	KS B 1002 M5x14
11	플러머 블록	합성고무	1	KS B 2052 SN506 ø25
10	플러머 블록	합성고무	1	KS B 2052 SN507 ø30
9	깊은홈볼베어링	STB3	2	KS B 2023 62/22
8	칼라	SM45C	1	
7	칼라	SM45C	1	
6	커버	GC200	1	
5	커버	GC200	1	
4	샤프트	SM45C	1	
3	스퍼기어	SC480	1	
2	[illegible]	GC200	1	
1	하우징	GC200	1	
도명	동력전달장치	척도		NS

6

실습 목표

1. 다듬질공차 및 기하공차에 대하여 알아본다.
2. 하우징, 스퍼기어, 커버의 투상도를 그릴 수 있다.
3. 완성된 투상도에 치수와 공차를 기입할 수 있다.

6장 실습 내용

1. 부품도 투상도와 치수 및 공차 기입하기 2 순서
2. 하우징 투상도와 치수 및 공차 기입하기
3. 스퍼기어 투상도와 치수 및 공차 기입하기
4. 커버 투상도와 치수 및 공차 기입하기
5. 참고 답안

평가 사항(배점)

- 실습 방법 및 태도 (　　점)
- 선 오기 및 누락 (　　점)
- 다듬질공차 누락 (　　점)
- 기하공차 누락 (　　점)
- 표제란 및 배치 (　　점)
- 시간 준수 (　　점)
- 소요시간 : 2~3hr

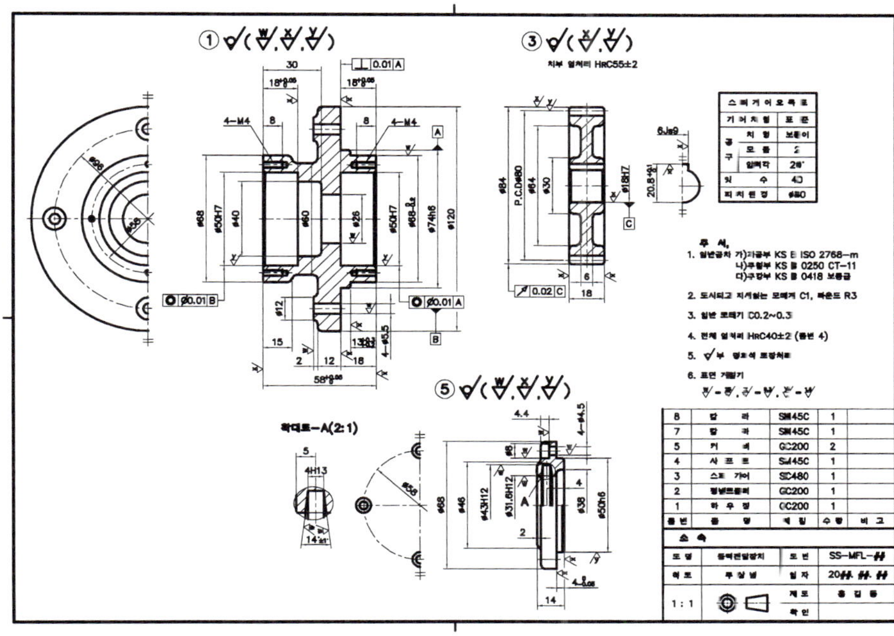

CHAPTER 06 치수 및 공차 기입하기-2

01 치수 및 공차 기입하기 2 순서

5장에 작성한 칼라, 샤프트, 평벨트풀리의 도면 파일을 열기한 후 추가하여 하우징, 스퍼기어, 커버의 투상도와 치수 및 공차 기입하는 방법을 익혀보자.

01 하우징 투상도 완성하기

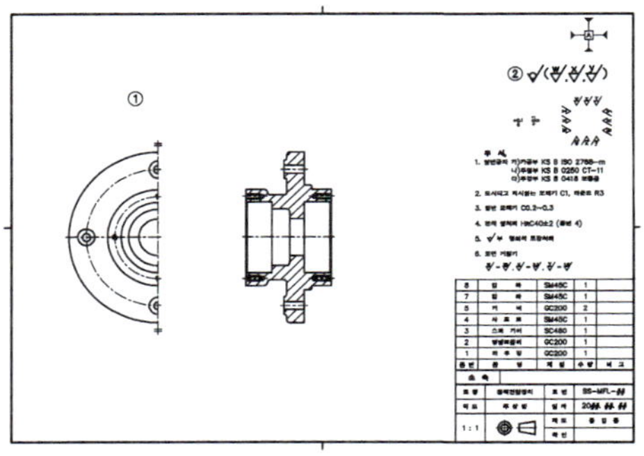

02 치수 기입하기

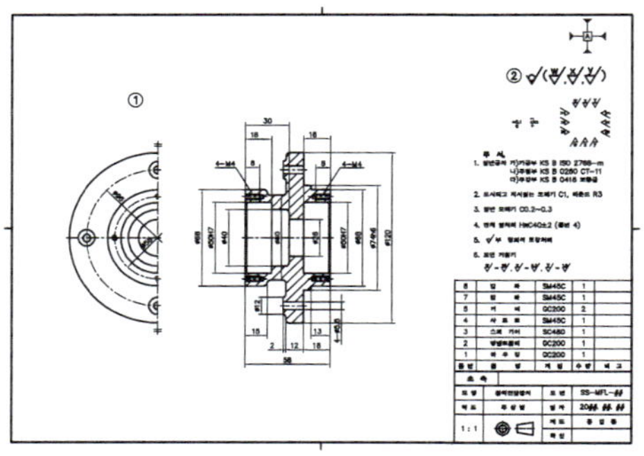

04 투상도 완성하기

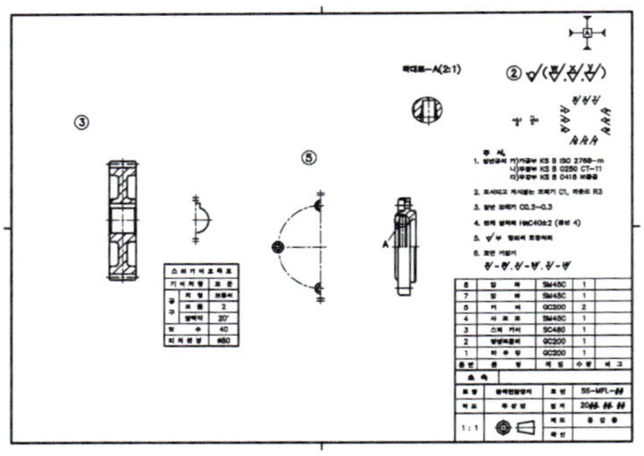

05 치수 기입하기

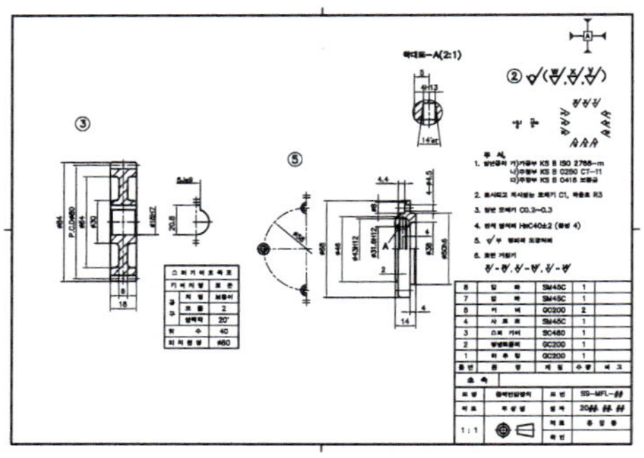

03 공차 기입하여 완성하기

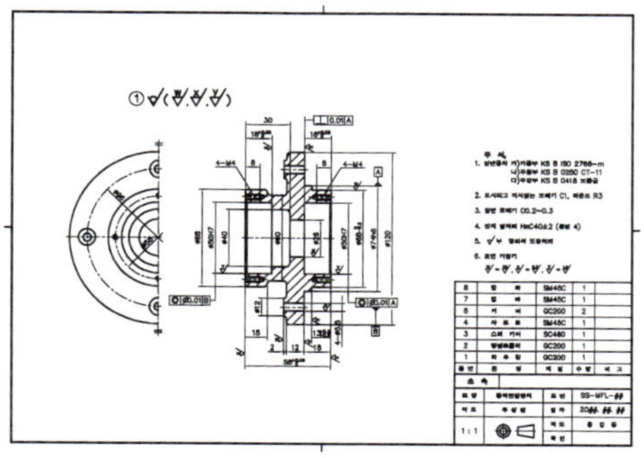

06 공차 기입하여 완성하기

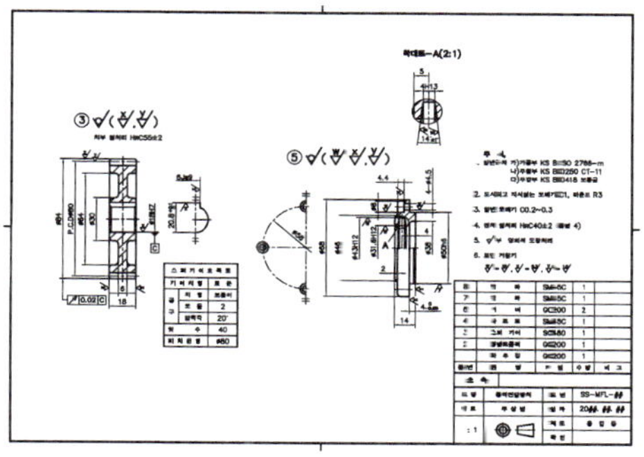

02 하우징의 투상도와 치수 및 공차 기입하기

5장에 작성한 도면 파일 열기

이미 5장에 만들어 놓은 도면을 열기 한 후 추가하여 하우징, 스퍼기어, 커버를 추가하여 완성한다.

Command : open

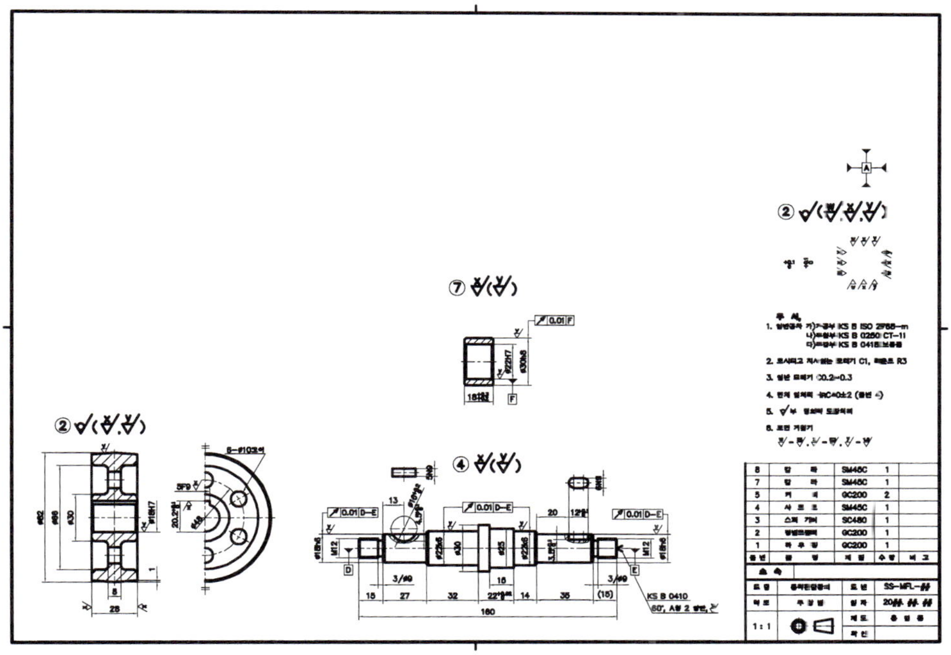

하우징은 주물로 소재를 만들고 베어링 장착부를 매끄러운 표면으로 정밀 가공을 한다.

(1) 하우징의 투상도는 원통형이므로 축 직각 방향에서 본 면을 정면도로 그리되 온단면도로 도시한다. 그리고 볼트의 구멍자리의 특징이 좌측 방향으로 있으므로 좌측면도를 그리되 반 생략도로 그린다.

(2) 치수 기입은 주로 정면도에 기입하되 중심선을 기준으로 대칭형으로 치수 기입한다.

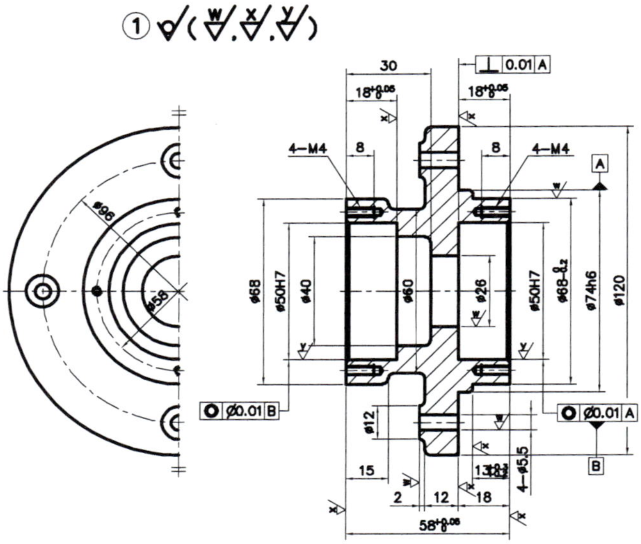

01 측면도의 원 그리기

Command : L(line)

수평선, 수직선을 교차되게 그린다.

Command : C(circle)

옆 그림과 같이 원들을 그린다.

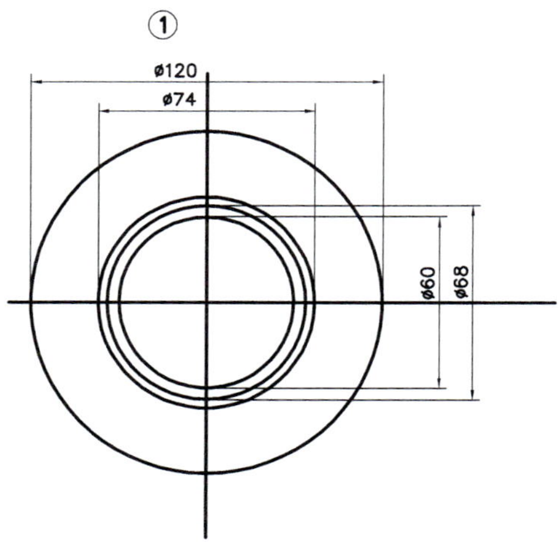

02 원통 소재 가공을 위한 기초선 그리기

Command : TR(trim)

옆 그림과 같이 잘라낸다.

Command : L(line)

원에서 수평선을 인출하여 선들을 긋는다.

58mm의 좌측 수직선을 추가로 긋는다.

Command : O(offset)

옆 그림과 같이 나란하게 복사한다.

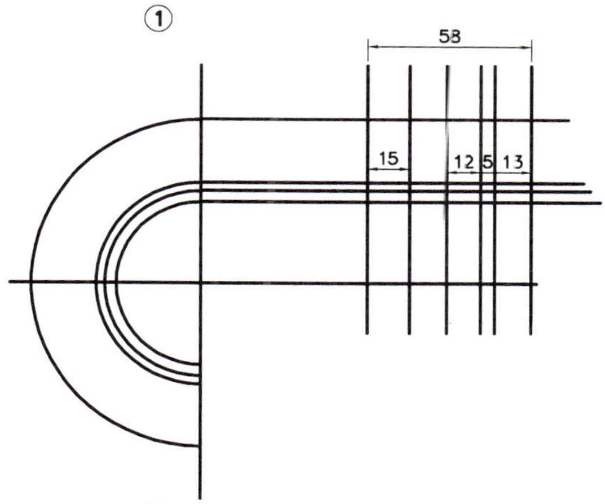

03 좌측면도와 정면도의 외형을 정리하기

Command : F(fillet)

R3의 라운드를 처리한다.

Command : CHA(chamfer)

C1의 모따기를 처리한다.

Command : TR(trim)

옆 그림과 같이 잘라낸다.

Command : E(erase)

불필요한 것을 지운다.

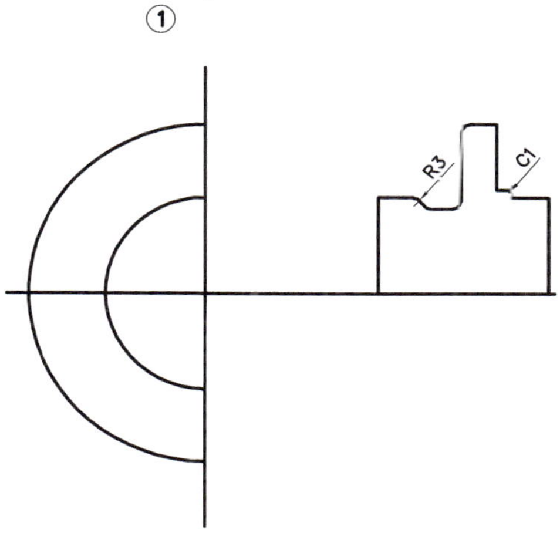

04 돌출부와 드릴 구멍자리의 기초선 그리기

Command : C(circle)

옆 그림의 치수와 같은 원들을 그린다.

Command : AR(array)

원 두개를 선택하고 중심점으로부터 4개를 원형 배열 복사한다.

Command : L(line)

원 부분에서 인출하여 정면도의 기초선을 그린다.

Command : O(offset)

옆 그림과 같이 나란하게 복사한다.

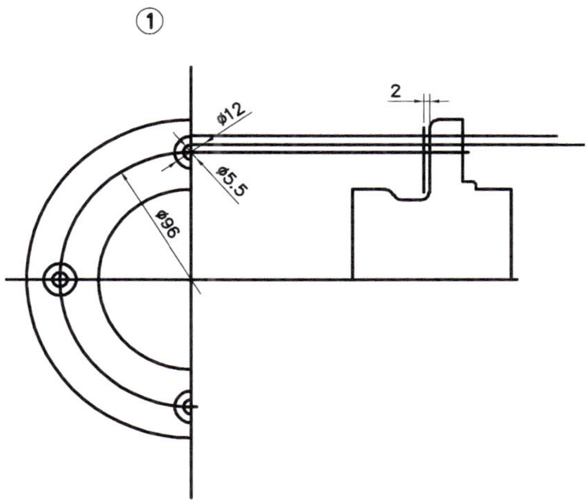

05 외형도를 정리하고 선 변경하기

Command : TR(trim)

옆 그림의 정면도와 같이 잘라낸다.

Command : Mi(mirror)

정면도에서 돌출부와 드릴 구멍자리의 대칭 복사한다.

① 중심선을 처리한다.

② 대칭기호(가는선 나란하게 두개의 선)를 그린다.(길이 5mm, 간격 2mm)

①

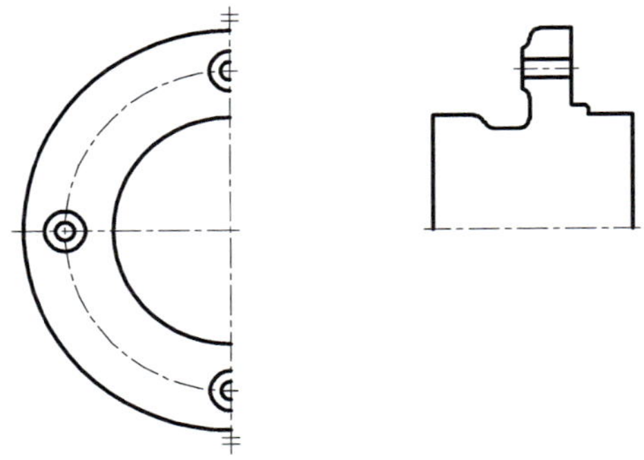

06 내면의 홈을 위한 기초선 그리기

Command : C(circle)

좌측면도의 원들을 그린다.

Command : L(line)

원에서 선을 인출한다.

Command : O(offset)

정면도의 치수와 같이 나란하게 복사한다.

①

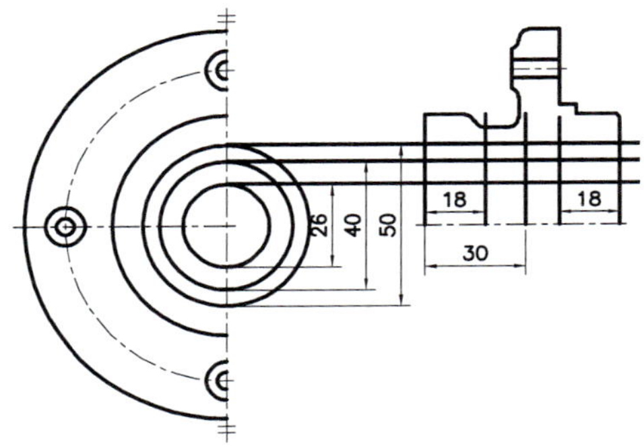

07 내면의 홈 정리

Command : F(fillet)

R3 부분의 모서리를 라운드로 편집한다.

Command : CHA(chamfer)

C1 부분의 모서리를 모떼기로 편집한다.

Command : L(line)

모떼기부의 외형을 수직선으로 그린다.

Command : TR(trim)

옆 그림과 같이 잘라낸다.

Command : E(Erase)

불필요한 것들을 지운다.

①

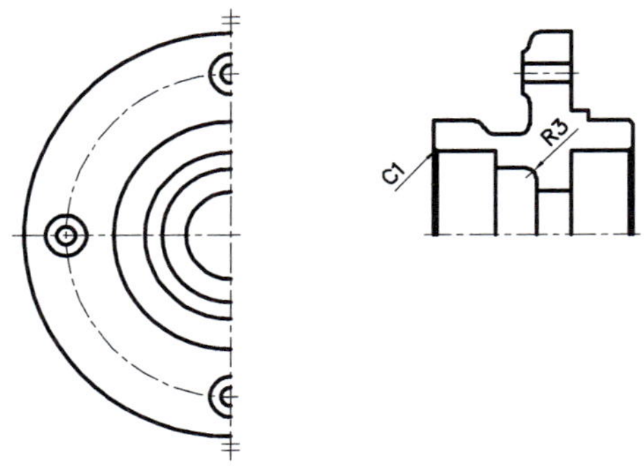

08 암나사를 위한 기초선 그리기

Command : C(circle)

좌측면도에서 지름 4mm 원을 그린다.

Command : O(offset)

4mm 원을 선택하여 0.8mm 안으로 나란하게 복사한다.

Command : AR(array)

원 두개를 선택하고 중심점으로부터 4개를 원형 배열 복사한다.

Command : L(line)

원에서 선을 인출한다.

Command : O(offset)

정면도에서 8mm 나란하게 복사한다.

①

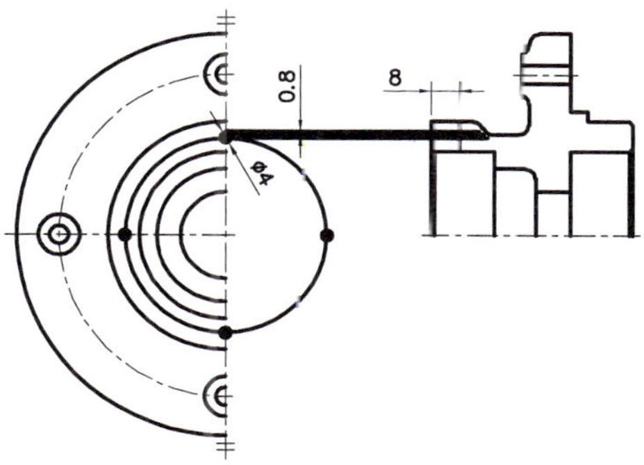

①

09 정면도의 암나사 제도를 위한 기초선 그리기

Command : O(offset)

정면도에서 3mm 정도로 나란하게 복사한다.

Command : XL(xline)

A [Space Bar] 하여 −30도와 −60도의 사선들을 그린다.

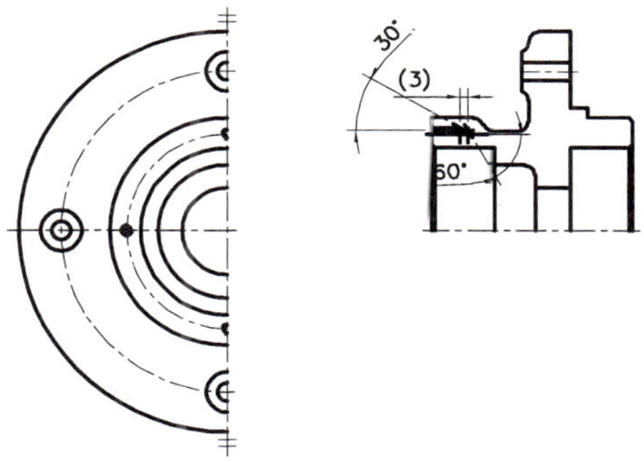

①

10 암나사를 완성하기

Command : TR(trim)

정면도에서 암나사 부분 위에 반만을 남기고 잘라낸다.

Command : Mi(mirror)

암나사 부분을 대칭 복사하여 완성한다.

우측에 있는 암나사도 대칭 복사한다.

• 나사의 골 부분은 가는 실선(red)으로 변경한다.

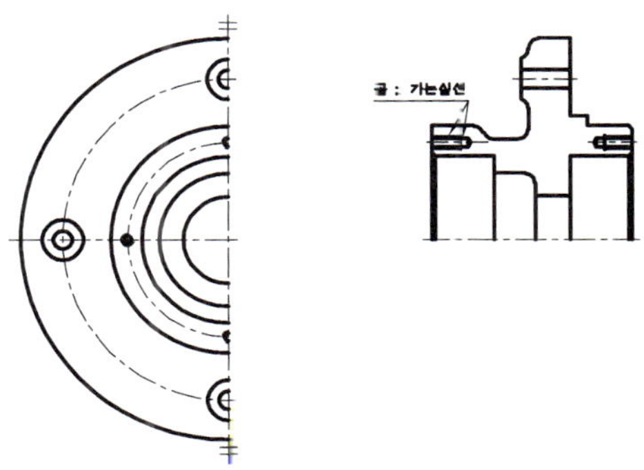

11 하우징의 투상도 완성하기

Command : Mi(mirror)
정면도에서 중심선을 기준으로 대칭 복사한다.
Command : BH(bhatch)
45도 4mm간격으로 해칭한다.
해칭선은 Layer 4번으로 넣어 가는 실선으로 처리한다.

①

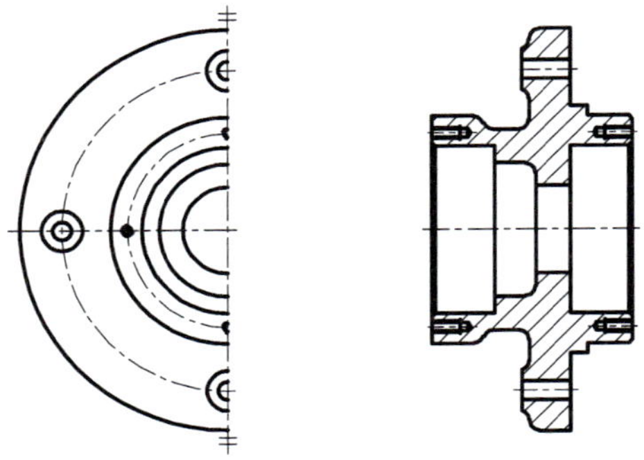

12 선형 치수 기입을 한다.

• 치수기입 할 때 키보드의 기능키에서 F7을 선택하여 화면상에 격자점을 켜고 치수기입을 한다.
위 그림에서 원으로 지시한 가로/세로 치수기입을 선택하여 옆 그림과 같이 치수기입을 한다.

①

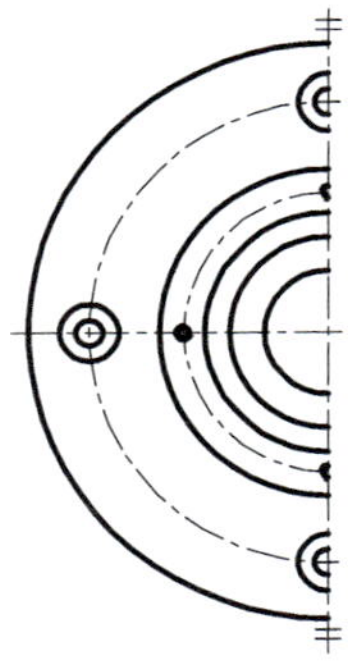

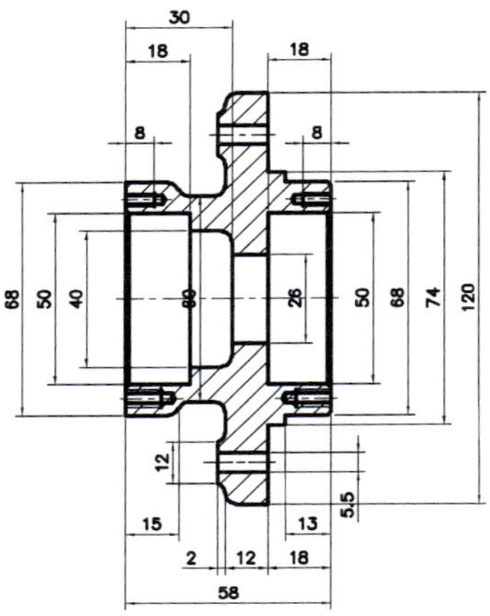

①

13 치수에서 기호 및 끼워맞춤 공차를 편집

위 그림에서 원으로 지시한 명령을 선택하고
N Space Bar
치수 앞에 %%C를 입력하고
변경하려는 치수들을 선택한다.

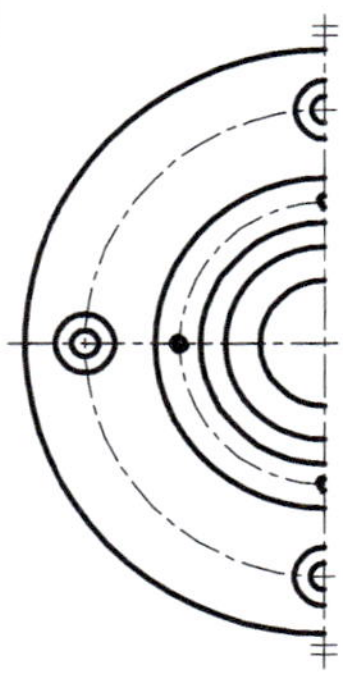

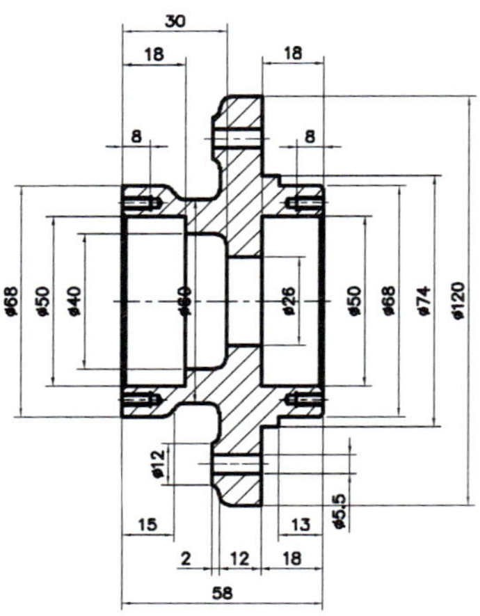

14 좌측면도에서 중심선의 지름 치수 기입하기

위 그림의 원으로 지시한 것을 선택하고
좌측면도에 반지름 치수기입들을 한다.
Command : ED(ddedit)
R48를 선택해서 %%C96을 입력하여
ϕ96로 변경하고 R29를 선택해서
ϕ58로 변경한다.
Command : X(explode)
ϕ58과 ϕ96의 치수를 선택하여
분해한다.
Command : LEN(lengthen)
DY [Space Bar]
ϕ58과 ϕ96의 치수선 끝을 선택하여 중심선을
지나도록 연장한다.

①

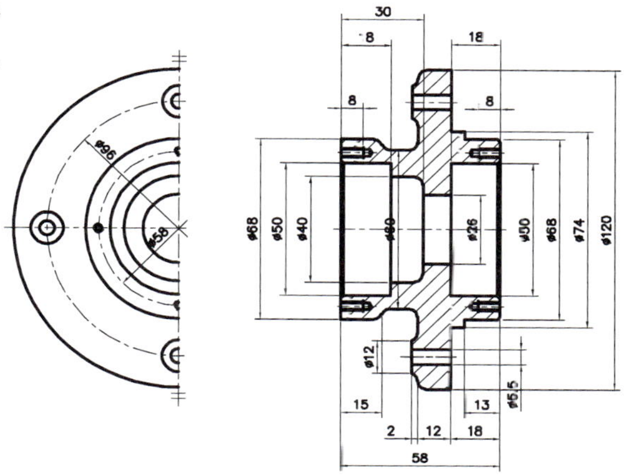

15 지시선 치수 기입하기

위 그림의 원으로 지시한 명령을
선택 한 후 [Space Bar]를 선택하여
Mtext를 선택한다.
좌측 나사의 골을 근접점(Nea)
으로 선택한 후 60도 분위기로
인출하여 마우스 우측 버튼을
세 번 누르면 치수 편집기가
나타난다.
편집기에서 4-M4라고 쓰고 OK를 선택한다.
같은 방법으로 우측에도 나사 치수기입을 한다.

①

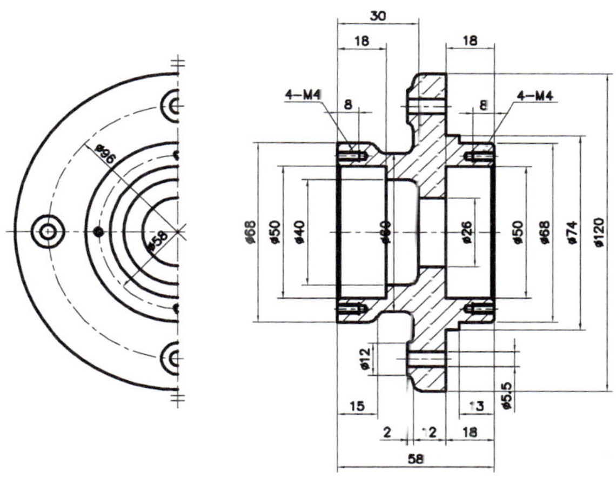

16 치수 공차 기입하기

• 도면양식에 이미 만들어 놓은 치수 공차를 투상도 근처로 복사한다.

①

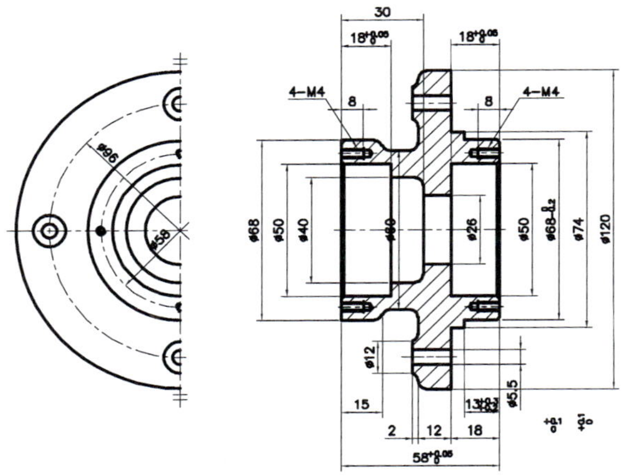

Command : Co(copy)
18 두 곳과 13, 58 치수 옆에 가로 치수공차를 복사하고 φ68 치수 위로 세로 치수공차를 복사한다.

Command : ED(ddedit)
옆 그림과 같이 치수공차를 변경한다.

Command : E(erase)
불필요한 치수 공차를 지운다.

17 다듬질공차 기입하기

• 도면양식에 이미 만들어 놓은 다듬질공차를 투상도 근처로 복사한다.

①

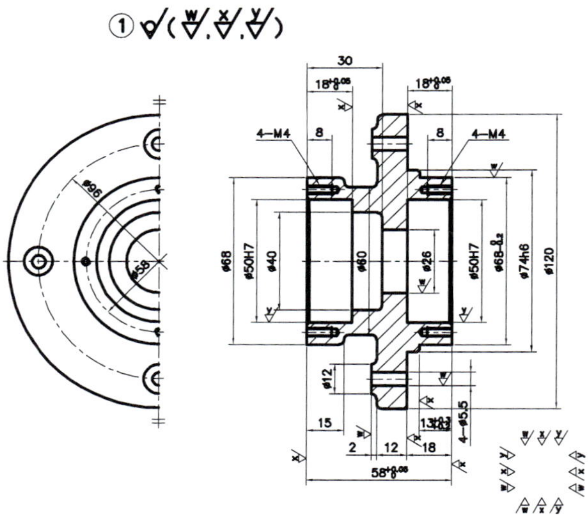

copy 명령으로 옆 그림과 같이 복사할 때 osnap 기능에서 End/Nea 기능만 켜고 기입하면 편리하다.

품번과 큰 다듬질 공차를 편집하여 옆 그림과 같이 만든다.

18 데이텀과 기하공차 기입하기

• 도면양식에 이미 만들어 놓은 데이텀기호를 투상도 근처로 복사한다.
데이텀기호를 Copy 명령으로 옆 그림과 같이 복사한다.

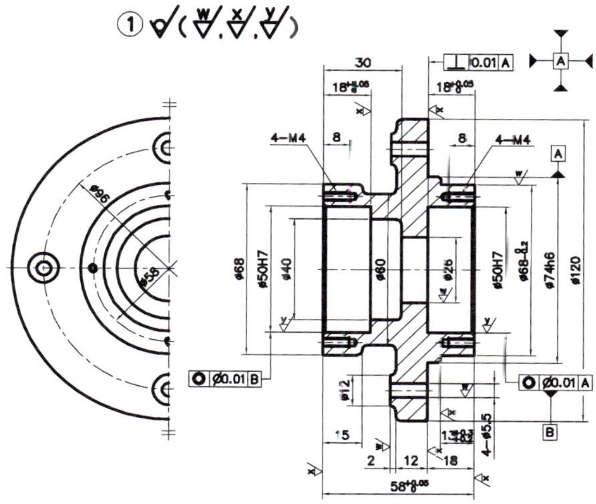

위 명령을 선택 한 후 Space Bar 를 선택하여 Tolerance로 변경한다.
그리고 φ50H7에 동심도의 기하공차를 기입한다. 그곳에 데이텀기호를 복사하고 A를 B로 변경한다.
그리고 나머지 옆 그림과 같이 기하공차를 기입한다.

19 하우징의 부품도 완성하기

Erase로 필요 없는 부분을 선택하여 지우고 Move로 옆 그림 전체를 선택하여 알맞은 위치로 배치한다.

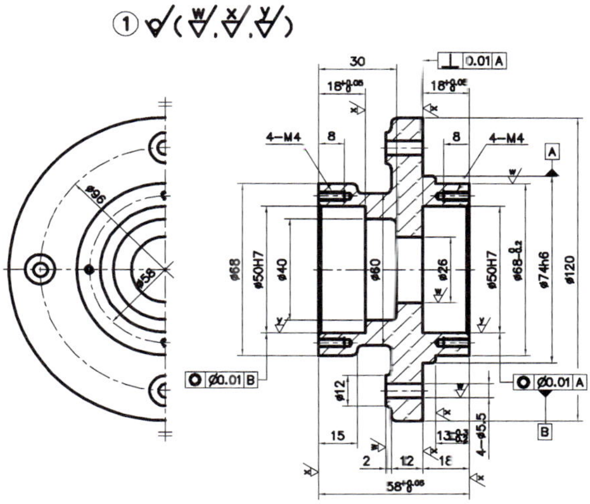

03 스퍼기어의 투상도와 치수 및 공차 기입하기

스퍼기어는 주물로 소재를 가공하고 치부와 축 장착부를 매끄러운 표면으로 정밀 가공을 한다.

(1) 스퍼기어의 투상도는 원통형 축 직각 방향에서 본 면을 정면도로 그리되 온단면도로 도시한다. 우측면도는 키홈과 축장착부를 국부투상도로 도시한다. 그리고 요목표를 병행한다.

(2) 치부 치수 기입은 좌측으로 축 장착부와 키 홈부의 치수 기입은 중간에 기입한다.

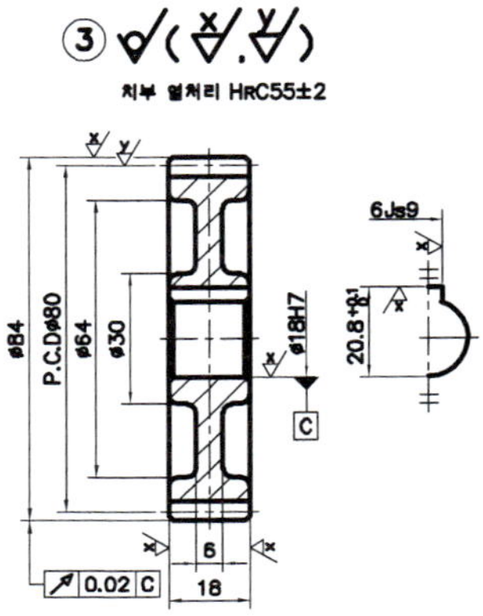

스퍼기어요목표		
기어치형		표준
공구	치형	보통이
	모듈	2
	압력각	20°
잇수		40
피치원경		ø80

01 측면도의 원 그리기

Command : L(line)

수평선, 수직선을 교차되게 그린다.

Command : C(circle)

옆 그림에 원들을 그린다.

Command : O(offset)

옆 그림과 같이 나란하게 복사한다.

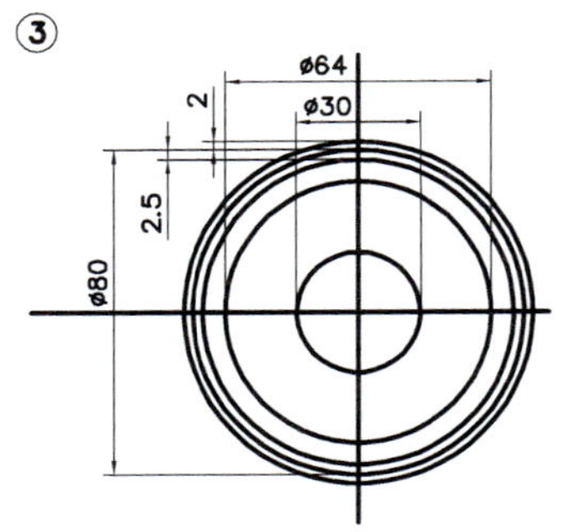

02 기어 소재 가공을 위한 기초선 그리기

Command : L(line)

원에서 수평선을 인출하여 선들을 긋는다.

18mm의 우측 수직선을 추가로 긋는다.

Command : O(offset)

옆 그림과 같이 나란하게 복사한다.

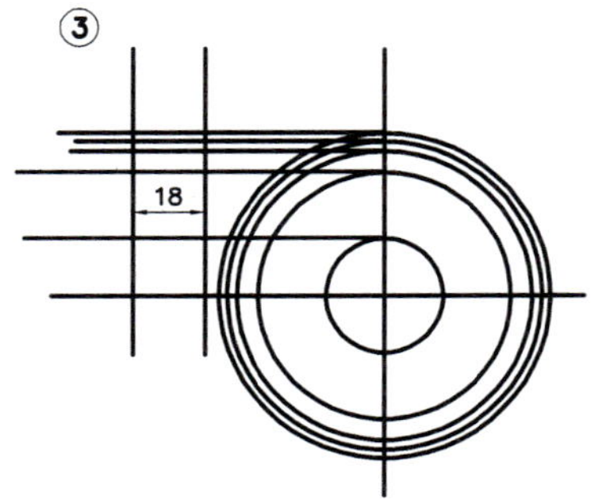

03 정면도를 정리하고 우측면도의 원들 지우기

Command : CHA(chamfer)

C1 값으로 모서리를 모떼기로 편집한다.

Command : BR(break)

피치선을 외형에서 3mm 정도로 끊는다.

Command : TR(trim)

옆 그림과 같이 잘라낸다.

Command : O(offset)

정면도에서 폭 중간에 9mm 나란하게 복사한다.

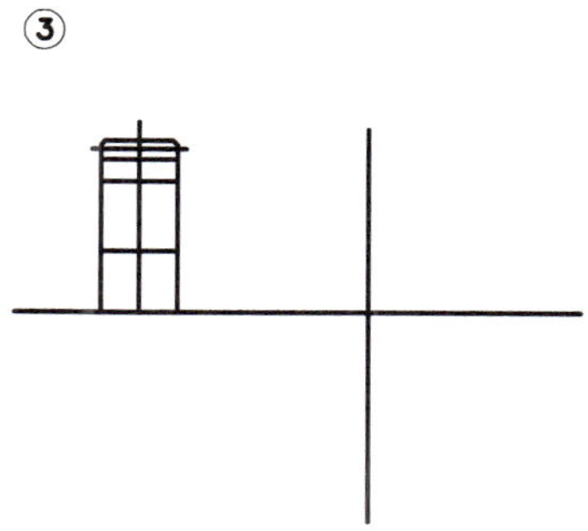

04 기어 암부의 기초선 그리기

Command : O(offset)

정면도에서 3mm 나란하게 복사한다.

Command : TR(trim)

옆 그림과 같이 잘라낸다.

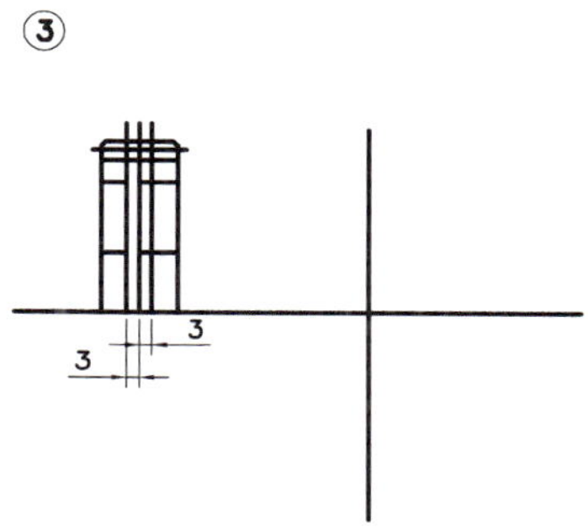

05 기어 암부를 정리하고 대칭 복사하기

Command : F(fillet)

R3 값으로 모서리를 라운드로 편집한다.

Command : Mi(mirror)

옆 그림과 같이 대칭 복사한다.

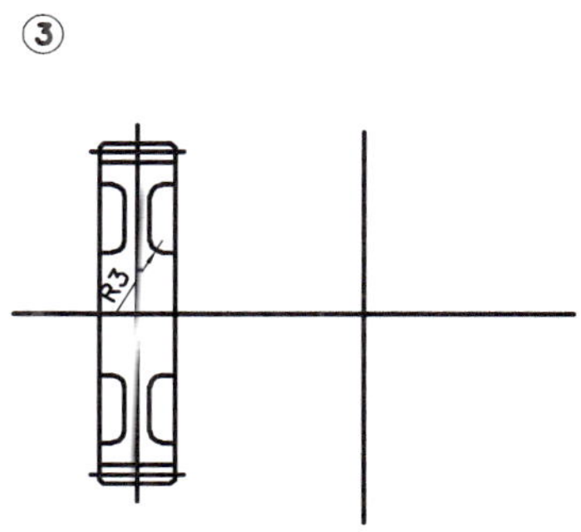

06 우측 면도를 국부 투상도로 나타내기 위한 기초선 그리기

Command : C(circle)

우측면도의 원을 그린다.

Command : L(line)

원 아래 짧은 수평선을 긋는다.

Command : O(offset)

옆 그림과 같이 나란하게 복사한다.

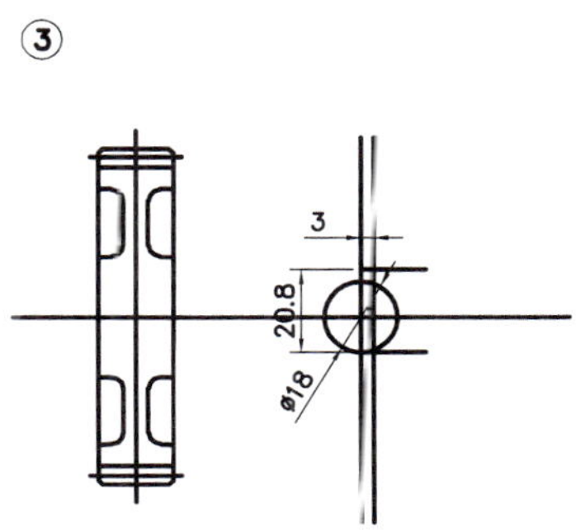

07 우측면도를 정리하고 정면도로 기초선 그리기

Command : TR(trim)

옆 그림의 우측면도와 같이 잘라낸다.

Command : E(erase)

불필요한 선을 지운다.

대칭기호(길이 3mm, 간격 1.5mm)를 그리고 적당한 위치로 이동한 후 아래로 복사한다.

Command : L(line)

정면도로 선을 인출한다.

③

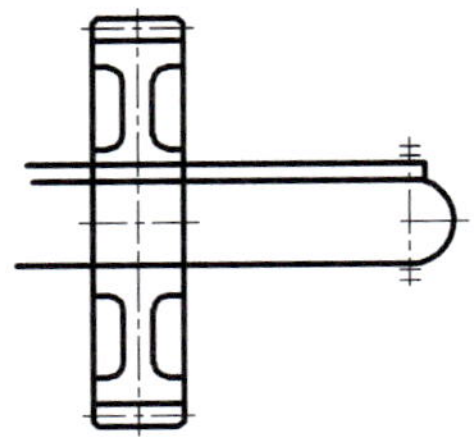

08 정면도 정리하기

Command : CHA(chamfer)

C1 값으로 모서리를 모떼기로 편집한다.

Command : TR(trim)

옆 그림의 정면도와 같이 잘라낸다.

Command : L(line)

모떼기 부분의 선들을 추가하여 그린다.

③

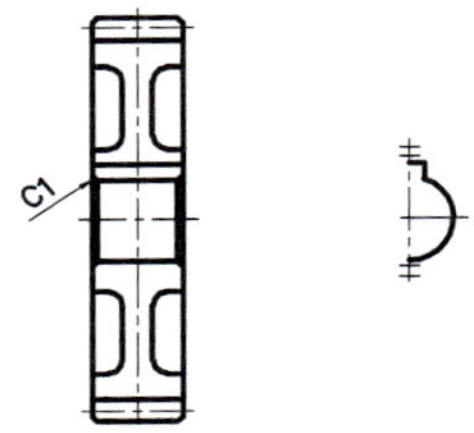

09 해칭하여 투상도를 완성하고 요목표 만들기

Command : BH(bhatch)

45도 4mm간격으로 해칭한다.

- 해칭선은 Layer 4번으로 변경하여 가는 실선으로 처리한다.
- 옆 그림과 같이 요목표를 그린다.

③

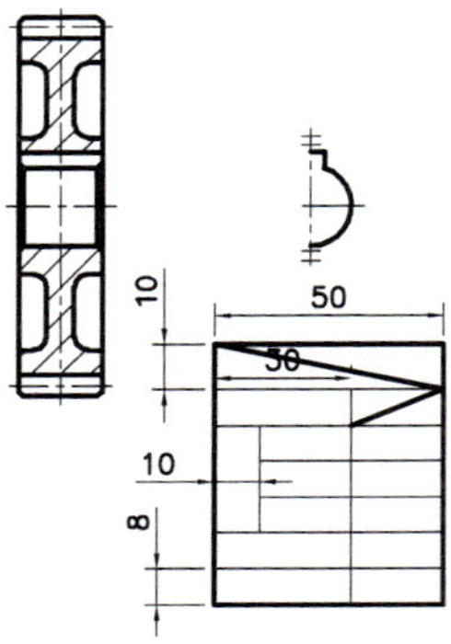

10 요목표에 문자 쓰기

Command : DT(dtext)

M Space Bar

대각선의 중간점을 문자의 시작점으로 하여 3.2 크기의 문자를 쓴다.

Command : CO(copy)

옆 그림의 요목표와 같이 복사한다.

③

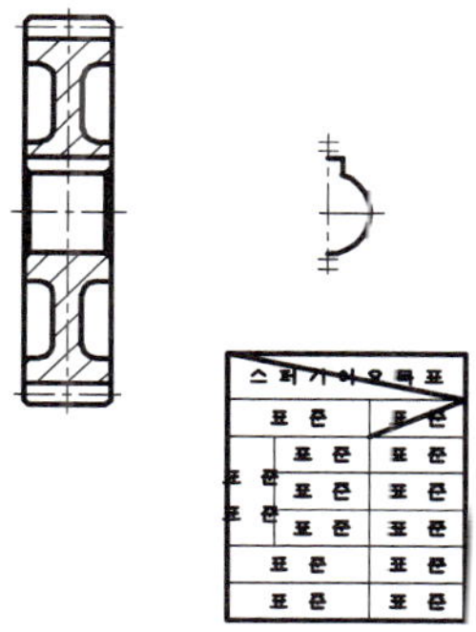

11 요목표 완성하기

Command : ED(ddedit)

옆 그림의 요목표와 같이 문자를 변경한다.

③

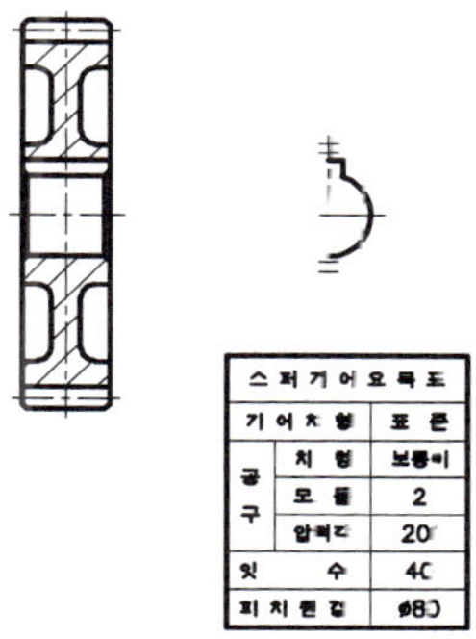

12 선형 치수 기입하기

위 그림에서 원으로 지시한 명령을 선택 한 후 옆 그림과 같이 치수 기입을 한다.

③

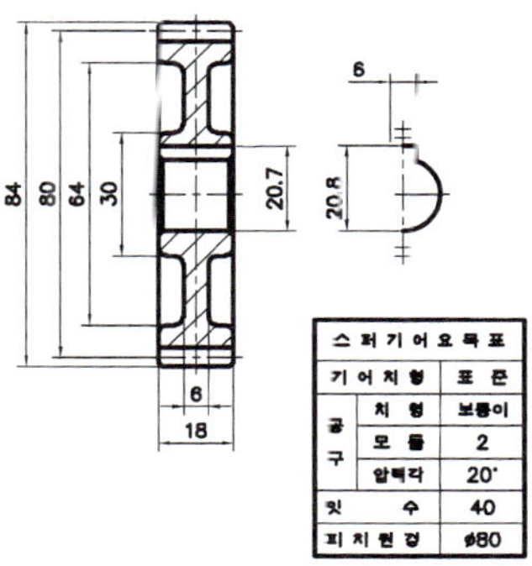

13 치수에서 ϕ기호 및 끼워맞춤 공차를 편집하기

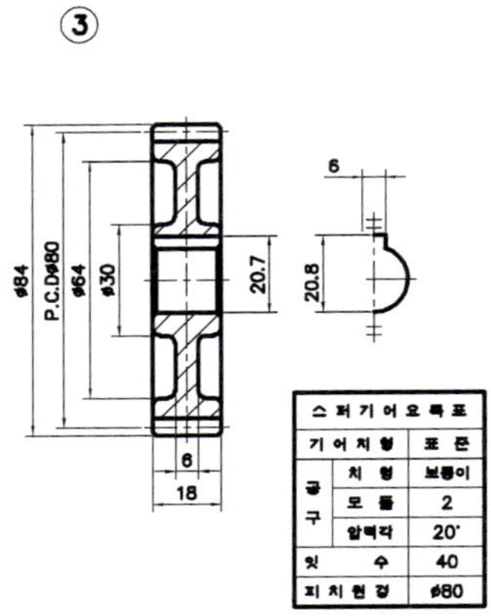

위 그림에서 원으로 지시한 명령을 선택한다.

N [Space Bar]

치수 앞에 %%C<>를 입력하고 관련 있는 치수들을 선택하여 변경한다.

Command : ED(ddedit)

옆 그림과 같이 ϕ80 치수에 P.C.D ϕ80으로 편집한다.

14 치수 요소를 분해하여 반쪽의 치수 기입의 모양 만들기

Command : ED(ddedit)

20.7 치수를 선택하여 ϕ18H7으로 변경한다.

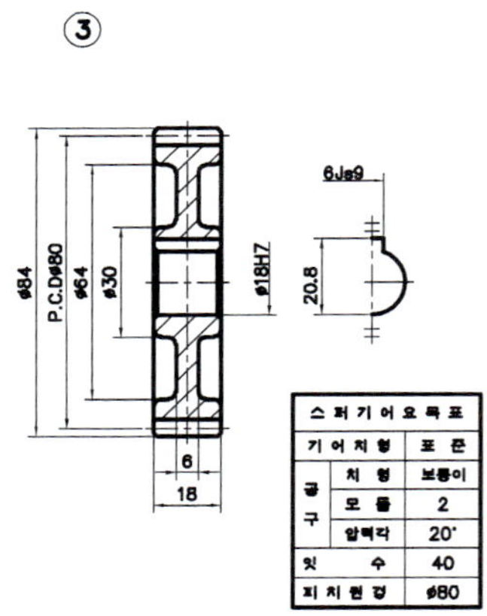

Command : X(explode)

ϕ18H7의 치수를 선택하여 분해한다.

Command : BR(break)

끊어서 반쪽의 모양을 만든다.

Command : E(erase)

불필요한 요소들을 지운다.

Command : M(move)

치수만은 선택해서 적당한 위치로 배치한다.

15 치수 공차 기입하기

• 도면양식에 이미 만들어 놓은 치수 공차를 투상도 근처로 복사한다.

Command : Co(copy)

옆 그림과 같이 치수공차를 복사한다.

Command : E(erase)

복사된 공차들을 지운다.

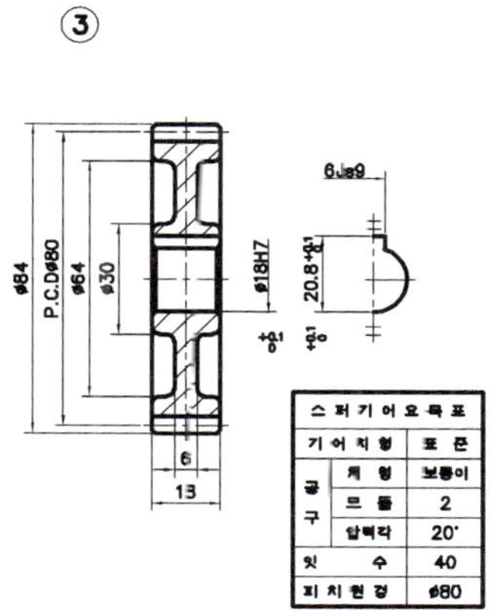

16 다듬질공차 기입하기

• 도면양식에 이미 만들어 놓은 다듬질공차를 투상도 근처에 복사한다.

Copy 명령으로 옆 그림과 같이 다듬질공차를 기입한다.

품번과 큰 다듬질 공차를 편집하여 옆 그림과 같이 편집한다.

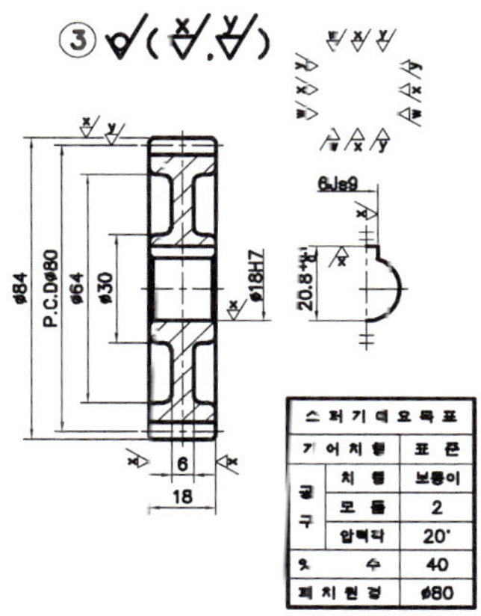

17 데이텀과 기하공차 기입하기

• 도면양식에 이미 만들어 놓은 데이텀기호를 투상도 근처에 복사한다.

Copy 명령으로 데이텀을 옆 그림과 같이 복사한 후 ED(ddedit) 명령으로 A를 C로 변경한다.

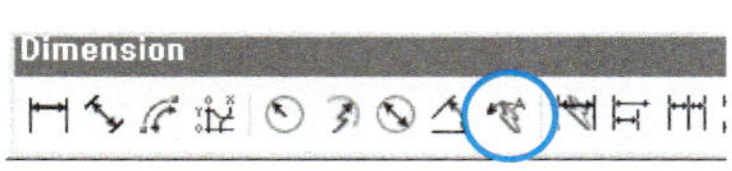

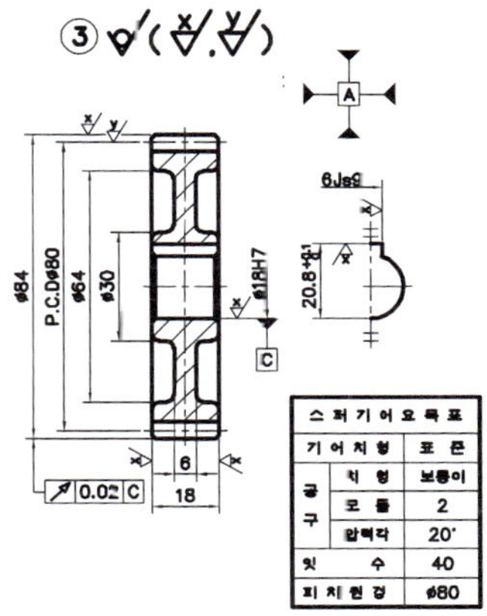

위 그림에서 원으로 지시한 명령을 선택 한 후 Space Bar 선택하여 Tolerance를 선택한다.

그리고 옆 그림과 같이 원주흔들림 공차를 기입한다.

18 치부 열처리 쓰기

Command : MT(mtext)

문자의 정렬을 위한 두 점을 선택하고 치부 열처리에 관한 내용을 쓴다.

Erase로 필요 없는 부분을 선택하여 삭제하고 Move로 옆 그림 전체를 선택하여 적당한 위치로 배치한다.

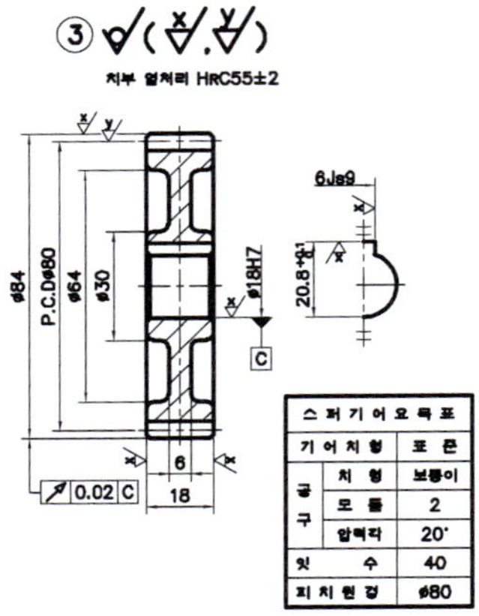

04 커버의 투상도와 치수 및 공차 기입하기

커버는 주물로 소재를 가공하고 보스에 조립되는 부분을 매끄러운 표면으로 정밀 가공을 한다.

① 커버의 투상도는 원통형이므로 축 직각 방향에서 정면도로 그리되 한쪽단면도로 도시한다. 좌측면도는 카운터보오링을 국부투상도로 도시한다. 그리고 플러머블록을 부분확대도로 도시한다.

② 치수 기입은 주로 정면도에 기입하되 중심선을 기준으로 대칭형으로 치수기입을 한다. 플러머블록의 치수는 부분확대도에 치수 기입을 한다.

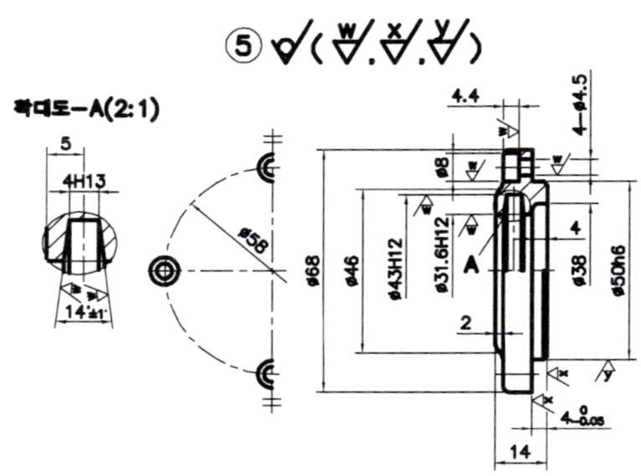

01 측면도의 원 그리기

Command : L(line)
수평선, 수직선을 교차되게 그린다.
Command : C(circle)
옆 그림과 같이 원들을 그린다.

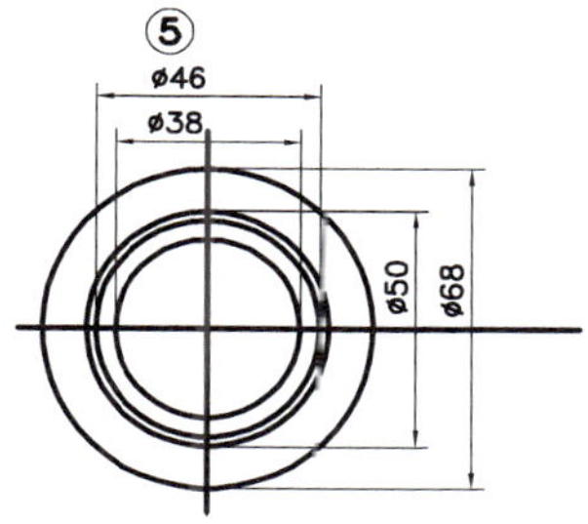

02 정면도의 기초선 그리기

Command : L(line)
원에서 수평선을 인출하여 선들을 긋는다.
14mm의 좌측 수직선을 추가로 긋는다.
Command : O(offset)
옆 그림과 같이 나란하게 복사한다.

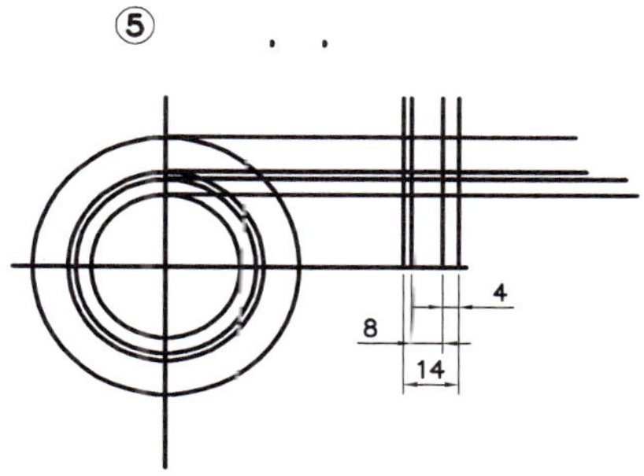

03 정면도를 정리하고 좌측면도의 원들 지우기

Command : CHA(chamfer)
C1 값으로 모서리를 모떼기로 편집한다.
Command : F(fillet)
R3 값으로 모서리를 라운드로 편집한다.
Command : BR(break)
중심선을 외형에서 3mm 지나도록 끊는다.
Command : E(erase)
불필요한 요소들을 선택하여 지운다.

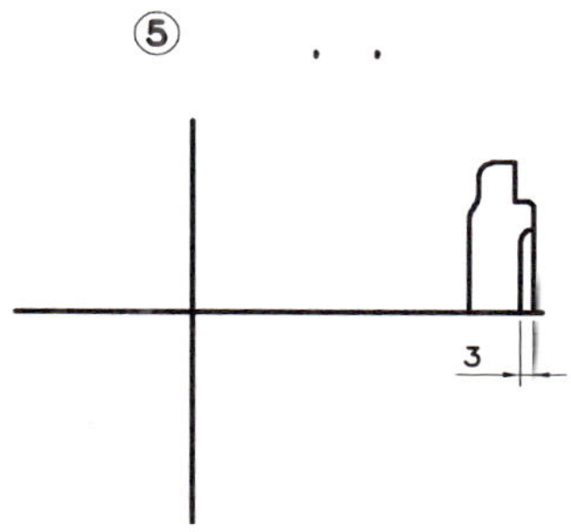

04 카운터보오링을 위한 기초선 그리기

Command : C(Circle)
좌측면도에서 ϕ4.5, ϕ8의 원들을 그린다.
Command : AR(Array)
원들을 선택하고 중심점으로부터 4개를 원형 배열 복사한다.
Command : L(Line)
원 부분에서 인출하여 정면도에 선을 그린다.
Command : O(Offset)
정면도에서 4.4mm 부분의 나란하게 복사한다.

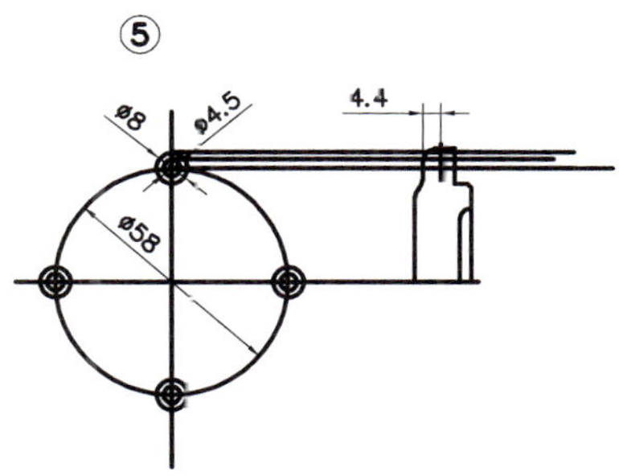

05 정면도를 위한 기초선 그리기

Command : TR(Trim)

옆 그림의 우측면도 및 정면도와 같이 잘라낸다.

Command : Mi(Mirror)

정면도에서 대칭 복사한다.

Command : L(Line)

선을 보충하여 정면도와 같이 그린다.

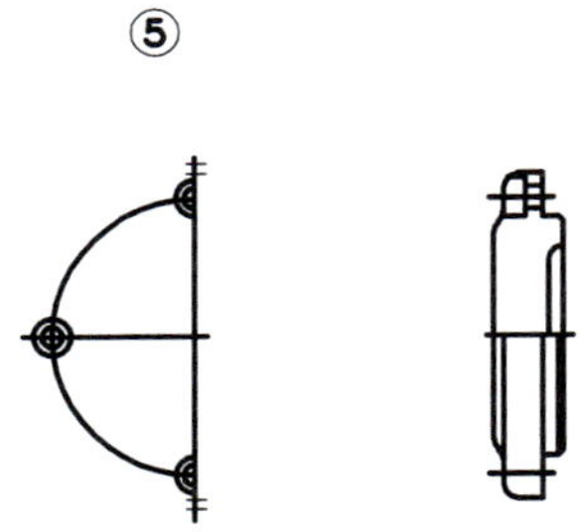

06 플러머블록을 위한 기초선 그리기

Command : C(circle)

좌측면도의 원들을 그린다.

Command : L(line)

원에서 선을 인출한다.

Command : O(offset)

정면도의 5 치수와 같이 나란하게 복사한다.

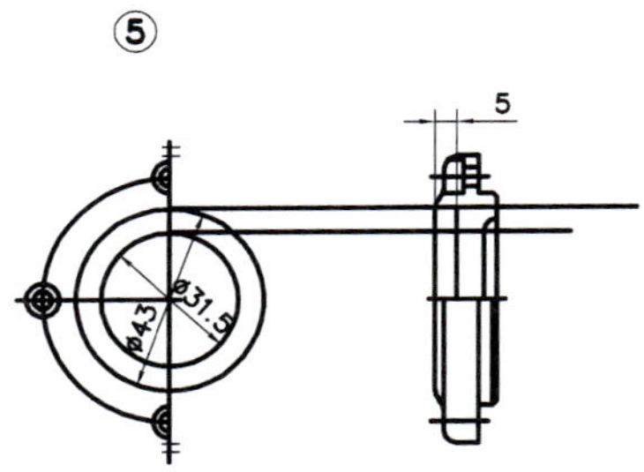

07 정면도에서 플러머블록의 기초선 그리기

Command : O(offset)

정면도와 같이 2, 1 치수와 같이 나란하게 복사한다.

Command : E(erase)

불필요한 원들을 지운다.

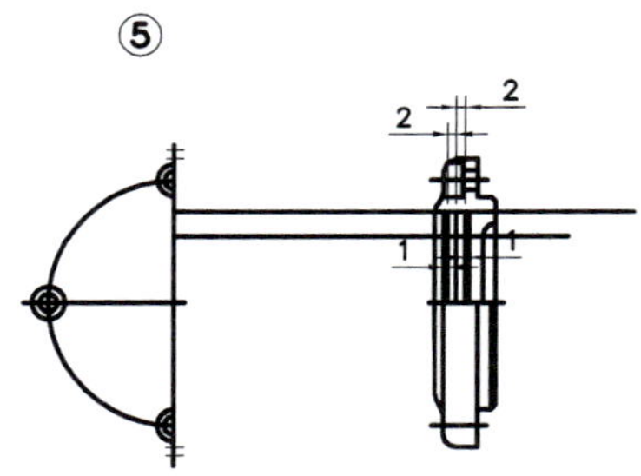

08 정면도에서 플러머블록을 완성하고 선 처리하기

Command : TR(trim)

옆 그림의 정면도와 같이 잘라낸다.

Command : E(erase)

불필요한 선들을 지운다.

• 중심선 처리한다.

Command : EL(ellipse)

확대도로 나타낼 부분에 타원을 그린다.

Command : Co(copy)

확대도로 나타낼 부분을 선택하여 옆 그림과 같이 복사한다.

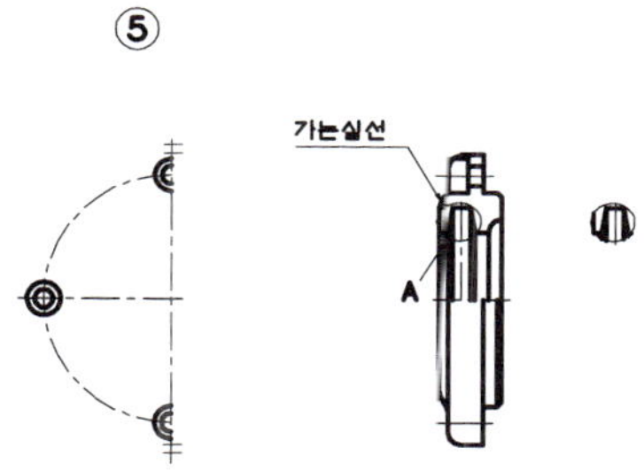

09 부분 확대도 그리기

Command : SC(scale)

복사된 것을 선택하여 2배 확대한다.

Command : DT(dtext)

확대도에 관한 표시문자를 문자크기 4mm로 쓴다.

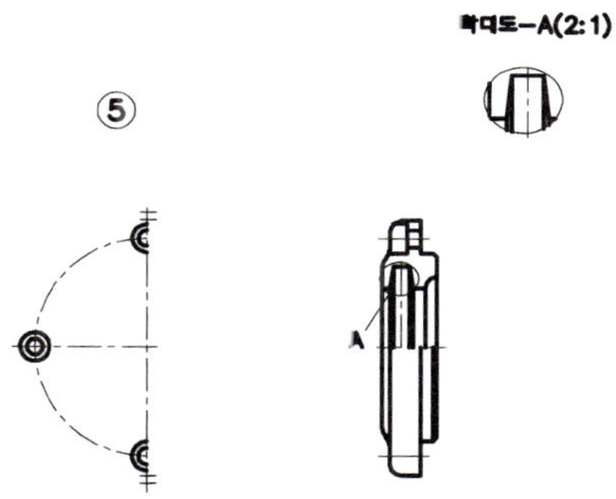

10 해칭하고 투상도 완성하기

Command : BH(bhatch)

45도 4mm 간격으로 해칭을 한다.

• 확대도와 정면도 각 각에 해칭을 하고 Layer 4번으로 변경한다.

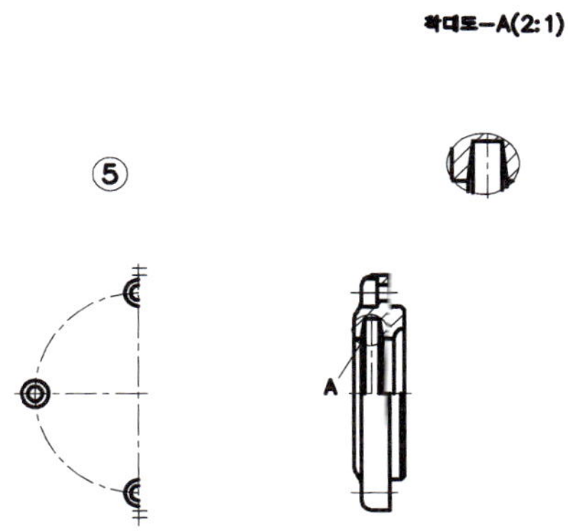

11 선형 치수 기입하기

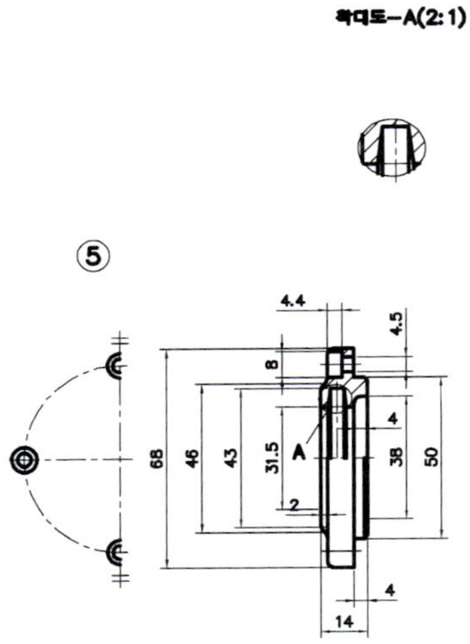

위 그림에서 원으로 지시한 명령을 선택 한 후 옆 그림과 같이 치수 기입을 한다.

12 치수에서 ϕ기호 및 끼워맞춤 공차를 편집하기

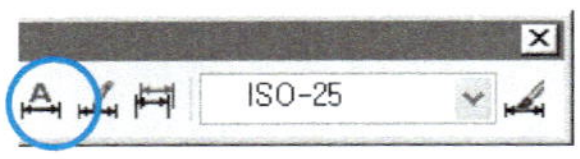

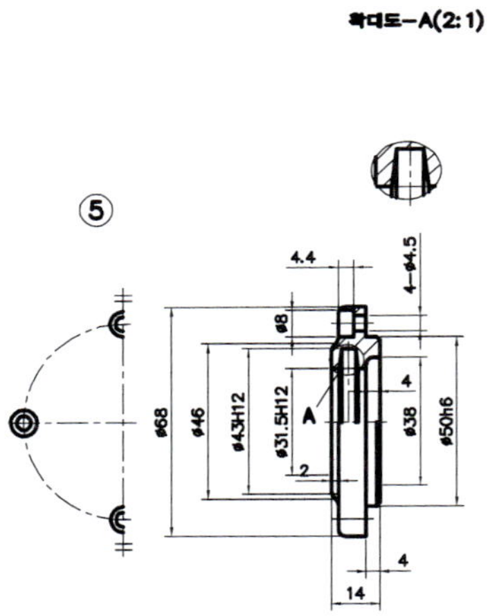

위 그림에서 원으로 지시한 명령을 선택한다.

N [Space Bar]

치수 앞에 %%C<>를 입력하고 관련 있는 치수들을 선택한다.

Command : ED(ddedit)

옆 그림과 같이 ϕ42H12, ϕ31.5H12, ϕ50h6로 변경한다.

13 치수 요소를 분해하여 반쪽의 치수기입과 반경 및 확대도 치수기입하기

위 그림의 원으로 지시한 것을 선택하고 좌측면도에 반지름 치수기입을 한다.

Command : ED(ddedit)

R29를 선택해서 %%C58을 입력하여 φ58로 변경한다.

Command : X(explode)

φ58 치수와 φ31.5H12, φ43H12를 선택하여 분해한다.

Command : LEN(lengthen)

DY Space Bar

φ58의 치수선 끝을 선택하여 중심선을 지나도록 연장한다.

Command : BR(break)

φ31.5H12, φ43H12의 치수선들을 끊어서 반쪽의 모양으로 편집한다.

Command : E(erase)

불필요한 요소들을 지운다.

Command : M(move)

치수들을 적당한 위치로 배치한다.

- 확대도 치수 기입에서 선형 치수 기입을 한 후 ED(ddedit) 명령으로 치수를 하나하나 선택하여 변경한다.

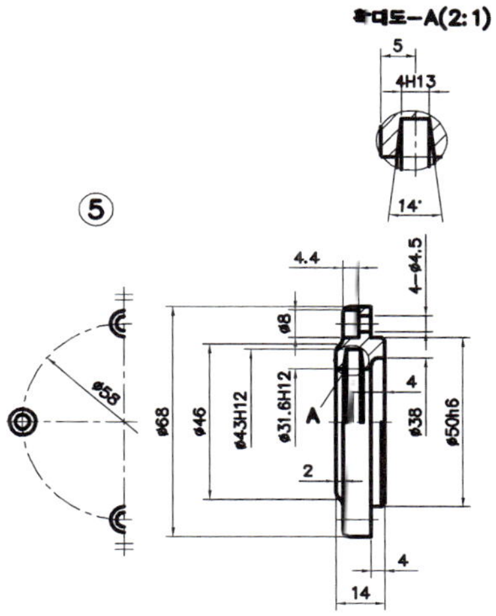

위 그림의 명령을 선택하고 부분확대도의 두 사선을 선택하여 각도 치수기입을 한다.

14 치수공차 기입하기

- 도면양식에 이미 만들어 놓은 치수 공차를 투상도 근처로 복사한다.

Command : Co(copy)

옆 그림과 같이 정면도와 확대도에 치수공차를 복사한다.

Command : ED(ddedit)

옆 그림과 같이 치수공차를 변경한다.

Command : E(erase)

복사된 공차들을 지운다.

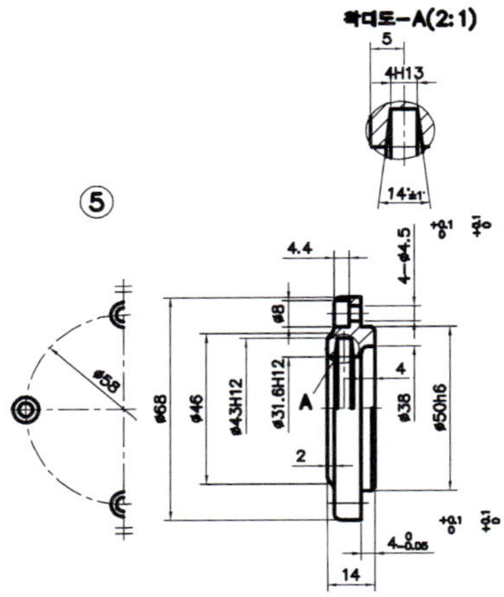

15 다듬질공차 기입하기

- 도면양식에 이미 만들어 놓은 다듬질공차를 투상도 근처에 복사한다.

Copy 명령으로 옆 그림과 같이 다듬질공차를 기입한다.

품번을 변경한다.

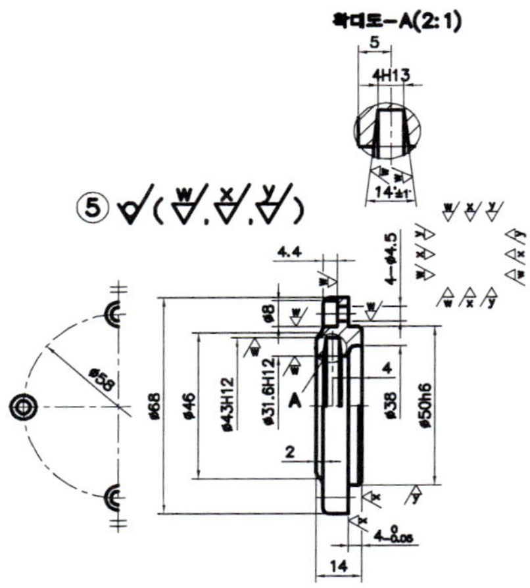

16 커버의 부품도를 완성하기

Erase로 필요 없는 부분을 선택하여 삭제하고 Move로 옆 그림 전체를 선택하여 적당한 위치로 배치한다.

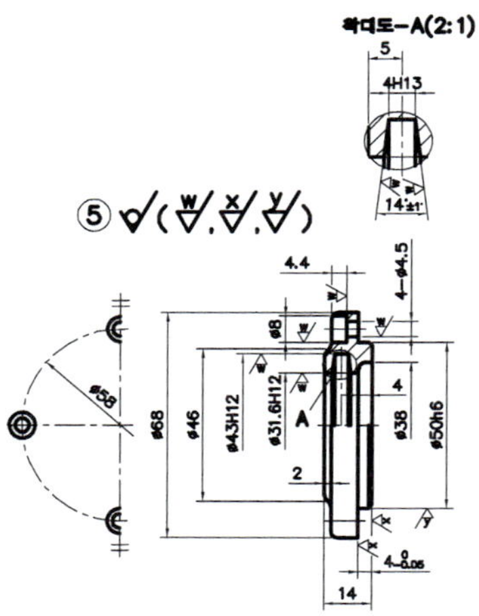

05 참고 답안

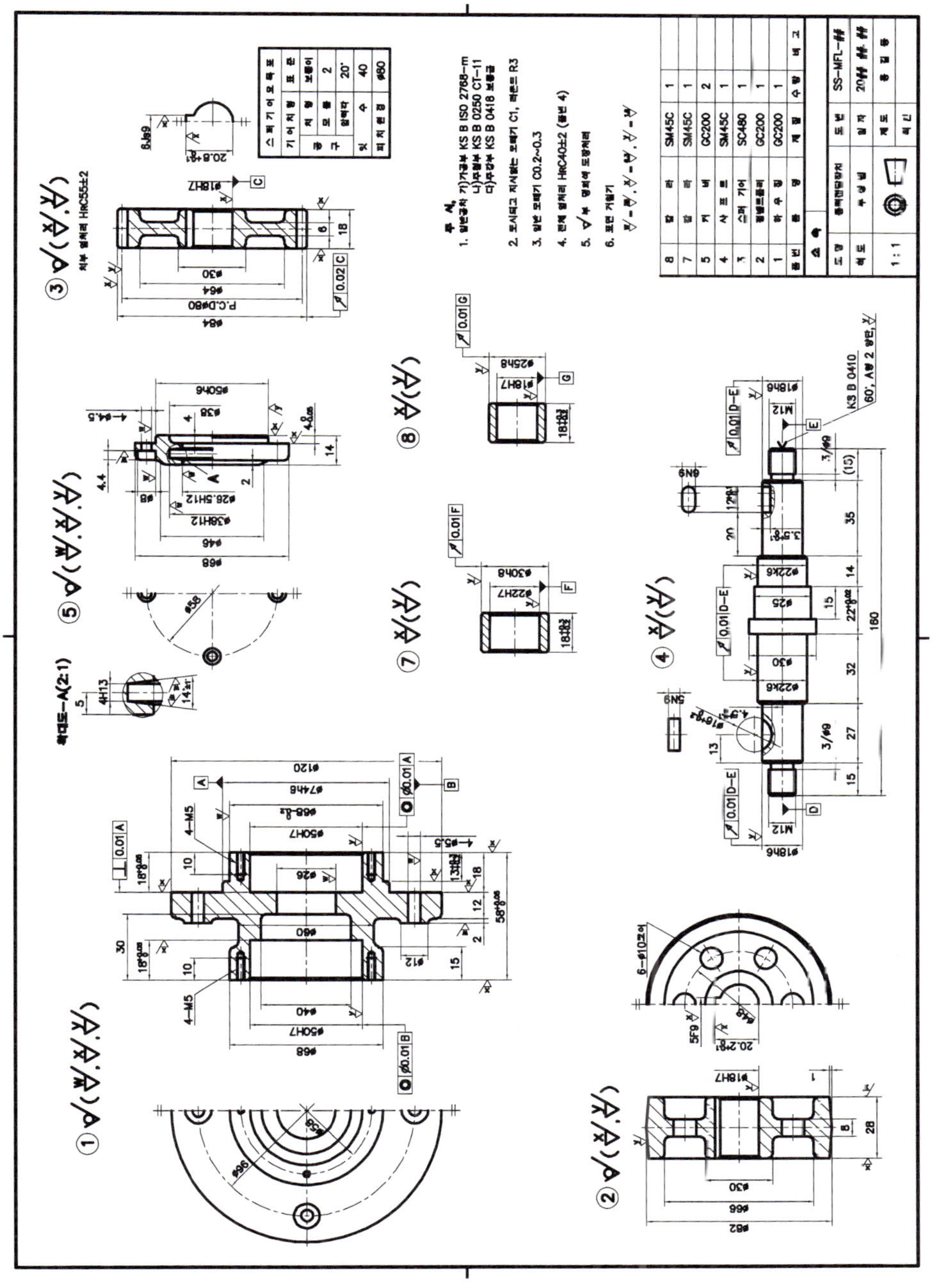

7

실습 목표

1. 동력전달장치 도면해독하는 방법을 알 수 있다.
2. 과제도면을 스케일로 측정하여 투상도를 그릴 수 있다.
3. 기계요소 도표편람을 참조하여 투상도를 그릴 수 있다.

7장 실습 내용

1. 도면해독 및 도면작도 순서
2. 작동원리 및 조립
3. 구조 및 부품 형상 파악
4. 기계요소 파악
5. 투상도 그리는 방법 및 중요 치수
6. 과제 도면
7. 투상도 그리기 순서
8. 투상도 그리기
9. 참고 답안
10. 분해도

평가 사항(배점)

- 실습 방법 및 태도 (　　점)
- 투상도 (　　점)
- 단면도 (　　점)
- 규격 치수 (　　점)
- 선 오기 및 누락 (　　점)
- 시간 준수 (　　점)
- 소요시간 : 2~3hr

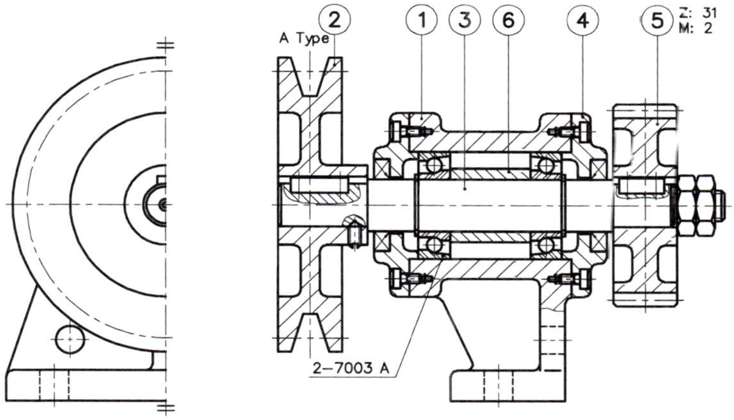

CHAPTER 07 동력전달장치 도면해독

01 도면해독 및 도면작도 순서

1 도면 해독

(1) 조립도에서 작동 원리 분석

(2) 구조 및 부품 형상 분석

① 구조에서 부품의 역할로 품명 분석

② 제작법, 설계를 고려하여 재질 분석

(3) 기계요소 분석

① 규격치수로 척도 확인

② 도표 편람에서 필요 치수 찾기

(4) 조립관계를 고려하여 중요치수 및 조립공차 정의

2 도면 작도 순서

(1) 도면 양식 불러오기

(2) 전체 부품 투상도 그리기

(3) 호환치수 고려하여 치수기입 하기

(4) 치수기입하면서 끼워맞춤 공차 기입

(5) 공차 기입

① 치수 공차

② 다듬질 공차

③ 기하 공차

(6) 도면 마무리하기
① 주서, 표제란, 부품도란 작성
② 균형 있게 배치

(7) 도면 검사

02 작동원리 및 조립

1 작동원리 및 조립 순서

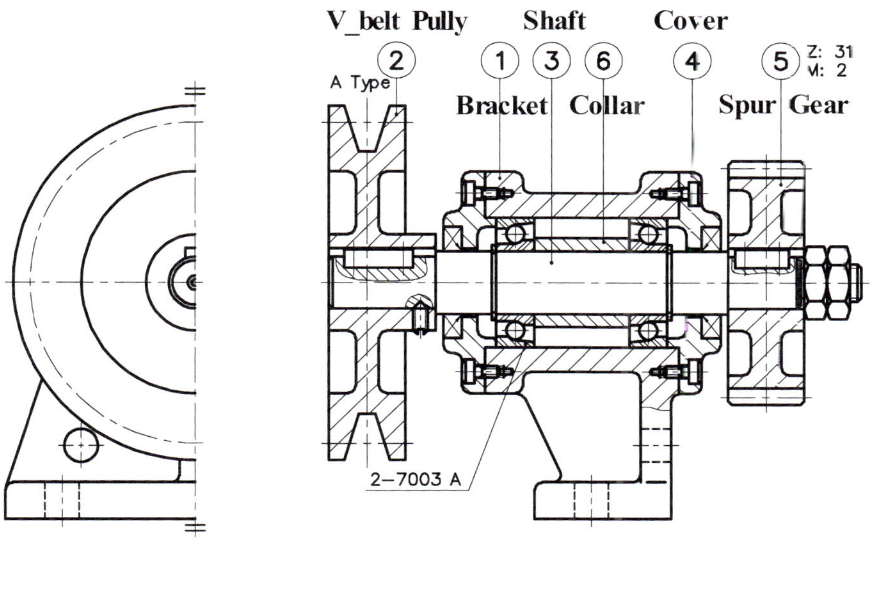

(1) 작동 원리

전동기로부터 회전력과 회전수를 전달받아 원동 풀리를 회전운동하면 2번 풀리가 회전하면서 5번 스퍼기어로 회전운동을 전달하는 동력전달장치이다. 2번 풀리가 회전하면 키로 인해 축이 회전하고 베어링 내륜, 칼라, 그리고 키로 인해 기어가 회전운동을 한다.

(2) 조립

① 축에 칼라를 넣고 좌, 우측에서 베어링을 중간 끼워맞춤으로 결합한 후 양쪽에 스냅링을 끼워서 브래킷에 넣는다.

② 양쪽에 커버를 본체에 넣고 볼트 4개로 체결한 후 오일시일을 양쪽에 밀어 끼운다.

③ 축 좌측 끝에 키를 고정하여 2번 풀리를 넣고 세트스크류를 드라이버로 조여 고정한다.

④ 축 우측 부분에 키를 고정하여 스퍼기어를 넣고 로크너트로 풀리지 않게 체결한다.

03 구조 및 부품 형상 파악 분석

1 품번 1, 브래킷(Bracket)

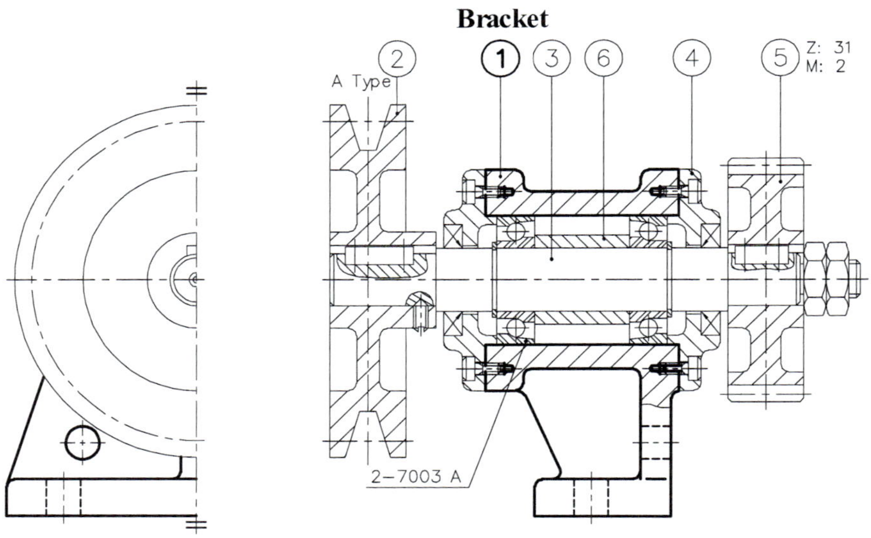

(1) 구조물이나 테이블위에 고정하는 부품이다.

(2) 제작은 주물로 제작하는 것으로 보통주철(GC200)이면 충분하다.

(3) 테이블에 닿는 면과 베어링 장착부가 가공상에 중요한 부분이다.

(4) 형상

① 위 부분은 베어링을 장착할 하우징 형

② 아래는 테이블에 고정시킬 판 형

③ 연결 부분은 리브의 형상

(5) 투상

① 정면도(부분단면도)

② 좌측면도(반 생략도)

③ 평면도(온단면도를 반 생략도)

2 품번 2, V벨트풀리(V-belt pulley)

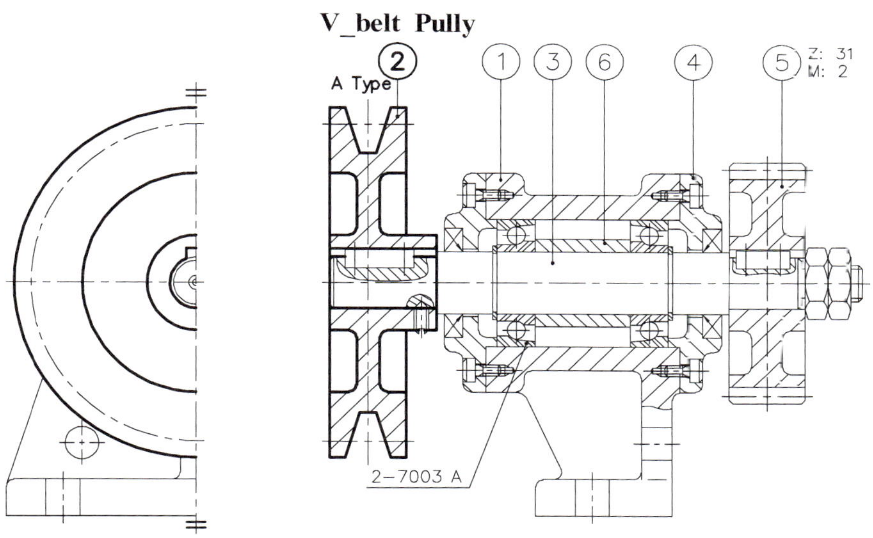

(1) A type의 V벨트를 감아 걸은 전동장치로 축간거리가 비교적 멀며 회전 운동을 하는 부품이다.

(2) 제작은 주물로 만들며 재질은 보통 GC200 또는 GC250으로 사용한다.

(3) 축 삽입부와 V벨트 걸치는 면을 정밀하게 해야 한다.

(4) 형상

① 원통형으로 측면에서 키 홈이 있는 것이 특징이다.

② 보스 하단에 세트스크류를 고정시킬 암나사가 있다.

(5) 투상

① 정면도(온단면도)

② 우측 면도(키홈의 국부 투상도)

③ 부분 확대도(V 벨트 홈)

③ 품번 3, 샤프트(Shaft)

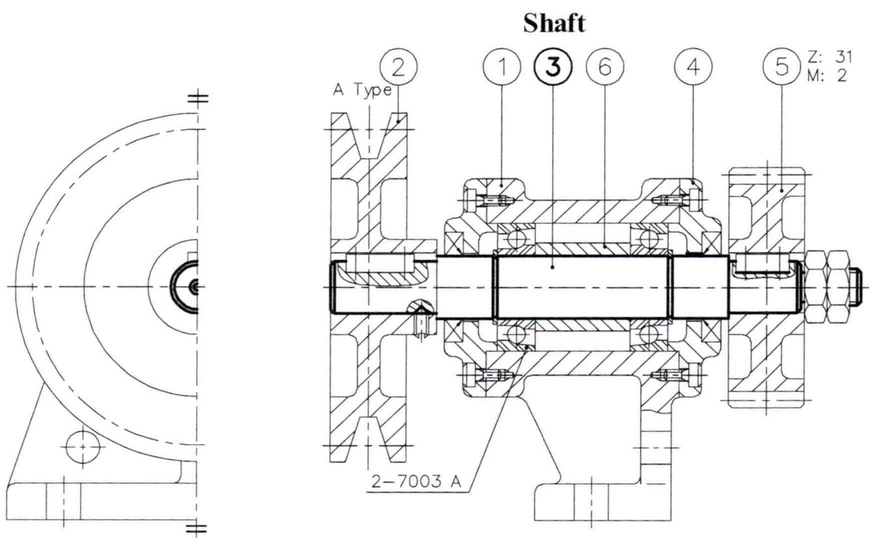

(1) 동력기관의 핵심 부품으로 회전 운동을 하는 부품이다.

(2) 제작은 선반에서 주로 가공하는 것으로 경강(SM45C)이면 적당하다.

(3) 조립면에는 연삭입자로 마무리가공을 해야 하며 중심선을 기준선으로 회전할 때 원주상에 흔들림이 거의 없어야 한다.

(4) 형상

① 좌측에는 세트스크류의 90도 부분이 걸리는 V홈(싱크로 가공)이 있다.

② 우측에는 로크너트가 기어에 완전 고정되도록 릴리이프 홈이 있다.

③ 키 홈은 밀링에서 엔드밀로 절삭 가공한다.

④ 베어링 장착부는 중간 끼워맞춤으로 조립한다.

(5) 투상

① 정면도(키 홈부와 V홈부만 부분단면도)

② 평면도(국부 투상도)

④ 품번 4, 커버(Cover)

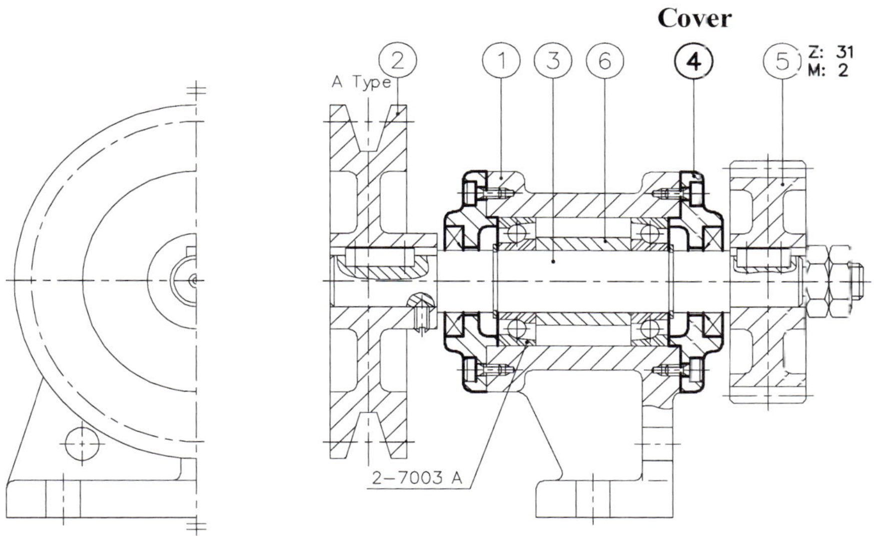

(1) 커버는 베어링 장착 후 윤활유가 흐르지 않게 하는 덮개판으로 내부의 오일시일을 장착하여 밀봉 기능을 한다.

(2) 제작은 브래킷과 같은 제작을 하므로 보통주철(GC200)이면 된다.

(3) 형상

① 원통형으로 브래킷에 볼트로 고정하기 위한 카운터보오링이 있다.

② 내부에는 오일시일 홈부가 있다.

③ 브래킷 삽입부만 정밀가공을 한다.

(4) 투상

① 정면도(온단면도)

② 좌측 면도(카운터보오링의 국부 투상도)

③ 부분 확대도(오일시일 홈)

5 품번 5, 스퍼기어(Spur gear)

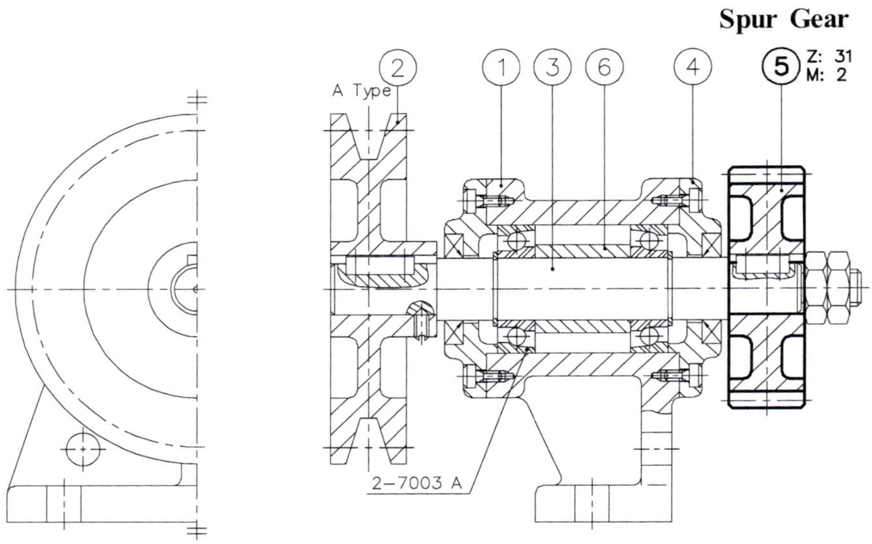

(1) 직접 전동장치인 스퍼기어는 일정한 속도비와 확실한 전동을 하는 장치로 모듈 2, 잇수 31개 이다.

(2) 제작은 주강(SC480) 소재로 창성법을 이용하여 이(teeth) 가공을 한다. 또한 치부 열처리를 고주파 경화처리로 한다.

(3) 치부와 축 삽입부는 정밀가공을 해야 하며 축을 끼워 회전할 때의 원주상에 흔들림이 거의 없어야 한다.

(4) 형상

① 원통면에 이(teeth)를 가공 한 것으로 측면에서 키 홈이 있는 것이 특징이다.

② 축단보다 기어의 폭이 1mm 정도 크다.

(5) 투상

① 원통형이므로 축 직각 방향에서 정면도로 나타내며 온단면도로

② 우측면도(키홈의 국부 투상도)

③ 요목표

6 품번 6, 칼라(Collar)

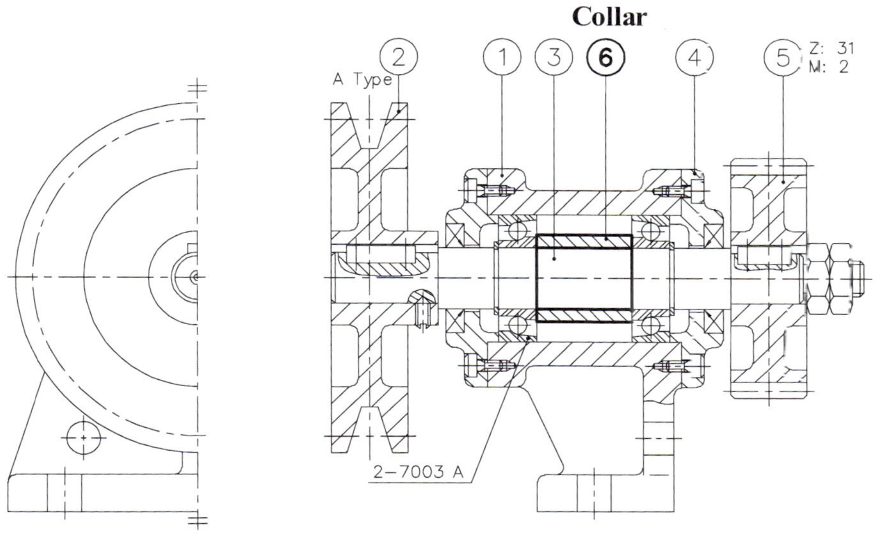

(1) 칼라는 양쪽 베어링의 간격을 유지하기 위해 사용하는 부품으로 링형이다.

(2) 재질은 축과 같은 재질로 하면 된다.

(3) 칼라 내면만 정밀하면 된다.

(4) 투상

정면도(온단면도)

04 기계요소 파악

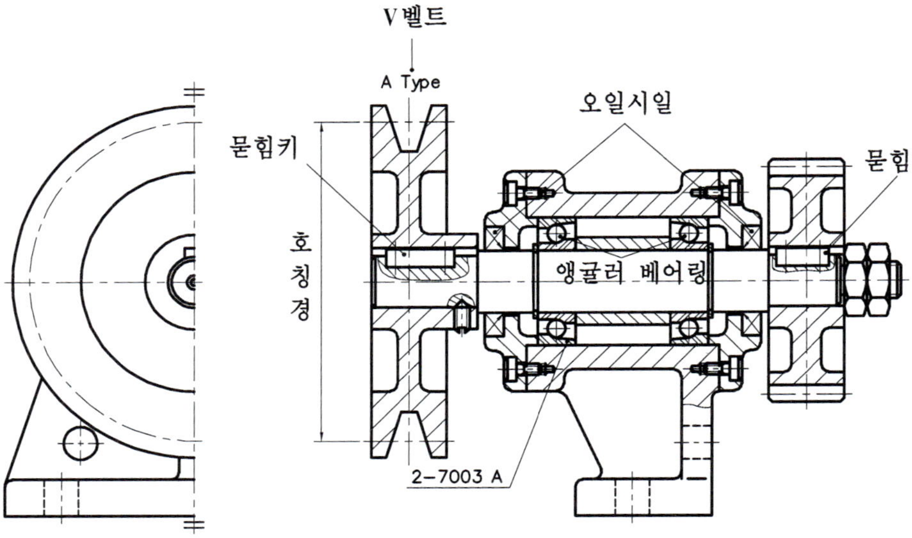

① 앵귤러 베어링

주로 레이디얼 하중에 약간의 스러스트 하중이 작용해도 원활히 회전할 수 있도록 만든 베어링으로 호칭은 7003A로 규격에서 내경이 ϕ17, 외경이 ϕ35, 폭은 10이며 접촉각은 30° 이다.

② 오일시일

베어링의 윤활유가 흘러 나가지 않도록 하기 위해 밀봉하는 요소로 호칭경은 축경이다. 조립도에서 치수를 측정하여 규격치수와 비교해서 가까운 규격치수를 선정한다. 내경은 ϕ17, 외경은 ϕ30, 폭은 5이다.

③ 묻힘키

키를 축에 단단히 고정한 후 좌측에 풀리와 우측에 기어를 헐거운 끼워 맞춤으로 조립한다.

키는 주로 전단력을 받는 부품으로 키 폭의 크기는 축경에 비례하며 키의 호칭경은 축경으로 선정한다.

4 V벨트

A type의 V-belt를 풀리의 홈에 끼워서 쐐기작용에 의한 마찰력으로 회전력을 전달하는 장치로 축간거리가 길며 Open- belt 걸기 방식(평행걸기) 만 있다. 풀리의 V홈각은 호칭경을 기준으로 선정한다.

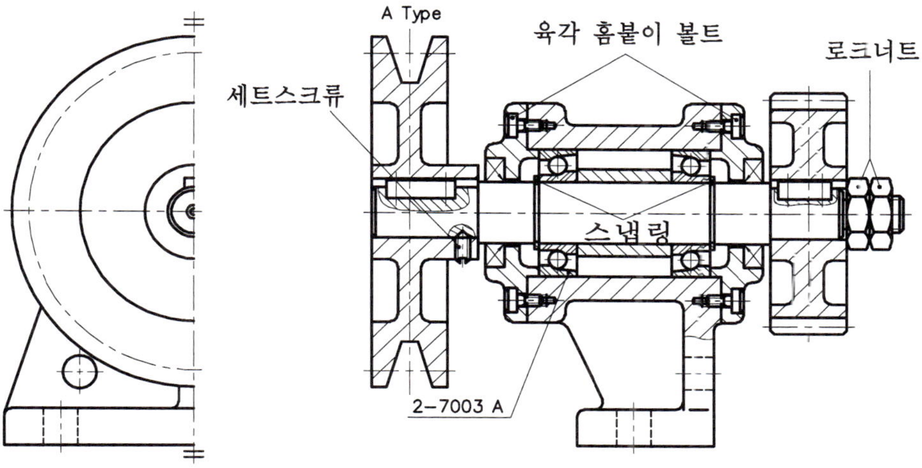

5 멈춤링 또는 스냅링

고정 역할을 하는 요소로 흔히 스냅링이라고 하며 호칭경은 축경이다.

6 육각 홈붙이 볼트

육각 홈붙이 볼트는 양쪽에 각각 4개를 사용하여 브래킷에 커버를 고정하고 볼트 머리가 완전히 묻히는 커버의 형상을 카운터 보오링이라 한다. 카운터 보오링의 치수는 볼트의 외경을 호칭경으로 선정한다.

⑦ 세트스크류

멈춤나사라고도 하며 드라이버로 체결한다. V홈은 90°, 60° 가 있고 작은 것은 대부분 90° 이다.

⑧ 로크너트

두 개의 너트를 이용하여 잠그고 안쪽 너트를 반대로 풀면 너트가 풀리지 않는 상태가 된다. 로크너트의 호칭경은 수나사의 외경으로 한다.

05 투상도 그리는 방법-1

①

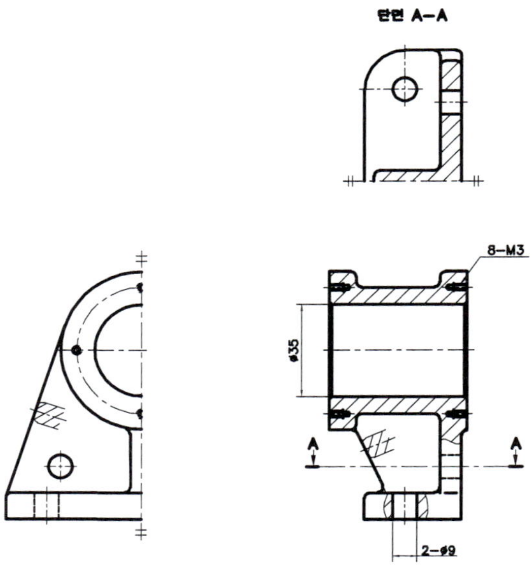

1 투상도의 선택

품번 1, 브래킷은 3면의 특징이 모두 있으므로 3면도, 즉 정면도, 좌측면도, 평면도를 나타내야 한다. 브래킷은 주물로 제작하기 때문에 모서리는 라운딩으로 처리하되 R3으로 한다.

(1) 정면도

상부가 하우징형(원통형)이므로 축직각 방향에서 본 면을 정면도로 선택한다. 베어링 장착부가 있는 부분이 가공상 중요한 부분이고 암나사의 약도를 나타내기 위해 파단선을 이용하여 부분단면도로 표현한다. 그리고 베어링을 끼우는 방향의 모서리에 C1로 모떼기를 한다.

> **POINT** 나사의 표시 방법을 참고하여 바르게 도시하고 파단선은 반드시 가는 실선으로 나타낸다.

(2) 좌측면도

리브의 형태를 고려하여 좌측면도를 반 생략도로 선택한다.

> **POINT** 도형내의 회전단면도를 도시할 때 리브의 실형을 가는 실선으로 나타내야 한다. 나사의 골은 일반적으로 1사분원을 제거하되 반 생략된 부분은 3사분원을 제거한다. 반 생략도는 가는 실선으로 대칭 기호를 표시한다.

(3) 평면도

아래쪽 판형에서 리브 교차 부분의 라운딩이나 판 끝 부분의 필렛부분, 그리고 볼트 구멍 등을 나타내기 위해 정면도에서 절단선을 표시하고 평면도를 온단면도로 그리되 반 생략도로 나타내는 것이 좋다. 또한 평면도를 대신하여 일부분을 생략하되 볼트 구멍 및 판 끝 부분의 필렛 부분만 저면도를 부분 단면도로 나타낼 수 있다.

2 중요 치수

① 7003A의 베어링 치수에서 외경 치수를 참고하여 ϕ35로 표시해야 한다.

② 나사의 호칭은 숫나사의 외경으로 선택하고 나사부의 길이는 보통 숫나사의 외경에 1.5~2배로 한다. 암나사의 치수는 갯수-나사의 호칭 즉, 8-M3으로 기입한다.

③ 볼트 구멍은 볼트 M8 일 때 규격을 참고하여 ϕ9로 한다.

06 투상도 그리는 방법-2

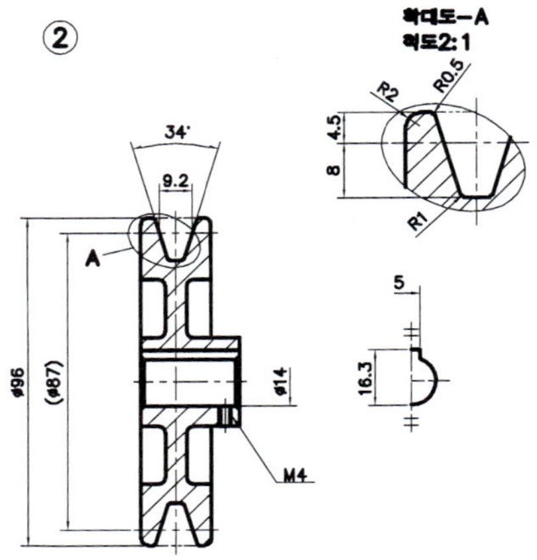

1 투상도의 선택

품번 2, V벨트풀리는 원통형에 키 홈부가 있으므로 2면도, 즉 정면도, 우측면도를 도시한다.

(1) 정면도

V벨트풀리는 원통형이므로 축직각 방향에서 본 면을 정면도로 선택한다. V홈부에 가공전에 형상을 가상선(가는 2점쇄선)으로 표시할 수 있다. 축이 끼워지는 보스부 양쪽의 모서리에 C1로 모떼기를 한다.

(2) 우측면도

V벨트풀리는 원통형이므로 정면도에서 φ치수로 형상을 나타낼 수 있으므로 축과 키가 결합할 보스부(축의 결합할 구멍부)만을 국부투상도로 도시한다.

(3) 부분확대도

V홈부의 치수와 공차를 충분히 나타내기 어려우므로 정면도에서 가는 실선의 원 이나 타원으로 에워싸고 표시문자를 붙인 후 그 인접한 곳에 부분확대도를 도시한다.

표시문자는 가능하면 부분확대도 상단에 나타내고 척도를 생략할 수 있지만 일반적으로 나타내는 것이 좋다.

② 중요 치수

① V벨트풀리는 호칭경(φ87)을 기준 치수로 V벨트풀리의 규격에서 참조하여 각 부의 치수로 그리면 된다. 단, 확대도에서 치수 기입할 때 확대한 치수가 아닌 규격 치수로 기입해야 한다.

② 키홈의 치수는 풀리에 끼워질 축의 φ14 치수를 기준 치수로 키 규격에서 참조하여 표시한다.

07 투상도 그리는 방법-3

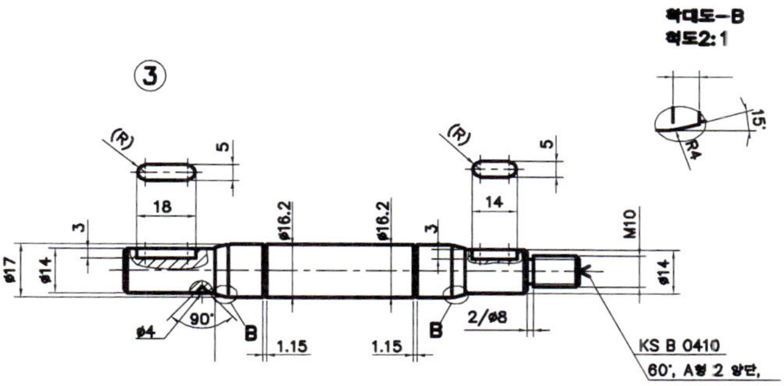

① 투상도의 선택

품번 3, 샤프트는 원통형에 키 홈부가 있으므로 2면도, 즉 정면도, 평면도를 나타내고 오일시일 장착부의 예리한 모떼기를 부분확대도로 도시한다.

(1) 정면도

축은 원통형이므로 축직각 방향에서 본 면을 정면도로 선택한다. 축은 길이 방향으로 전체를 단면처리 할 수 없으므로 키 홈부는 부분 단면도로 나타낸다. 너트가 체결될 부분은 수나사의 표시법으로 도시하고 그 구석에 릴리이프 홈이 있다. 좌측에 V벨트풀리 끼워지는 모서리와 우측에 스퍼기어가 끼워질 부분의 모서리에 C1로 모떼기를 한다.

(2) 평면도

축은 평면에서 같은 형상이므로 생략하고 키의 너비(폭)를 나타내기 위해 키 홈부만 국부투상도로 표시한다.

POINT	키 홈부에 정면도와 평면도의 연결선을 가는 실선으로 도시한다.

(3) 부분확대도

오일시일이 알맞게 끼워지도록 예리한 모떼기를 부분확대로로 도시한다.

2 중요 치수

① 7003A의 베어링 치수에서 베어링의 내경 치수를 참고하여 ϕ17로 기입해야 한다.

② 키홈의 치수는 좌, 우측 부분의 ϕ14 치수를 기준 치수로 키 규격에서 참조하여 기입한다.

③ 릴리이프 홈은 숫나사의 외경을 기준 치수로 릴리이프 홈 규격에서 참조하여 기입한다.

08 투상도 그리는 방법-4

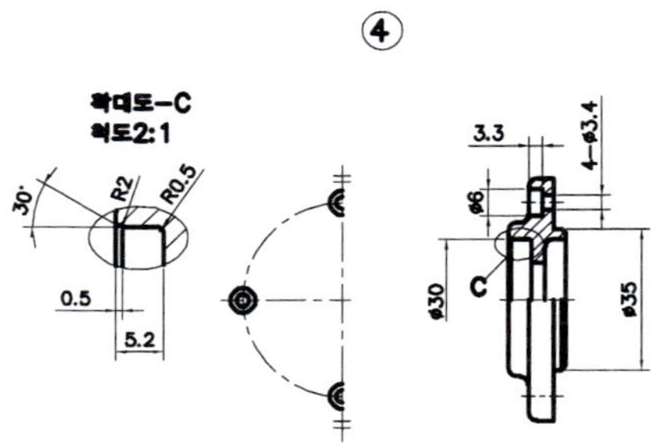

1 투상도의 선택

품번 4, 커버는 원통형이므로 정면도와 카운터 보오링을 좌측면도로 도시하되 국부투상도로 나타내는 것이 좋다. 그리고 오일시일의 상세한 치수 기입하기 위해서 부분확대도로 나타낸다.

커버는 브래킷과 같은 주물로 제작하기 때문에 모서리를 R3의 라운드로 처리한다.

(1) 정면도

품번 4, 커버는 좌우, 상하의 대칭형이므로 정면도를 한쪽단면도 나타낸다. 단면하는 쪽을 상단으로 표시하여 오일시일 홈이나 카운터 보오링의 모양과 크기를 나타내고 외형도를 하단으로 나타내되 숨은선은 생략한다. 브래킷에 끼워지는 커버의 모서리에 C1의 모떼기를 한다.

(2) 좌측면도

카운터 보오링의 모양과 간격을 나타내기 위해 국부투상도로 좌측면도를 도시한다.

(3) 부분확대도

품번 4, 커버에 오일시일이 들어가는 홈에 상세한 치수가 요구되기 때문에 정면도에서 가는 실선의 원이나 타원으로 에워싸고 표시문자를 붙인 후 그 인접한 곳에 브분확대도로 나타낸다.

2 중요 치수

① 커버의 오일시일 홈은 축경 ϕ17을 기준치수로 오일시일 규격의 치수를 참조하여 기입 한다.

② 커버의 카운터 보오링은 둥근 육각 홈붙이 볼트의 치수(M3)를 기준으로 규격을 참조하여 기입 한다.

③ 커버의 ϕ35 치수는 베어링 외경치수를 참조한 것이다.

09 투상도 그리는 방법-5, 6

⑤

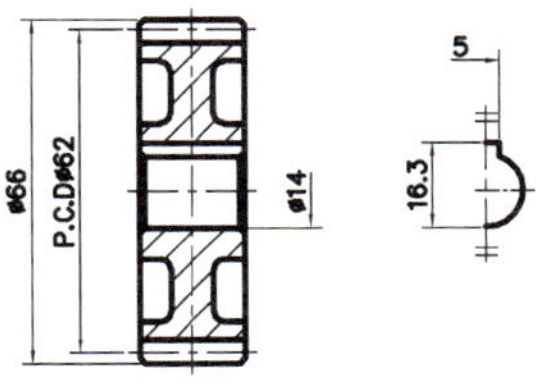

스퍼기어요목표		
기어치형		표준
공구	치형	보통이
	모듈	2
	압력각	20°
잇수		31
피치원경		ø62

⑥

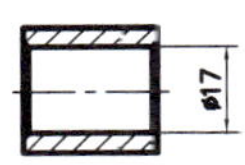

1 투상도의 선택

품번 5, 스퍼기어는 원통면에 이가 있고 축부에 키 홈부가 있으므로 2면도, 즉 정면도, 우측면도로 나타낸다. 단, 기어의 도시법을 참조하여 기어의 간략도로 나타내고 요목표를 병행해야 한다.

품번 6, 칼라는 원통이므로 1면도, 즉 정면도만 도시한다.

(1) 정면도

스퍼기어는 원통형이므로 축직각 방향에서 본 면을 정면도로 선택한다. 기어 이의 양끝 모서리나 축이 끼워지는 보스부 양쪽의 모서리에 C1로 모떼기를 한다.

품번 6, 칼라는 내면에 축이 끼워지므로 모서리에 C1의 모떼기를 한다.

(2) 우측면도

스퍼기어는 원통형이므로 정면도에서 ϕ치수로 형상을 나타낼 수 있으므로 축과 키가 결합할 보스부만을 국부투상도로 도시한다.

(3) 요목표

요목표에는 기어의 치형, 기준 공구의 치형, 모듈, 압력각 및 잇수, 피치원경 등은 반드시 기입하고 기어 가공법이나 기어 정밀도를 추가로 기입할 수 있다.

2 중요 치수

① 모듈이 2, 잇수가 31 이므로 피치원경은 ϕ62, 이끝높이(어덴덤)는 모듈과 같으므로 외경은 ϕ66이다.

POINT	이뿌리높이(디덴덤)은 압력각 20° 일 때 모듈의 1.25배이고 기어 폭은 모듈에 8~11 배로 한다.

② 키홈의 치수는 기어에 끼워질 축의 ϕ14 치수를 기준 치수로 키 규격에서 참조하여 기입한다.

품번 6, 칼라의 내경은 축이 끼워지므로 베어링의 내경 ϕ17과 같아야 한다.

10 과제 도면

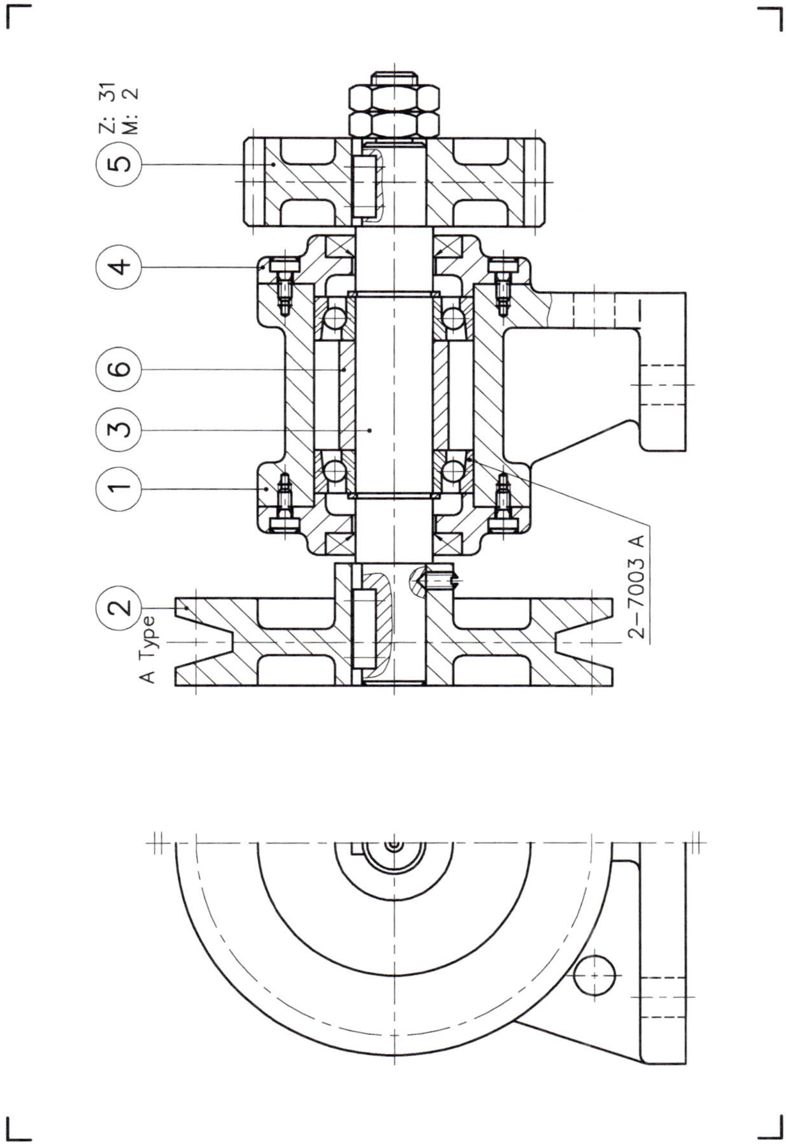

※ 본 도서의 맨 뒷부분에 위 도면을 1:1 사이즈로 수록해놓았습니다.

11 투상도 그리기 순서

5장에 작성한 도면양식을 열기 한 후 주어진 조립도를 도면 해독을 한다.
이번 장에서는 투상도만 모두 그리고 다음 장에서 치수기입 및 공차를 기입한다.

01 도면양식 열기

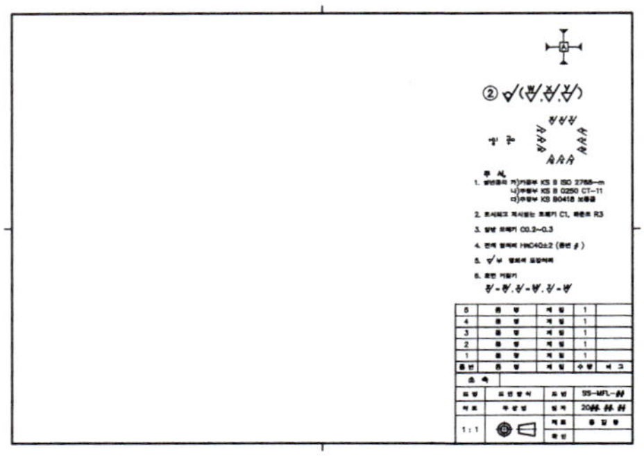

02 투상도를 그리기 위한 기초선 긋기

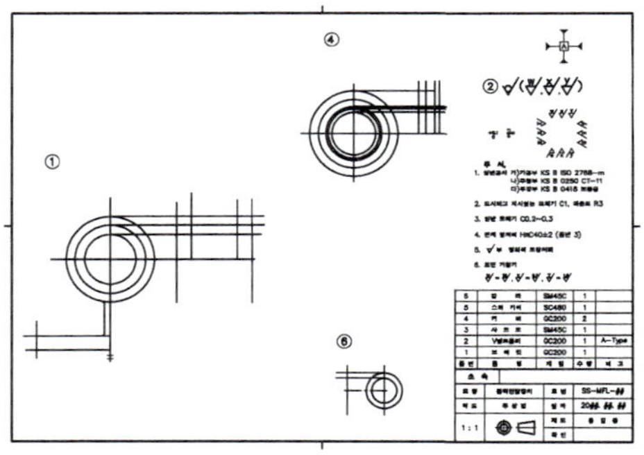

03 투상도 완성하기

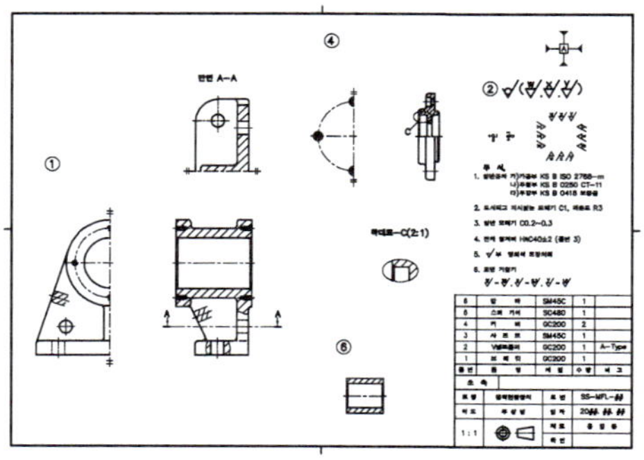

04 투상도 그리기 위한 기초선 긋기

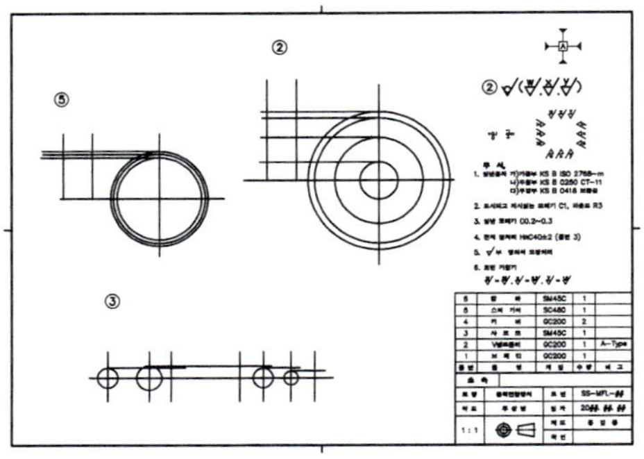

05 부분확대도 그리기

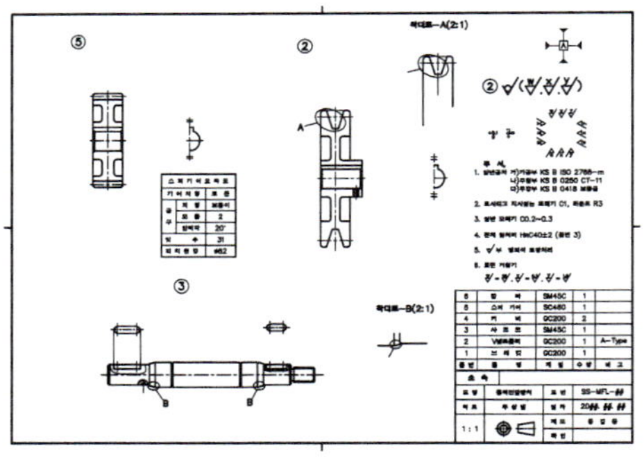

06 투상도 완성하기

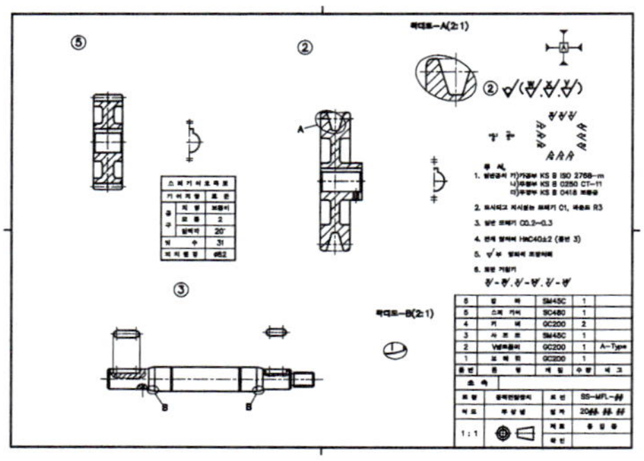

12 투상도 그리기

1 도면 양식 열기

① 5장에 작성된 도면 양식을 열기 한다.
② 표제란 및 부품도의 내용을 편집한다.
③ 동력전달장치의 투상도를 완성한다.

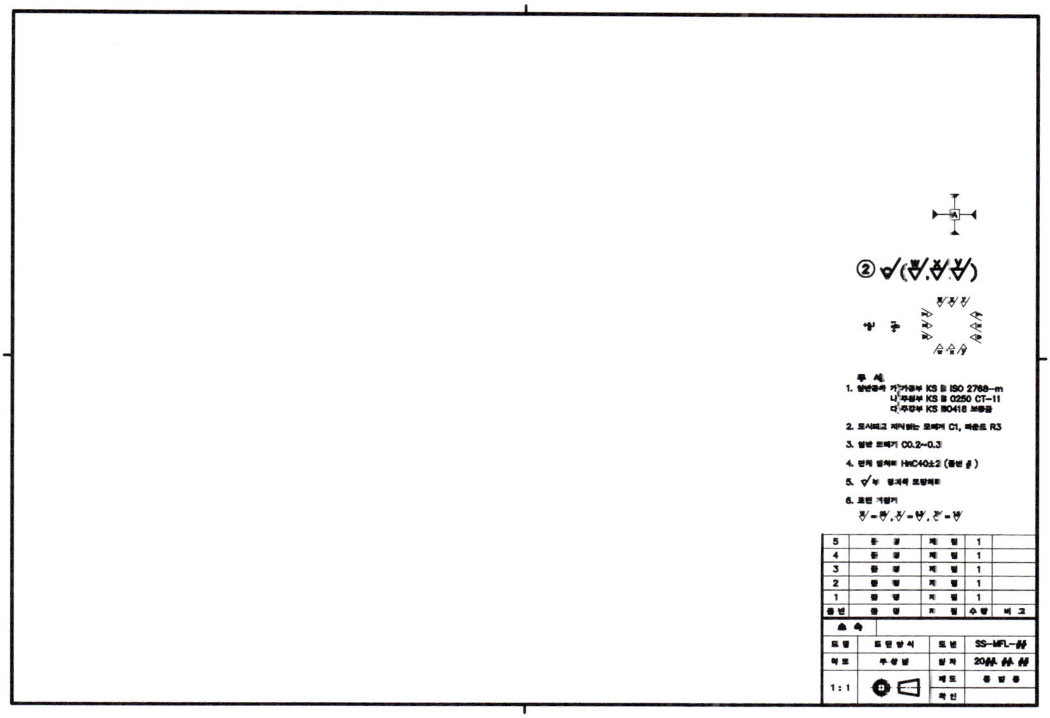

2 투상도 그리기

① 규격에서 베어링, 키 홈 등의 규격 치수를 미리 참조하여 과제 도면에 표시한다.
② 도면 마무리 단계에서 배치를 할 수 있기 때문에 비교적 간단한 부품브터 투상 한다.
③ 치수를 측정해서 부품도를 작성할 때 2번 측정하여 치수가 틀리지 않도록 한다.
④ 각 부품도 내에서 또는 부품 간에 호환성 있는 치수들을 상관하여 투상도를 그린다.

13 참고 답안

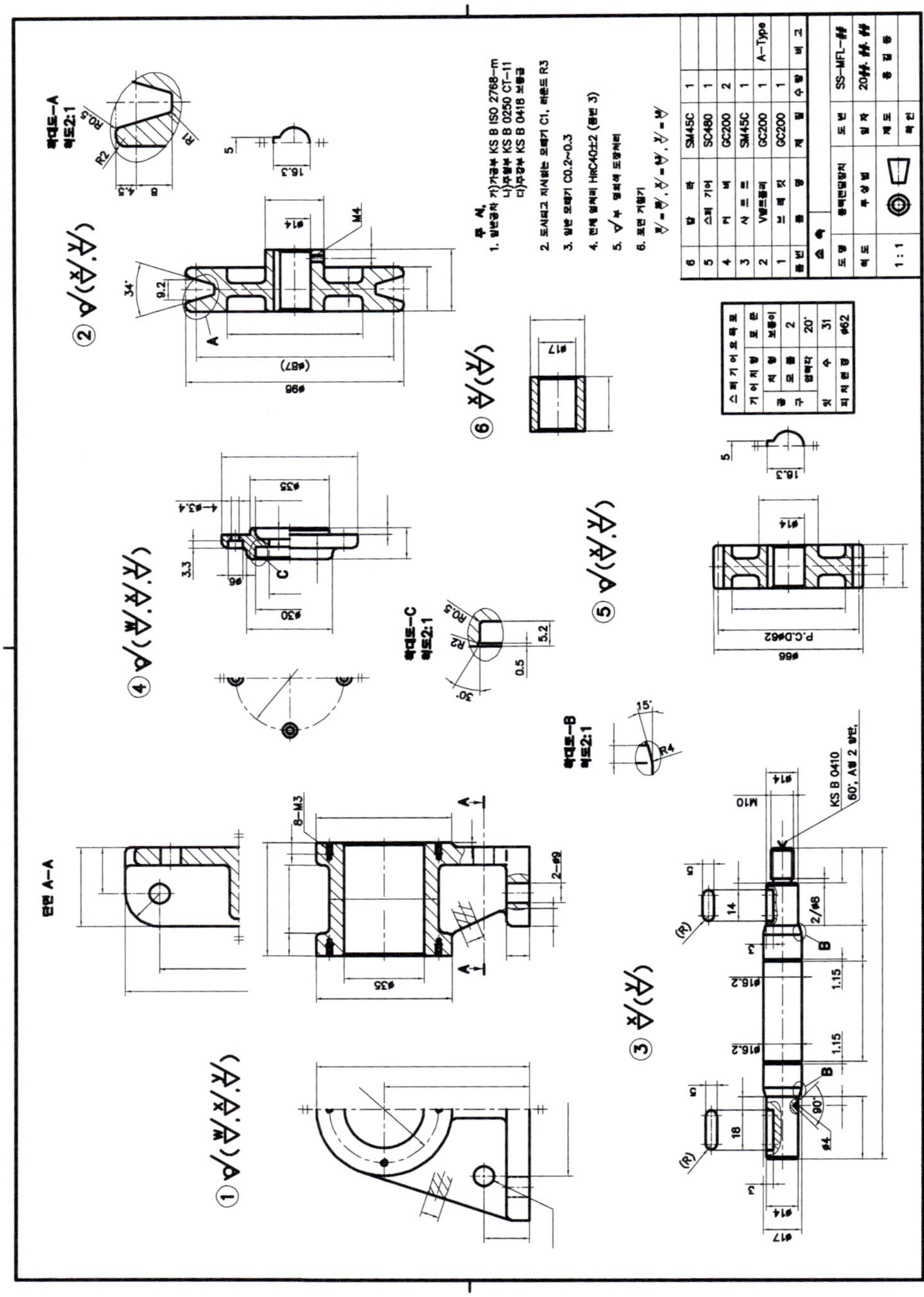

14 분해도

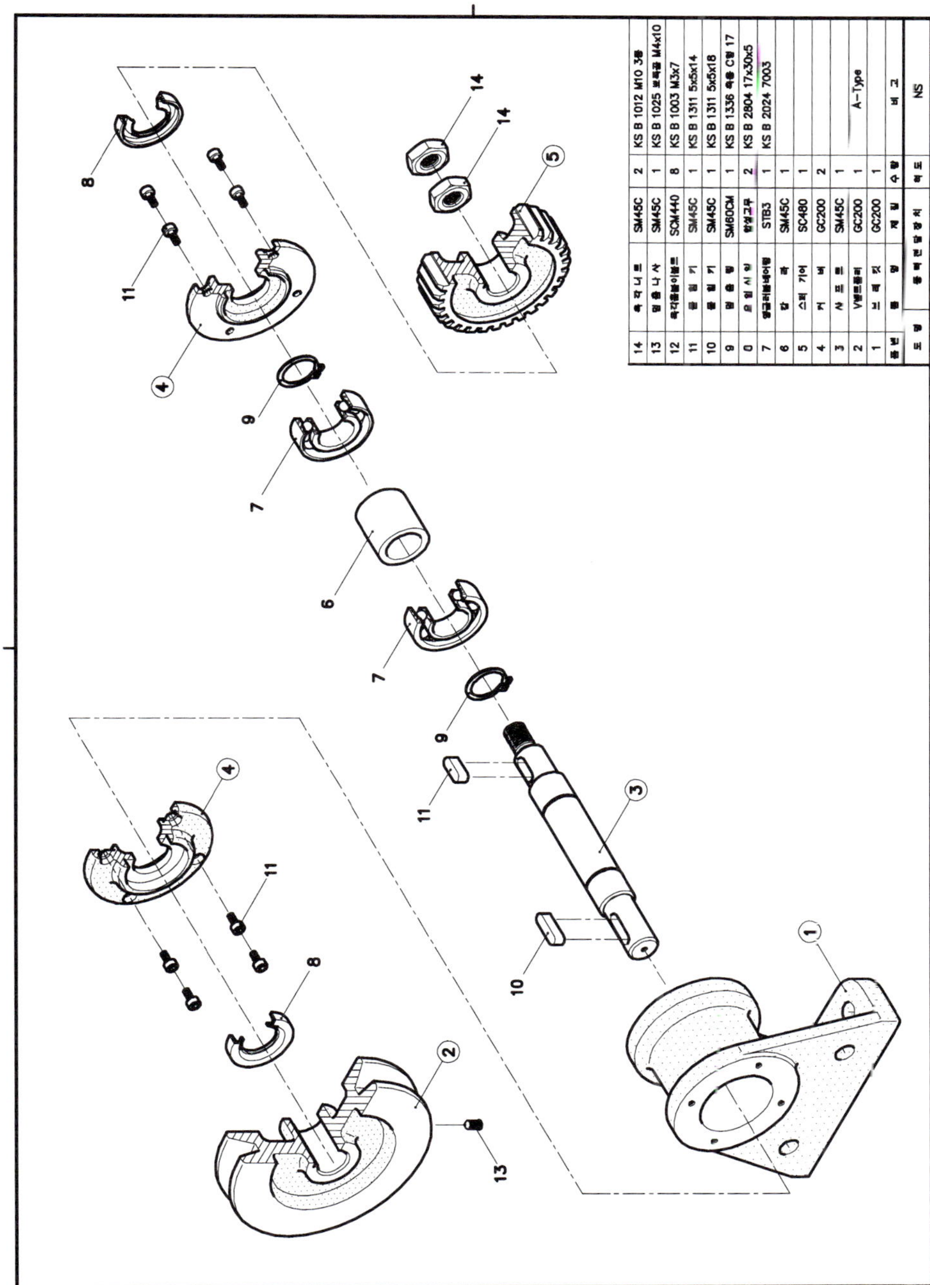

품번	품명	재질	수량	비고
14	육각너트	SM45C	2	KS B 1012 M10 3종
13	멈춤나사	SM45C	1	KS B 1025 M4x10
12	육각홈붙이볼트	SCM440	8	KS B 1003 M3x7
11	묻힘키	SM45C	1	KS B 1311 5x5x14
10	묻힘키	SM45C	1	KS B 1311 5x5x18
9	멈춤링	SM60CM	1	KS B 1336 C형 17
8	오일시일	합성고무	2	KS B 2804 17x30x5
7	앵귤러볼베어링	STB3	1	KS B 2024 7003
6	칼라	SM45C	1	
5	스퍼기어	SC480	1	
4	커버	GC200	2	
3	샤프트	SM45C	1	
2	V벨트풀리	GC200	1	A-Type
1	브래킷	GC200	1	
도명	동력전달장치	척도		NS

8

실습 목표

1. 기계요소 도표편람을 참조하여 치수 기입을 할 수 있다.
2. 기계요소 도표편람을 참조하여 공차 기입을 할 수 있다.
3. 치수공차, 끼워맞춤, 다듬질공차, 기하공차를 기입할 수 있다.

8장 실습 내용

1. 치수 및 공차 기입하기 순서
2. 치수 기입하기
3. 규격을 참조하여 공차 기입하기
4. 참고 답안

평가 사항(배점)

- 실습 방법 및 태도 (　　점)
- 치수 기입 누락 (　　점)
- 치수공차 (　　점)
- 다듬질공차 (　　점)
- 기하공차 (　　점)
- 시간 준수 (　　점)
- 소요시간 : 2~3hr

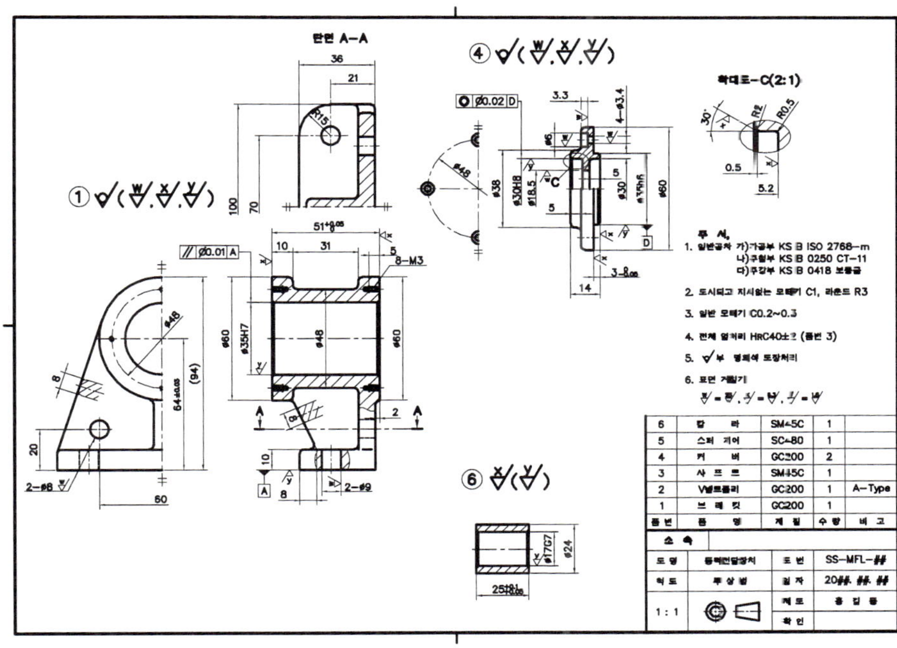

CHAPTER 08 기계요소 도표편람 참조하기

01 치수 및 공차 기입하기 순서

7장에 작성한 동력전달장치의 투상도를 열고 기계요소 규격집을 참조하여 치수기입과 공차를 기입한다.

01 투상도 그린 것을 열기

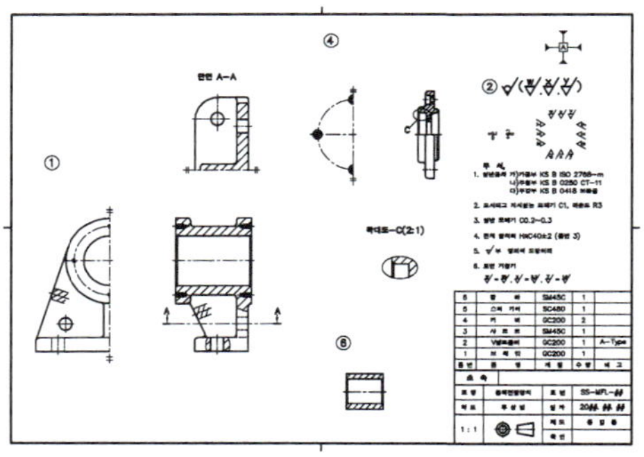

01 투상도 그린 것을 열기

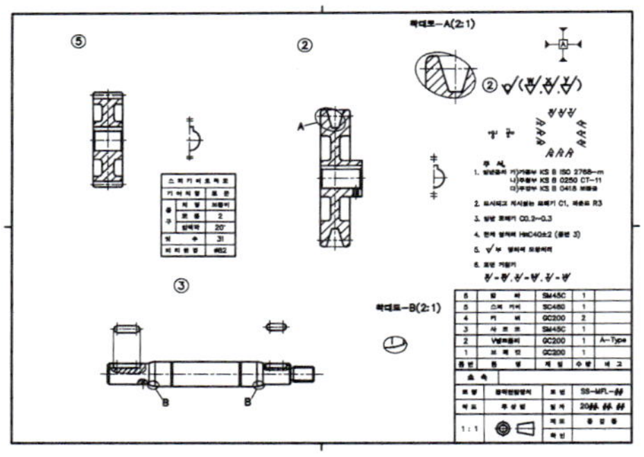

02 치수 기입하기

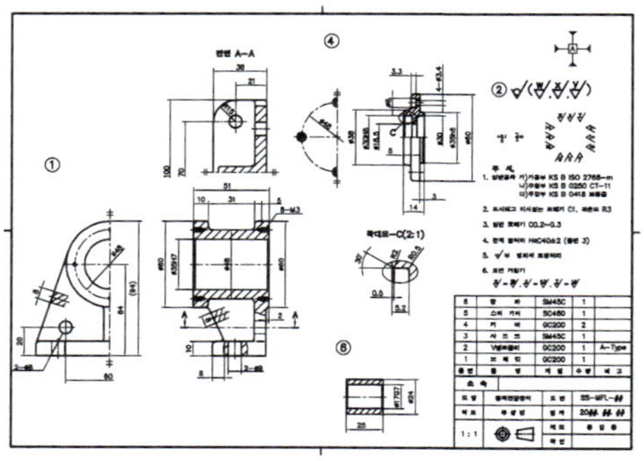

02 치수 기입하기

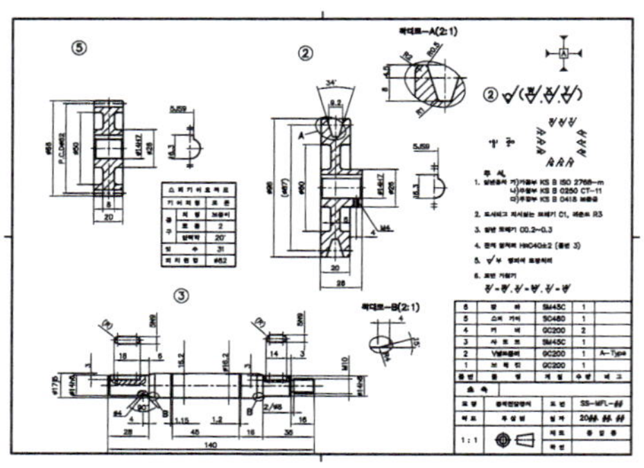

03 공차 기입 후 검도하기

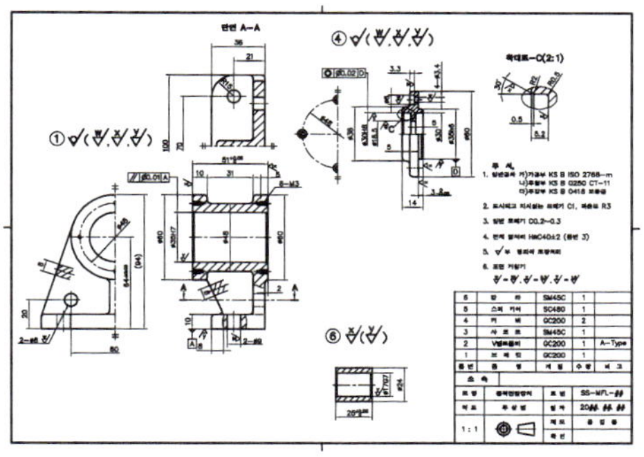

03 공차 기입 후 검도하기

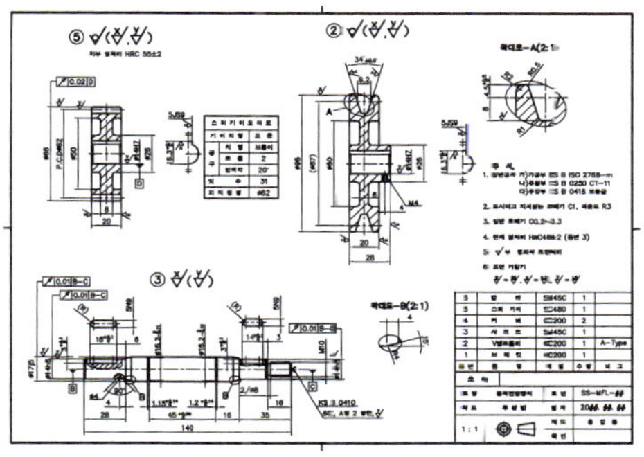

02 치수 기입하기

1 작성된 투상도 열기

지난 7장에 만들어 놓은 동력전달장치의 투상도를 열기 한 후 치수기입을 한다. 이번 장에는 주로 기계요소규격을 참조하여 공차 기입하는 방법을 설명한다.

Command : open

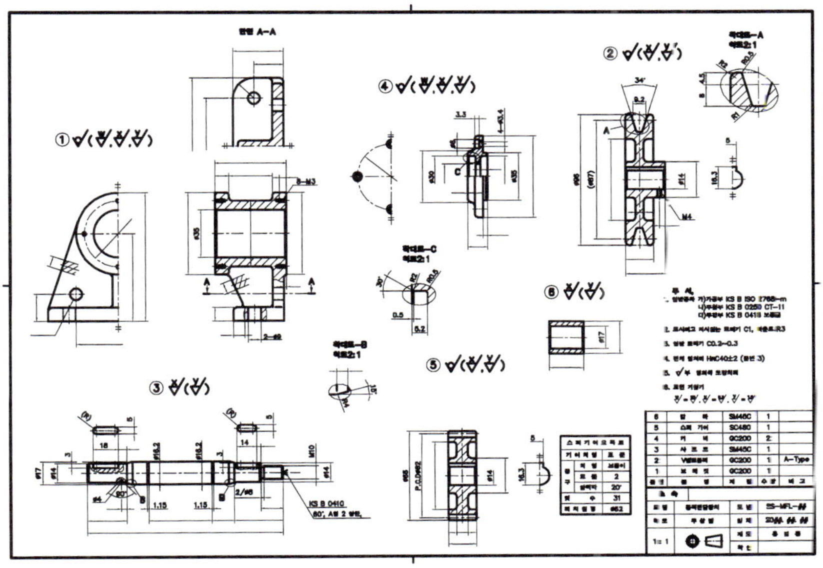

※위 도면은 동력전달장치의 투상도를 OPEN(열기)하고 치수 기입을 한 후 규격 치수만 나타내고 그렇지 않은 치수는 삭제하였다. 위 도면과 같이 치수기입을 하되 치수를 모두 나타내도록 한다.(삭제하지 않도록 함)

03 규격을 참조하여 공차 기입하기-1

1 베어링 장착부의 끼워맞춤 공차 기입하기

정면도에서 타원으로 지시한 부분은 베어링 장착부로 ϕ35 치수에 베어링 끼워맞춤을 위한 공차를 기입해야 한다. 내륜이 회전하는 베어링에서 외륜쪽의 끼워맞춤 공차는 모든 종류의 베어링을 H7의 헐거움 끼워맞춤으로 기입한다. 그래서 ϕ35H7이라고 표현되어 있어야 한다.

아래 도표는 앵귤러 베어링의 규격을 나타내는 것으로 7003A의 치수를 참조하여야 한다.

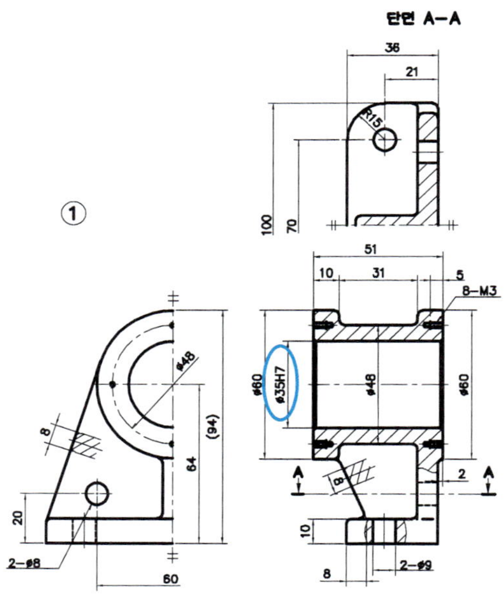

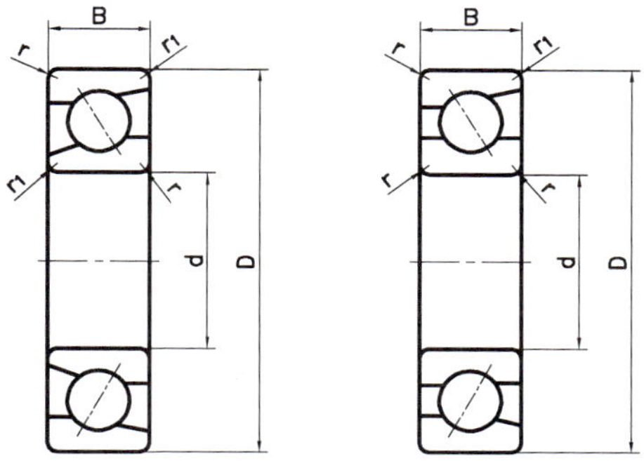

NSK의 경우는
A (30°)
B (40°)
C (20°)

앵귤러 볼 베어링

베어링 계열 70								참 고(kg)					
호 칭 번 호			치 수					A(30°)		B(40°)		C(15°)	
호칭접촉각													
A	B	C	d	D	B	r	r_1	C	C_0	C	C_0	C	C_0
7000 A	7000 B	7000 C	10	26	8	0.5	0.3	365	199			385	218
7001 A	7001 B	7001 C	12	28	8	0.5	0.3	395	228			425	251
7002 A	7002 B	7002 C	15	32	9	0.5	0.3	455	283			490	310
7003 A	7003 B	7003 C	17	35	10	0.5	0.3	560	350			605	385
7004 A	7004 B	7004 C	20	42	12	1	0.5	760	505			820	555
7005 A	7005 B	7005 C	25	47	12	1	0.5	845	605			915	665
7006 A	7006 B	7006 C	30	55	13	1.5	0.8	1090	825			1190	910
7007 A	7007 B	7007 C	35	62	14	1.5	0.8	1370	1090			1500	1210
7008 A	7008 B	7008 C	40	68	15	1.5	0.8	1470	1250			1610	1380

2 치수공차 기입하기

좌측면도에서 사각형으로 지시한 부분은 기준면에서 중심선 간에 치수공차로 아래의 중심선 간에 공차를 참조하여 기입한다.

이 장치는 기어전동이 있기 때문에 2급을 참조해서 64±0.03이라고 기입하면 적당하다.

평면도에서 사각형으로 지시한 부분은 본체 안에 조립되는 두 개의 베어링과 칼라, 그리고 커버 일부분의 두 곳 치수의 합과 같아야 하며 커버를 본체에 밀착시키기 위해 보통공차로 약간 크게 주어야 한다. 따라서 $51^{+0.05}_{0}$ 정도가 적당하다.

①

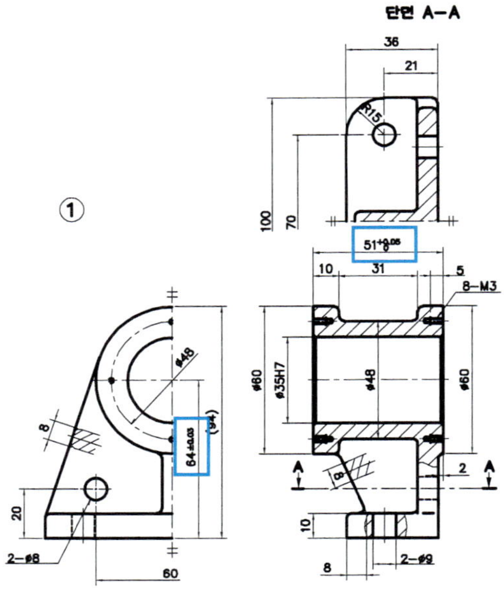

▾▾▾ 중심거리 허용차(단위 : μm)

중심거리의 구분(mm) 초 과	중심거리의 구분(mm) 이 하	0급 (참고)	1급	2급	3급	4급
10	18	± 4	± 6	± 14	± 35	± 50
18	30	± 5	± 7	± 17	± 42	± 60
30	50	± 6	± 8	± 20	± 50	± 80
50	80	± 7	± 10	± 23	± 60	± 90
80	120	± 8	± 11	± 27	± 70	± 110
120	180	± 9	± 13	± 32	± 80	± 130

3 다듬질공차 기입하기

(1) 거친 면

도면에서 타원으로 지시한 부분은 볼트의 구멍자리로 도면에서와 같이 w 가공을 지시 한다.

(2) 보통 면

정면도에서 네모로 지시한 부분으로 양쪽 커버가 밀착되는 면은 도면에서와 같이 x가공을 지시 한다.

(3) 정밀 면

정면도에서 진원으로 지시한 부분으로 베어링 끼워 맞춤이 있는 곳과 아래의 기준 면은 도면에서와 같이 y 가공을 지시 한다.

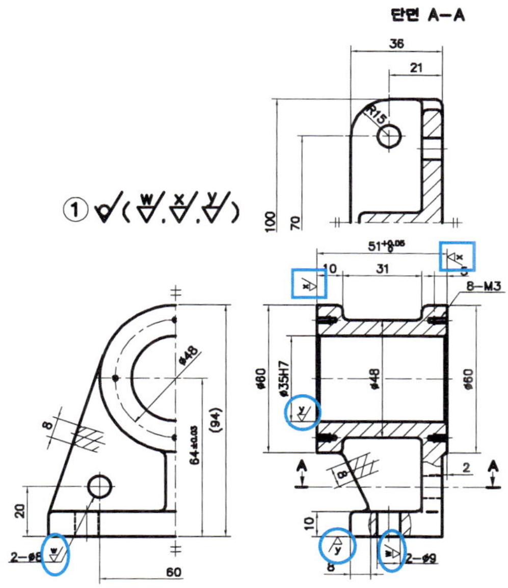

4 기하공차 기입하기

이 장치의 브래킷을 제작 할 때 가장 중요한 부분은 베어링 장착부이다. 아래의 사각형 부분은 데이텀(기준면)으로 베어링 장착부와의 나란한 정도를 일정 범위 내에 규제해야 한다.

끼워 맞춤 공차를 IT 7급을 사용하기 때문에 기하공차의 공차 값은 그 보다 정밀한 등급 즉, IT 5급을 참조하여 공차 값을 기입한다.

앞으로 기하공차의 공차 값은 정밀공차 부분만 기입을 하되 0.01이나 0.02만 기입한다.

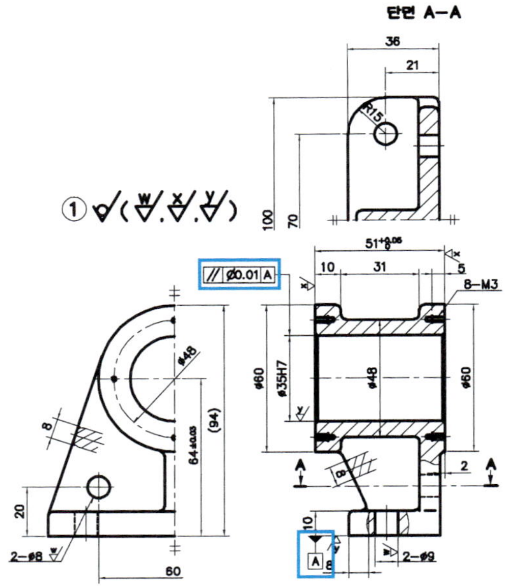

04 규격을 참조하여 공차 기입하기-2

1 끼워맞춤과 키 홈의 치수 및 공차 기입하기

정면도에서 타원으로 지시한 부분은 축이 끼워질 부분으로 구멍 기준식 헐거움 끼워맞춤으로 기입하기 위해 H7을 기입한다.

또한 우측면도에서 타원으로 지시된 부분은 보스부의 키 홈으로 축 경을 기준으로 키를 규격에서 선정한다.

① 축경이 ϕ14 이므로 아래 규격에서 5×5의 키를 선정

② 키 홈 폭의 공차 5JS9 기입

③ 14+2.3 즉, 16.3에 $^{+0.1}_{0}$ 을 기입

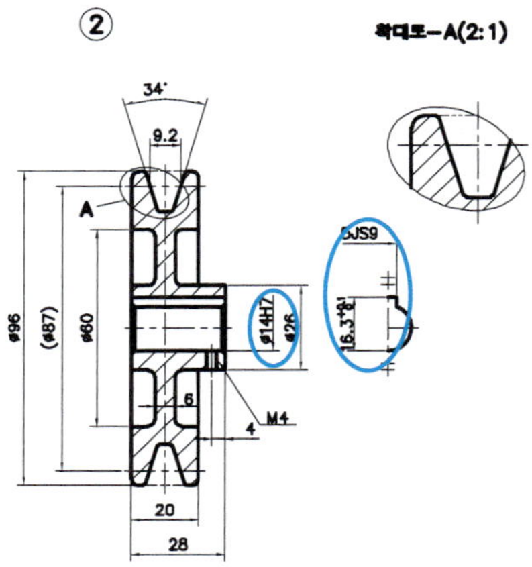

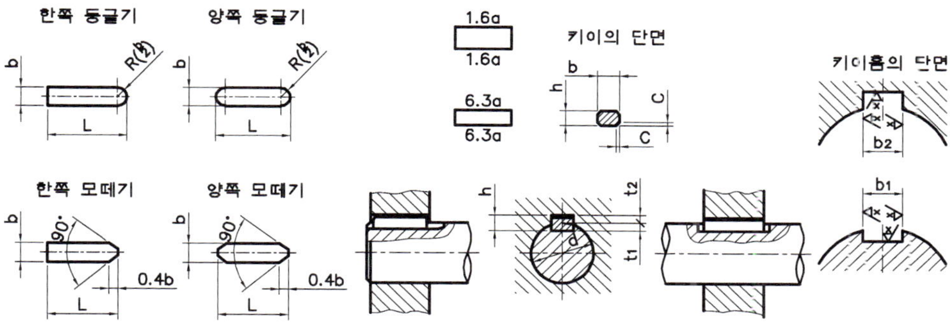

묻힘키(평행키)

적용하는 축경 d	키의 호칭 치수 b×h	b 허용차 (h9)	h 허용차 (h9)	C	L	b_1 b_2의 기준 치수	보통급 b_1 허용차 N9	보통급 b_2 허용차 JS9	r_1 및 r_2	t_1의 기준 치수	t_2의 기준 치수	t_1 t_2의 허용차
6~8	2×2	0 −0.025	0 −0.025	0.16 ~ 0.25	6~20	2	−0.004 −0.029	±0.0125	0.08 ~ 0.16	1.2	1.0	
8~10	3×3				6~36	3				1.8	1.4	
10~12	4×4	0 −0.030	0 −0.030		8~45	4	0 −0.030	±0.0150		2.5	1.8	+0.1 0
12~17	5×5			0.25 ~ 0.40	10 ~56	5			0.16 ~ 0.25	3.0	2.3	
17~22	6×6				14 ~70	6				3.5	2.8	
20~25	(7×7)	0 −0.036	0 3		16 ~80	7	0 −0.036	±0.0180		4.0	3.0	+0.2 0
22~30	8×7		0 −0.090		18 ~90	8				4.0	3.3	
키의 표준길이 L	6, 8, 10, 12, 14, 16, 18, 20, 22, 25, 28, 32, 36, 40, 45, 50, 56. 63, 70, 80, 90, …											
키의 일반적인 재료	S20C−D, S45C−D, SF55, S35C 또는 S45C											

❷ V 홈부의 규격 치수와 공차 기입

타원으로 지시된 부분은 V벨트가 걸쳐질 홈부로 V벨트는 풀리의 크기로 그 호칭을 선정한다.

① 호칭경 ϕ87로 A-type의 벨트 선정

② 호칭경 ϕ87로 홈 각 34° 선정

③ 나머지 l_0, k, k_0, f 참조

④ r_1, r_2, r_3는 큰 것 선정

⑤ 홈부의 치수허용차에서 공차 참조

⑥ 다듬질공차 참조

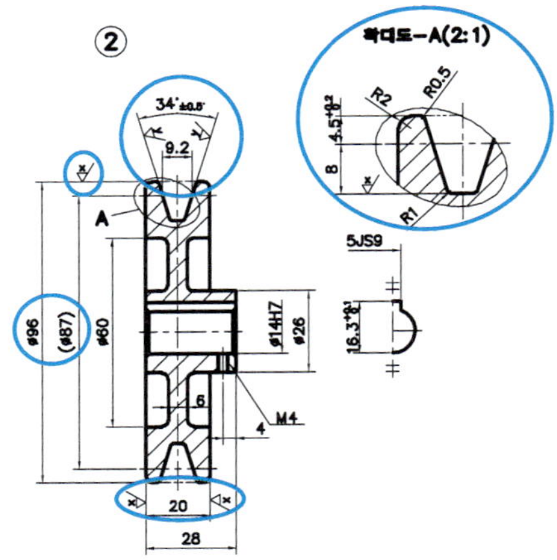

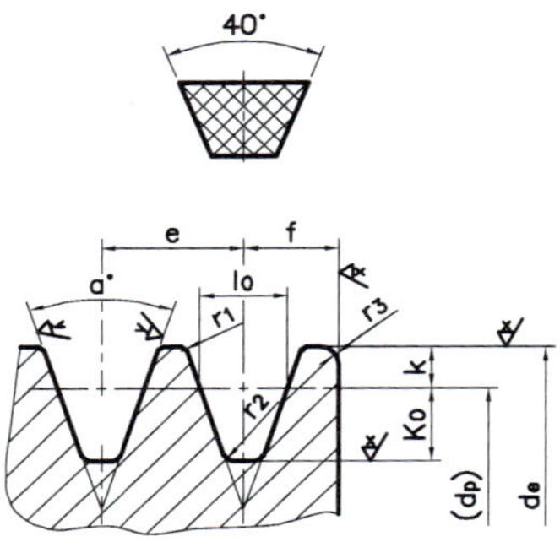

V벨트 및 풀리

형별	α의 허용차	k의 허용차	e의 허용차	f의 허용차
M	± 0.5°	+0.2 / 0	−	+2 / −1
A			± 0.4	
B				
C		+0.3 / 0	± 0.5	
D		+0.4 / 0		+3 / −1
E		+0.5 / 0		+4 / −1

(주) k의 허용차는 외경 de를 기준으로 홈폭의 l0가 되도록 한다.(dp 참고치수로 나타낸다.)

호 칭 경	외경 de의 허용차
75 이상 118 이하	± 0.6
125 이상 300 이하	± 0.8

형별	호 칭 경	α°	l_0	k	k_0	e	f	r_1	r_2	r_3	(참고) V벨트의 두께
M	50 이상 71 이하	34	8.0	2.7	6.3	−	9.5	0.2 ~0.5	0.5 ~1.0	1 ~2	5.5
	71 이상 90 이하	36									
	90 이상인 것	38									
A	71 이상 100 이하	34	9.2	4.5	8.0	15.0	10.0	0.2 ~0.5	0.5 ~1.0	1 ~2	9
	100 이상 125 이하	36									
	125 이상인 것	38									

③ 다듬질공차 기입하기

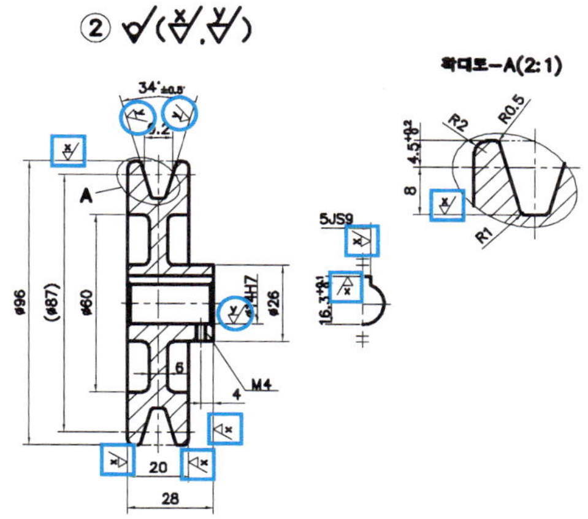

풀리는 주물로 제작하고 축 삽입부 및 V벨트 걸치는 홈 부의 경사면을 정밀하게 가공한다.

① 우측면도에서 키홈부는 IT 공차 9급을 나타낸 것을 보통 면, 즉 x가공을 하고 ϕ14H7은 정밀 가공을 해야 하는 곳으로 y가공을 해야 한다.

② 앞에서 설명한 V벨트풀리의 규격을 참조하여 풀리의 양 측면, 바깥 면, 이뿌리 면은 x가공, V 경사면은 y로 지시한다.

③ 전체 가공 기호를 주물 기호로 하고 부분 가공 기호를 x, y 가공으로 기입한다.

05 규격을 참조하여 공차 기입하기-3

① 끼워맞춤 공차 기입하기

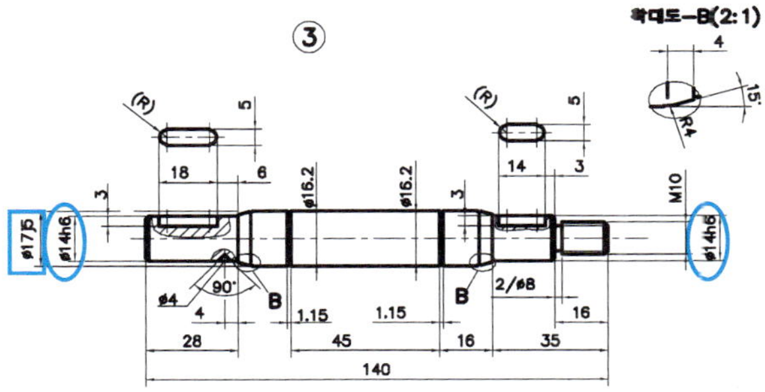

① 타원으로 지시한 부분의 좌측은 풀리를 우측은 기어를 끼우기 위한 부분으로 정밀 헐거움 끼워 맞춤 h6를 기입한다.

② 사각형으로 지시한 부분은 7003A 앵귤러 베어링이 끼워질 부분으로 중간끼워맞춤을 적용한다. 내륜이 축에 의해 같이 돌기 위한 공차로 j5를 기입한다.

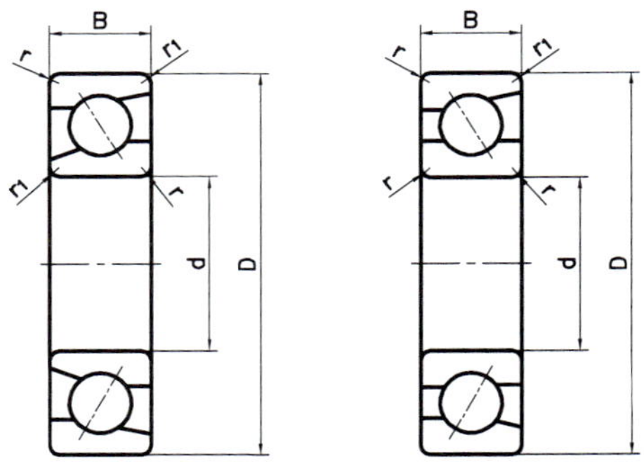

N S K의 경우는
A (30°)
B (40°)
C (20°)

앵귤러 볼 베어링

베어링 계열 70								참고(kg)					
호칭번호			치수					A (30°)		B (40°)		C (15°)	
호칭접촉각													
A	B	C	d	D	B	r	r_1	C	C_0	C	C_0	C	C_0
7000 A	7000 B	7000 C	10	26	8	0.5	0.3	365	199			385	218
7001 A	7001 B	7001 C	12	28	8	0.5	0.3	395	228			425	251
7002 A	7002 B	7002 C	15	32	9	0.5	0.3	455	283			490	310
7003 A	7003 B	7003 C	17	35	10	0.5	0.3	560	350			605	385
7004 A	7004 B	7004 C	20	42	12	1	0.5	760	505			820	555
7005 A	7005 B	7005 C	25	47	12	1	0.5	845	605			915	665
7006 A	7006 B	7006 C	30	55	13	1.5	0.8	1090	825			1190	910
7007 A	7007 B	7007 C	35	62	14	1.5	0.8	1370	1090			1500	1210
7008 A	7008 B	7008 C	40	68	15	1.5	0.8	1470	1250			1610	1380

❷ 스냅링 홈부의 치수와 공차 기입하기

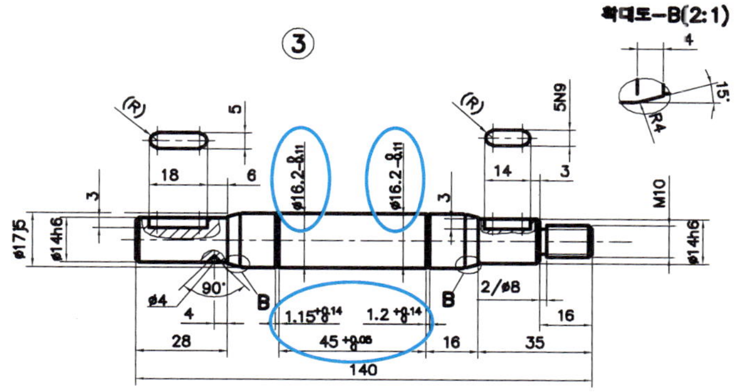

타원으로 지시된 부분은 스냅링을 체결하는 부분으로 베어링의 측면의 위치를 제어하는 부분이다.

① 축경 φ17을 기준치수로 스냅링을 선정

② $\phi 16.2^{\ 0}_{-0.11}$

③ $1.15^{+0.14}_{\ 0}$

④ 스냅링을 체결하기 위한 $45^{+0.05}_{\ 0}$

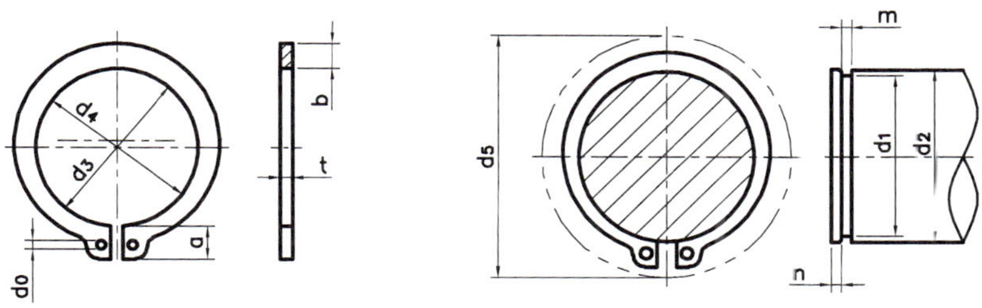

멈춤링(축용)

<table>
<tr><th rowspan="3">호칭경</th><th colspan="7">멈춤링</th><th rowspan="2">참고
d_5</th><th colspan="6">적응하는 축</th></tr>
<tr><th colspan="2">d_3</th><th colspan="2">t</th><th>b</th><th>a</th><th>d_0</th><th rowspan="2">d_1</th><th colspan="2">d_2</th><th colspan="2">m</th><th rowspan="2">참고
n
최소</th></tr>
<tr><th>기본 치수</th><th>치수 허용차</th><th>기본 치수</th><th>치수 허용차</th><th>약</th><th>약</th><th>최소</th><th></th><th>기본 치수</th><th>치수 허용차</th><th>기본 치수</th><th>치수 허용차</th></tr>
<tr><td>10</td><td>9.3</td><td rowspan="2">±0.15</td><td rowspan="7">1</td><td rowspan="7">±0.04</td><td>1.6</td><td>3</td><td rowspan="2">1.5</td><td>17</td><td>10</td><td>9.6</td><td>0
−0.09</td><td rowspan="8">1.15</td><td rowspan="21">+0.14
0</td><td rowspan="21">1.5</td></tr>
<tr><td>11</td><td>10.2</td><td>1.8</td><td>3.1</td><td>18</td><td>11</td><td>10.5</td><td rowspan="9">0
−0.11</td></tr>
<tr><td>12</td><td>11.1</td><td rowspan="8">±0.18</td><td>1.8</td><td>3.2</td><td rowspan="7">1.7</td><td>19</td><td>12</td><td>11.5</td></tr>
<tr><td>(13)</td><td>12.</td><td>1.8</td><td>3.3</td><td>20</td><td>13</td><td>12.4</td></tr>
<tr><td>14</td><td>12.9</td><td>2</td><td>3.4</td><td>22</td><td>14</td><td>13.4</td></tr>
<tr><td>15</td><td>13.8</td><td>2.1</td><td>3.5</td><td>23</td><td>15</td><td>14.3</td></tr>
<tr><td>16</td><td>14.7</td><td>2.2</td><td>3.6</td><td>24</td><td>16</td><td>15.2</td></tr>
<tr><td>17</td><td>15.7</td><td rowspan="11">1.2</td><td rowspan="14">±0.05</td><td>2.2</td><td>3.7</td><td>25</td><td>17</td><td>16.2</td></tr>
<tr><td>18</td><td>16.5</td><td>2.6</td><td>3.8</td><td>26</td><td>18</td><td>17</td><td rowspan="10">1.35</td></tr>
<tr><td>(19)</td><td>17.5</td><td>2.7</td><td>3.8</td><td rowspan="12">2</td><td>27</td><td>19</td><td>18</td></tr>
<tr><td>20</td><td>18.5</td><td rowspan="11">±0.2</td><td>2.7</td><td>3.9</td><td>28</td><td>20</td><td>19</td><td rowspan="11">0
−0.21</td></tr>
<tr><td>(21)</td><td>19.5</td><td>2.7</td><td>4</td><td>30</td><td>21</td><td>20</td></tr>
<tr><td>22</td><td>20.5</td><td>2.7</td><td>4.1</td><td>31</td><td>22</td><td>21</td></tr>
<tr><td>(24)</td><td>22.2</td><td>3.1</td><td>4.2</td><td>33</td><td>24</td><td>22.9</td></tr>
<tr><td>25</td><td>23.2</td><td>3.1</td><td>4.3</td><td>34</td><td>25</td><td>23.9</td></tr>
<tr><td>(26)</td><td>24.2</td><td>3.1</td><td>4.4</td><td>35</td><td>26</td><td>24.9</td></tr>
<tr><td>28</td><td>25.9</td><td rowspan="3">1.5</td><td>3.1</td><td>4.6</td><td>38</td><td>28</td><td>26.6</td><td rowspan="3">1.65</td></tr>
<tr><td>(29)</td><td>26.9</td><td>3.5</td><td>4.7</td><td>39</td><td>29</td><td>27.6</td></tr>
<tr><td>30</td><td>27.9</td><td>3.5</td><td>4.8</td><td>40</td><td>30</td><td>28.6</td></tr>
</table>

③ 키 홈부의 치수와 공차 넣기

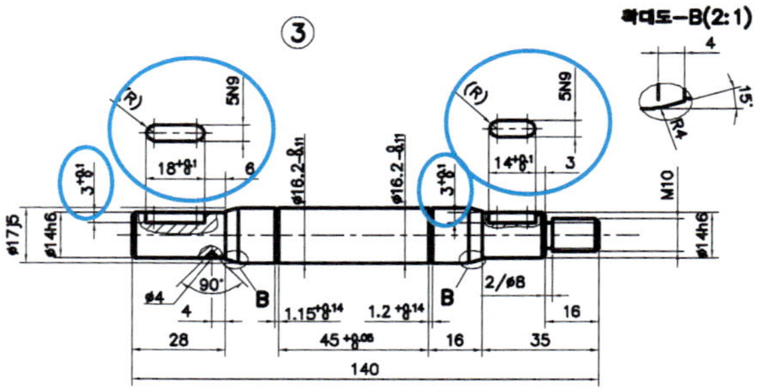

타원으로 지시된 부분은 축의 키 홈이다. 축경을 기준으로 키를 규격에서 선정한다.

① 축경이 ϕ14 이므로 아래 규격에서 5×5의 키를 선정

② 키 홈 폭의 공차 N9 기입

③ 3에 $^{+0.1}_{0}$ 을 기입

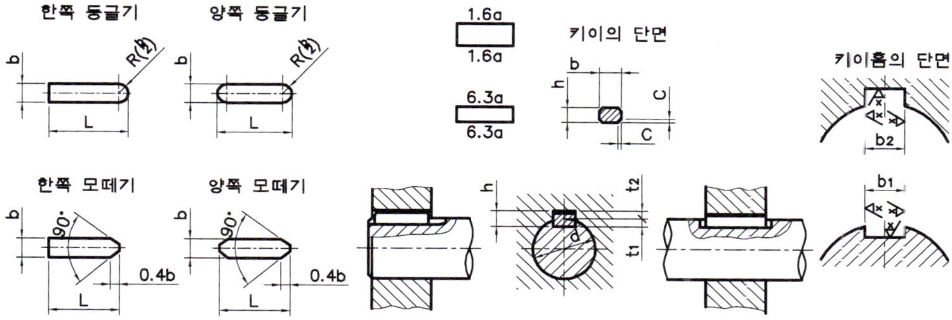

묻힘키(평행키)

적용하는 축경 d	키의 호칭치수 b×h	키의 치수 b 허용차 (h9)	키의 치수 h 허용차 (h9)	키의 치수 C	키의 치수 L	키홈의 치수 b_1, b_2의 기준치수	보통급 b_1 허용차 N9	보통급 b_2 허용차 JS9	r_1 및 r_2	t_1의 기준치수	t_2의 기준치수	t_1, t_2의 허용차
6~8	2×2	0 −0.025	0 −0.025	0.16 ~ 0.25	6~20	2	−0.004 −0.029	±0.0125	0.08 ~ 0.16	1.2	1.0	+0.1 0
8~10	3×3				6~36	3				1.8	1.4	
10~12	4×4	0 −0.030	0 −0.030		8~45	4	0 −0.030	±0.0150		2.5	1.8	
12~17	5×5			0.25 ~ 0.40	10~56	5			0.16 ~ 0.25	3.0	2.3	
17~22	6×6				14~70	6				3.5	2.8	
20~25	(7×7)	0 −0.036	0 −0.036		16~80	7	0 −0.036	±0.0180		4.0	3.0	+0.2 0
22~30	8×7		0 −0.090		18~90	8				4.0	3.3	

키의 표준길이 L	6, 8, 10, 12, 14, 16, 18, 20, 22, 25, 28, 32, 36, 40, 45, 50, 56, 63, 70, 80, 90, ⋯
키의 일반적인 재료	S20C-D, S45C-D, SF55, S35C 또는 S45C

❹ 다듬질공차 기입하기

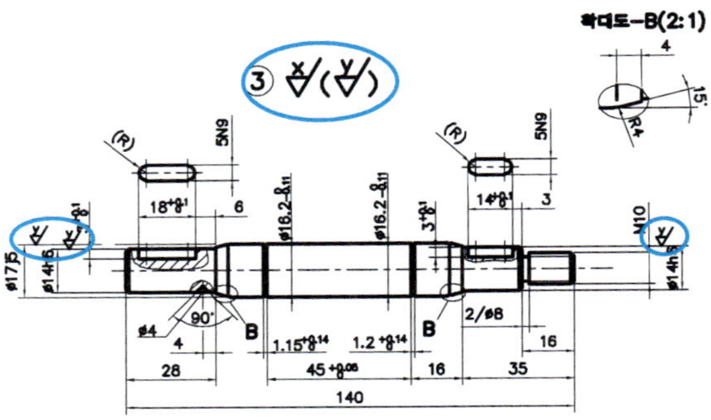

축은 정밀 가공을 해야 하는 부품으로 전체적으로 x가공을 하고 정밀한 부분만 y 가공을 지시하면 된다.

도면에서 타원으로 지시한 부분은 좌측부터 V벨트풀리, 오일시일과 베어링, 스퍼기어가 끼워지는 부분으로 정밀 다듬질 y가공을 기입한다.

도면에서 품번 옆에 지시한 다듬질기호는 전체 가공을 x 가공으로 하고 부분가공을 y가공으로 기입한다.

❺ 기하공차 기입하기

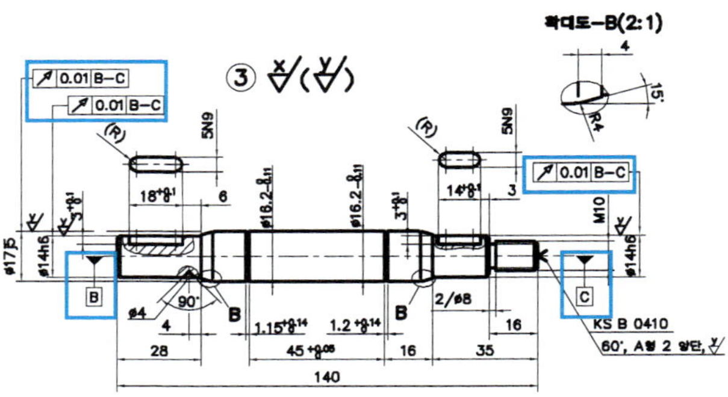

축은 회전운동을 하는 부품으로 중심선을 기준(데이텀)으로 V벨트풀리, 오일시일과 베어링, 스퍼기어 조립부에 원주 흔들림도를 일정 범위에서 제한해야 한다.

도면에서 데이텀을 중심선의 양쪽에 붙이고 각 각의 정밀해야할 조립부에 원주흔들림도를 기입한다.

06 규격을 참조하여 공차 기입하기-4

1 조립 부분에 끼워맞춤 공차 넣기

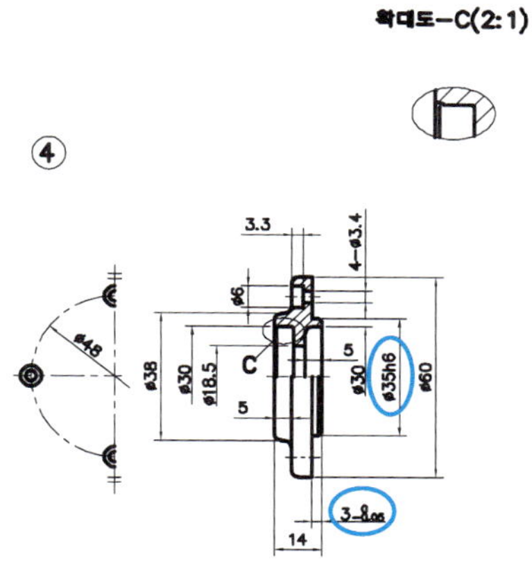

커버가 브래킷에 끼워지는 곳은 구멍기준식 정밀 헐거움 끼워맞춤으로 구성하고 서로 접촉하여 밀착될 수 있도록 커버의 돌출부를 보통공차로 −공차를 기입해야 한다.

도면에서 타원으로 지시한 부분과 같이 ϕ35h6로 헐거움 끼워맞춤 공차를 기입하고 아래 돌출부는 $3^{\ 0}_{-0.05}$ 로 기입한다.

2 오일시일의 규격을 참조하여 치수 및 공차를 기입하기

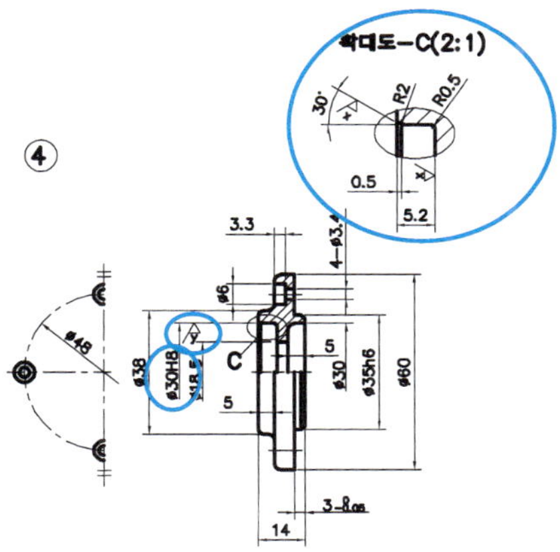

정면도에서 타원으로 지시한 부분은 오일시일을 장착할 부분으로 아래 규격을 참고한다.

① 오일시일은 축경(베어링의 내경)의 치수로 G종에서 치수를 참조한다.(S, D종의 크기도 G종의 크기 안에 포함됨)

② ϕ30은 규격 공차로 H8을 기입한다.

③ 보스 구멍의 모떼기 치수를 엄수한다.

⇒ 15~30° 에서 축은 15°, 보스는 30°

⇒ 모떼기 깊이는 0.1~0.15B로 한다.

⇒ 구석 부분의 라운드는 R0.5이상으로 하되 보스는 R0.5 축은 보통 R4 정도로 크게 선정하는 것이 좋다.

⇒ 오일시일 장착부의 깊이는 B보다 0.2~0.3 정도 더 깊게 한다.

④ 다듬질공차는 규격을 참조해서 옆 그림과 같이 기입한다.

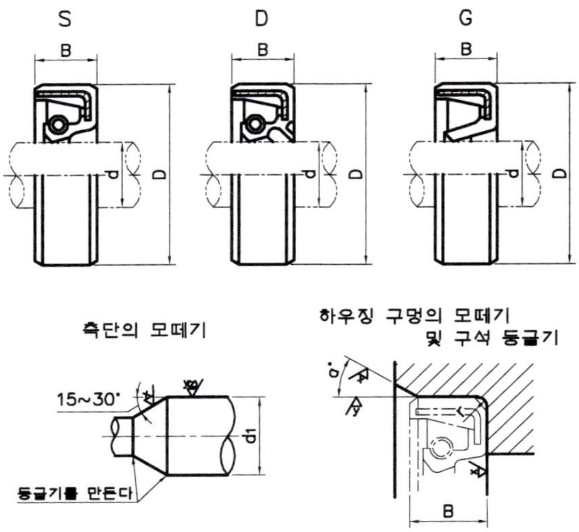

오일 시일 및 하우징 홈

▾ ▾ ▾ 하우징 홈의 깊이

오일 시일의 축 B	깊이
6이하	B+0.2
6을 초과 10이하	B+0.3
10을 초과 14이하	B+0.4
14를 초과 18이하	B+0.5
18을 초과 25이하	B+0.6

▾ ▾ ▾ 모떼기 치수

모떼기	α= 15° ~30° l = 0.1B~0.15B
구석둥굶	r ≥ 0.5mm

호칭 내경 d	외경 D	폭 B	호칭 내경 d	외경 D	폭 B	호칭 내경 d	외경 D	폭 B	호칭 내경 d	외경 D	폭 B
10	20	4	14	25	4	18	30	5	25	38	5
	25	7		28	7		35	8		40	8
11	22	4	15	25	4	20	32	5	26	38	5
	25	7		30	7		35	8		42	8
12	22	4	16	28	4	22	35	5	28	40	5
	25	7		30	7		38	8		45	8
13	25	4	17	30	5	24	38	5	30	42	5
	28	7		32	8		40	8		45	8

③ 카운터 보오링의 치수 및 다듬질공차 기입하기

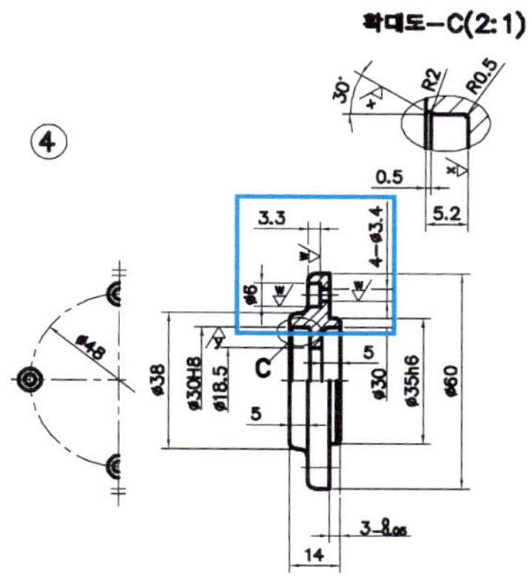

사각형으로 지시된 부분은 카운터 보오링이라고 하며 육각 홈붙이 볼트를 결합할 자리 파기이다. 이 가공은 드릴링 후 엔드밀이나 카운터 보어로 가공하여 만든다.
볼트의 호칭으로 규격에서 치수를 참조한다.
다듬질은 거친 가공기호인 w가공을 기입한다.

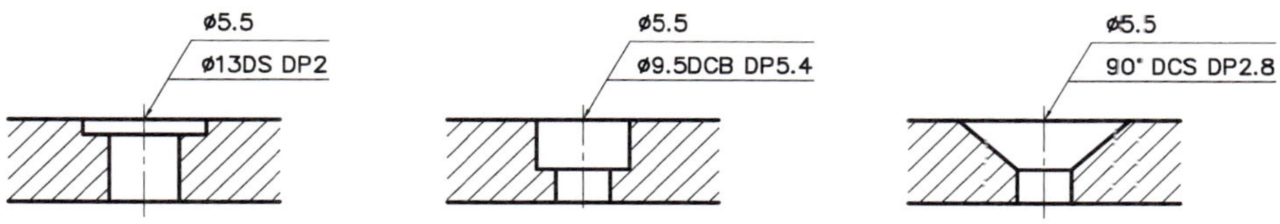

볼트 구멍 자리파기

호 칭			스폿페이싱(DS)		카운터 보오링(DCB)		카운터 싱킹(DCS)	
볼트 탭	드릴 d		D	DP	D	DP	DP	각도
M 3	3.4	3.6	9	0.2	6	3.3	1.75	90° $^{+2°}_{0}$
4	4.5	4.8	11	0.3	8	4.4	2.3	
5	5.5	5.8	13	0.3	9.5	5.4	2.8	
6	6.6	7	15	0.5	11	6.5	3 4	
8	9	10	20	0.5	14	8.6	4.4	

④ 다듬질공차 기입하기

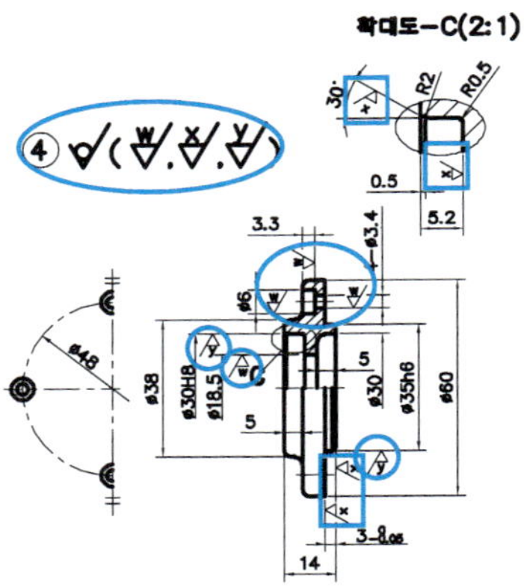

커버는 주물로 제작하기 때문에 전체가공을 주물기호로 하고 부분 가공을 w, x, y로 기입한다.

① 거친면은 자리파기와 드릴구멍으로 w가공을 기입한다.

② 보통면은 브래킷과의 접촉면과 오일시일 홈의 모떼기 부분 및 그 접촉면은 x가공을 기입한다.

③ 정밀면은 오일시일이 끼워지는 면과 브래킷에 끼워지는 곳은 y가공을 기입한다.

⑤ 기하공차 기입하기

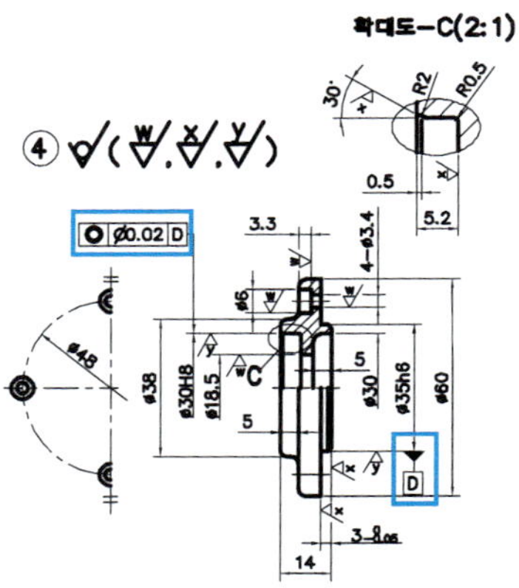

우측에 사각형으로 지시된 부분은 끼워맞춤이 있는 부분이므로 데이텀으로 지시하고 오일시일 장착부를 동심도로 일정범위를 제한해야 밀봉기능을 유지한다. 위 그림과 같이 기하공차를 기입한다.

07 규격을 참조하여 공차 기입하기-5

❶ 끼워맞춤과 키 홈부의 치수와 공차 기입하기

⑤

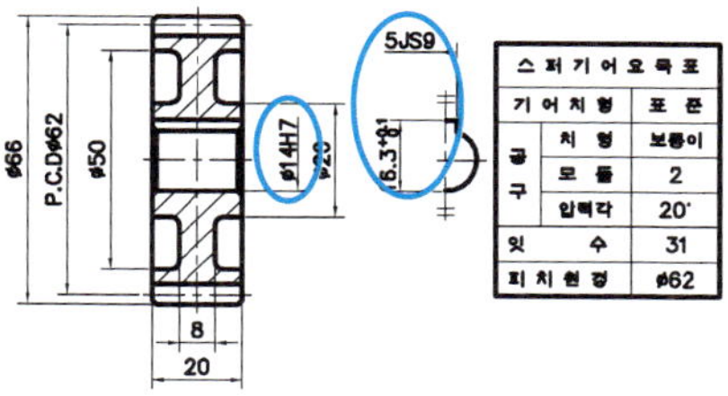

정면도에서 타원으로 지시한 부분은 축이 끼워질 부분이다. 구멍 기준식 헐거움 끼워맞춤을 기입하기 위해 H7을 기입한다.

타원으로 지시된 부분은 보스부의 키 홈이다. 축 경을 기준으로 키를 규격에서 선정한다.

① 축경이 ϕ14이므로 아래 규격에서 5×5의 키를 선정

② 키 홈 폭의 공차 JS9 기입

③ 14+2.3 즉, 16.3에 $^{+0.1}_{0}$ 을 기입

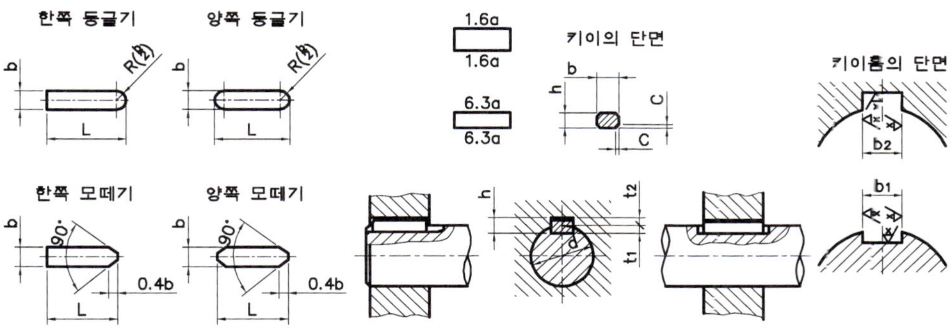

묻힘키(평행키)

적용하는 축경 d	키의 호칭치수 b×h	키의 치수 b 허용차 (h9)	h 허용차 (h9)	C	L	키홈의 치수 b_1, b_2의 기준치수	보통급 b_1 허용차 N9	보통급 b_2 허용차 JS9	r_1 및 r_2	t_1의 기준치수	t_2의 기준치수	b_1, b_2의 허용차
6~8	2×2	0 −0.025	0 −0.025	0.16 ~ 0.25	6~20	2	−0.004 −0.029	±0.0125	0.08 ~ 0.16	1.2	1.0	+0.1 0
8~10	3×3				6~36	3				1.8	1.4	
10~12	4×4	0 −0.030	0 −0.030		8~45	4	0 −0.030	±0.0150		2.5	1.8	
12~17	5×5			0.25 ~ 0.40	10~56	5			0.16 ~ 0.25	3.0	2.3	
17~22	6×6				14~70	6				3.5	2.8	
20~25	(7×7)	0 −0.036	0 −0.036		16~80	7	0 −0.036	±0.0180		4.0	3.0	+0.2 0
22~30	8×7		0 −0.090		18~90	8				4.0	3.3	
키의 표준길이 L	6, 8, 10, 12, 14, 16, 18, 20, 22, 25, 28, 32, 36, 40, 45, 50, 56, 63, 70, 80, 90, …											
키의 일반적인 재료	S20C−D, S45C−D, SF55, S35C 또는 S45C											

② 다듬질공차 기입하기

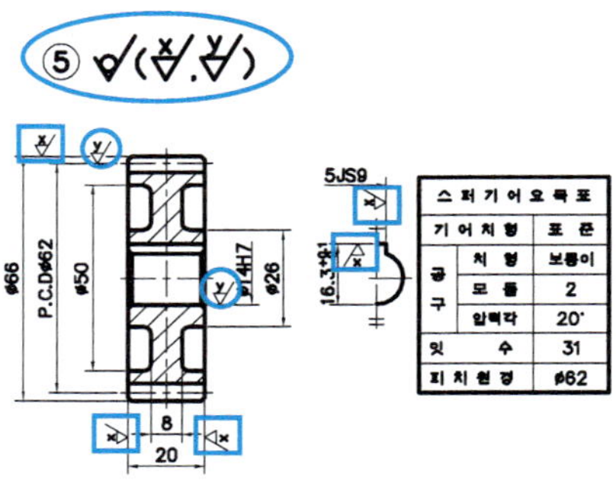

기어의 소재는 주강품으로 주조해서 제작하고 축 삽입부 및 치면을 정밀 가공한다.

① 우측면도에서 키홈부는 IT 공차 9급을 나타낸 것을 보통 면, 즉 x가공을 하고 φ14H7은 정밀 가공을 해야 하는 곳으로 y가공을 기입한다.

② 기어에 이끝 면과 양 측면, 그리고 면과 면이 접촉하는 곳에 x가공을 하고 치면은 정밀 가공을 해야 하므로 y 가공으로 지시한다.

③ 전체 가공 기호를 주물 기호로 하고 부분 가공 기호를 x, y 가공으로 나타낸다.

③ 기하공차 기입하기

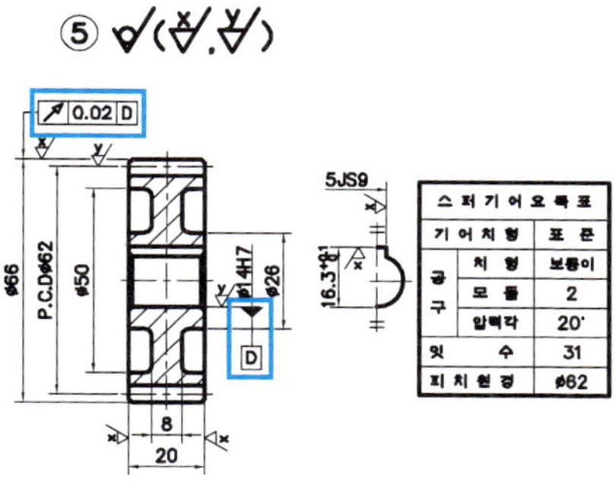

기어는 축이 회전운동을 할 때 같이 회전운동을 하는 부품으로 축이 끼워지는 면을 기준(데이텀)으로 이끝 면에 원주 흔들림도를 일정 범위 내에서 제한해야 한다.

도면에서 데이텀은 축이 끼워지는 ϕ14H7이고 이끝 면과 패킹 접촉 면에 원주 흔들림도를 지시해야 한다.

④ 이의 열처리 및 요목표

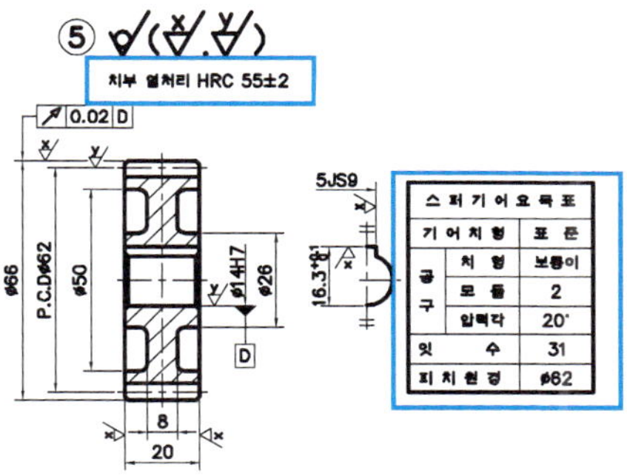

기어의 치부는 내마모성을 위해 고주파 경화처리로 치부 표면처리를 한다. 강의 탄소량에 따라 표면처리 경도가 다르게 나타는데 SC480은 탄소량이 0.4~0.5%의 것으로 고주파 경화처리를 했을 때 HrC55~60 정도가 나타난다.(규격 참조) 따라서 품번 아래에 지시한 것과 같이 표시한다. 또한 위 그림에서와 같이 요목표를 도시한다.

08 규격을 참조하여 공차 기입하기-6

① 끼워맞춤공차와 간격을 유지하기 위한 치수공차 기입하기

정면도에서 타원으로 지시한 부분은 축이 끼워지는 부분으로 약간 헐거운 끼워맞춤을 해야 한다. 그래서 ϕ17G7이라고 기입한다.

타원으로 지시한 부분은 베어링과 베어링의 간격을 유지하기 위한 부분의 치수로 보통공차 이내로 제한해야 한다.

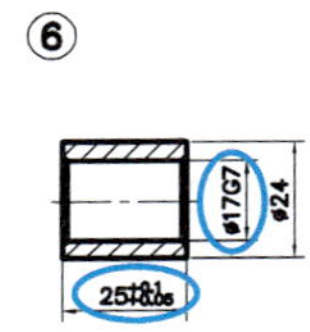

② 다듬질 공차 기입

타원으로 지시한 부분은 축이 끼워지는 부분으로 정밀 다듬질 y가공을 기입하고 나머지 부분은 x가공을 기입한다.

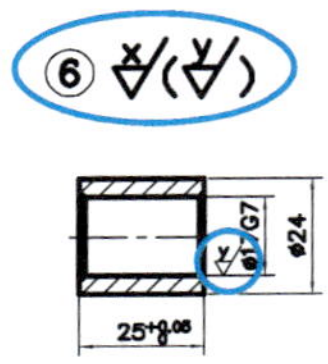

③ 기하공차 기입하기

사각형으로 지시한 부분은 축이 끼워지는 부분으로 원통도의 기하공차를 지시하면 적당한다.

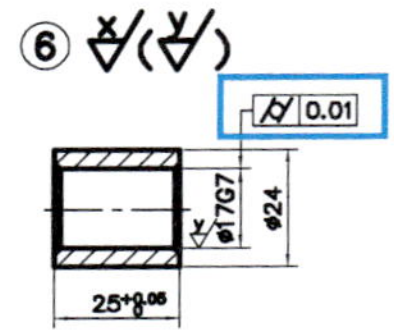

09 참고 답안

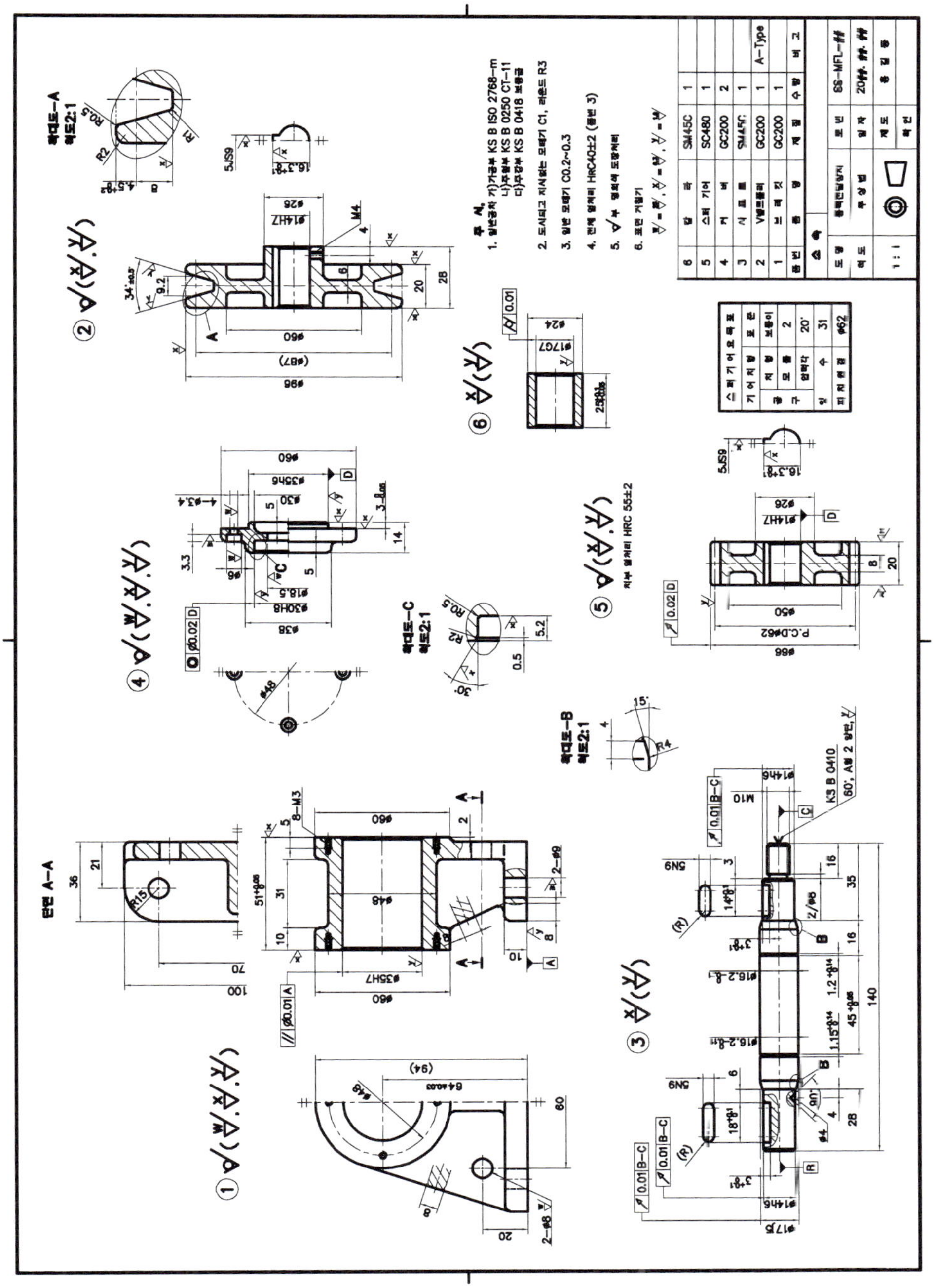

9

실습 목표

1. 내륜 회전 전동장치를 도면 해독 할 수 있다.
2. 내륜 회전 전동장치를 스케일로 측정하여 투상도를 그릴 수 있다.
3. 기계요소 도표편람을 참조하여 투상도를 그릴 수 있다.

9장 실습 내용

1. 작동원리 및 조립
2. 구조 및 부품 형상 파악
3. 기계요소 파악
4. 투상도 그리는 방법
5. 과제 도면
6. 투상도 그리기 순서
7. 투상도 그리기
8. 참고 답안
9. 분해도

평가 사항(배점)

- 실습 방법 및 태도 (　　점)
- 투상도 (　　점)
- 단면도 (　　점)
- 규격 치수 (　　점)
- 선 오기 및 누락 (　　점)
- 시간 준수 (　　점)
- 소요시간 : 2~3hr

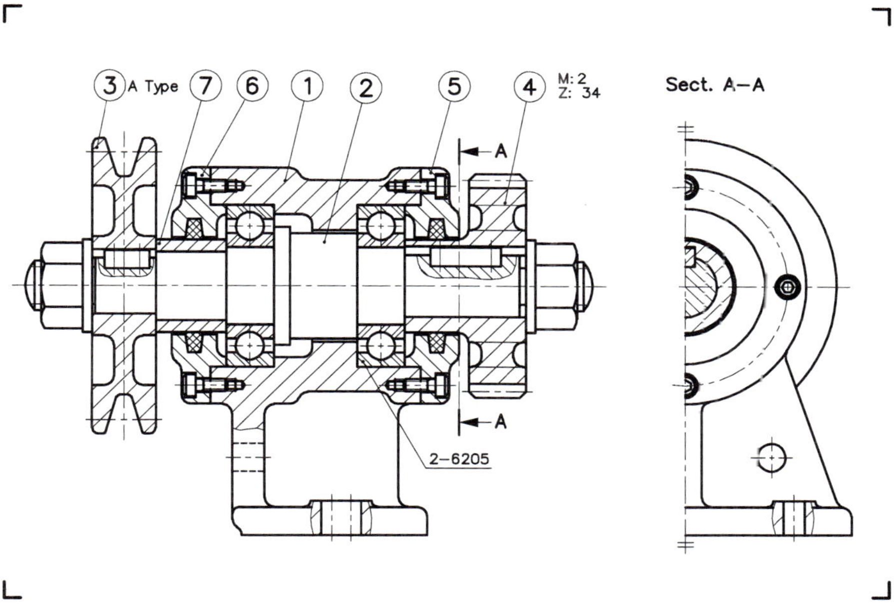

CHAPTER 09 내륜 회전 전동장치-1

01 작동원리 및 조립

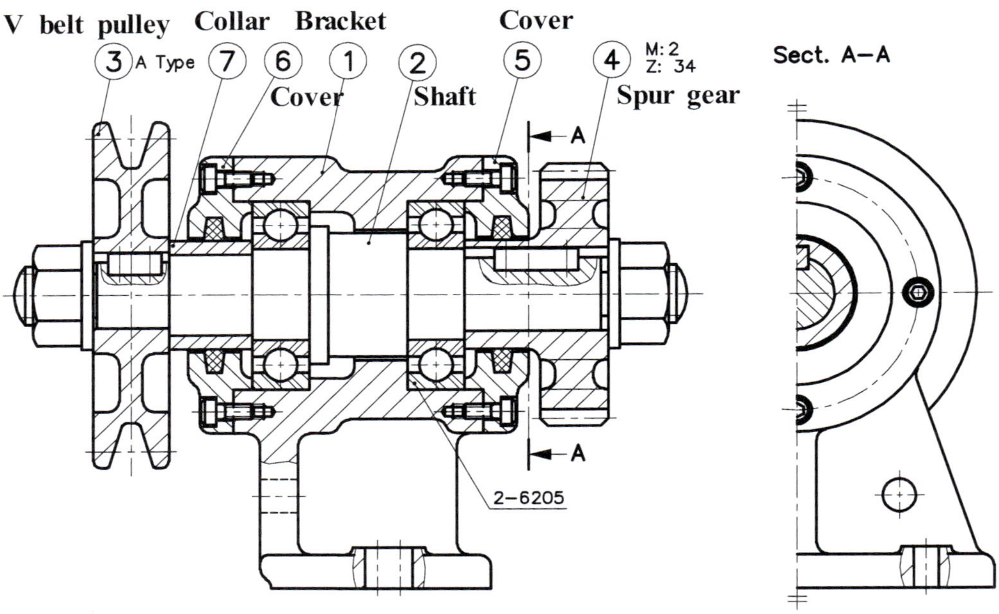

1 작동 원리

전동기로부터 회전력과 회전수를 전달받아 원동 풀리가 회전운동하면 3번 풀리가 회전하면서 4번 기어로 회전운동을 전달하는 동력전달장치이다.

3번 풀리가 회전하면 연결된 키로 인해 축이 회전하고 칼라, 베어링 내륜, 그리고 키로 기어가 회전운동을 하는 장치이다.

❷ 조립 순서

① 축에 좌측 베어링을 중간 끼워맞춤으로 결합하고 칼라를 끼워 브래킷에 넣는다.

② 패킹을 장착한 커버를 브래킷에 넣고 볼트 4개로 체결한다.

③ 축 왼쪽 부분에 키를 꽉 끼우고 3번 풀리를 헐거운 끼워맞춤을 한다. 그리고 풀리가 흔들거리거나 이탈하지 않게 와셔와 너트를 이용하여 체결한다.(참고 왼나사)

④ 우측베어링을 중간 정도로 끼우고 패킹을 장착한 커버를 넣고, 그리고 볼트 4개로 체결한다.

⑤ 키가 고정된 축에 기어를 넣고 와셔와 너트로 고정한다.(참고 오른나사)

02 구조 및 부품 형상 파악-1

❶ 품번 1, 브래킷(Bracket)

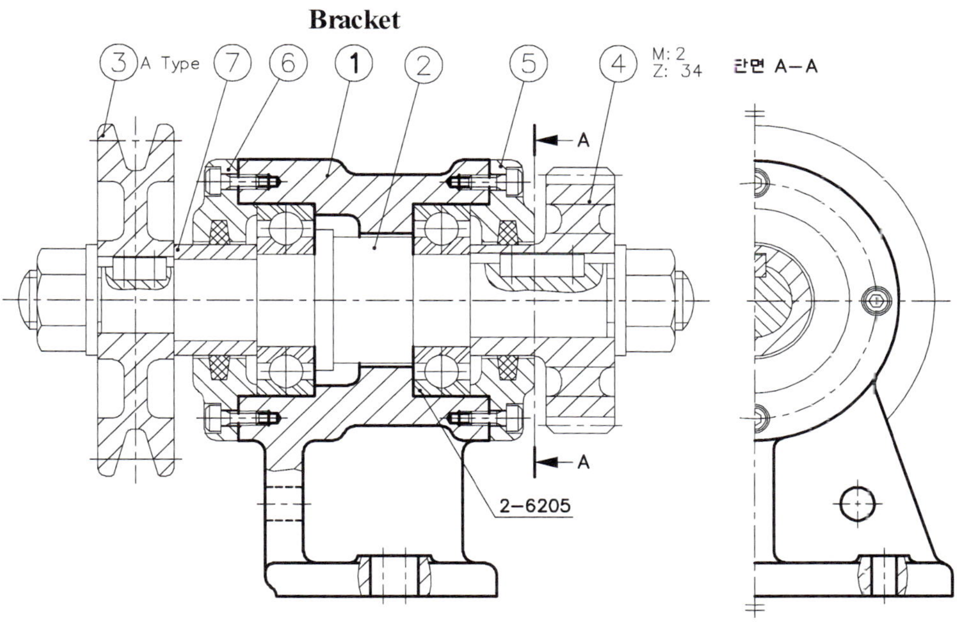

(1) 구조물이나 테이블위에 고정하는 부품이다.

(2) 제작은 주물로 제작하는 것으로 보통주철(GC200)이면 충분하다.

(3) 테이블에 닿는 면과 베어링 장착부가 가공상에 중요한 부분이다.

(4) 형상

① 위 부분은 베어링 장착할 하우징 형

② 아래는 테이블에 고정시킬 판 형

③ 연결부분은 리브(rib)

(5) 투상

① 정면도(부분단면도)

② 우측면도(반 생략도)

③ 평면도(온단면도를 반 생략도)

2 품번 2, 축(Shaft)

Shaft

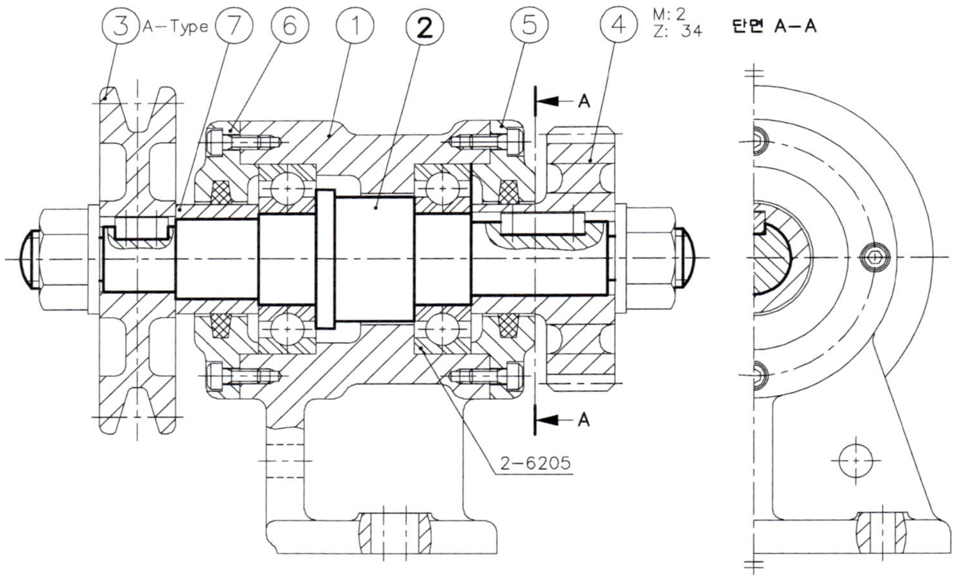

(1) 동력기관의 핵심 부품으로 회전 운동을 하는 부품

(2) 제작은 선반에서 주로 가공하는 것으로 경강(SM45C)이면 적당하다.

(3) 조립면에는 연삭입자로 마무리가공을 해야 하며 중심선을 기준으로 회전할 때 흔들림이 없어야 한다.

(4) 형상

① 좌우 나사가 있고 릴리이프 홈이 있다.

② 키 홈은 밀링에서 엔드밀로 절삭

③ 베어링은 중간 정도의 조립

(5) 투상

① 정면도(키 홈부만 부분단면도)

② 평면도(국부 투상도)

3 품번 3, V벨트풀리(V-belt Pulley)

V-belt pulley

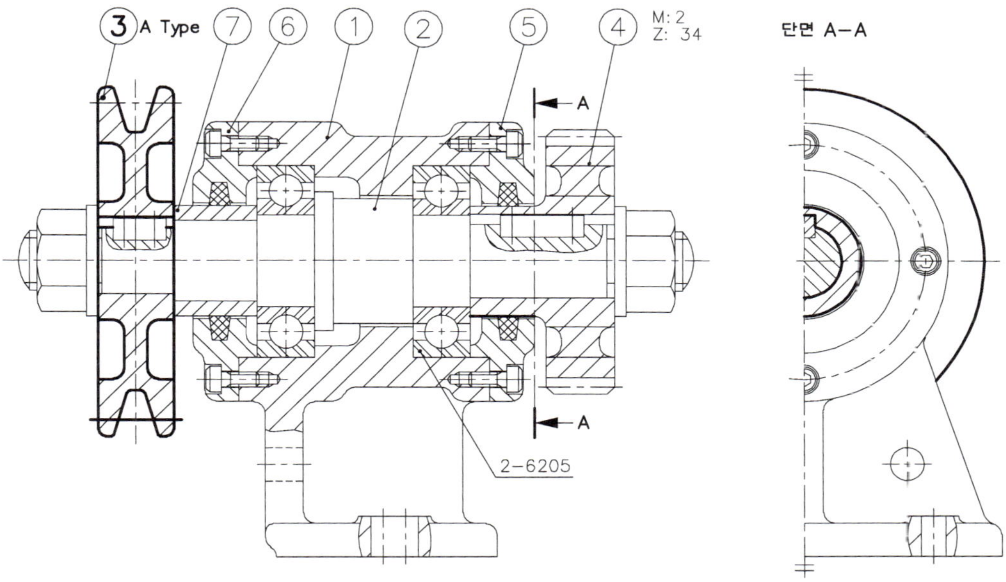

(1) A type의 V벨트를 감아 걸기 전동장치로 축간거리가 비교적 크며 회전 운동을 하는 부품이다.

(2) 제작은 주물로 만들며 재질은 보통 GC200 또는 GC250으로 사용한다.

(3) 축 삽입부와 V벨트 걸치는 면을 정밀하게 해야 한다.

(4) 형상

① 원통형으로 측면에서 키 홈이 있는 것이 특징이다.

② 축단보다 풀리의 폭이 1mm 정도 크다.

(5) 투상

① 정면도(온단면도)

② 우측면도(키홈의 국부 투상도)

③ 벨트 걸치기부 부분 확대도

④ 품번 4, 스퍼기어(Spur gear)

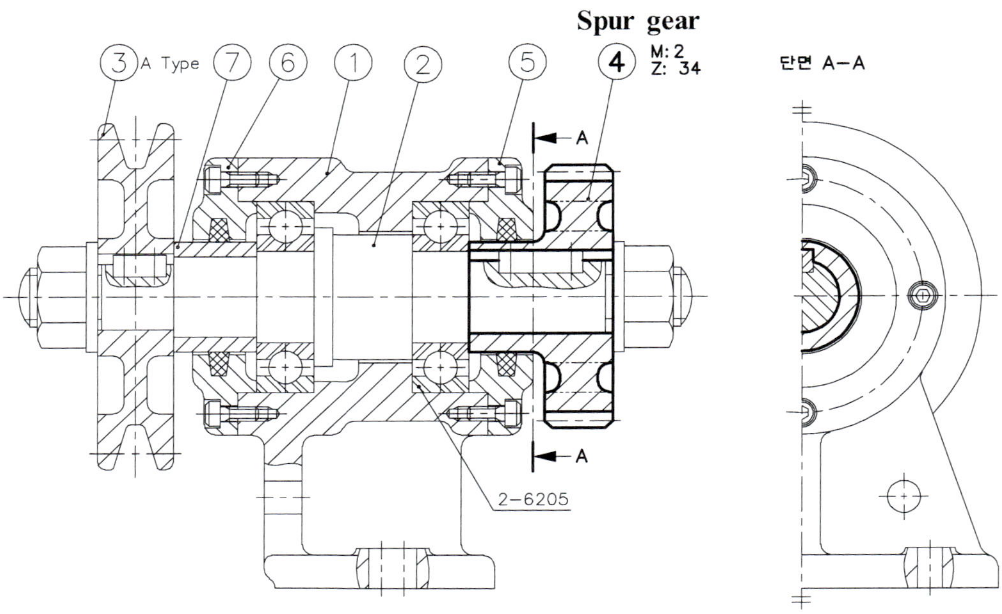

(1) 직접 전동장치인 스퍼기어는 일정한 속도비와 확실한 전동을 하는 장치로 모듈 2, 잇수 34개이다.

(2) 제작은 주강(SC480) 소재로 창성법을 이용하여 이(teeth) 가공을 한다. 또한 치부 열처리를 고주파 경화처리로 한다.

(3) 치부와 패킹 닿는 면, 축 삽입부 정밀 가공해야 하며 축을 끼워 회전할 때의 원주흔들림이 일정한 범위에서 제한되어야 한다.

(4) 형상

① 원통형에 이(teeth)를 가공 한 것으로 측면에서 키 홈이 있는 것이 특징이다.

② 축단보다 기어의 폭이 2mm 정도 크다.

(5) 투상

① 정면도(온단면도)

② 우측면도(키홈의 국부 투상도)

③ 요목표

5 품번 5, 커버(Cover)

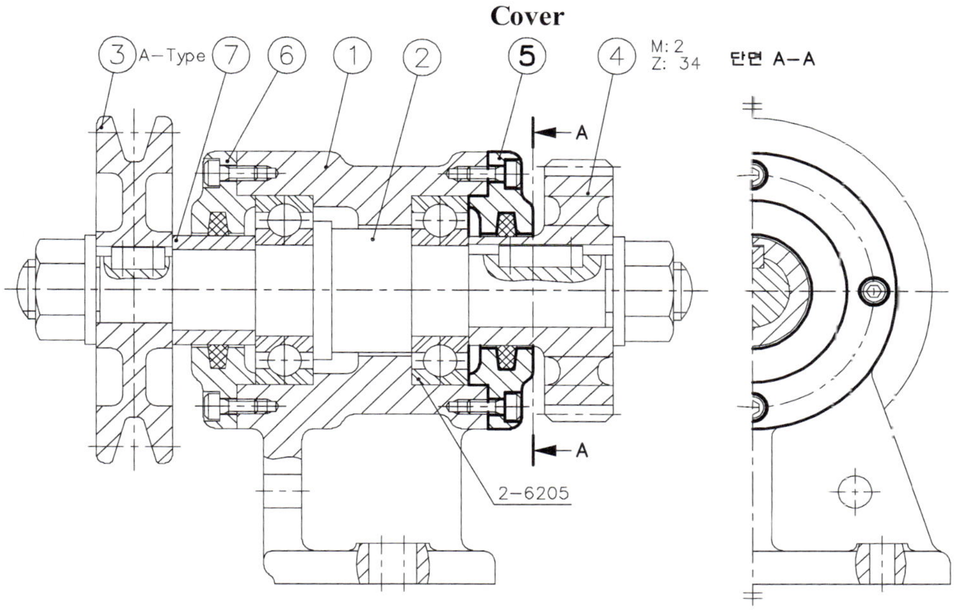

(1) 커버는 베어링 장착후 윤활유가 흐르지 않게 하기 위한 덮개판으로 내부의 플러머 블록에 패킹을 장착하여 오일실(oil seal) 역할을 한다.

(2) 제작은 본체와 같이 주물로 제작을 하며 보통 주철(GC200)이면 된다.

(3) 본체에 볼트로 고정하기 위해 커버 플랜지면에 카운터 보오링이 되어 있으며 내부에는 플러머 블록이 있다. 브래킷의 삽입부만 정밀 가공한다.

(4) 투상

① 가공할 면을 우측으로 한 정면도(온단면도)

② 좌측면도(카운드 보오링의 국부 투상도)

③ 플러머블록의 부분 확대도

❻ 품번 7, 칼라(Collar)

Collar

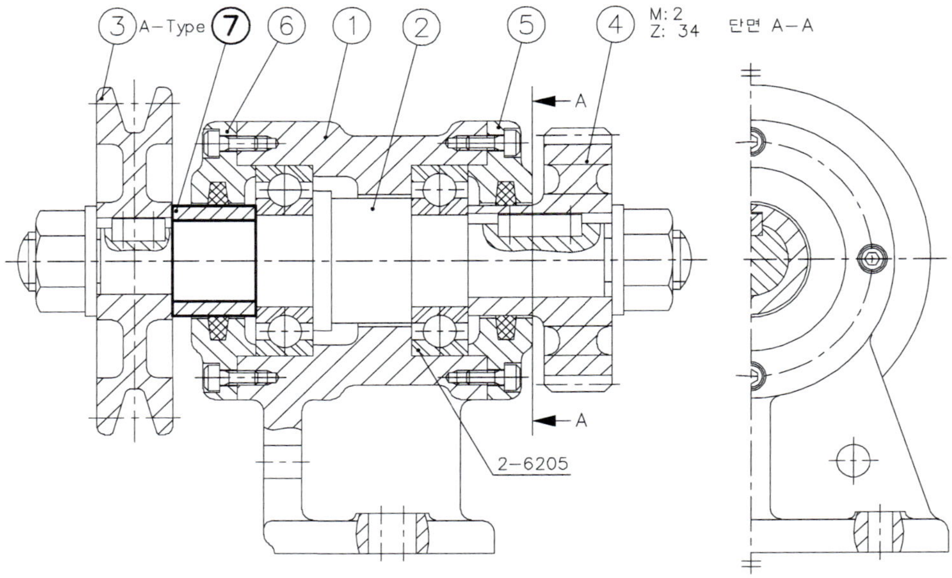

(1) 칼라는 베어링과 풀리의 간격을 유지하기 위해 사용하는 부품으로 링형이다.

(2) 재질은 축과 같은 재질로 하면 된다.

(3) 칼라 내면은 축이 끼워지는 면이고, 외면은 고무 패킹과 접촉하여 운동하는 면으로 두 곳 모두에 정밀한 표면 거칠기가 요구된다.

(4) 투상

정면도(온단면도)

03 기계요소 파악-1

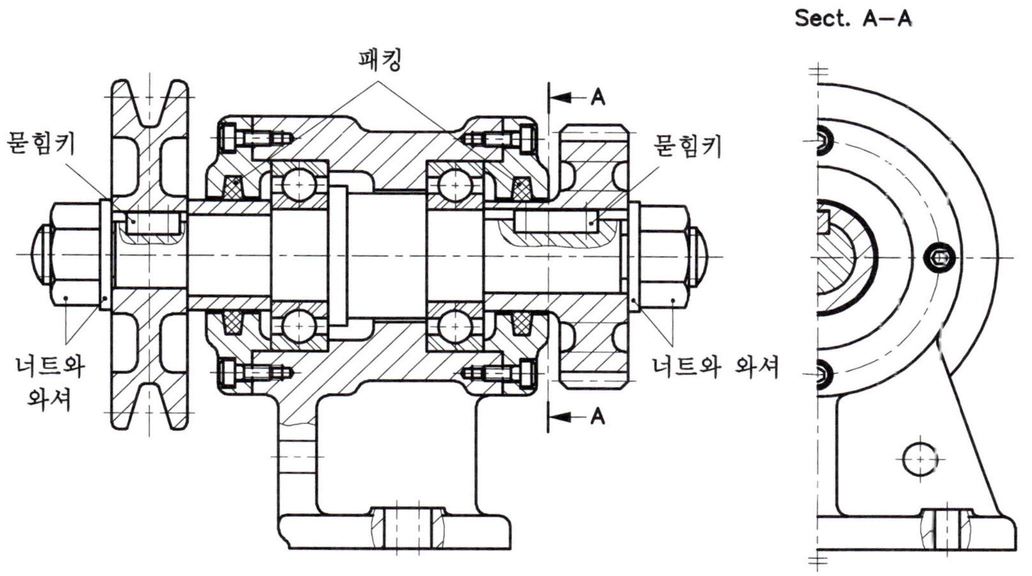

1 너트와 와셔

너트가 풀리지 않게 하기 위해 너트풀림방지 장치를 사용하거나 회전방향을 고려하여 한쪽을 왼나사로 그 반대 쪽을 오른나사로 사용한다.(너트는 숫나사의 외경을 호칭경으로 한다.)

2 묻힘키

키를 축에 단단히 고정한 후 우측의 기어, 그리고 좌측에 있는 풀리에 헐겁게 끼운다. 키는 주로 전단력을 받는 부품으로 키의 너비는 축경에 비례한다.(키는 축경을 기준 치수로 선정한다.)

3 고무 패킹

패킹이 커버에 끼워지는 부분을 플러머블록이라고 하며 패킹은 베어링의 윤활유가 흘러나가지 않도록 하기 위한 기계요소이다.(이 장치에는 오일시일이 더 적합하다.)
(플러머블록은 패킹의 내경을 기준 치수로 규격을 참조한다.)

04 기계요소 파악-2

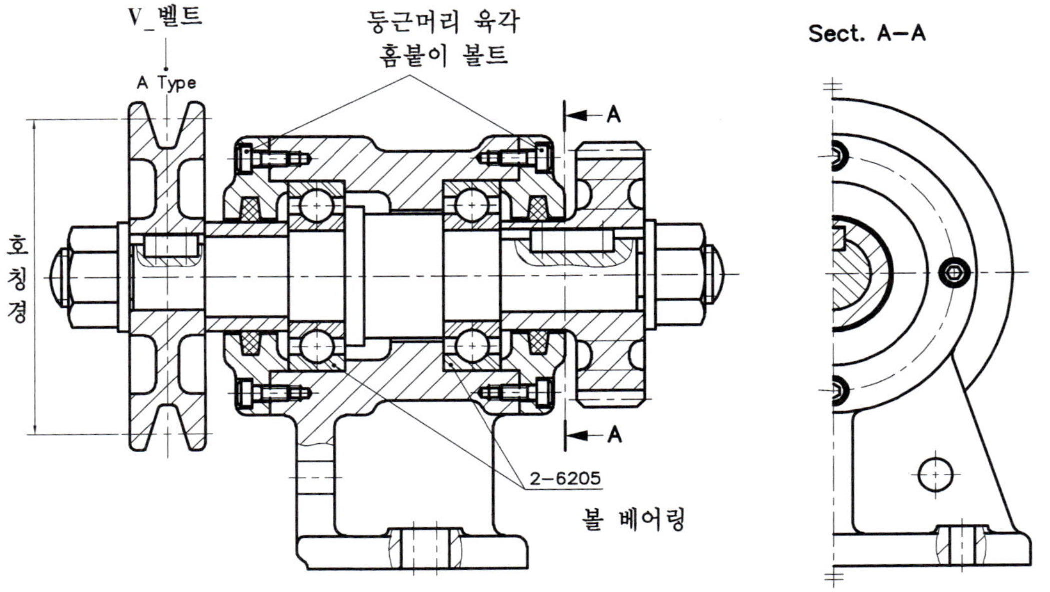

1 둥근머리 육각홈붙이 볼트와 카운터 보오링

브래킷에 커버를 결합하기 위해 브래킷을 기준으로 양쪽에 육각홈붙이 볼트로 각각 4개를 사용하여 조립하고 있다. 이 때 볼트 머리가 커버에 완전히 묻히도록 하기 위해 커버에 카운터 보오링이 되어 있다.(카운터 보오링의 치수는 볼트의 기준 치수로 규격을 참조한다.)

2 V_벨트풀리

A type의 V-belt 를 풀리의 홈에 끼워서 쐐기작용에 의한 마찰력으로 회전력을 전달하는 장치로 축간거리가 비교적 크며 Open-belt type(평행 걸기)만 있다.(풀리의 V홈각은 호칭경을 기준 치수로 규격을 참조한다.)

③ 볼 베어링

Ball Bearing은 규격화된 기계요소로 고속 회전축의 원활한 회전을 위해 마찰계수를 최소화한 것으로 호칭번호 중 앞에서 두자리를 계열 번호라 하고 세번째, 네번째 번호는 축경을 나타내는 번호이다.(6205 : 내경 25, 외경 52, 폭 15)

05 투상도 그리는 방법-1

① 투상도의 선택

품번 1, 브래킷은 3면의 특징이 모두 있으므로 3면도, 즉 정면도, 우측면도, 평면도를 나타내야 한다. 브래킷은 주물로 제작하기 때문에 모서리는 라운딩으로 처리하도 R3으로 한다.

(1) 정면도

상부가 하우징형(원통형)이므로 축직각 방향에서 본 면을 정면도로 선택한다.

베어링 장착부가 있는 부분이 가공상 중요한 부분이고 암나사의 간략도를 나타내기 위해 파선을 이용하여 부분단면도로 표현한다. 그리고 베어링을 끼우는 방향의 모서리에 C1로 모떼기를 한다.

①

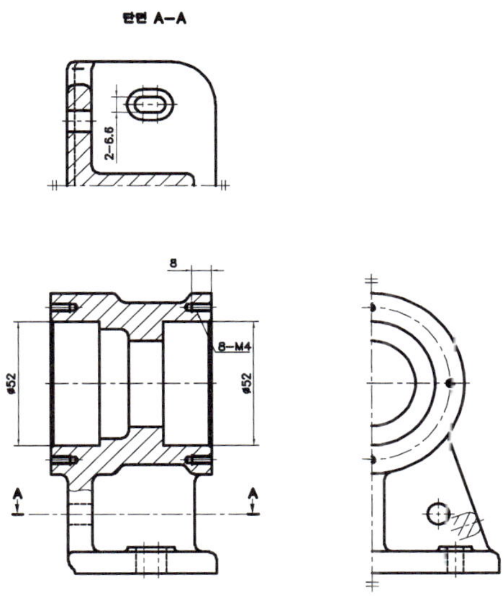

POINT　나사의 표시 방법을 참고하여 바르게 도시하고 파단선은 반드시 가는 실선으로 나타낸다.

(2) 우측면도

리브의 형태를 고려하여 우측면도를 반 생략도로 선택한다.

POINT
- 도형내의 회전단면도를 참고하여 리브의 실형을 가는 실선으로 나타내야 한다.
- 나사의 골은 1사분원을 제거한다.
- 반 생략도는 가는 실선으로 대칭 기호를 표시한다.

(3) 평면도

아래쪽 판형에서 리브 교차 부분의 라운딩이나 판 끝 부분의 필렛부분, 그리고 볼트 구멍의 특징 등을 자세히 나타내기 위해 정면도에서 절단선을 표시하고 평면도를 온단면도로 그리되 반 생략도로 나타내는 것이 좋다.

또한 평면도를 대신하여 일부분 생략을 하되 볼트 구멍의 특징 및 판 끝 부분의 필렛 부분만 저면도를 부분단면도로 나타낼 수 있다.

2 중요 치수

① 6205 베어링의 치수에서 베어링의 외경 치수를 참고하여 ϕ52로 표시해야 한다.

② 나사의 호칭은 숫나사의 외경으로 선택하고 나사부의 길이는 보통 숫나사의 외경에 1.5~2배로 한다.

③ 볼트 구멍은 볼트 M6 일 때 규격을 참고하여 ϕ6.6이나 ϕ7로 한다.

06 투상도 그리는 방법-2

②

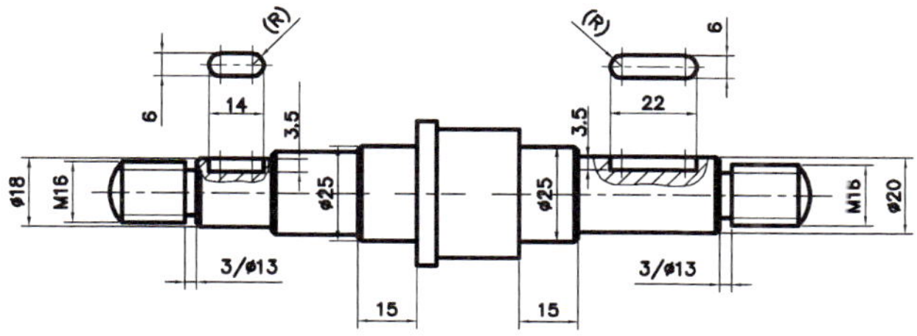

1 투상도의 선택

품번 2, 축은 원통형에 키 홈부가 있으므로 2면도, 즉 정면도, 평면도를 나타낸다.

(1) 정면도

① 축은 원통형이므로 축직각 방향에서 본 면을 정면도로 선택한다.
② 축은 길이 방향으로 전체를 단면할 수 없으므로 키 홈부는 부분 단면도로 나타낸다.
③ 너트가 체결될 부분은 숫나사의 표시법으로 도시하고 그 구석에 릴리이프 홈이 있다.
④ 베어링, 칼라, V벨트풀리, 스퍼기어가 끼워질 부분의 모서리에 C1로 모떼기를 한다.

(2) 평면도

축은 평면에서 같은 형상이므로 생략하고 키의 너비(폭)를 나타내기 위해 키 홈부만 국부투상도로 표시한다.

POINT	키 홈부에 정면도와 평면도의 연결선을 가는 실선으로 도시한다.

2 중요 치수

① 6205 베어링의 치수에서 베어링의 내경 치수를 참고하여 ϕ25로 기입해야 한다.
② 키홈의 치수는 좌측 부분의 ϕ18, 우측 부분의 ϕ20 치수를 기준 치수로 키 규격에서 참조하여 기입한다.
③ 릴리이프 홈은 숫나사의 외경을 기준 치수로 릴리이프 홈 규격에서 참조하여 기입한다.

07 투상도 그리는 방법-3

③

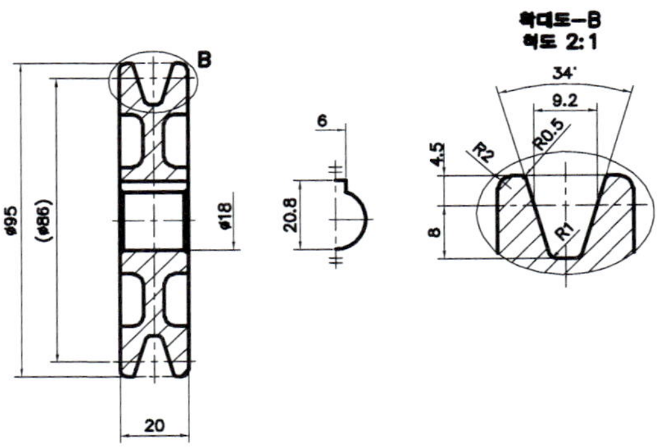

1 투상도의 선택

품번 3, V벨트풀리는 원통형에 키 홈부가 있으므로 2면도, 즉 정면도, 우측면도를 나타낸다.

(1) 정면도

① V벨트풀리는 원통형이므로 축직각 방향에서 본 면을 정면도로 선택한다.

② V홈부에 가공전의 형상을 가상선(가는 2점 쇄선)으로 표시할 수 있다.

③ 축이 끼워지는 보스부 양쪽의 모서리에 C1로 모떼기를 한다.

(2) 우측면도

V벨트풀리는 원통형이므로 정면도에서 ϕ치수로 형상을 나타낼 수 있으므로 축과 키가 결합할 보스부(축의 결합할 구멍부)만을 국부투상도로 도시한다.

(3) 부분확대도

V홈부의 치수와 공차를 충분히 나타내기 어려우므로 정면도에서 가는 실선의 원이나 타원으로 에워싸고 표시문자를 붙인 후 그 인접한 곳에 부분확대도를 도시한다.

표시문자는 가능하면 부분확대도 상단에 나타내고 척도를 생략할 수 있지만 일반적으로 나타내는 것이 좋다.

❷ 중요 치수

① V벨트풀리는 호칭경(ϕ86)을 기준 치수로 V벨트풀리의 규격에서 참조하여 각 부의 치수로 그리면 좋다. 단, 확대도에서 치수 기입할 때 확대한 치수가 아닌 규격 치수로 기입해야 한다.

② 키홈의 치수는 풀리에 끼워질 축의 ϕ18 치수를 기준 치수로 키 규격에서 참조하여 표시한다.

08 투상도 그리는 방법-4

④

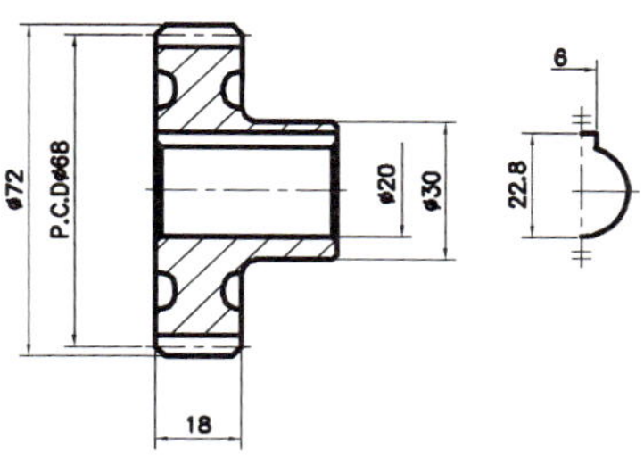

스퍼기어요목표		
기어치형		표준
공구	치형	보통이
	모듈	2
	압력각	20°
잇수		34
피치원경		ø68

❶ 투상도의 선택

품번 4, 스퍼기어는 원통면에 이가 있고 축부에 키 홈부가 있으므로 2면도, 즉 정면도, 우측면도로 나타낸다. 단, 기어의 도시법을 참조하여 기어의 간략도로 나타내고 요목표를 병행해야 한다.

(1) 정면도

① 스퍼기어는 원통형이므로 축직각 방향에서 본 면을 정면도로 선택한다.

② 기어 보스의 외면에 패킹이 끼워지므로 정밀 절삭가공을 해야 하므로 공정 상태로 본 자세, 즉 ϕ30 치수 부분을 오른쪽 방향으로 그린다.

③ 기어의 이의 양끝 모서리나 축이 끼워지는 보스부 양쪽의 모서리에 C1로 모떼기를 한다.

(2) 우측면도

스퍼기어는 원통형이므로 정면도에서 ϕ치수로 형상을 나타낼 수 있으므로 축과 키가 결합할 보스부만을 국부투상도로 도시한다.

(3) 요목표

요목표에는 기어의 치형, 기준 공구의 치형, 모듈, 압력각 및 잇수, 피치원경 등은 반드시 기입하고 기어 가공법이나 기어 정밀도를 추가로 기입할 수 있다.

2 중요 치수

① 모듈이 2, 잇수가 34 이므로 피치원경은 ϕ68, 이끝높이(어덴덤)는 모듈과 같으므로 외경은 ϕ72가 되어야 한다.

POINT	이뿌리높이(디덴덤)은 압력각 20° 일 때 모듈의 1.25배이고 기어 폭은 모듈에 8~11 배로 한다.

② 키홈의 치수는 기어에 끼워질 축의 ϕ20 치수를 기준 치수로 키 규격에서 참조하여 나타낸다.

09 투상도 그리는 방법-5, 7

⑤

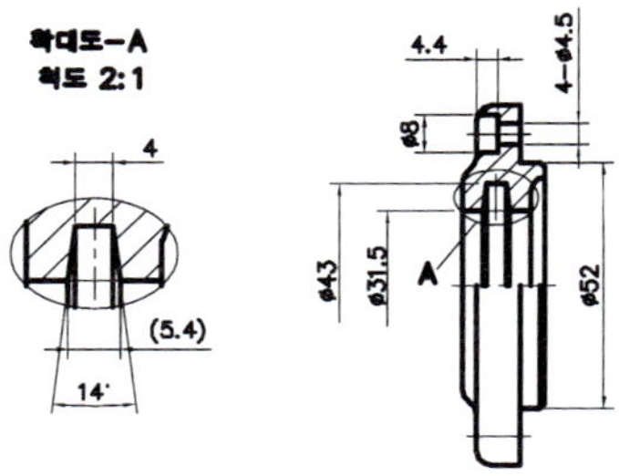

⑦

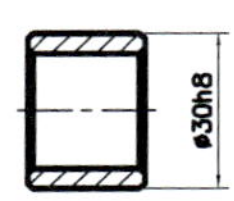

1 투상도의 선택

품번 5, 커버는 원통형이므로 1면도, 즉 정면도면 충분하다. 그리고 플러머블록의 상세한 치수 때문에 부분확대도를 나타낸다. 또는 카운터 보오링의 크기나 간격을 나타낼 필요가 있을 때에는 2면도, 즉 정면도와 좌측면도를 국부투상도로 나타낼 수 있다.

커버는 브래킷과 같은 주물로 제작하기 때문에 모서리를 R3의 라운드로 처리한다.

품번 7, 칼라는 원통이므로 1면도, 즉 정면도를 나타낸다.

(1) 정면도

품번 5, 커버는 좌우, 상하의 대칭형이므로 정면도를 한쪽단면도 나타낸다.

단면처리하는 부분을 상단으로 표시하여 플러머 블록이나 카운터 보오링의 모양과 크기를 나타내고 외형도를 하단으로 나타내되 숨은선은 생략한다. 브래킷에 끼워지는 커버의 모서리에 C1의 모떼기를 한다.

품번 7, 칼라는 내면에 축이 외면에 패킹이 끼워지므로 모서리에 C1의 모떼기를 한다.

(2) 부분확대도

품번 5, 커버에 패킹이 들어가는 플러머블록은 상세한 치수가 요구되기 때문에 정면도에서 가는 실선의 원이나 타원으로 에워싸고 표시문자를 붙인 후 그 인접한 곳에 부분확대도로 나타낸다.

2 중요 치수

① 품번 5, 커버의 플러머블록은 패킹이 접촉하는 부분의 치수 ϕ30을 기준으로 플러머블록의 규격의 치수를 참조하여 나타낸다.

② 품번 5, 커버의 카운터 보오링은 둥근육각 홈붙이 볼트의 치수(M4)를 기준으로 규격을 참조하여 나타낸다.

③ 품번 5, 커버의 ϕ52는 베어링 외경치수를 참조한 것이다.

④ 품번 7, 칼라의 외경은 패킹이 접촉하여 마찰운동을 하는 부분으로 ϕ30이다.

10 과제 도면

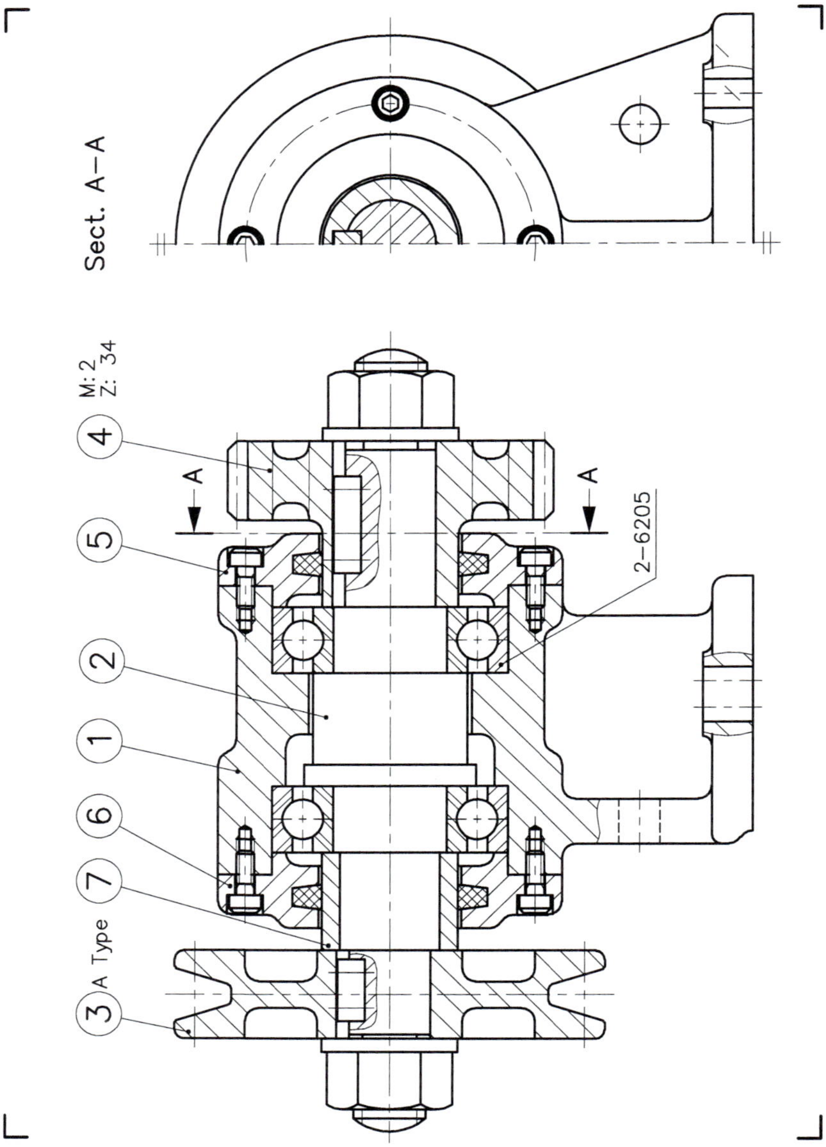

※ 본 도서의 맨 뒷부분에 위 도면을 1:1 사이즈로 수록해놓았습니다.

11 투상도 그리기 순서

5장에 작성한 도면양식을 열기 한 후 주어진 과제 도면을 도면 해독 한다. 이번 장에서 트상도만 모두 그리고 다음 장에서 치수기입 및 공차를 기입하여 마무리 한다.

01 도면양식 열기

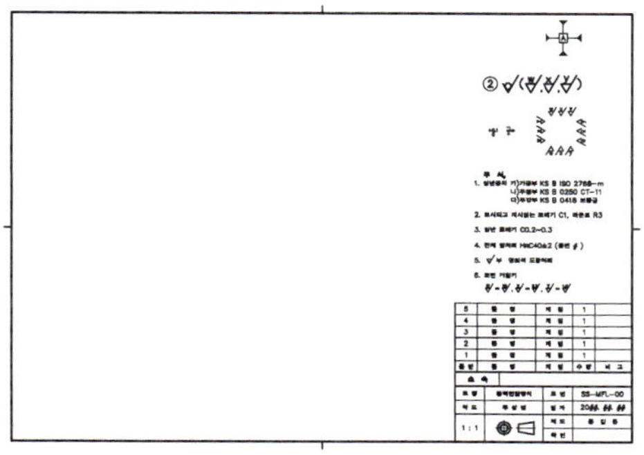

02 투상도 그리기 위한 기초선 긋기

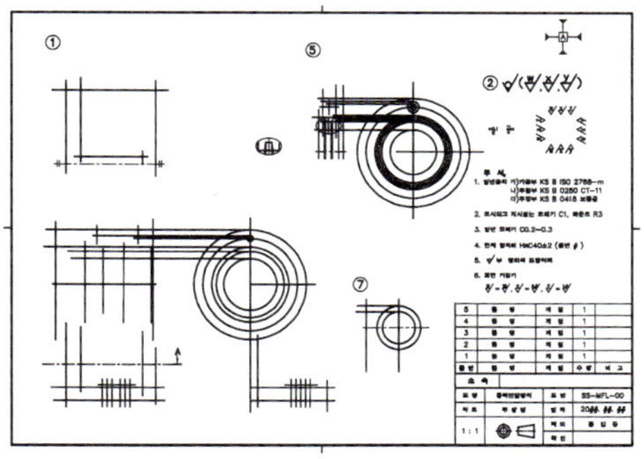

03 투상도 완성하기

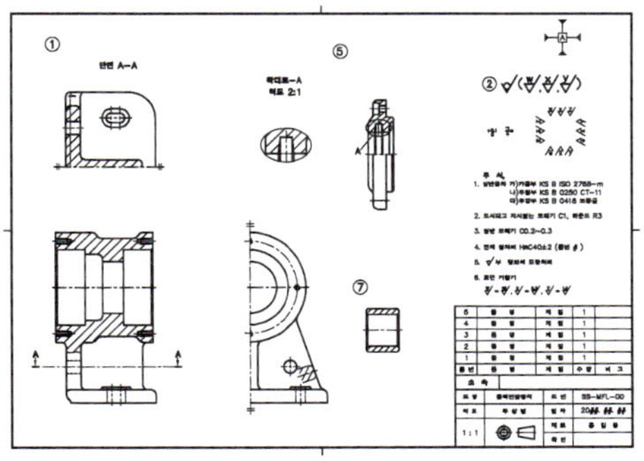

04 투상도 그리기 위한 기초선 긋기

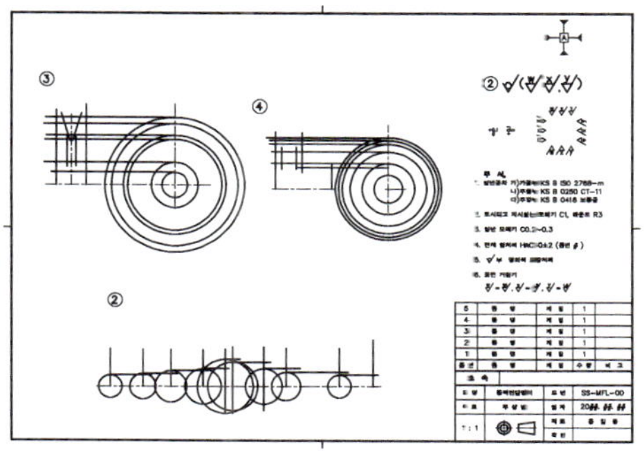

05 키 홈부와 확대도 그리기

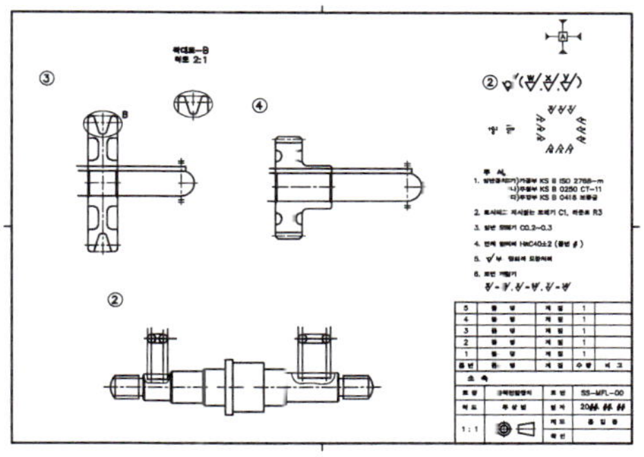

06 투상도 완성하기

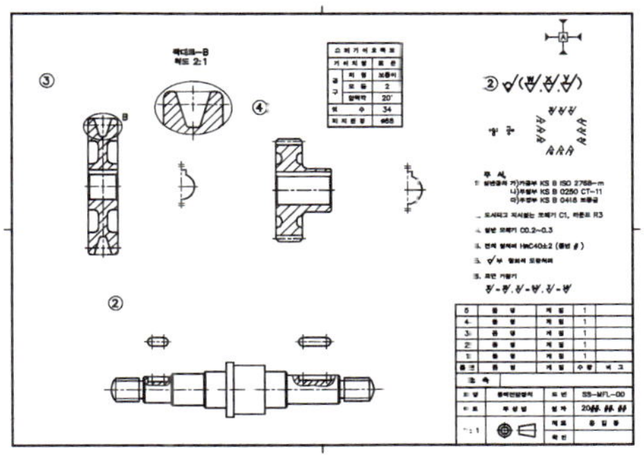

12 투상도 그리기

1 도면 양식 열기

① 5장에 작성된 도면 양식을 열기 한다.

② 표제란 및 부품도의 내용을 편집한다.

③ 내륜 회전 전동장치의 투상도를 완성한다.

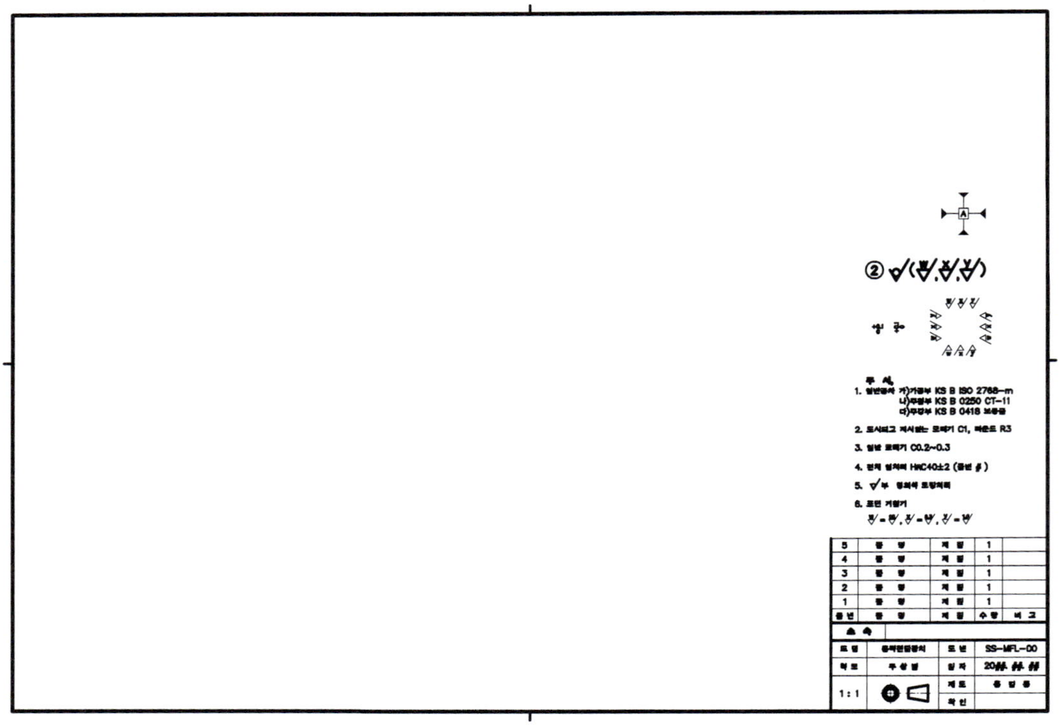

2 투상도 그리기

① 규격에서 베어링, 키 홈 등의 규격 치수를 미리 참조하여 과제 도면에 표시한다.

② 도면 마무리 단계에서 배치를 할 수 있기 때문에 비교적 간단한 부품부터 투상 한다.

③ 치수를 측정해서 부품도를 작성할 때 2번 측정하여 치수가 어긋나지 않도록 한다.

④ 각 부품도 내에서 또는 부품간에 호환성이 있는 치수들을 상관하여 투상도를 그린다.

13 참고 답안

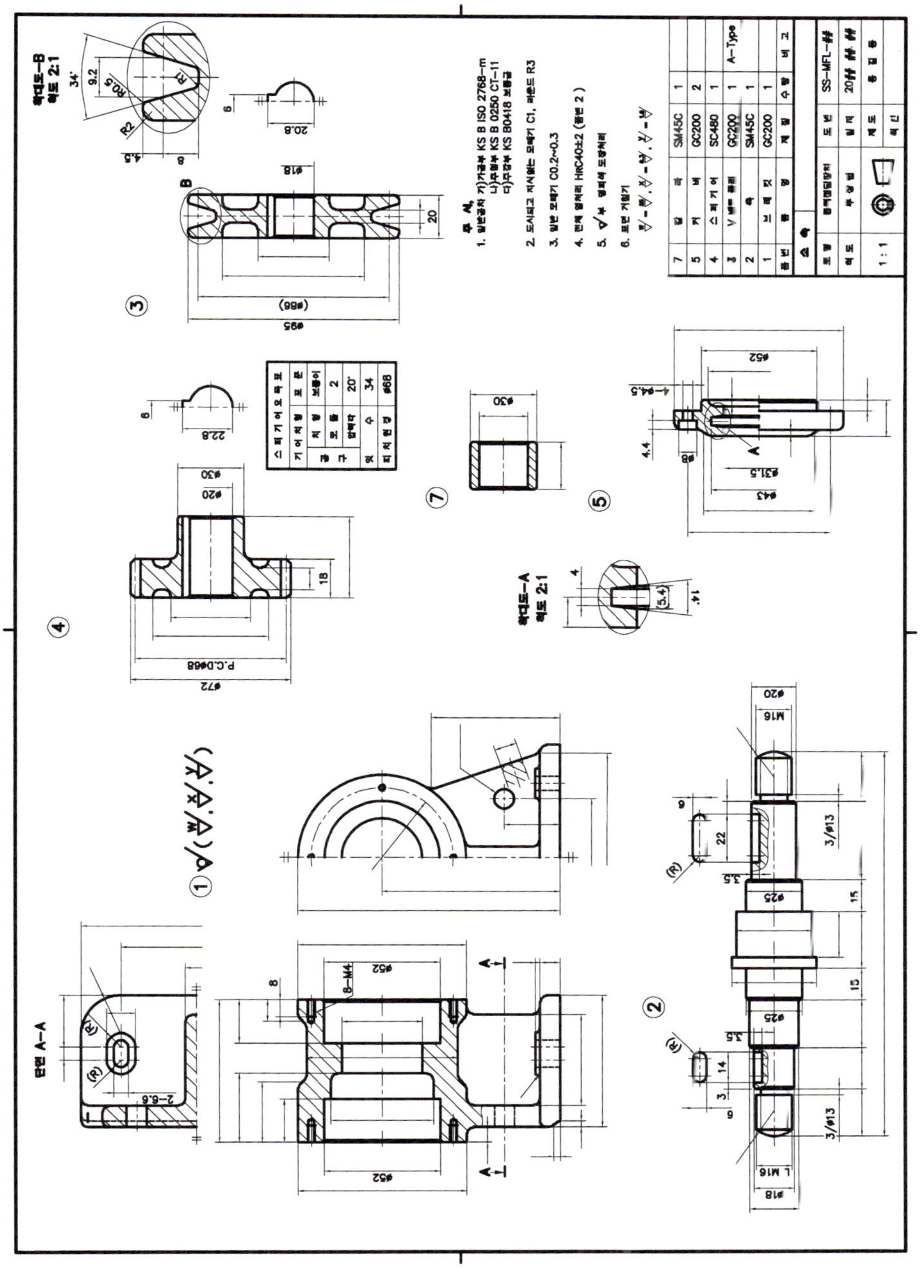

14 분해도

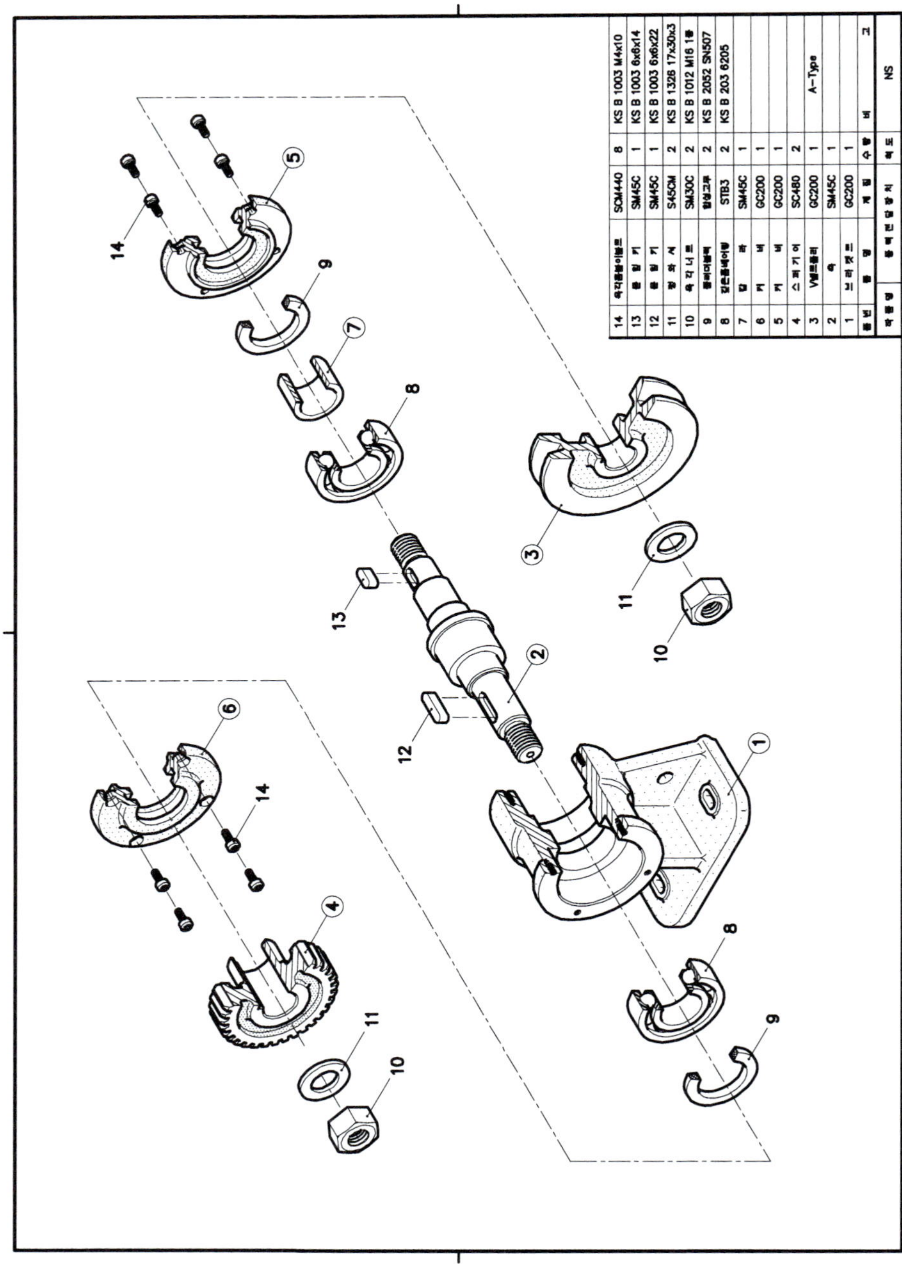

품번	품명	재질	수량	비고
14	육각홈붙이볼트	SCM440	8	KS B 1003 M4x10
13	묻힘 키	SM45C	1	KS B 1003 6x6x14
12	묻힘 키	SM45C	1	KS B 1003 6x6x22
11	평와셔	S45CM	2	KS B 1326 17x30x3
10	육각너트	SM30C	2	KS B 1012 M16 1종
9	플러머블록	합성고무	2	KS B 2052 SN507
8	깊은홈베어링	STB3	2	KS B 203 6205
7	칼라	SM45C	1	
6	커버	GC200	1	
5	커버	GC200	1	
4	스퍼기어	SC480	2	
3	V벨트풀리	GC200	1	A-Type
2	축	SM45C	1	
1	브라켓트	GC200	1	

작품명	동력전달장치	척도	NS

10

실습 목표

1. 기계요소 도표편람을 참조하여 치수 기입을 할 수 있다.
2. 기계요소 도표편람을 참조하여 공차 기입을 할 수 있다.
3. 치수공차, 끼워맞춤, 다듬질공차, 기하공차를 기입할 수 있다.

10장 실습 내용

1. 치수 및 공차 기입하기 순서
2. 치수 기입하기
3. 규격을 참고하여 공차 기입하기
4. 참고 답안

평가 사항(배점)

- 실습 방법 및 태도 (점)
- 치수 기입 누락 (점)
- 치수공차 (점)
- 다듬질공차 (점)
- 기하공차 (점)
- 시간 준수 (점)
- 소요시간 : 2~3hr

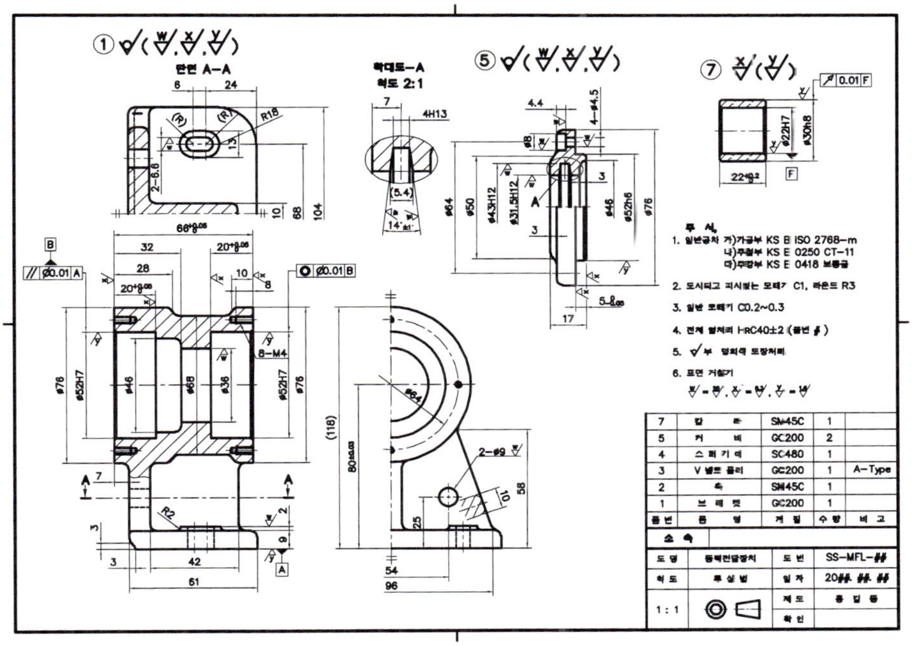

CHAPTER 10 내륜 회전 전동장치-2

01 치수 및 공차 기입하기 순서

9장에 작성한 내륜 회전 전동장치의 투상도 그리기 도면을 열기 한 후 치수기입 한다. 그리고 규격을 참고하여 공차를 기입하고 검도를 한 후 마무리한다.

01 투상도 그린 것을 열기

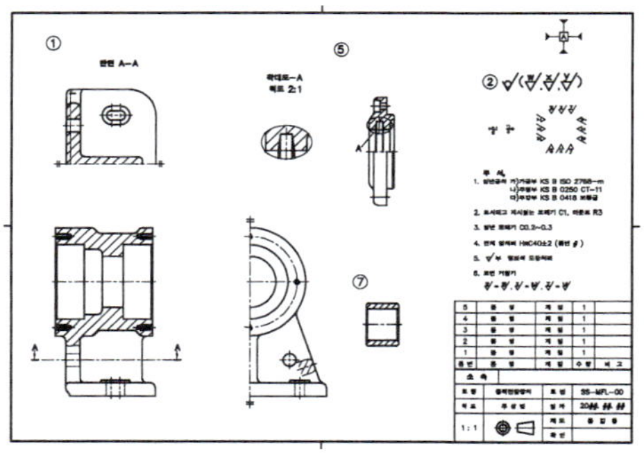

01 투상도 그린 것을 열기

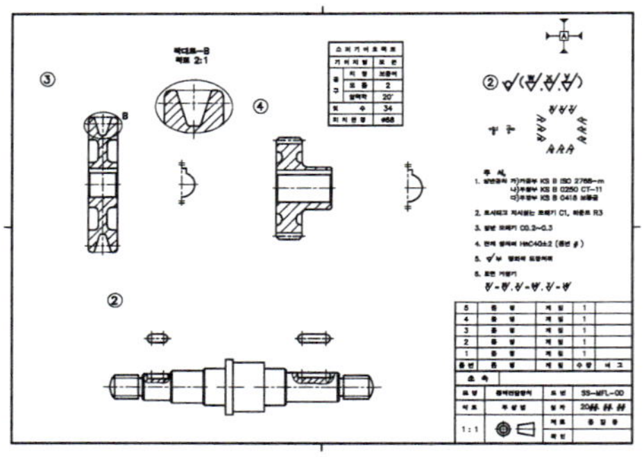

02 치수 기입하기

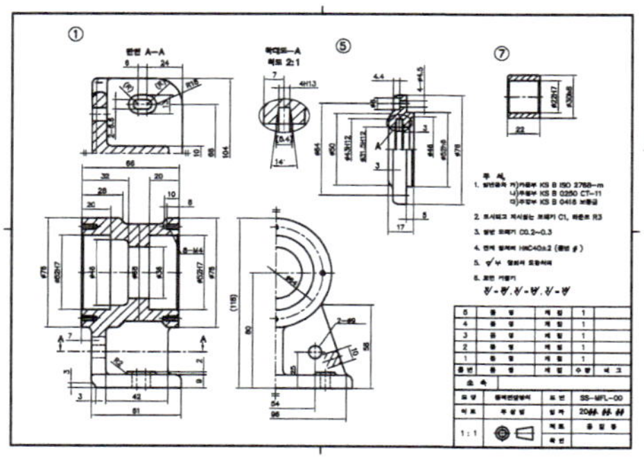

02 치수 기입하기

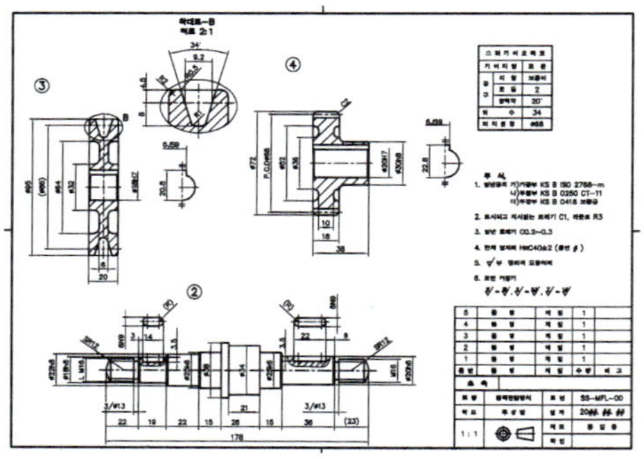

03 공차 기입 후 검도하기

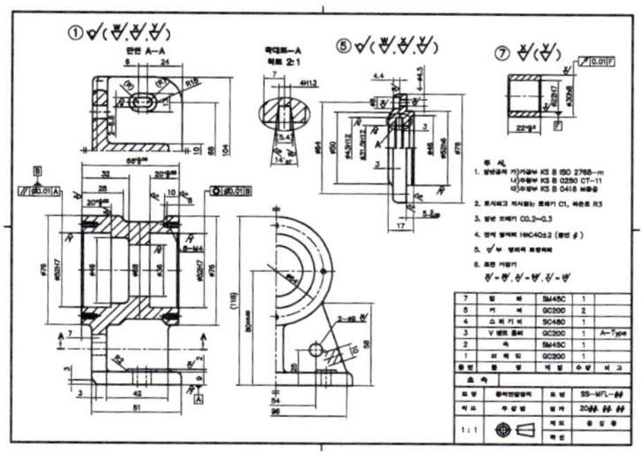

03 공차 기입 후 검도하기

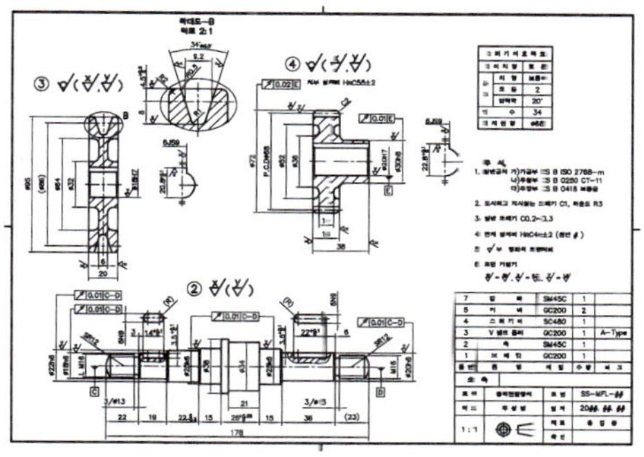

02 치수 기입하기

9장에 작성한 내륜 회전 전동장치 투상도 그린 것을 열고 아래와 같이 치수기입을 한다. 치수 기입할 때 끼워 맞춤 공차도 함께 기입한다.

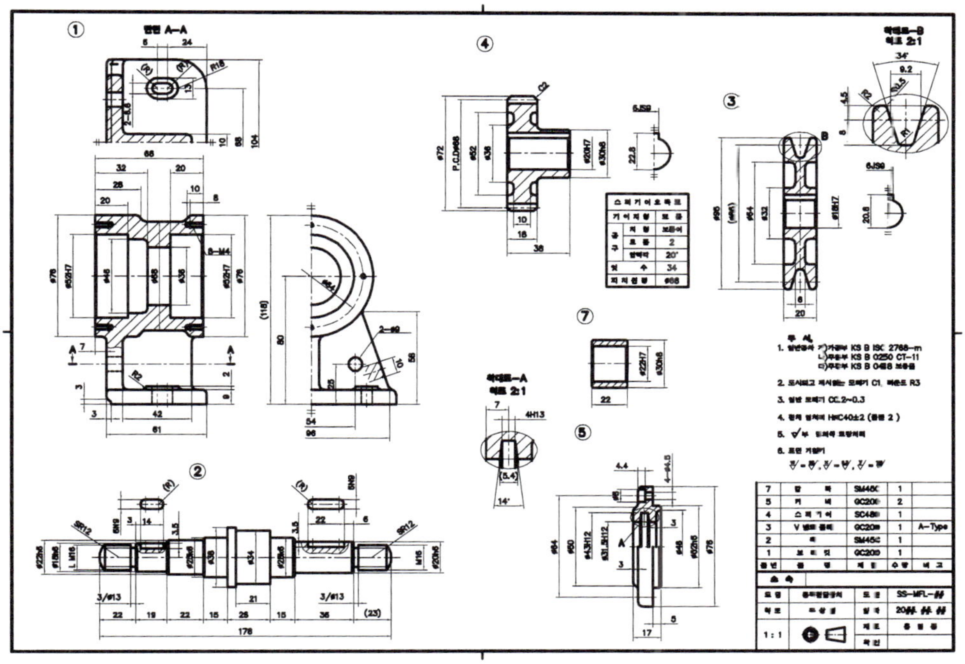

03 규격을 참고하여 공차 기입하기-1

1 볼 베어링과 하우징의 끼워맞춤 공차 기입하기

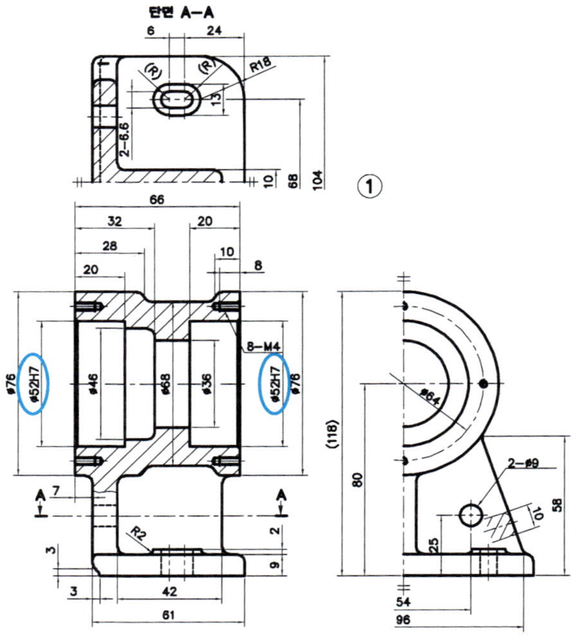

정면도에서 타원으로 지시한 부분은 베어링 장착부로 φ52 치수에 베어링 끼워맞춤을 위한 공차를 기입해야 한다. 내륜이 회전하는 베어링에서 외륜쪽의 끼워맞춤 공차는 모든 종류의 베어링을 H7의 헐거움 끼워 맞춤으로 기입한다. 그래서 φ52H7이라고 기입한다.

아래는 깊은 홈 볼 베어링의 규격을 나타내는 것으로 6205의 치수를 참조한다.

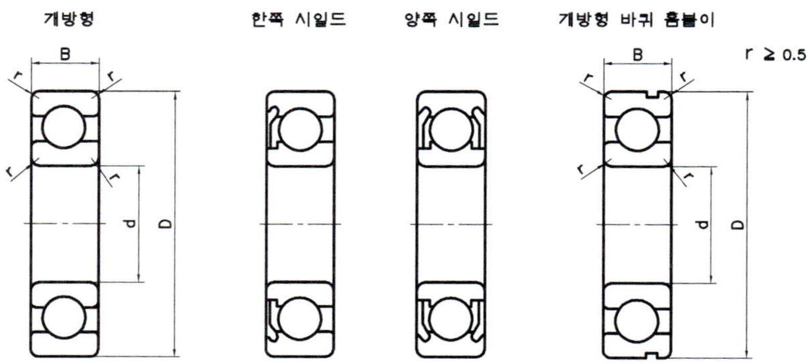

깊은 홈 볼 베어링

베어링 계열 62										
호칭번호							치수			
원통구멍					테이퍼구멍	바퀴홈붙이 원통 구멍	d	D	B	r
개방형	한쪽시일	양쪽시일	한쪽시일드	양쪽시일드	개방형					
627	627 U	627 U U	627 Z	627 Z Z	–	–	7	22	7	0.5
628	628 U	628 U U	628 Z	628 Z Z	–	–	8	24	8	0.5
629	629 U	629 U U	629 Z	629 Z Z	–	–	9	26	8	1
6200	6200 U	6200 U U	6200 Z	6200 Z Z	–	6200 N	10	30	9	1
6201	6201 U	6201 U U	6201 Z	6201 Z Z	–	6201 N	12	32	10	1
6202	6202 U	6202 U U	6202 Z	6202 Z Z	–	6202 N	15	35	11	1
6203	6203 U	6203 U U	6203 Z	6203 Z Z	–	6203 N	17	40	12	1
6204	6204 U	6204 U U	6204 Z	6204 Z Z	–	6204 N	20	47	14	1.5
62/22	–	–	–	–	–	62/22 N	22	50	14	1.5
6205	6205 U	6205 U U	6205 Z	6205 Z Z	–	6205 N	25	52	15	1.5
62/28	–	–	–	–	–	62/28 N	28	58	16	1.5
6206	6206 U	6206 U U	6206 Z	6206 Z Z	–	6206 N	30	62	16	1.5
62/32	–	–	–	–	–	62/32 N	32	65	17	1.5
6207	6207 U	6207 U U	6207 Z	6207 Z Z	–	6207 N	35	72	17	2
6208	6208 U	6208 U U	6208 Z	6208 Z Z	–	6208 N	40	80	18	2

② 치수공차 기입하기

정면도에서 타원으로 지시한 부분은 브래킷 안에 조립되는 두 개의 베어링 너비와 축단부, 그리고 양쪽 커버의 돌출부 치수의 합이 66이고 한쪽 돌출부와 베어링 나비 치수의 합이 20 이다.

커버를 브래킷에 밀착시켜기 위해서는 브래킷의 20 치수에 보통공차로 약간 크게 주어야 한다. 따라서 $20^{+0.05}_{0}$ 정도가 적당하다.

또한 전체 치수 66에도 보통공차로 큰 공차를 기입해야 $20^{+0.05}_{0}$의 의미가 있게 되고 볼베어링이 축단부에 밀착하게 된다. 따라서 $66^{+0.05}_{0}$으로 공차를 기입해야 한다.

우측면도에서 타원으로 지시한 부분은 기준면에서 중심선 간에 치수공차로 아래의 중심선 간에 공차를 참조하여 기입한다.

이 장치는 기어 전동장치가 있기 때문에 2급을 선택한다.

따라서 80±0.023 이라고 표현되어 있어야 한다.

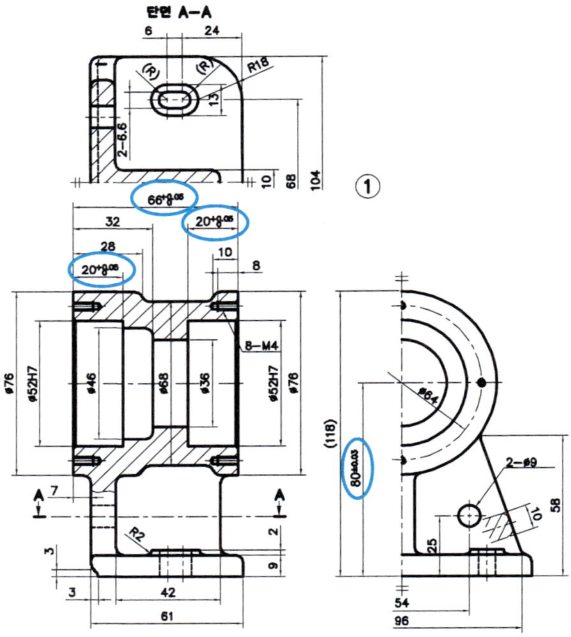

▾ ▾ ▾ 중심거리 허용차 (단위 : μm)

중심거리의 구분(mm) 초 과	등 급 이 하	0급(참고)	1급	2급	3급	4급
10	18	± 4	± 6	± 14	± 35	± 50
18	30	± 5	± 7	± 17	± 42	± 60
30	50	± 6	± 8	± 20	± 50	± 80
50	80	± 7	± 10	± 23	± 60	± 90
80	120	± 8	± 11	± 27	± 70	± 110
120	180	± 9	± 13	± 32	± 80	± 130

③ 다듬질공차 기입하기

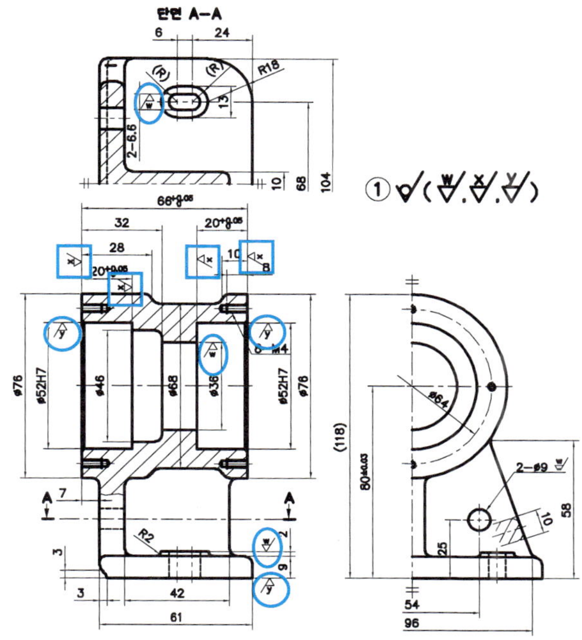

(1) 거친 면

평면도에서 타원으로 지시한 부분은 볼트의 자리파기, 정면도 중간정도에 ϕ38은 거친 절삭 가공 또는 드릴가공, 정면도 아래에 볼트나 너트의 접촉면 등은 도면에서와 같이 w 가공을 지시 한다.

(2) 보통 면

정면도에서 네모로 지시한 부분으로 양쪽 커버가 밀착되는 면, 그리고 베어링이 닿을 수 있는 면은 도면에서와 같이 x가공을 지시 한다.

(3) 정밀 면

정면도에서 진원으로 지시한 부분으로 베어링 끼워 맞춤이 있는 곳, 아래의 기준 면은 도면에서와 같이 y 가공을 지시 한다.

4 기하공차 기입하기

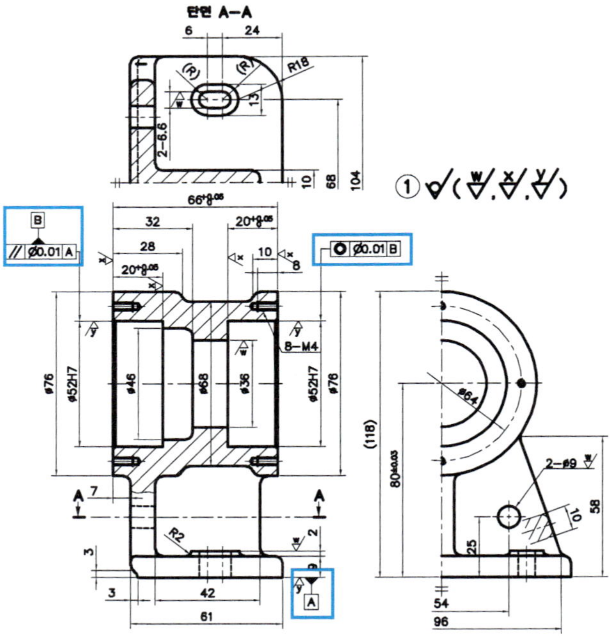

브래킷의 가공상 가장 중요한 부분은 베어링 장착부로 이곳을 기하공차의 지시 대상으로 하고 판의 아랫면은 테이블이나 구조물에 밀착하는 곳으로 데이텀(기준면)으로 지시하면 적당하다.

아래의 사각형 부분은 데이텀(기준면)으로 어느 한쪽의 베어링 장착부를 평행한 정도로 일정한 범위 내에서 지시하고 그 면을 또한 데이텀으로 다른 한쪽의 베어링 장착부를 동심도로 일정한 범위 내에서 제한해야 한다.

끼워맞춤 공차를 IT 7급을 사용하기 때문에 기하공차의 공차값은 그 보다 정밀한 등급 즉, IT 5급을 참조하여 공차값을 지시한다.

04 규격을 참고하여 공차 기입하기-2

1 나사부와 릴리이프 홈의 치수 기입하기

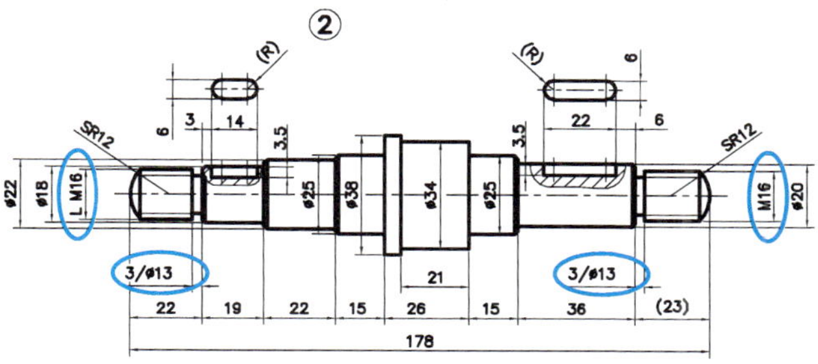

너트풀림방지 장치가 없는 축의 양쪽에 나사부가 있는 경우 회전 방향을 고려해서 어느 한 쪽을 왼나사, 다른 쪽을 오른 나사로 하면 너트가 풀리지 않는다.

그런 측면에서 왼쪽을 왼나사 표시법에 의해 L M16으로 치수기입을 한 것이다.

또한 나사의 구석홈부를 릴리이프 홈이라 하고 릴리이프 규격을 참조하여 홈파기를 한다.

M16인 경우는 아래 규격에서 참조하여 도면에서와 같이 치수기입을 해야 한다.

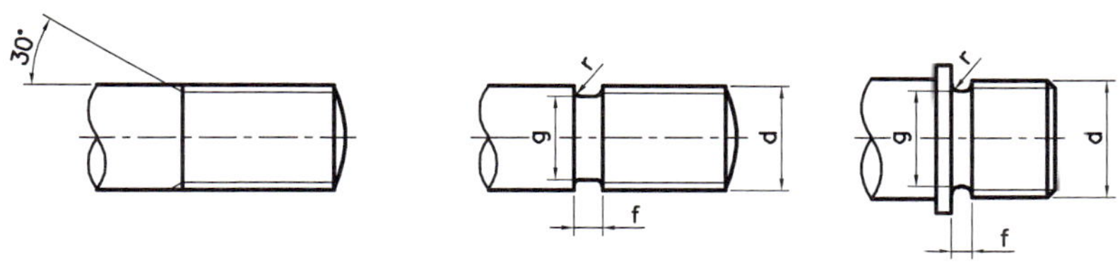

수나사의 릴리이프 홈 (단위 : mm)

수나사의 외경 d	릴리이프 홈			수나사의 외경 d	릴리이프 홈		
	f	g	r		f	g	r
5	1.2	3.7	0.6	14	3	11	1
6	1.6	4.5	0.8	15	3	12	1
7	1.6	5.5	0.8	16	3	13	1
8	1.6	6	0.8	17	3	13.5	1
9	1.6	7	0.8	18	4	14	1.25
10	2	7.5	1	19	4	15	1.25
12	2	8.5	1	20	4	16	1.25
12	3	9.5	1	21	4	17	1.25
13	3	10.5	1	22	4	18	1.25
				23	4	18.5	1.25

❷ 칼라, V벨트풀리, 스퍼기어와 축의 끼워맞춤공차 기입하기

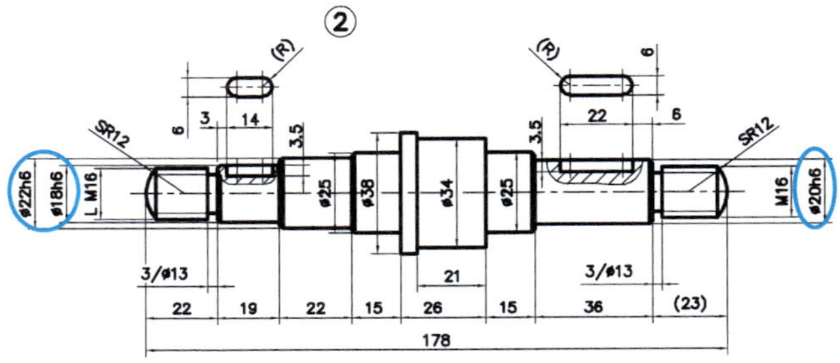

칼라, V벨트풀리, 스퍼기어는 축과 끼워 맞춤을 구성할 때 구멍 기준식 정밀한 헐거움 끼워 맞춤으로 한다. 도면에서 타원으로 지시한 ϕ22, ϕ18, ϕ20 각 각에 ϕ22h6, ϕ18h6, ϕ20h6로 끼워 맞춤 공차를 기입해야 한다.

❸ 볼 베어링와 축의 끼워맞춤공차 기입하기

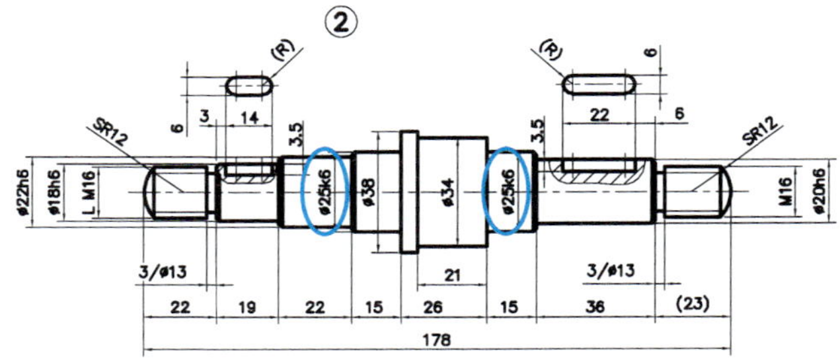

볼 베어링과 축의 끼워 맞춤을 구성할 때 내륜 일 경우에는 중간 끼워 맞춤으로 적용한다.

도면에서 타원으로 지시한 ϕ25 치수는 6205 깊은 홈 볼 베어링이 끼워질 부분으로 내륜이 회전륜이기 때문에 j6 나 k6를 기입해야 한다. k6는 j6에 비하여 조금 더 밀착시키는 것이다.

④ 치수공차 기입하기

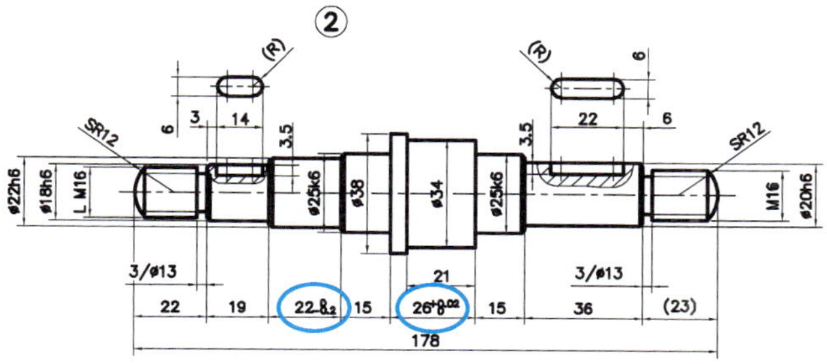

도면에서 타원으로 지시한 좌측 22 치수 는 칼라가 끼워져 간격 유지를 하기 위해 칼라에 +공차를 축에는 −공차를 기입해야 한다. 따라서 축에는 22 $^{0}_{-0.2}$ 정도 기입하면 적당하다.

타원으로 지시한 우측 26 치수는 양쪽의 베어링이 축에 밀착될 면으로 정밀 +공차를 기입해야 한다. 따라서 26 $^{+0.02}_{0}$ 정도 기입하면 적당하다.

⑤ 키 홈부의 치수와 공차 기입하기

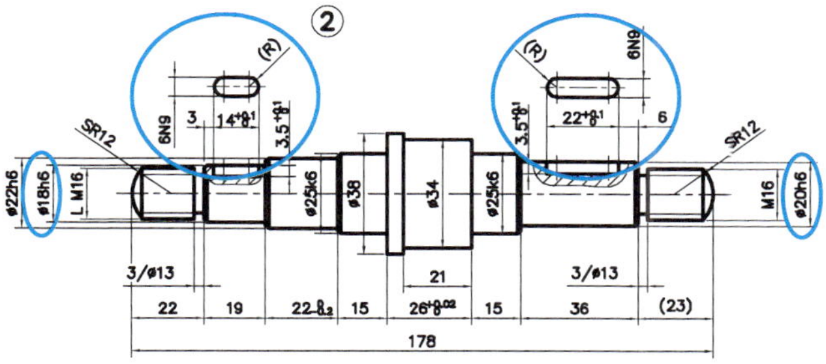

타원으로 지시된 부분은 축의 키 홈으로 축경을 기준으로 키를 규격에서 선정한다.

(1) 좌측 부분의 축경이 ϕ18, 우측 부분의 축경이 ϕ20이므로 키의 규격에서 참조하여 6×6의 키를 선정한다.

(2) 키 홈의 치수와 치수공차를 참조하여 도면에서와 같이 기입한다.

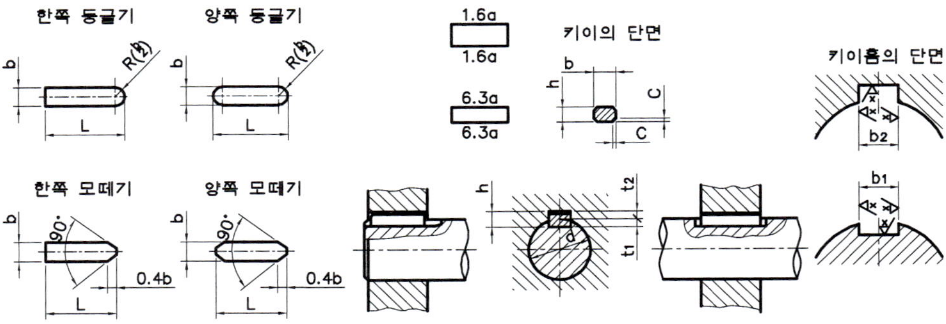

묻힘키(평행키)

적용하는 축경 d	키의 호칭 치수 b×h	키의 치수 b 허용차 (h9)	키의 치수 h 허용차 (h9)	C	L	키홈의 치수 b_1, b_2의 기준치수	보통급 b_1 허용차 N9	보통급 b_2 허용차 JS9	r_1 및 r_2	t_1의 기준치수	t_2의 기준치수	t_1, t_2의 허용차
6~8	2×2	0 -0.025	0 -0.025	0.16 ~ 0.25	6~20	2	-0.004 -0.029	±0.0125	0.08 ~ 0.16	1.2	1.0	+0.1 0
8~10	3×3				6~36	3				1.8	1.4	
10~12	4×4	0 -0.030	0 -0.030		8~45	4	0 -0.030	±0.0150		2.5	1.8	
12~17	5×5			0.25 ~ 0.40	10~56	5			0.16 ~ 0.25	3.0	2.3	
17~22	6×6				14~70	6				3.5	2.8	
20~25	(7×7)	0 -0.036	0 -0.036		16~80	7	0 -0.036	±0.0180		4.0	3.0	+0.2 0
22~30	8×7		0 -0.090		18~90	8				4.0	3.3	

키의 표준길이 L	6, 8, 10, 12, 14, 16, 18, 20, 22, 25, 28, 32, 36, 40, 45, 50, 56, 63, 70, 80, 90, …
키의 일반적인 재료	S20C-D, S45C-D, SF55, S35C 또는 S45C

6 다듬질공차 기입하기

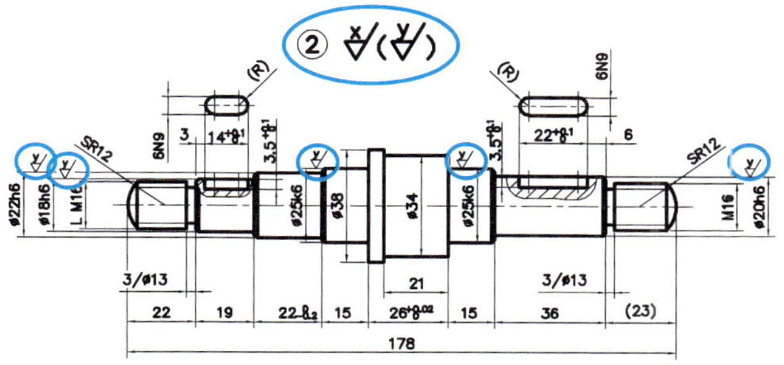

축은 정밀 가공을 해야 하는 부품으로 전체적으로 x가공을 하고 정밀한 부분만 y 가공을 지시하면 된다.

도면에서 타원으로 지시한 부분은 좌측부터 V벨트풀리, 칼라, 베어링, 스퍼기어가 끼워지는 부분으로 정밀 다듬질 y가공을 기입하고 도면에서와 같이 전체 가공을 x 가공으로 하고 부분 가공을 y가공으로 기입한다.

7 기하공차 기입하기

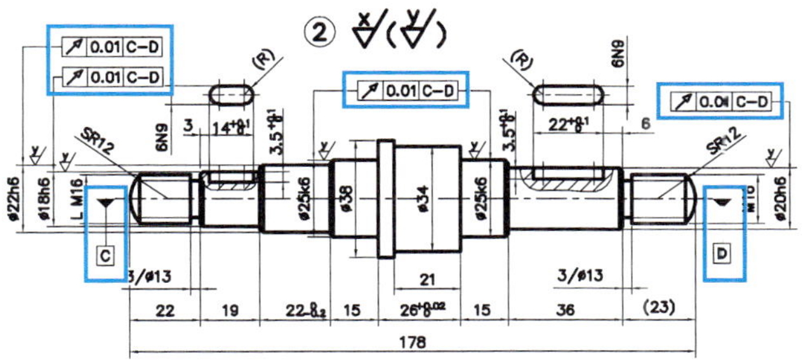

축은 회전운동을 하는 부품으로 중심선을 기준(데이텀)으로 V벨트풀리, 칼라, 베어링, 스퍼기어 조립부에 원주 흔들림도를 일정 범위에서 제한해야 한다.

도면에서 데이텀을 중심선의 양쪽에 붙이고 각 각의 정밀해야할 조립부에 원주흔들림도를 기입한다.

05 규격을 참고하여 공차 기입하기-3

1 끼워맞춤공차 및 키 홈부의 치수와 공차 기입하기

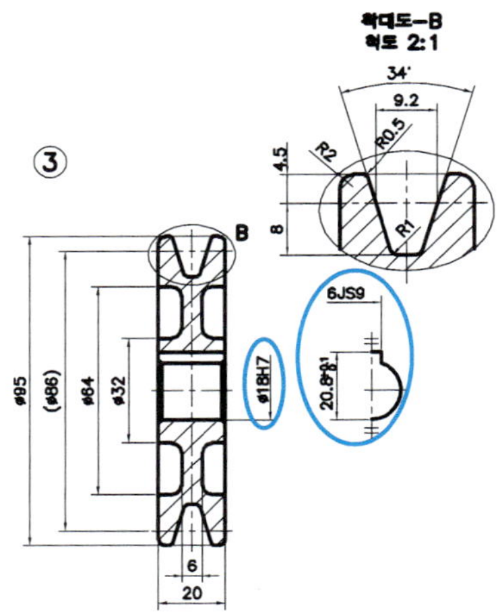

(1) V벨트풀리와 축을 끼울 때 구멍 기준식 헐거움 끼워 맞춤으로 구성한다. 따라서 도면에서 와 같이 ϕ18H7 이라고 기입한다.

(2) 타원으로 지시된 부분은 보스부의 키 홈으로 축경을 기준으로 묻힘키 규격에서 키 홈의 치수를 참조하여 기입한다. 따라서 ϕ18을 기준 치수로 묻힘키 6×6을 선정하여 키 홈의 너비는 6JS9이고 키홈의 높이는 18+2.8 즉 $20.8^{+0.1}_{0}$ 으로 기입한다.

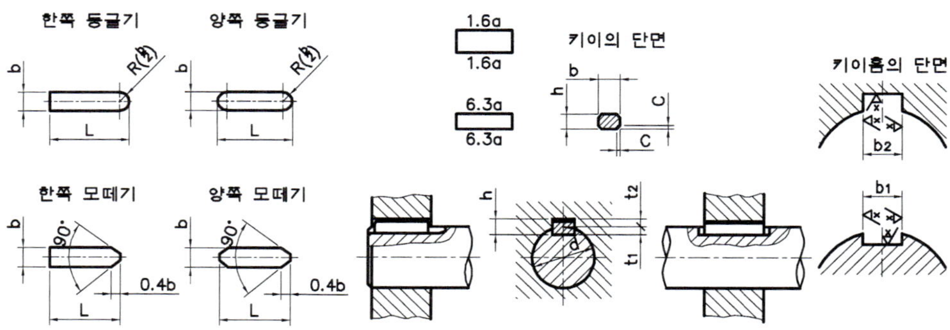

묻힘키(평행키)

적용하는 축경 d	키의 호칭 치수 b×h	키의 치수				키홈의 치수						
		b 허용차 (h9)	h 허용차 (h9)	C	L	b_1, b_2의 기준 치수	보통급 b_1 허용차 N9	보통급 b_2 허용차 JS9	r_1 및 r_2	t_1의 기준 치수	t_2의 기준 치수	t_1, t_2의 허용차
6~8	2×2	0 −0.025	0 −0.025	0.16 ~ 0.25	6~20	2	−0.004 −0.029	±0.0125	0.08 ~ 0.16	1.2	1.0	
8~10	3×3				6~36	3				1.8	1.4	
10~12	4×4	0 −0.030	0 −0.030		8~45	4	0 −0.030	±0.0150		2.5	1.8	+0.1 0
12~17	5×5			0.25 ~ 0.40	10~56	5			0.16 ~ 0.25	3.0	2.3	
17~22	6×6				14~70	6				3.5	2.8	
20~25	(7×7)	0 −0.036	0 −0.036		16~80	7	0 −0.036	±0.0180		4.0	3.0	+0.2 0
22~30	8×7		0 −0.090		18~90	8				4.0	3.3	
키의 표준길이 L	6, 8, 10, 12, 14, 16, 18, 20, 22, 25, 28, 32, 36, 40, 45, 50, 56, 63, 70, 80, 90, ···											
키의 일반적인 재료	S20C−D, S45C−D, SF55, S35C 또는 S45C											

❷ V 홈부의 규격 치수와 공차 기입하기

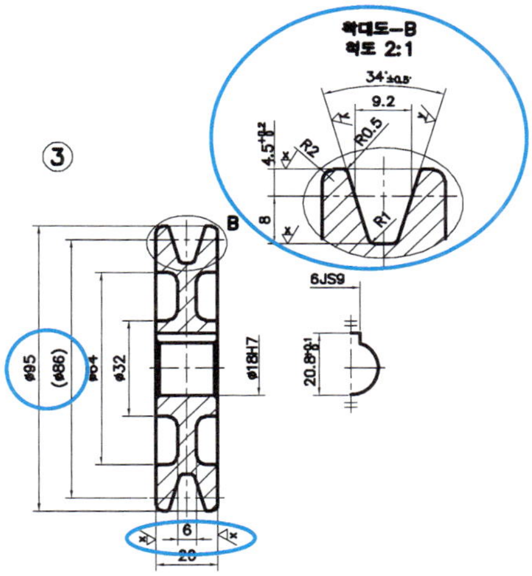

타원으로 지시된 부분은 V벨트가 걸쳐질 홈 부로 V벨트는 풀리의 크기로 그 호칭을 선정한다.

(1) 호칭경 ϕ87로 A-type의 벨트를 선정하고 홈 각 34°, l_0, k, k_0, f 치수를 참조한다. 또한 r_1, r_2, r_3는 큰 것이 좋다.

(2) 홈 부의 치수허용차에서 공차를 참조하고 그림에서 다듬질 공차 참조하여 알맞게 기입한다.

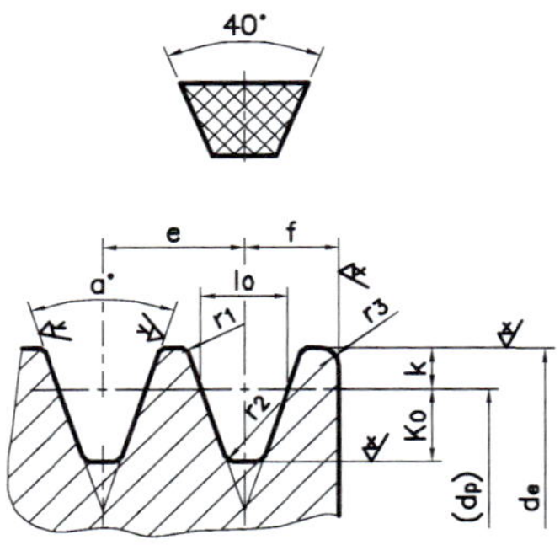

V벨트 및 풀리

형별	α의 허용차	k의 허용차	e의 허용차	f의 허용차
M	±0.5°	+0.2 0	−	+2 −1
A			±0.4	
B				
C		+0.3 0	±0.5	
D		+0.4 0		+3 −1
E		+0.5 0		+4 −1

(주) k의 허용차는 외경 d_e를 기준으로 홈폭의 l_0가 되도록 한다.(d_p 는 참고치수로 나타낸다.)

호칭경	외경 d_e의 허용차
75 이상 118 이하 125 이상 300 이하	±0.6 ±0.8

형별	호 칭 경	α°	l_0	k	k_0	e	f	r_1	r_2	r_3	(참고) V벨트의 두께
M	50 이상 71 이하 71 이상 90 이하 90 이상인 것	34 36 38	8.0	2.7	6.3	−	9.5	0.2 ~0.5	0.5 ~1.0	1 ~2	5.5
A	71 이상 100 이하 100 이상 125 이하 125 이상인 것	34 36 38	9.2	4.5	8.0	15.0	10.0	0.2 ~0.5	0.5 ~1.0	1 ~2	9

③ 다듬질공차 기입하기

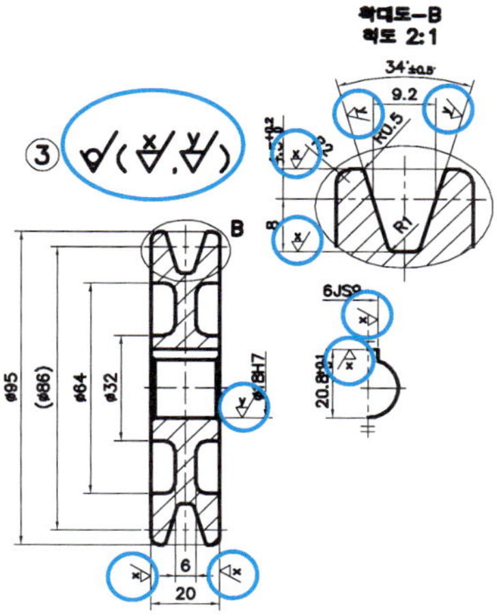

풀리는 주물로 제작해서 축 삽입부 및 V벨트 걸치는 홈 부의 경사면을 정밀하게 가공한다.

(1) 우측면도에서 키홈부는 IT 공차 9급을 나타낸 것을 보통 면, 즉 x가공을 하고 ϕ18H7은 정밀 가공을 해야 하는 곳으로 y가공을 해야 한다.

(2) 앞에서 설명한 V벨트풀리의 규격을 참조하여 풀리의 양 측면, 바깥 면, 이뿌리 면은 x가공, V 경사면은 y로 지시한다.

(3) 전체 가공 기호를 주물 기호로 하고 부분 가공 기호를 x, y 가공으로 나타낸다.

06 규격을 참고하여 공차 기입하기-4

① 끼워맞춤공차 및 키 홈부의 치수와 치수공차 기입하기

(1) 스퍼기어와 축을 끼울 때 구멍 기준식 헐거움 끼워 맞춤으로 구성한다. 따라서 도면에서와 같이 ϕ20H7 이라고 기입한다.

(2) 패킹과 접촉할 면은 오일실 역할을 하므로 오일실 공차를 규격에서 참조하여 ϕ30에 h8이나 h9 정도 기입하면 적당하다.

(3) 우측면도는 보스부의 키 홈으로 축경을 기준으로 묻힘키 규격에서 키 홈의 치수를 참조하여 기입한다. 따라서 φ20을 기준 치수로 묻힘키 6×6을 선정하여 키 홈의 나비는 6JS9이고 키홈의 높이는 20+2.8 즉 $22.8^{+0.1}_{0}$ 으로 기입한다.

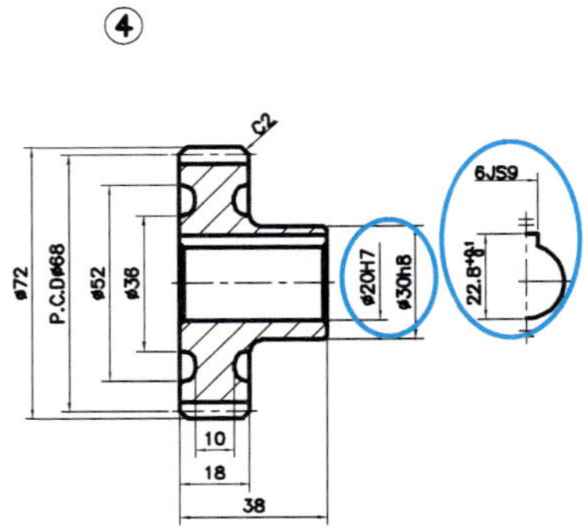

② 다듬질공차 기입하기

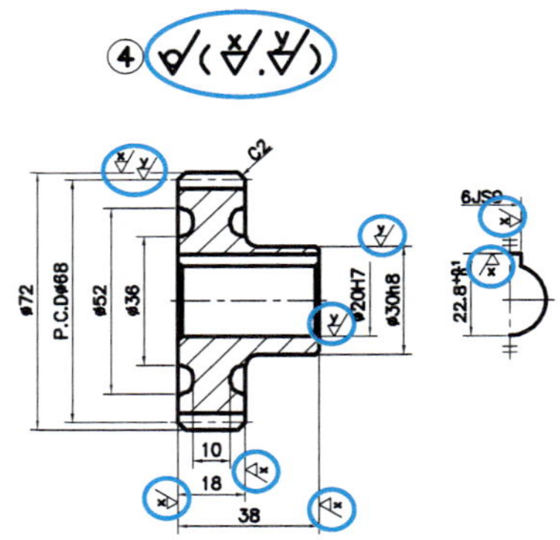

기어의 소재는 주강품으로 주조해서 제작하고 축 삽입부 및 치면을 정밀 가공한다.

(1) 우측면도에서 키홈부는 IT 공차 9급을 나타낸 것을 보통 면, 즉 x가공을 하고 φ20H7은 정밀 가공을 해야 하는 곳으로 y가공, 그리고 패킹이 접촉하는 면도 y가공을 해야 한다.

(2) 기어에 이끝 면과 양 측면, 그리고 면과 면이 접촉하는 곳에 x가공을 하고 치면은 정밀 가공을 해야 하므로 y 가공으로 지시한다.

(3) 전체 가공 기호를 주물 기호로 하고 부분 가공 기호를 x, y 가공으로 나타낸다.

③ 기하공차 기입하기

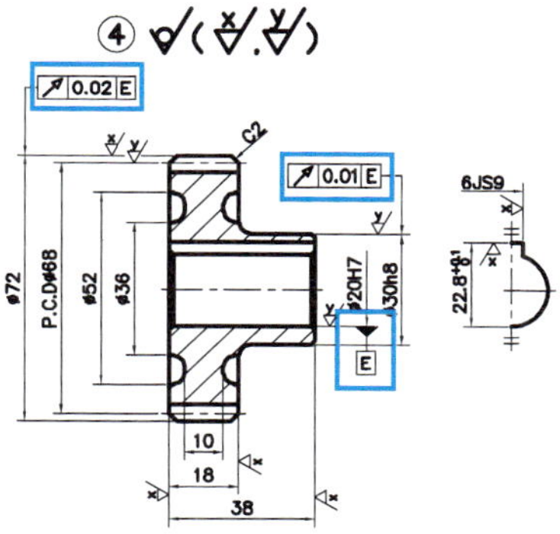

기어는 축이 회전운동을 할 때 같이 회전운동을 하는 부품으로 축이 끼워지는 면을 기준(데이텀)으로 이끝 면과 패킹 접촉면에 원주 흔들림도를 일정 범위 내에서 제한해야 한다.

도면에서 데이텀은 축이 끼워지는 φ20H7이고 이끝 면과 패킹 접촉 면에 원주 흔들림도를 지시해야 한다.

④ 이의 열처리 및 요목표

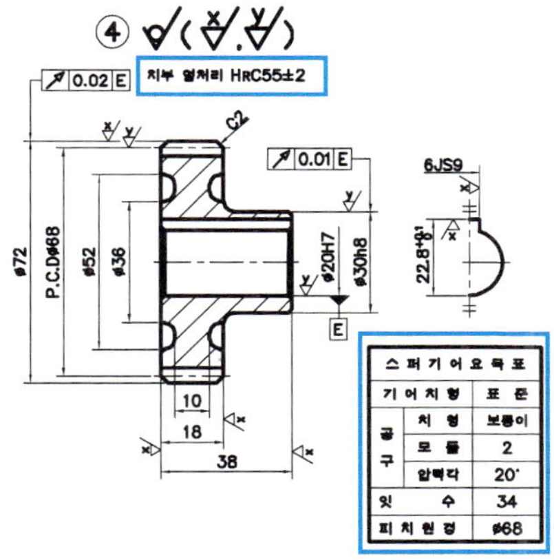

스퍼기어요목표		
기어치형		표준
공구	치형	보통이
	모듈	2
	압력각	20°
잇수		34
피치원경		φ68

서로 맞물려 치면에서 구름 회전운동을 하므로 기어의 치면은 마모에 대비하여 고주파 경화처리로 치부 표면처리를 한다. 기어 소재는 일정한 강도를 요구해서 강을 사용하는데 탄소량에 따라 표면처리 경도가 다르게 나타난다.

기어 소재를 SC480을 선택했을 때 탄소량이 0.4~0.5% 이므로 고주파 경화처리하면 HRC55~60 정도가 된다.(규격 참조)

따라서 품번 아래에 옆 그림과 같이 표시한다. 또한 기어 제도는 요목표를 반드시 기입해야 한다. 도면에 기입된 사항 이외에 추가할 사항은 이의 가공법, 이의 정밀도 등이 있다.

07 규격을 참고하여 공차 기입하기-5

1 끼워맞춤공차 기입하기

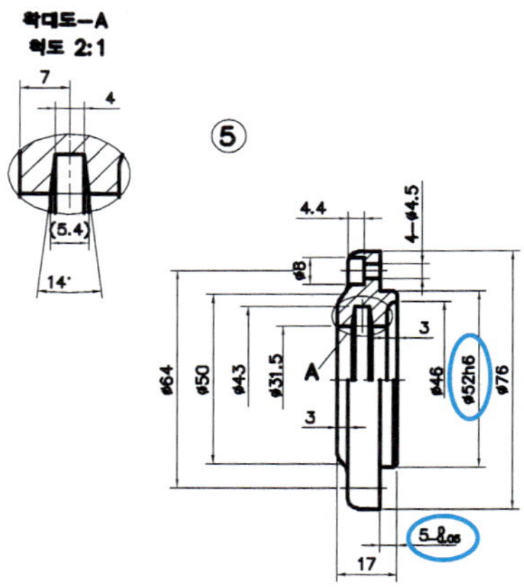

커버가 브래킷에 끼워지는 곳은 구멍기준식 정밀 헐거움 끼워맞춤으로 구성하고 서로 접촉하여 밀착될 수 있도록 커버의 돌출부를 보통공차로 -공차를 기입해야 한다.

도면에서 타원으로 지시한 부분과 같이 ϕ52h6로 헐거움 끼워맞춤공차를 기입하고 아래 돌출부는 5 $^{0}_{-0.05}$ 로 기입한다.

② 카운터 보오링의 치수 및 다듬질공차 기입하기

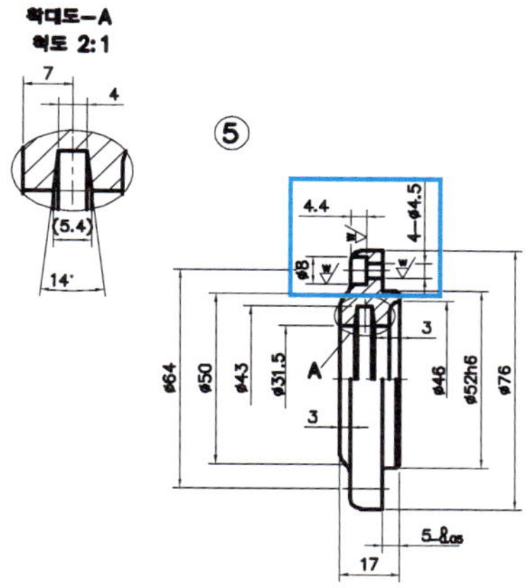

카운터 보오링은 육각 홈붙이 볼트를 체결할 자리파기이다. 이 가공은 드릴링 후 엔드밀이나 카운트보어로 가공하여 만든다.

볼트의 호칭을 기준 치수로 자리파기의 규격에서 참조하여 치수기입을 한다.

도면에서 M4일 때 안지름은 φ4.5, 바깥지름은 φ8, 깊이는 4.4로 치수기입 한다

자리파기는 거친 가공기호인 w가공을 지시하면 된다.

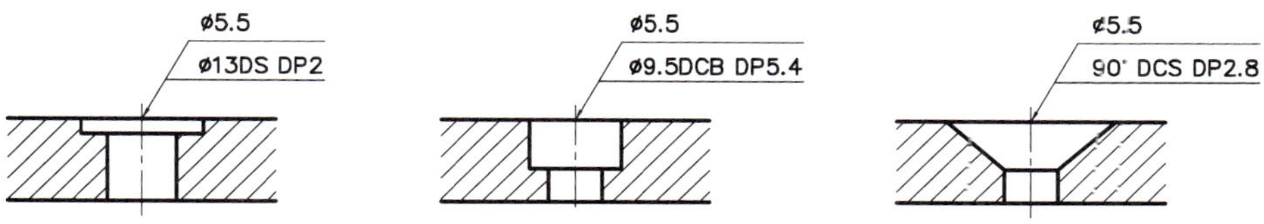

볼트 구멍 자리파기

호칭			스폿페이싱(DS)		카운터보오링(DCB)		카운터싱킹(DCS)	
볼트 탭	드릴 d		D	DP	D	DP	DP	각도
M 3	3.4	3.6	9	0.2	6	3.3	1.75	
4	4.5	4.8	11	0.3	8	4.4	2.3	
5	5.5	5.8	13	0.3	9.5	5.4	2.8	90° $^{+2°}_{0}$
6	6.6	7	15	0.5	11	6.5	3.4	
8	9	10	20	0.5	14	8.6	4.4	

❸ 플러머블록의 치수와 공차 기입하기

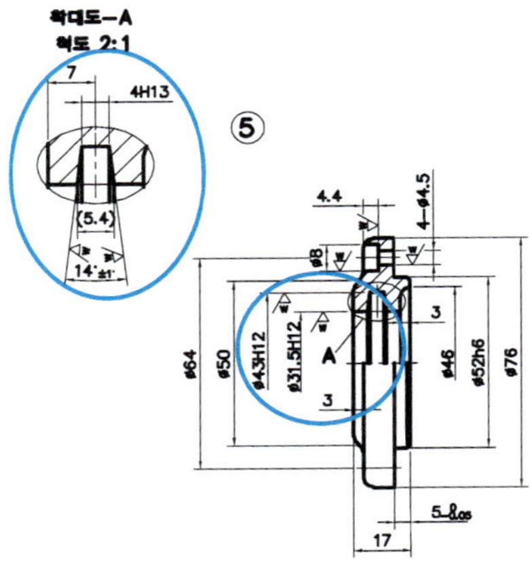

플러머블록에 패킹이 끼워져 베어링의 윤활유가 유출되지 않게 밀봉기능을 하는 부분으로 호칭경을 패킹의 내경으로 하여 플러머블록의 규격을 참조하여 치수 및 공차를 기입한다.

도면에서 타원으로 지시한 부분은 φ30 을 호칭경으로 규격을 참조하여 치수 및 공차를 기입한 것이다.

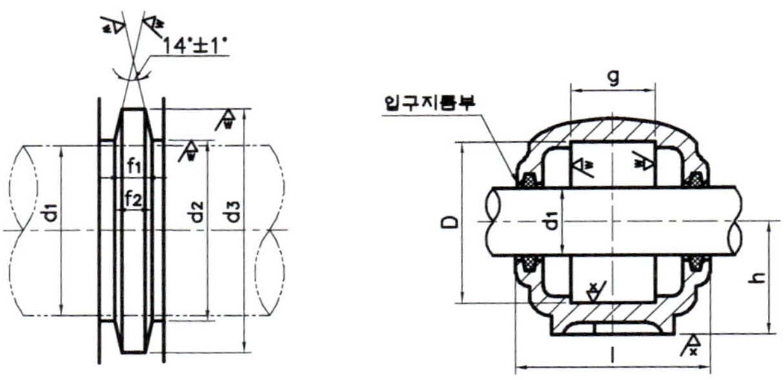

롤링 베어링용 플러머블록(휄트링)

호칭번호 SN	축지름(참고) d_1	D H8	a	b	c	g H13	h H13	l	w	m	u	v	d_2 H12	d_3 H12	f_1 H13	참고 f_2 (약)	참고 고정 볼트의 호칭 S	참고 중량(kg)
504	17	47	150	45	19	24	35	66	70	115	12	20	18.5	28	3	4.2	M10	0.88
505	20	52	165	46	22	25	40	67	75	130	15	20	21.5	31	2	4.2	M12	1.1
506	25	62	185	52	22	30	50	77	90	150	15	20	26.5	38	4	5.4	M12	1.6
507	30	72	185	52	22	33	50	82	95	150	15	20	31.5	43	4	5.4	M12	1.9
508	35	80	205	60	25	33	60	85	110	170	15	20	36.5	48	4	5.4	M12	2.6

④ 다듬질공차 기입하기

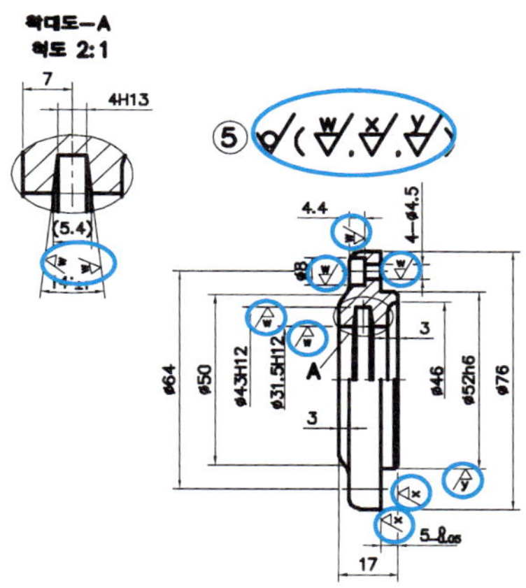

커버는 주물로 제작하기 때문에 전체가공을 주물기호로 하고 부분 가공은 자리파기 및 플러머 블록은 규격에서와 같이 w가공, 브래킷과 접촉면에는 x가공, 브래킷에 끼워지는 곳은 IT 6급의 정밀공차이기 때문에 y가공을 기입한다.

08 규격을 참고하여 공차 기입하기-7

① 끼워맞춤공차 기입하기

⑦

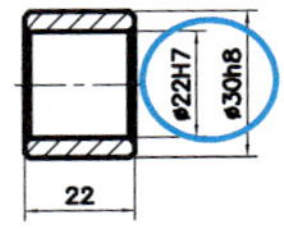

칼라는 내면으로는 축에 끼워지고 외면으로는 패킹에 접촉을 함으로써 내, 외면을 정밀 헐거움 끼워맞춤으로 구성한다.

도면에서 타원으로 지시한 부분 중에 φ22H7은 축에 끼워지는 구멍이고, φ30h8은 패킹에 끼워져 접촉할 면으로 오일실의 허용차를 참조하여 h8이나 h9 정도로 기입한다.

② 치수공차 기입하기

⑦

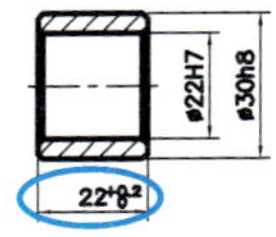

칼라는 간격을 유지하기 위한 부품으로 축에는 −공차를 칼라의 폭을 +공차를 기입하여야 한다. 도면에서 22 $^{+0.2}_{0}$ 정도 기입하면 된다.

③ 다듬질공차 기입하기

⑦

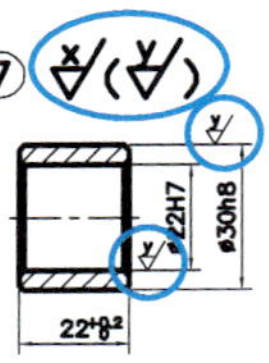

칼라는 정밀 부품으로 전체를 보통 가공면으로 지시하고 내, 외면의 정밀한 곳만 y가공으로 지시한다.

④ 기하공차 기입하기

⑦

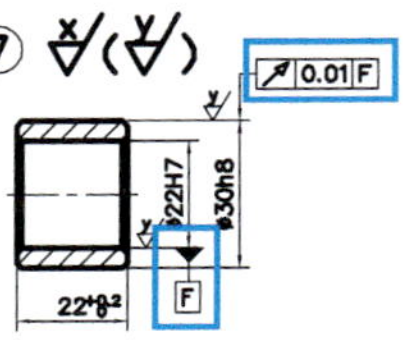

칼라는 양 측면에서 꽉 고정되어 풀리와 축, 그리고 베어링 내륜이 회전 운동을 할 때 같이 회전운동을 하는 부품으로 축이 끼워지는 내면을 데이텀으로 외면에 원주흔들림이나 동심도로 일정한 범위 내에서 공차값을 규제한다.

09 참고 답안

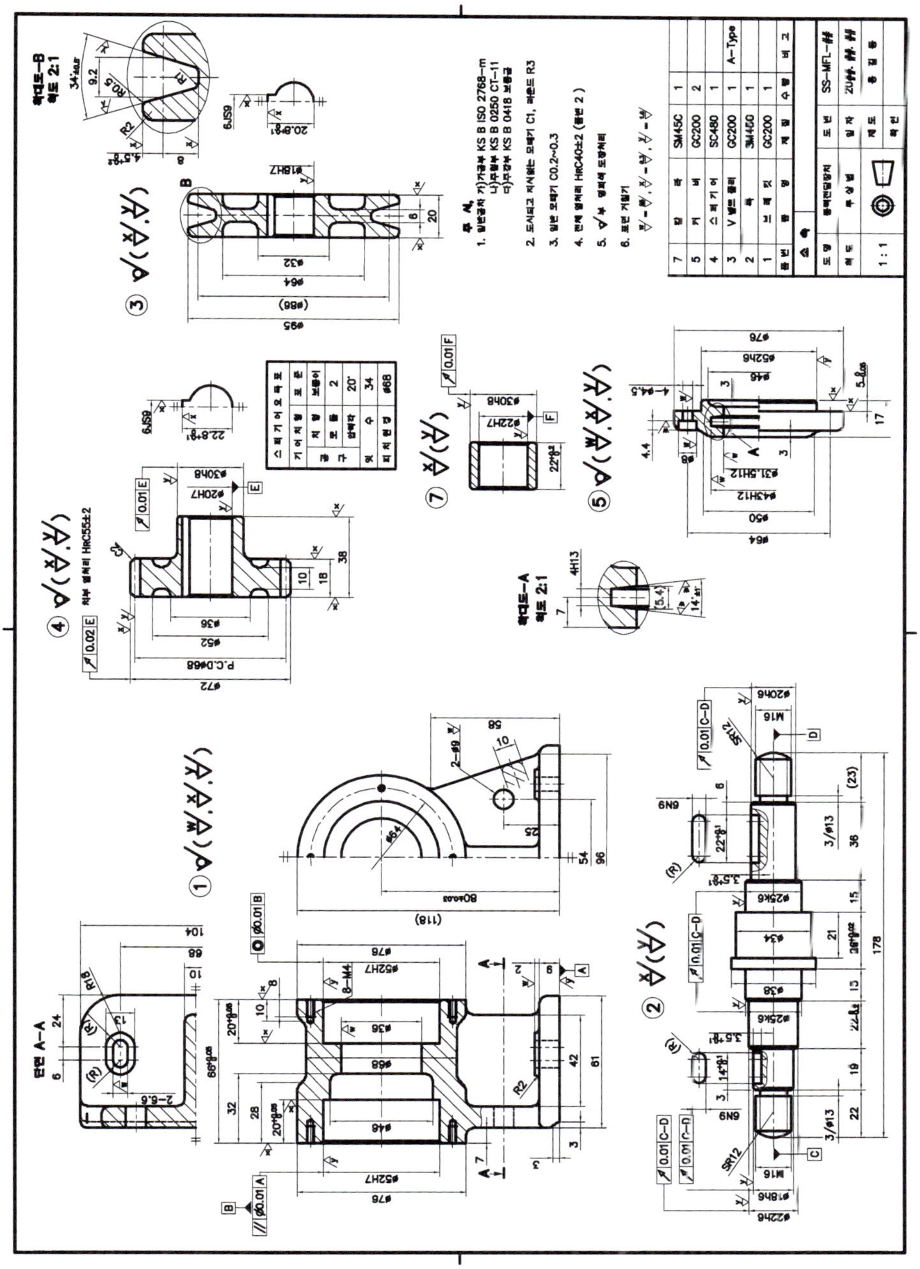

11

실습 목표

1. 외륜 회전 전동장치를 도면 해독 할 수 있다.
2. 외륜 회전 전동장치를 스케일로 측정하여 투상도를 그릴 수 있다.
3. 기계요소 도표편람을 참조하여 투상도를 그릴 수 있다.

11장 실습 내용

1. 작동원리 및 조립
2. 구조 및 부품 형상 파악
3. 기계요소 파악
4. 투상도 그리는 방법
5. 과제 도면
6. 투상도 그리기 순서
7. 투상도 그리기
8. 참고 답안
9. 분해도

평가 사항(배점)

- 실습 방법 및 태도 (　　점)
- 투상도 (　　점)
- 단면도 (　　점)
- 규격 치수 (　　점)
- 선 오기 및 누락 (　　점)
- 시간 준수 (　　점)
- 소요시간 : 2~3hr

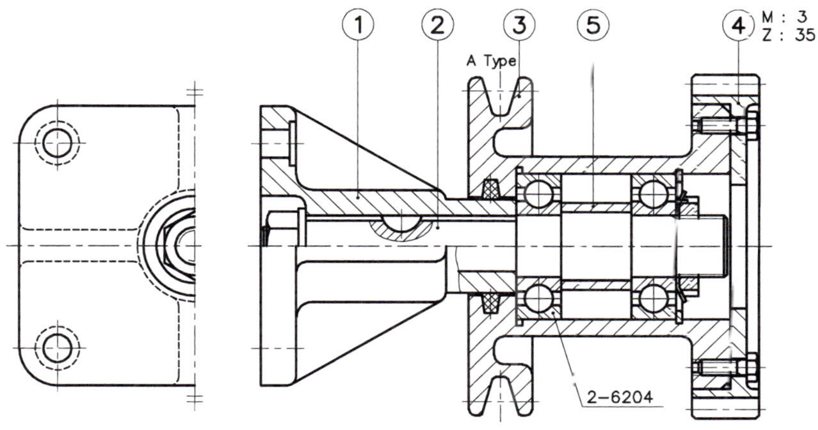

CHAPTER 11 외륜 회전 전동장치-1

01 작동원리 및 조립

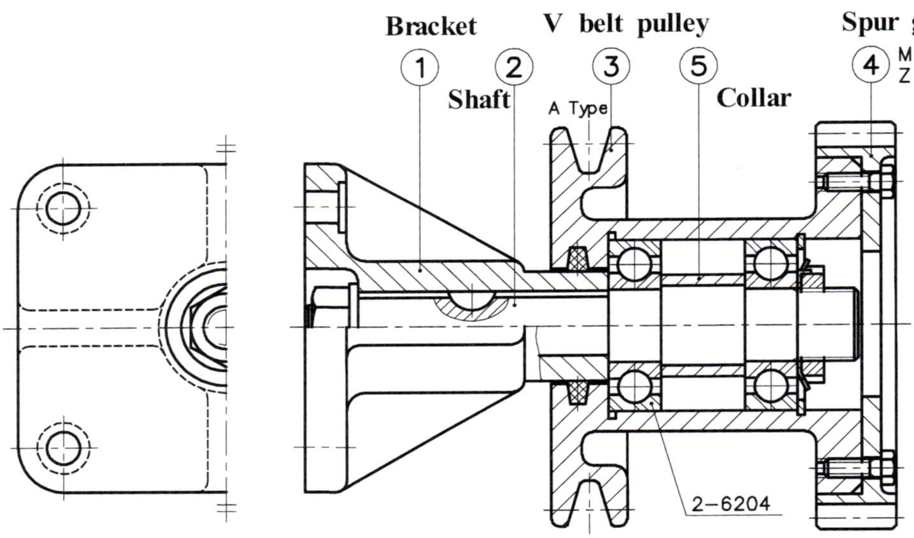

1 작동 원리

전동기로부터 회전력을 전달 받아 원동축의 풀리를 회전 운동하면 V벨트에 의해 3번 풀리가 회전하면서 4번 기어로 회전운동을 전달하는 동력전달장치이다.

3번 풀리가 회전하면 안쪽에 중간 끼워맞춤으로 조립된 베어링의 외륜과, 꼬리부에 볼트로 결합된 스퍼기어가 함께 회전 운동을 하는 장치로 베어링의 회전륜이 외륜이다.

② 조립 순서

① 품번 3, 풀리에 베어링을 중간끼워맞춤으로 결합하고 품번 2, 축을 끼워 넣는다.

② 품번 5, 칼라를 품번 2, 축에 넣고 베어링을 중간끼워맞춤으로 결합한 후 구멍용 스냅링과 베어링 어댑터로 조립한다.

③ 품번 4, 스퍼기어를 품번 3, 풀리에 볼트로 결합한다. 이 볼트는 동력을 전달 할 때 키 역할을 하는 전단볼트로 파괴되지 않게 단단히 고정하기 위해 볼트 4개 보다는 그 이상의 갯수 즉, 볼트 6개 또는 8개로 체결하는 것이 설계상 바람직하다.

④ 좌측 반달키를 축에 밀착하고 품번 1, 브래킷에 결합하여 테이블 또는 구조물에 고정한다.

02 구조 및 부품 형상 파악

① 품번 1, 브래킷(Bracket)

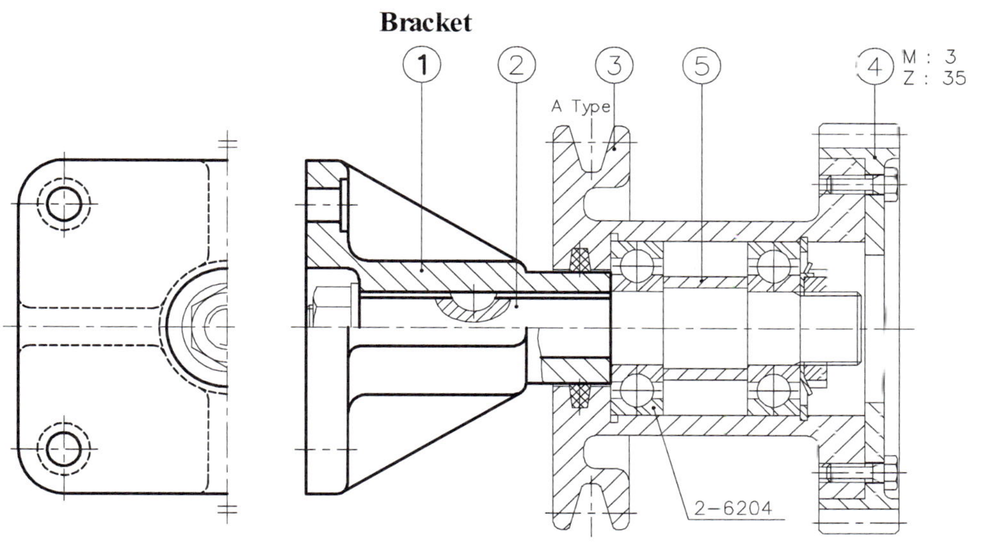

(1) 구조물이나 테이블에 고정하는 부품이다.

(2) 제작은 주물로 제작하되 보통주철(GC200)이면 충분하다.

(3) 구조물이나 테이블에 맞닿는 면과 축이 끼워지는 면, 그리고 패킹이 접촉하는 면이 가공상에 중요한 부분이다.

(4) 형상 파악

① 좌측은 구조물에 고정시킬 판 형

② 우측은 축이 장착할 보스는 원통 형

③ 연결부는 리브

(5) 투상 방법

① 정면도(계단단면도 또는 부분단면도)

② 좌측 또는 우측면도(반 생략도)

2 품번 2, 축(Shaft)

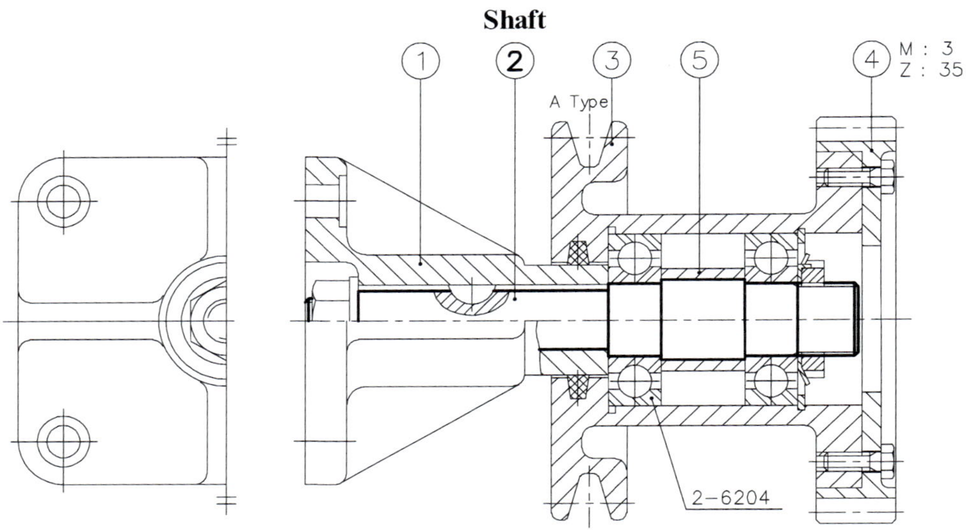

(1) 축에 반달키로 품번 1, 브래킷에 고정되어 있어 회전 운동을 하지 않는 고정축이다.

(2) 제작은 선반에서 주로 가공하는 것으로 경강(SM45C)이면 적당하다.

(3) 조립면 즉, 품번 1, 브래킷, 베어링, 품번 5, 칼라가 끼워지는 면에 정밀 가공을 하고 브래킷에 끼우는 면을 기준으로 베어링 장착부의 동심도나 원주흔들림도를 일정 범위 내에서 규제해야 한다.

(4) 형상 파악

① 좌측에 릴리이프 홈이 있는 나사부

② 키 홈은 밀링에서 우드러프커터로 절삭

③ 베어링 장착부는 헐거운 정도의 조립
④ 베어링 어댑터를 연결할 슬롯홈이 있는 나사부가 있다.

(5) 투상 방법
① 정면도(키 홈부만 부분단면도)
② 평면도(국부 투상도)

③ 품번 3, V벨트풀리(V-belt pulley)

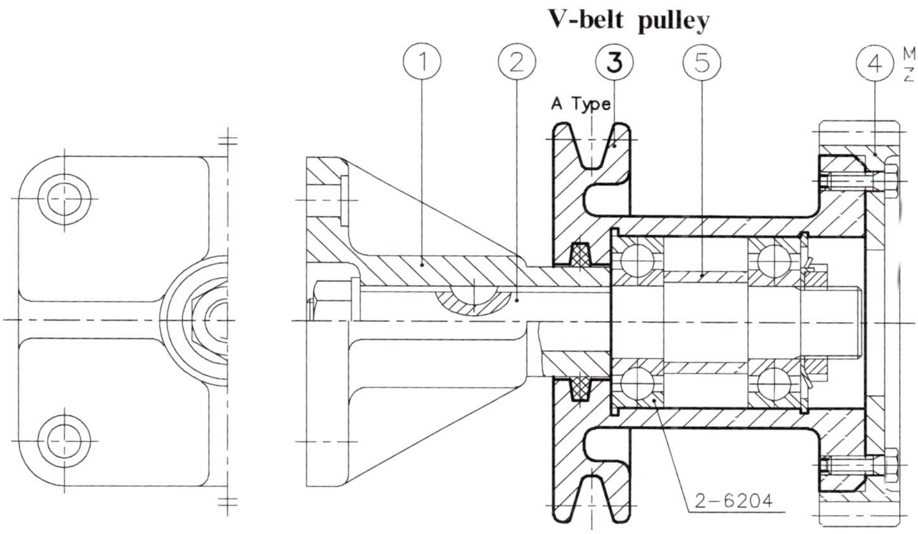

(1) A type의 V벨트를 풀리의 V홈에 감아 동력을 전달하는 장치로 축간거리가 비교적 크며 회전 운동을 한다.
(2) 제작은 주물로 만들며 재질은 보통 GC200 또는 GC250으로 사용한다.
(3) V벨트 걸치는 면과 베어링 장착부, 스퍼기어 조립면은 정밀가공을 해야 한다.
(4) 형상 파악
① 원통형으로 내면에 패킹과 베어링의 구석홈, 스냅링 홈이 있다.
② 스퍼기어를 풀리의 꼬리부에 끼울 때 볼트가 파손되거나 풀리지 않도록 볼트 6개 또는 8개로 체결하는 암나부가 있다.
③ 풀리 꼬리부에 스퍼기어를 끼워 맞추기 위한 모떼기가 있다.

(5) 투상 방법

① 정면도(온단면도)

② 우측면도(암나사부의 국부 투상도)는 생략 가능하나 그리면 이해하기 편리하다.

③ 벨트 걸치기부, 패킹, 그리고 스냅링부의 부분 확대도

4 품번 4, 스퍼기어(Spur gear)

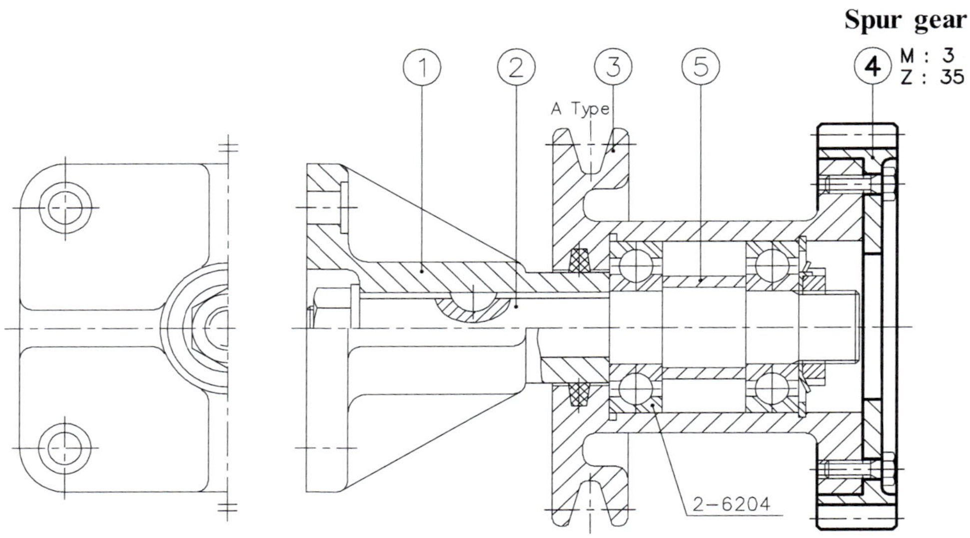

(1) 직접 전동장치인 스퍼기어는 일정한 속도비와 확실한 전동을 하는 장치로 모듈 3, 잇수 35개이다.

(2) 제작은 합금주강(SCM435) 소재로 창성법을 이용하여 이(teeth) 가공을 한다. 또한 치부 열처리를 고주파 경화처리로 한다.

(3) 풀리와 접촉되는 면은 정밀가공 해야 하며 그 면을 기준으로 회전운동할 때 원주흔들림이 일정한 범위에서 제한되어야 한다.

(4) 형상 파악

원통형에 이(teeth)를 가공 한 것으로 측면에서 죔력을 고려하여 볼트 6개 이상으로 결합한 것으로 드릴 구멍이 볼트의 갯수만큼 있어야 한다.

(5) 투상 방법

① 정면도(온단면도)

② 우측면도(드릴구멍의 국부 투상도)

③ 요목표

5 품번 5, 칼라(Collar)

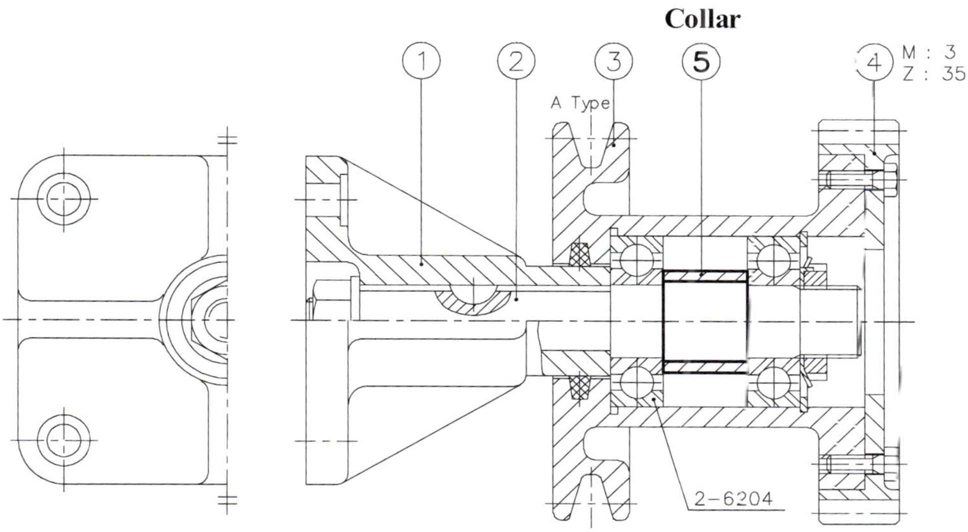

(1) 칼라는 베어링과 베어링 사이 간격을 유지하기 위해 사용하는 부품으로 링형이다.

(2) 재질은 축과 같은 재질로 하면 된다.

(3) 칼라 내면만 정밀해야 한다.

(4) 투상

정면도(온단면도 또는 한쪽단면도)

03 기계요소 파악

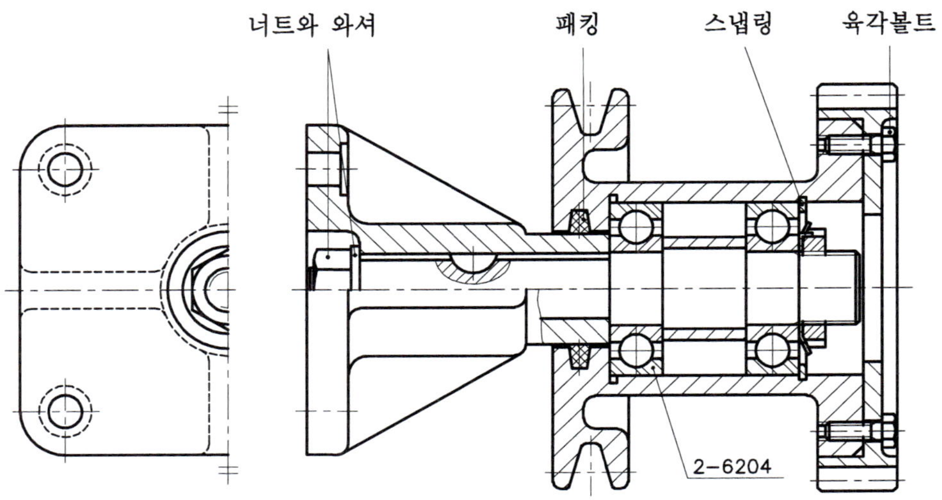

1 너트와 와셔

숫나사부인 축에 너트와 와셔를 이용하여 브래킷에 고정하고 있다.(너트는 숫나사의 외경을 호칭경으로 선정한다.)

2 고무 패킹

패킹은 하우징의 플러머블록에 끼워 베어링의 윤활유가 유출되지 않도록 하기 위한 기계요소이다.(이 장치에는 오일시일이 더 적합하다.)

(플러머블록은 패킹의 내경을 기준 치수로 규격을 참조한다.)

3 멈춤링 또는 스냅링

흔히 스냅링이라고 하며 축이나 구멍에 부착하여 베어링 등과 같은 부품이 이탈되지 않도록 사용하는 기계요소이다.(구멍용 스냅링은 베어링의 외경을 기준 치수로, 축용 스냅링은 축경을 기준 치수로 규격을 참조한다.)

4 육각볼트와 구멍 자리

육각 머리 볼트로 이 장치에서는 전단 볼트로 사용되고 있으며 볼트의 개수는 4개보다는 6개 이상으로 보는 것이 설계상에 유리하다.(드릴 구멍의 치수는 볼트의 외경을 기준 치수로 규격에서 선정한다.)

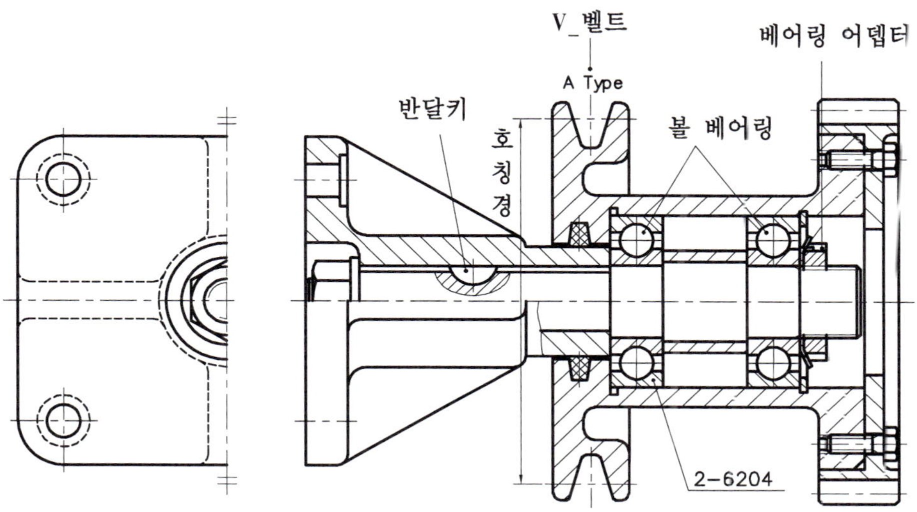

5 반달키

반달키를 축에 단단히 고정하여 브래킷에 헐거움 끼워 맞춤을 하는 것으로 큰 힘을 받지 않는데 사용한다.(반달키는 축경을 기준 치수로 규격을 참조한다.)

6 V_벨트풀리

A type의 V-belt 를 풀리의 홈에 끼워서 쐐기작용에 의한 마찰력으로 회전력을 전달하는 장치로 축간거리가 비교적 크다.(풀리의 V홈각은 호칭경을 기준 치수로 규격을 참조한다.)

7 볼 베어링

Ball Bearing은 규격화된 기계요소로 고속 회전축의 원활한 회전을 위해 마찰력을 최소화한 것으로 호칭번호 중 앞에서 두자리를 계열 번호라 하고 세번째, 네번째 번호는 축경을 나타내는 번호이다.(6204 : 내경 20, 외경 47, 폭 14)

이 장치에는 회전륜이 외륜이다.

8 베어링 어댑터

베어링 어댑터는 베어링용 너트와 와셔로 구성하고 있으며 축에 베어링이 이탈되지 않고 원활하게 회전 운동을 돕는 기계요소이다.(베어링용 너트와 와셔의 호칭은 베어링의 축경을 기준 치수로 규격을 참조한다.)

04 투상도 그리는 방법

1 투상도 그리는 방법-#1

①

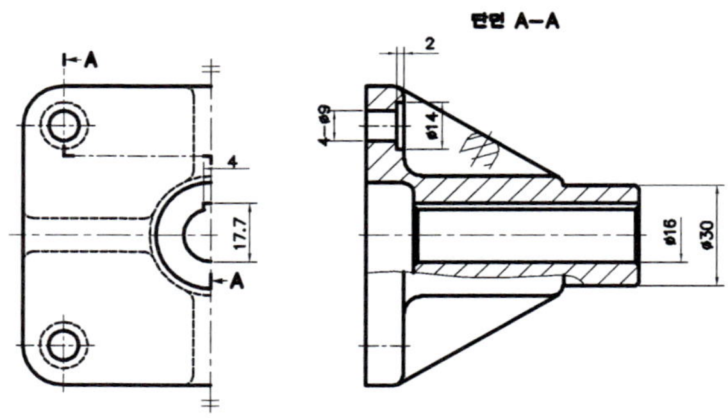

(1) 투상도의 선택

품번 1, 브래킷은 2면으로 특징을 충분히 나타낼 수 있으므로 정면도, 좌측면도 또는 정면도, 평면도를 나타낼 수 있다. 브래킷은 주물로 제작하기 때문에 모서리는 라운딩으로 처리하되 R3으로 한다.

① 정면도

도면에서 우측 부분이 원통형이므로 축직각 방향에서 본 면을 정면도로 선택한다. 사용 상태로 하여 원통부를 우측으로 놓고 정면도를 그리되 계단단면도로 나타내는 것이 가장 바람직하다. 또는 원통부를 상부로 놓고 정면도를 그릴 수도 있다.

테이블이나 구조물에 맞닿는 면과 축이 끼워지는 부분이 가공상 중요한 부분이고 볼트의 자리 파기는 스폿 페이싱으로 육각 홈붙이 볼트의 치수를 지준 치수로 자리파기 규격을 참조하여 그린다. 또한 축을 끼우는 방향의 모서리에 C1로 모떼기를 한다.

② 좌측면도

자리파기 구멍에의 중심과 모서리의 필렛 부분, 그리고 리브의 자세 등을 고려하여 좌측면도를 반 생략도로 선택한다.

POINT | 정면도를 계단단면도로 나타내기 위해서 좌측면도에 절단선 및 표시 문자를 도시해야 한다.

(2) 중요 치수

① 키홈의 치수는 브래킷에 끼워질 축의 ϕ16 치수를 기준 치수로 키 규격에서 참조하여 표시한다.

② ϕ30은 패킹의 접촉하는 치수로 플러머블록의 호칭치수이다.

③ 스폿 페이싱은 육각 홈붙이 볼트 M8의 규격 치수를 참조해서 ϕ9, ϕ14, 깊이는 실제 치수를 측정해서 2로 하면 된다.

2 투상도 그리는 방법-#2

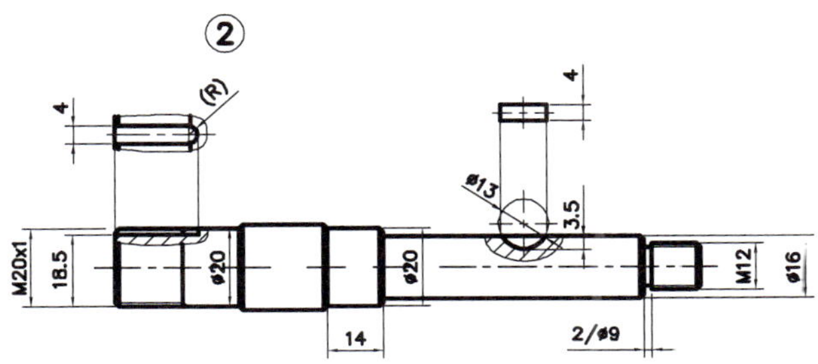

(1) 투상도의 선택

품번 2, 축은 원통형에 키 홈부와 키 슬롯홈이 있으므로 2면도, 즉 정면도, 평면도를 나타낸다.

① 정면도

- 축은 원통형이므로 축직각 방향에서 본 면을 정면도로 선택하되 주로 공정을 많이 이용하는 상태로 놓기 때문에 절삭량이 많은 부분을 우측에 놓고 그린다.
- 축은 길이 방향으로 전체를 단면 할 수 없으므로 키 홈부와 베어링 어댑터 자리부는 부분단면도로 나타낸다.
- 너트가 체결될 부분은 숫나사의 표시법으로 도시하고 그 구석에 릴리이프 홈이 있다.
- 베어링, 칼라, 브래킷이 끼워질 부분의 모서리에 C1로 모떼기를 한다.

② 평면도

축은 평면에서 같은 형상이므로 생략하고 키의 너비(폭)를 나타내기 위해 키 홈부와 베어링용 와셔가 들어갈 슬롯 홈부는 국부투상도로 도시한다.

POINT	키 홈부나 슬롯홈부에 정면도와 평면도의 연결선을 가는 실선으로 도시한다.

(2) 중요 치수

① 6204 베어링의 치수에서 베어링의 내경 치수를 참고하여 ϕ20, 폭은 14로 표시해야 한다.

② 베어링 어댑터는 베어링의 세, 네번째 번호 04에서 너트를 AN04, 와셔를 AW04를 호칭으로 베어링용 너트, 베어링용 와셔의 규격을 참조하여 표시한다.

③ 반달키 홈의 치수는 우측 부분의 ϕ16을 기준 치수로 반달키 규격에서 참조 하여 표시한다.

④ 릴리이프 홈은 숫나사의 외경을 기준 치수로 릴리이프 홈 규격에서 참조하여 표시한다.

③ 투상도 그리는 방법-#3

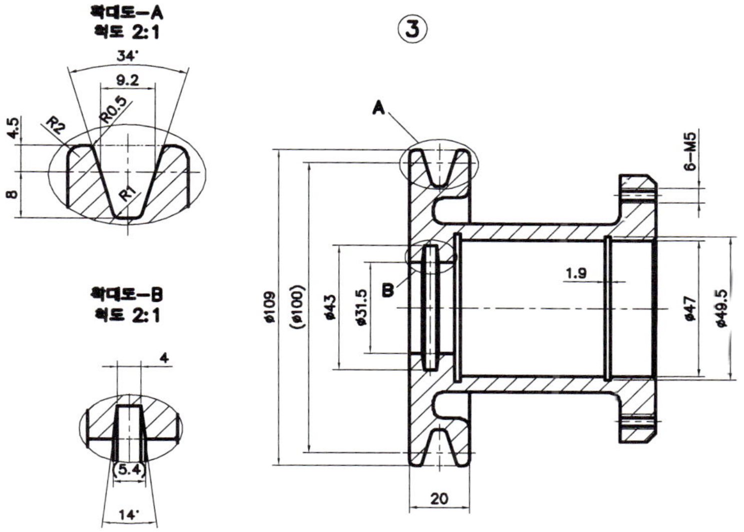

(1) 투상도의 선택

품번 3, V벨트풀리는 원통형에 V홈부, 플러머블록, 스냅링 홈부가 있으므로 1면도와 각각을 부분확대도로 나타낸다. 또는 2면도, 즉 정면도, 우측면도(나사부의 국부투상도)를 나타낼 수 있다.

① 정면도

- V벨트풀리는 원통형이므로 축직각 방향에서 본 면을 정면도로 선택한다.
- V홈부에 가공전에 형상을 가상선(가는 2점쇄선)으로 표시할 수 있다.
- 베어링이 끼워지는 방향의 모서리에 C1로 모떼기를 한다.
- 암나사부의 나사 표시법에 알맞게 골은 가는 실선, 안지름은 굵은 실선으로 도시한다.

② 부분확대도

V홈부와 플러머블록의 치수와 공차를 충분히 나타내기 어려우므로 정면도에서 가는 실선의 타원으로 둘러싸고 표시문자를 붙인 후 그 인접한 곳에 부분확대도를 나타낸다.

표시문자는 가능한 한 부분확대도 상단에 나타내고 척도를 생략할 수 있지단 일반적으로 나타내는 것이 좋다.

(2) 중요 치수

① V벨트풀리는 A-type의 벨트와 호칭경(φ100)을 기준 치수로 V벨트풀리의 규격에서 참조하여 각 부의 치수대로 그려야 한다. 단, 확대도에서 치수 기입할 때 확대한 치수가 아닌 규격 치수로 기입해야 한다.

② 플러머블록은 패킹이 접촉하는 부분의 치수 φ30을 기준 치수로 플러머블록의 규격을 참조하여 나타낸다.

③ 스냅링의 홈부는 베어링의 외경 φ47을 기준 치수로 구멍용 스냅링의 규격을 참조하여 나타낸다.

④ 나사는 M5로 하되 전단 볼트이니 개수를 4개가 아닌 6개나 8개로 선택하는 것이 설계상 유리하다.

4 투상도 그리는 방법-#4, #5

④

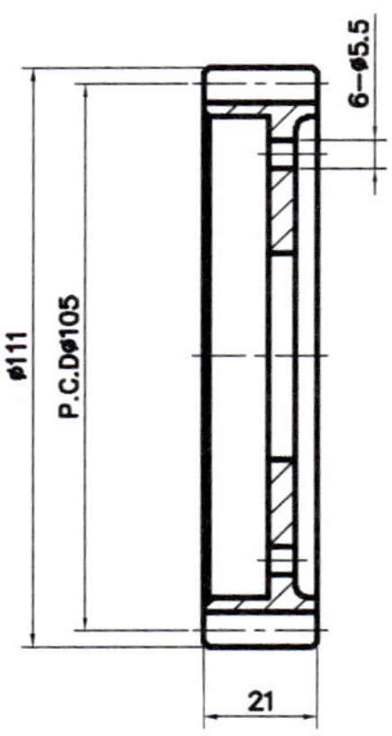

스퍼기어요목표		
기어치형		표준
공구	치형	보통이
	모듈	3
	압력각	20°
잇수		35
피치원경		ø105

⑤

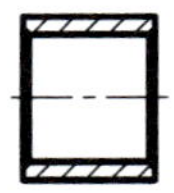

(1) 투상도의 선택

품번 4, 스퍼기어는 원통면에 이가 있고 안쪽으로 볼트의 구멍자리가 있으므로 1면도, 즉 정면도면 충분하다. 또한 2면도, 즉 정면도와 우측면도(구멍자리의 국부투상도)로도 나타낼 수 있다. 단, 기어의 도시법을 참조하여 기어의 간략도로 나타내고 요목표를 병행해야 한다.

품번 5, 칼라는 원통이므로 1면도, 즉 정면도를 나타낸다.

① 정면도

- 스퍼기어는 원통형이므로 축직각 방향에서 본 면을 정면도로 선택한다.
- 구멍자리의 크기는 M5를 규격에서 참조하여 도시한다.
- 기어의 이의 양끝 모서리에 C1로 모떼기를 한다.

품번 5, 칼라는 내면에 축이 끼워지므로 모서리에 C1의 모떼기를 한다.

② 요목표

요목표에는 기어의 치형, 기준 공구의 치형, 모듈, 압력각 및 잇수, 피치원경 등은 반드시 기입하고 기어 가공법이나 기어 정밀도를 추가로 기입할 수 있다.

(2) 중요 치수

① 모듈이 3, 잇수가 35 이므로 피치원경은 ϕ105, 이끝높이(어덴덤)는 모듈과 같으므로 외경은 ϕ111이 아니면 안 된다.

POINT 이뿌리높이(디덴덤)은 압력각 20° 일 때 모듈의 1.25배이고 기어 폭은 모듈에 7배로 하였다.

② 구멍자리는 M5를 참조하여 ϕ5.5나 ϕ6으로 한다.

05 과제 도면

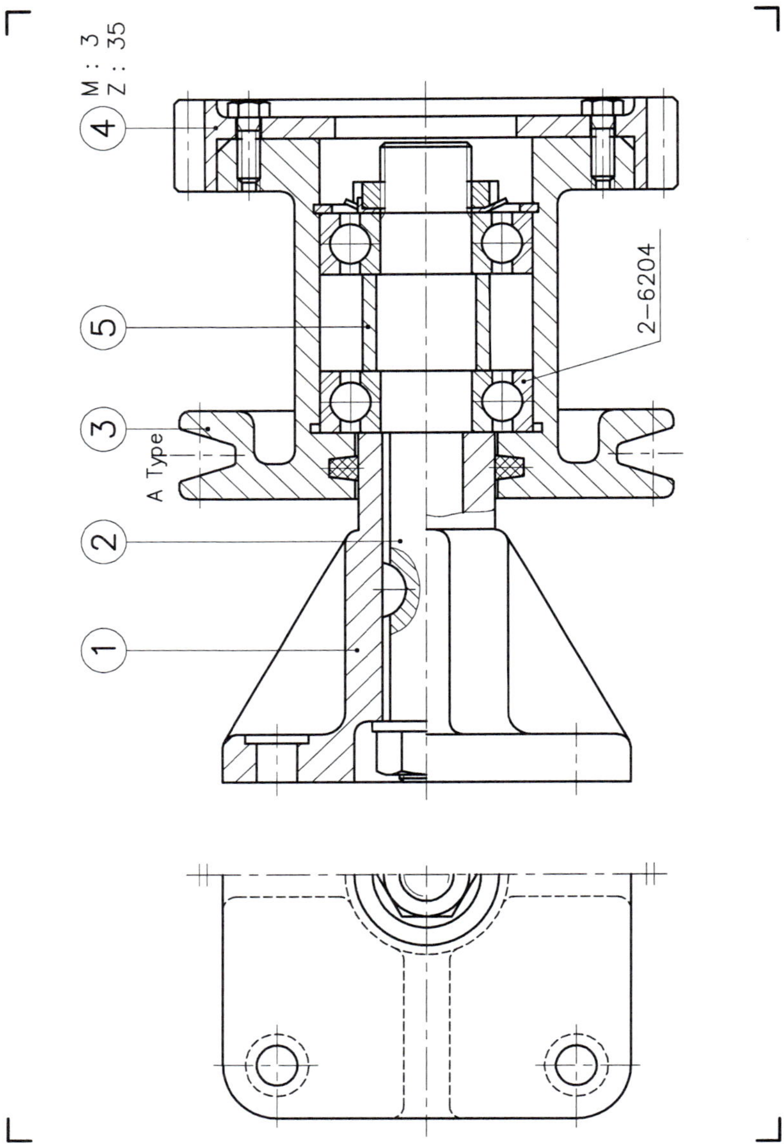

※ 본 도서의 맨 뒷부분에 위 도면을 1:1 사이즈로 수록해놓았습니다.

06 투상도 그리기 순서

5장에 작성한 도면양식을 열기 한 후 주어진 과제 도면을 도면 해독 한다.
이번 장에서 투상도만 모두 그리고 다음 장에서 치수기입 및 공차를 기입하여 마무리 한다.

01 도면양식 열기

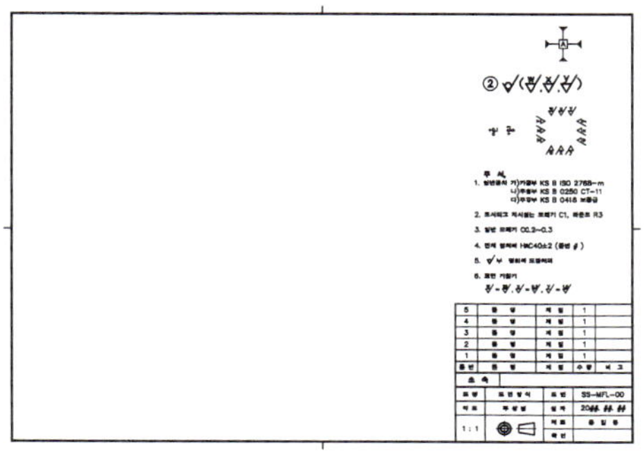

02 투상도 그리기 위한 기초선 긋기

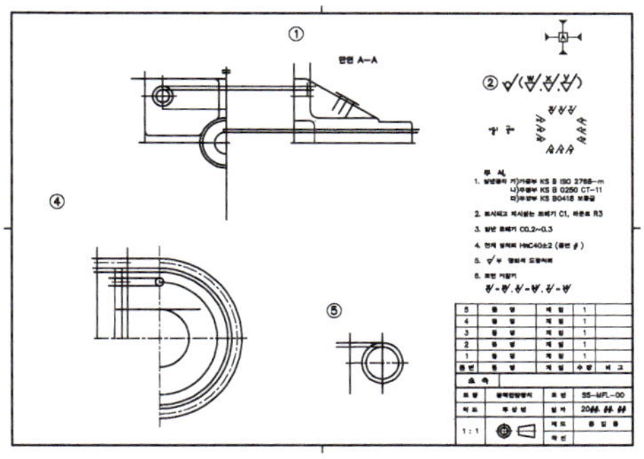

03 투상도 완성하기

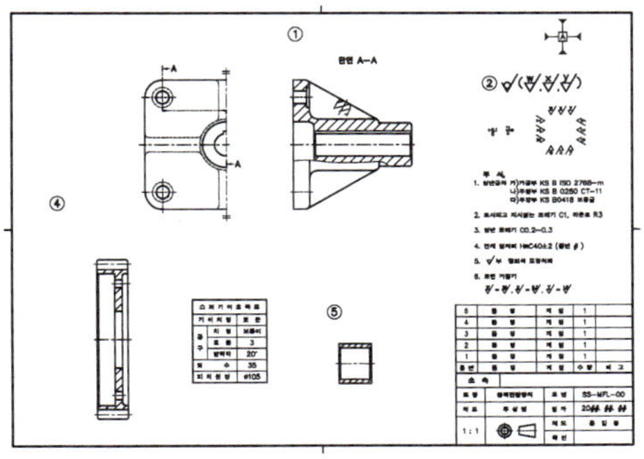

04 투상도 그리기 위한 기초선 긋기

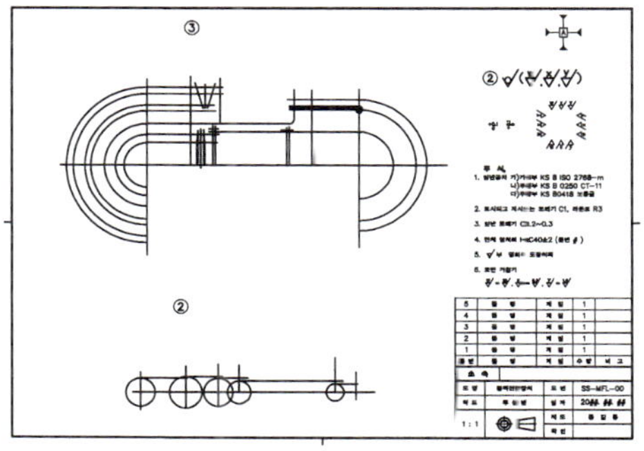

05 키 홈부과 확대도 그리기

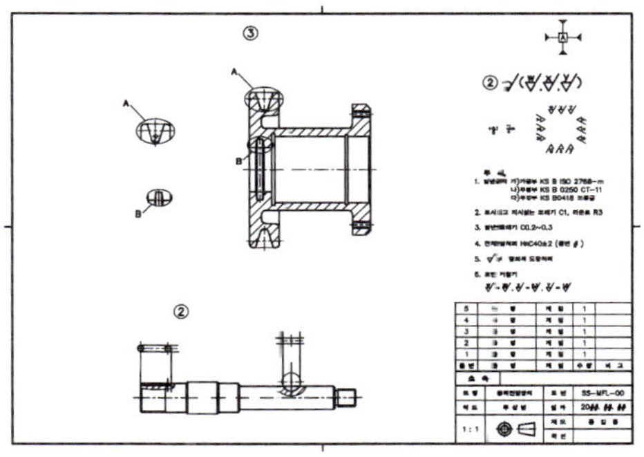

06 투상도 완성하기

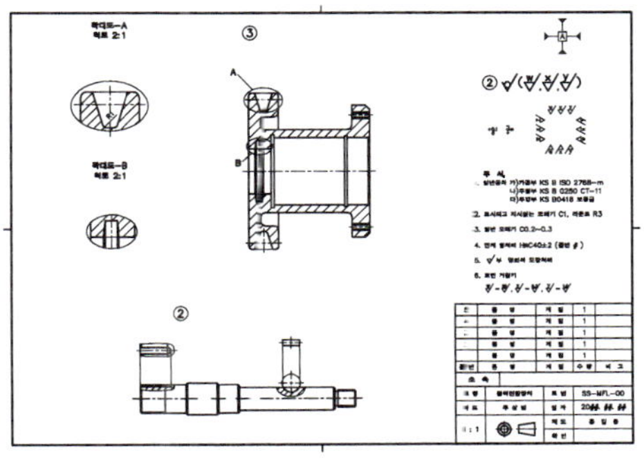

07 투상도 그리기

1 도면 양식 열기

① 5장에 작성된 도면 양식을 열기 한다.

② 표제란 및 부품도의 내용을 편집한다.

③ 외륜 회전 전동장치의 투상도를 완성한다.

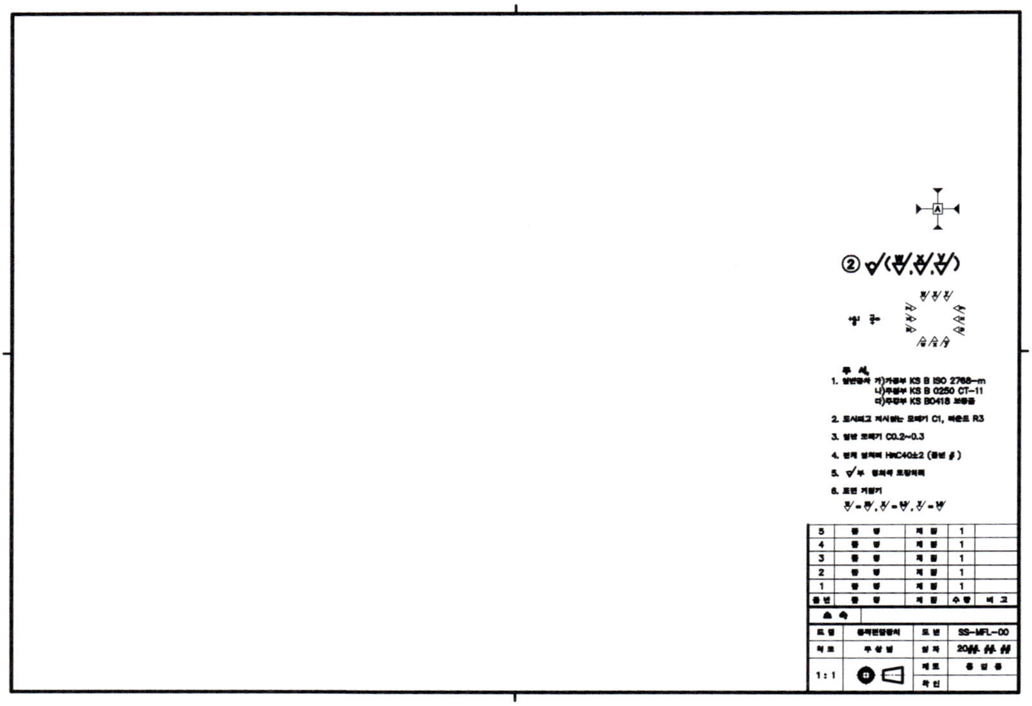

2 투상도 그리기

① 규격에서 베어링, 키 홈 등의 규격 치수를 미리 참조하여 과제 도면에 표시한다.

② 도면 마무리 단계에서 배치를 할 수 있기 때문에 비교적 간단한 부품부터 투상한다.

③ 치수를 측정해서 부품도를 작성할 때 2번 측정하여 치수가 다르지 않도록 주의한다.

④ 각 부품도 내에서 또는 부품 간에 호환성 있는 치수들을 상관하여 투상도를 그린다.

08 참고 답안

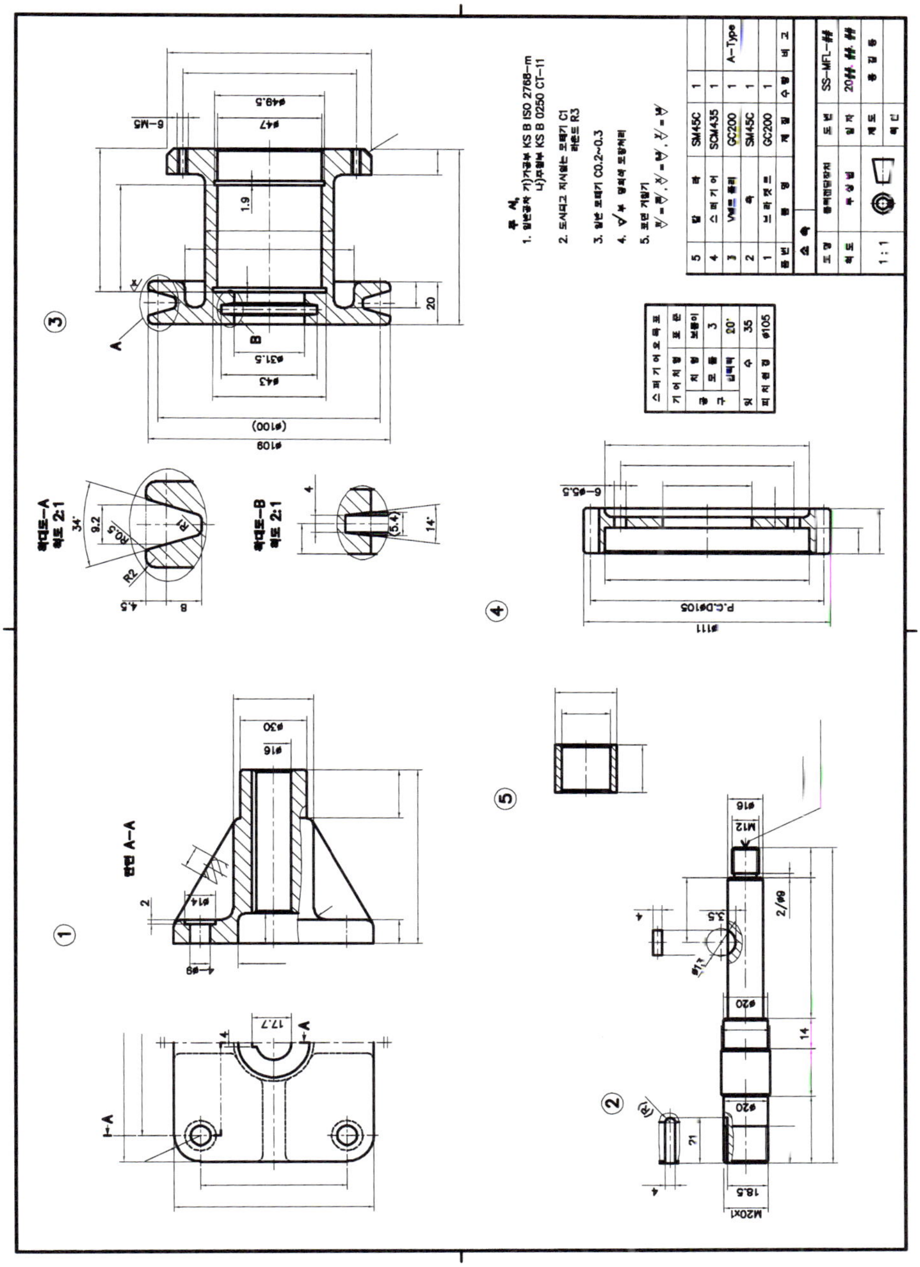

09 분해도

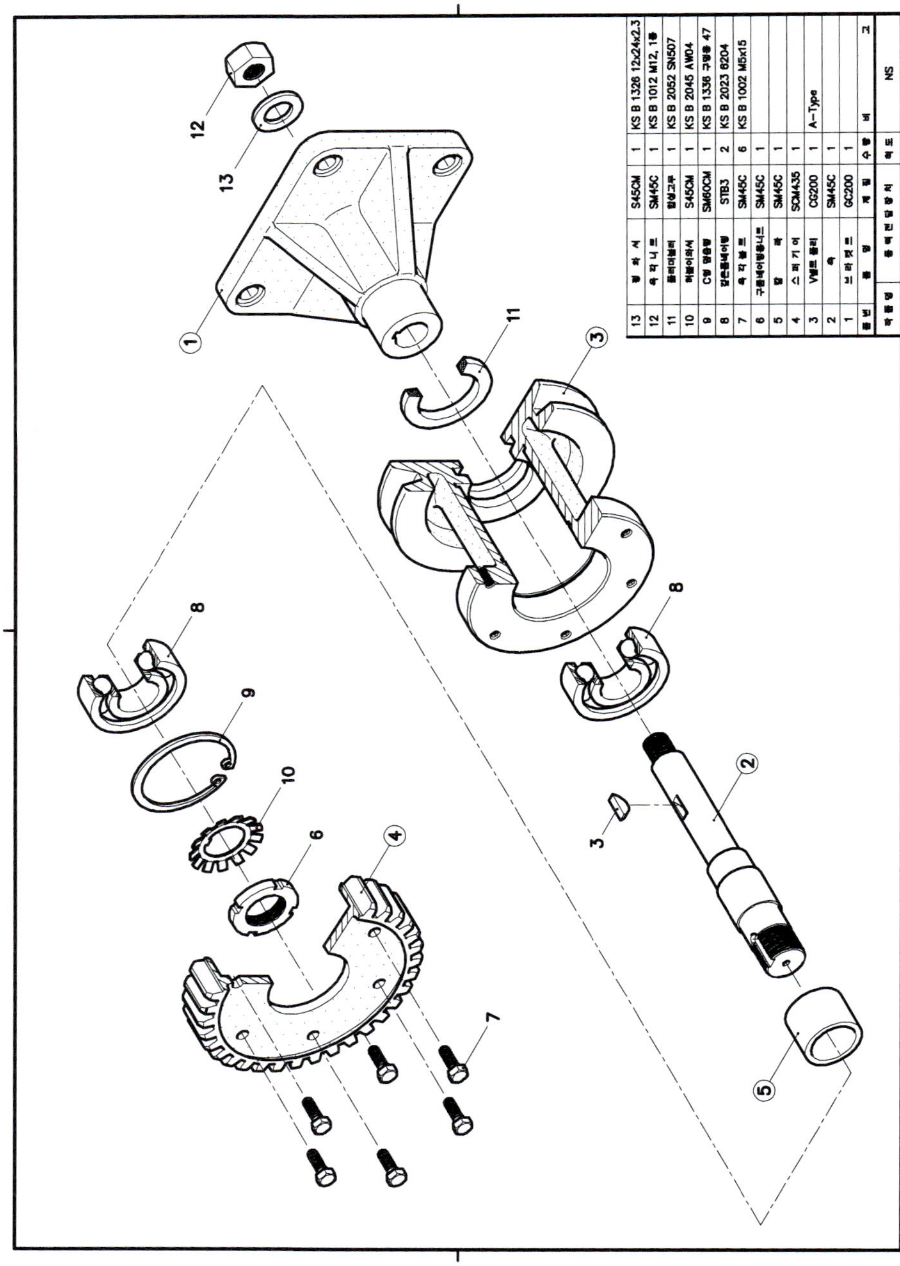

품번	품명	재질	수량	비고
13	평와셔	S45CM	1	KS B 1326 12x24x2.3
12	육각너트	SM45C	1	KS B 1012 M12, 1종
11	플러머블럭	합성고무	1	KS B 2052 SN507
10	혀붙이와셔	S45CM	1	KS B 2045 AW04
9	C형 멈춤링	SM60CM	1	KS B 1336 구멍용 47
8	깊은홈볼베어링	STB3	2	KS B 2023 6204
7	육각볼트	SM45C	6	KS B 1002 M5x15
6	구름베어링용너트	SM45C	1	
5	칼라	SM45C	1	
4	스퍼기어	SCM435	1	
3	V벨트 풀리	CG200	1	A-Type
2	축	SM45C	1	
1	브라켓트	GC200	1	
작품명	동력전달장치		척도	NS

12

실습 목표

1. 기계요소 도표편람을 참조하여 치수 기입을 할 수 있다.
2. 기계요소 도표편람을 참조하여 공차 기입을 할 수 있다.
3. 치수공차, 끼워맞춤, 다듬질공차, 기하공차를 기입할 수 있다.

12장 실습 내용

1. 치수 및 공차 기입하기 순서
2. 치수 기입하기
3. 규격을 참고하여 공차 기입하기
4. 참고 답안

평가 사항(배점)

- 실습 방법 및 태도 (점)
- 치수 기입 누락 (점)
- 치수공차 (점)
- 다듬질공차 (점)
- 기하공차 (점)
- 시간 준수 (점)
- 소요시간 : 2~3hr

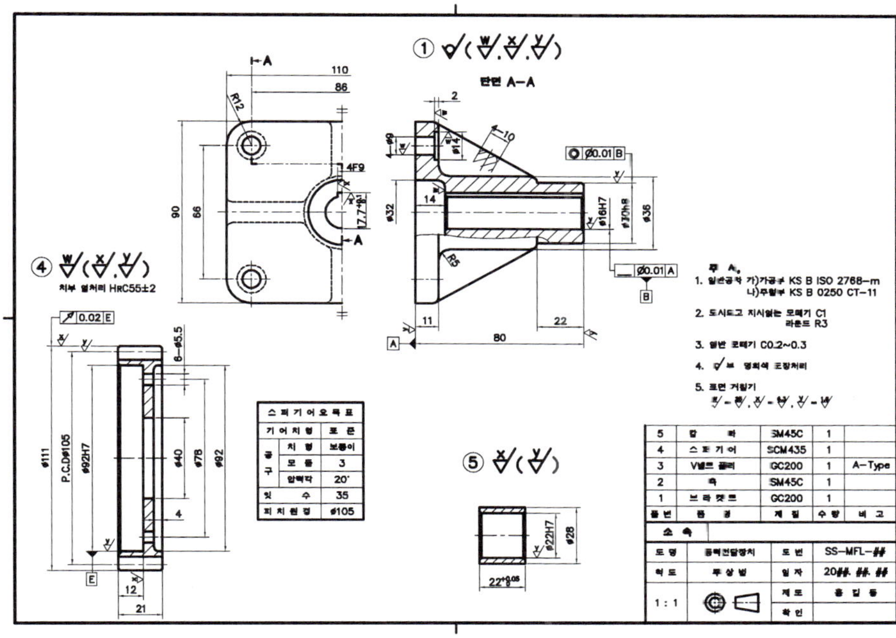

CHAPTER 12 외륜 회전 전동장치-2

01 치수 및 공차 기입하기 순서

11장에 작성한 외륜 회전 전동장치의 투상도 그리기 도면을 열기 한 후 치수기입 한다. 그리고 규격을 참고하여 공차를 기입하고 검도를 한 후 마무리한다.

01 투상도 그린 것을 열기

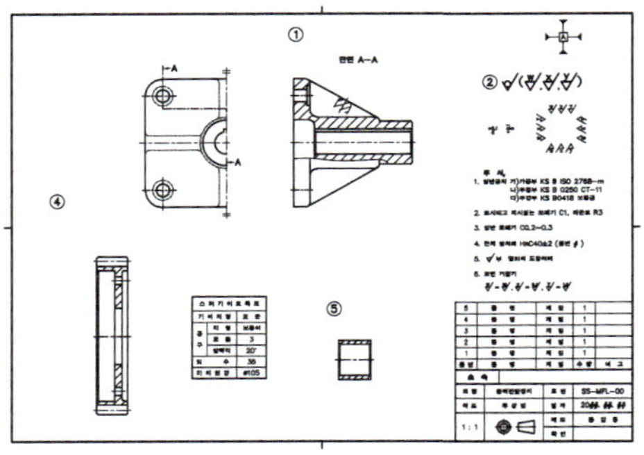

01 투상도 그린 것을 열기

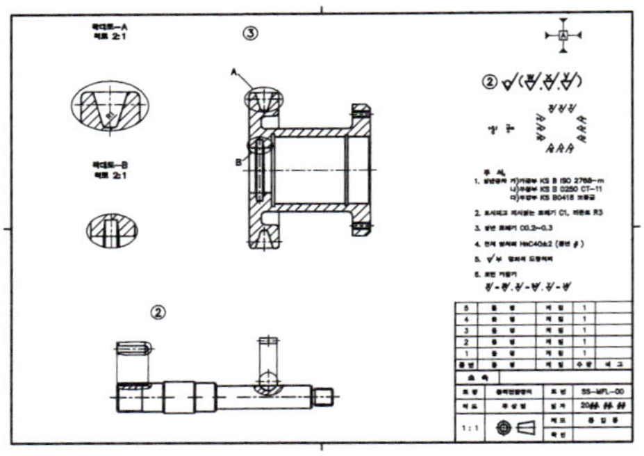

02 치수 기입하기

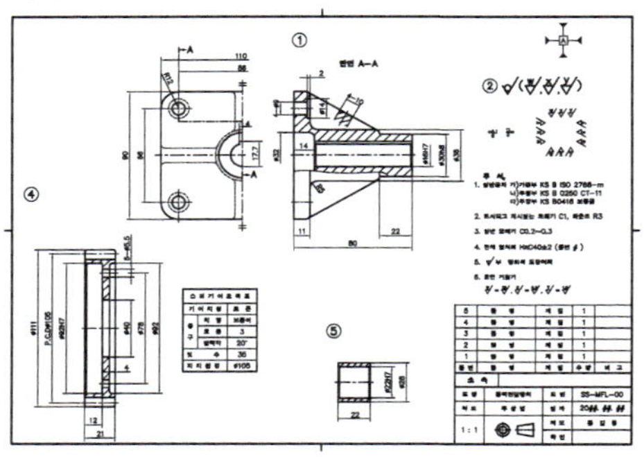

02 치수 기입하기

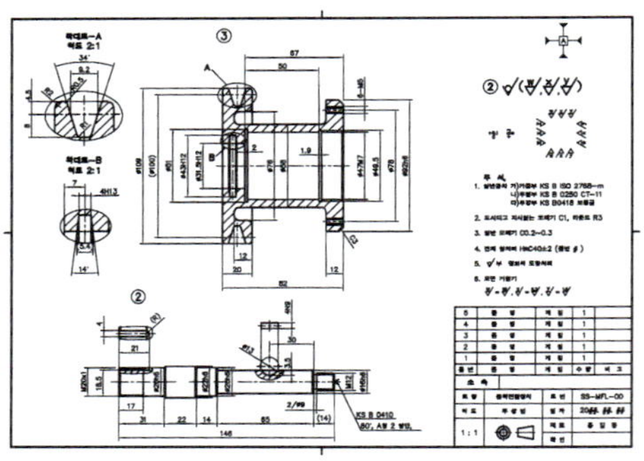

03 공차 기입 후 검도하기

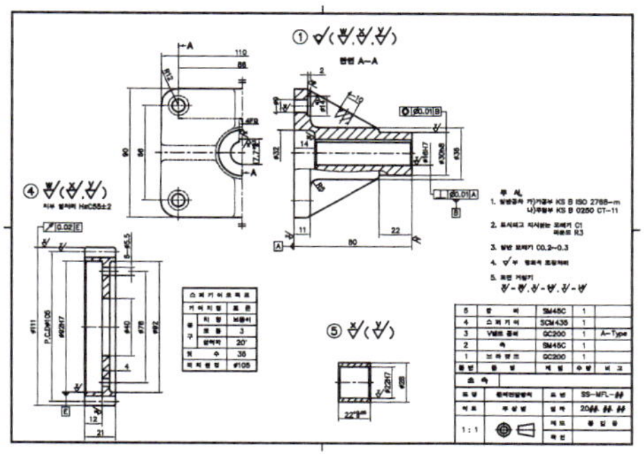

03 공차 기입 후 검도하기

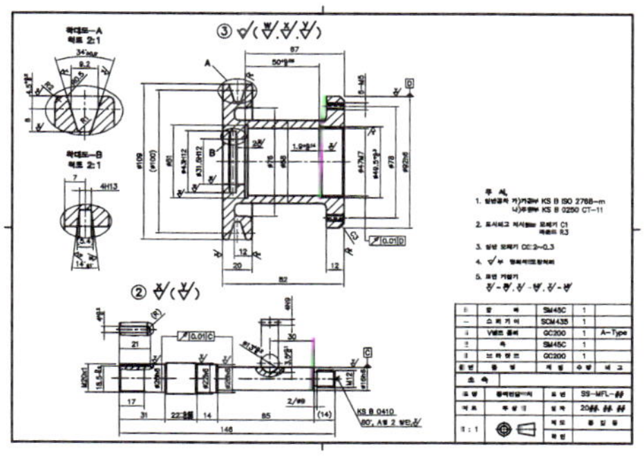

02 치수 기입하기

11장에 작성한 외륜 회전 전동장치 투상도 그린 것을 열고 아래와 같이 치수기입을 한다. 치수 기입할 때 끼워 맞춤 공차도 함께 기입한다.

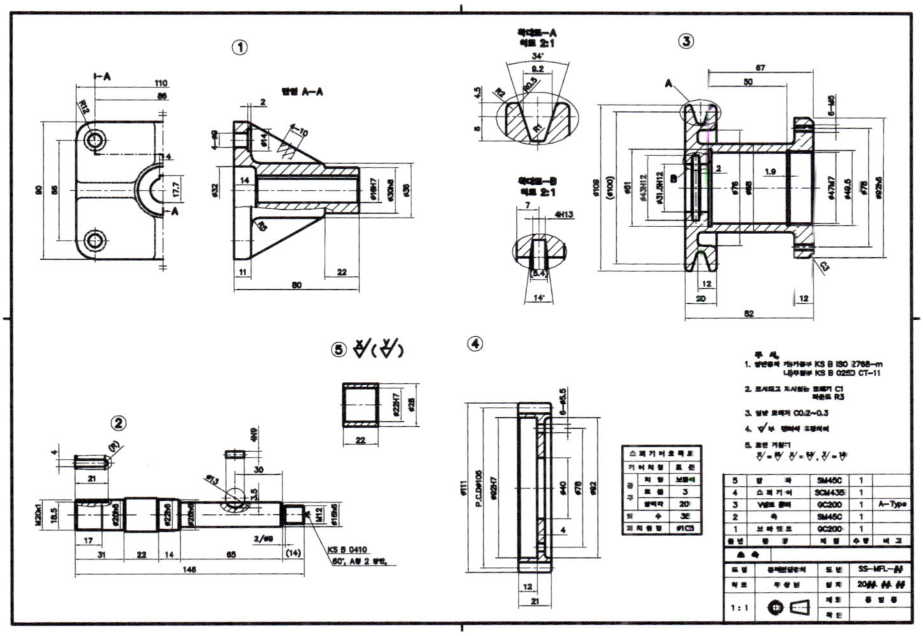

03 규격을 참고하여 공차 기입하기-1

1 끼워맞춤공차와 반달키 홈의 치수 및 공차 기입하기

①

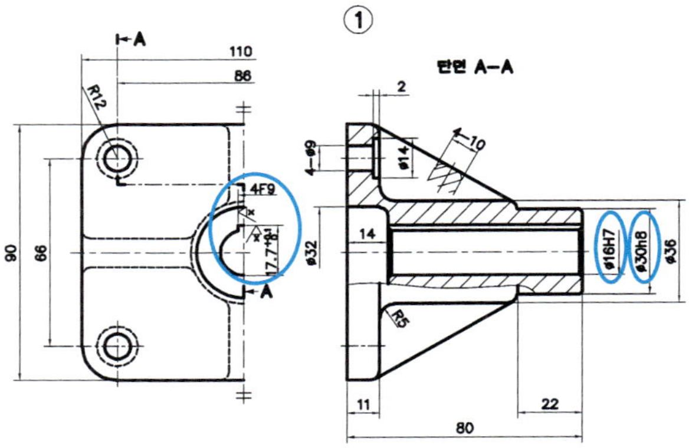

(1) 정면도에서 타원으로 지시한 부분 중에 ϕ30은 플러머블록의 호칭치수이고 플러머블록에 패킹이 끼워져 오일실 역할을 하므로 오일실 공차를 참고하여 ϕ30h8의 끼워맞춤 공차를 기입해야 한다.

(2) ϕ16은 반달키가 끼워진 축이 끼워질 치수로 ϕ16H7의 끼워맞춤 공차를 기입한다. 또한 반달키 규격을 참조하여 좌측면도 키 홈부의 치수 및 치수공차를 기입해야 한다. 반달키 홈의 너비 공차(b_2)는 JS9이 아니고 F9이고 다듬질 공차는 x가공이다.

아래는 반달키의 규격을 나타내는 것으로 ϕ16의 호칭경에서 반달키 4×13을 선정하면 적당하다.

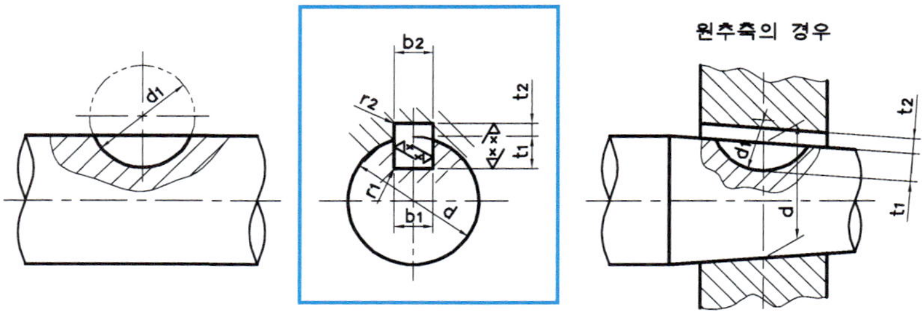

반달키 홈

적용하는 축경 d	키이의 호칭치수 $b \times d_0$	키이홈의 치수									
		b_1		b_2		t_1	t_2		r_1 및 r_2	c_1	
		기준치수	허용차 N9	기준치수	허용차 F9	기준치수	기준치수	t_1, t_2의 허용차	기준치수	기준치수	허용차
7~12	2.5×10	2.5	−0.004 −0.029	2.5	+0.031 +0.006	2.5	1.4	+0.1 0	0.08 ~0.16	10	+0.2 0
8~14	3×10	3		3		2.5	1.4			10	
9~16	3×13	3		3		3.8	1.4			13	
11~18	3×16	3		3		5.3	1.4			16	
11~18	4×13	4	0 −0.030	4	+0.040 +0.010	3.5	1.7			13	
12~20	4×16	4		4		5	1.7			16	
14~22	4×19	4		4		6	1.7			19	+0.3 0
14~22	5×16	5		5		4.5	2.2			16	+0.2 0
15~24	5×19	5		5		5.5	2.2			19	+0.3 0
17~26	5×22	5		5		7	2.2			22	

② 자리파기 치수 및 다듬질 공차 기입하기

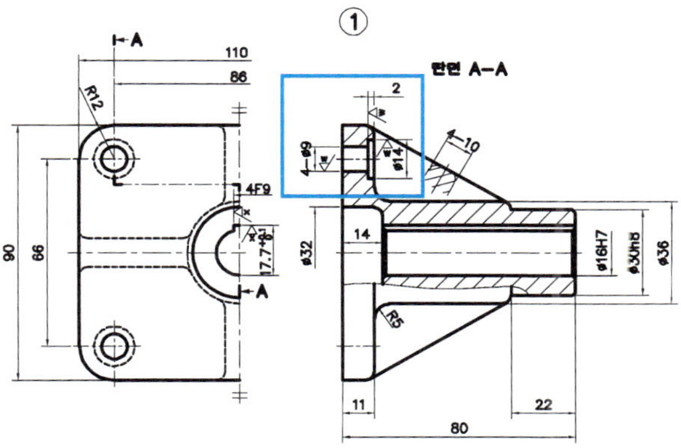

정면도에서 사각형으로 지시한 부분은 자리파기로 육각 홈붙이 볼트의 치수를 참조하여 치수를 선정하여 기입하고 다듬질 공차는 w가공으로 기입하면 된다.

도면에는 M8의 육각 홈붙이 볼트가 체결될 자리파기 드릴 구멍은 ϕ9이고 육각 홈붙이 볼트의 머리부 외경이 ϕ13이므로 카운터 보오링 치수로 ϕ14이고 깊이는 그림에서 측정한 값으로 치수 기입을 하면 된다.

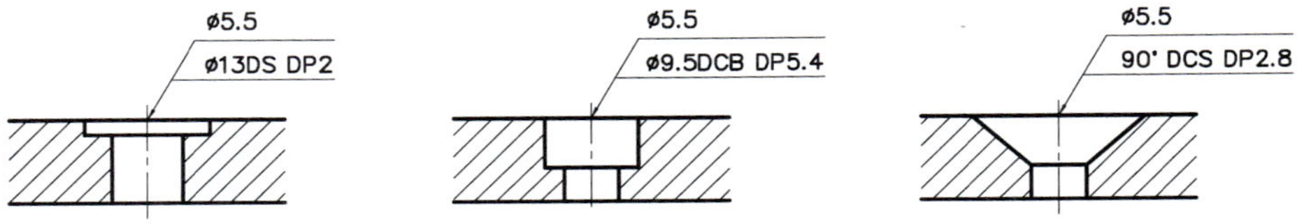

볼트 구멍 자리파기

호칭			스폿페이싱(DS)		카운터보오링(DCB)		카운터싱킹(DCS)	
볼트 탭	드릴 d		D	DP	D	DP	DP	각도
M 3	3.4	3.6	9	0.2	6	3.3	1.75	
4	4.5	4.8	11	0.3	8	4.4	2.3	
5	5.5	5.8	13	0.3	9.5	5.4	2.8	$90°{}^{+2°}_{0}$
6	6.6	7	15	0.5	11	6.5	3.4	
8	9	10	20	0.5	14	8.6	4.4	

③ 다듬질공차 기입하기

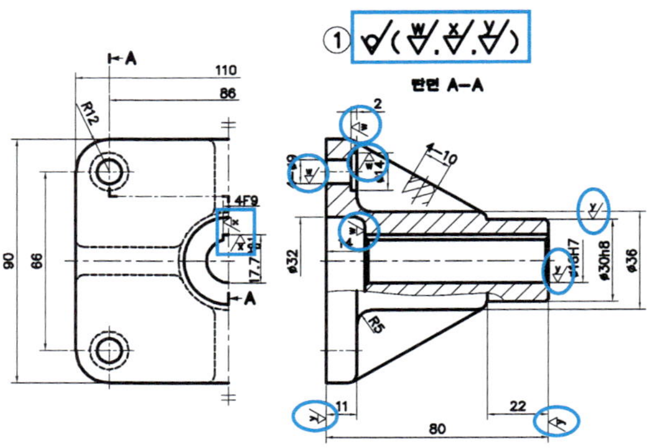

(1) 거친 면

정면도에서 진원으로 지시한 부분은 볼트의 자리파기와 중간정도에 14 치수 부근에는 거친 절삭 가공으로 도면에서와 같이 w 가공을 지시 한다.

(2) 보통 면

좌측면도에서 사각형으로 지시한 부분은 키 홈부로 도면에서와 같이 x 가공을 지시 한다.

(3) 정밀 면

정면도에서 타원으로 지시한 부분으로 기준면, 베어링의 접촉면, 축과 패킹의 끼워 맞춤이 있는 곳은 도면에서와 같이 y 가공을 지시 한다.

그리고 도면 상단에 사각형으로 지시한 것과 같이 전체 가공은 주물기호로 하고 부분 가공은 w,x,y 가공으로 나타낸다.

4 기하공차 기입하기

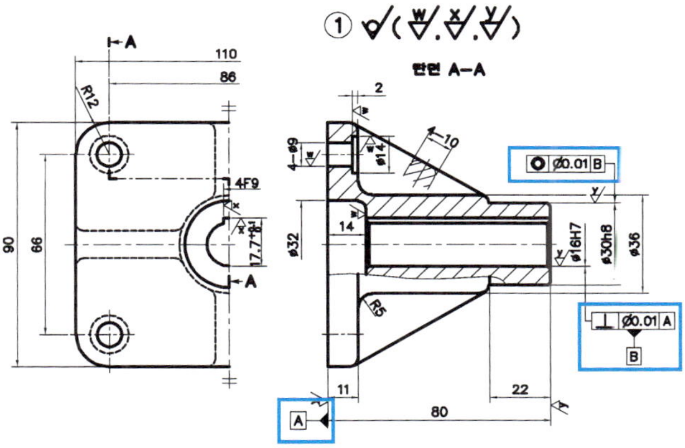

브래킷의 가공상 가장 중요한 부분은 축과 패킹이 끼워지는 면으로 이곳을 기하공차의 지시 대상으로 하고 판의 좌측면은 테이블이나 구조물에 밀착하는 곳으로 데이텀(기준면)으로 지시하면 적당하다.

좌측에 사각형으로 지시한 부분은 데이텀(기준면)으로 축이 끼워지는 곳을 직각도로 일정한 범위 내에서 규제한다. 또한 그 면을 데이텀으로 패킹이 끼워지는 곳을 동심도로 일정한 범위 내에서 규제한다.

04 규격을 참고하여 공차 기입하기-2

1 릴리이프 홈의 치수와 끼워맞춤공차 기입하기

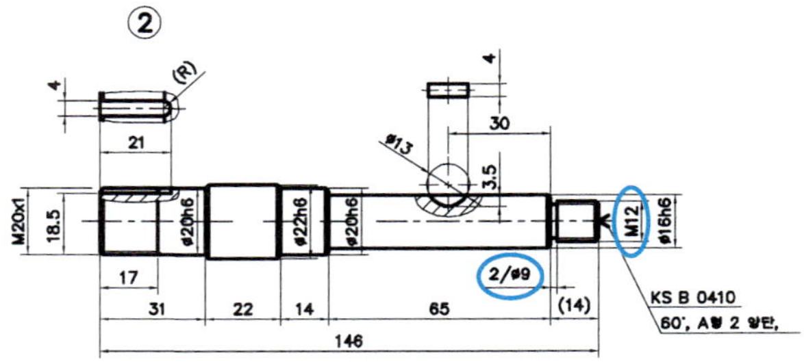

릴리이프 홈은 M12 치수를 기준 치수로 릴리이프 홈 규격을 참조하여 홈파기를 한다.

M12인 경우는 아래 규격에서 참조하면 홈부의 치수가 폭 2나 3이고 지름은 ϕ8.5나 ϕ9.5 이기 때문에 2/ϕ9 정도로 하면 적당하다.

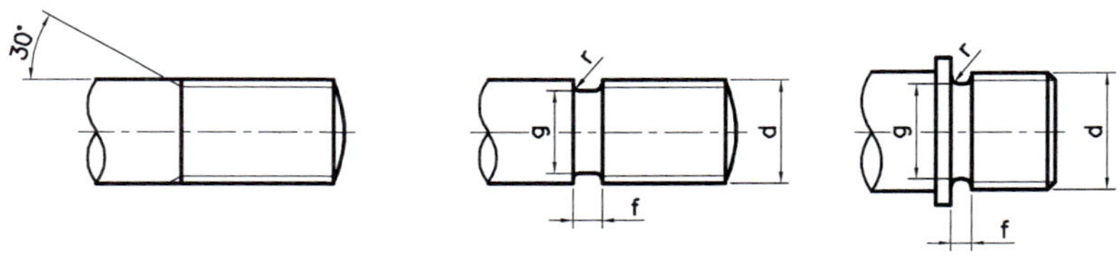

숫나사의 릴리이프 홈 (단위 : mm)

수나사의 외경 d	릴리이프 홈			수나사의 외경 d	릴리이프 홈		
	f	g	r		f	g	r
5	1.2	3.7	0.6	14	3	11	1
6	1.6	4.5	0.8	15	3	12	1
7	1.6	5.5	0.8	16	3	13	1
8	1.6	6	0.8	17	3	13.5	1
9	1.6	7	0.8	18	4	14	1.25
10	2	7.5	1	19	4	15	1.25
12	2	8.5	1	20	4	16	1.25
12	3	9.5	1	21	4	17	1.25
13	3	10.5	1	22	4	18	1.25
				23	4	18.5	1.25

② 베어링, 칼라, 브래킷의 끼워맞춤공차와 치수공차 기입하기

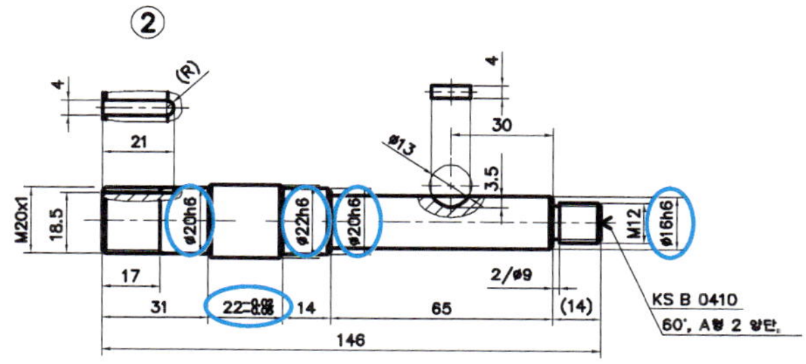

이 축은 회전 운동이 없는 고정축이기 때문에 베어링 내륜의 끼워맞춤을 정밀 헐거움 끼워맞춤으로 한다. 또한 칼라, 브래킷 끼워맞춤 역시 구멍 기준식 정밀한 헐거움 끼워 맞춤으로 구성한다.

도면에서 타원으로 지시한 ϕ20, ϕ22, ϕ16 각 각에 ϕ20h6, ϕ22h6, ϕ16h6로 끼워 맞춤 공차를 기입하면 된다.

칼라는 간격을 유지할 수 있어야 하므로 칼라와 맞추어지는 폭의 치수에 $22^{-0.02}_{-0.05}$ 공차를 기입한다.

③ 반달키 홈의 치수와 공차 기입하기

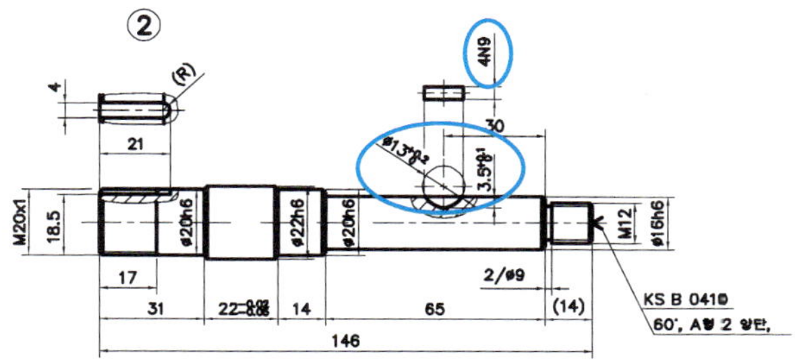

타원으로 지시된 부분은 축의 반달키 홈으로 축경의 치수와 도면에서 반원의 지름 치수로 반달키를 규격에서 선정한다.

(1) 축경이 ϕ16과 반원의 지름 13을 기준으로 아래 반달키의 규격에서 참조하여 4×13의 키를 선정한다.

(2) 키 홈의 치수와 치수공차를 참조하여 도면에서와 같이 기입한다. 다듬질공차도 도면에서와 같이 x 가공으로 하면 된다.

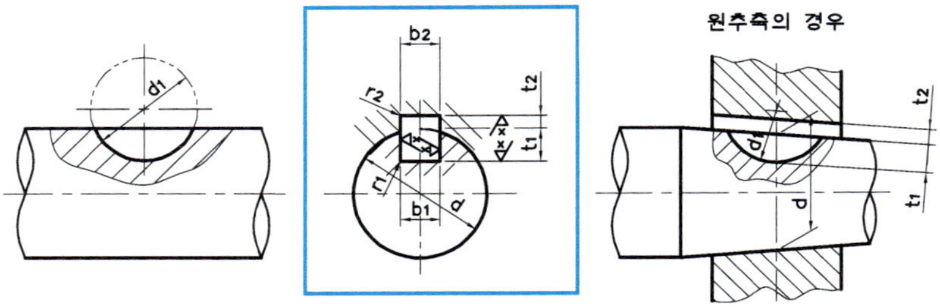

반달키 홈

적용하는 축경 d	키이의 호칭 치수 b×d_0	키이홈의 치수									
		b_1		b_2		t_1	t_2		r_1 및 r_2	d_1	
		기준 치수	허용차 N9	기준 치수	허용차 F9	기준 치수	기준 치수	t_1, t_2의 허용차	기준 치수	기준 치수	허용차
7~12	2.5×10	2.5	−0.004 −0.029	2.5	+0.031 +0.006	2.5	1.4	+0.1 0	0.08 ~0.16	10	+0.2 0
8~14	3×10	3		3		2.5	1.4			10	
9~16	3×13	3		3		3.8	1.4			13	
11~18	3×16	3		3		5.3	1.4			16	
11~18	4×13	4	0 −0.030	4	+0.040 +0.010	3.5	1.7			13	
12~20	4×16	4		4		5	1.7			16	
14~22	4×19	4		4		6	1.7			19	+0.3 0
14~22	5×16	5		5		4.5	2.2			16	+0.2 0
15~24	5×19	5		5		5.5	2.2			19	+0.3 0
17~26	5×22	5		5		7	2.2			22	

④ 베어링 어뎁터 홈부의 치수와 공차 기입하기

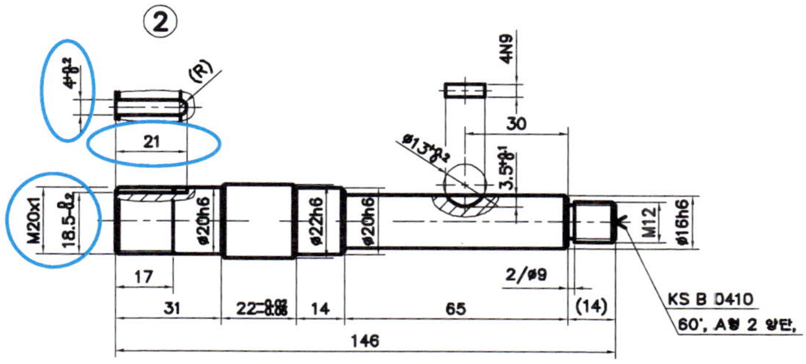

타원으로 지시된 부분은 베어링 어뎁터의 홈부로 베어링의 세, 네번째 번호를 호칭으로 베어링용 와셔(AW04)와 너트(AN04)의 규격을 참조하여 치수기입을 한다.

(1) 베어링용 와셔가 축의 슬롯 홈에 가볍게 끼워지기 위하여 $4^{+0.2}_{0}$를 $\phi18.5^{0}_{-0.2}$를 기입해야 한다. 와셔의 구부린 형식을 결합하기 위해서는 17(나사부길이)+2(E/2)+1.5(돌출부)=20.5 보다 크게 치수 기입을 해야 한다.

(2) 베어링용 너트는 보통나사의 피치와 다르기 때문에 M20×1과 같이 기입한다.

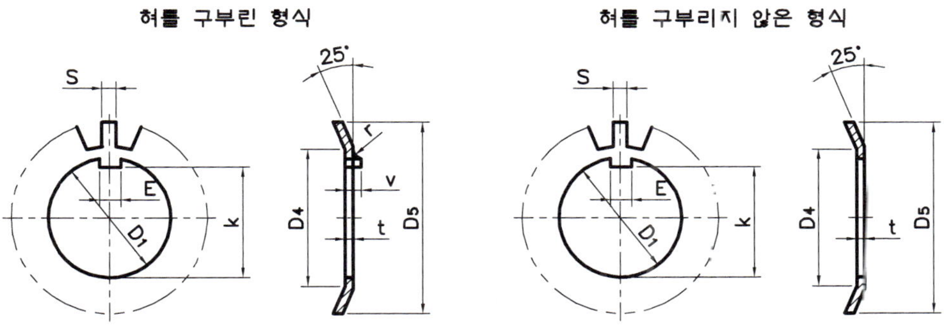

롤링 베어링 어뎁터용 와셔(AW)

	호칭번호		기준치수									치수	참고	
	혀를 구부린 형식	혀를 구부리지 않은 형식	D1	k	E	t	s	D4	D5	혀를 구부린 형식 r	혀를 구부린 형식 v		어댑터 슬리이브 내경번호	축경 (축용)
와셔 계열 AW (같은 번호의 AN은 너트용)	AW 02	AW 02	15	13.5	4	1	4	21	28	1	2.5	13	–	15
	AW 03	AW 03	17	15.5	4	1	4	24	32	1	2.5	13	–	17
	AW 04	AW 04	20	18.5	4	1	4	26	36	1	2.5	13	04	20
	AW 05	AW 05	25	23	5	1.2	5	32	42	1	2.5	13	05	25
	AW 06	AW 06	30	27.5	5	1.2	5	38	49	1	2.5	13	06	30
	AW 07	AW 07	35	32.5	6	1.2	5	44	57	1	2.5	15	07	35

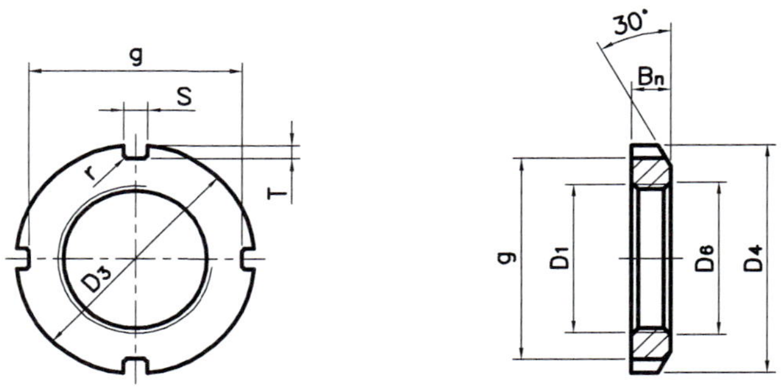

롤링 베어링 어뎁터용 너트(AN)

너트계열 AN(어댑터, 떼어내기 슬리이브 및 축용)										참고	
호칭 번호	나사의 호칭 D_1	기준치수 D3	D4	g	S	T	D6	Bn	r(최대)	어댑터 슬리이브 내경번호	축경 (축용)
AN 02	M 15×1	25	21	21	4	2	15.5	5	0.4	–	15
AN 03	M 17×1	28	24	24	4	2	17.5	5	0.4	–	17
AN 04	M 20×1	32	26	28	4	2	20.5	6	0.4	04	20
AN 05	M 25×1.5	38	32	34	5	2	25.8	7	0.4	05	25
AN 06	M 30×1.5	45	38	41	5	2	30.8	7	0.4	06	30
AN 07	M 35×1.5	52	44	48	5	2	35.8	8	0.4	07	35

⑤ 다듬질공차 기입하기

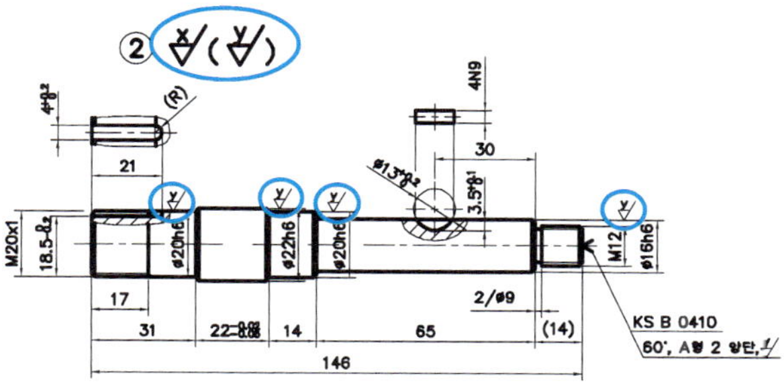

축은 정밀 가공을 해야 하는 부품으로 전체적으로 x가공을 하고 정밀한 부분만 y 가공을 지시하면 된다.

도면에서 타원으로 지시한 부분은 좌측부터 베어링, 칼라, 베어링, 브래킷이 끼워지는 부분으로 정밀 다듬질 y 가공을 기입한다.

⑥ 기하공차 기입하기

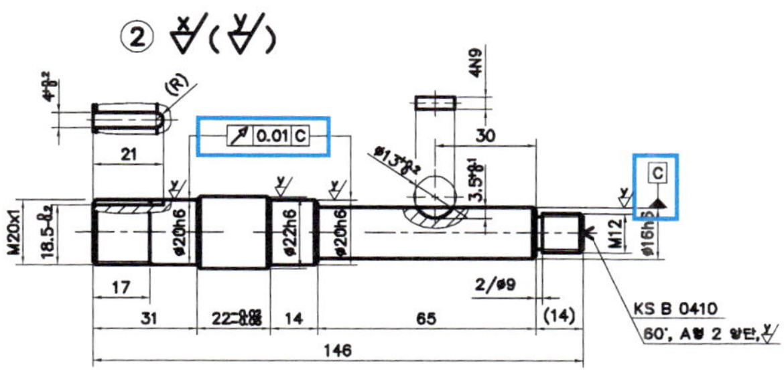

브래킷이 끼워지는 면을 데이텀으로 베어링과 칼라 조립부에 원주 흔들림도나 동심도를 일정 범위내에서 제한해야 한다.

05 규격을 참고하여 공차 기입하기-3

❶ 외륜 베어링과 스퍼기어의 끼워맞춤공차 기입하기

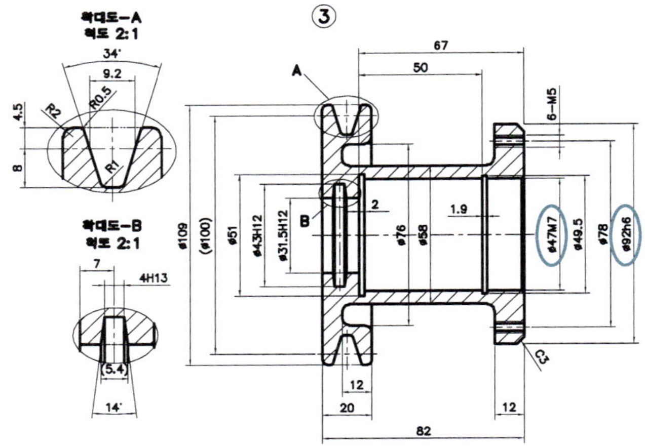

(1) 풀리가 회전운동 할 때 베어링의 외륜이 구름운동을 하기 위해서는 베어링 장착부에 중간 끼워맞춤으로 구성해야 한다. 그러므로 도면에 베어링 끼워맞춤공차를 참조하여 ϕ47M7 이라고 치수기입을 해야 한다.

(2) 스퍼기어를 풀리의 꼬리부에 끼워 볼트로 고정하기 위하여 헐거움 끼워맞춤이므로 ϕ92h6로 치수기입을 한다.

❷ 스냅링 홈부의 치수 및 공차 기입하기

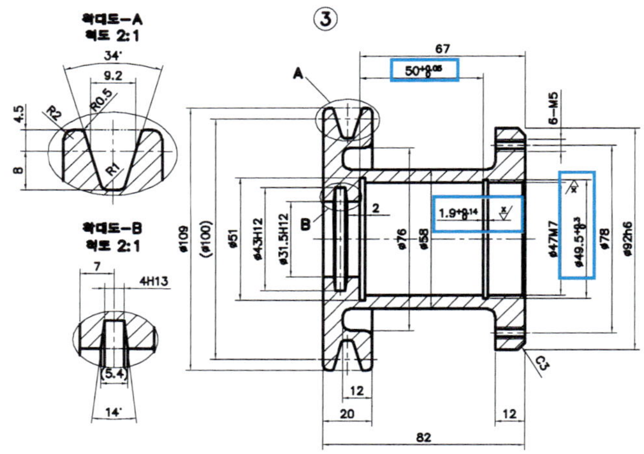

사각형으로 지시된 부분은 구멍용 스냅링의 홈부로 베어링의 외경 치수 $\phi 47$를 호칭 치수로 아래의 스냅링 규격에서 참조하여 치수기입 및 공차를 기입하고 다듬질 공차는 x 가공을 지시하면 된다.

또한 스냅링이 끼워지기 위해서 베어링의 폭 두 개와 칼라의 폭 치수와의 합(14×2+22=50) 50과 일치해야 하고 보통공차로 +공차 즉, $50^{+0.05}_{0}$ 과 같이 기입하면 된다.

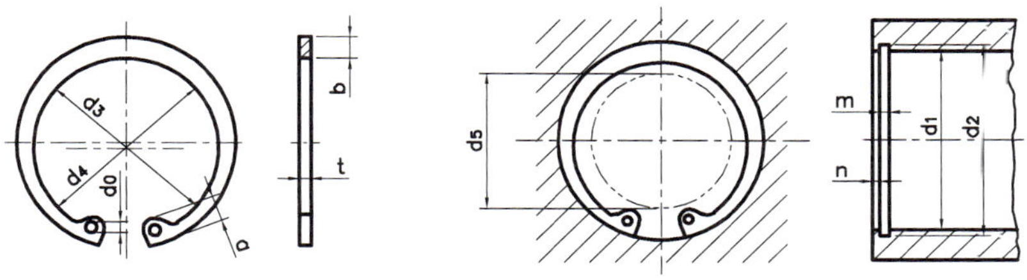

멈춤링(구멍용)

호칭경	멈춤링							참고	적응하는 구멍					
	d_3		t		b	a	d_0	d_5	d_1	d_2		m		참고 n
	기본 치수	치수 허용차	기본 치수	치수 허용차	약	약	최소			기본 치수	치수 허용차	기본 치수	치수 허용차	최소
40	43.5	±0.4	1.75	±0.06	4	5.7	2.5	28	40	42.5	+0.25 0	1.9	+0.14 0	2
42	45.5				4	5.8		30	42	44.5				
45	48.5				4.5	5.9		33	45	47.5				
47	50.5	±0.45			4.5	6.1		34	47	49.5	+0.3 0			
(48)	51.5				4.5	6.2		35	48	50.5				
50	54.2		2		4.5	6.5		37	50	53		2.2		
52	56.2				5.1	6.5		39	52	55				
55	59.2				5.1	6.5		41	55	58				
56	60.2				5.1	6.6		42	56	59				
(58)	62.2				5.1	6.8		44	58	61				
(60)	64.2				5.5	6.8		46	60	63				
62	66.2				5.5	6.9		48	62	65				
63	67.2				5.5	6.9		49	63	66				

③ 플러머블록의 치수와 공차 기입하기

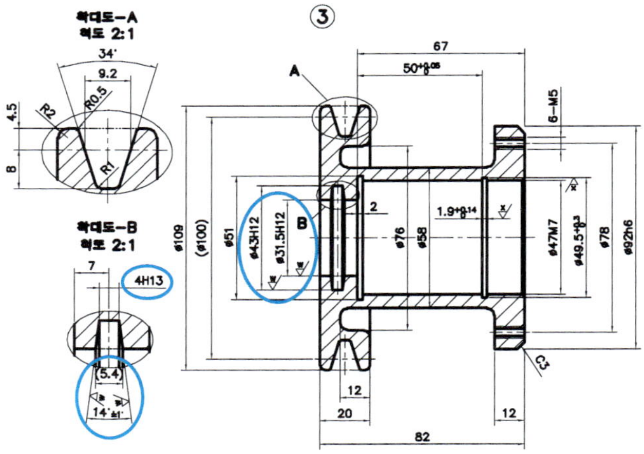

플러머블록은 패킹의 내경을 호칭으로 하여 플러머블록의 규격을 참조하여 치수 및 공차를 기입한다.

도면에서 타원으로 지시한 부분은 ϕ30 을 호칭경으로 아래 규격을 참조하여 치수 및 공차를 기입한 것이다.

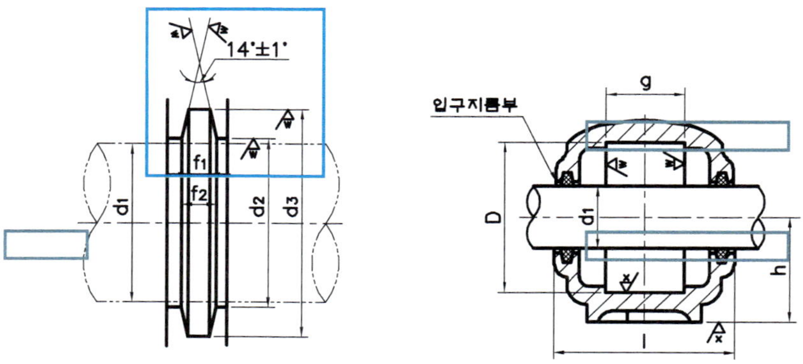

롤링 베어링용 플러머블록(휄트링)

호칭 번호 SN	축지름 (참고) d_1	D	a	b	c	g	h	l	w	m	u	v	d_3	d_3	f_1	참 고		
		H8				H13	H13						H12	H12	H13	f_2 (약)	고정 볼트의 호칭 S	중량 (kg)
504	17	47	150	45	19	24	35	66	70	115	12	20	18.5	28	3	4.2	M10	0.88
505	20	52	165	46	22	25	40	67	75	130	15	20	21.5	31	2	4.2	M12	1.1
506	25	62	185	52	22	30	50	77	90	150	15	20	26.5	38	4	5.4	M12	1.6
507	30	72	185	52	22	33	50	82	95	150	15	20	31.5	43	4	5.4	M12	1.9
508	35	80	205	60	25	33	60	85	110	170	15	20	36.5	48	4	5.4	M12	2.6

4 V 홈부의 규격 치수와 공차 기입하기

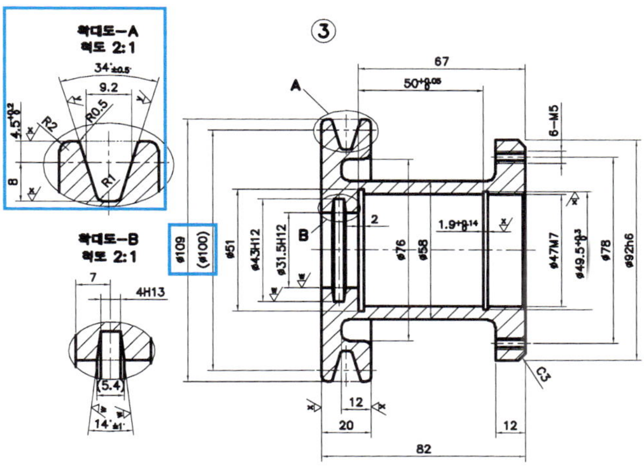

사각형으로 지시된 부분은 V벨트가 걸쳐질 홈 부로 V벨트는 풀리의 크기로 그 호칭을 선정한다.

(1) 호칭경 ϕ100으로 A-type의 벨트를 선정하고 홈 각 34°, l_0, k, k_0, f 치수를 참조한다. 또한 규격에 나타나 있는 r_1, r_2, r_3는 큰 값을 사용하는 것이 좋다.

(2) 홈 부의 치수허용차에서 공차를 참조하고 그림에서 다듬질공차를 참조하여 기입한다.

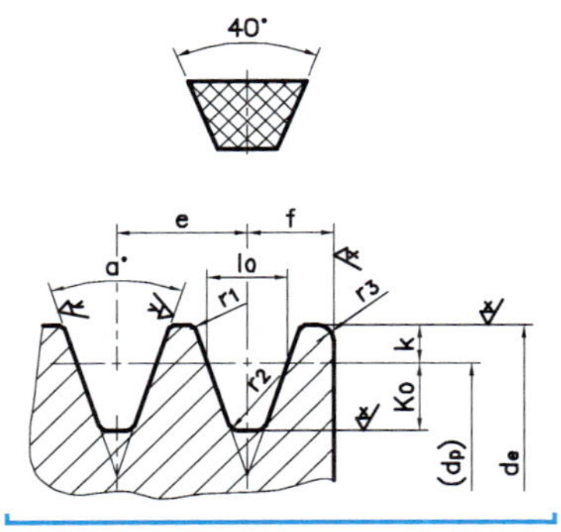

V벨트 및 풀리

형별	α의 허용차	k의 허용차	e의 허용차	f의 허용차
M	± 0.5°	+0.2 0	−	+2 −1
A			± 0.4	
B				
C		+0.3 0	± 0.5	
D		+0.4 0		+3 −1
E		+0.5 0		+4 −1

(주) k의 허용차는 외경 d_e를 기준으로 홈폭의 l_0가 되도록 한다.(d_p 참고치수로 나타낸다.)

호칭경	외경 de의 허용차
75 이상 118 이하	± 0.6
125 이상 300 이하	± 0.8

형별	호칭경	α°	l_0	k	k_0	e	f	r_1	r_2	r_3	(참고) V벨트의 두께
M	50 이상 71 이하 71 이상 90 이하 90 이상인 것	34 36 38	8.0	2.7	6.3	−	9.5	0.2 ~0.5	0.5 ~1.0	1 ~2	5.5
A	71 이상 100 이하 100 이상 125 이하 125 이상인 것	34 36 38	9.2	4.5	8.0	15.0	10.0	0.2 ~0.5	0.5 ~1.0	1 ~2	9

5 다듬질공차 기입하기

풀리는 주물로 제작해서 플러머블록과 베어링 구석홈부를 거친 가공으로 스냅링홈부를 보통 가공으로, 베어링 장착부 및 V벨트 걸치는 홈 부의 경사면을 정밀 가공을 한다.

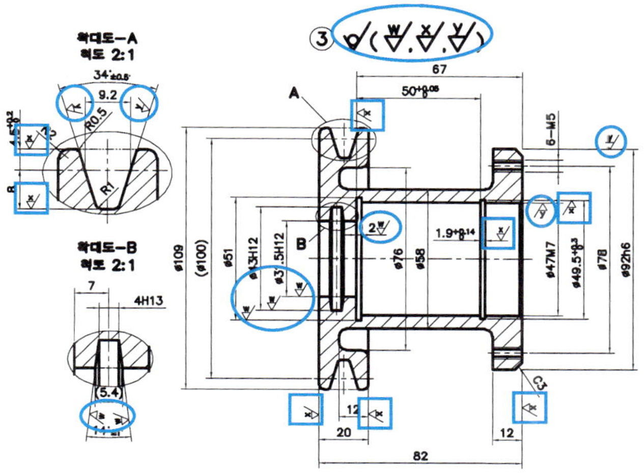

(1) 도면에서 타원으로 지시한 부분은 플러머블록, 베어링 구석홈으로 거친 가공 w 가공을 지시한다.

(2) 도면에서 사각형으로 지시한 부분은 V홈부의 외면과 이뿌리면, 풀리의 양 끝면, 베어링 접촉면, 스냅링 홈, 스퍼기어의 접촉 등은 보통 가공 x 가공을 지시한다.

(3) 도면에서 진원으로 지시한 부분은 베어링 장착부, 스퍼기어 끼워지는 면, V홈의 경사면 등으로 정밀가공 y 가공을 지시한다.

(4) 전체 가공 기호를 주물 기호로 하고 부분 가공 기호를 w, x, y 가공으로 나타낸다.

6 기하공차 기입하기

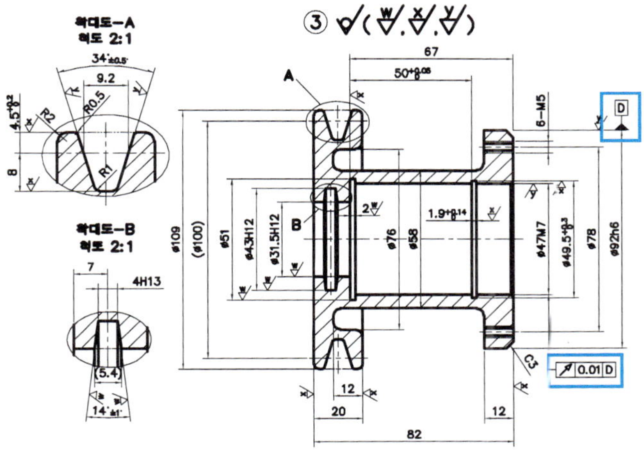

풀리와 기어가 만나는 면을 데이텀으로 하고 베어링 장착부에 원주 흔들림도를 일정 범위 내에서 제한해야 한다. 도면에서 데이텀은 스퍼기어에 끼워지는 면 ϕ92h6에 지시하고 베어링 장착부에 원주 흔들림도를 지시하면 된다.

06 규격을 참고하여 공차 기입하기-4

① 볼트 구멍의 치수와 끼워맞춤공차 기입하기

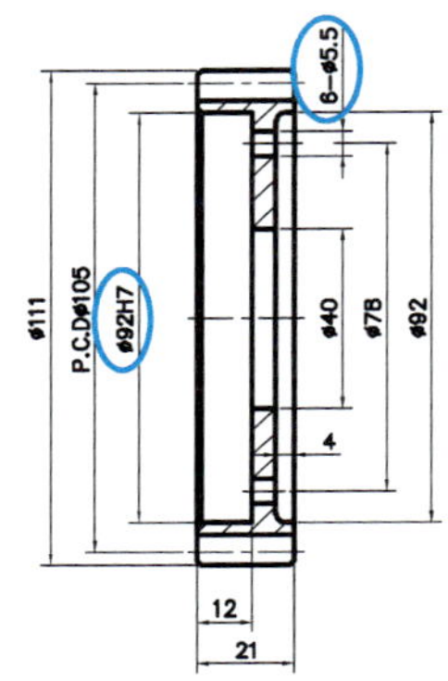

(1) 볼트 M5를 호칭치수로 드릴 구멍의 치수를 자리파기 규격에서 참고하여 ϕ5.5나 ϕ6으로 치수기입을 한다.

또한 이 볼트는 전단하중을 받는 볼트이기 때문에 4개 보다는 그 이상 6개 또는 8개가 설계상에 유리하다.

(2) 도면에서 ϕ92 부분은 풀리의 꼬리부가 끼워지는 곳으로 구멍기준식 헐거움 끼워맞춤의 ϕ92H7 끼워맞춤공차를 기입해야 한다.

② 다듬질공차 기입하기

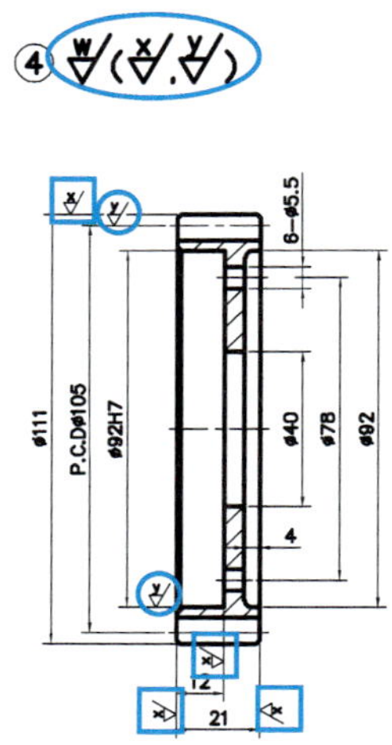

기어의 소재는 구조용 합금강으로 절삭해서 제작하고 풀리 꼬리부의 삽입부 및 치면을 정밀 가공한다.

(1) 도면에서 사각형으로 지시한 부분은 기어 이끝 면과 양 측면, 그리고 풀리의 꼬리부가 맞닿는 면으로 보통가공, x 가공을 지시한다.

(2) 도면에서 진원으로 지시한 부분은 기어의 치면과 풀리 꼬리부가 끼워지는 면으로 정밀 가공, y 가공을 지시한다.

(3) 전체 가공 기호를 거친 가공 기호 w가공으로 하고 부분 가공 기호를 x, y 가공으로 나타낸다.

③ 기하공차 기입하기

스퍼기어는 풀리가 회전운동을 할 때 같이 회전운동을 하는 부품으로 풀리가 끼워지는 면을 기준(데이텀)으로 이끝 면에 원주흔들림도를 일정 범위 내에서 제한해야 한다.

도면에서 데이텀은 풀리가 끼워지는 ϕ92H7에 지시하고 이끝면에 원주흔들림도를 지시 한다.

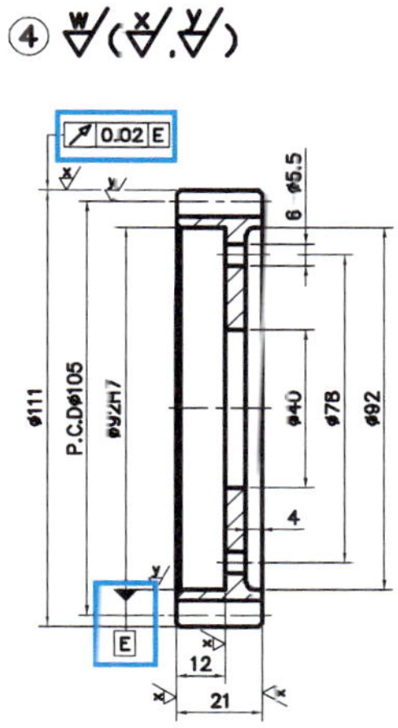

④ 이의 열처리 및 요목표

기어의 치면은 마모에 대비하여 고주파 경화처리로 치부 표면처리를 한다.

기어 소재를 SCM435을 선택했을 때 탄소량이 0.4~0.5% 이므로 고주파 경화처리하면 HRC55~60 정도가 된다.(규격 참조)

따라서 도면과 같이 품번 아래에 표시하면 된다.

또한 기어 제도는 요목표를 반드시 기입해야 한다. 도면에 기입된 사항 이외에 추가할 사항은 이의 가공법, 이의 정밀도 등이 있다.

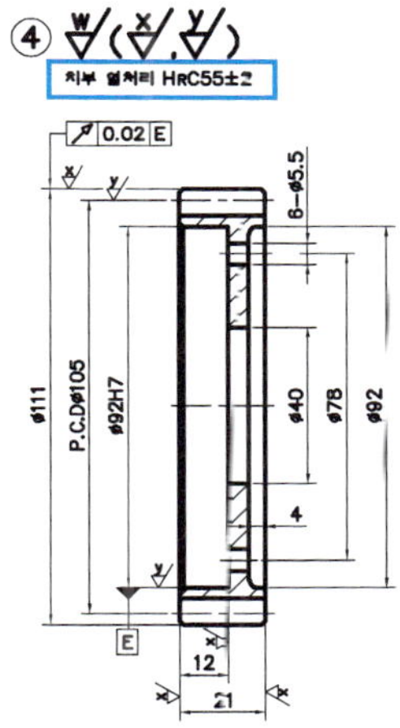

스퍼기어요목표		
기어치형		표준
공구	치형	보통이
	모듈	3
	압력각	20°
잇수		35
피치원경		ø105

07 규격을 참고하여 공차 기입하기-5

1 치수공차 및 끼워맞춤공차 기입하기

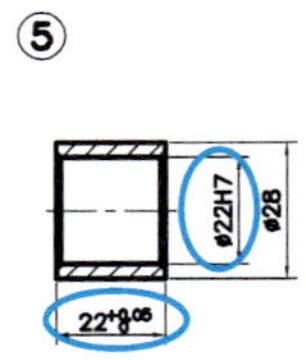

칼라는 베어링 간에 간격을 유지하기 위해 나비에 +공차를 기입하고 축에 정밀 헐거움 끼워맞춤으로 구성한다.

도면에서 타원으로 지시한 것 중 $22^{+0.05}_{\ 0}$ 은 베어링 간에 간격을 유지하기 위해 보통 공차로 기입한 것이다. 또한 φ22H7은 축이 헐겁게 끼워 맞춤을 하기 위한 공차이다.

2 다듬질공차 기입하기

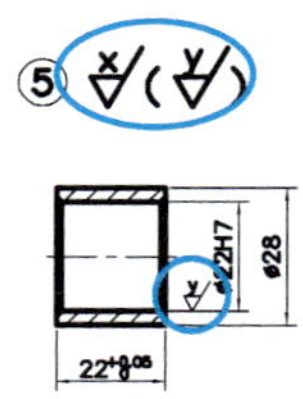

칼라는 정밀 부품으로 전체를 보통 가공면으로 지시하고 내면만 정밀 가공, y 가공으로 지시한다.

08 참고 답안

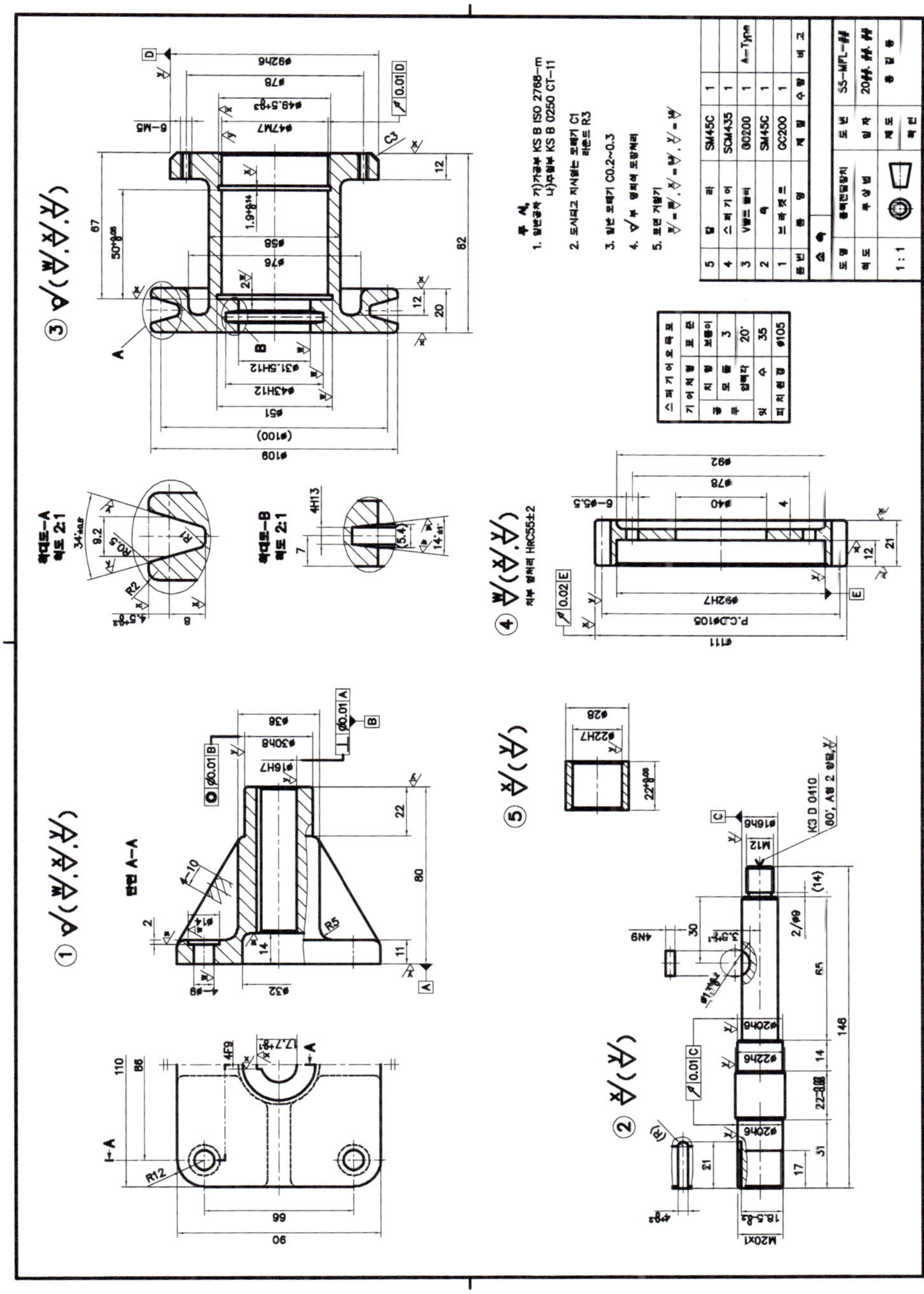

13

실습 목표

1. 3D 모델링의 활용 목적과 모델링 방법을 알 수 있다.
2. CAD system을 활용하여 모델링하는 방법을 익힐 수 있다.
3. 캐스터 모델링을 할 수 있다.

13장 실습 내용

1. 3D 모델링의 개요
2. 모델링 과제 도면(캐스터)
3. 캐스터 모델링 순서
4. 3D 환경설정
5. 캐스터 모델링하기
6. 캐스터 모델링 완성도면

평가 사항(배점)

- 실습 방법 및 태도 (점)
- 모델링 개소 (점)
- 모델링의 조립 (점)
- 모델링의 배치 (점)
- 시간 준수 (점)
- 소요시간 : 2~3hr

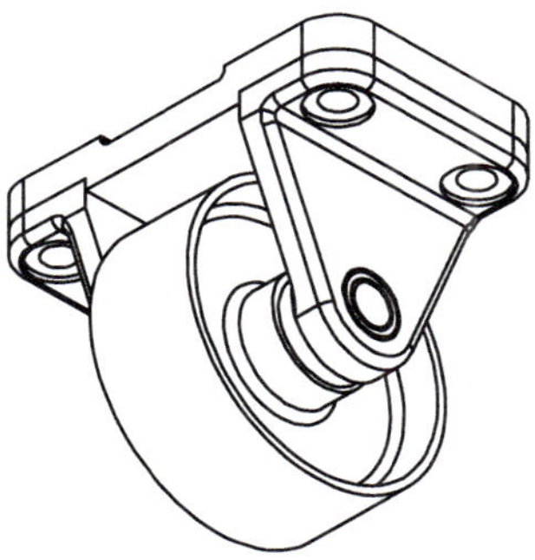

CHAPTER 13

캐스터 모델링

01 3D 모델링의 개요

① 개요 및 활용 목적

3차원 모델링(3D modeling)은 제품을 설계할 때 주변부품간의 간섭이나 조립성을 확인하는 목적으로 작업을 하는 것이다. 이러한 모델링 기법은 형상 정보를 컴퓨터의 화면에 시각적으로 나타내어 실물과 같이 보고 느낄 수 있도록 물체의 형상을 구현할 수 있는 장점이 있다.

3차원 모델링 데이터는 다음과 같이 활용되고 있다.

(1) CAE 해석(Computer Aided Engineering Analysis)

수치해석적인 모의실험(Simulation)을 이용하여 설계된 모델을 평가하고 최적화 한다.

(2) 디자인 확인 및 검토

설계된 제품에 대한 기능과 형상을 시각적으로 확인하고 2차원 도면을 생성한다.

(3) 제품 생산

CNC(Computer Numerical Control)나 RP 장비(신속조형기 : Rapid Prototyping Machine)를 통하여 제품을 생산한다.

(4) 기타

주로 이 장에는 모델링을 하여 도면화 처리 기능을 통해 분해도를 등각투상도로 완성하겠다.

❷ 형상정보를 표현하기 위한 차원(D : Dimension)

형상정보를 표현하기 위한 차원은 2D, 2½D 혹은 2.5D, 3D의 3가지로 구분할 수 있다.

(1) 2D 또는 2차원

2차원적인(평면) 자료로서, 2D 도면을 작성하는 방법으로 모델링 보다는 드로잉(Drawing)이라고 한다.

(2) $2\frac{1}{2}$D 또는 2.5차원

평면에서 입체 형상처럼 그리는 방법으로 아이소메트릭(Isometric)이라고 하거나 제도법에서 등각투상도라고 한다.

(3) 3D 또는 3차원

입체를 표현하는 x, y, z 축의 좌표값으로 입력하거나 또는 표시함으로서 3차원의 입체 형상을 구현하는 방법으로 모델링이라고 하며 3D 모델링에는 기본적으로 와이어프레임 모델링, 서피스 모델링 그리고 솔리드 모델링 등 세 가지 표현 방식이 있다. 일반적으로 모델링은 3차원 공간에서 솔리드 모델링하여 만든 모델 데이터를 주로 활용한다.

❸ 모델링 방법

(1) 폼 디자인(Form Design)

Primitive에 의한 모델링 방식으로 사각형, 원기둥, 원뿔 등의 기본 형상을 모델링 하고 Boolean 연산을 이용하여 형상을 만들어 가는 것으로 비교적 간단한 형태의 모델링 방식이다.

(2) 프리 폼 디자인(Free Form Design)

3D 공간에서 2D-스케치를 하기 위한 작업 평면을 설정하고 닫힌 평면 도형을 만들어 솔리드로 변환 생성하는 방법으로 간단한 형상에서 다양한 곡면의 형상을 만드는 모델링 방식이다. 대부분의 3D 프로그램들은 프리 폼 디자인 방식을 사용하여 모델링하도록 제작되었다.

(3) 프리 폼 디자인 작업 순서

① 스케치를 하기 위한 시점을 정하고 x-y평면을 만들어 작업 평면을 설정한다.
② 2D 명령어로 Sketch하여 조합한다.
③ 닫힌 도형이 되도록 구속 시킨다.
④ 솔리드로 변환 생성하여 모델링을 한다.

02 모델링 과제 도면(캐스터)

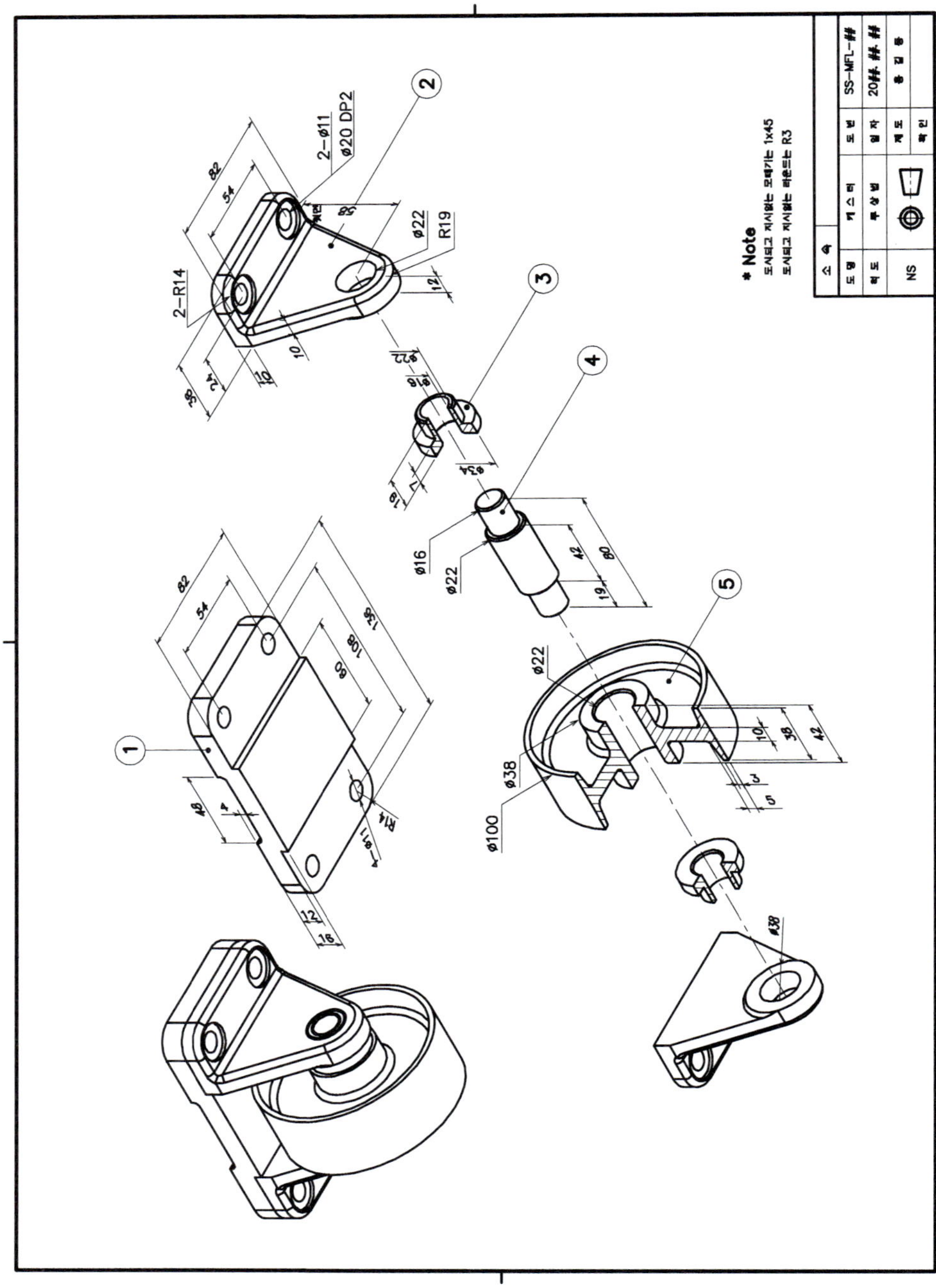

03 캐스터 모델링 순서

이번 장에서는 캐스터 모델링을 완성하고 다음 차시에서 도면화 처리하여 분해도를 완성한다.

01 3D 작업 환경설정

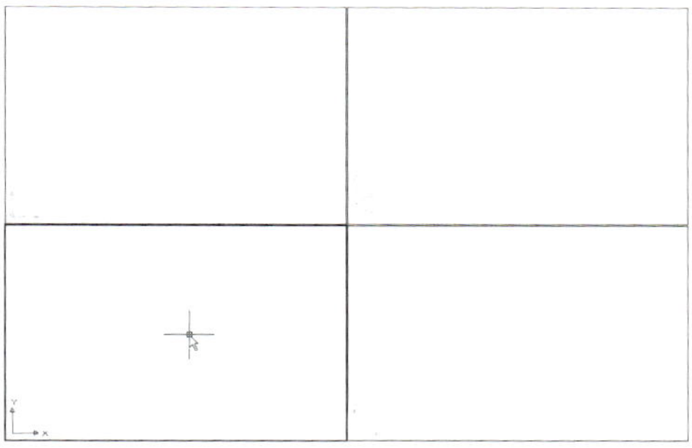

04 3D 작업 환경설정

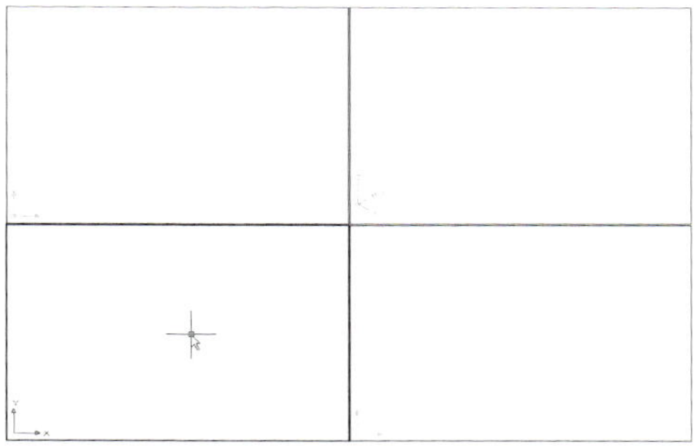

02 스케치 하기

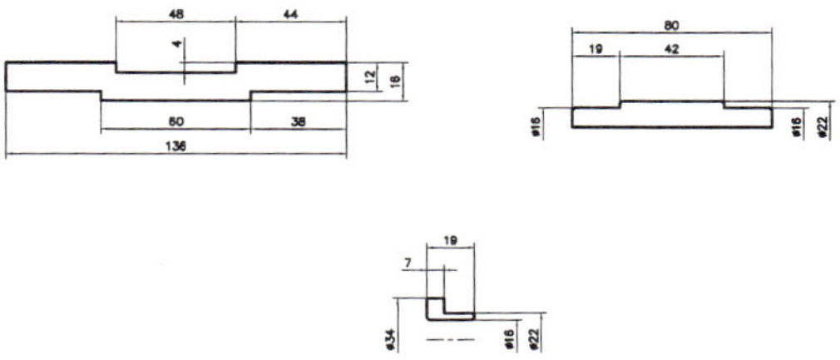

05 스케치 하기

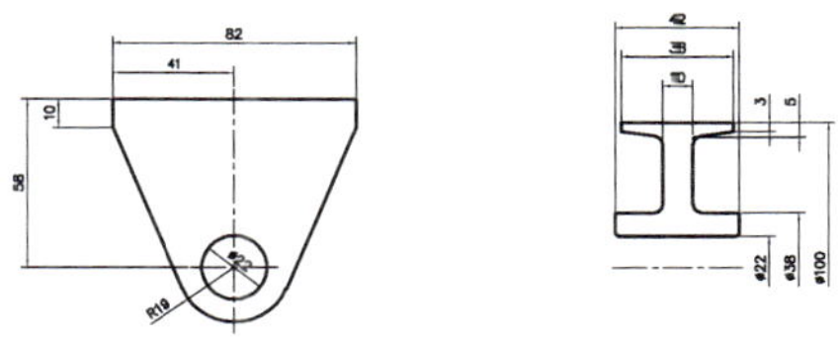

03 모델링 완성하기

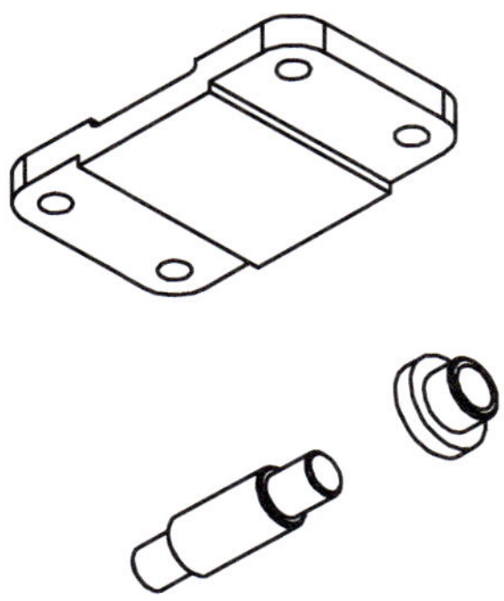

06 모델링 완성하기

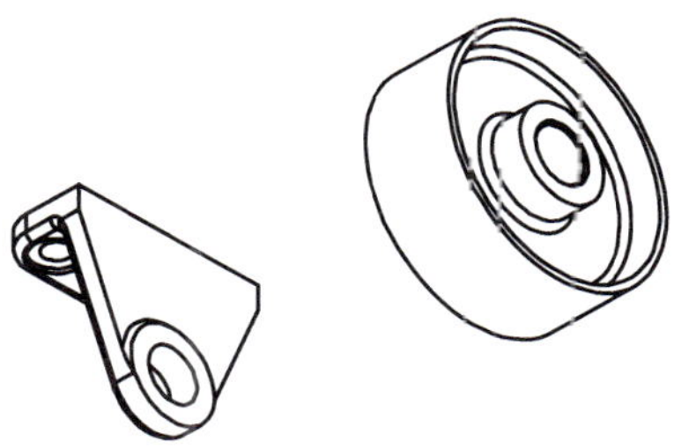

04 3D 환경설정

① 3D Modeling 화면 구성

AutoCAD 2007, 2008, 2009에서 2D 작업을 할 때 Autocad Classic을 선택하면 2D 작업에 필요한 아이콘 명령으로 구성된 화면이 나타난다. 3D 작업을 할 때는 3D Modeling을 선택하면 3D 모델링에 필요한 명령상자가 나타나므로 보다 쉽게 모델링 작업을 할 수 있도록 화면을 제공하고 있다.

(1) 아래와 같이 3D Modeling을 선택한다.

(2) Properties, Modeling, Solid Editing, Visual Style, Orbit 등의 아이콘 메뉴를 활성화하여 사용 하면 편리하다.

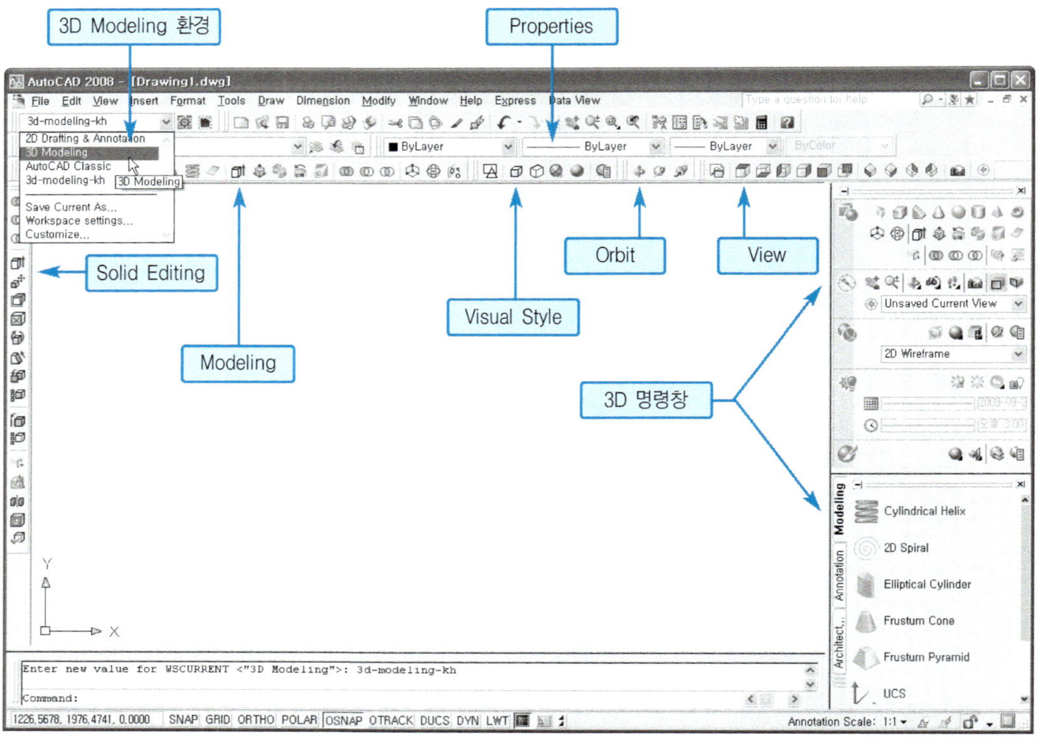

❷ 3D Modeling 화면 설정

3D 모델링을 할 때 여러 시점(View-point)의 화면으로 분할되어 있으면 각각의 시점에서 모델링을 용이하게 할 수 있으므로 화면을 4개로 나누고 그곳에 정면, 우측면, 평면, 등각면의 시점을 설정하는 방법을 소개한다.

(1) CAD 화면 상단 풀다운 메뉴에서 View 메뉴를 선택하고 Viewports를 선택한 후 New Viewports...를 선택하거나 Command : 프롬프트에서 VPORTS를 입력한다.

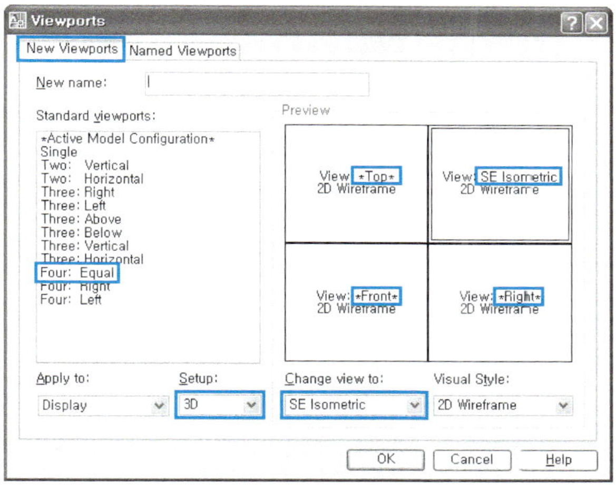

(2) 윗 그림에서 사각형으로 지시한 내용을 선택하면 4개의 분할된 화면이 나타난다. 이것을 이용하면 3D Modeling 할 때 각 각의 시점 변환이 신속하게 이루어져 쉽게 모델링을 할 수 있다.

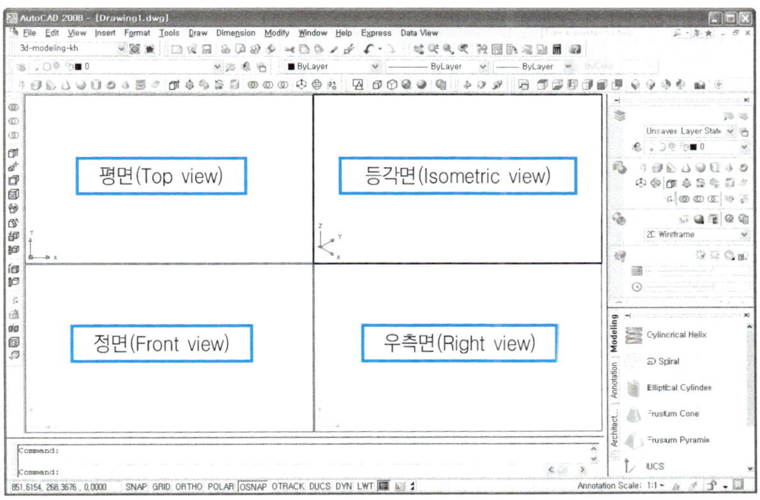

(3) 윗 그림에서 각 각의 화면에 시점을 변경하고자 할 때는 View 메뉴에서 3D views를 선택하여 변경할 수 있다.

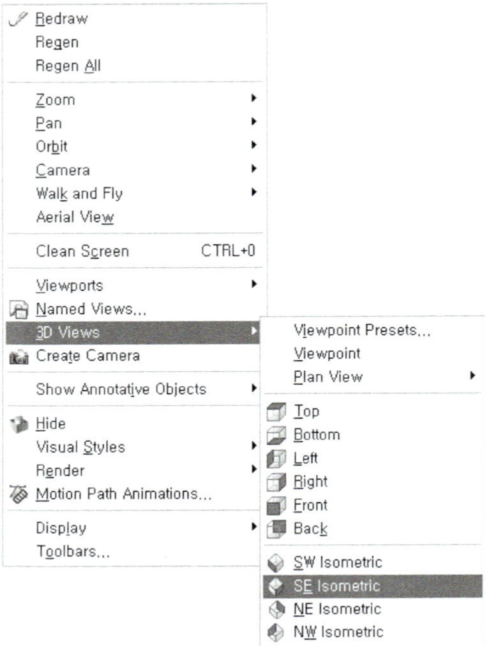

(4) 분할된 화면에서 x−y 평면을 새로 정의 할 때는 Command : 프롬프트에서 UCS을 입력한다.

Command : UCS

Current ucs name : *NO NAME*

Specify origin of UCS or [Face/NAmed/OBject/Previous/View/World/X/Y/Z/ZAxis] <World> : 옵션 선택

■ UCS 명령으로 작업평면을 설정할 때 반드시 네 가지를 알고 사용해야 한다.

① View : 현재의 시점에서 x−y 평면 설정

② 3P : 세 점(원점, x방향, y방향)으로 x−y 평면 설정

③ ORigin : 한 점으로 원점을 설정

④ <World> : 표준 좌표계로 전환

05 캐스터 모델링하기-1

품번 1, 브래킷(Bracket) 모델링하기

01 스케치하기

① 4개의 분할된 화면에서 정면을 선택한다.

② 그림과 같이 스케치를 하되 치수기입은 하지 않는다.

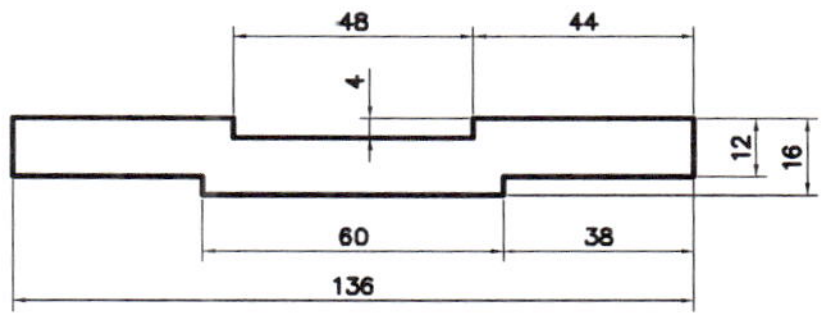

02 구속하기

Command : REG(region) 명령 입력

모두 선택한 후 마우스 우측 버튼

그러면 닫힌 도형이 된다.

03 돌출하여 솔리드 모델로 생성하기

Command : EXT(extrude) 명령 입력

구속된 도형 선택 후 마우스 우측 버튼

52 입력하고 Enter

그러면 솔리드로 생성된다.

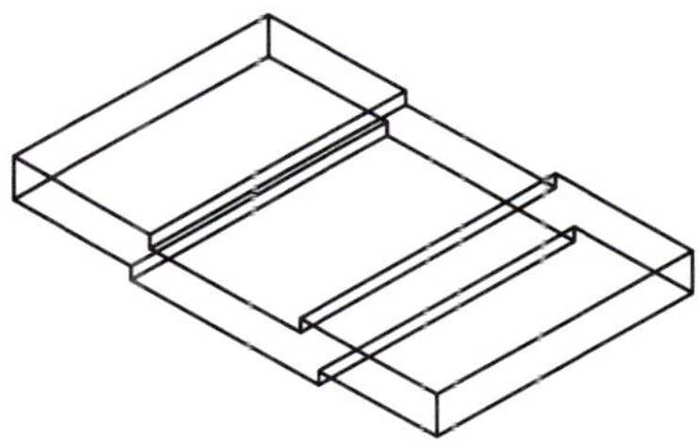

04 모서리 필렛 처리하기

Command : F(fillet) 명령 입력

필렛 하기 위한 하나의 모서리 선택

R값을 14로 입력

추가로 필렛 할 모서리 선택

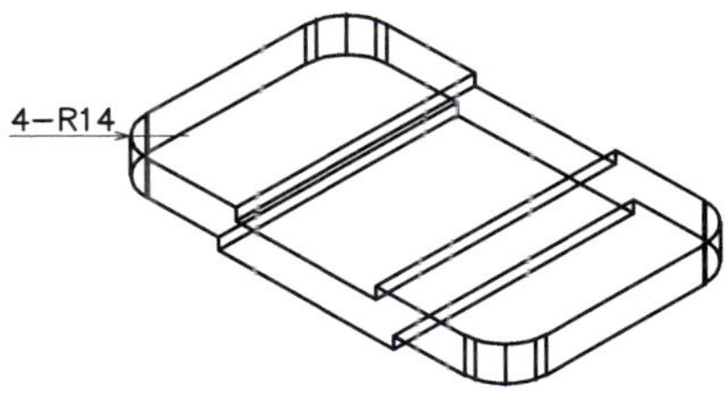

05 드릴 구멍자리 파기를 위한 원 그리기

Command : C(circle) 명령 입력
라운드의 중심점 선택
지름(D) 11의 원을 그린다.

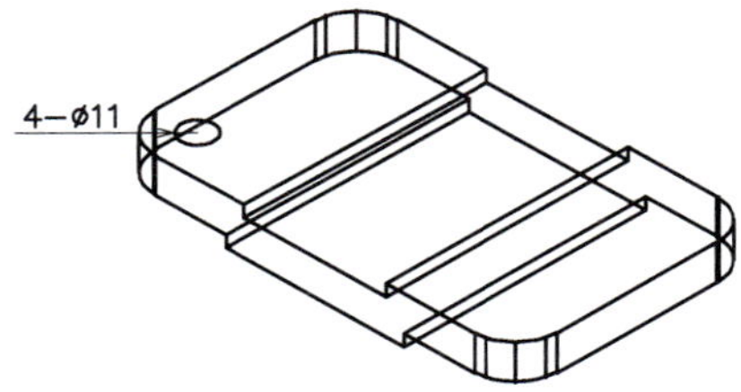

06 돌출하고 대칭 복사하기

① Command : EXT(extrude) 명령 입력
ϕ11 원 선택후 마우스 우측 버튼
−50 Enter (관통하기 위한 대략치수)

② Command : MI(mirror) 명령 입력
돌출된 원통 선택 후 마우스 우측 버튼
기준점을 중간점(mid_of)으로 복사한다.
한 번 더 mirror로 그림과 같이 복사한다.

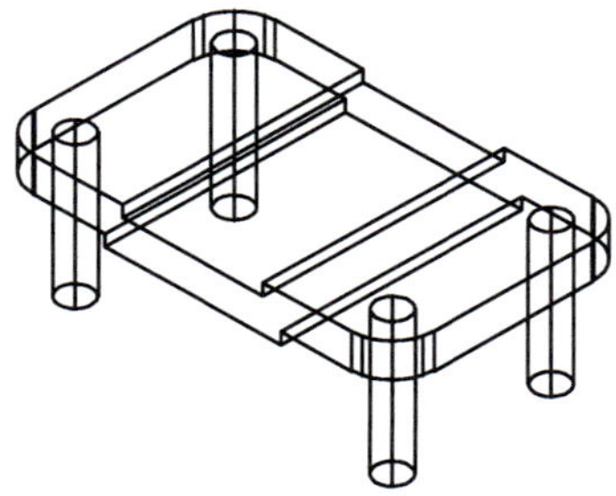

07 드릴 구멍 파기 및 모서리 라운드 처리하기

① Command : SU(subtract) 명령 입력
브래킷 선택 후 마우스 우측버튼
원통 4개 선택 후 마우스 우측버튼
그러면 구멍이 된다.

② Command : F(fillet) 명령 입력
라운드 처리할 하나의 모서리 선택
R값 3 입력
라운드 추가할 모서리 선택 후 마우스 우측 버튼

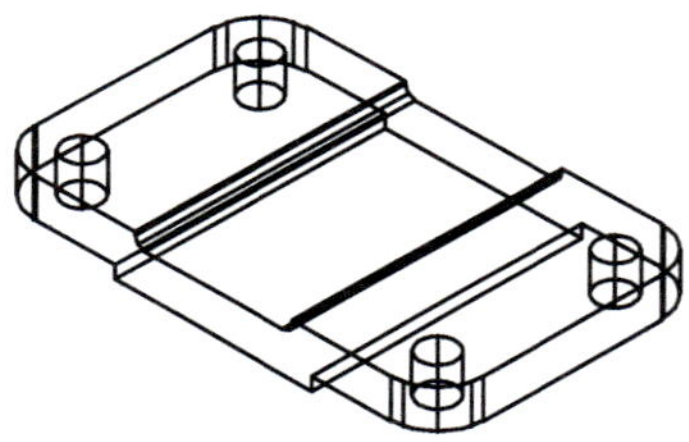

06 캐스터 모델링하기-2

품번 2, 지지대(Support) 모델링하기

01 스케치하기

① 4개의 분할된 화면에서 우측면을 선택한다.

② 그림과 같이 스케치를 하되 치수기입은 하지 않는다.

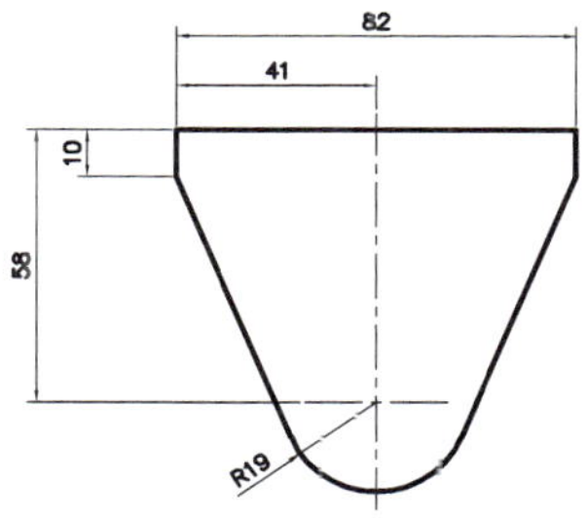

02 구속하기

Command : REG(region) 명령 입력
모두 선택 후 마우스 우측 버튼
그러면 닫힌 도형이 된다.

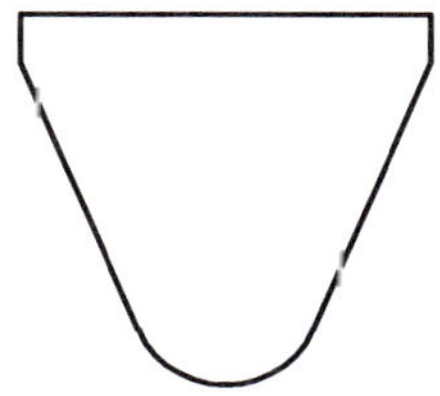

03 돌출하여 솔리드 모델로 생성하고 스케치 추가하기

① Command : EXT(extrude) 명령 입력
구속된 도형 선택 후 마우스 우측 버튼
10 입력하고 Enter
그러면 솔리드로 생성된다.

② Command : C(circle) 명령 입력
솔리드 뒷면에서 호의 중심점 선택
R값 19 입력하여 원을 그린다.

③ Command : REC(rectang) 명령 입력
솔리드 앞면에서 대각선의 모서리 두 점으로 사각형을 그린다.

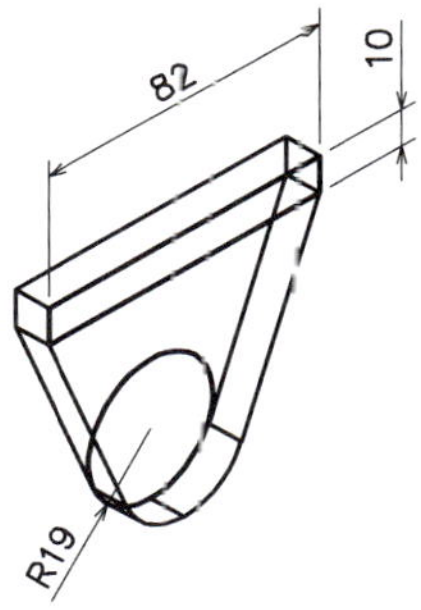

04 돌출하고 하나의 솔리드로 만들기

① Command : EXT(extrude) 명령 입력
원을 선택하고 마우스 우측 버튼
2 입력하고 Enter
같은 방법으로 사각형을 선택하여 28만큼 돌출하여 솔리드를 생성한다.

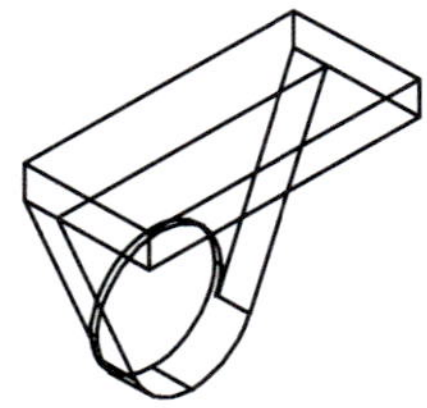

② Command : UNI(union) 명령 입력
세 개의 솔리드를 모두 선택하여 하나의 솔리드로 합한다.

05 원 그리기

Command : C(circle) 명령 입력
솔리드 뒷면에서 원의 중심점 선택
ϕ22 원 그리기

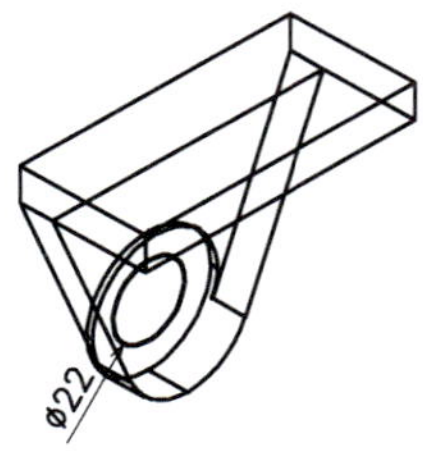

06 돌출하여 빼고 모떼기 처리하기

① Command : EXT(extrude) 명령 입력
ϕ22 원을 선택 후 마우스 우측 버튼
50 입력하고 Enter

② Command : SU(subtract) 명령 입력
서포트 선택 후 마우스 우측버튼
돌출된 원통 선택 후 마우스 우측버튼
그러면 구멍이 된다.

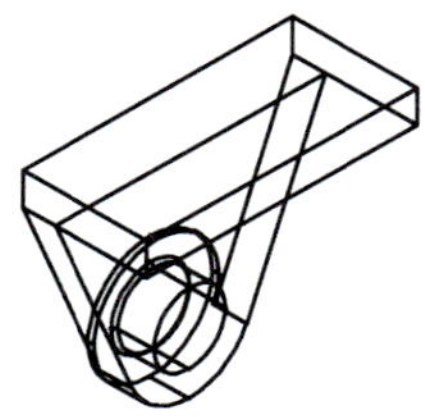

③ Command : CHA(chamfer) 입력
솔리드 뒷면에서 ϕ22 구멍의 모서리 선택 후 마우스 우측 버튼
모떼기값 1 Enter 두 번
모서리 다시 선택 후 마우스 우측 버튼

07 스폿페이싱 자리파기를 위한 원 그리기

Command : C(circle) 명령 입력
서포트 판 아래에서 필렛의 중심점 선택
ϕ11과 ϕ20 두 개의 원을 그린다.

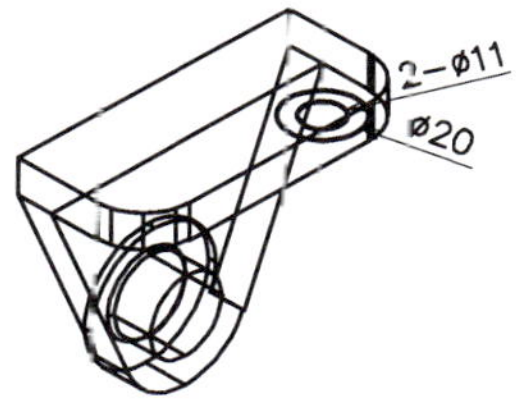

08 돌출하여 솔리드로 생성하고 하나로 만들어 대칭 복사하기

① Command : EXT(extrude) 명령 입력
ϕ11은 50 만큼 돌출하고 ϕ22 원은 2 만큼 돌출하여 솔리드를 생성
② Command : UNI(union) 명령 입력
돌출된 두 개의 원통을 합한다.
③ Command : MI(chamfer) 명령 입력
합쳐진 솔리드를 선택 후 마우스 우측 버튼
판 모서리의 중간점(mid_of)을 이용하여 대칭 복사한다.

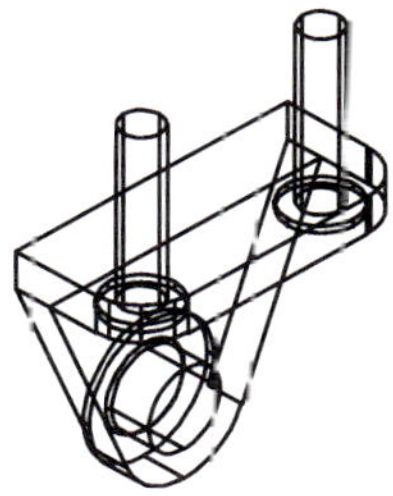

09 스폿페이싱 만들기

Command : SU(subtract) 명령 입력
서포트 선택 후 마우스 우측버튼
돌출된 두 개의 원통 선택 후 마우스 우측버튼
그러면 스폿페이싱이 완성된다.

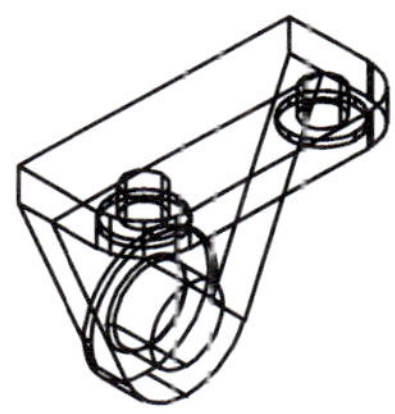

10 모서리 필렛 처리하기

Command : F(fillet) 명령 입력
솔리드 앞면에서 호의 모서리 선택
R값 3 입력
C(chain) 입력 후 호의 모서리 다시 선택 후 마우스 우측 버튼

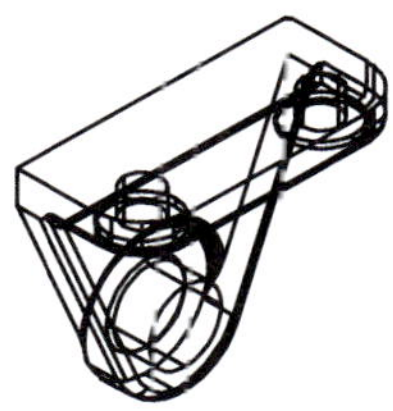

POINT	chain 기능을 사용해서 라운드 처리해야 할 때 라운드 처리가 안 될 경우 순서를 바꾸어 처리하면 된다.

07 캐스터 모델링하기-3, 4

품번 3, 부시(Bush) 모델링하기

01 스케치하기

① 4개의 분할된 화면에서 정면을 선택한다.

② 모떼기는 C1로 하여 그림과 같이 스케치를 하되 치수기입은 하지 않는다.

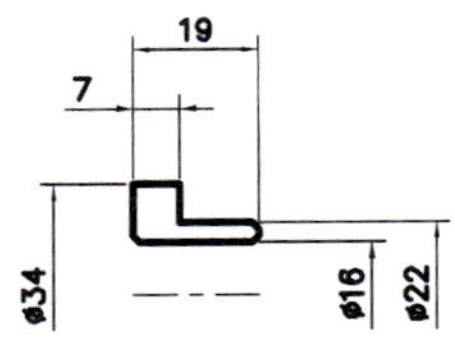

02 구속하기

Command : REG(region) 명령 입력
모두 선택하고 Enter 두 번 선택
그러면 닫힌 도형이 된다.

03 회전하여 솔리드 모델로 생성하기

Command : REV(revolve) 명령 입력
구속된 도형 선택 후 마우스 우측 버튼
중심선의 양 끝점 선택 후 마우스 우측 버튼
그러면 솔리드가 생성된다.

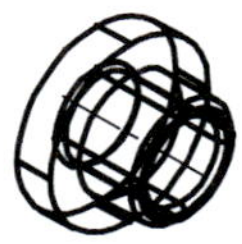

품번 4, 축(Shaft) 모델링하기

01 스케치하기

① 4개의 분할된 화면에서 정면을 선택한다.

② 모떼기는 C1로 하여 그림과 같이 스케치를 하되 치수기입은 하지 않는다.

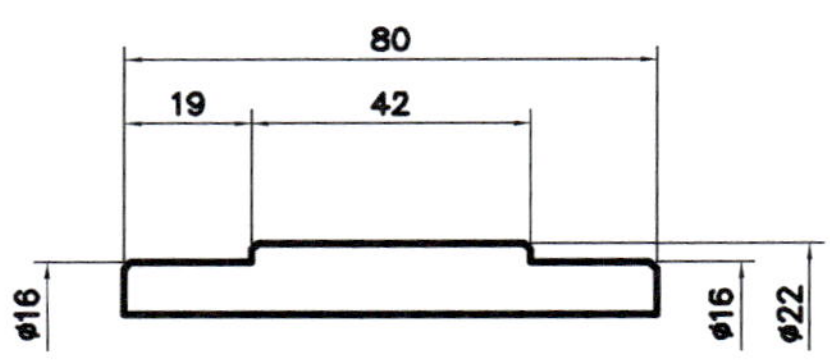

02 구속하기

Command : REG(region) 명령 입력
모두 선택하고 Enter 두 번 선택
그러면 닫힌 도형이 된다.

03 회전하여 솔리드 모델로 생성하기

Command : REV(revolve) 명령 입력
구속된 도형 선택 후 마우스 우측 버튼
아래선의 양 끝점 선택 후 마우스 우측 버튼
그러면 솔리드가 생성된다.

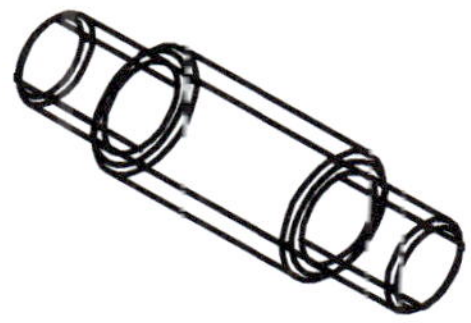

08 캐스터 모델링하기-5

품번 5, 롤러(Roller) 모델링하기

01 스케치하기

① 4개의 분할된 화면에서 정면을 선택한다.
② 모떼기는 C1, 라운드는 R3으로 하여 그림과 같이 스케치를 하되 치수기입은 하지 않는다.

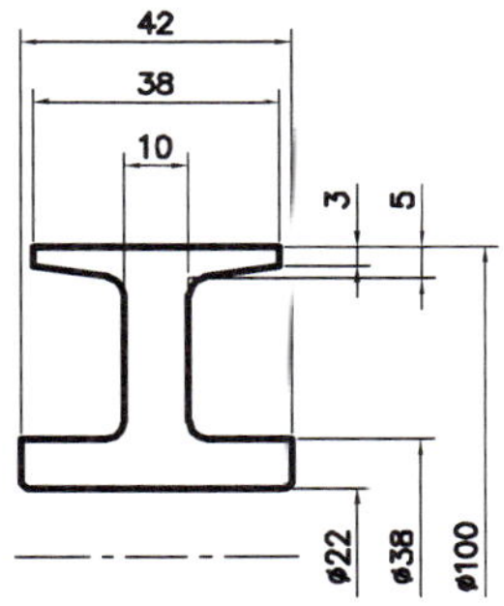

02 구속하기

Command : REG(region) 명령 입력
모두 선택하고 Enter 두 번 선택
그러면 닫힌 도형이 된다.

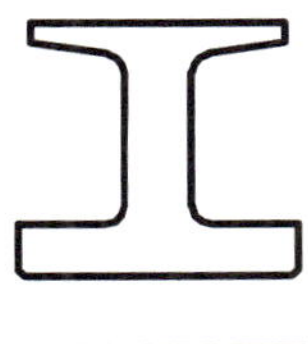

03 회전하여 솔리드 모델로 생성하기

Command : REV(revolve) 명령 입력
구속된 도형 선택 후 마우스 우측 버튼
아래선의 양 끝점 선택 후 마우스 우측 버튼
그러면 솔리드가 생성된다.

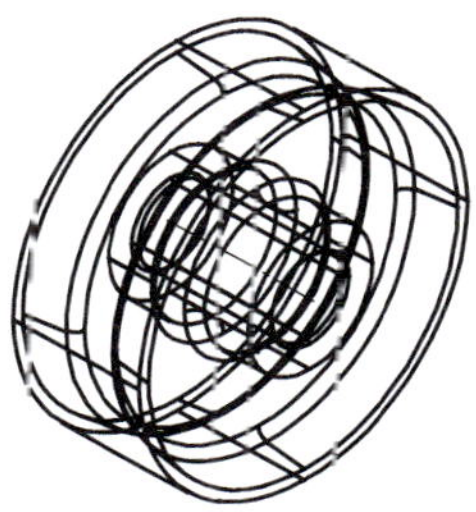

09 캐스터 모델링 완성도면

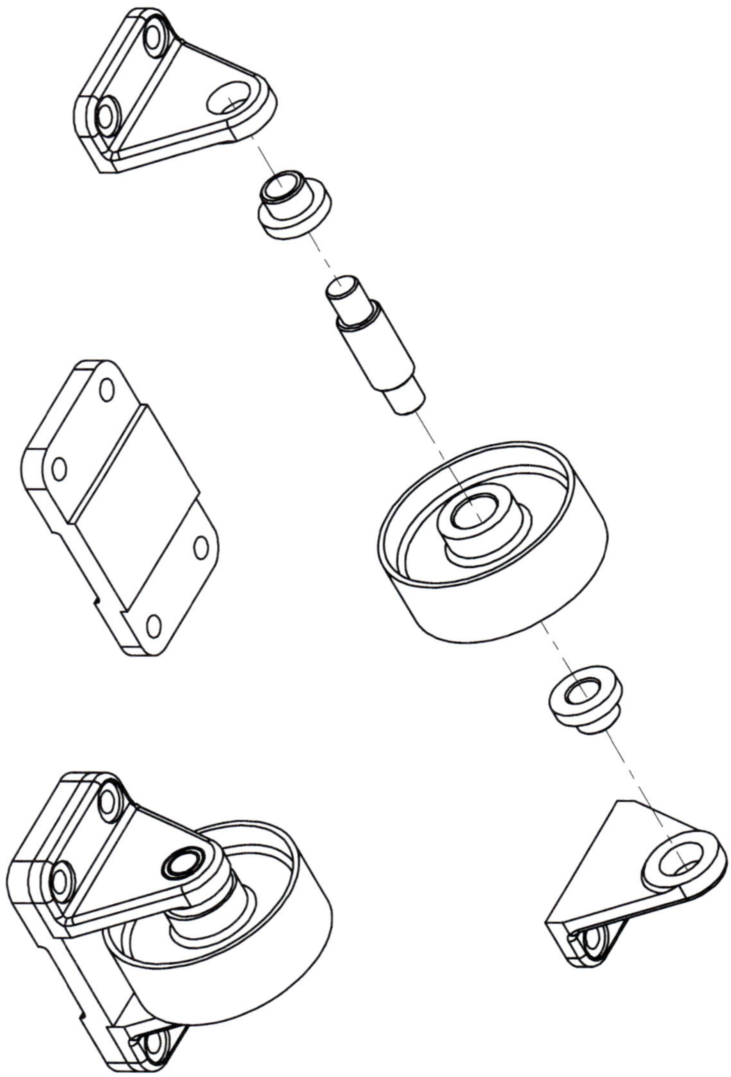

14

실습 목표

1. 캐스터 모델링 파일로 도면화 처리하는 방법을 익힌다.
2. 캐스터 분해도를 만들 수 있다.
3. 등각투상도의 단면 및 선 처리를 할 수 있다.

14장 실습 내용

1. 캐스터 분해도 제작 순서
2. 단면 처리하기
3. 캐스터 도면화하기
4. 캐스터 분해도 완성도면

평가 사항(배점)

- 실습 방법 및 태도 (점)
- 도면화 완성도 (점)
- 단면도 (점)
- 선처리 (점)
- 시간 준수 (점)
- 소요시간 : 2~3hr

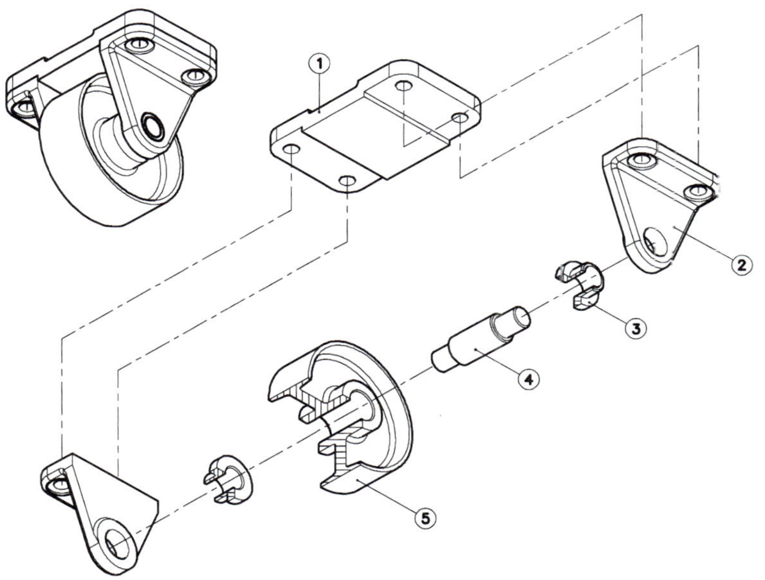

CHAPTER 14

캐스터 분해도 제작

01 캐스터 분해도 제작 순서

이번 장에서는 13장에서 완성된 캐스터 모델을 도면화하여 분해도를 완성한다.

1 모델링 완성 도면 열기

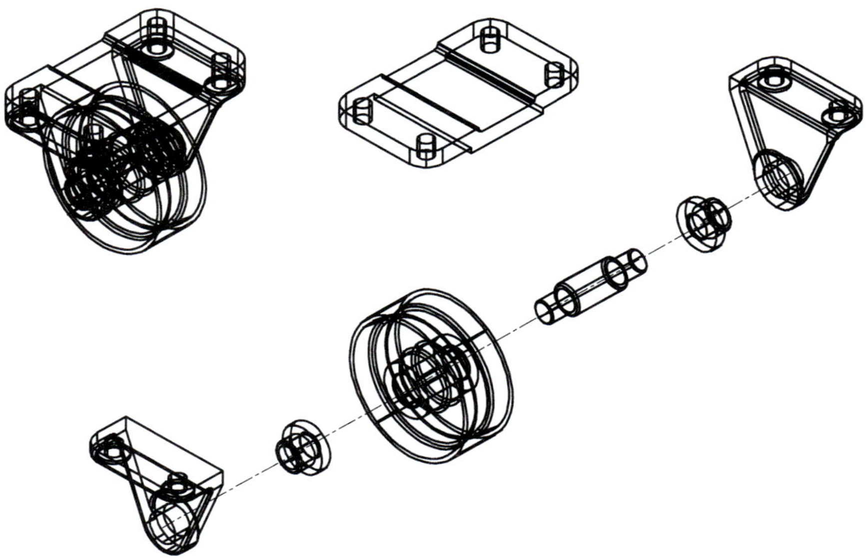

❷ 단면 처리 후 이미지 윤곽(profile) 생성하기

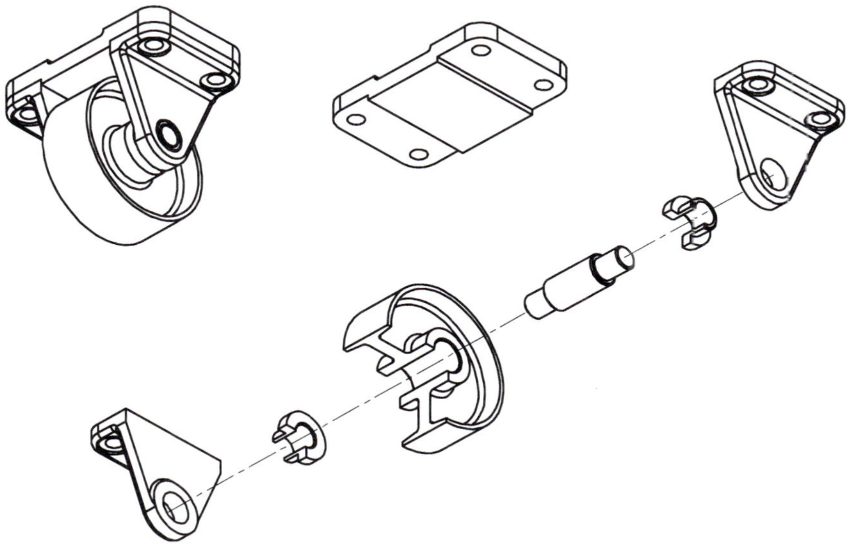

❸ 분해도 완성하기

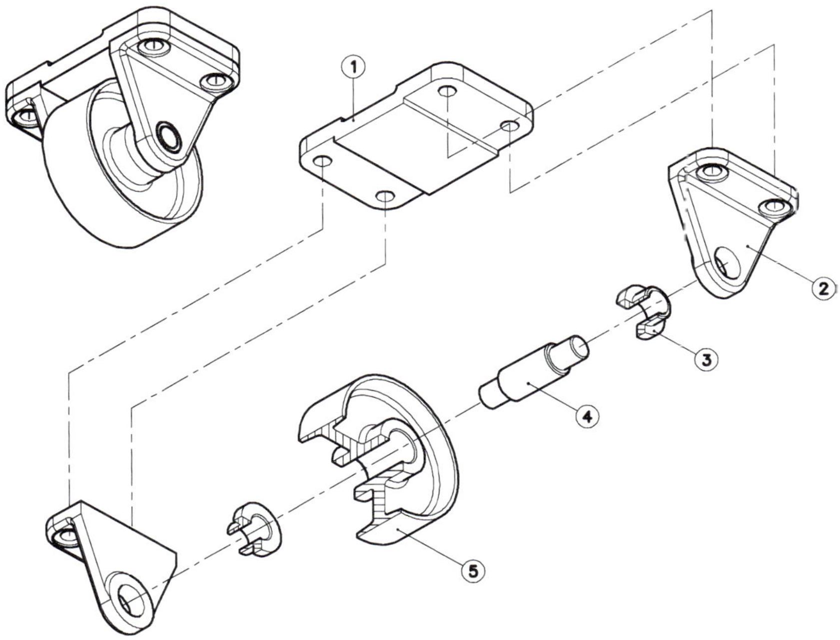

02 캐스터 단면 처리하기

13장에 완성한 캐스터 모델을 열고 단면처리를 한다.

① 캐스터 모델을 열기

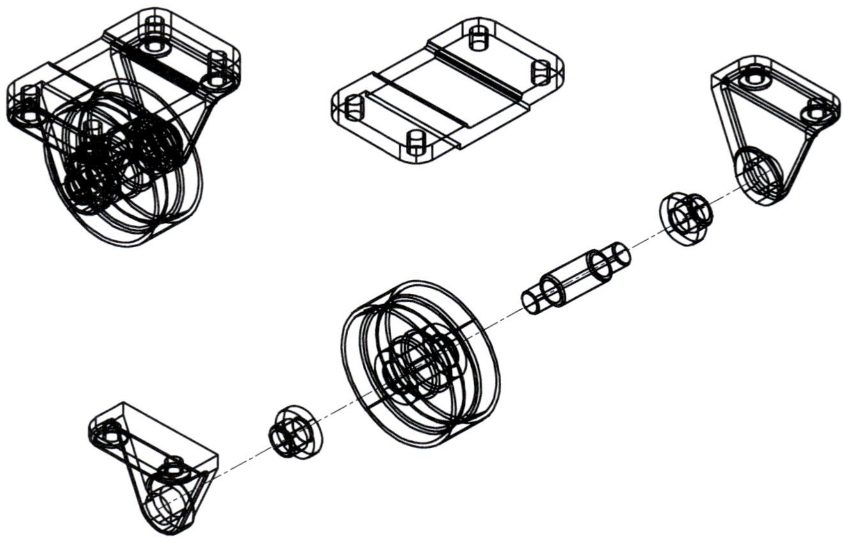

② 사각형 그리기

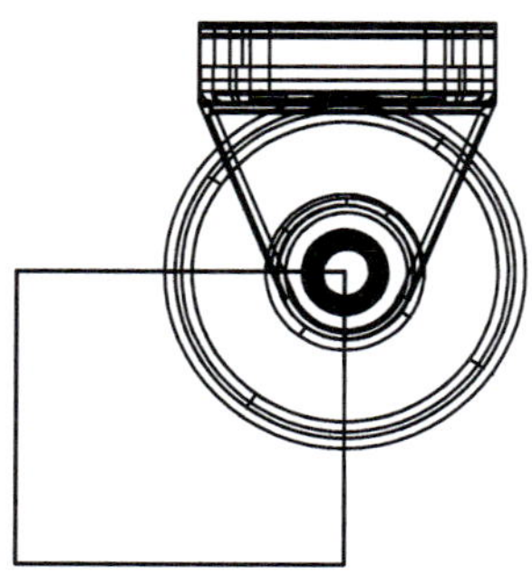

① 4개의 분할된 화면에서 우측면을 선택한다.

② Command : REC(rectang) 명령 입력

모델의 중심점을 첫 점으로 선택하고 적당한 크기에 사각형을 그린다.

③ 단면 처리할 #3, #4, #5에 사각형 복사하기

① 4개의 분할된 화면에서 정면을 선택한다.

② Command : M(Move) 명령 입력

사각형을 선택 한 후 마우스 우측 버튼 #3, 부시 우측에 적당한 위치로 이동한다.

③ Command : CO(copy) 명령 입력

사각형을 선택 한 후 마우스 우측 버튼 #4, #5의 적당한 위치에 두 개를 복사한다.

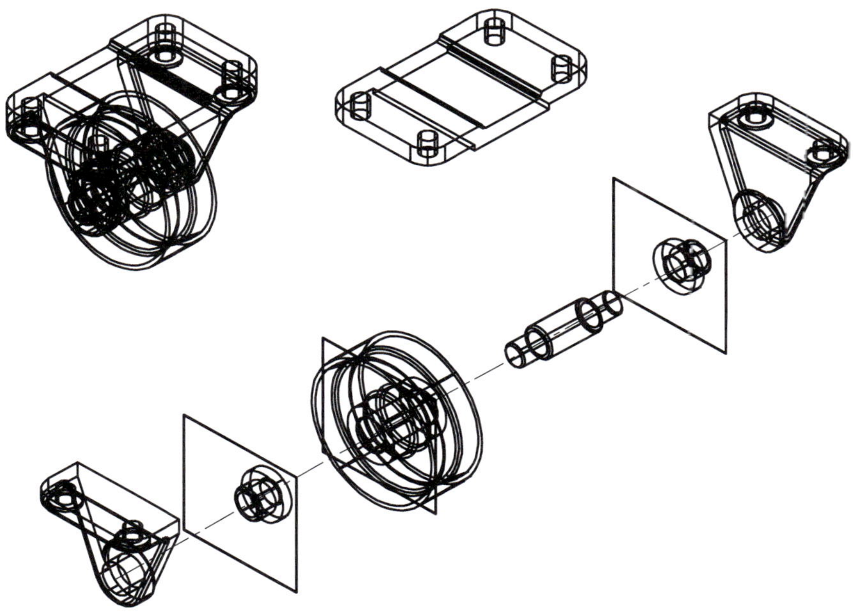

④ 돌출하기

① 4개의 분할된 화면에서 등각면을 선택한다.

② Command : EXT(extrude) 명령 입력

사각형을 선택 한 후 마우스 우측 버튼 −50 정도 돌출한다.

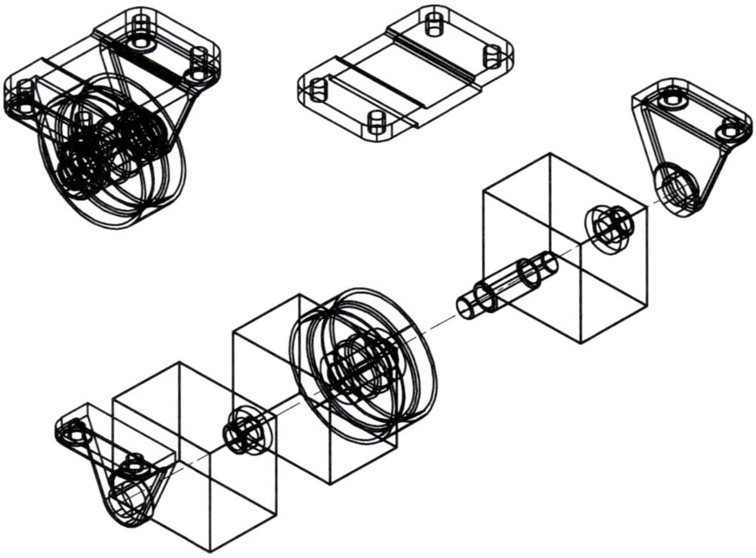

⑤ 빼기(subtract)하여 단면 처리를 완성한다

① 4개의 분할된 화면에서 등각면을 선택한다.

② Command : SU(subtract) 명령 입력

좌측 부시를 선택 한 후 마우스 우측 버튼. 빼기할 육면체(상자)를 선택하고 마우스 우측 버튼. 이러한 방법으로 롤러와 부시도 단면 처리한다.

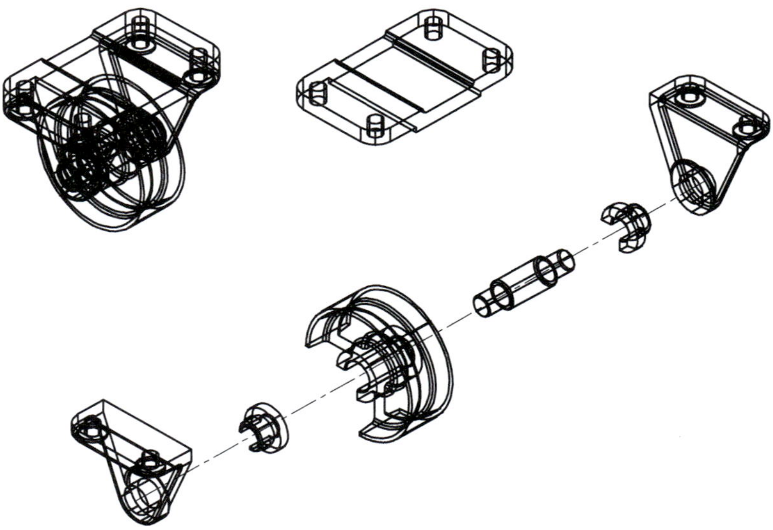

03 캐스터 도면화하기

① 단면 처리된 화면에서 도면화 영역으로 전환하기

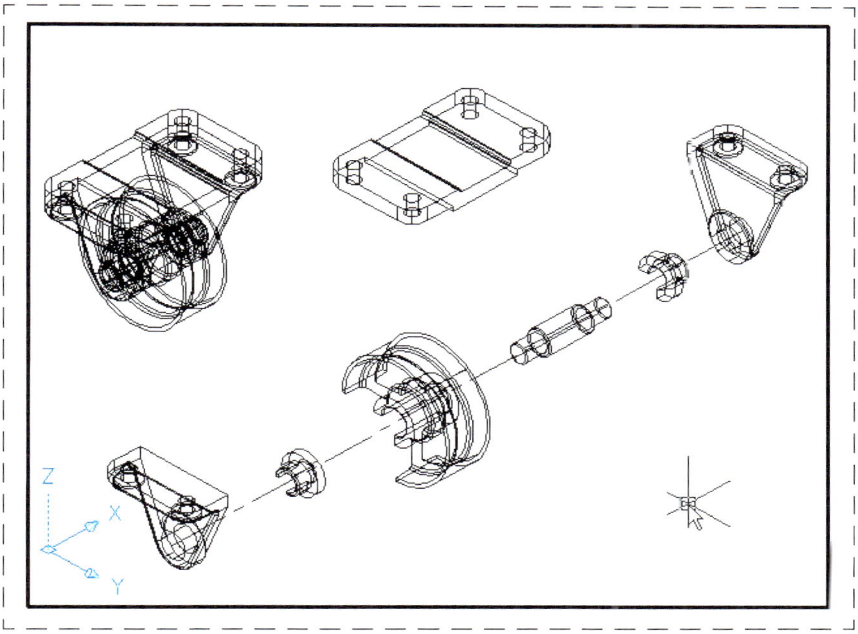

Command : TILEMODE 명령 입력

Enter new value for TILEMODE <1> : 0 입력하거나 또는 화면 하단에서 마우스로 Layout 1 을 선택하면 Paper space (도면화 영역)로 전환된다.

■ 도면화에서만 사용하는 명령

① MVIEW 명령어는 도면화 영역에서 모델 공간의 화면을 배열하는 명령이다.

② MS(mspace) 명령어는 도면화 영역에서 모델 공간으로 전환하는 명령이다.

③ PS(pspace) 명령어는 모델 공간에서 도면화 영역으로 전환하는 명령이다.

④ SOLPROF 명령어는 모델 공간 안에서만 사용할 수 있는 명령어로 솔리드 모델의 윤곽을 두 개의 LAYER(도면층)에 새로 생성하기 때문에 ISOMETRIC(등각투상도)을 그리는데 매우 유용한 명령어이다.

❷ 솔리드 모델의 이미지 윤곽을 그리기

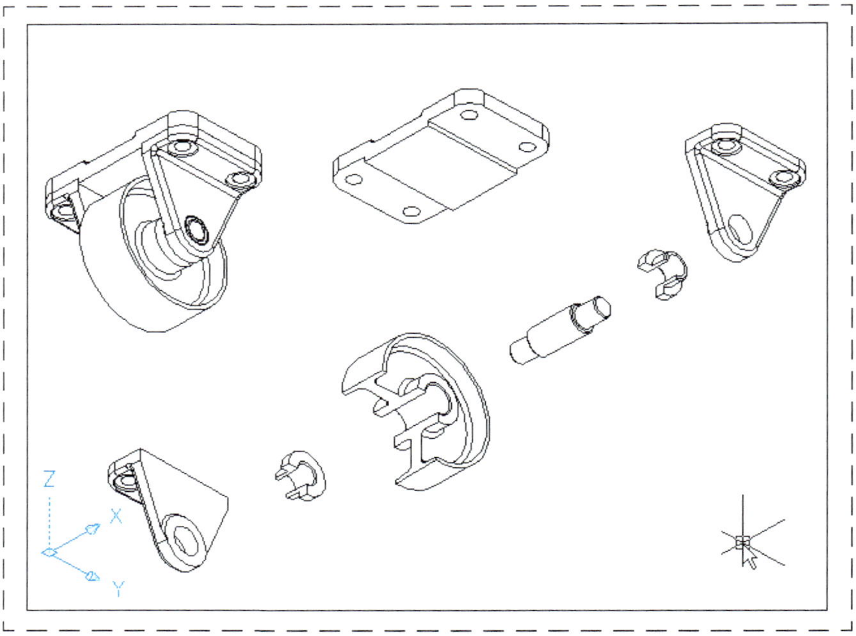

■ 도면화 모델공간으로 들어가 있는 화면에서 아래와 같이 진행한다.

① Command : SOLPROF 명령 입력
　Select objects : 화면에 있는 모델들을 모두 선택
　Select objects : Enter 나 마우스 우측 버튼

　Display hidden profile lines on separate layer? [Yes/No] <Y>
　　: Y(두개의 Layer 생성)

　Project profile lines onto a plane? [Yes/No] <Y> : Y(평면으로 윤곽선 그리기)

　Delete tangential edges? [Yes/No] <Y> : N(접선을 삭제하지 않기)

　⇨ SOLPROF 명령 실행 후 두 개의 Layer(도면층)가 자동 생성된다.
　　PH-**** : 숨은선의 이미지를 기록하는 Layer(도면층)
　　PV-**** : 외형선의 이미지를 기록하는 Layer(도면층)

② 화면 상단 LAYER properties에서 PV-****의 도면층만 켜고 모두 끈다.
　그러면 위 그림과 같은 화면이 될 것이다.

❸ 모델 공간으로 전환하여 UCS(사용자 좌표계)를 x-y평면 좌표계로 만들기

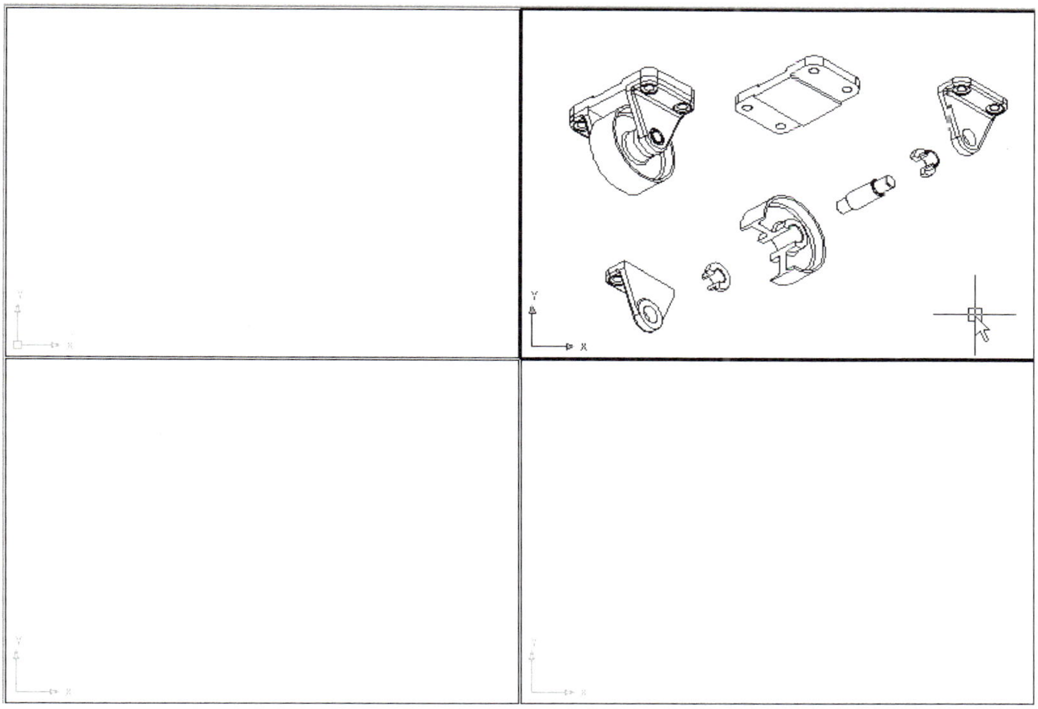

① Command : TILEMODE 명령 입력

Enter new value for TILEMODE <0> : 1 입력하거나 또는 화면 하단에서 마우스로 Model을 선택하면 Model space(모델 공간)로 전환된다.

② Command : UCS 명령 입력

Current ucs name : *WORLD*

Specify origin of UCS or [Face/.../View/...] <World> : V(현재 시점의 x-y 평면화)

③ 마우스로 모두를 선택하고 Ctrl+C로 클립보드에 저장한다.

❹ 도면양식을 OPEN(열기)하고 클립보드에 저장한 것을 복사하여 붙이기

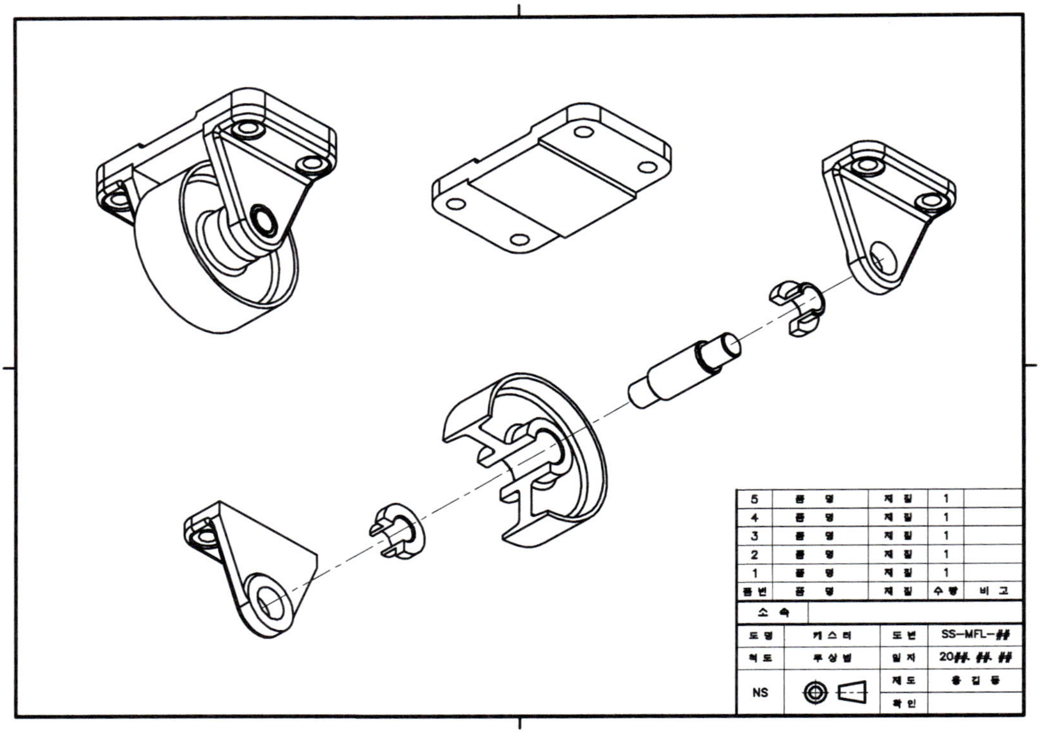

① 도면 양식을 OPEN(열기)하고 주서와 기호를 삭제한다.

② 클립보드에 저장한 것을 Ctrl+V로 붙이고 Move 명령으로 알맞게 배치한다.

③ 좌측 서포트의 중심점에서 우측 서포트의 중심점으로 선을 그리고 중심선 처리한다.

⑤ 부품란을 도면에 알맞게 편집하고 품번 지시 기호를 그린다

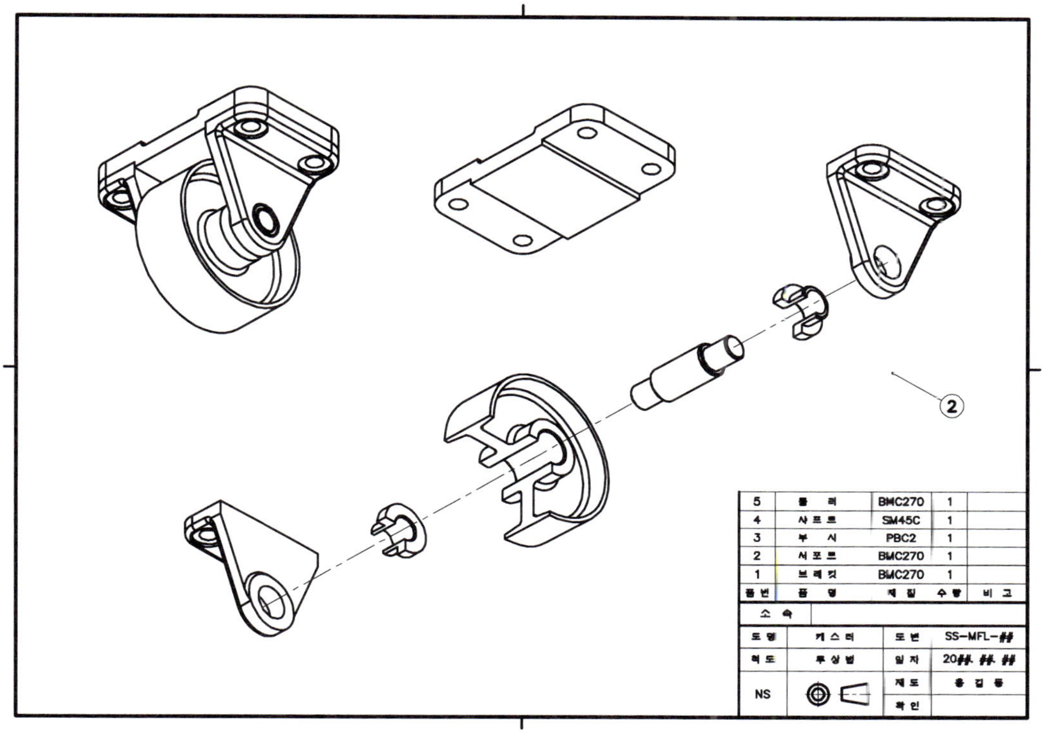

① 위 도면과 같이 표제란을 편집한다.

② 품번 지시선은 일반적으로 30°, −30°, 90° 등을 주로 사용하되 가는 실선으로 한다.

- 품번 지시점은 DO(donut) 명령으로 만들며 내경은 0, 외경은 1.2 정도로 굵은 색상이나 중간 굵기의 색상을 사용하면 명확히 나타낼 수 있다.
- 품번은 기존과 같이 원은 ϕ10 가는 실선이나 중간선으로 하고, 숫자의 크기는 4.5로 하되 굵은 색상을 선택한다.

❻ 선 처리, 해칭(단면 기호), 품번 지시를 하여 마무리 한다.

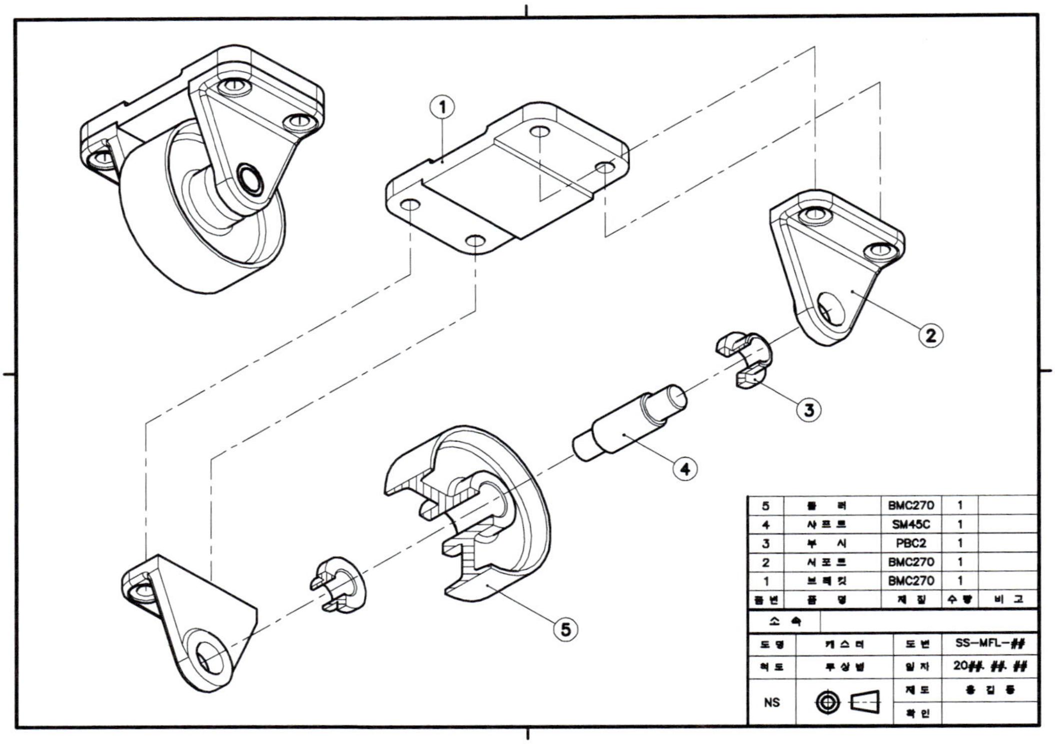

① SOLPROF 명령으로 생성된 이미지 윤곽이나 Ctrl+V로 복사한 것은 각 각의 블록속성을 가지고 있기 때문에 X(explode) 명령으로 두 번 이상 분해하여 선 처리나 해칭을 해야 한다.

② 등각투상도는 모델의 모서리선을 굵기 구분하면 출력된 도면에서 입체감을 더욱 명확히 느낄 수 있다. 즉, 모델에 빛이 가해지면 모델의 외곽은 굵게 보이고 모델의 안쪽 모서리는 빛을 반사하기 때문에 흐리게 보인다. 그러므로 모델의 외곽이나 또는 두 물체가 만나는 선은 굵은 선으로 처리하고 모델 안쪽의 모서리는 가는 선으로 처리하면 된다.

③ 해칭(단면 기호) 각도는 모델 자세에 따라 각도를 선택한다. 위 도면은 위쪽을 90°, 아래쪽 을 0°로 선택한 것이고 간격은 작은 경우 2, 큰 경우는 3으로 한 것이다.

④ 도면과 같이 명확히 품번을 지시한다.

04 캐스터 분해도 완성도면

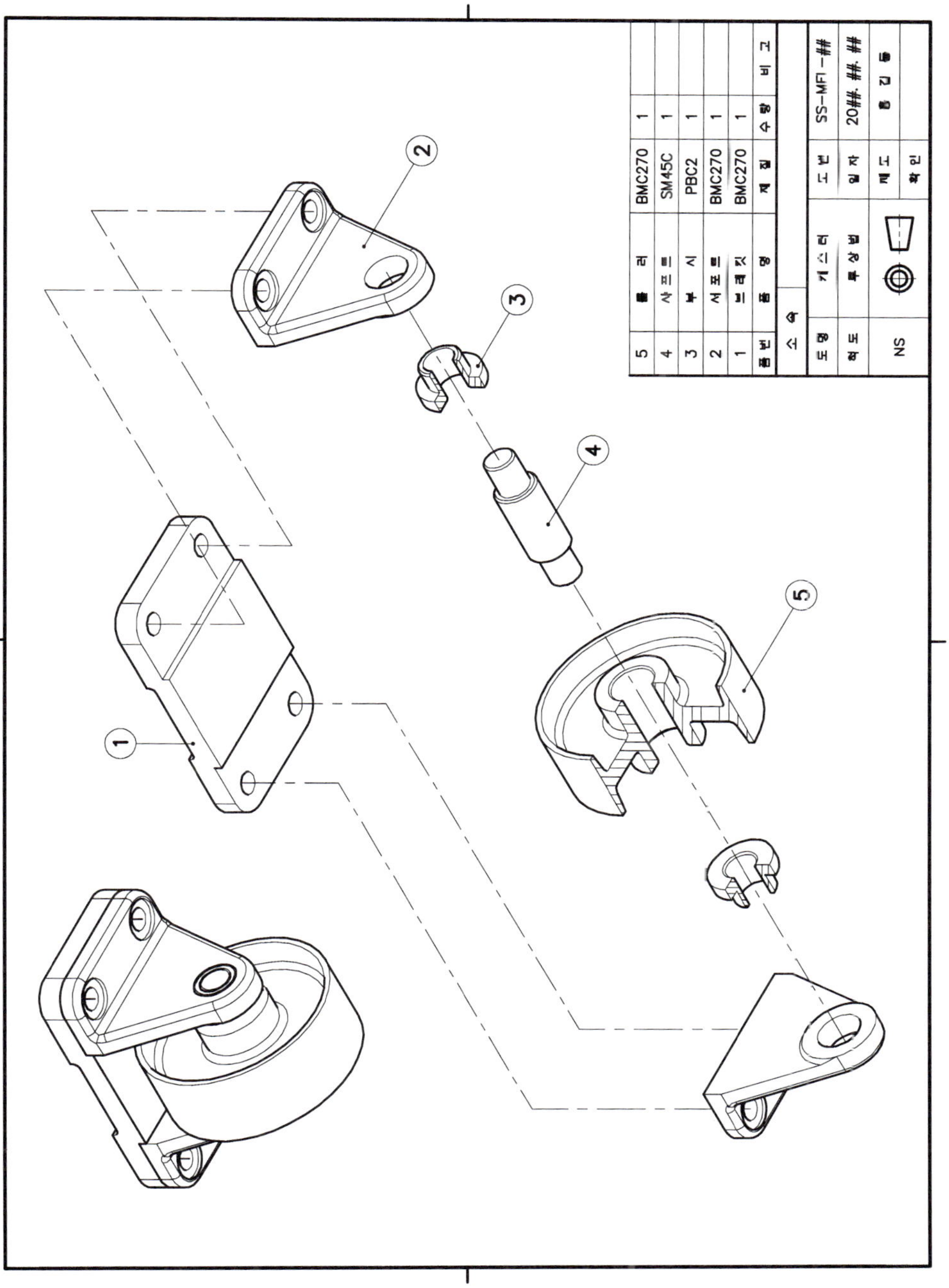

심화연습과제(A)

1. 동력전달장치 - SS-MFL-A01
2. 축받침장치 - SS-MFL-A02
3. 링크전동장치 - SS-MFL-A03
4. 링크전동장치 - SS-MFL-A04
5. 직선왕복장치 - SS-MFL-A05
6. 편심왕복장치 - SS-MFL-A06
7. 편심왕복장치 - SS-MFL-A07
8. 중심조절장치 - SS-MFL-A08
9. 레버에어척 - SS-MFL-A09
10. 바이스 - SS-MFL-A10

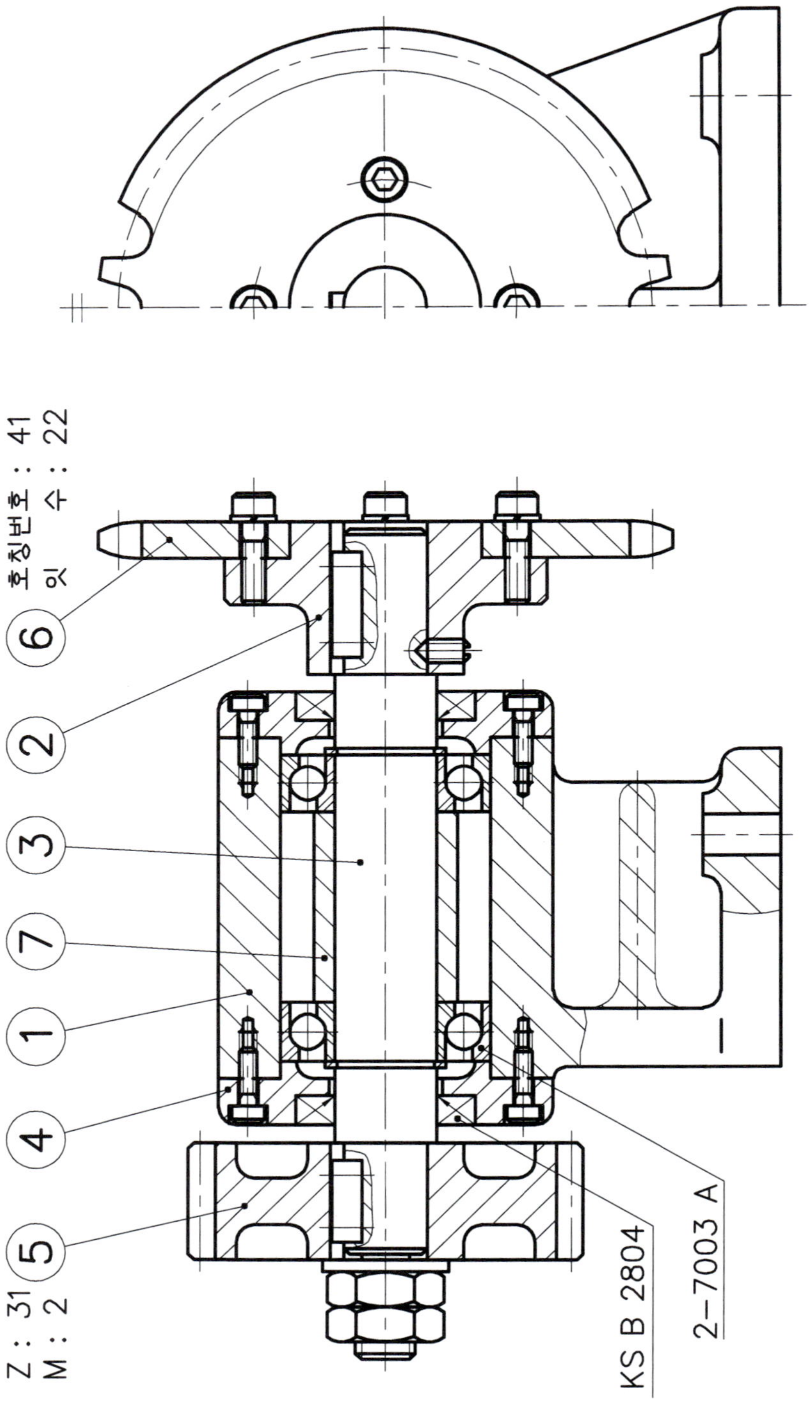

※ 본 도서의 맨 뒷부분에 위 도면을 1:1 사이즈로 수록해놓았습니다.

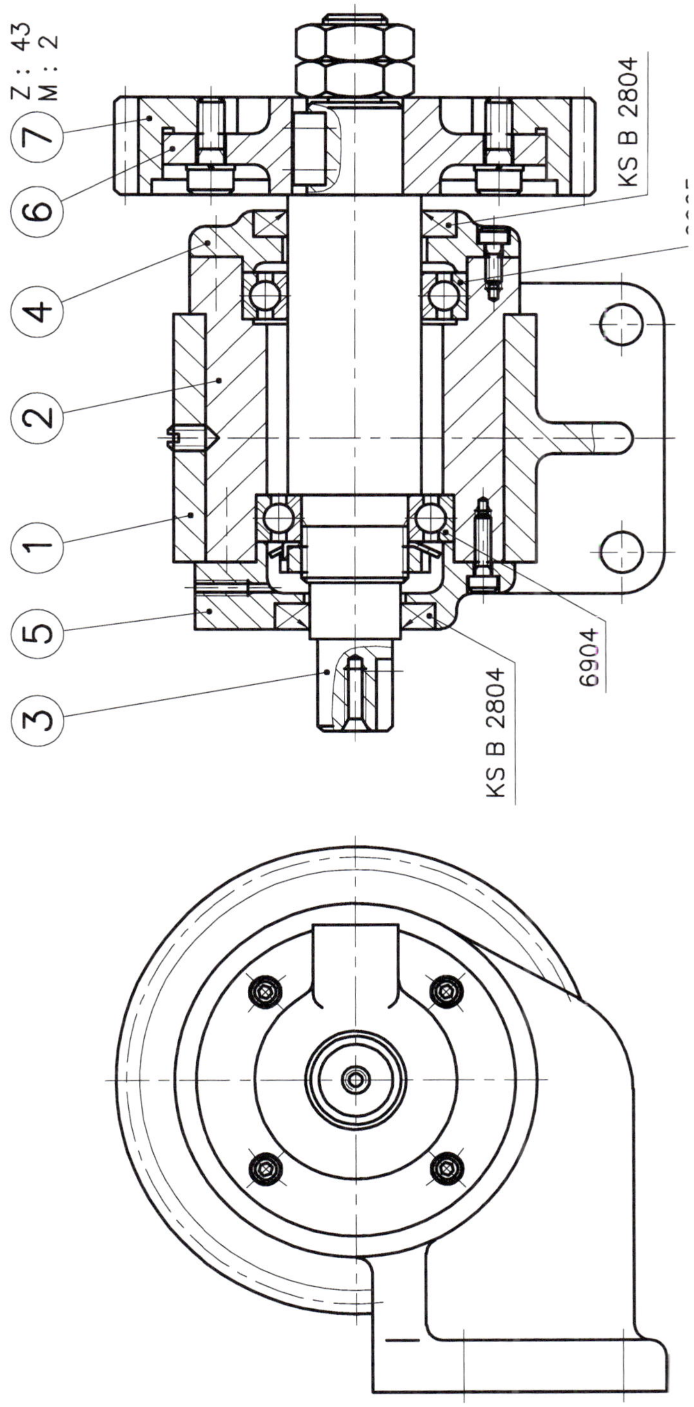

※ 본 도서의 맨 뒷부분에 위 도면을 1:1 사이즈로 수록해놓았습니다.

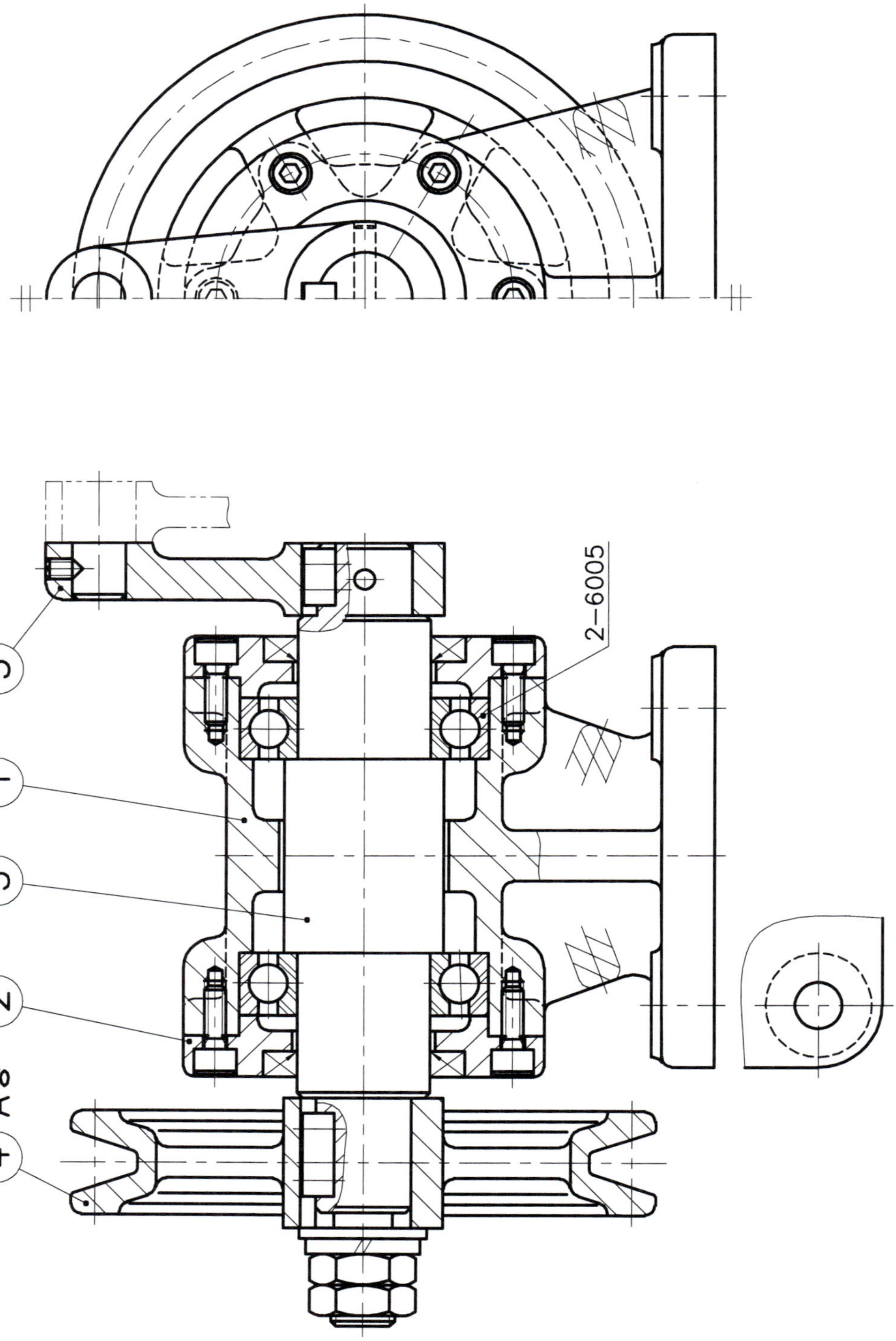

※ 본 도서의 맨 뒷부분에 위 도면을 1:1 사이즈로 수록해놓았습니다.

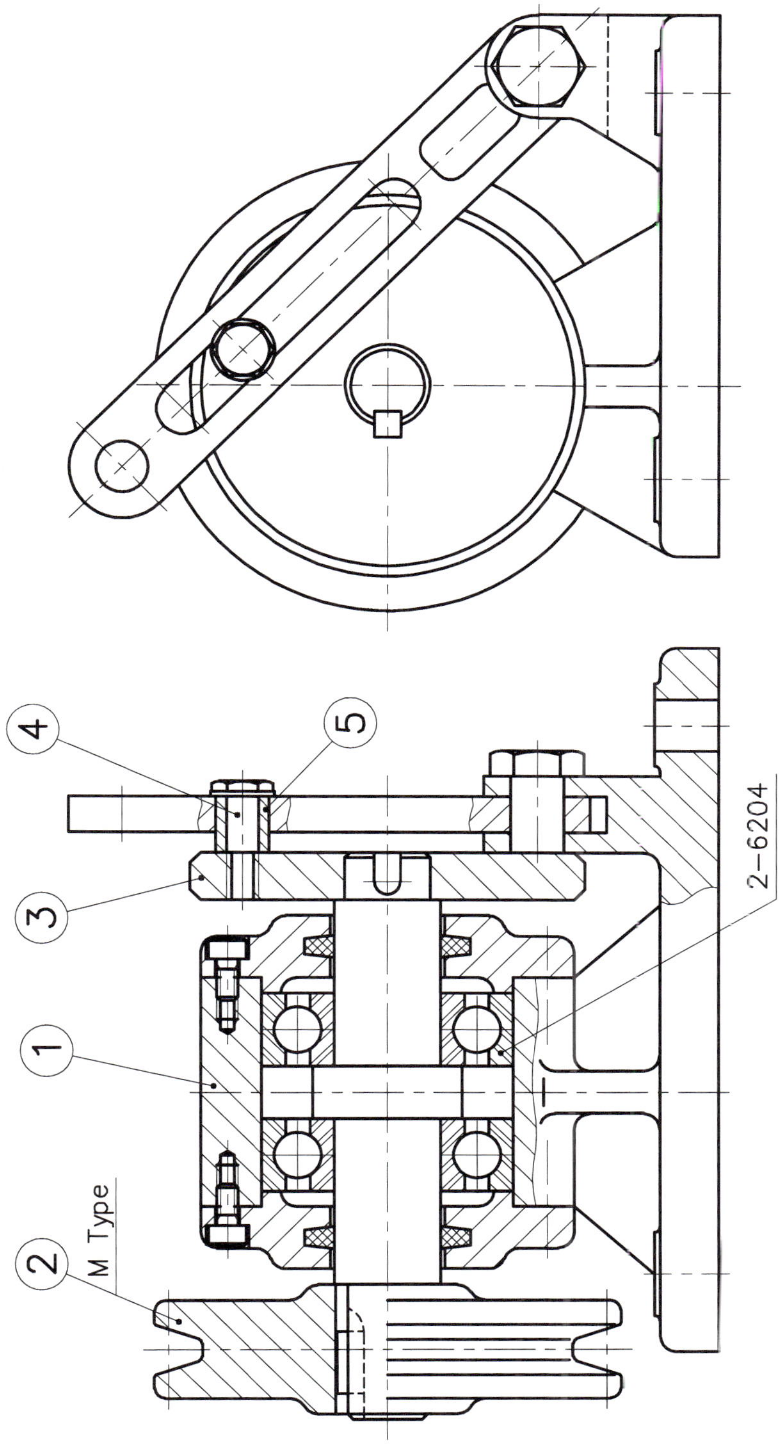

※ 본 도서의 맨 뒷부분에 위 도면을 1:1 사이즈로 수록해놓았습니다.

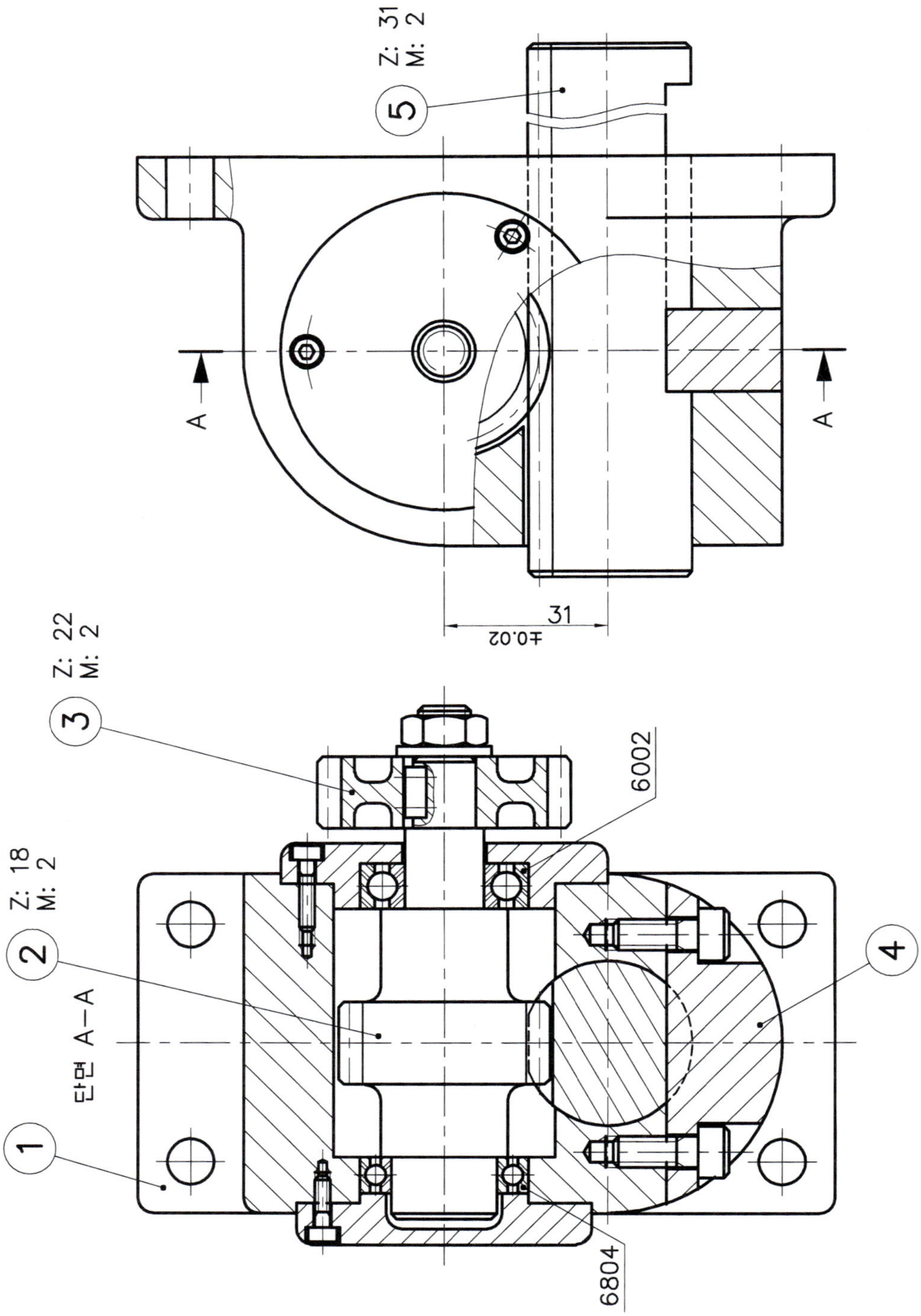

※ 본 도서의 맨 뒷부분에 위 도면을 1:1 사이즈로 수록해놓았습니다.

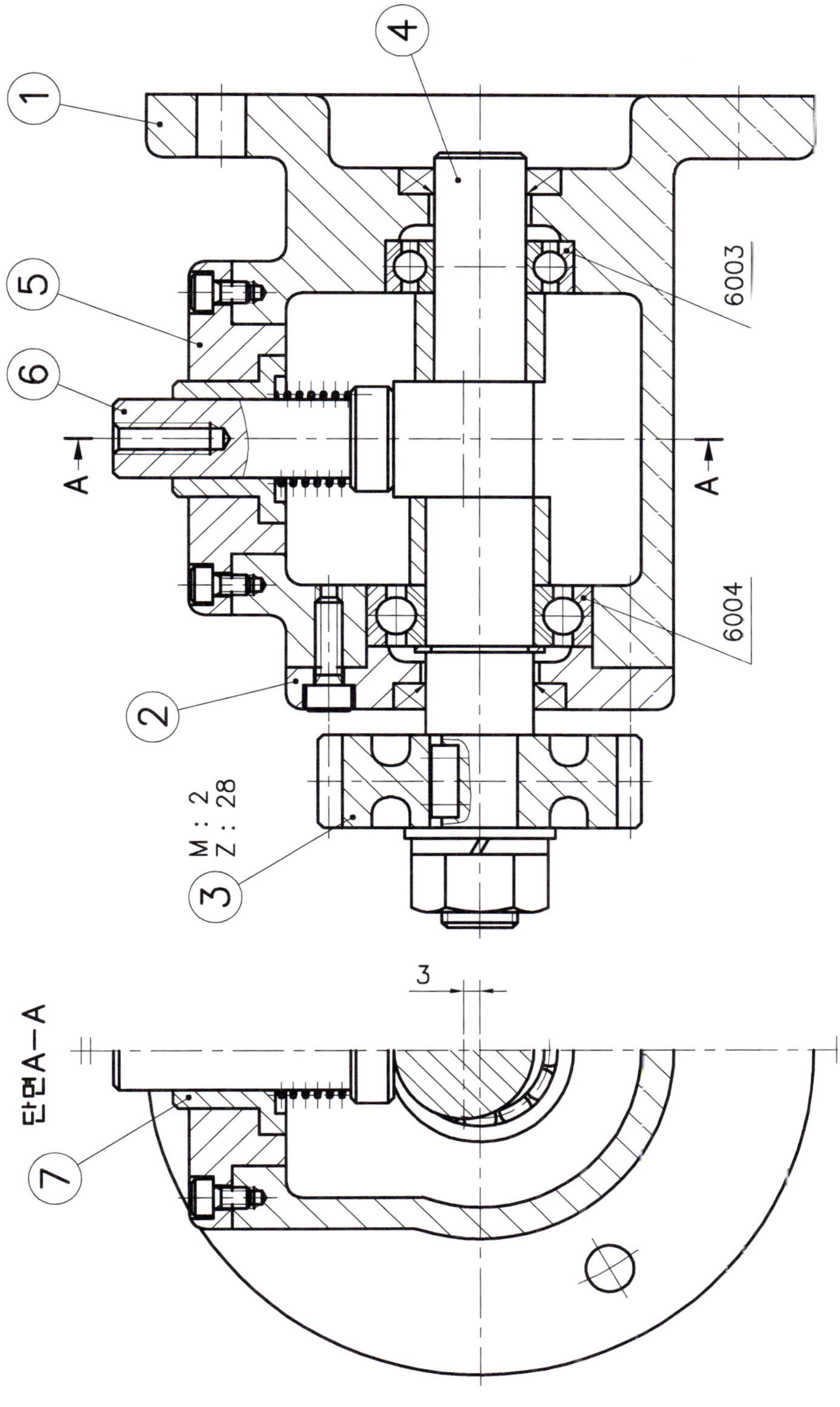

※ 본 도서의 맨 뒷부분에 위 도면을 1:1 사이즈로 수록해놓았습니다.

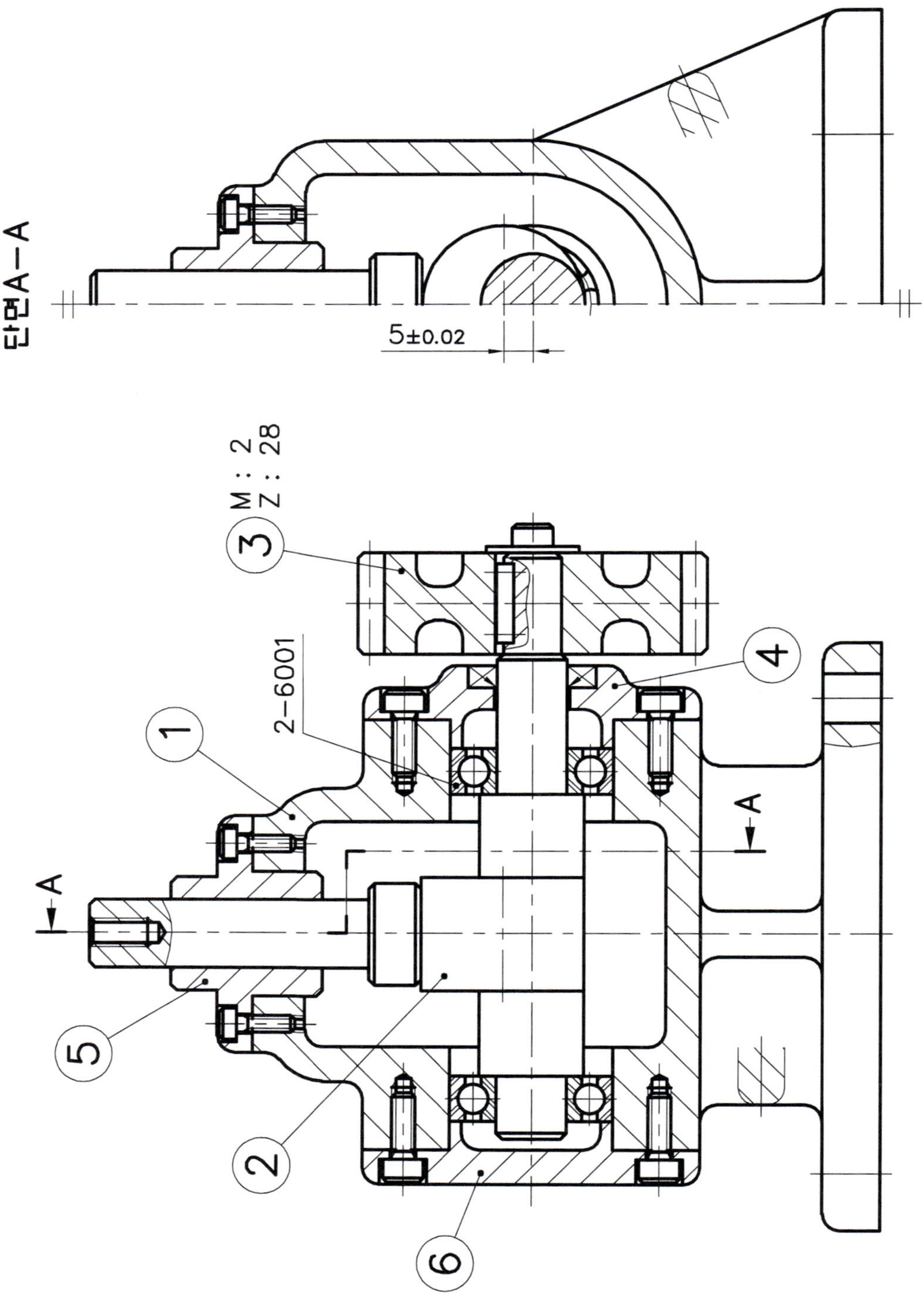

※ 본 도서의 맨 뒷부분에 위 도면을 1:1 사이즈로 수록해놓았습니다.

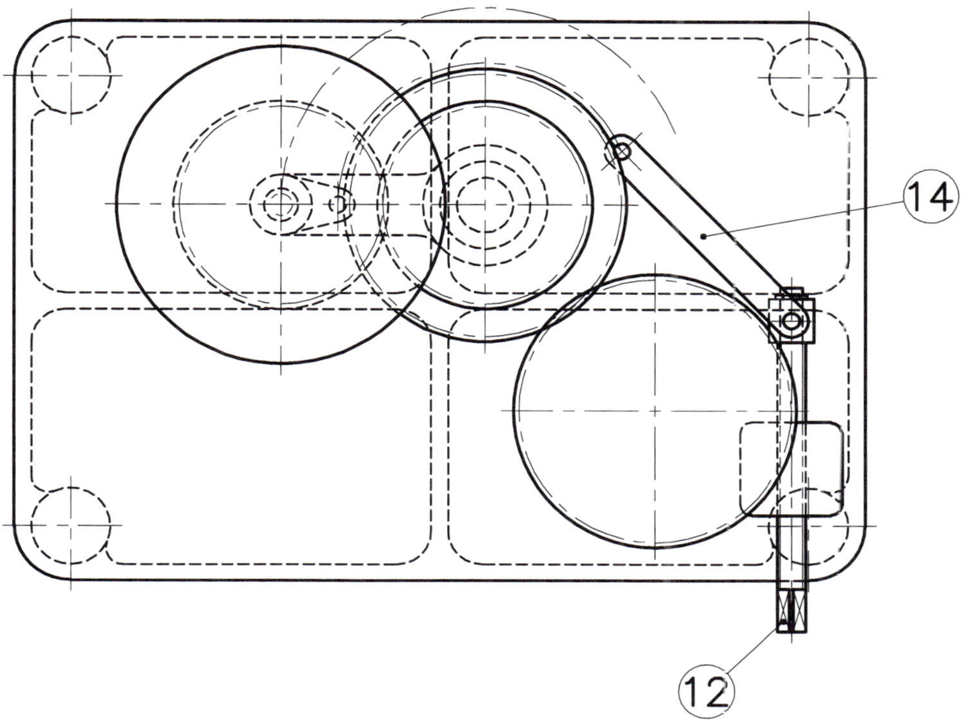

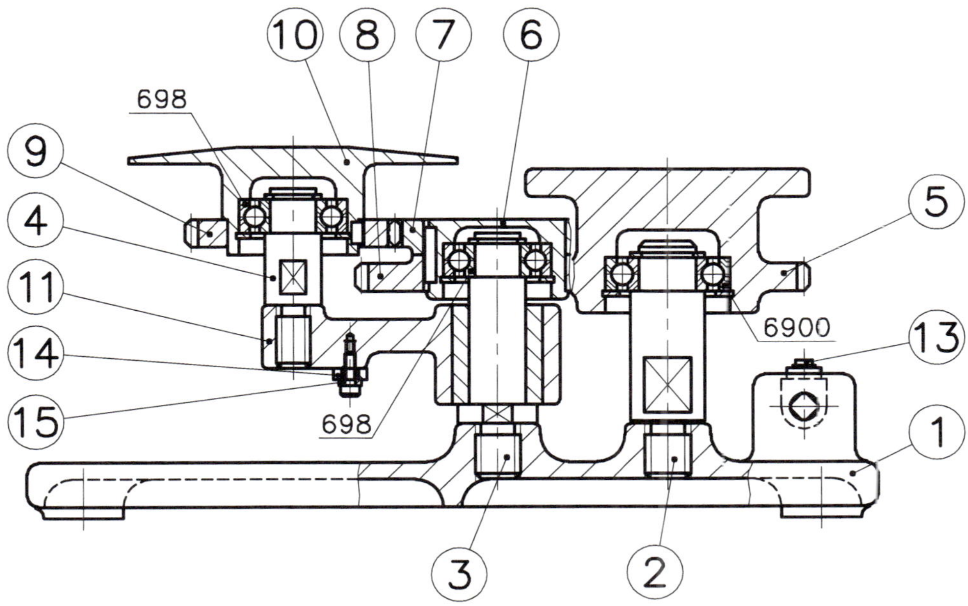

※ 본 도서의 맨 뒷부분에 위 도면을 1:1 사이즈로 수록해놓았습니다.

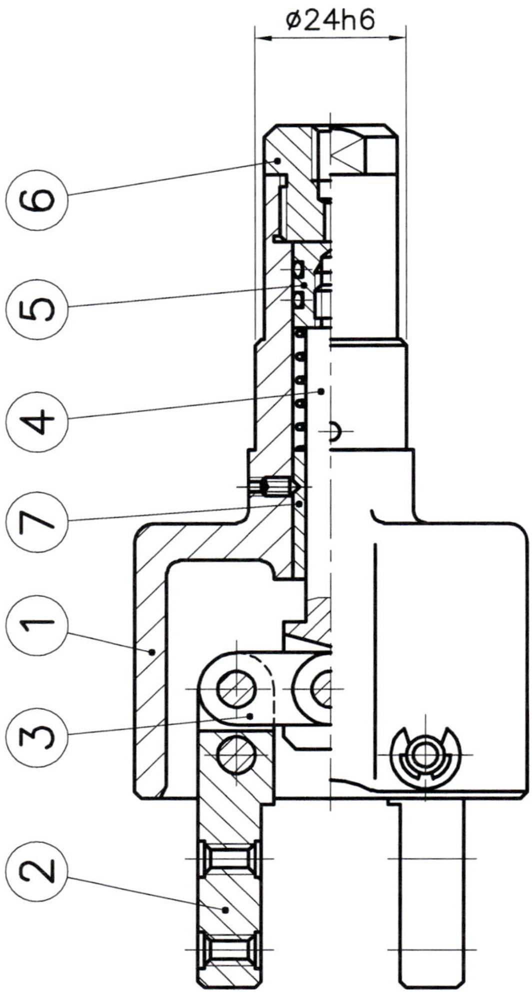

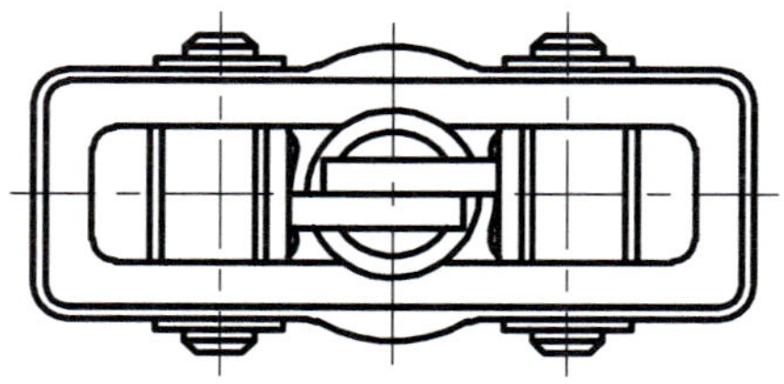

※ 본 도서의 맨 뒷부분에 위 도면을 1:1 사이즈로 수록해놓았습니다.

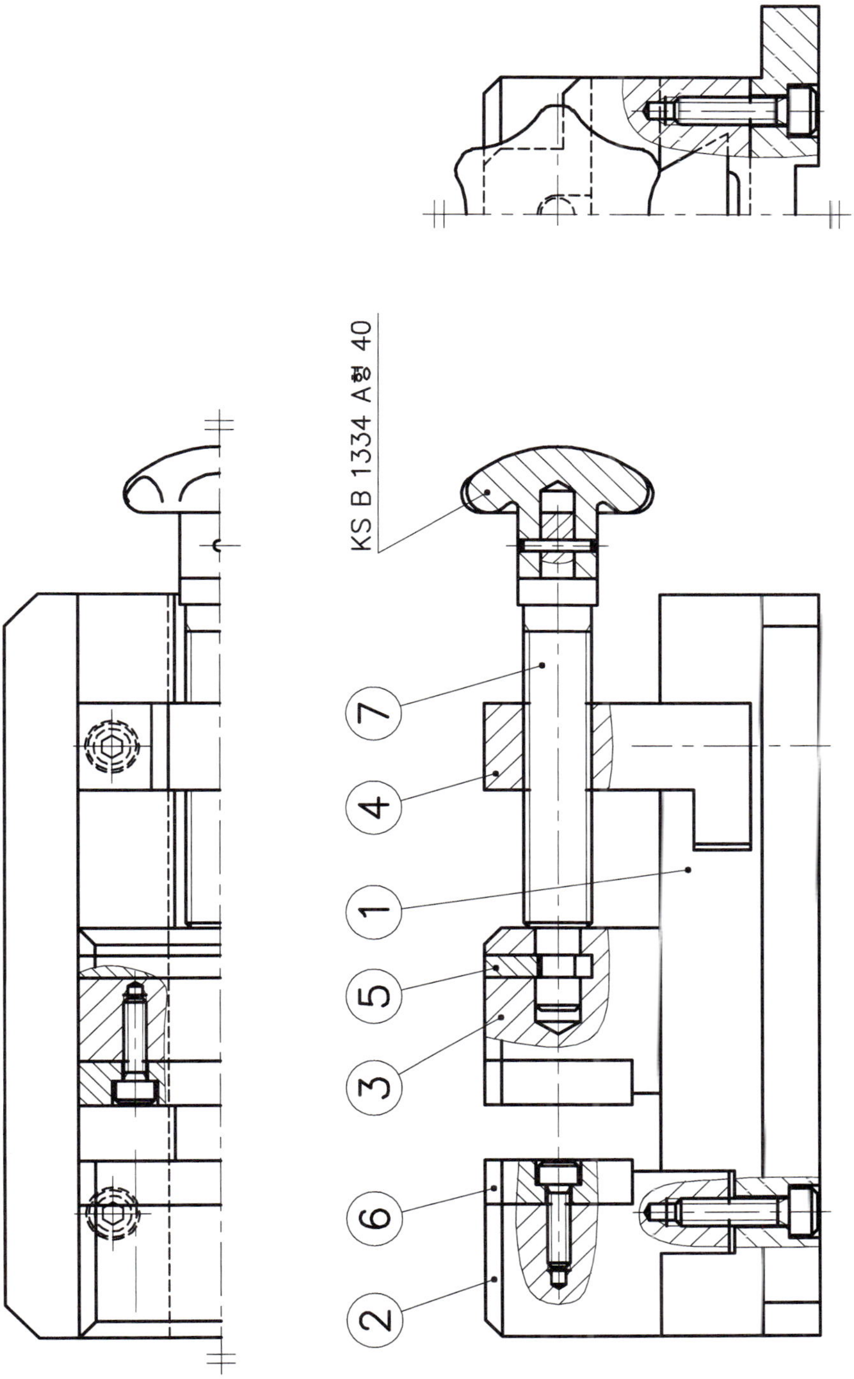

※ 본 도서의 맨 뒷부분에 위 도면을 1:1 사이즈로 수록해놓았습니다.

참고도면(D) 및 분해도(S)

1. 동력전달장치 - SS-MFL-D01, SS-MFL-S01
2. 축받침장치 - SS-MFL-D02, SS-MFL-S02
3. 링크전동장치 - SS-MFL-D03, SS-MFL-S03
4. 링크전동장치 - SS-MFL-D04, SS-MFL-S04
5. 직선왕복장치 - SS-MFL-D05, SS-MFL-S05
6. 편심왕복장치 - SS-MFL-D06, SS-MFL-S06
7. 편심왕복장치 - SS-MFL-D07, SS-MFL-S07
8. 중심조절장치 - SS-MFL-D08, SS-MFL-S08
9. 레버에어척 - SS-MFL-D09, SS-MFL-S09
10. 바이스 - SS-MFL-D10, SS-MFL-S10

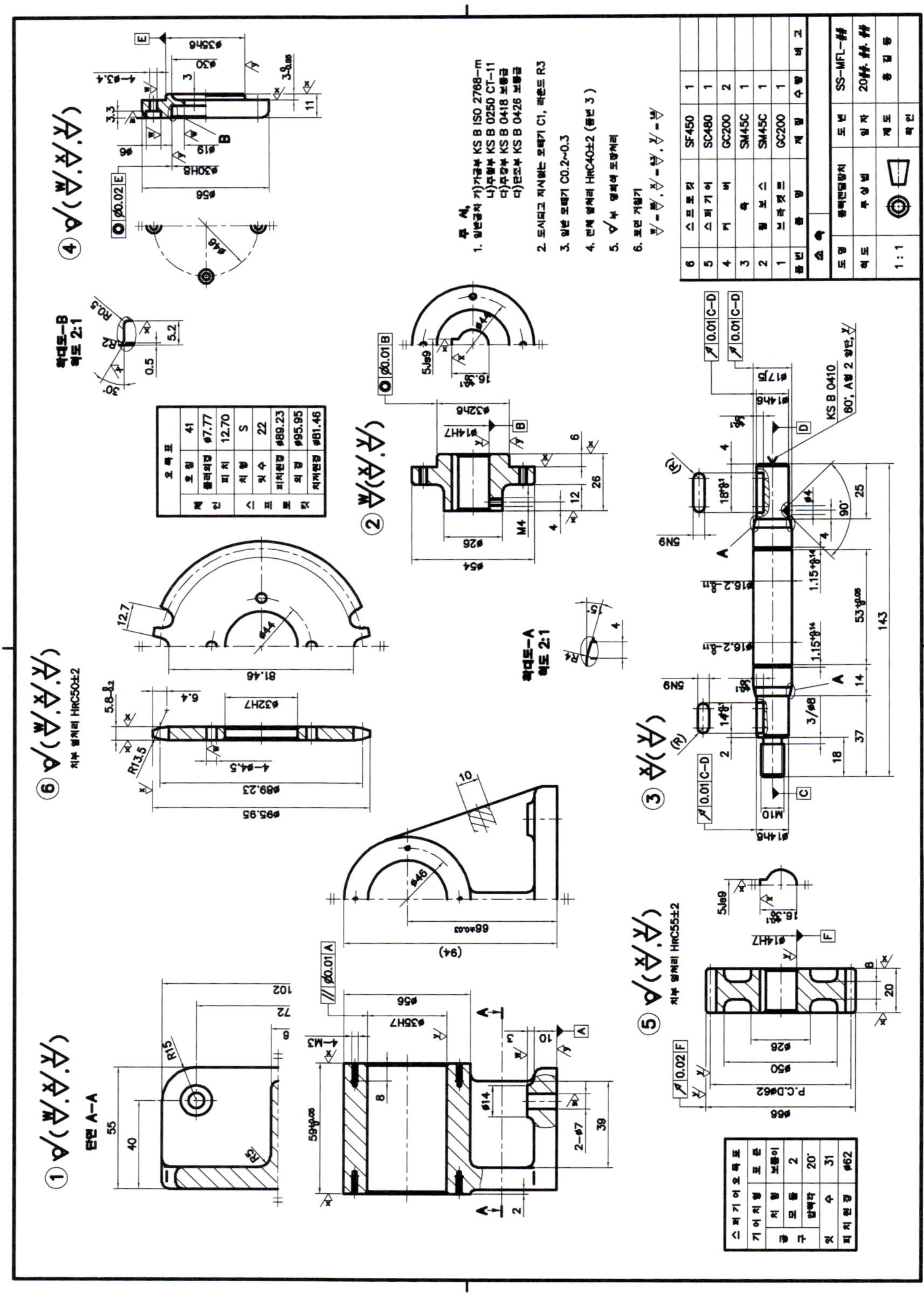
주 서
1. 일반공차 가)가공부 KS B ISO 2768-m
나)주강부 KS B 0250 CT-11
다)주강부 KS B 0418 보통급
라)단조부 KS B 0426 보통급
2. 도시되고 지시없는 모떼기 C1, 라운드 R3
3. 일반 모떼기 C0.2~0.3
4. 전체 열처리 HRC40±2 (품번 3)
동력전달장치
1:1
SS-MFL-##

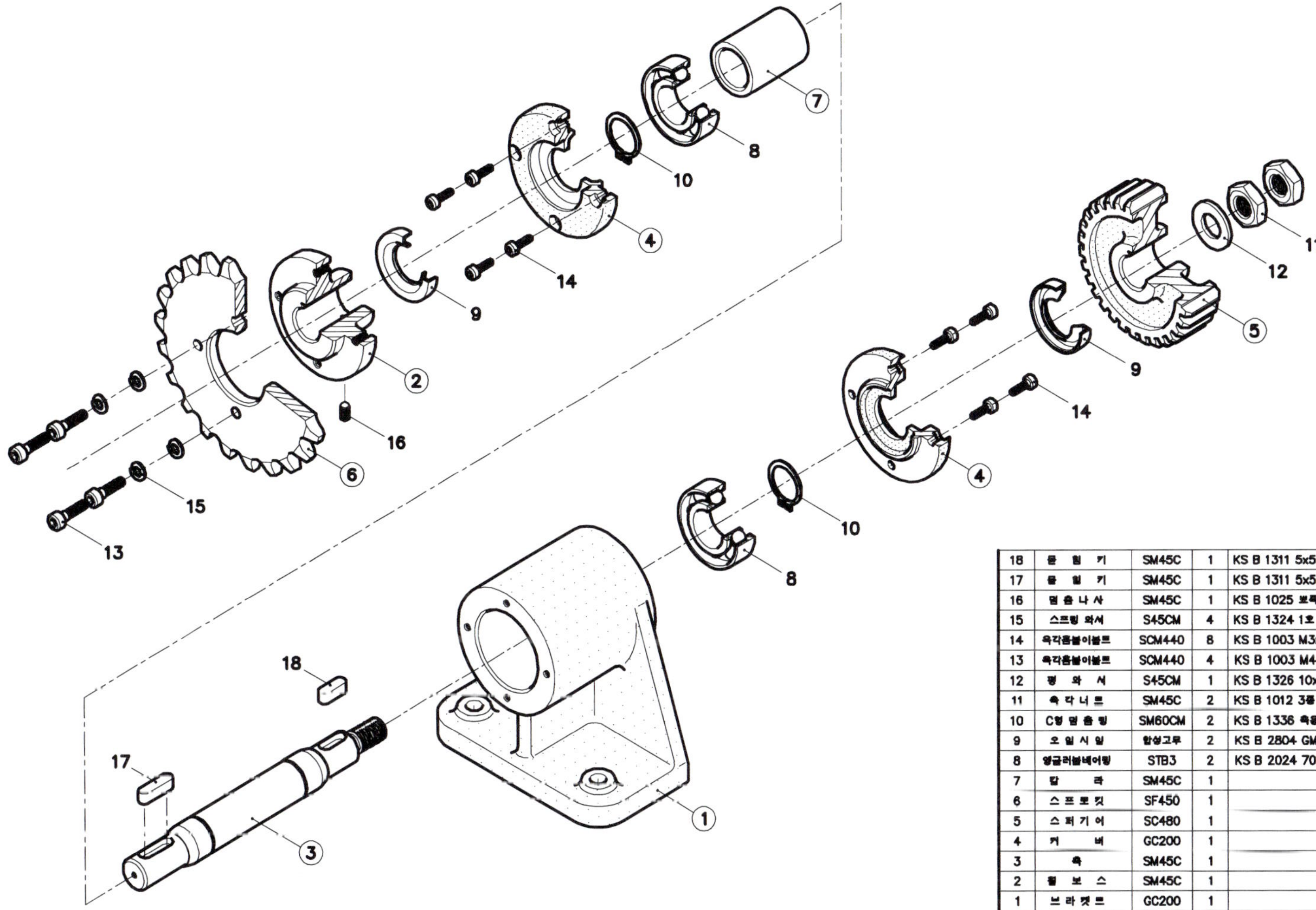

18	묻힘 키	SM45C	1	KS B 1311 5x5x14
17	묻힘 키	SM45C	1	KS B 1311 5x5x18
16	멈춤나사	SM45C	1	KS B 1025 뾰족끝 M4x10
15	스프링 와셔	S45CM	4	KS B 1324 1호 4
14	육각홈붙이볼트	SCM440	8	KS B 1003 M3x12
13	육각홈붙이볼트	SCM440	4	KS B 1003 M4x14
12	평 와 셔	S45CM	1	KS B 1326 10x21x2
11	육각너트	SM45C	2	KS B 1012 3종 M10
10	C형 멈춤링	SM60CM	2	KS B 1336 축용17
9	오일시일	합성고무	2	KS B 2804 GM 17x30x5
8	앵귤러볼베어링	STB3	2	KS B 2024 7003
7	칼 라	SM45C	1	
6	스프로킷	SF450	1	
5	스퍼기어	SC480	1	
4	커 버	GC200	1	
3	축	SM45C	1	
2	휠 보 스	SM45C	1	
1	브라켓트	GC200	1	
품번	품 명	재 질	수 량	비 고
도 명	동력전달장치	척 도	NS	

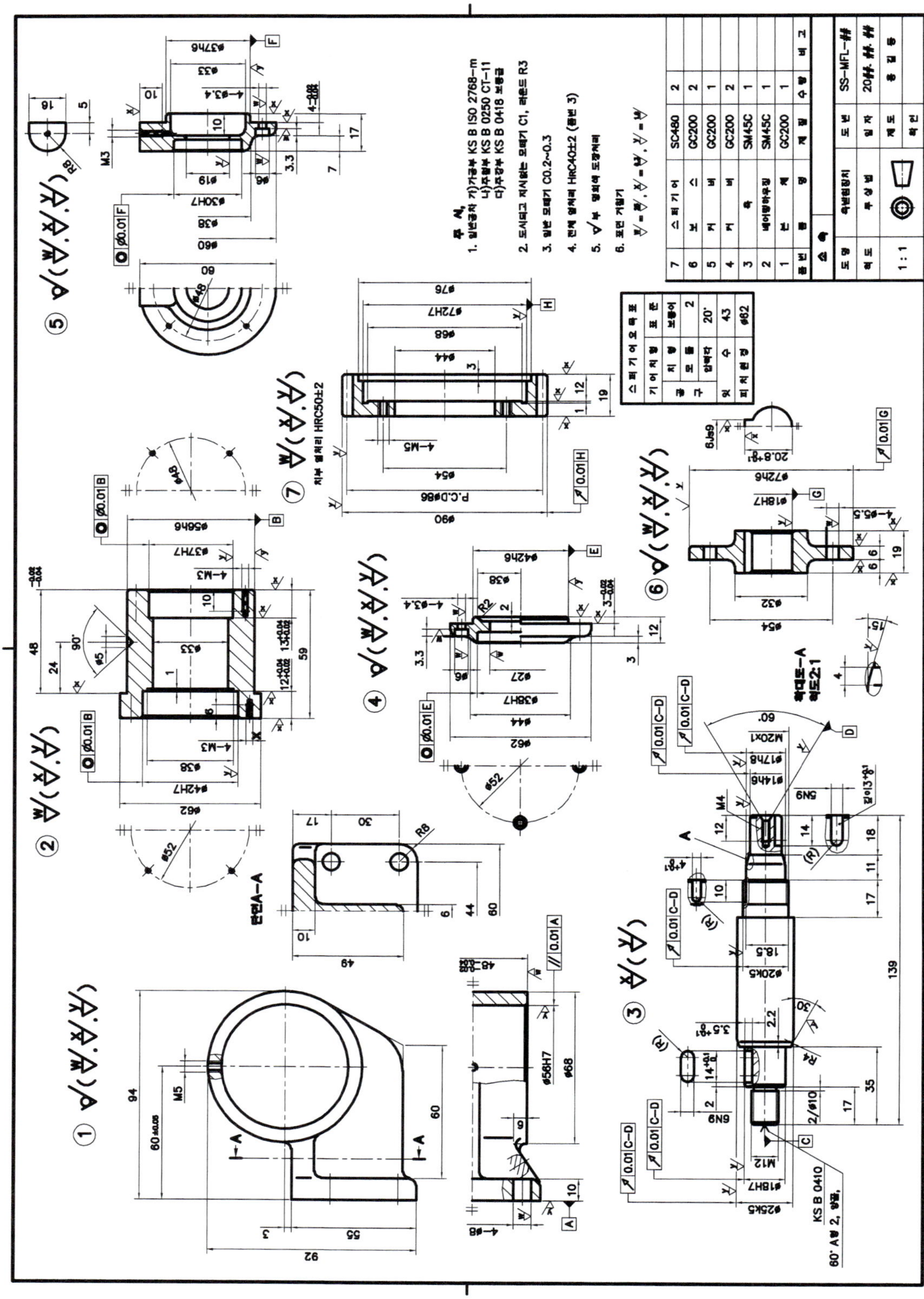
7 스퍼기어 SC480 2
6 보스 GC200 2
5 커버 GC200 1
4 커버 GC200 2
3 축 SM45C 1
2 베어링하우징 SM45C 1
1 본체 GC200 1
품번 품명 재질 수량 비고
도명 축받침장치
척도 1:1
도번 SS-MFL-##

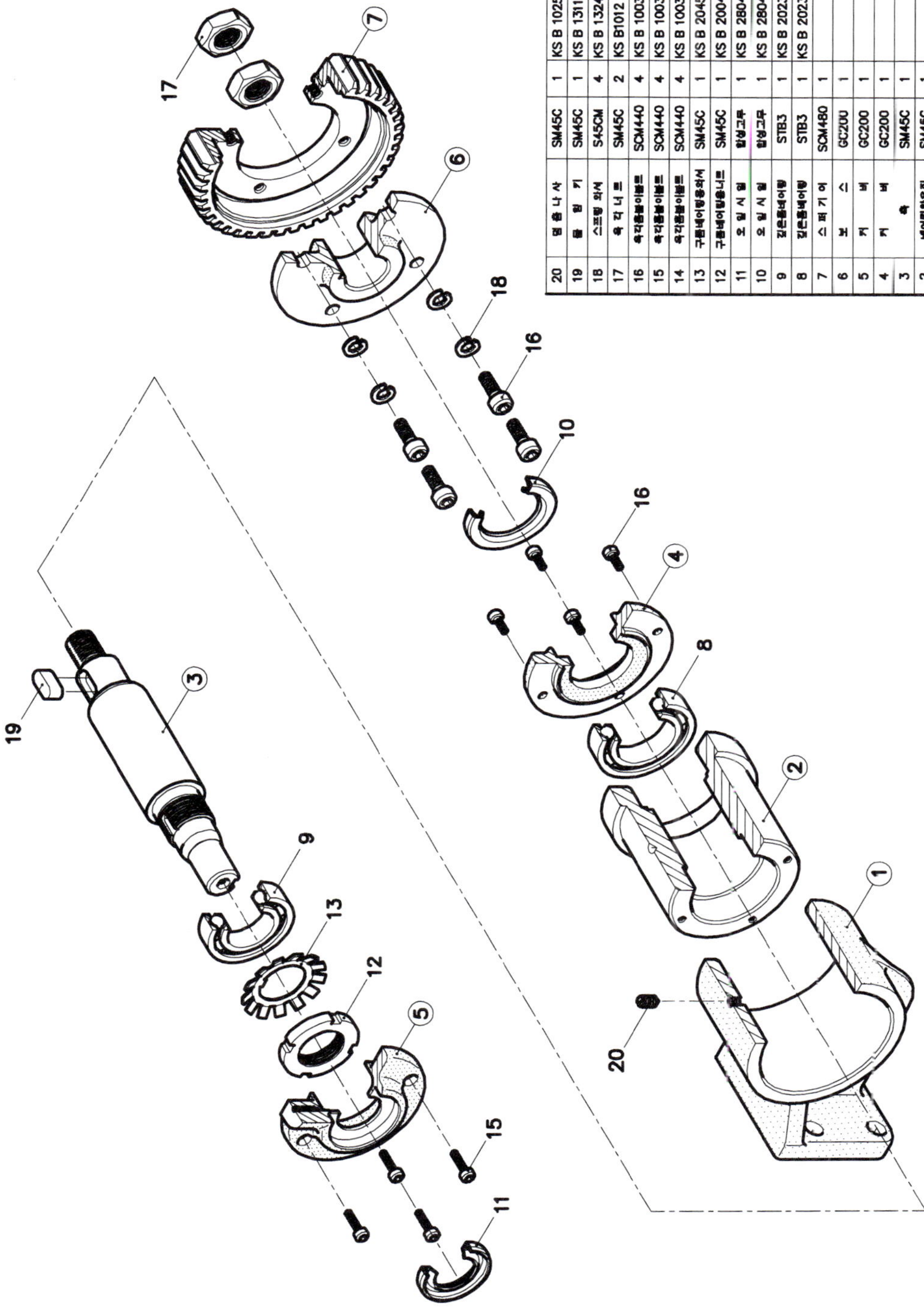

품번	품명	재질	수량	비고
20	멈춤나사	SM45C	1	KS B 1025 뾰족끝 M5x9
19	묻힘키	SM45C	1	KS B 1311 6x6x14
18	스프링 와셔	S45CM	4	KS B 1324 1호 5
17	육각너트	SM45C	2	KS B1012 3종 M12
16	육각홈붙이볼트	SCM440	4	KS B 1003 M3x8
15	육각홈붙이볼트	SCM440	4	KS B 1003 M3x12
14	육각홈붙이볼트	SCM440	4	KS B 1003 M5x14
13	구름베어링용와셔	SM45C	1	KS B 2045 AW04
12	구름베어링용너트	SM45C	1	KS B 2004 AN4
11	오일시일	합성고무	1	KS B 2804 G 17x30x5
10	오일시일	합성고무	1	KS B 2804 G 25x38x5
9	깊은홈베어링	STB3	1	KS B 2023 6904
8	깊은홈베어링	STB3	1	KS B 2023 6905
7	스퍼기어	SCM480	1	
6	보스	GC200	1	
5	커버	GC200	1	
4	커버	GC200	1	
3	축	SM45C	1	
2	베어링하우징	SM45C	1	
1	본체	GC200	1	

도명	축받침장치	척도	NS

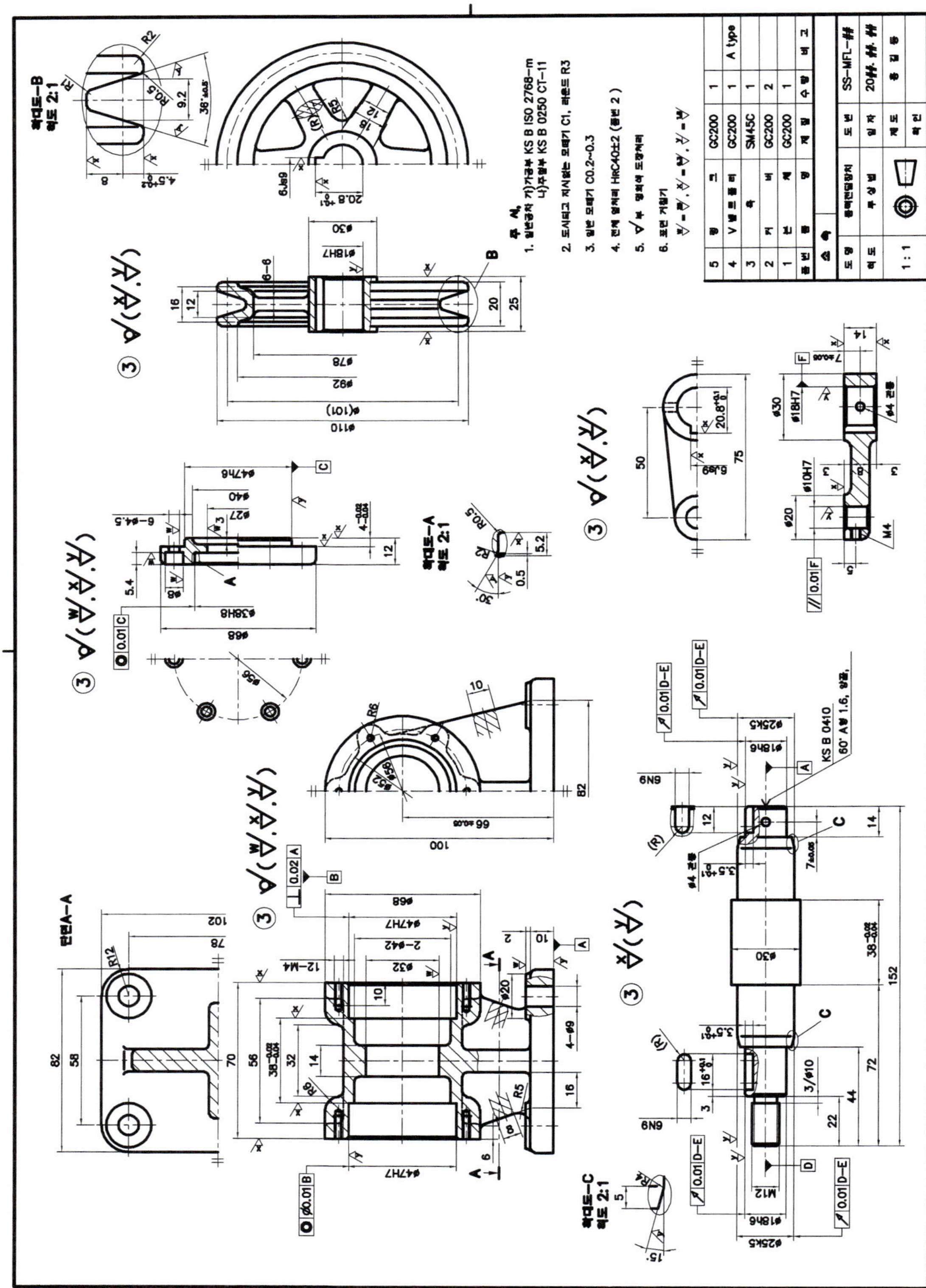
주 서
1. 일반공차 가)가공부 KS B ISO 2768-m
나)주조부 KS B 0250 CT-11
2. 도시되고 지시없는 모떼기 C1, 라운드 R3
3. 일반 모떼기 C0.2~0.3
4. 전체 열처리 HRC40±2 (품번 2)
5. √부 명회색 도장처리
6. 표면 거칠기
5 링크 GC200 1
4 V벨트풀리 GC200 1 A type
3 축 SM45C 1
2 커버 GC200 2
1 본체 GC200 1
품번 품명 재질 수량 비고
도명 동력전달장치 도번 SS-MFL-##
척도 1:1 투상법 3각법 일자 20##.##.##
제도 홍길동
확인
단면A-A
확대도-A 척도 2:1
확대도-B 척도 2:1
확대도-C 척도 2:1
KS B 0410 60° A형 1.6, 양端

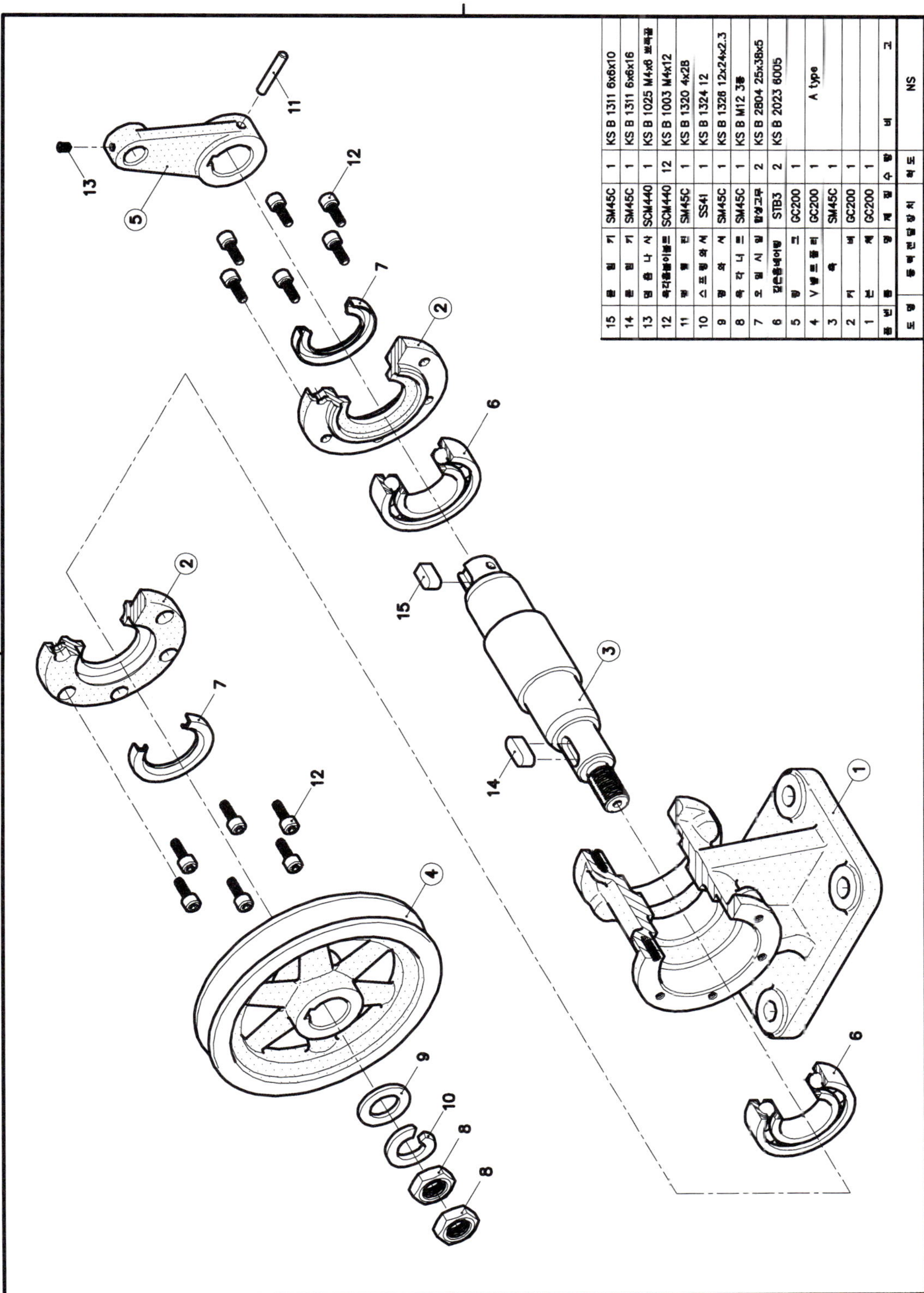

품번	품명	재질	수량	비고
15	묻힘키	SM45C	1	KS B 1311 6x6x10
14	묻힘키	SM45C	1	KS B 1311 6x6x16
13	멈춤나사	SCM440	1	KS B 1025 M4x6 뾰족끝
12	육각홈붙이볼트	SCM440	12	KS B 1003 M4x12
11	평행핀	SM45C	1	KS B 1320 4x28
10	스프링와셔	SS41	1	KS B 1324 12
9	평와셔	SM45C	1	KS B 1326 12x24x2.3
8	육각너트	SM45C	1	KS B M12 3종
7	오일시일	합성고무	2	KS B 2804 25x38x5
6	깊은홈베어링	STB3	2	KS B 2023 6005
5	링크	GC200	1	
4	V벨트풀리	GC200	1	A type
3	축	SM45C	1	
2	커버	GC200	1	
1	본체	GC200	1	
도명	동력전달장치	척도		NS

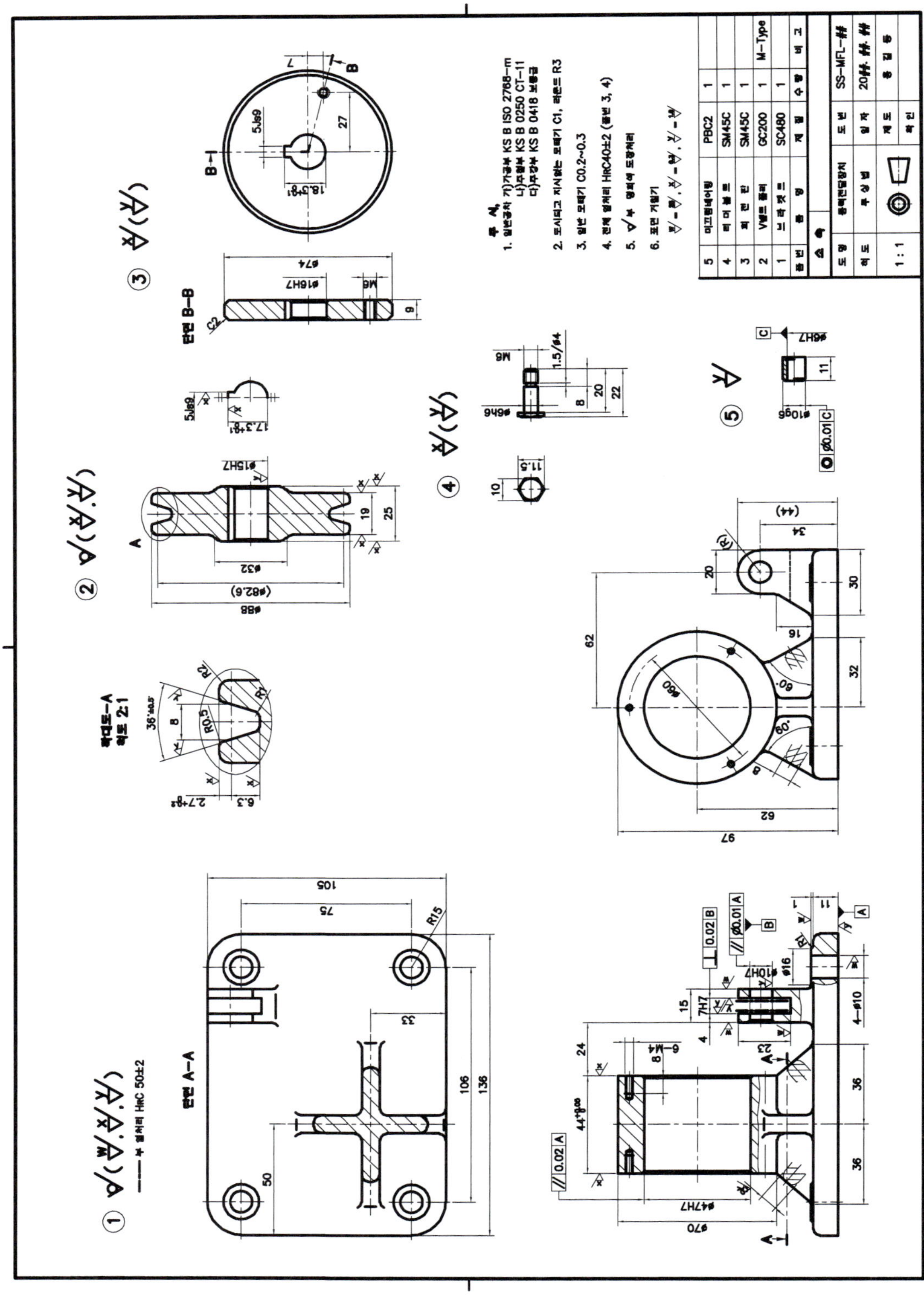
주 서,
1. 일반공차 가)가공부 KS B ISO 2768-m
나)주철부 KS B 0250 CT-11
다)주강부 KS B 0418 보통급
2. 도시되고 지시없는 모떼기 C1, 라운드 R3
3. 일반 모떼기 C0.2~0.3
4. 전체 열처리 HRC40±2 (품번 3, 4)
5. 부 명회색 도장처리
6. 표면 거칠기
5 미끄럼베어링 PBC2 1
4 리머볼트 SM45C 1
3 회전판 SM45C 1
2 V벨트 풀리 GC200 1 M-Type
1 브라켓트 SC480 1
품번 품명 재질 수량 비고
도명 동력전달장치 도번 SS-MFL-##
척도 1 : 1 투상법 일자 20##. ##. ##
단면 A-A
단면 B-B
확대도-A 척도 2:1

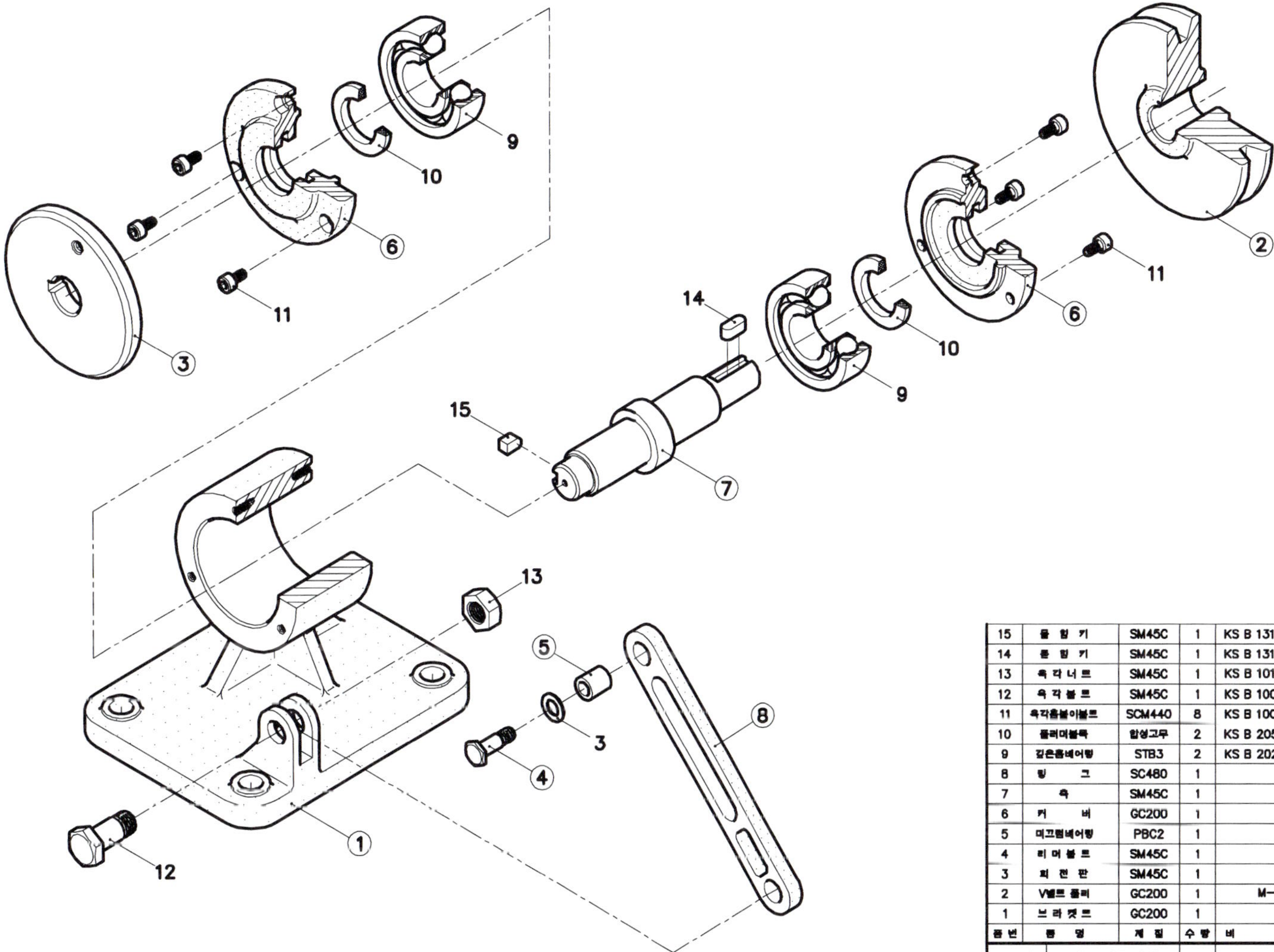

15	묻 힘 키	SM45C	1	KS B 1311 5x5x12
14	묻 힘 키	SM45C	1	KS B 1311 5x5x8
13	육 각 너 트	SM45C	1	KS B 1012 M10, 1종
12	육 각 볼 트	SM45C	1	KS B 1002 M10x20
11	육각홈붙이볼트	SCM440	8	KS B 1003 M4x8
10	플러머블록	합성고무	2	KS B 2052 SN505
9	깊은홈베어링	STB3	2	KS B 2023 6204
8	링 크	SC480	1	
7	축	SM45C	1	
6	커 버	GC200	1	
5	미끄럼베어링	PBC2	1	
4	리 머 볼 트	SM45C	1	
3	회 전 판	SM45C	1	
2	V벨트 풀리	GC200	1	M-Type
1	브 라 켓 트	GC200	1	
품번	품 명	재 질	수 량	비 고
도 명	링크전동장치	척 도	NS	

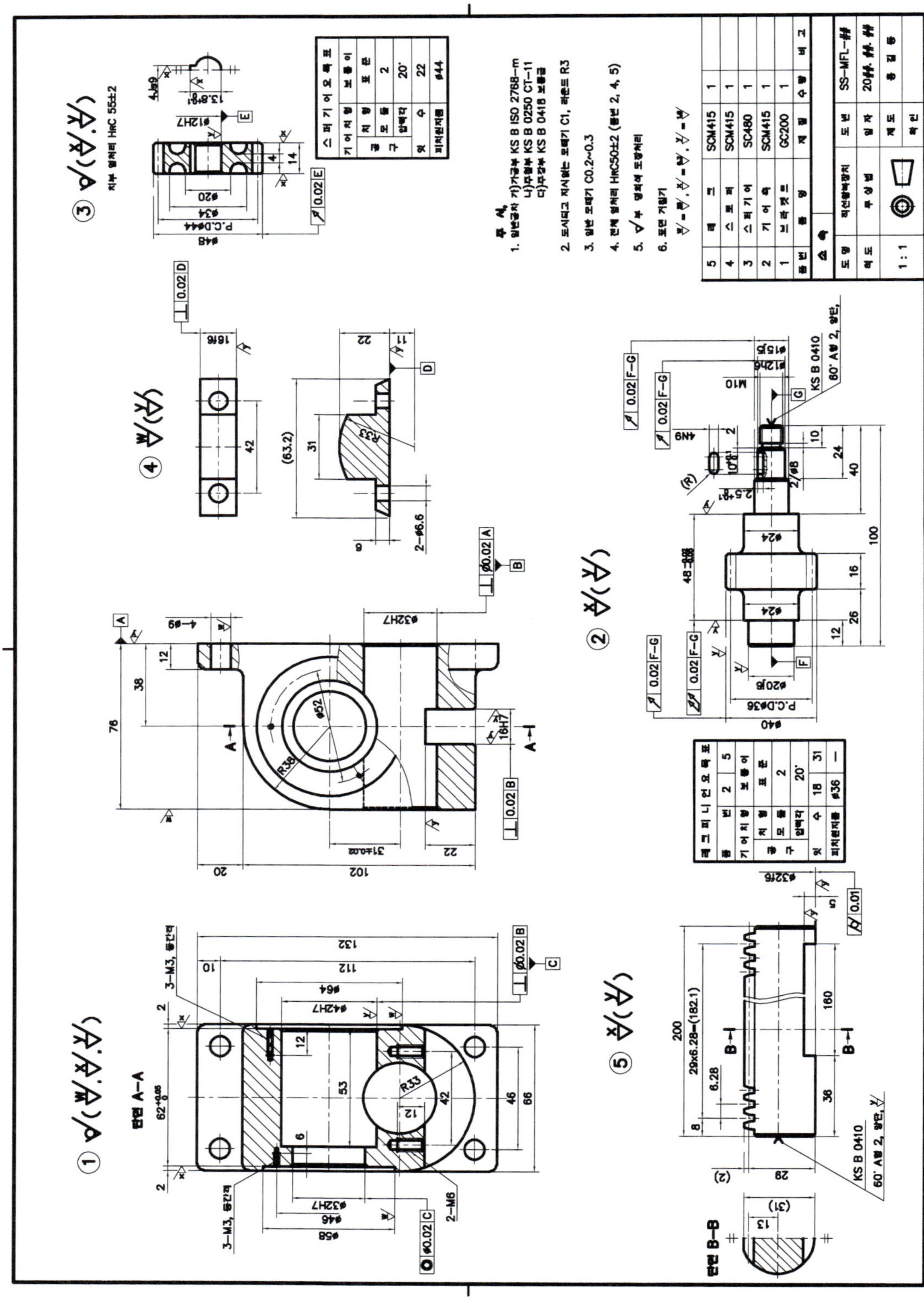

주 서
1. 일반공차 가)가공부 KS B ISO 2768-m
나)주조부 KS B 0250 CT-11
다)주강부 KS B 0418 보통급
2. 도시되고 지시없는 모떼기 C1, 필렛트 R3
3. 일반 모떼기 C0.2~0.3
4. 전체 열처리 HRC50±2 (품번 2, 4, 5)
6. 표면 거칠기
5 래크 SCM415 1
4 스토퍼 SCM415 1
3 스퍼기어 SC480 1
2 기어축 SCM415 1
1 브라켓트 GC200 1
품번 품명 재질 수량 비고
도명 직선왕복장치
도번 SS-MFL-##
척도 1:1

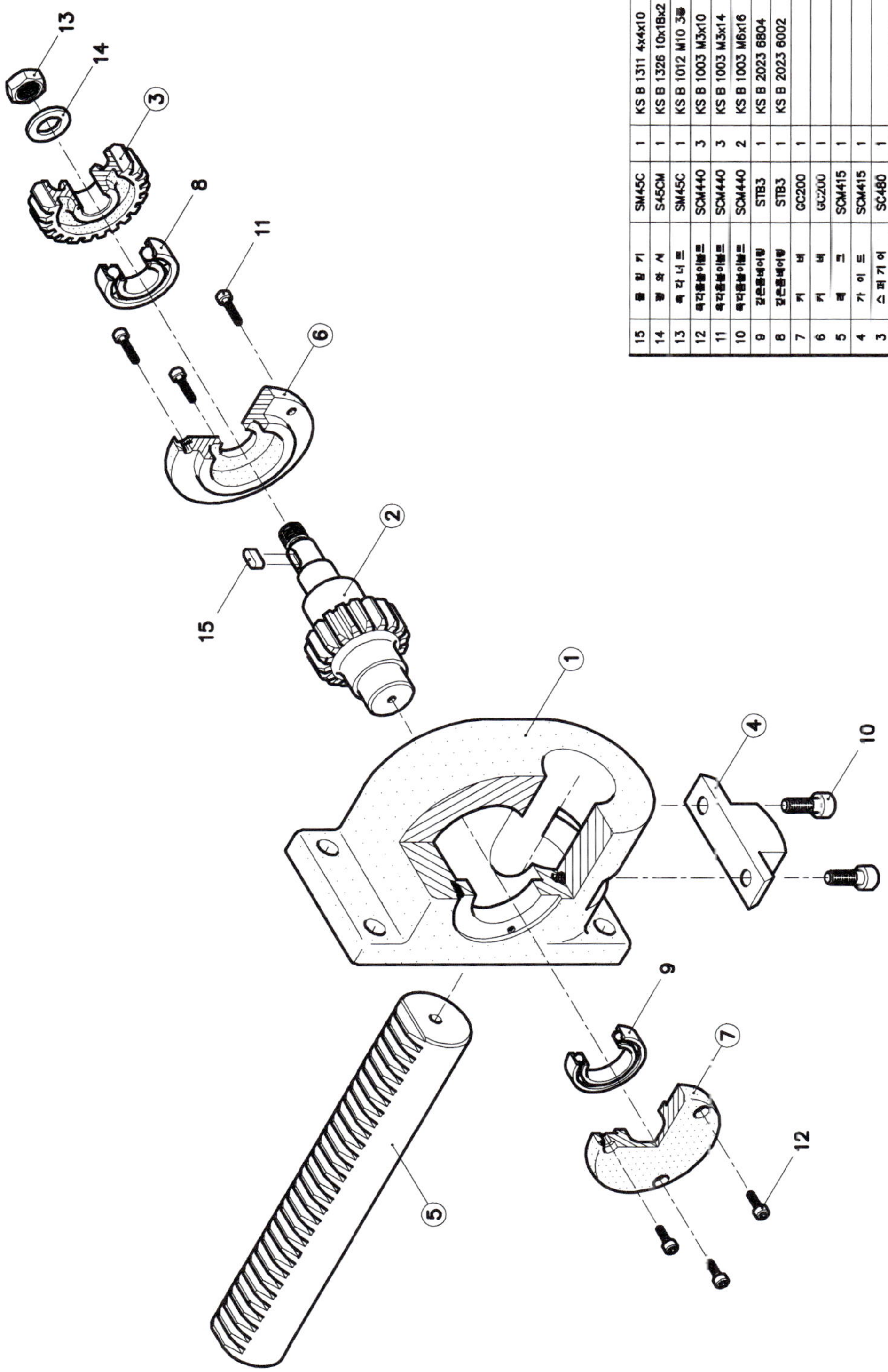

품번	품명	재질	수량	비고
15	묻힘 키	SM45C	1	KS B 1311 4x4x10
14	평와셔	S45CM	1	KS B 1326 10x18x2
13	육각너트	SM45C	1	KS B 1012 M10 3종
12	육각홈붙이볼트	SCM440	3	KS B 1003 M3x10
11	육각홈붙이볼트	SCM440	3	KS B 1003 M3x14
10	육각홈붙이볼트	SCM440	2	KS B 1003 M6x16
9	깊은홈볼베어링	STB3	1	KS B 2023 6804
8	깊은홈볼베어링	STB3	1	KS B 2023 6002
7	커버	GC200	1	
6	커버	GC200	1	
5	랙	SCM415	1	
4	가이드	SCM415	1	
3	스퍼기어	SC480	1	
2	기어축	SCM415	1	
1	본체	GC200	1	
도명	직선왕복장치		척도	NS

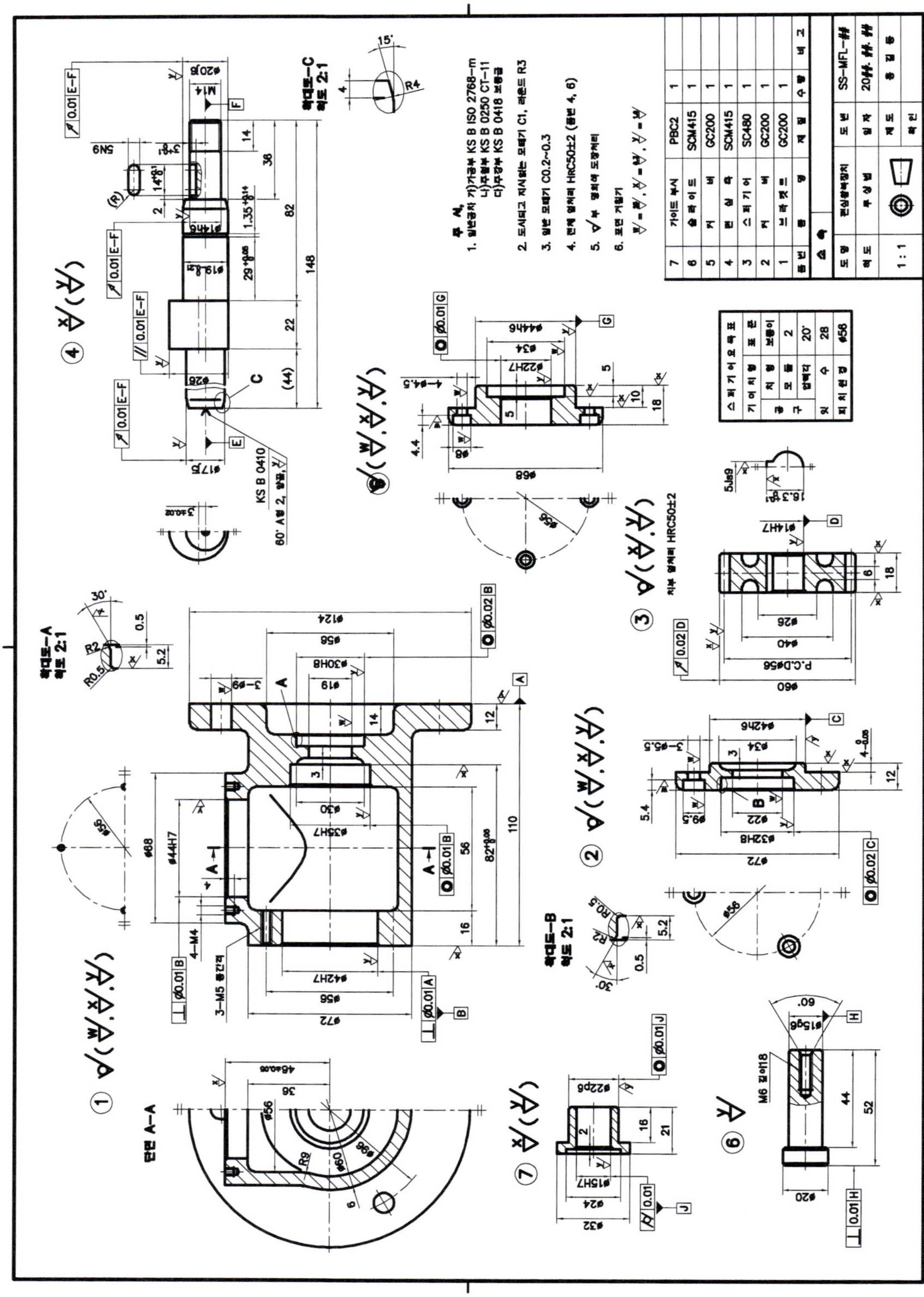

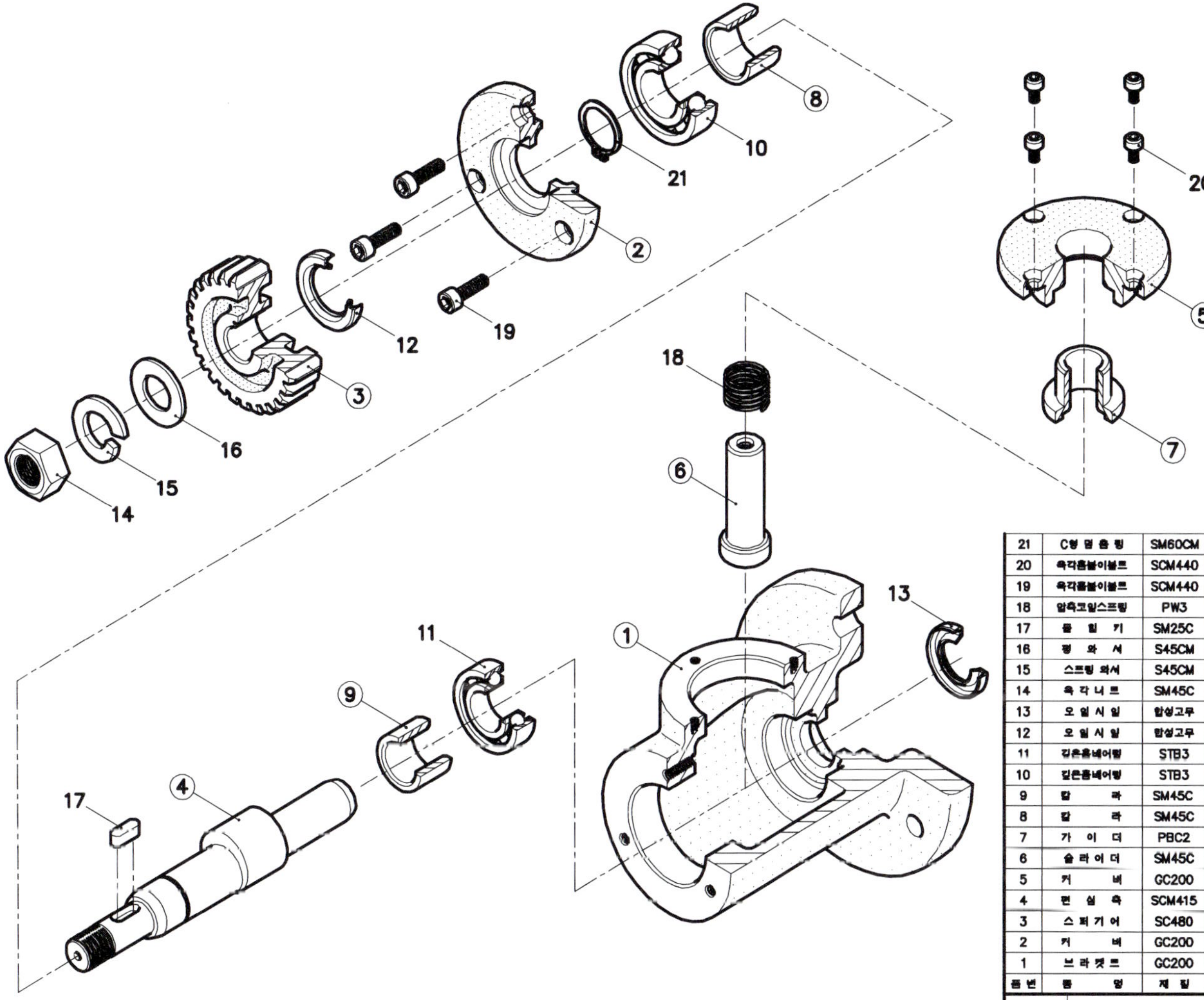

21	C형 멈춤 링	SM60CM	1	KS B 1336 축용 20
20	육각홈붙이볼트	SCM440	3	KS B 1003 M4x6
19	육각홈붙이볼트	SCM440	4	KS B 1003 M5x18
18	압축코일스프링	PW3	1	
17	묻 힘 키	SM25C	1	KS B 1033 5x514
16	평 와 셔	S45CM	1	KS B 1326 14x28x2.5
15	스프링 와셔	S45CM	1	KS B 1324 1호 14
14	육 각 너 트	SM45C	1	KS B 1012 M14 1종
13	오 일 시 일	합성고무	1	KS B 2804 GM 17x30x5
12	오 일 시 일	합성고무	1	KS B 2804 GM 20x32x5
11	깊은홈볼베어링	STB3	1	KS B 2023 6003
10	깊은홈볼베어링	STB3	1	KS B 2023 6004
9	칼 라	SM45C	1	
8	칼 라	SM45C	1	
7	가 이 더	PBC2	1	
6	슬 라 이 더	SM45C	1	
5	커 버	GC200	1	
4	편 심 축	SCM415	1	
3	스 퍼 기 어	SC480	1	
2	커 버	GC200	1	
1	브 라 켓 트	GC200	1	
품번	품 명	재 질	수 량	비 고
도 명	편심왕복장치	척 도	NS	

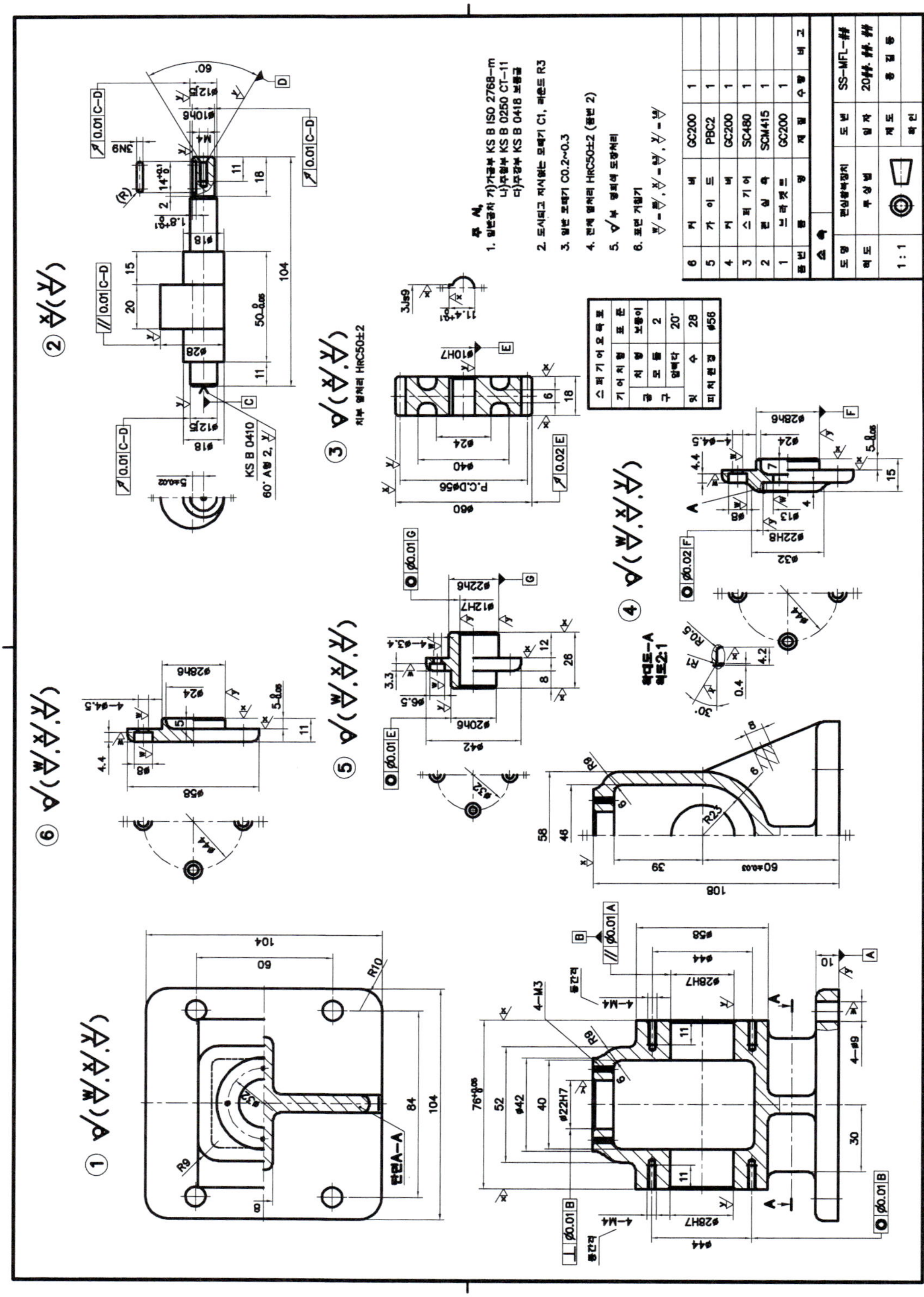

GC200
PBC2
GC200
SC480
SCM415
GC200
SS−MFL−##
1 : 1

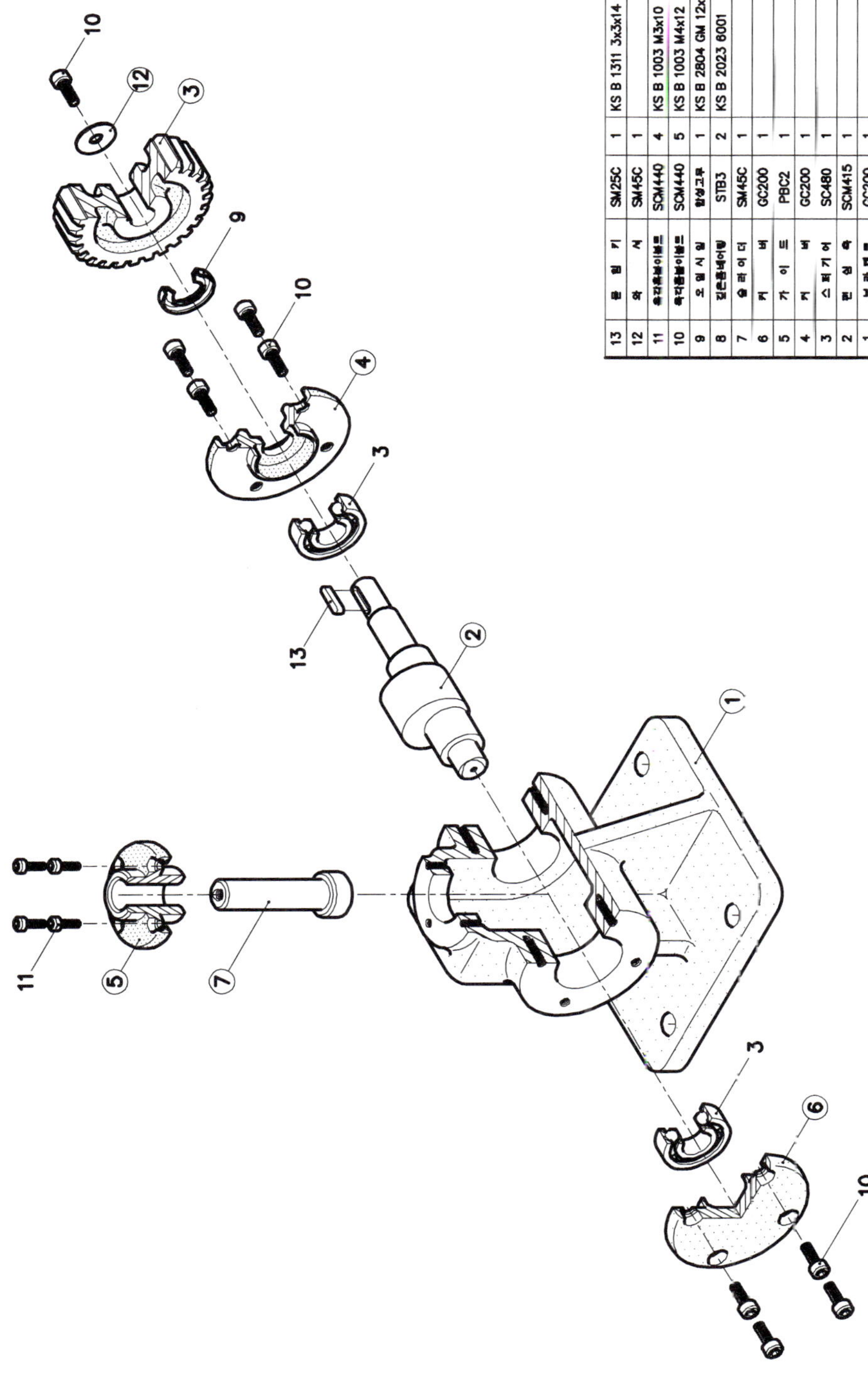

품번	품명	재질	수량	비고
13	묻힘 키	SM25C	1	KS B 1311 3x3x14
12	와셔	SM45C	1	
11	육각홈붙이볼트	SCM440	4	KS B 1003 M3x10
10	육각홈붙이볼트	SCM440	5	KS B 1003 M4x12
9	오일시일	합성고무	1	KS B 2804 GM 12x22x4
8	깊은홈볼베어링	STB3	2	KS B 2023 6001
7	슬라이더	SM45C	1	
6	커버	GC200	1	
5	가이드	PBC2	1	
4	커버	GC200	1	
3	스퍼기어	SC480	1	
2	편심축	SCM415	1	
1	브라켓트	GC200	1	

도명	편심왕복장치	척도	NS

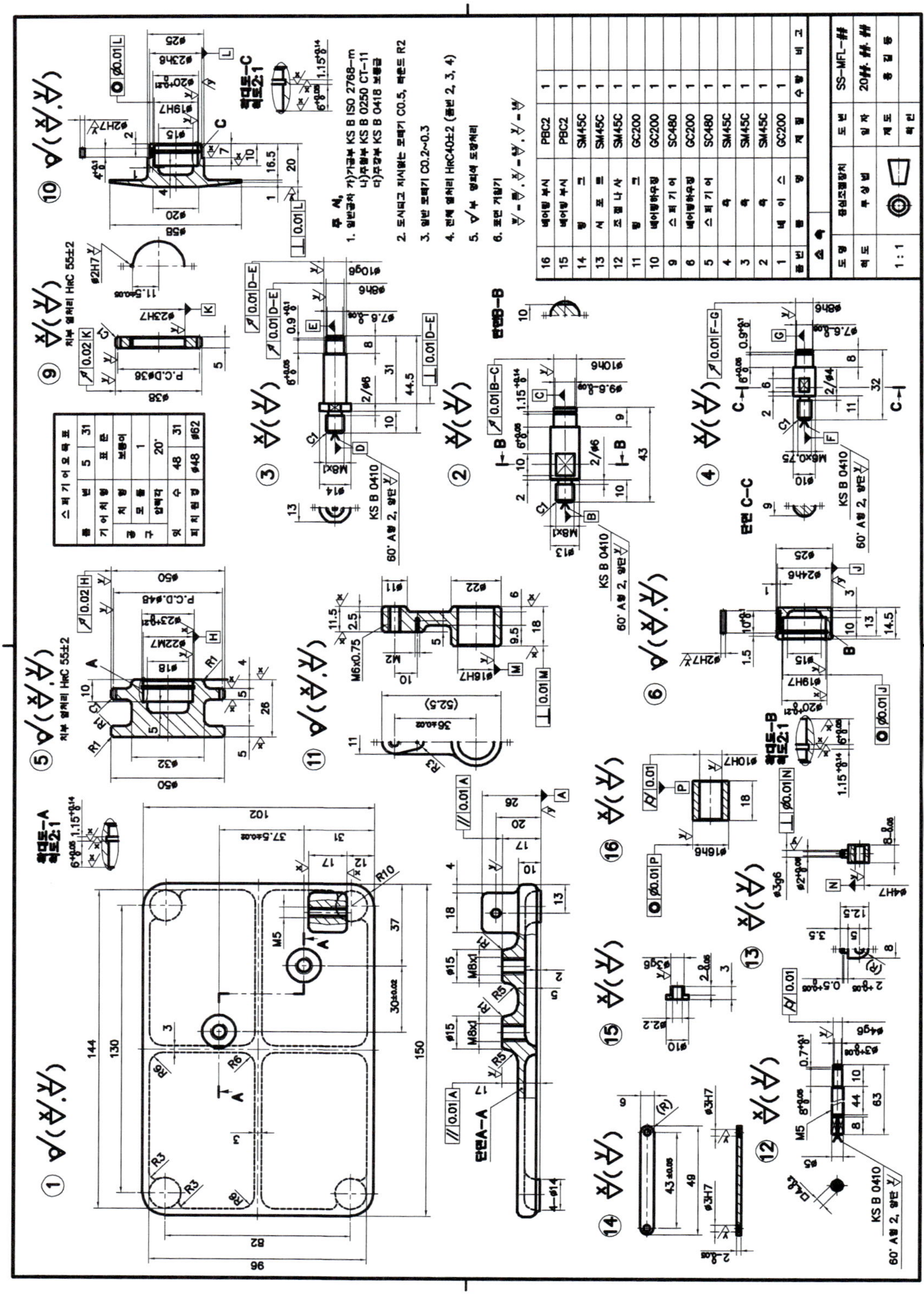

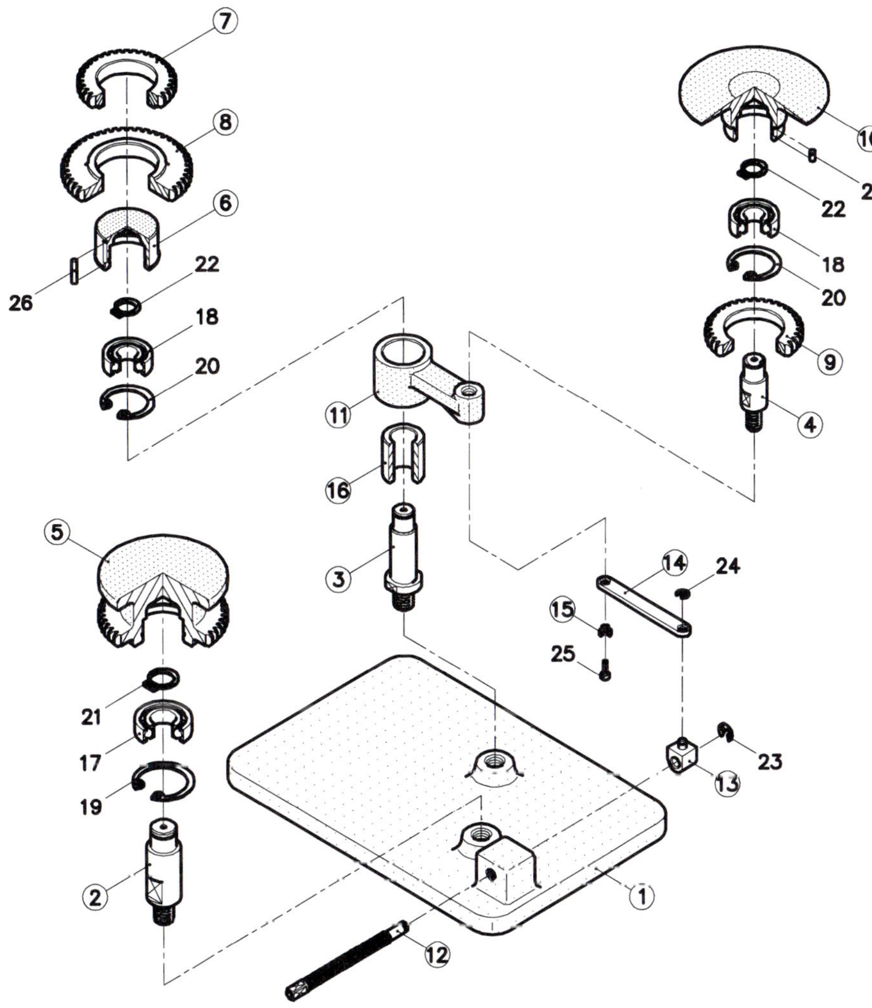

품번	품명	재질	수량	비고
27	평행핀	SM45C	1	KS B 1320 C종 2x4
26	평행핀	SM45C	1	KS B 1320 C종 2x10
25	육각홈붙이볼트	SCM440	1	KS B 1003 M2x6
24	E형 멈춤링	SM60CM	1	KS B 1337 2
23	E형 멈춤링	SM60CM	1	KS B 1337 3
22	C형 멈춤링	SM60CM	1	KS B 1336 축용 8
21	C형 멈춤링	SM60CM	1	KS B 1336 축용 10
20	C형 멈춤링	SM60CM	1	KS B 1336 구멍용 19
19	C형 멈춤링	SM60CM	1	KS B 1336 구멍용 22
18	깊은홈베어링	STB3	1	KS B 2023 698
17	깊은홈베어링	STB3	1	KS B 2023 6900
16	베어링 부시	PBC2	1	
15	베어링 부시	PBC2	1	
14	링크	SM45C	1	
13	서포트	SM45C	1	
12	조절나사	SM45C	1	
11	링크	GC200	1	
10	베어링하우징	GC200	1	
9	스퍼기어	SC480	1	
8	스퍼기어	SC480	1	
7	스퍼기어	SC480	1	
6	베어링하우징	GC200	1	
5	스퍼기어	SC480	1	
4	축	SM45C	1	
3	축	SM45C	1	
2	축	SM45C	1	
1	베이스	GC200	1	
도명	중심조절장치		척도	NS

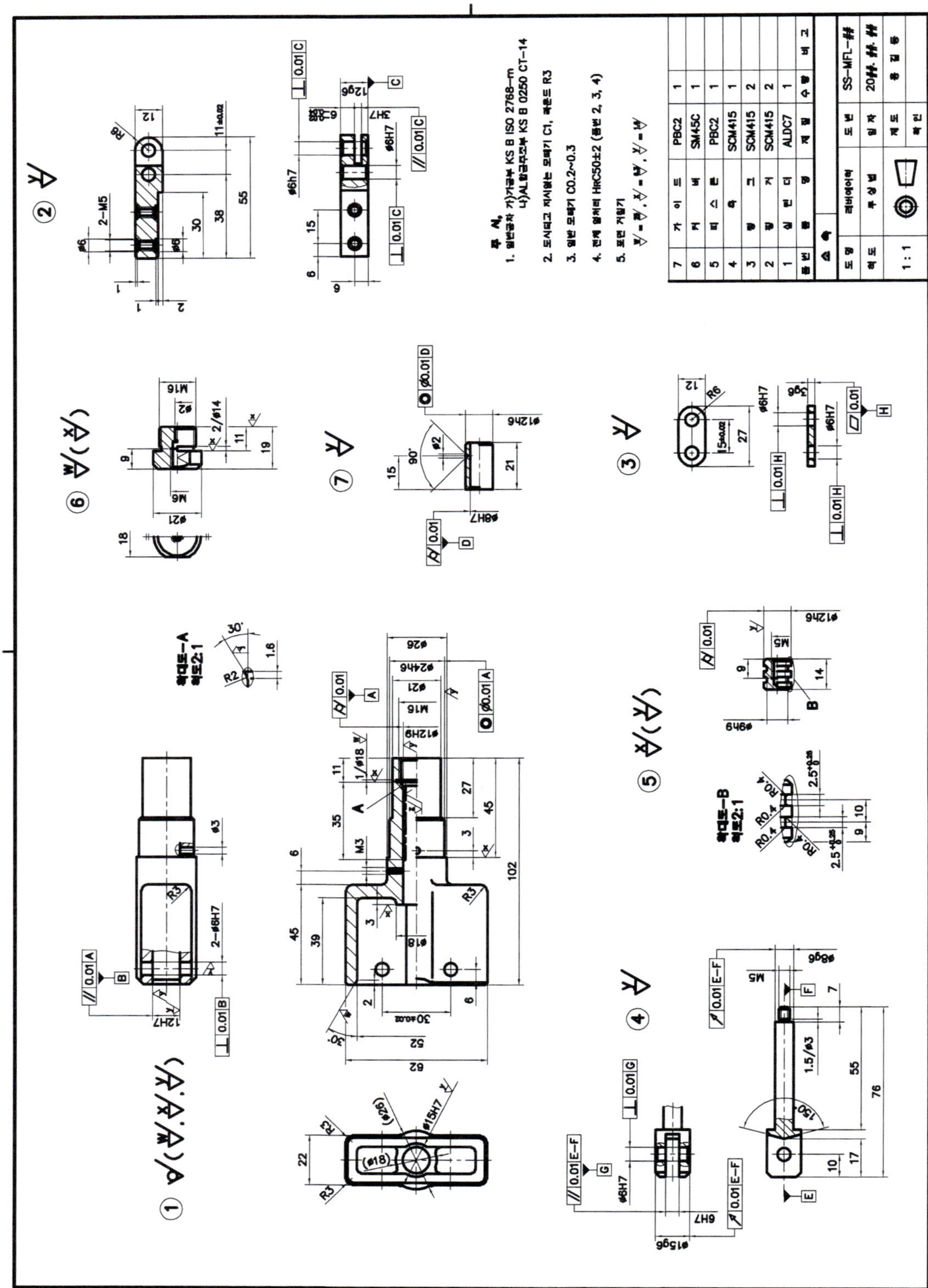

주 서,
1. 일반공차 가)가공부 KS B ISO 2768-m
나)AL합금주조부 KS B 0250 CT-14
2. 도시되고 지시없는 모떼기 C1, 필렛트 R3
3. 일반 모떼기 C0.2~0.3
4. 전체 열처리 HRC50±2 (품번 2, 3, 4)
5. 표면 거칠기
7 가이드 PBC2 1
6 커버 SM45C 1
5 피스톤 PBC2 1
4 축 SCM415 1
3 링크 SCM415 2
2 핑거 SCM415 2
1 실린더 ALDC7 1
품번 품명 재질 수량 비고
도명 레버에어척 도번 SS-MFL-##
척도 1:1 투상법 일자 20##.##.##
제도 홍길동
확인

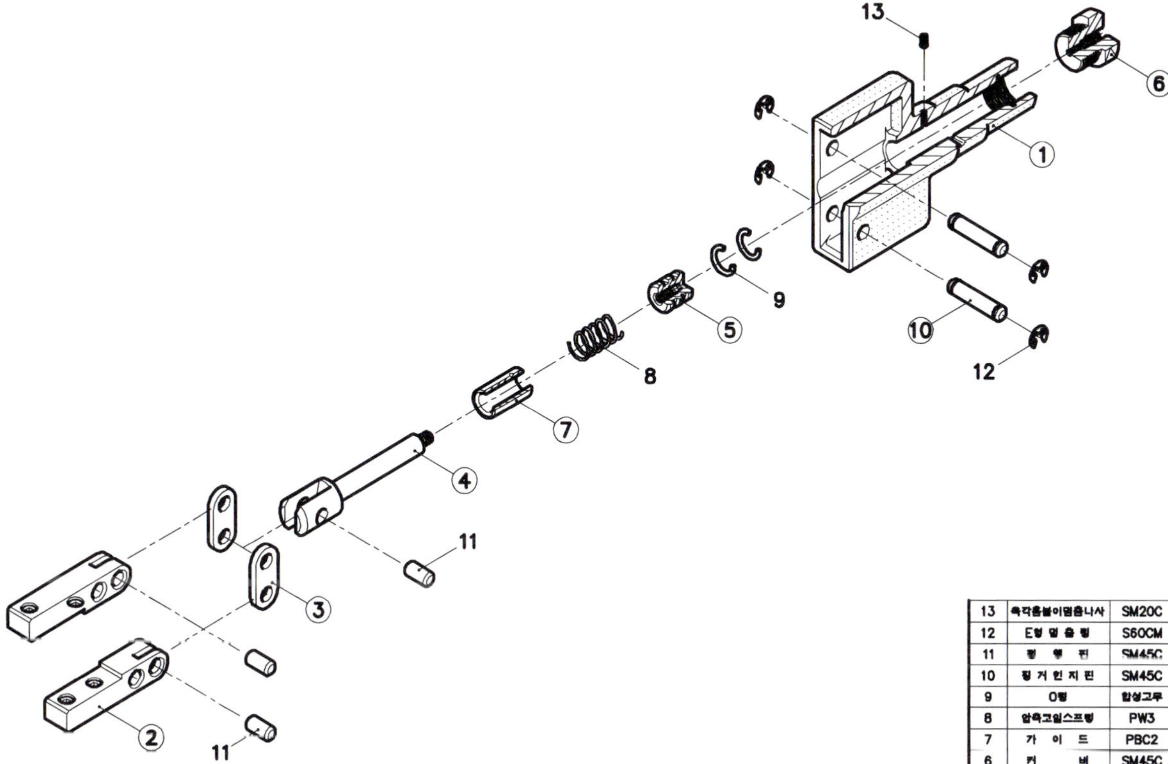

13	육각홈붙이멈춤나사	SM20C	1	KS B 1028 뾰족끝 M3x7
12	E형 멈춤링	S60CM	4	KS B 1337 4
11	평행핀	SM45C	3	KS B 1320 B종 6x12
10	핑거힌지핀	SM45C	2	
9	O링	합성고무	2	KS B 2805 P9
8	압축코일스프링	PW3	1	
7	가이드	PBC2	1	
6	커버	SM45C	1	
5	피스톤	PBC2	1	
4	축	SCM415	1	
3	링크	SCM415	2	
2	핑거	SCM415	2	
1	실린더	ALDC7	1	
품번	품명	재질	수량	비고
도명	레버에어척		척도	NS

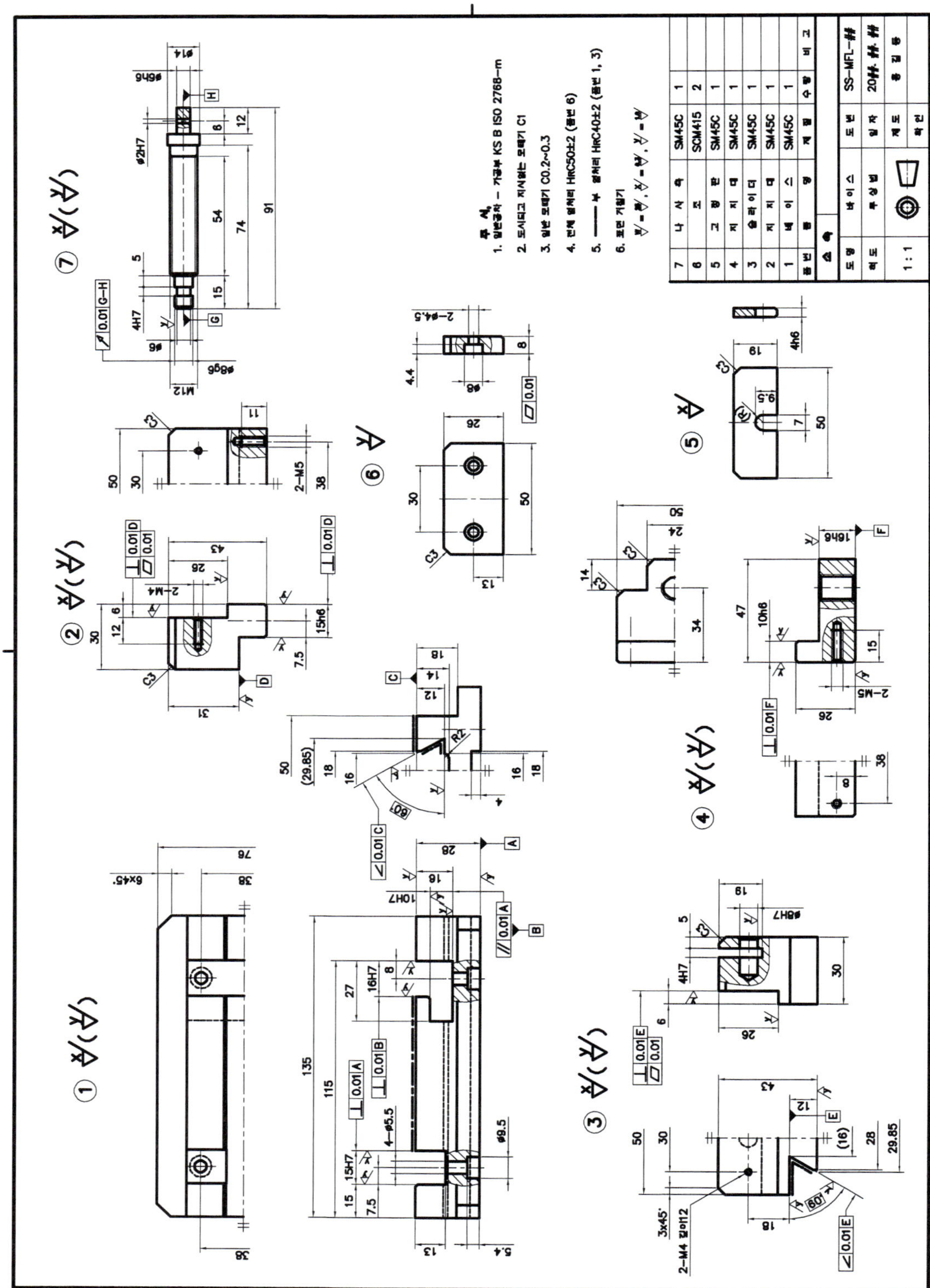
주 서
1. 일반공차 - 가공부 KS B ISO 2768-m
2. 도시되고 지시없는 모떼기 C1
3. 일반 모떼기 C0.2~0.3
4. 전체 열처리 HRC50±2 (품번 6)
5. ── 부 열처리 HRC40±2 (품번 1, 3)
6. 표면 거칠기
7 나사축 SM45C 1
6 조 SCM415 2
5 고정판 SM45C 1
4 지지대 SM45C 1
3 슬라이더 SM45C 1
2 지지대 SM45C 1
1 베이스 SM45C 1
품번 품명 재질 수량 비고
도명 바이스 도번 SS-MFL-##
척도 1 : 1

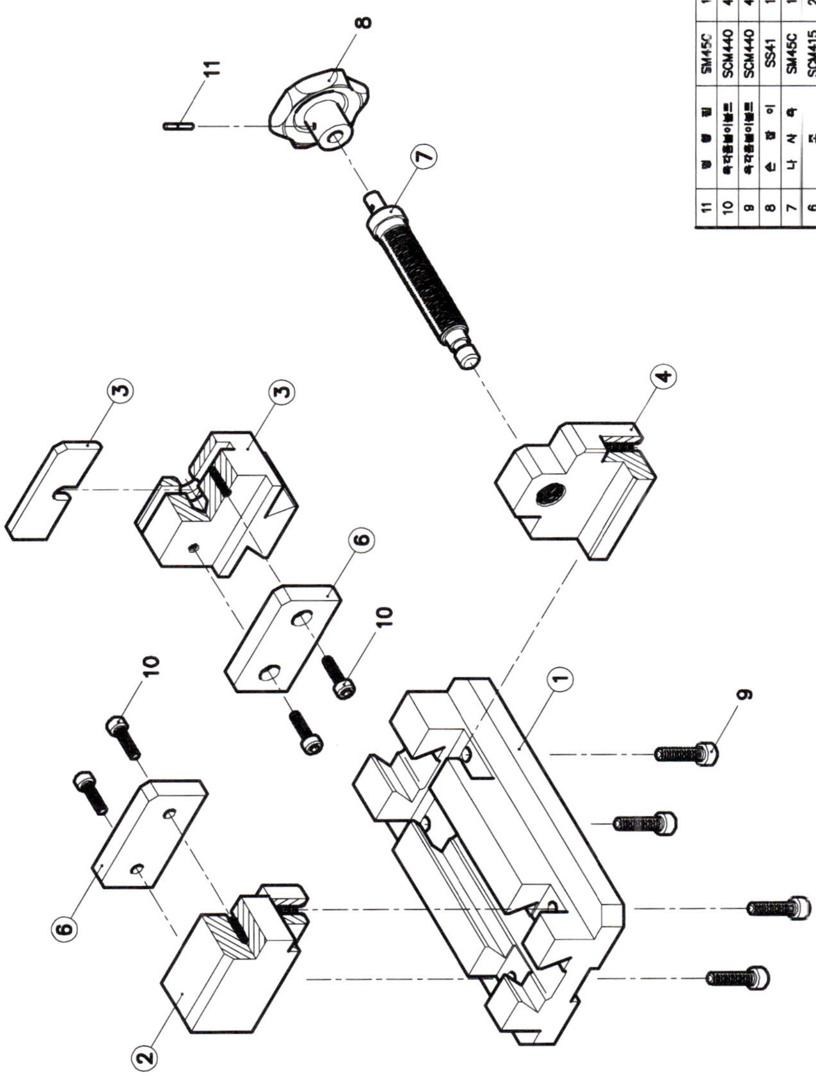

품번	품명	재질	수량	비고
11	평행핀	SM45C	1	KS B 1320 B종 2x12
10	육각홈붙이볼트	SCM440	4	KS B 1003 M4x16
9	육각홈붙이볼트	SCM440	4	KS B 1003 M5x20
8	손잡이	SS41	1	KS B 1334 A형 40
7	나사축	SM45C	1	
6	조	SCM415	2	
5	고정판	SM45C	1	
4	지지대	SM45C	1	
3	슬라이더	SM45C	1	
2	지지대	SM45C	1	
1	베이스	SM45C	1	
도명	바이스		척도	NS

부 록

명령어정리

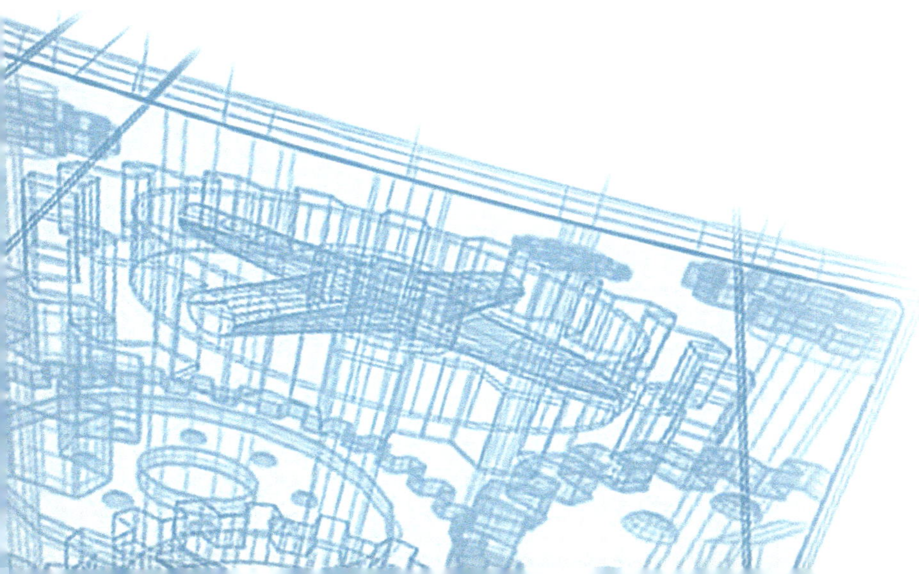

명 령 어 정 리

부 록

ARC 또는 A(단축명령)

호를 그리는 요소 명령

Command : A 또는 ARC

Specify start point of arc or [Center] :

⇨ 호의 시작점을 입력하거나 C를 선택하여 호의 중심점을 입력한다.

Specify second point of arc or [Center/End] : E

⇨ 호의 두 번째 점을 입력하거나 C를 선택하여 호의 중심점을 입력하거나, E를 선택하여 호의 끝점을 입력한다.

Specify end point of arc :

⇨ 호의 끝점을 입력한다.

Specify center point of arc or [Angle/Direction/Radius] : A

⇨ 호의 중심점을 입력하거나 A를 선택하여 호의 내부각을 입력하거나, D를 선택하여 접선의 각도를 입력하거나, R를 선택하여 반경을 입력한다.

Specify included angle :

⇨ 호의 내부각을 입력한다.

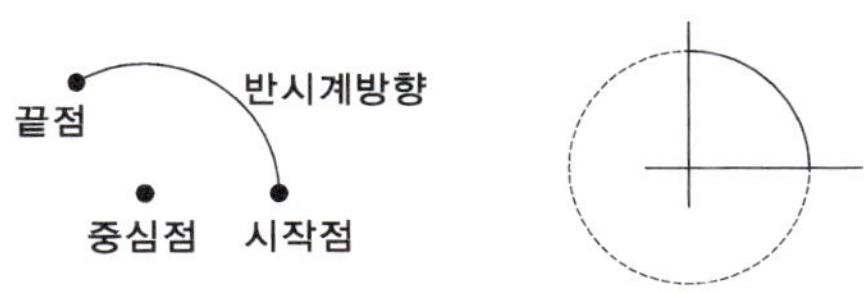

호(ARC)의 일반 사항

① 호(ARC)는 세 점 정의로 그린다.
② 호(ARC)는 반시계 방향으로 그리기 때문에 시작점 위치를 알맞게 선택해야 한다.
③ 일반적인 호(ARC)는 원(CIRCLE)을 편집해서 그리는 것이 편리하다.
④ 호(ARC) 작도 기능에서 S(시작점)/E(끝점)/A(각도)와 S(시작점)/E(끝점)/R(반경)을 기억해서 사용하면 편리하다.

ALIGN 또는 AL(단축명령)

2D 평면이나 3D 공간에서 요소들을 선택하여 이동 및 회전하여 정렬하는 명령

Command : AL 또는 ALIGN
Select objects : ⇨ 정렬할 요소들을 선택한다.
Select objects : ⇨ 마우스 우측버튼으로 진행한다.
Specify first source point : ⇨ 정렬할 물체의 첫 점을 입력한다.
Specify first destination point : ⇨ 첫 목표점을 입력하거나 또는 Enter [이동]
Specify second source point : ⇨ 정렬할 물체의 두 번째 점을 입력한다.
Specify second destination point :
⇨ 두 번째 목표점을 입력하거나 또는 Enter [이동 및 회전]
Specify third source point or <continue> :
⇨ 정렬할 물체의 세 번째 점을 입력한다.
Specify third destination point or [eXit] <X> :
⇨ 세 번째 목표점을 입력한다. [3D 공간에서 이동 및 회전]

ARRAY 또는 AR(단축명령)

선택된 요소를 사각 또는 원형 배열 복사하는 명령

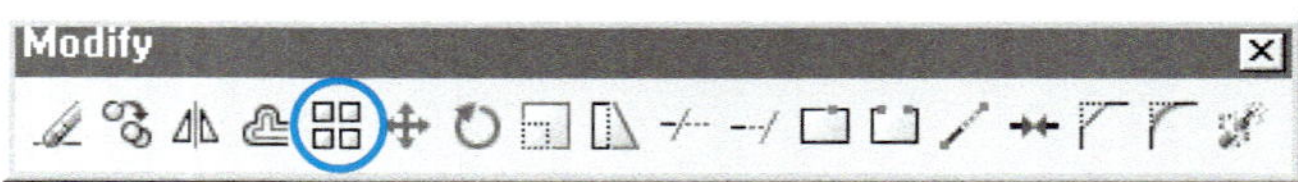

Command : AR 또는 ARRAY

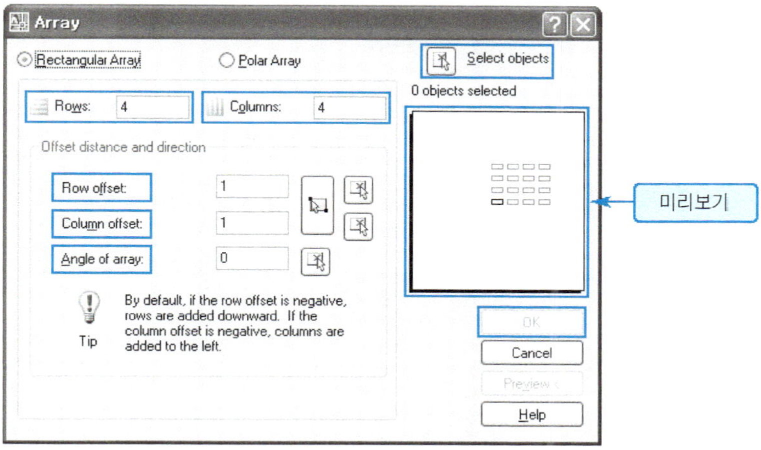

Rectangular Array(사각 배열 복사)

① Select objects : 배열 복사할 요소들을 선택한다.

② Rows : 행의 수를 입력한다.

③ Columns : 열의 수를 입력한다.

④ Row offset : 행 사이 거리 값으로 +값이면 위로, −값이면 아래로 배열 복사된다.

⑤ Columns offset : 열 사이 거리 값으로 +값이면 오른쪽으로, −값이면 왼쪽으로 배열 복사된다.

⑥ Angle of array : 배열 복사할 방향을 각도로 입력한다.

⑦ OK : 배열 복사되면서 종료됨

Command : AR 또는 ARRAY

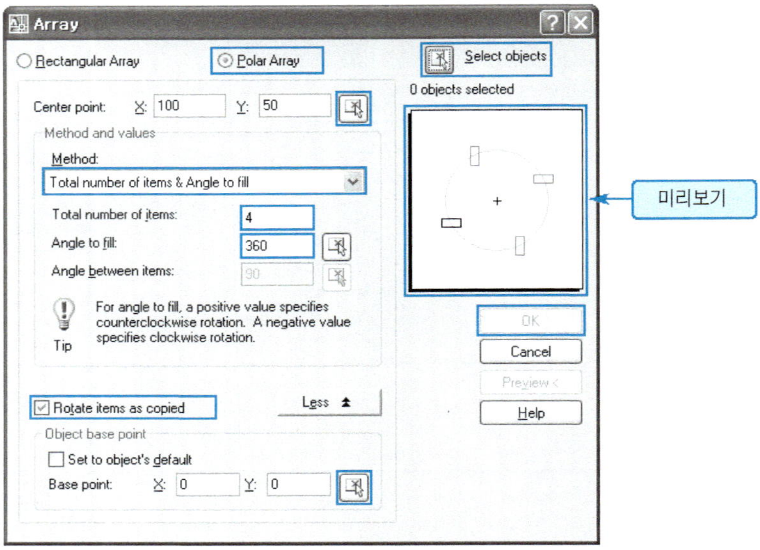

Polar Array(원형 배열 복사)

① Select objects : 배열 복사할 요소들을 선택한다.

② Center point : 원형 배열 복사할 중심점을 입력한다.

③ Total number of items & Angle to fill : 항목의 수와 채울 각도

- Total number of items : 배열 복사할 수(선택된 요소를 포함한 수 입력)
- Angle to fill : 채울 각도(+각이면 반시계 방향, −각이면 시계 방향)
- Total number of items & Angle between items : 항목의 수와 사잇각

  Total number of items : 배열 복사할 수(선택된 요소를 포함한 수 입력)

  Angle between items : 사잇각
- Angle to fill & Angle between items : 채울 각도와 사잇각

  Angle to fill : 채울 각도(+각이면 반시계 방향, −각이면 시계 방향)

  Angle between items : 사잇각

④ Rotate items as copied : ✔ 체크 회전하면서 배열 복사한다.

체크가 없으면 원형대로 배열 복사된다.

More를 선택하고 Set to object's default 체크를 풀면 Base point로 물체의 기준점을 입력할 수 있다.

⑤ OK : 배열 복사되면서 종료됨

BHATCH 또는 BH(단축명령)

일정한 영역 안에 무늬를 입력하는 명령

Command : BH 또는 BHATCH

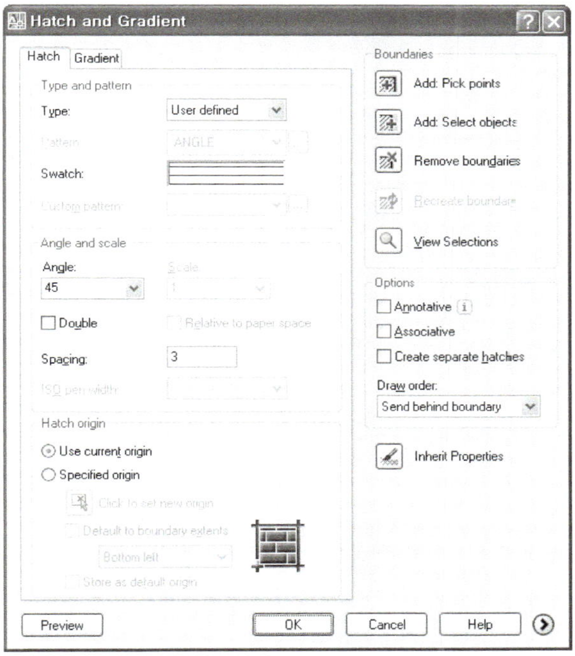

- Type ⇨ Predefined : 이미 정의된 해칭 패턴을 사용하는 것으로 아래의 Pattern 버튼을 선택 하여 해칭을 선택하고 각도(Angle)와 배율(Scale)로 크기를 지정한다.
  ⇨ User defined : 사용자에 의해 지정하는 선형 해칭이다.
  ⇨ Angle : 기울기가 될 각도를 입력한다.
  ⇨ Double : 교차된 해칭을 설정한다.
  ⇨ Spacing : 간격을 입력한다.

Pick Points

해칭을 할 영역에 한 점을 선택하면 경계 영역이 자동으로 선택된다.

Add Select Objects

해칭 영역의 요소들을 선택하여 경계 영역을 선택한다.

Remove Islands

선택된 경계 영역을 제거한다.

View Selections

선택된 영역을 확인한다.

Options

해칭의 추가기능

⇨ Associative : 연관 해칭은 Scale/Stretch 명령으로 경계 요소를 변환할 때 해칭을 갱신한다.

⇨ Create Separate Hatches : 분해된 해칭을 생성한다.

Inherit Properties

이미 정의된 해칭을 선택하여 그 해칭의 속성으로 설정한다.

Preview

미리 보기

KS 제도통칙에서 해칭은 단면된 물체의 재질을 나타내는 기하학적 기호로 표시한다.

- 각도 : 45°, 간격 : 3mm 정도, 가는 실선
- 권장

User defined

Angle : 45, 간격 : 3(1~4권장), Pick point, OK

[일반 해칭]

BREAK 또는 BR(단축명령)

요소를 두 점 선택으로 끊거나 같은 점을 두 번 선택하여 분리하는 명령

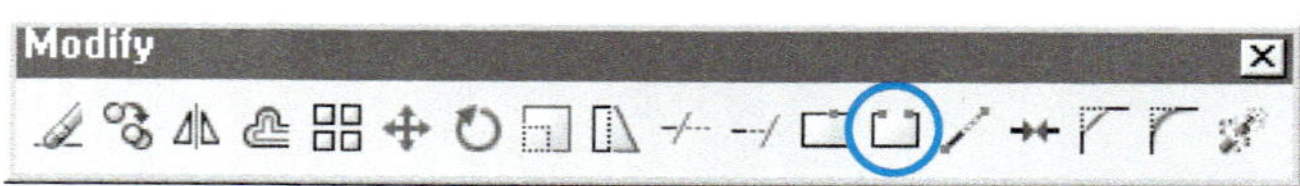

Command : BR 또는 BREAK
Select object : 첫 점
Specify second break point or [First point] : 두 번째 점 또는 F로 첫 점을 다시 선택
Specify first break point :
Specify second break point :

주로 중심선 크기 3mm 정도 조절하는데 사용하면 유용하다.

CIRCLE 또는 C(단축명령)

원을 그리는 요소 명령

Command : C 또는 CIRCLE
Specify center point for circle or [3P/2P/Ttr(tan tan radius)]
중심점이나 선택사항을 입력한다.

Center point

중심점(Center point)과 반지름(Radius) 또는 지름(Diameter)으로 원을 그린다.

- Diameter/<Radius> : 점을 지정하거나, 값을 입력하거나, d를 입력하거나, ENTER를 입력한다.
- <Radius> : 반지름이 될 점을 지정하거나 반지름을 입력한다.
- Diameter : 지름을 입력한다.

3P

원주(Circumference) 위의 세 점으로 원을 그린다.

- First point : 첫 점을 지정하거나 좌표를 입력한다.
- Second point : 두번째 점을 지정하거나 좌표를 입력한다.
- Third point : 세번째 점을 지정하거나 좌표를 입력한다.

2P

두점으로 원을 그린다.

- First point on diameter : 첫 점을 지정하거나 좌표를 입력한다.
- Second point on diameter : 두번째 점을 지정하거나 좌표를 입력한다.

TTR(Tangent Tangent Radius)

지정된 반지름을 가지고 두 요소에 접하는 원을 그린다.

- Enter Tangent spec : 첫 번째 요소를 선택한다.
- Enter second Tangent spec : 두 번째 요소를 선택한다.
- Radius : 반지름 값을 지정한다.

PROPERTIES 또는 CH(단축명령)

선택된 요소의 여러 가지 특성을 PROPERTIES 대화상자를 통해서 변경하는 명령

Command : CH 또는 PROPERTIES

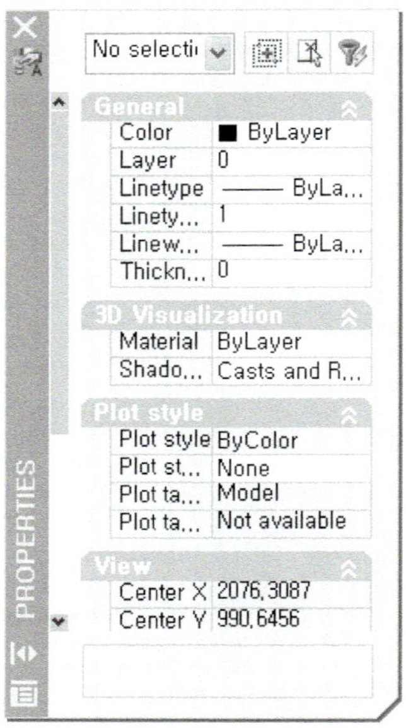

명령 입력 없이 요소를 선택하고 CH 명령을 입력하면 위와 같은 대화상자가 나타난다. 대화상자 안에서 원하는 특성을 변경하고 ESC 키를 선택하면 변경된다.

CHAMFER 또는 CHA(단축명령)

거리와 거리 또는 거리와 각도로 두 요소를 선택해서 모떼기 처리하는 명령

Command : CHA 또는 CHAMFER

TRIM mode) Current chamfer Dist1=10.0000, Dist2=10.0000

Select first line or [Undo/Polyline/Distance/Angle/Trim/mEthod/Multiple] : D

Specify first chamfer distance <10.0000> :

⇨ 10 모서리에서 첫 번째 선택하는 선의 거리값

Specify second chamfer distance <10.0000> :

⇨ 10 모서리에서 두 번째 선택하는 선의 거리값

Select first line or [Undo/Polyline/Distance/Angle/Trim/mEthod/Multiple] :

⇨ 첫 번째 선 선택

Select second line or shift-select to apply corner : 두 번째 선 선택

Undo

Multiple을 선택하여 여러 개의 모떼기 처리한 것을 역순으로 취소한다.

Polyline

2D 폴리선의 각 정점에 모떼기를 삽입한다.

Distance

모서리로부터 거리와 거리로 모떼기 값을 입력한다.

Specify first chamfer distance <0.0000> : 첫 번째 선택하는 선의 거리

Specify second chamfer distance <0.0000> : 두 번째 선택하는 선의 거리

같은 모떼기 거리일 때 첫 번째 거리를 입력 후 space-bar 두 번 선택하면 된다.

Angle

선택하는 모서리로부터 거리와 각도를 입력한다.

Specify chamfer length on the first line <10.0000> : 첫 번째 선택하는 선의 거리

Specify chamfer angle from the first line <15> : 두 번째 선택하는 선과의 사잇각

Trim–[Trim/No trim] 〈Trim〉

- Trim : 모떼기 처리 후 잘라 내기
- No trim : 잘라내지 않고 모떼기만 추가한다.

주로 〈Trim〉 모드를 사용하는 것이 편리하다.

Method–[Distance/Angle] 〈Distance〉

Distance인지 Angle인지를 설정한다.

Multiple

명령을 끝내지 않고 계속해서 모떼기를 처리하는 기능이다.

COPY 또는 CO(단축명령)

요소들을 선택하여 두 점 지정으로 복사 또는 다중 복사하는 명령

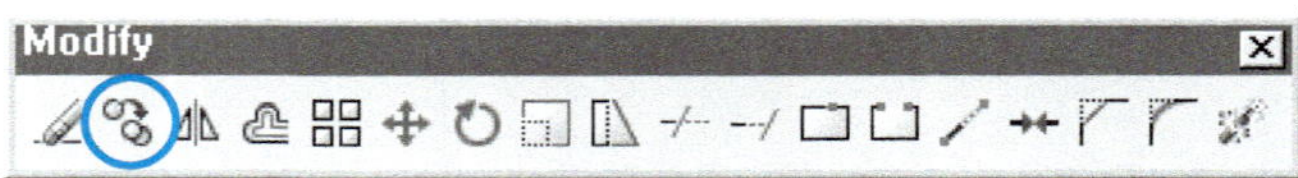

Command : CO 또는 COPY

Select objects : 복사할 요소들을 선택한다.

Select objects : 마우스 우측버튼으로 진행한다.

Specify base point or [Displacement/mOde] <Displacement> :

⇨ 기준점을 입력하거나, D(변위)를 입력하거나, O[Single/Multiple]를 입력한다.

D를 입력하고 20, 30 입력하면 상대 좌표로 복사된다.

Specify second point or <use first point as displacement> :

⇨ 복사할 점을 입력하거나 종료하려면 마우스 우측버튼이나 Enter를 입력한다.

규칙적이거나 불규칙한 위치에 복사 또는 다중 복사하는 유용한 명령

DIM 또는 D(단축명령)

치수 기입할 때 치수 유형을 설정하는 명령

Command : D 또는 DDIM

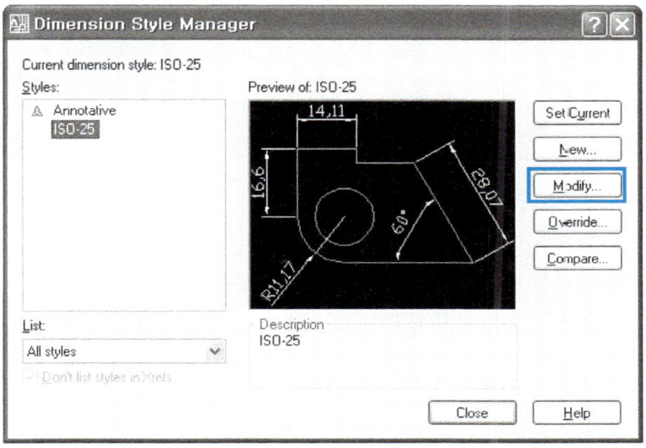

Set Current

선택된 DIM STYLE(치수 유형)을 현재 DIM STYLE로 설정한다.

New

새로운 DIM STYLE(치수 유형)의 이름을 생성한다.

Modify

현재 DIM STYLE(치수 유형)의 내용을 변경한다.

Override...

현재 DIM STYLE(치수 유형)의 내용을 변경하여 선택하는 치수요소에 적용한다.

Compare...

DIM STYLE(치수 유형)들을 비교한다.

Close

DDIM 명령을 종료한다.

Modify를 클릭

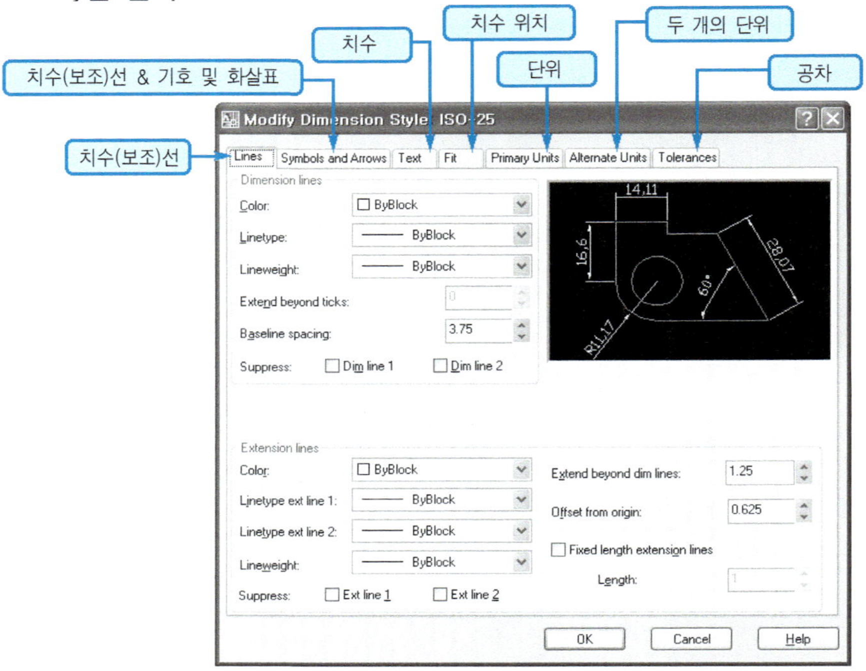

(1) Lines

치수선 및 치수보조선 목록

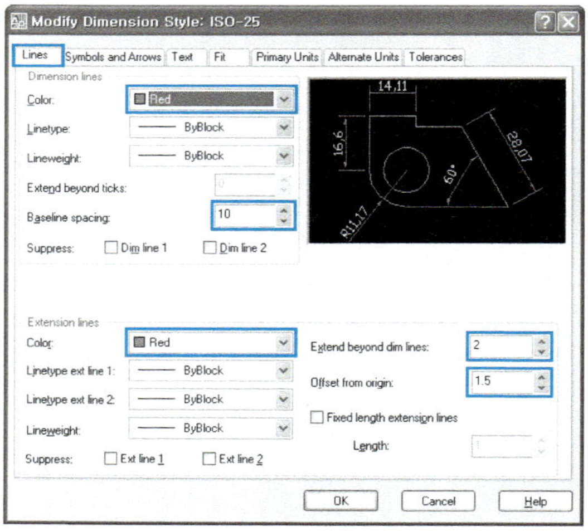

Dimension Lines

치수선 목록이다.

- Color : 치수선의 색상을 설정한다.(가는 실선의 색상 선택(Red 권장))
- Linetype : 치수선의 선 모양을 설정한다.(ByBlock)
- Lineweight : 치수선의 가중치(두께)를 설정한다.(ByBlock)
- Extend beyond ticks : 티크(/) 양 끝 표시 일 때 치수보조선 보다 지나는 간격을 설정한다.
- Baseline spacing : 병렬 치수 기입 할 때 치수선과 치수선과의 간격을 설정한다.(10mm 권장)
- Suppress : 치수선 반쪽 보이기/보이지 않기를 설정한다.

Extension Lines

치수 보조선 목록이다.

- Color : 치수선의 색상을 설정한다.(가는 실선의 색상 선택(Red 권장))
- Linetype ext line : 치수보조선의 첫 번째 선모양을 설정한다.(ByBlock)
- Linetype ext line : 치수보조선의 두 번째 선모양을 설정한다.(ByBlock)
- Lineweight : 치수선의 가중치(두께)를 설정한다.(ByBlock)
- Suppress : 치수보조선 체크한 부분 보이기/보이지 않기를 설정한다.
- Extend beyond dim lines : 치수선 보다 조금 더 연장하는 크기를 설정한다.(2mm 권장)
- Offset from origin : 외형에서 인출한 간격을 설정한다. (1.5mm 권장)

(2) Symbols and Arrows

기호와 화살표 목록

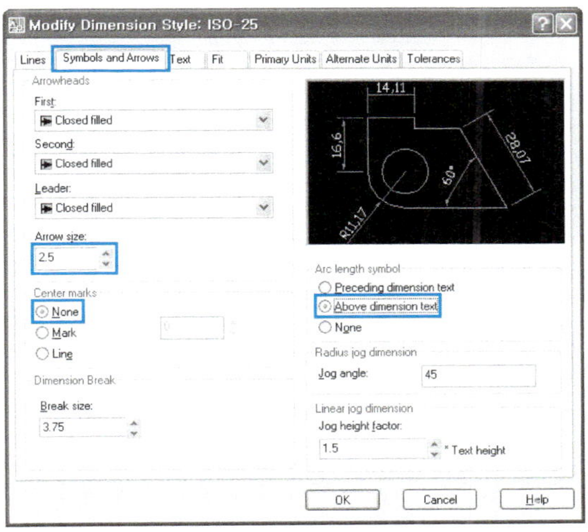

Arrowheads

화살표 목록

- 1st : 첫 번째 선택한 지점의 화살표 모양 및 다른 모양을 설정한다.(Closed filled)
- 2st : 두 번째 선택한 지점의 화살표 모양 및 다른 모양을 설정한다.(Closed filled)
- Leader : 지시선 선택한 지점의 화살표 모양 및 다른 모양을 설정한다.(Closed filled)
- Arrow size : 화살표 크기를 설정한다.(3mm 정도(2.5mm 권장))

Center Marks for circles

중심점이나 중심선 목록

- Type : mark(중심점)/Line(중심선)/None(표시 없음)을 설정한다.("None" 권장)
- Size : 중심점이나 중심선의 크기를 입력한다.

Arc length symbol

호의 길이 치수 기입시 기호의 위치를 지정하는 목록

- Preceding dimension text : 호의 기호가 치수 앞에 표시된다.
- Above dimension text : 호의 기호가 치수 위에 표시된다.(권장)
- None : 호의 기호를 표시하지 않는다.

(3) Text

치수 목록

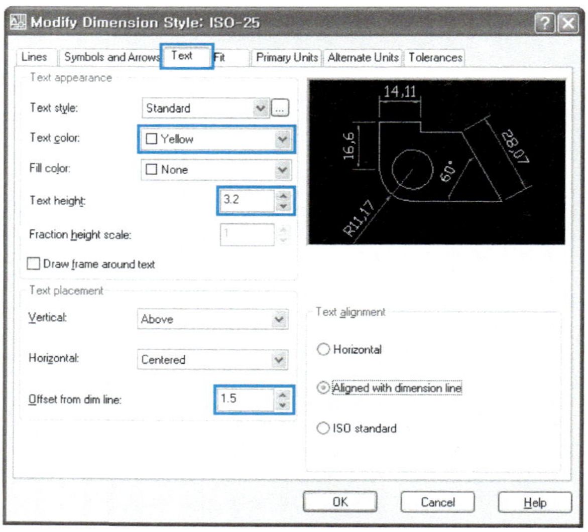

Text Appearance

치수 표시 목록

- Text style : 치수 문자 유형을 설정한다.(가는체(그래픽 체) 권장)
  (...을 선택하면 STYLE 명령이 실행된다.)
  ※영문은 simplex.shx를 사용하고 한글은 whgtxt.shx를 사용하기를 권장한다.
- Text color : 치수 색상을 설정한다.(중간선의 색상 선택(Yellow 권장))
- Text height : 치수 크기를 설정한다.(3.15~6.3mm(3.2mm 권장))
- Fraction height scale : 한계 치수의 크기를 치수 높이의 배율로 설정한다.
- Draw frame around text : 이론적으로 정확한 치수를 설정한다.

Text Placement

치수 위치 목록

- Vertical : 치수선에서 치수의 위치를 위나 중간으로 설정한다.(Above 권장)
- Horizontal : 치수의 위치를 좌, 우, 중앙 등을 설정한다.(Centerred 권장)
- Offset from dim line : 치수와 치수선의 간격을 설정한다.(약간정도 (1.5mm 권장))

Text Alignment

치수 정렬 목록

- Horizontal : 치수를 항상 수평 방향으로 설정한다.
- Aligned with dimension line : 치수를 치수선과 평행하도록 설정한다.(권장)
- ISO Standard : 치수가 치수 보조선 사이에 기입될 때는 치수선과 평행하고, 치수가 치수 보조선 밖에 기입 될 때는 수평 방향으로 설정한다.

(4) Fit

치수와 화살표 위치 목록

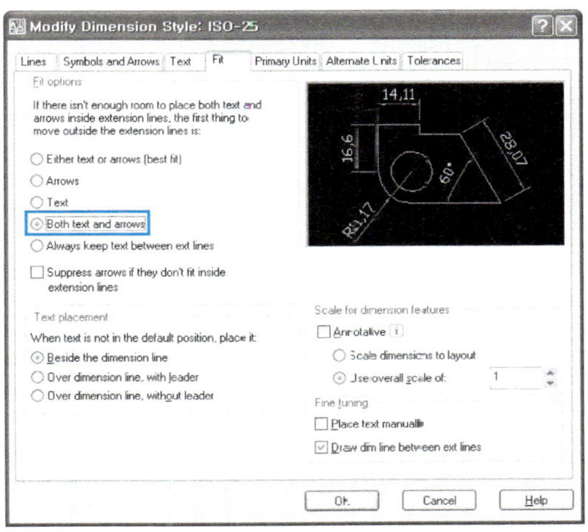

Fit Options

치수와 화살표의 배치 목록

- Either the text or arrows(best fit) : 치수와 화살표가 기입되기에 충분할 때 모두 치수선 안에 기입하고, 만약 불충분하다면 자체 판단하여 치수나 화살표를 치수 보조선 밖으로 배치한다.
- Arrows : 치수와 화살표가 기입되기에 불충분하다면 화살표 위주로 치수 보조선 안으로 배치한다.
- Text : 치수와 화살표가 기입되기에 불충분하다면 치수 위주로 치수 보조선 안으로 배치한다.
- Both text and arrows : 치수와 화살표가 기입되기에 불충분하다면 모두치수 보조선 밖으로 배치한다.(권장)
- Always keep text between ext lines : 치수를 항상 치수 보조선 안쪽에 기입한다.
- Suppress arrows if they don't fit inside extension lines : 화살표가 기입될 공간이 불충분하면 화살표를 생략한다.

Text Placement

좁은 경우에 지시선의 치수 위치 목록

- Beside the dimension line : 치수를 지시선 없이 치수선 옆에 기입한다.(권장)
- Over dimension line, with leader : 치수를 지시선으로 기입한다.
- Over dimension line, without Leader : 치수를 지시선으로 기입하지 않고 치수선에 일정 간격을 띄워 기입한다.

Scale for Dimension Features

치수 요소의 크기 목록

- Use Overall Scale of : 치수 요소(치수, 화살표, 간격 등)의 크기를 배율로 확대, 축소한다.("1" 기본)
- Scale Dimensions to Layout(Paper Space) : 종이 영역(Paper Space)에서 모든 값을 설정한다.

Fine Tuning

사용자의 임의로 조절하는 치수와 치수선의 기입 목록

- Place text manually : 치수를 사용자에 의해 임의로 위치를 지정한다.
- Draw dim line between ext lines(권장) : 치수선을 항상 치수 보조선 안에 그린다.

(5) Primary Units

치수 단위 목록

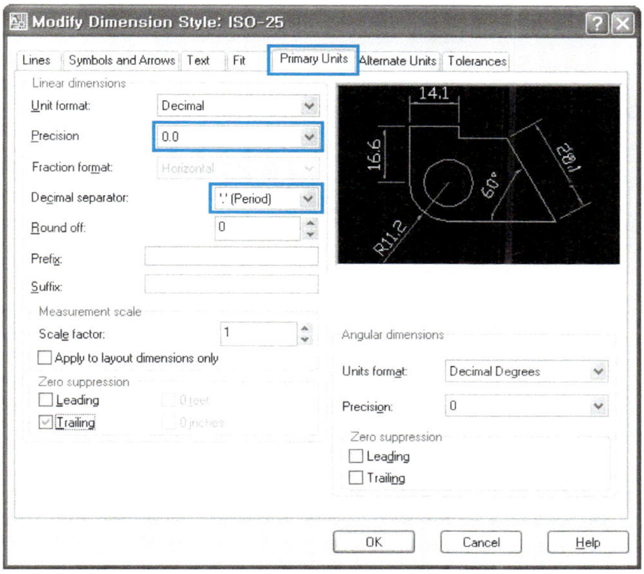

Linear Dimensions

선형 치수 단위 목록

- Unit format : 선형 치수 단위를 설정한다.(Decimal(십진 소수계))
- Precision : 선형 치수 단위의 정밀도를 설정한다.(0.0 권장)
- Fraction format : 십진 분수계 형식을 설정한다.
- Decimal separator : 소수점 모양을 설정한다.("." (Period) 권장)
- Round off : 지정한 가까운 배수 값을 설정한다.
- Prefix : 치수 앞에 표식 붙이기를 설정한다.
- Suffix : 치수 뒤에 표식 붙이기를 설정한다.

Measurement Scale

- Scale factor : 축척, 배척일 때 치수 값의 배율을 설정한다.("1" (실척) 기본)

Zero Suppression

- Leading : 소숫점 앞에 영자리 제거를 설정한다.
- Trailing : 소숫점 뒤에 영자리 제거를 설정한다.(체크 권장)

Angular Dimensions

각도 치수 단위 목록

- Units format : 각도 치수 단위를 설정한다.(Decimal Degrees(도숫법))
- Precision : 각도 치수 단위의 정밀도를 설정한다.(0 기본)

Zero Suppression

- Leading : 소숫점 앞에 영자리 제거를 설정한다.
- Trailing : 소숫점 뒤에 영자리 제거를 설정한다.

(6) Alternate Units

대체 단위 목록

(7) Tolerances

공차 목록

> 위 대체 단위는 치수에 두개의 단위 치수기입을 하는 것으로 일반적으로 사용하지 않고 공차는 Dtext 명령으로 쓴 것을 ED(Ddedit 명령)으로 편집해서 사용하거나 Mtext의 편집 기능을 이용하는 것이 빠르고 편리하다.

DIST 또는 DI(단축명령)

지정된 두 점 사이의 거리와 각도를 측정하여 표시하는 명령

Command : DI 또는 DIST

Specify first point : 선분의 첫 점을 입력한다.

Specify second point : 선분의 두 번째 점을 입력한다.

DONUT 또는 DO(단축명령)

채워진 원환체(2D 도우넛 모양)를 그리는 요소 명령

Command : DO 또는 DONUT

Specify inside diameter of donut <0.5000> : 원환체의 내경을 입력한다.

Specify outside diameter of donut <1.0000> : 원환체의 외경을 입력한다.

Specify center of donut or <exit> : 원환체의 중심점을 선택한다.

Specify center of donut or <exit> : 마우스 우측버튼이나 ENTER로 종료한다.

> DONUT는 원환체 그리는 것뿐만 아니라 치수 기입시 치수선의 위치가 좁아 화살표로 표시가 불가능 할 때 분해하여 화살표를 지우고 내경 "0", 외경 "약 1.2 정도"로 하여 Dot로 나타낸다.

DTEXT 또는 DT, TEXT(단축명령)

문자를 쓰는 명령

Command : DT 또는 DTEXT

Current text style : "Standard" Text height : 0.0000

Specify start point of text or [Justify/Style] : 시작 점 또는 M(중간점)

Specify height <0.0000> : 3.2 높이 점

Specify rotation angle of text <0> : 쓰기 방향

Enter text :

Justify

문자 정렬을 제어한다.

Specify start point of text or [Justify/Style] : J

[Align/Fit/Center/Middle/Right/TL/TC/TR/ML/MC/MR/BL/BC/BR] :

- Align : 시작점과 문장의 끝점으로 정렬한다.(높이가 고정되지 않음)
- Fit : 시작점과 문장의 끝점 그리고 문자의 높이를 입력하여 정렬한다.(폭이 고정되지 않음)
- Middle : 문자의 중간점을 기준으로 정렬한다.(테이블에 문자 정렬할 때 매우 유용하다.)
- 기타 생략

Style

문자체의 유형을 변경한다.

특수문자

%%o : 윗줄 긋기

%%u : 밑줄 긋기

%%d : ° 도(Degree) 기호

%%p : ± 기호

%%c : φ(파이) 기호

ERASE 또는 E(단축명령)

선택된 요소 지우기 명령

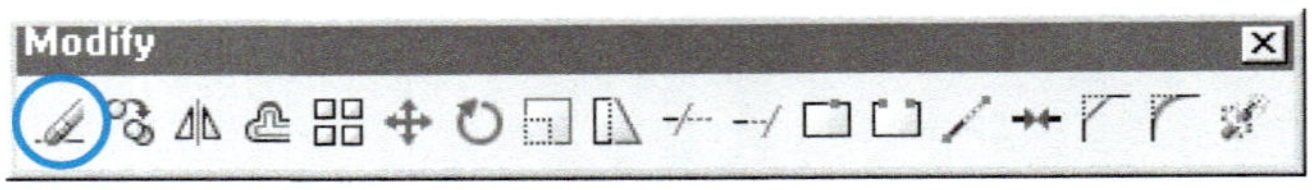

Command : E 또는 ERASE

Select object : Selection Set option을 사용하면 편리하게 선택된다.

Select object : Enter 키를 누르면 선택된 요소는 지워지고 명령은 종료된다.

접근 선택

지우고자 하는 요소들을 직접 선택한다.

자동 window(오른쪽에서 왼쪽으로 선택하는 것으로 실선창이 보임)

실선 창 안으로 완전히 들어간 요소만 선택된다.

자동 crossing(왼쪽에서 오른쪽으로 선택하는 것으로 점선창이 보임)

점선 창 안으로 들어간 요소, 걸쳐진 요소 모두 선택된다.

DDEDIT 또는 ED(단축명령)

문자의 내용을 변경하는 명령

Command : ED DDEDIT

Select an annotation object or [Undo] : 변경할 문자를 선택한다.

Select an annotation object or [Undo] : ENTER로 종료한다.

Undo

변경된 문자를 취소한다.

DISPSILH 명령

3D 솔리드 모델의 실루엣 표시를 조절하는 명령

Command : DISPSILH

Enter new value for DISPSILH <1> :

1 : 실루엣 처리 표시한다.
0 : B-rep형으로 처리하여 표시한다.

ELLIPSE 또는 EL(단축명령)

타원이나 타원 호를 그리는 요소 명령

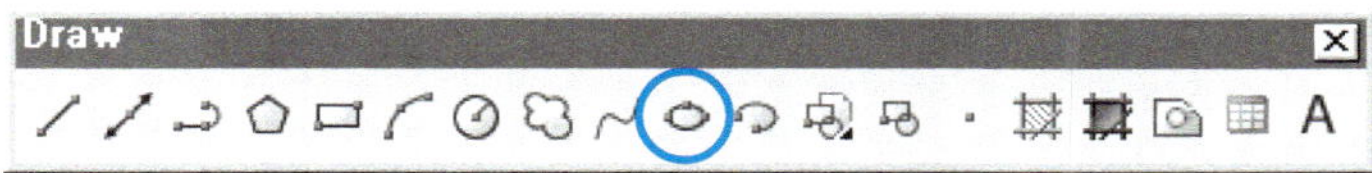

장 축의 직경과 단축의 반경으로 타원 그리기

Command : EL 또는 ELLIPSE
Specify axis endpoint of ellipse or [Arc/Center] : 장축 직경의 첫 점을 선택한다.
Specify other endpoint of axis : 장축 직경의 두 번째 점을 선택한다.
Specify distance to other axis or [Rotation] : 단축의 반경 점을 선택한다.

장 축의 반경/그 원으로 장 축의 방향을 기준으로 각도를 입력하여 회전시켜 타원 그리기

Command : EL 또는 ELLIPSE
Specify axis endpoint of ellipse or [Arc/Center] : C단축의 반경 정의
Specify center of ellipse : 단축의 반경 첫 점
Specify endpoint of axis : 반경 두 번째 점
Specify distance to other axis or [Rotation] : R 회전상태로 전환
Specify rotation around major axis : 회전할 각도 입력

타원 호 정의

Command : EL 또는 ELLIPSE
Specify axis endpoint of ellipse or [Arc/Center] : A 타원 호 정의
Specify axis endpoint of elliptical arc or [Center] : 타원에서 장축 직경의 첫 점
Specify other endpoint of axis : 타원에서 장축 직경의 두 번째 점
Specify distance to other axis or [Rotation] : 단축의 반경 점
Specify start angle or [Parameter] : 타원 호의 시작 각도
Specify end angle or [Parameter/Included angle] : 타원 호의 끝 각도

등각 원 정의

등각 원을 그릴 때는 SNAP명령-Style-Isometric으로 설정된 상태에서 사용 가능하다.

```
Command : SN 또는 SNAP
Specify snap ...[ON/OFF/.../Style/Type] 〈10〉 : S
Enter snap grid style [Standard/Isometric] 〈S〉 : I
Specify vertical spacing 〈10.0000〉 :
Command : F9 〈Snap off〉로 스냅을 끄고 사용한다.
```

Command : EL 또는 ELLIPSE

Specify axis endpoint of ellipse or [Arc/Center/Isocircle] : I 등각 원 정의

Specify center of isocircle : 중심점

Specify radius of isocircle or [Diameter] : 등각 원의 반경 [D : 등각 원의 직경]

> F5 키나 Ctrl+E 키로 〈Isoplane Top〉, 〈Isoplane Right〉, 〈Isoplane Left〉로 변환한다.

EXTEND 또는 EX(단축명령)

선택된 요소를 경계선으로 연장하는 명령

Command : EX 또는 EXTEND

Current settings : Projection=None, Edge=None

Select boundary edges ...

Select objects or <select all> : ⇨ 경계선을 선택한다.

Select objects : ⇨ 더 이상 경계선 선택이 없으면 ENTER로 진행한다.

Select object to extend or shift-select to trim or
[Fence/Crossing/Project/Edge/Undo] :

⇨ 연장할 요소 선택 또는 자르려면 shift-선택, 옵션

Select object to extend or shift-select to trim or
[Fence/Crossing/Project/Edge/Undo] :

⇨ 더 이상 연장할 요소가 없으면 Enter(마우스 오른쪽 버튼)로 종료한다.

Select object to extend or shift-select to trim

연장할 요소를 선택하거나 잘라내려면 shift 누른 후-선택한다.

Fence

Highlight(점선)로 닿은 것을 다중 선택하여 연장한다.

Crossing

Crossing(점선)창으로 닿은 것을 다중 선택하여 연장한다.

Project

요소를 연장할 때 사용하는 투영 방법을 지정한다.

[Fence/Crossing/Project/Edge/Undo] : P

Enter a projection option [None/Ucs/View] <Ucs> :

- None : 투영 없음으로 지정한다. (3D 공간에서 경계선과 닿는 요소만을 연장한다.)
- UCS : 현재 UCS의 XY 평면에 투영을 지정한다. (3D 공간에서 경계선과 닿지 않는 요소들도 연장한다.
- View : 현재 뷰 방향을 따라 투영하도록 지정한다.(현재 뷰의 경계와 닿는 요소를 연장한다.)

Edge

다른 요소들과 닿은 상태에서 연장할지 아니면 닿지 않은 상태에서도 연장할지를 결정

[Fence/Crossing/Project/Edge/eRase/Undo] : E

Enter an implied edge extension mode [Extend/No extend] <No extend> :

- Extend : 닿지 않은 상태에서도 연장할 수 있도록 경계선을 무한하게 연장한다.
- No extend : 닿아야만 연장하기가 된다.

경계선의 연장모드를 사용하지 않는 것이 편리하다.

Undo

가장 최근에 연장된 요소가 취소된다.

자동 Crossing

짧은 여러 요소들을 한꺼번에 연장하게 된다.

EXTRUDE 또는 EXT(단축 명령)

Region 요소나 Poly 요소를 선택하여 지정된 거리 또는 방향으로 돌출시켜 3D 솔리드 또는 곡면을 변환 생성하는 명령

Command : EXT 또는 EXTRUDE

Select objects to extrude : ⇨ 돌출하기 위한 Region 요소나 Poly 요소를 선택한다.

Select objects to extrude : ⇨ 마우스 우측버튼으로 진행한다.

Specify height of extrusion or [Direction/Path/Taper angle] :

⇨ z축 방향으로 돌출하기 위한 높이를 입력한다.

Direction

지정한 두 점을 가진 돌출의 길이 및 방향을 지정한다.

Path

지정된 객체를 기준으로 돌출 경로를 선택한다.

Taper angle

각도를 입력하여 테이퍼 형상을 생성한다.(+각 : 안쪽으로, −각 : 바깥쪽으로)

FACETRES 명령

음영 처리 및 렌더링된 객체의 면 밀도를 조정한다.

Command : FACETRES

Enter new value for FACETRES <0.5000> : 2~5 권장

FILLET 또는 F(단축명령)

반지름 값으로 두 요소를 선택해서 요소에 접한 라운드(호)로 편집하는 명령

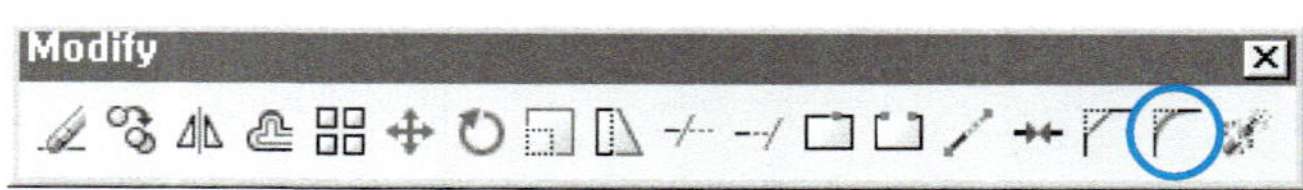

Command : F 또는 FILLET
Current settings : Mode=TRIM, Radius=0.0000
Select first object or [Undo/Polyline/Radius/Trim/Multiple] : R
Specify fillet radius <0.0000> : ⇨ 반경값 지정
Select first object or [Undo/Polyline/Radius/Trim/Multiple] : ⇨ 첫 번째 선 선택
Select second object or shift−select to apply corner : ⇨ 두 번째 선 선택

Undo

Multiple을 선택하여 여러 개의 라운드 처리한 것을 역순으로 취소한다.

Polyline

2D 폴리선의 각 정점에 라운드를 삽입한다.

Radius

라운드의 반지름을 지정한다.

반경이 0이면 모서리로 생성된다.

Trim−[Trim/No trim] 〈Trim〉

- Trim : 라운드 처리 후 잘라낸다.
- No trim : 잘라내지 않고 라운드만 추가한다.

주로 〈Trim〉 모드를 사용하는 것이 편리하다.

Multiple

명령을 끝내지 않고 계속해서 라운드를 처리하는 기능이다.

HATCHEDIT 또는 HE(단축명령)

이미 해칭된 것을 선택해서 해칭의 속성(종류, 각도, 크기)등을 변경하는 명령

Command : HE 또는 HATCHEDIT
Select hatch object : 이미 정의된 연관 해칭을 선택한다.

연관 해칭을 선택한 후 ENTER 키를 누르면 BHATCH 대화 상자로 인하여 속성을 변경한다.

HELIX 명령

2D 또는 3D 나선을 그리는 명령

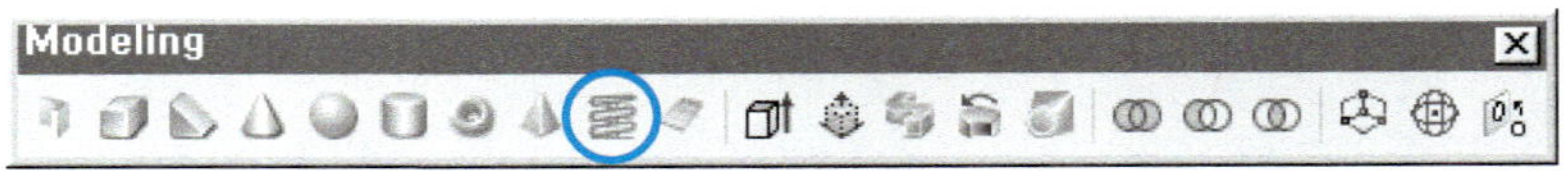

Command : HELIX

Specify center point of base : ⇨ 밑면의 중심점을 선택한다.

Specify base radius or [Diameter] <1.0000> :

⇨ 밑면의 반경 또는 D를 입력 후 직경을 입력한다.

Specify top radius or [Diameter] <1.0000> :

⇨ 윗면의 반경 또는 D를 입력 후 직경을 입력한다.

Specify helix height or [Axis endpoint/Turns/turn Height/tWist] <1.0000> :

⇨ 나선의 높이를 입력하거나 옵션을 선택한다.

Axis endpoint

나선 축의 끝점 위치를 지정한다.

Turns

나선의 회전(선회) 수를 지정한다.

turn Height

나선 안에서 하나의 완전한 회전의 높이를 지정한다.

tWist

나선을 시계 방향(CW)으로 그릴지 또는 시계 반대 방향(CCW : 기본값)으로 그릴지 지정한다.

INSERT 또는 I (단축명령)

정의된 블럭이나 기존 파일(*.DWG)을 현재 도면에 붙여넣기 하는 명령

Command : I 또는 INSERT

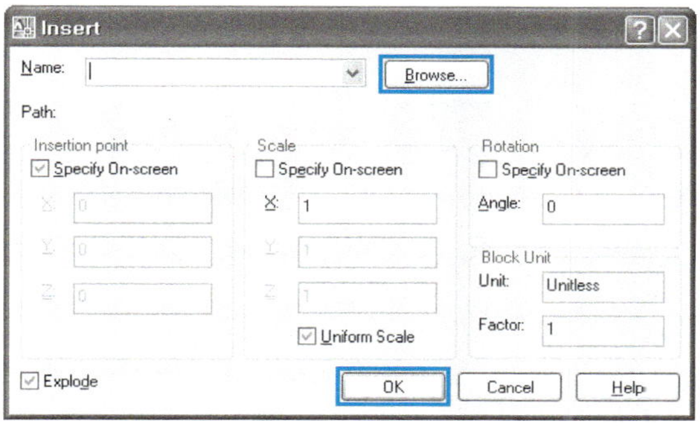

Name

현재 도면에 삽입할 블럭 이름이나 파일 이름을 입력한다.

Insertion point

블럭의 삽입점을 설정한다.(OSNAP의 "insert point"가 된다.)
"Specify On-screen"이 체크되면 텍스트 화면에서 지정할 수 있다.

Scale

삽입될 블럭의 X축, Y축, Z축의 크기를 입력한다.
"Specify On-screen"이 체크되면 텍스트 화면에서 지정할 수 있다.

Rotate

삽입될 블럭의 자세를 변경하기 위한 각도를 입력한다.

Explode

삽입될 블럭의 요소를 각 각의 요소로 분해된 것으로 설정한다.

OK

설정을 완료하고 블럭을 삽입한다.

ISOLINES 명령

솔리드 모델에서 CSG형의 Edge(선) 수를 지정한다. 0에서 2047까지 입력할 수 있다.

Command : ISOLINES
Enter new value for ISOLINES <4> : 기본값 권장

Line 또는 L(단축명령)

선을 그리는 요소 명령

Command : L 또는 Line

Specify first point :

⇨ 선분의 첫점을 입력한다.

Specify next point or [Undo] :

⇨ 선분의 다음 점을 입력하거나 U로 점을 취소 할 수 있다.

Specify next point or [Undo] :

⇨ 선분의 다음 점을 입력하거나 U로 점을 취소 할 수 있다.

Specify next point or [Close/Undo] :

⇨ 선의 다음 점을 입력하거나 C로 닫기를 하거나 또는 ENTER로 종료한다.

연속기능(CONTINUOUS : ENTER)

Line의 끝점으로부터 연속하여 선을 그리기 위한 기능으로 first point : ENTER로 연속기능 실행

취소 기능(Undo)

Line의 진행 중 최종점 취소 기능(첫 점까지 취소 됨)

닫기 기능(Close)

세 점 이상 선택 후 첫 점으로 닫기 기능(닫고 명령 종료 됨)

LAYER 또는 LA(단축명령)

레이어(Layer)는 도면 요소들을 도면층으로 구분하여 여러 가지 특성을 동시에 적용할 수 있는 편리한 명령

Command : LA 또는 LAYER

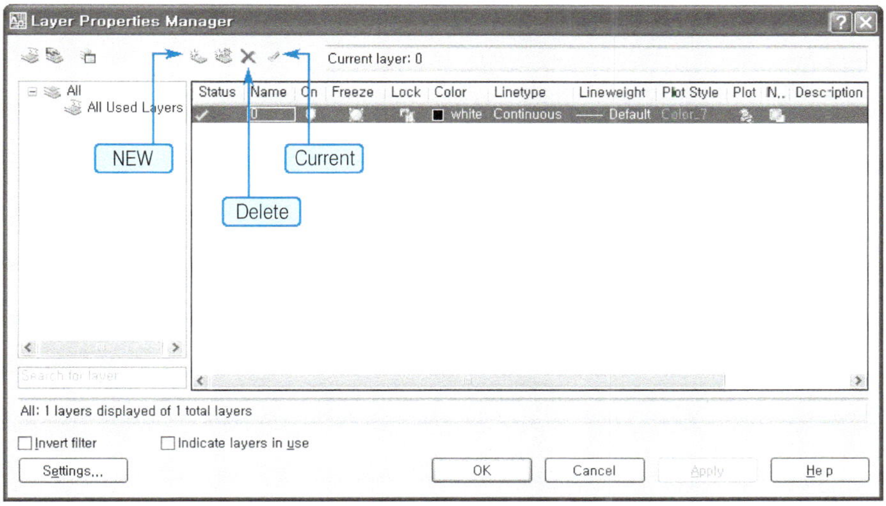

New

New 버튼을 선택하면 하나 이상의 레이어를 새로 생성한다.

Delete

제거할 레이어 이름을 선택한 후 Delete 버튼을 선택하면 제거된다.

Current

레이어 이름을 선택하고 Current 버튼을 선택하면 현재 레이어로 설정된다.

On/Off

레이어(도면층)를 On/Off하여 요소를 보이게/보이지 않게 제어한다.

Thaw/Freeze

레이어를 해동/동결하는 것으로 동결 되었을 때 Plot에서 제외된다.

LOck/Unlock

레이어를 열고/잠그는 것으로 잠겼을 때 편집을 할 수 없게 제어한다.

Color

레이어의 색상을 설정한다.

Linetype

레이어의 선 모양을 설정한다.

Lineweight

레이어의 선 가중치를 설정한다.

Plot Style

레이어의 plot의 펜 색상을 설정한다.

Plot

레이어의 출력 상태/출력 하지 않을 상태를 제어한다.

> 선 색상/모양 구분을 하거나 물체의 특징 등에 따라 layer 명령을 사용하면 편리하다.
> 선 구분을 사용 할 때는 최소한 4개 이상 만들어서 사용한다.
>
> [권장] 0-기본색-실선(도면 양식에 사용) 1-빨강색-Center(중심선의 사용)
> 2-노란색-Hidden(숨은선의 사용) 3-초록색-실선(외형선의 사용)
> 4-흰색-실선(가는 실선으로 사용) 5-흰색-Phantom2(가상선의 사용)

QLEADER 또는 LE(단축명령)

QLEADER를 사용하여 지시선 및 지시선 주석을 신속하게 작성한다.

Command : LE 또는 QLEADER

Specify first leader point, or [Settings] <Settings>: ENTER 키를 입력한다.

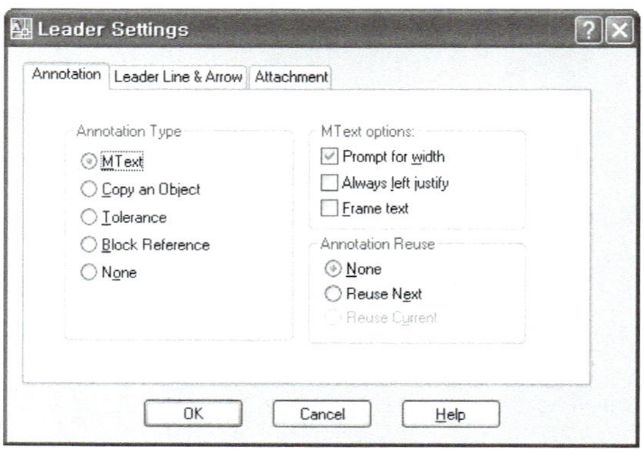

Specify first leader point, or [Settings] <Settings> : 첫 번째 지시선 점을 지정한다.

Specify next point : 다음 지시선 점을 지정한다.

Specify next point :

⇨ 다음 지시선 점을 지정하거나 ENTER 키를 눌러 지시선 주석을 지정한다.

Specify text width <0> :

⇨ 문자 경계를 작성하거나 값을 입력하여 여러 줄 문자 폭을 지정한다.

LENGTHEN 또는 LEN(단축명령)

선택하는 요소를 길이 방향으로 늘리거나 줄이는데 사용하는 명령

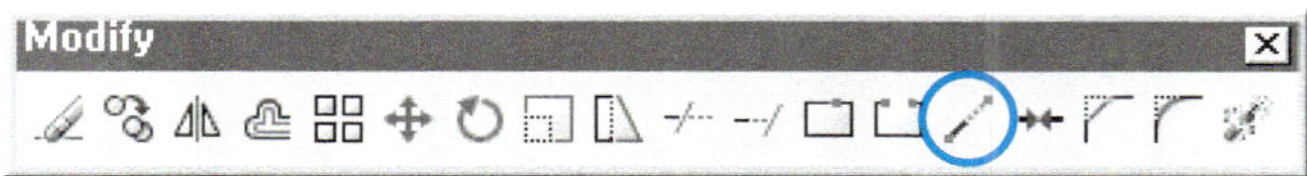

Command : LEN 또는 LENGTHEN

Select object or [Delta/Percent/Total/DYnamic] :

Select an object : 선택하는 요소의 현재 크기를 나타낸다.

Delta

입력한 크기의 변화량 만큼 길이 방향으로 늘리거나(+값) 줄(−값)인다.

Select an object or [DElta/Percent/Total/DYnamic] : DE

Enter delta length or [Angle] <0.0000> : ⇨ 길이 증분값이나 각도(A)의 증분값

Select an object to change or [Undo] :

⇨ ENTER 키를 눌러 명령을 종료할 때까지 프롬프트가 반복된다.

Percent

현재 크기를 100%로 하여 길이 방향으로 늘리거나(100% 이상) 줄(100% 이하)인다.

Total

절대 값의 크기로 늘리거나 줄인다.

DYnamic

끌기(드래그)를 이용하여 임의의 길이로 늘리거나 줄인다.

Select an object or [DElta/Percent/Total/DYnamic] : DY

Select an object to change or [Undo] : ⇨ 선이나 호 선택(가까운 쪽이 편집됨)

Specify new end point :

Select an object to change or [Undo] :

⇨ ENTER 키를 눌러 명령을 종료할 때까지 프롬프트가 반복된다.

주로 경사선이나 호의 길이를 조절하는데 사용한다.

LIST 또는 LI(단축명령)

선택된 요소에 대한 데이터베이스 정보를 표시한다.

Command : LI 또는 LIST

Select objects : 조사할 요소를 선택한다.

Select objects : 마우스 우측버튼으로 표시하고 종료한다.

LINETYPE 또는 LT(단축명령)

새로운 선 모양들을 메모리로 적재(Loading)하고 선 모양의 크기를 배율로 설정하는 명령

Command : LT 또는 LINETYPE

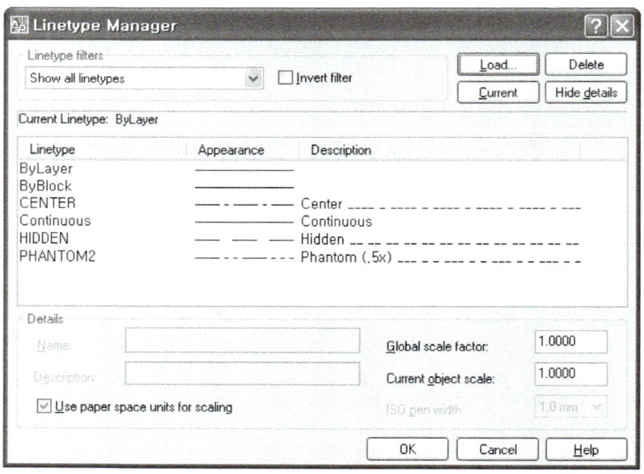

• Load : 선 모양을 추가로 메모리에 적재하는 기능이다.

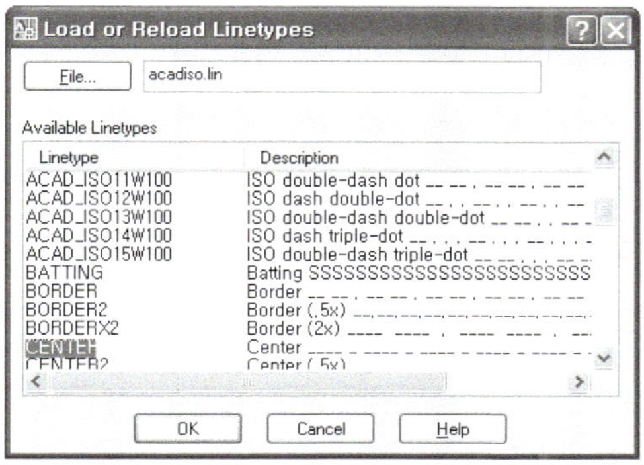

• Delete : 추가로 올려진 선 모양을 제거하는 기능이다.
• Current : 기본적으로는 ByLayer(Continuous : 실선)로 설정 되어 있는데 다른 선 모양을 현재 선 모양으로 설정하는 기능이다.
• Show / Hide details : 아래의 상세 메뉴가 보이거나 보이지 않게 조절한다.
• Global scale factor : 전체적으로 선 모양의 크기를 배율로 설정한다.
"acad.lin" 은 도면 단위가 Feet and inchs 일 때 배율로 설정한다.
"acadiso.lin" 은 도면 단위가 Metric 일 때 배율로 설정한다.(권장 : 0.3)
• Current object scale : 앞으로 그려질 선 모양의 크기를 배율로 설정한다.(권장 : 1)

LOFT 명령

둘 이상의 요소들을 선택하여 로프트로 3D 솔리드 또는 곡면을 변환 생성하는 명령

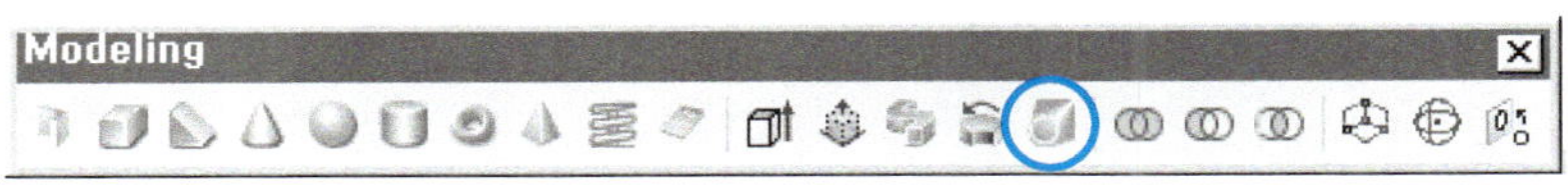

Command : LOFT
Select cross−sections in lofting order :
⇨ 로프팅을 하기 위한 요소들을 순서대로 선택한다.
Enter an option [Guides/Path/Cross−sections only] <Cross−sections only> :
⇨ 안내곡선이나 경로에 대한 옵션을 선택한다.

Guides

로프트 솔리드 또는 곡면의 쉐이프를 조정하는 안내 곡선을 지정한다.

Path

로프트 솔리드 또는 곡면에 대한 단일 경로를 지정한다.

Cross-sections only

로프트 설정 대화상자를 표시한다.

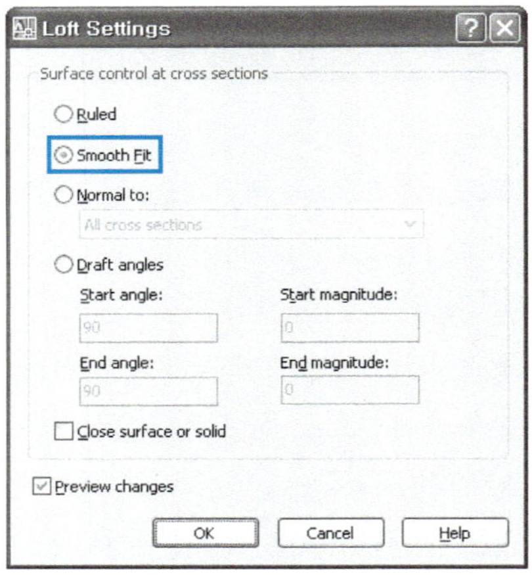

Surface control at cross sections

연결 부위에서 곡면을 조절한다.

- Ruled : 직선으로 보간한다.
- smooth Fit : 부드러운 곡선으로 보간한다.
- Normal to : 항복에 수직하게 조절한다.
- Drafting angles : 기울기 각도를 입력한다.
- Close surface or solid : 곡면 또는 솔리드로 닫는다.

Preview changes

적용하기 전에 미리 보기를 한다.

OK

로프트 생성하고 종료한다.

LTSCALE 또는 LTS(단축명령)

선 모양의 크기를 배율로 설정한다.

Command : LTS 또는 LTSCALE

Enter new linetype scale factor <1.0000> :

> LINETYPE의 대화상자 중에서 "Global scale factor" 값과 같은 것으로 전체적으로 선 모양의 크기를 나타낼 값을 설정한다.
> "acadiso.lin" 파일은 0.3 정도를 사용하는 것이 적당하다.

MOVE 또는 M(단축명령)

요소들을 선택하여 두 점으로 이동하는 명령

Command : M 또는 MOVE

Select objects : 이동할 요소들을 선택한다.

Select objects : 마우스 우측버튼으로 진행한다.

Specify base point or [Displacement] <Displacement> :

⇨ 기준점을 입력하거나 D(변위)를 입력한다.

> D를 입력하고 20, 30 입력하면 상대 좌표로 이동한다.

Specify second point or <use first point as displacement> :

⇨ 이동할 점을 입력하거나 종료하려면 마우스 우측버튼이나 Enter를 입력한다.

> 주로 도면 배치할 때 사용한다.

MATCHPROP 또는 MA(단축명령)

먼저 선택하는 요소의 특성으로 이 후 선택하는 요소의 특성을 변경하는 명령

Command : MA 또는 MATCHPROP

Select source object : 원본 요소를 선택한다.

Current active settings : Color/Layer/Ltype/Ltscale/Lineweight/Thickness/PlotStyle/Dim/Text/Hatch/Polyline/Viewport/Table/Material/Shadow/display

⇨ 색상/도면층/선 모양/선 크기/선 굵기/두께 면/플로터 스타일/치수/문자/해치/폴리라인/화면 표시 영역/테이블/재료/음영/화면 표시 등의 속성으로 변경한다.

Select destination object(s) or [Settings] : ⇨ 목적 요소를 선택하거나 S를 입력한다.

Select destination object(s) or [Settings] : ⇨ 마우스 우측버튼으로 종료한다.

MIRROR 또는 MI(단축명령)

선택된 요소를 기준선(두 점 정의)으로부터 대칭 이동 또는 대칭 복사하는 명령

Command : MI 또는 MIRROR

Select objects : ⇨ 대칭 이동 또는 대칭 복사할 요소 선택

Select objects : ⇨ 마우스 우측버튼이나 ENTER로 진행한다.

Specify first point of mirror line : ⇨ 기준선의 첫 점

Specify second point of mirror line : ⇨ 기준선의 두 번째 점

Erase source objects? [Yes/No] <N> : ⇨ N−대칭 복사 한다. / Y−대칭 이동 한다.

대칭 물체들은 반쪽만 그리고 나머지는 MIRROR로 대칭 복사하여 도면 작업을 보다 신속하게 할 수 있다.

MSPACE 또는 MS(단축명령)

도면 공간에서 모델 공간 뷰포트로 전환한다.

Command : MS 또는 MSPACE

MTEXT 또는 MT(단축명령)

장문을 작성하거나 외부 문자 파일을 입력하고자 할 때 사용하는 문서 편집기 명령

Command : MT 또는 MTEXT

Current text style : "Standard" Text height : 2.5

Specify first corner : 범위의 첫 점

Specify opposite corner or [Height/Justify/Line spacing/Rotation/Style/Width] :

Height

미리 높이를 설정한다.

Justify

문자 정렬을 변경한다.

Line spacing

문자 간격을 설정한다.

Rotation

문자 쓰기 방향을 설정한다.

Style

문자체를 설정한다.

Width

문장의 길이를 설정한다.

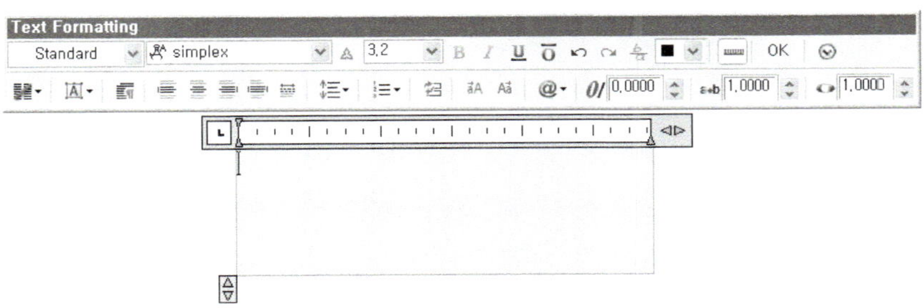

장문을 작성하고 문자 내용을 편집을 할 때 Shift+이동키로 블록을 정하거나 마우스로 끌기로 블록을 입혀 크기 및 색상(굵기 구분)을 편집하고 블록 해제나 적용은 마우스 왼쪽버튼으로 빈 여백을 선택한다.
[주의] ESC 키를 누르면 작성된 문장이 모두 취소된다.

MVSETUP 명령

여러 기능의 복합 명령으로 2D 영역에서는 도면의 양식을 만드는데 편리하게 활용되고 3D 모델링에서는 Paper Space에서 입체 모델을 프린트로 출력하기에 알맞게 표현하는 명령이다.

Command : MVSETUP

Initializing...

Enable paper space? [No/Yes] <Y> : N

3D 모델을 프린트하기 위한 편집 영역으로 설정<Y>/ 도면 그리는 모델 영역으로 설정<N>

Enter units type [Scientific/Decimal/Engineering/Architectural/Metric] : M

단위 선택 : Metric(미터법 선택)

Enter the scale factor : 1－척도 선택 : 1(실척 선택)

Enter the paper width : 420－도면크기의 길이(x 크기)

Enter the paper height : 297－도면크기의 폭(y 크기)

POINT...

A2 size : 594, 420
A3 size : 420, 297
A4 size : 297, 210

실행 후 도면영역/ 화면전환/ 도면 틀선까지 한꺼번에 처리가 되기 때문에 도면 크기를 설정할 때 유용하다.

OFFSET 또는 O(단축명령)

정한 거리값 또는 정한 임의의 점만큼 나란하게 복사하는 명령

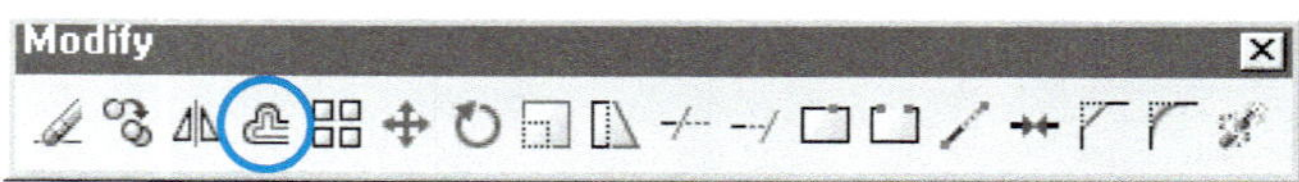

Command : O 또는 OFFSET

Current settings : Erase source=No Layer=Source OFFSETGAPTYPE=0

Specify offset distance or [Through/Erase/Layer] <Through> : ⇨ 옵셋양 지정

Select object to offset or [Exit/Undo] <Exit> : ⇨ 나란히 복사할 요소 선택

Specify point on side to offset or [Exit/Multiple/Undo] <Exit> :

- Exit : 옵셋 명령 종료
- Multiple : 다중 옵셋 기능은 옵셋 기능을 연속해서 진행하기 위한 추가점을 입력한다.
- Undo : 최근에 옵셋을 취소한다.

Select object to offset or [Exit/Undo] <Exit> :

⇨ 나란히 복사할 방향 선택 또는 Enter(마우스 오른쪽 버튼)

위의 메시지가 계속 반복하므로 ENTER로 종료하고 중복 복사되지 않도록 주의한다.

Specify offset distance

옵셋 거리값을 지정하거나 옵션을 입력한다.(숫자, 두 점,' cal 등)

Through

임의로 선택한 점만큼 옵셋된다.

Erase

옵셋을 하고 선택한 요소를 삭제하는 기능이다.

Specify offset distance or [Through/Erase/Layer] <Through> : E

Erase source object after offsetting? [Yes/No] <No> : Y

Layer

요소들의 현재 도면층 또는 선택한 요소의 도면층으로 옵셋된다.

Specify offset distance or [Through/Erase/Layer] <Through> : L

Enter layer option for offset objects [Current/Source] <Source> : C

- Current : 현재 도면층으로 옵셋
- Source : 요소의 도면층으로 옵셋

옵셋양 정의 방법

① 정수나 실수의 데이터값 입력

② 정수 나누기의 결과값 입력

③ CAL의 투영명령으로 사칙연산의 결과값 입력

④ 두 점의 거리값으로 입력

⑤ T<Through>로 임의의 거리값 입력

OPTIONS 또는 OP(단축명령)

도면 환경 및 작업환경을 관리할 수 있다.

Command : OP 또는 OPTIONS

(1) Options 실행방법

Tools 메뉴에서 Options…을 선택한다.

Command : OP(Options)

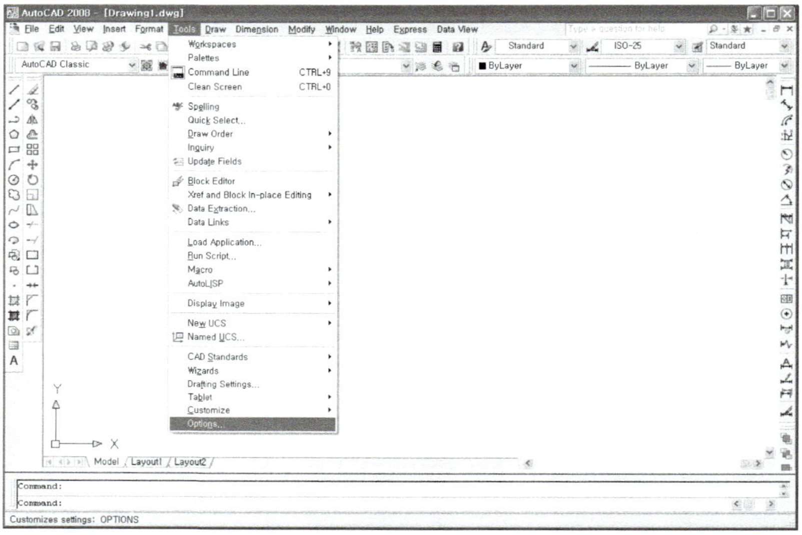

Options을 선택하여 실행 하면 아래와 같은 창이 나타난다.

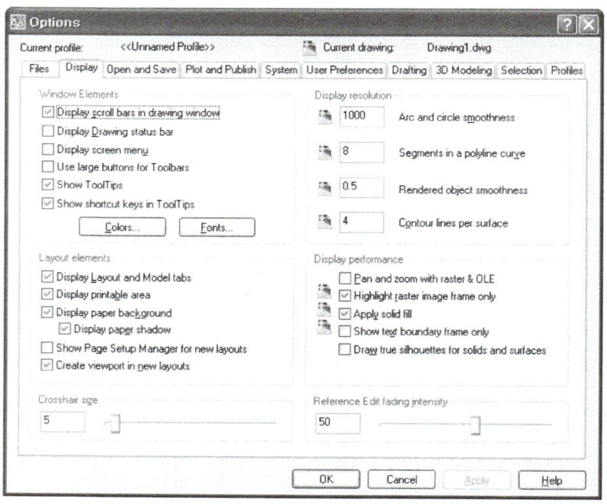

(2) Options... Files

Files는 AutoCAD 환경에 관한 파일을 관리하는 탭이다. 아래 그림에서 지시한 Automatic Save File Location에서 +를 −로 변경하면 자동 저장되는 파일의 폴더 경로를 지정할 수 있다. 사용자가 정한 폴더의 경로를 지정하는 것이 자동저장을 쉽게 찾을 수 있다.

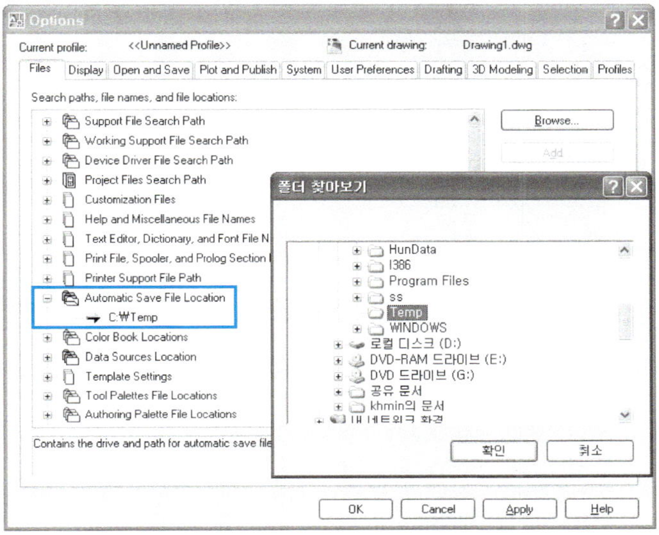

자동저장이란 사용자가 저장하지 않아도 AutoCAD가 현재 작업 상태까지 *.sv$ 파일형식으로 자동 저장하는 것으로 savetime 명령으로 자동 저장시간을 분 단위로 설정할 수 있다. 혹시 컴퓨터가 다운(down)이 되거나 예기치 않은 상태에서 AutoCAD가 종료 됐을 때 사용자가 정한 폴더에서 파일 확장자 *.sv$를 사용자파일명.dwg로 파일 형식을 변경하면 최근에 자동저장 한 상태를 불러 올 수 있다.

(3) Options... Display

Display는 AutoCAD 화면에 관한 탭이다. 아래 그림에서 지시한 Colors...버튼을 이용하여 바탕화면의 색상을 변경할 수 있어 도면을 다른 응용 프로그램에 삽입할 때 흰색 바탕을 활용할 수 있다. 또한 그 아래 그림에서 지시한 Crosshair size는 선택 커서의 크기를 설정하는 것으로 기본값이 5로 설정되어 있다. 2차원 드로잉을 할 때 선택 커서의 크기가 짧은 것 보다 긴 것이 매우 유용하다. 왜냐하면 도면 작업할 때 커서로 비교 대조를 할 수 있고 치수기입을 할 때 인접 치수와 나란하게 할 수 있어 편리하다.

제도할 때 상하좌우의 도면을 상대적으로 비교하면서 작업하기 위해 긴 자(스케일)가 필요 하듯이 긴 선택 커서가 유용하다. 그러므로 2D 도면 할 때는 Crosshair size를 100으로 권장한다.

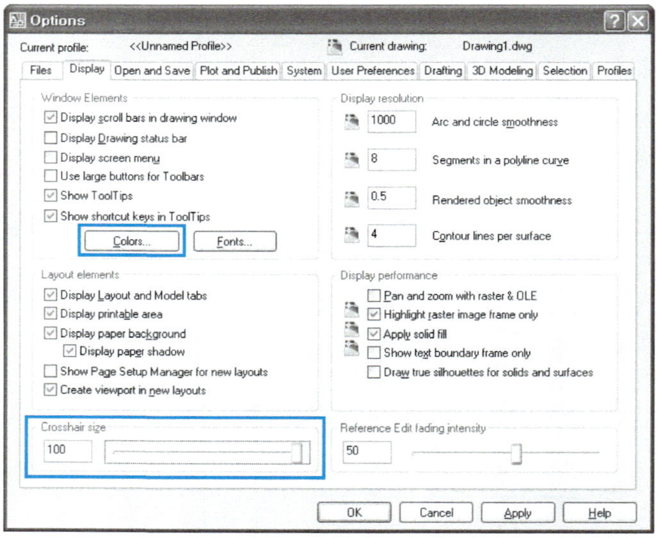

(4) Options... Open and Save

Open and Save는 AutoCAD에서 작성한 파일 관리에 관한 탭이다. 아래 그림에서 지시한 Automatic save에서 자동저장 시간을 분 단위로 저장할 수 있다. 자동저장의 기본 시간은 10분으로 설정되어 있고 이것은 파일 크기와 컴퓨터 성능에 따라서 적당한 시간을 설정하는 것이 유용하다. 최근에 컴퓨터 성능이 우수하여 짧으면 짧을수록 가장 최근 상태의 파일을 불러올 수 있으므로 도면 파일이 대략 1~2MB 정도를 취급한다면 2분으로 권장한다.

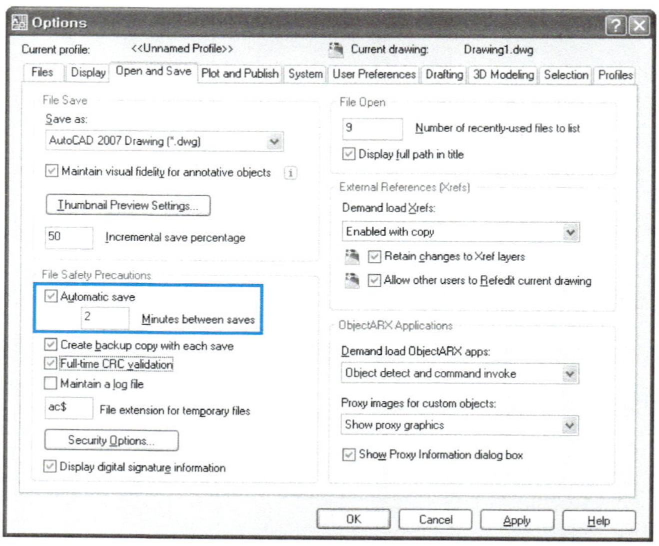

(5) Options... User Preferences

User Preferences는 AutoCAD의 사용자 환경에 관한 탭이다. 아래 그림에서 지시한 Shortcut menus in drawing area는 도면 작업 할 때 마우스 우측버튼을 선택하면 Sub menu를 나타나게 하는 기능이다. 이 기능을 사용하지 않으면 마우스 우측버튼 선택시 Enter(입력) 기능이 된다. 도면 작업 할 때 좀 더 빠르게 작업을 하기 위해서는 Sub menu를 제거하고 Enter 기능으로 사용하는 것이 유용하다.

기본값이 좌측 부분에 ✔ 표시가 되어 있어 Sub menu가 나타나게 되어 있다. ✔ 표시를 하지 않는 것을 권장한다.

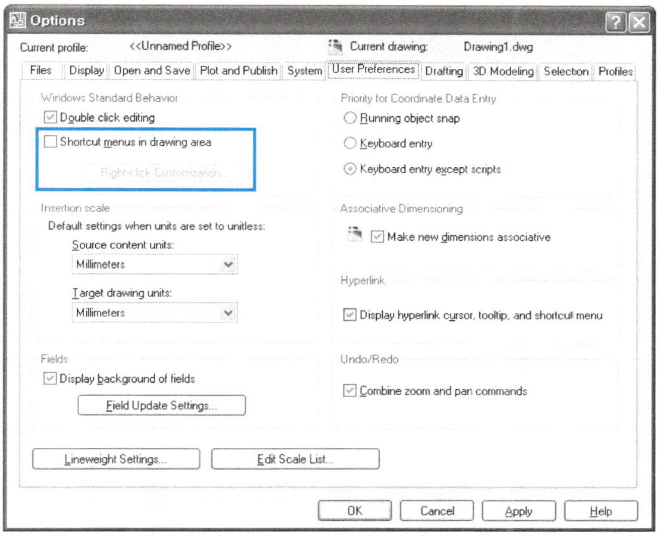

(6) Options... Selection

Selection은 AutoCAD에서 마우스 선택버튼(좌측버튼)으로 각종 선 등의 객체를 선택할 때에 관한 탭이다. 아래 그림에서 지시한 Pick box는 선택할 때 나타나는 커서의 크기를 설정하는 것으로 적당한 크기를 선정한다. 또한 그 아래 지시한 None/verb selection, Implied windowing, Object grouping의 세 가지가 기본값으로 ✔ 표시 되어 있는데 이것을 반드시 확인하고 작업하는 것이 필요하다.

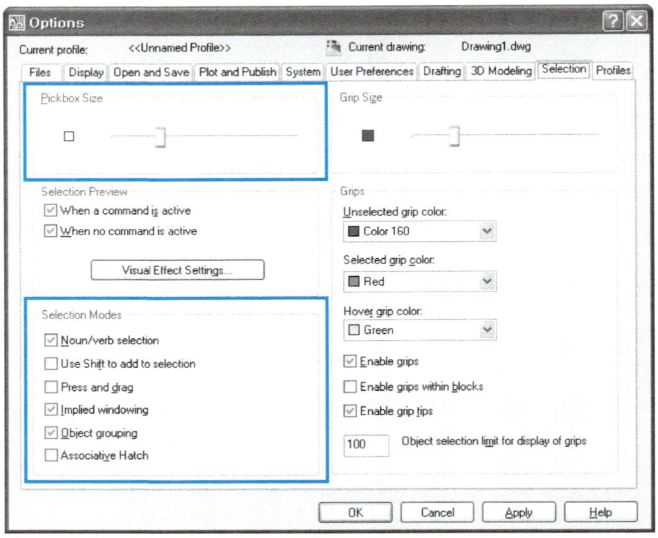

None/verb selection

객체 선택 후 편집 및 변환명령이 사용 가능한 기능으로 색상이나 layer 변경할 때 매우 유용하며 중요한 기능이다.

Implied windowing

요소를 선택할 때 crossing(점선박스) 기능이나 window(실선박스) 기능을 사용할 수 있게 하는 기능이다.

Object grouping

그룹으로 묶은 요소를 한 번에 선택하는 기능이다. 일반적으로 그룹 기능은 자주 사용하지 않으나 기본값이므로 ✔ 표시를 없앨 필요는 없다.

OSNAP 또는 OS(단축명령)

미리 요소들의 속성 점을 설정하기 위한 명령

Command : OSNAP

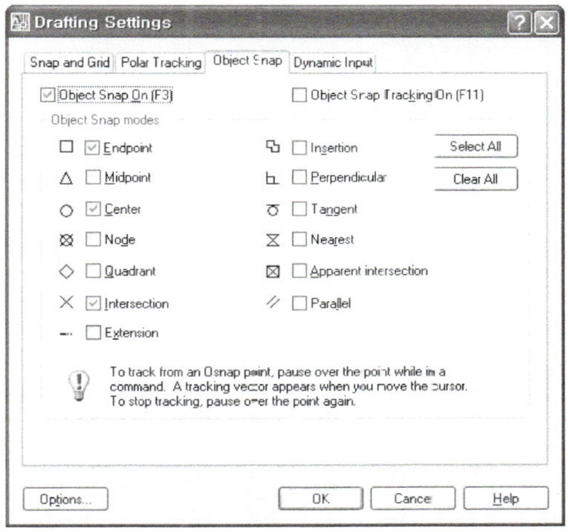

PAN 또는 P(단축명령)

화면을 이동하는 명령

Command : PAN

Press ESC or ENTER to exit, or right-click to display shortcut menu.

손 모양으로 끌기를 하면 화면이 실시간으로 이동된다.

PEDIT 또는 PE(단축명령)

폴리요소를 편집하는 명령

Command : PE 또는 PEDIT

Select polyline or [Multiple] : 폴리요소나 폴리요소가 아닌 요소를 선택한다.

Object selected is not a polyline

Do you want to turn it into one? <Y>

Enter an option [Close/Join/Width/Edit vertex/Fit/Spline/Decurve/Ltype gen/Undo] :

Close

마지막 세그먼트(Segment)를 처음 세그먼트와 연결하여 폴리선을 닫는 세그먼트를 작성한다.

Open

폴리선의 닫는 세그먼트를 제거한다.

Join

정점이 만난 여러 요소들을 폴리선으로 연결하는 기능이다.

Enter an option [Close/Join/Width/Edit vertex/Fit/Spline/Decurve/Ltype gen/Undo] : J
Select objects : 연결할 요소들을 선택한다.(정점(vertex)이 반드시 만나야 함)

Width

굵은 폴리선의 새로운 폭을 지정한다.

Enter an option [Close/Join/Width/Edit vertex/Fit/Spline/Decurve/Ltype gen/Undo] : W
Specify new width for all segments : 전체 두께값을 입력한다.

Edit vertex

정점을 편집한다.

Next/Previous/Break/Insert/Move/Regen/Straighten/Tangent/Width/eXit<N> :

Fit

각각의 정점들을 요소 밖으로(외접) 정점들을 만들어 부드러운 곡선을 작성한다. 그 곡선은 폴리선의 모든 점을 통과하고 사용자가 지정 하는 접선 방향을 사용한다.

Spline

선택된 폴리선의 정점들을 안으로(내접) 정점을 만들어 완만한 곡선을 작성한다. 곡선은 원래 폴리선이 닫혀 있지 않는 한 첫 번째 와 마지막 조정점을 통과한다.

Decurve

FIt이나 Spline으로 곡선 처리된 폴리선의 모든 세그먼트를 직선으로 만든다.

Ltype gen

선 유형(Linetype)의 크기로 폴리선을 갱신한다.

Undo

취소한다.

eXit

PEDIT 명령을 종료한다.

PLINE 또는 PL(단축명령)

2차원 폴리선을 그리는 명령으로 폴리선은 Pedit 명령으로 편집할 수 있다.

Command : PL 또는 PLINE
Specify start point :
Current line-width is 0.0000
Specify next point or [Arc/Halfwidth/Length/Undo/Width]:
Specify next point or [Arc/Close/Halfwidth/Length/Undo/Width] :

Next point

선 세그먼트(Segment)를 그린다.

Arc

PLINE을 호 모드로 변경한다.

[Angle/CEnter/CLose/Direction/Halfwidth/Line/Radius/Second pt/Undo/Width] :

Close

현재 위치로부터 시작점까지 폴리선으로 선을 닫는다.

Halfwidth

두께의 반 값으로 폴리선의 굵기를 지정한다.

Specify starting half-width <0.0000> :
Specify ending half-width <0.0000> :

Length

이전 선과 같은 각도로 지정된 길이만큼 폴리선을 그린다.

Undo

폴리선에 가장 최근에 추가된 선을 취소한다.

Width

폴리선의 굵기를 지정한다.

Specify starting width <0.0000> :
Specify ending width <0.0000> :

POLYGON 또는 POL(단축명령)

정 다각형을 그리는 요소 명령

한 변의 길이로 정 다각형 정의

Command : POL 또는 POLYGON

Enter number of sides <4> :

⇨ 2를 입력하면 다음과 같은 메시지가 나온다.

Requires an integer between 3 and 1024 :

⇨ 3부터 1024 사이의 정수를 입력할 수 있다.

Specify center of polygon or [Edge] : E(한 변의 길이 정의)

Specify first endpoint of edge :

⇨ 선분 또는 임의의 위치에 한 점을 입력한다.

Specify second endpoint of edge :

⇨ 선분의 끝점이나 자동좌표 또는 상대극좌표를 입력한다.

원의 내접(I)/외접(C)하여 정 다각형 정의

Command : POLYGON

Enter number of sides <4> : ⇨ 3과 1024 사이의 정수를 입력한다.

Specify center of polygon or [Edge] : ⇨ 원의 중심점을 입력한다.

Enter an option [Inscribed in circle/Circumscribed about circle] <I> :

⇨ 원의 내접한(I)/원의 외접한(C)

Specify radius of circle : ⇨ 원의 반경

POLYSOLID 명령

미리정한 높이와 두께값으로 요소들을 선택하여 솔리드로 변환 생성하는 명령

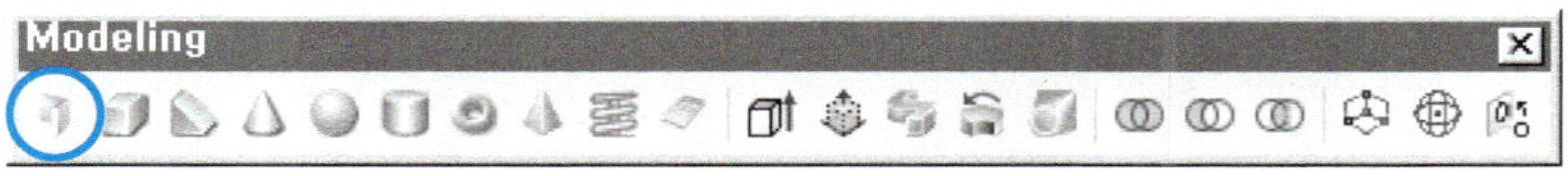

Command : POLYSOLID

Specify start point or [Object/Height/Width/Justify] <Object> : ⇨ 첫 점을 선택하거나 옵션을 선택한다.

Object

솔리드로 변환할 객체를 선택한다.

Height

솔리드의 높이를 지정한다.

Width

솔리드의 폭을 지정한다.

Justify

명령을 사용하여 프로파일을 정의할 경우, 솔리드의 폭 및 높이를 왼쪽, 오른쪽 또는 중심 정렬하여 맞추기로 설정한다.

PLOT 또는 PRINT 명령

도면을 파일이나 또는 프린터, 플로터로 출력하는 명령

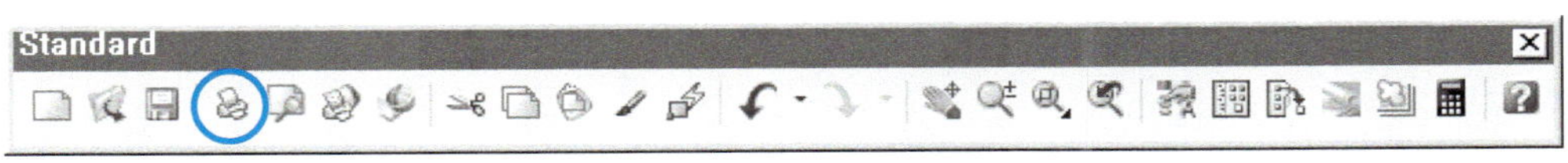

Command : PLOT 또는 PRINT

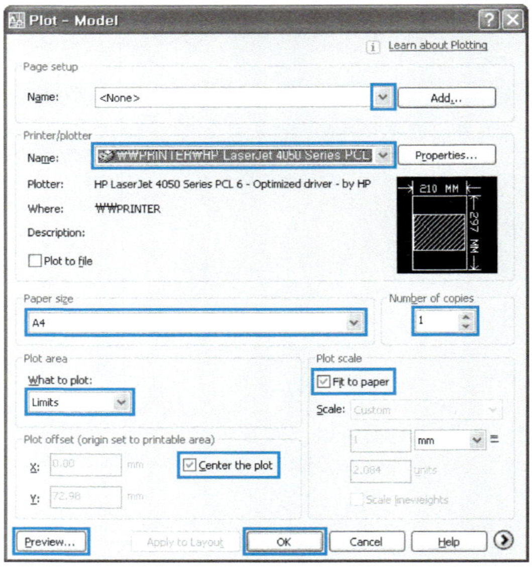

Page setup

플롯 페이지를 설정한다.

- None : 새로 설정하는 상태로 플롯을 설정한다.
- Previous plot : 바로 전에 설정된 상태로 플롯을 설정한다.
- Import : 설정된 플롯 파일을 불러와 플롯을 설정한다.

Printer/Plotter

플롯 디바이스(장치)를 설정한다.

- Plot to file : 플롯 장치로 출력하지 않고 *.plt 파일로 파일 출력을 한다.

Paper Size

도면 용지 크기를 설정한다.

Number of copies

인쇄 페이지의 수를 설정한다.

Plot area

플롯 영역을 설정한다.

- Display : 현재 화면 표시 상태로 플롯 영역을 설정한다.

- Extents : 화면을 용지에 전체로 채워 플롯 영역을 설정한다.(권장)
- Limits : Limits로 지정한 도면 한계로 플롯 영역을 설정한다.
- Window : 두 점으로 플롯 영역을 설정한다.

Plot Offset(Origin set to printalbe area)

플롯 위치를 설정한다.

- x, y : x값과 y값의 위치로 플롯 위치를 설정한다.
- Center the plot : 플롯 위치를 중앙점으로 설정한다.

Plot Scale

플롯과 용지의 척도를 설정한다.

- Fit to paper : 용지에 적당하게 맞추어 설정한다.
- Scale : 정확한 척도를 설정할 때 사용한다.

Preview...

현재 플롯 페이지를 미리보기 한다.

OK

파일이나 출력기로 도면이 출력된다.

PSPACE 또는 PS(단축명령)

모델 공간에서 도면 공간으로 전환한다.

Command : PS 또는 PSPACE

REGEN 또는 RE(단축명령)

화면 전체 요소들의 원래 Data 값으로 재생성하며 화면 좌표 및 뷰의 해상도(Resolution)를 다시 계산하는 명령

Command : REGEN

Regenerating model

REGION 또는 REG(단축명령)

정점이 연결된 폐다각 요소를 영역 요소(솔리드)로 변환하는 명령

Command : REG 또는 REGION

Select objects : 영역 요소(솔리드 판)로 변환할 폐다각 요소를 선택한다.

RENDER 명령

3차원 와이어 프레임이나 솔리드 모형의 사실적으로 음영 처리된 이미지를 생성하는 명령

Command : RENDER

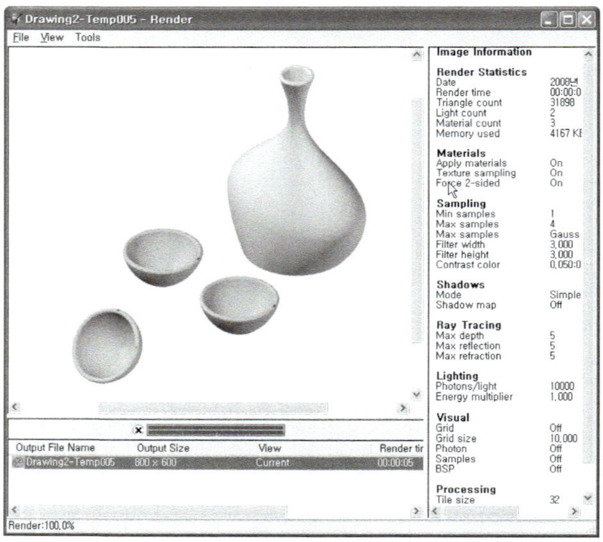

렌더 윈도우는 다음 세 개 창으로 나뉘어져 있다.

- 이미지 창 렌더 이미지를 표시한다.
- 통계 창 오른쪽 창에는 렌더링에 사용되는 현재 설정값이 표시된다.
- 사용 내역 창 맨 아래에는 현재 모형에서 렌더링된 이미지의 최근 사용 내역과 렌더링 진행을 표시하는 진행 상태 표시기가 제공된다.

렌더링을 작성한 각 도면에 대해 각각 다른 렌더 윈도우가 열린다. 한 도면의 렌더링은 항상 해당 렌더 윈도우에 나타난다.

렌더 윈도우에서 다음 작업을 수행할 수 있다.

- 이미지를 파일에 저장한다.
- 이미지 사본을 파일에 저장한다.
- 현재 렌더링에 사용된 설정을 검토한다.
- 모형의 렌더링 사용 내역을 추적한다.
- 렌더링 사용 내역으로부터 이미지를 소거, 삭제한다.
- 렌더 이미지의 단면을 줌으로 확대하고 이미지를 초점 이동한 다음 다시 줌으로 축소한다.

File Menu

렌더 이미지를 저장한다.

View Menu

렌더 윈도우를 구성하는 여러 요소를 표시한다.

Tools Menu

렌더 이미지를 줌으로 확대 및 축소하는 기능을 제공한다.

Image Pane

렌더 윈도우의 왼쪽 위 부분은 이미지 창이다.

Progress Meter/Status Bar

이미지가 완료되기 전에 발생하는 네 단계가 있으며, 변환, 광자 방사, 파이널 렌더링이다. 이미지 창과 사용 내역 창 사이에 진행 상태 표시기가 있으며 단계별 진행 상황 및 전체 이미지의 렌더링 상태를 보여준다.

History Pane

렌더 윈도우의 왼쪽 아래 부분은 현재 모형에서 렌더링 된 이미지의 최근 사용 내역을 찾아 볼 수 있는 사용 내역 창에만 해당된다. 사용 내역 창에 저장되는 각 항목을 사용 내역 항목이라고 한다.

History Pane-Shortcut Menu

옵션이 들어 있는 메뉴가 표시된다.

Statistics Pane

렌더링에 대한 상세 정보 및 이미지 작성시 적용되는 렌더 설정값을 검사할 수 있다.

REVOLVE 또는 REV(단축 명령)

Region 요소나 Poly 요소를 선택하여 기준축으로부터 회전시켜 3D 솔리드 또는 곡면을 변환 생성하는 명령

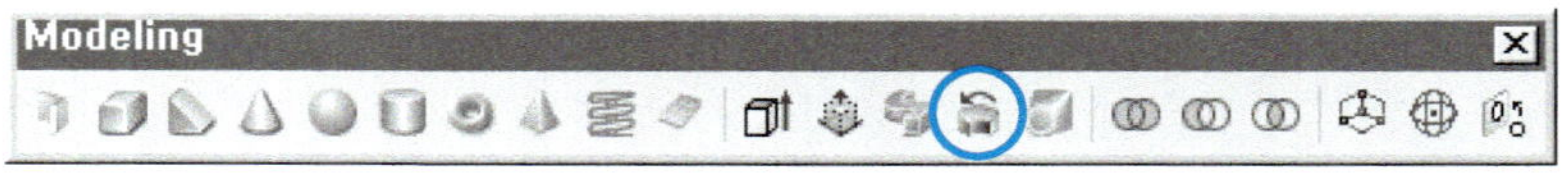

Command : REV 또는 REVOLVE
Select objects to revolve : ⇨ 회전하기 위한 Region 요소나 Poly 요소를 선택한다.
Select objects to revolve : ⇨ 마우스 우측버튼으로 진행한다.
Specify axis start point or define axis by [Object/X/Y/Z] <Object> :
Specify axis endpoint : ⇨ 두 점으로 기준축을 선택하거나 옵션을 선택한다.
Specify angle of revolution or [STart angle] <360> :

Object

선택한 요소를 회전할 기준축으로 정의한다.

X/Y/Z

선택하는 축을 기준축으로 정의한다.

ROTATE 또는 RO(단축명령)

선택된 요소를 기준점으로부터 상대 각도로 또는 절대 각도로 회전하는 명령

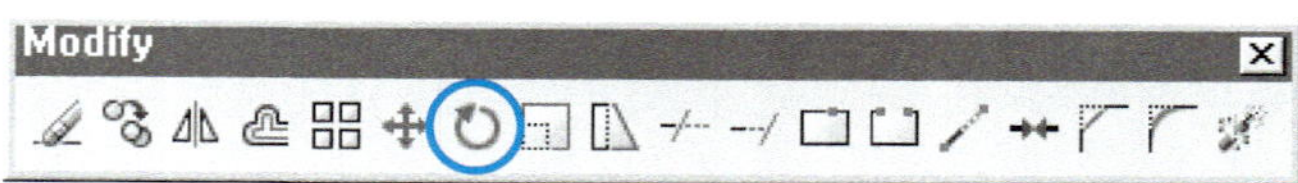

Command : RO 또는 ROTATE
Current positive angle in UCS : ANGDIR=counterclockwise ANGBASE=0
Select objects : 회전할 요소를 선택한다.

Select objects : 마우스 우측버튼으로 진행한다.
Specify base point : 회전시킬 기준점을 입력한다.
Specify rotation angle or [Copy/Reference] <0> :
상대각도를 입력하거나 C를 입력하면 회전복사, R을 입력하면 절대각도로 회전한다.

> 상대각도 : 현재 자세에서 회전 변위각을 말함

Specify rotation angle or [Copy/Reference] <0> : R
Specify the reference angle <0> : 각도 또는 첫 점을 입력한다.
Specify second point : 두 번째 점을 입력한다.
Specify the new angle or [Points] <0> : 절대 각도를 입력한다.

STRETCH 또는 S(단축명령)

Crossing(점선창)으로 선택된 요소를 선택점으로부터 자동좌표로 늘리거나 줄이는 명령

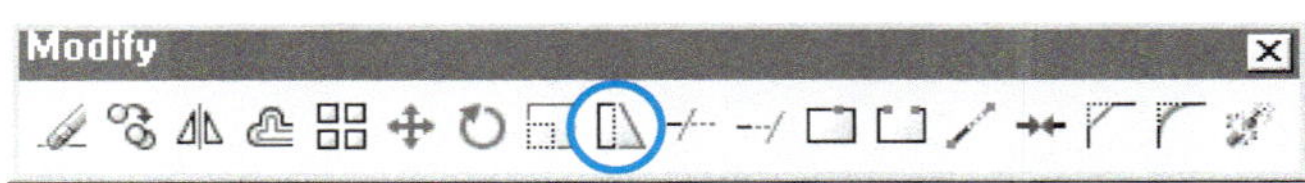

Command : S 또는 STRETCH
Select objects to stretch by crossing-window or crossing-polygon...
Select objects : ⇨ 자동 Crossing(점선창)이거나 C 또는 Cp로 요소들을 선택한다.
Select objects : ⇨ 마우스 우측버튼으로 진행한다.
Specify base point or [Displacement] <Displacement> :
⇨ 기준점을 입력하거나 D(변위)를 입력한다.

> D를 입력하고 좌표값(20, 0)을 입력하면 상대 좌표로 늘리거나 줄인다.

Specify second point or <use first point as displacement> :
⇨ 늘리고 줄일 변형량을 자동 좌표로 입력한다.

> 자동좌표란 마우스로 방향을 향하고 크기를 입력하는 방법이다.

> Scale은 x, y 크기를 배율로 동시에 크기가 변형되고 Stretch는 x크기, y크기 각각 변형되기 때문에 크기를 편집하는데 유용하다.

SCALE 또는 SC(단축명령)

선택된 요소를 기준점으로부터 상대 배율 또는 절대 크기로 확대 또는 축소하는 명령

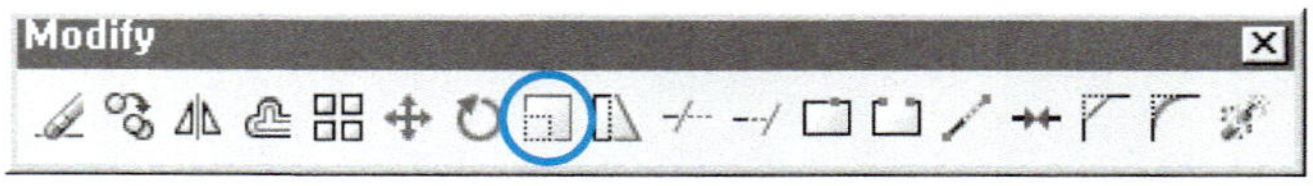

Command : SC 또는 SCALE

Select objects : 스케일링 할 요소를 선택한다.

Select objects : 마우스 우측버튼으로 진행한다.

Specify base point : 기준점을 입력한다.

Specify scale factor or [Copy/Reference] <1.0000> :

⇨ 상대배율을 입력하거나 C를 입력하면 스케일링 복사, R을 입력하면 절대크기로 스케일링 된다.

> 상대배율 : 현재 크기를 기준으로 배율로 확대 또는 축소하는 것을 말함.

Specify scale factor or [Copy/Reference] <1.0000> : R

Specify reference length <1.0000> : 현재 크기 또는 첫 점을 입력한다.

Specify second point : 두 번째 점을 입력한다.

Specify new length or [Points] <1.0000> : 절대 크기를 입력한다.

> Scale은 부분확대도나 상세도를 그리는데 활용된다.

SOLID 또는 SO(단축명령)

평면에서 음영이 있는 서피스(surface)를 생성하는 명령

Command : SO 또는 SOLID

Specify first point : 첫 점을 선택한다.

Specify second point : 두 번째 점을 선택한다.

Specify third point : 첫 점 옆 또는 두 번째 점 대각으로 세 번째 점을 선택한다.

Specify fourth point or <exit> : 두 번째 점 옆으로 네 번째 점을 선택한다.

Specify third point : ENTER로 종료한다.

> SOLID는 데이텀의 지시기호를 만드는데 사용된다.

SOLIDEDIT 명령

3D 솔리드 모델의 면과 모서리 그리고 입체를 편집하는 명령

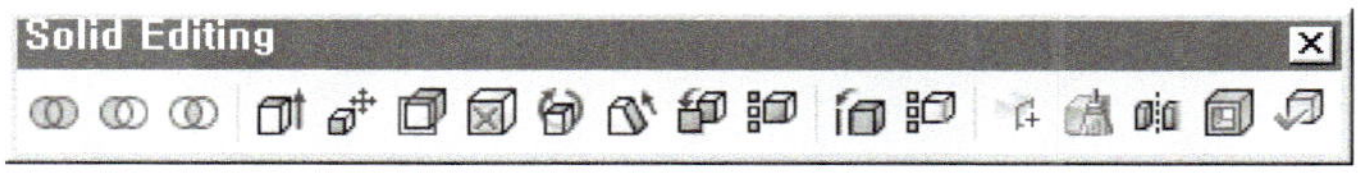

Command : SOLIDEDIT
Solids editing automatic checking : SOLIDCHECK=1
Enter a solids editing option [Face/Edge/Body/Undo/eXit] <eXit> :
⇨ 솔리드 편집 옵션을 선택한다.

Face/Edge/Body/Undo/eXit

평면/모서리/솔리드 바디 선택하거나 취소/종료를 할 수 있다.

Enter a face editing option : F(평면)를 선택하면 다음과 같은 옵션이 나타낸다.
[Extrude/Move/Rotate/Offset/Taper/Delete/Copy/coLor/mAterial/Undo/eXit]
<eXit> :

Extrude/Move/Rotate/Offset/Taper/Delete/Copy/coLor/mAterial/Undo/eXit

선택한 면을 돌출/이동/회전/면 나란히 옵셋/테이퍼/삭제/복사/색상변경/면질감/취소/종료를 할 수 있다.

Enter a solids editing option [Face/Edge/Body/Undo/eXit] <eXit> :
⇨ E(모서리)를 입력한다.
Enter an edge editing option [Copy/coLor/Undo/eXit] <eXit> :

Copy/coLor/Undo/eXit

모서리를 선택하여 복사/색상변경을 하거나 취소/종료를 할 수 있다.

Solids editing automatic checking : SOLIDCHECK=1
Enter a solids editing option [Face/Edge/Body/Undo/eXit] <eXit> :
⇨ B(바디)를 선택한다.
Enter a body editing option
[Imprint/seParate solids/Shell/cLean/Check/Undo/eXit] <eXit> :

Imprint/seParate solids/Shell/cLean/Check/Undo/eXit

바디를 선택하여 각인/분리/셸/삭제/체크를 하거나 취소/종료를 할 수 있다.

- seParate solids : 분리

솔리드를 분리 사용해도 단일 체적을 형성한 부울 연산 객체는 분리되지 않는다.

SPLINE 또는 SPL(단축명령)

모든 정점을 지나는 곡선을 그리는 명령

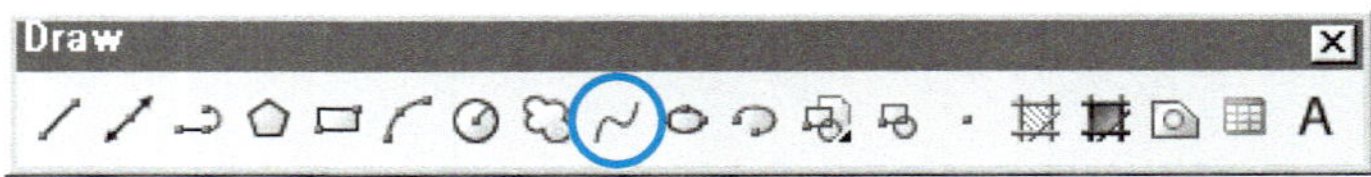

Command : SPL 또는 SPLINE

Specify first point or [Object] : 첫 점 선택 또는 O를 입력하여 요소를 선택

Specify next point : 다음 점을 선택한다.

Specify next point or [Close/Fit tolerance] <start tangent> : 다음 점을 선택

Specify next point or [Close/Fit tolerance] <start tangent> : 다음 점을 선택

Specify next point or [Close/Fit tolerance] <start tangent> : 다음 점을 선택

Specify next point or [Close/Fit tolerance] <start tangent> : 다음 점을 선택

Specify next point or [Close/Fit tolerance] <start tangent> : 다음 점을 선택

Specify start tangent : 시작 접선 각도 또는 마우스 우측버튼을 선택한다.

Specify end tangent : 끝 접선 각도 또는 마우스 우측버튼을 선택한다.

Close

시작점으로 닫기를 한다.

Fit tolerance

스플라인 곡선을 그릴 허용범위를 입력한다.

스플라인은 F(허용범위)가 "0" 일 때 모든 정점을 통과하고 F(허용범위)를 정하면 그 범위 안에서 스플라인을 그린다.

[참고] 제도에서 파단선은 가는 실선이며 자유로운 곡선이다. SPLINE 명령을 이용하여 파단선 그리기에 편리하다.

SPLINEDIT 또는 SPE(단축명령)

선택된 스플라인의 곡선을 편집하는 명령

Command : SPE 또는 SPLINEDIT

Select spline :

Enter an option [Fit data/Close/Move vertex/Refine/rEverse/Undo] :

Fit data

모든 점을 통과한 정점으로 전환된다.

Close

시작점으로 닫기한다.

Move vertex

정점을 이동한다.

Refine

스플라인 정의를 미세하게 조정한다.

rEverse

스플라인의 방향을 반전한다.

Undo

최근에 편집을 취소한다.

STYLE 또는 ST(단축명령)

문자체(Fonts)를 설정하는 명령

Command : ST 또는 STYLE

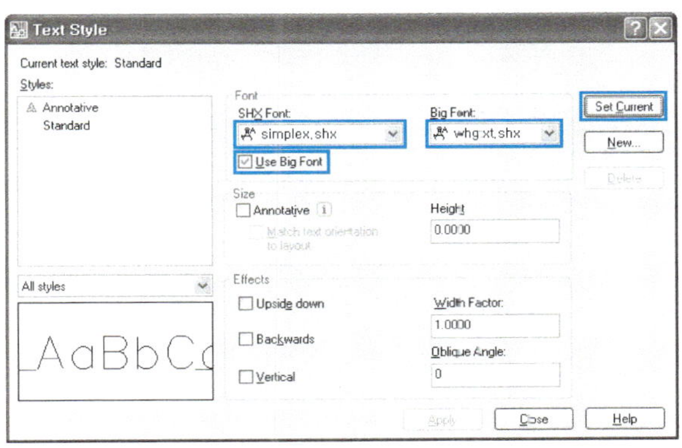

New

새로운 문자 스타일 이름을 만든다.

Rename

기존 문자 스타일 이름을 변경한다.

Delete

기존 문자 스타일 이름을 제거한다.

Font

- SHX Font : 문자체를 선택한다.
- Use Big Font : 이것을 체크하면 Big Font에서도 문자체를 설정할 수 있다.
- Height : 문자 높이를 입력한다.

이곳에서 문자 높이를 설정하지 않고 DTEXT나 MTEXT로 문자를 쓸 때 높이를 설정하는 것이 편리하다.

Effects

- Upside-down : 문자를 거꾸로(상하) 설정한다.
- Backwards : 문자를 반대로(좌우) 설정한다.
- Vertical : 문자를 내려쓰기로 설정한다.
- Width factor<1> : 문자의 폭(장평)을 설정한다.
- Oblique angle<0> : 문자의 각도로 경사체를 설정한다.

Preview

설정한 문자체를 미리보기 한다.

Apply

변경한 내용을 적용한다.

Close

종료한다.

> 제도에는 문자를 일반적으로 그래픽체(가는체)를 사용하는데 영문체는 romans.shx나 simplex.shx를 사용하고 한글은 whgtxt.shx를 사용한다.

SUBTRACT 또는 SU(단축명령)

불린 연산에서 솔리드를 빼기하는 명령

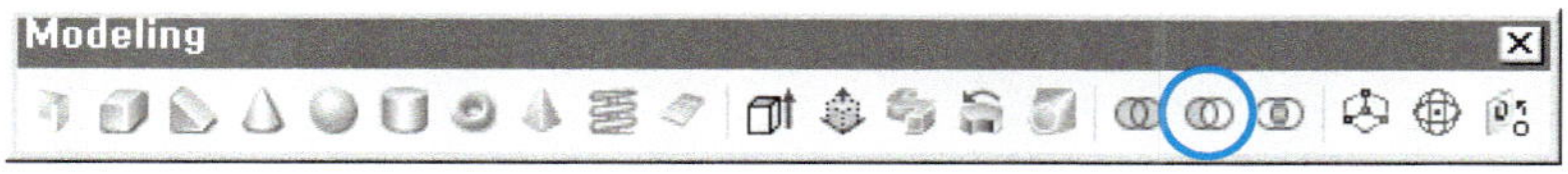

Command : SU 또는 SUBTRACT
Select solids and regions to subtract from ..
Select objects : 원본 모델을 선택한다.
Select objects : 마우스 우측버튼으로 구분한다.
Select solids and regions to subtract ..
Select objects : 빼기할 모델을 선택한다.
Select objects : 마우스 우측버튼으로 종료한다.

SWEEP 명령

Region 요소나 Poly 요소를 선택하여 경로를 기준으로 스윕하여 새로운 솔리드 또는 곡면을 변환 생성하는 명령

Command : SWEEP
Select objects to sweep : ⇨ 스윕하기 위한 Region 요소나 Poly 요소를 선택한다.
Select objects to sweep : ⇨ 마우스 우측버튼으로 진행한다.
Select sweep path or [Alignment/Base point/Scale/Twist] :
⇨ 스윕하기 위한 경로를 선택하거나 옵션을 입력한다.

Alignment

윤곽이 스윕 경로의 접선 방향에 수직으로 정렬될지 여부를 지정한다. 기본적으로 윤곽이 정렬된다.

Base point

스윕할 요소에 대한 기준점을 지정한다. 지정한 점이 선택된 객체의 평면에 있지 않은 경우 평면에 투영된다.

Scale

스윕 작업을 위한 축척 비율을 지정한다.

Twist

스윕되는 요소에 대한 회전 각도를 설정한다.

TILEMODE 명령

종이 영역 또는 모델영역으로 설정한다.

Command : TILEMODE

Enter new value for TILEMODE <1> : 0

0 : 종이 영역으로 전환한다.

1 : 모델 영역으로 전환한다.

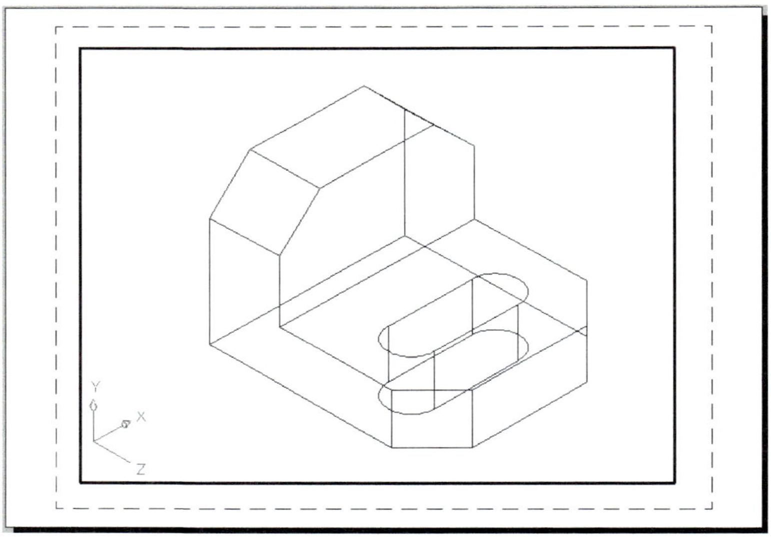

TOLERANCE 또는 TOR(단축명령)

대화창을 통해 도면에 기하공차를 기입하는 명령

Command : TOL 또는 TOLERANCE

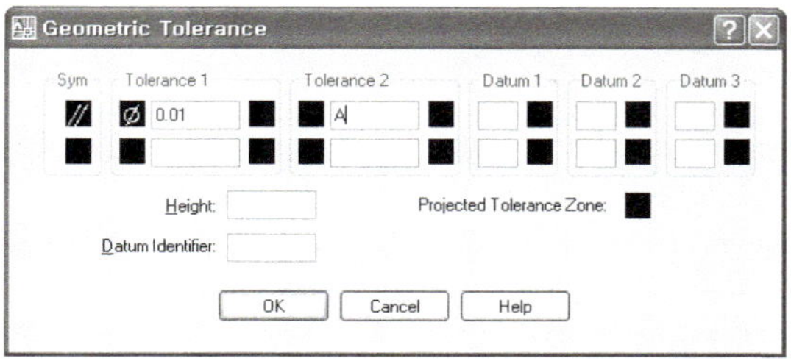

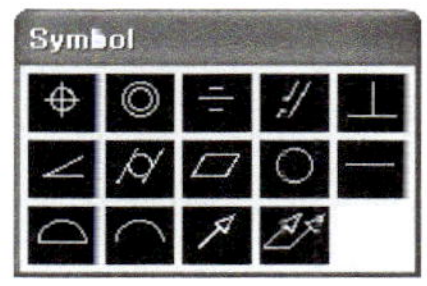

TRIM 또는 TR(단축명령)

선택된 요소를 경계로부터 잘라내는 명령

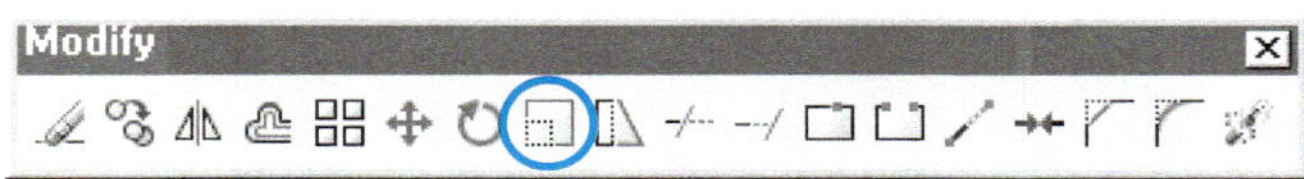

Command : TR 또는 TRIM

Current settings : Projection=UCS, Edge=None

Select cutting edges ...

Select objects or <select all> : ⇨ 경계선을 선택 또는 Enter(전체 선택)를 선택한다.

Select objects : ⇨ 더 이상 경계선 선택이 없으면 ENTER로 진행한다.

Select object to trim or shift-select to extend or

[Fence/Crossing/Project/Edge/eRase/Undo] :

⇨ 자를 요소 선택 또는 늘리려면 shift-선택 옵션

Select object to trim or shift-select to extend or

[Fence/Crossing/Project/Edge/eRase/Undo] :

⇨ 더 이상 자를 요소가 없으면 Enter로 종료한다.

Select object to trim or shift-select to extend

자를 요소를 선택하거나 늘리려면 shift 누른 후-선택한다.

Fence

Highlight(점선)로 닿은 것을 다중 선택하여 한꺼번에 자르기가 된다.

Crossing

Crossing(점선)창으로 닿은 것을 다중 선택하여 한꺼번에 자르기가 된다.

Project

요소를 자를 때 사용하는 투영 방법을 지정한다.

[Fence/Crossing/Project/Edge/eRase/Undo] : P
Enter a projection option [None/Ucs/View] <Ucs> :

- None : 투영 없음으로 지정한다.(3D 공간에서 자를 요소와 교차하는 요소만을 자른다.)
- UCS : 현재 UCS의 XY 평면에 투영을 지정한다.(3D 공간에서 자를 요소와 교차하지 않는 요소도 자른다.)
- View : 현재 뷰 방향을 따라 투영하도록 지정한다.(현재 뷰의 경계와 교차하는 요소를 자른다.)

Edge

요소를 다른 요소들과 겹쳐진 상태에서 자를지 아니면 겹쳐지지 않은 상태에서도 자를지를 결정한다.

[Fence/Crossing/Project/Edge/eRase/Undo] : E
Enter an implied edge extension mode [Extend/No extend] <No extend> :

- Extend : 겹쳐지지 않은 상태에서도 자를 수 있도록 경계선을 무한하게 연장한다.
- No extend : 겹쳐져야 자르기가 된다.

경계선의 연장모드를 사용하지 않는 것이 편리하다.

eRase

선택한 요소를 삭제한다.
이 옵션은 TRIM 명령을 종료하지 않고 불필요한 요소를 지우기가 된다.

[Fence/Crossing/Project/Edge/eRase/Undo] : R
Select objects to erase or <exit> : ⇨ 삭제할 요소 선택
Select objects to erase : ⇨ 더 이상 선택할 것이 없으면 Enter

Undo

가장 최근에 잘린 요소가 취소되어 다시 되돌려진다.

자동 Crossing

걸쳐진 요소들을 한꺼번에 자르기가 된다.

UCS 명령

사용자 좌표계로 작업 평면, 즉 x, y 평면을 설정하거나 관리하는 명령

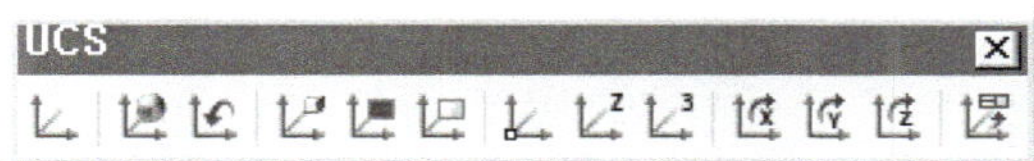

위 아이콘 메뉴를 클릭하여 작업 평면을 설정하는 것이 가장 편리하다.

Command : UCS
Current ucs name : *NO NAME*
Specify origin of UCS or [Face/NAmed/OBject/Previous/View/World/X/Y/Z/ZAxis]
<World> : 옵션 선택

Face

3D 솔리드의 선택한 면에 UCS를 정렬한다.

3P

세 점(원점, x방향, y방향)으로 작업 평면을 설정한다.
(경사면을 작업평면으로 설정할 때 반드시 사용해야 한다.)

ORigin

한 점을 선택하여 원점을 새로이 지정한다.
(물체의 기준점으로 정확한 크기를 입력할 때 필요하다.)

NAmed

자주 사용되는 UCS 방향을 이름별로 저장하고 복원한다.

OBject

선택한 3D 객체를 기준으로 새로운 작업 평면을 설정한다.

Previous

이전 UCS를 복원한다.

View

관측 방향에 수직인(화면에 평행인) XY 평면으로 새로운 작업 평면을 설정한다.(관측방향을 작업평면으로 설정하기에 가장 편리하여 많이 사용한다.)

World

현재 사용자 좌표계를 표준 좌표계로 설정한다.

X/Y/Z

지정한 축을 중심으로 현재 UCS를 회전하여 작업 평면을 설정한다.

ZAxis

원점과 지정된 양의 Z축 방향을 선택하여 작업 평면을 설정한다.

UCS 명령으로 작업평면을 설정할 때 반드시 네 가지를 알고 사용해야 한다.
① View : 관측 방향을 작업 평면으로 설정
② 3P : 세 점(원점, x방향, y방향)으로 작업 평면을 설정
③ ORigin : 한 점으로 원점을 설정
④ 〈World〉 : 표준 좌표계로 전환

UNION 또는 UNI(단축명령)

불린 연산에서 솔리드를 합치는 명령

Command : UNI 또는 UNION
Select objects : 합쳐질 모델을 모두 선택한다.
Select objects : 마우스 우측버튼으로 종료한다.

VPORTS 명령

새로운 뷰포트 구성을 작성하거나 모형 공간 뷰포트 구성을 명명하고 저장한다.

Command : VPORTS

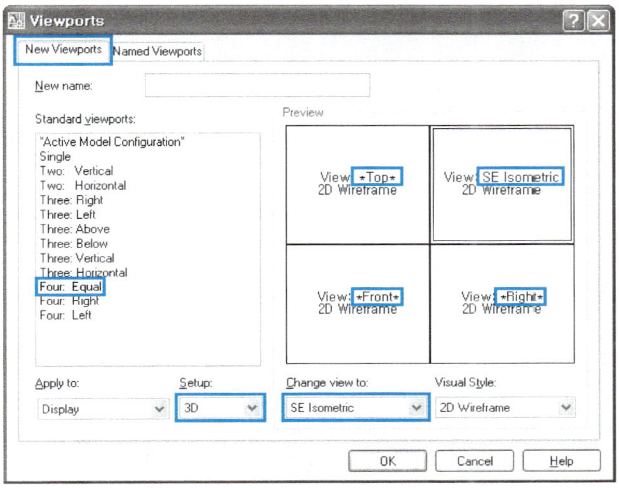

New Viewports

표준 뷰포트 구성 리스트를 표시하고 3D 화면 분할을 구성한다.

Named Viewports

도면에 저장된 모든 뷰포트 구성을 표시한다.

Standard Viewports

화면 분할의 리스트를 구성한다.((Four : Equal) 권장)

Setup

2D, 3D 화면을 설정한다.((3D) 권장)

Change view to

각각의 분할된 화면에 관측 방향(시점)을 설정한다.

Viewports 화면구성의 미리보기와 같이 설정하는 것이 Modeling을 하는데 여러 가지 편리하다.

VPOINT 명령

물체를 관측하는 방향(시점)을 설정하는 명령

위 아이콘 메뉴를 직접 클릭하여 관측 방향을 정하는 것이 가장 편리하다.

Command : VPOINT

*** Switching to the WCS ***

Current view direction : VIEWDIR=0.0000, −1.0000,0.0000

Specify a view point or [Rotate] <display compass and tripod> :

⇨ 관측 방향(시점)을 절대 좌표로 입력하거나 R을 입력하여 두 개의 각도로 입력한다.

■ 관측 방향

① 정면도(Front view(x, z)) : 0, −1, 0

② 평면도(Top view(x, y)) : 0, 0, 1

③ 우측면도(Right view(y, z)) : 1, 0, 0

④ 좌측면도(Left view(−y, z) : −1, 0, 0

⑤ 저면도(Bottom view(x, −y) : 0, 0, −1

⑥ 배면도(Back view(−x, z) : 0, 1, 0

⑦ 등각도(SE Isometric view(x, −y, z)) : 1, −1, 1

View point

입력하는 X, Y, Z 좌표를 사용하여, 도면을 관측할 수 있는 방향을 정의하는 벡터를 작성한다.

Rotate

두 개의 각도를 사용하여 새로운 관측 방향을 지정한다.

Display compass and tripod

뷰포트에서 관측 방향을 정의하는 데 사용하는 나침반과 축 삼각대를 표시한다.

VSCURRENT 명령

현재 뷰포트의 뷰 스타일을 설정한다.

위 아이콘을 클릭하여 솔리드 모델의 가시 유형을 선택한다.

Command : _vscurrent
Enter an option
[2dwireframe/3dwireframe/3dHidden/Realistic/Conceptual/Other]
<2dwireframe> : _2

2dwireframe

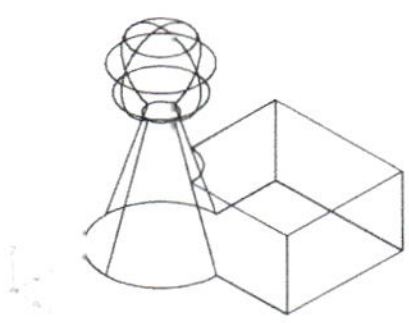

경계를 나타내는 선과 곡선을 사용하여 객체를 표시한다.
래스터와 OLE 객체, 선 종류 및 선가중치를 볼 수 있다.

3dwireframe

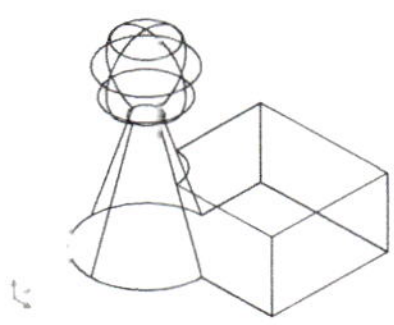

경계를 나타내는 선과 곡선을 사용하여 객체를 표시한다.
음영처리된 3D UCS 아이콘을 표시한다.

3dHidden

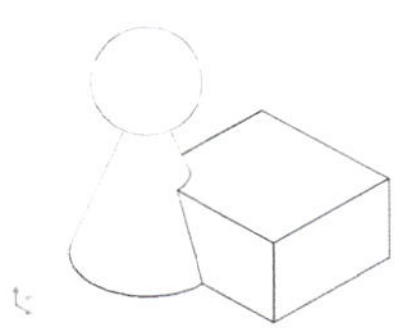

객체를 3D 와이어프레임 표현을 사용하여 표시하고 뒷면을 표현하는 선을 숨긴다.

Realistic

객체를 음영처리하며 다각형 면 사이의 모서리를 부드럽게 만든다.
객체에 부착한 재료가 표시된다.

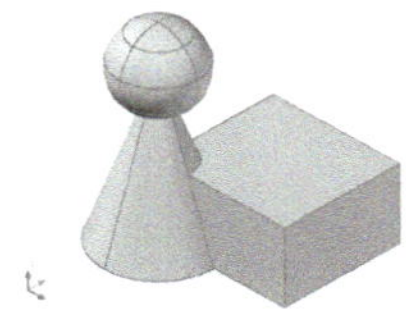

Conceptual

객체를 음영처리하며 다각형 면 사이의 모서리를 부드럽게 만든다.
음영처리는 차가운 색상과 따뜻한 색상간의 변환을 사용한다.

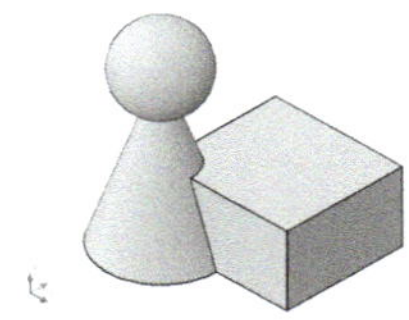

EXPLODE 또는 X(단축명령)

접점의 정보가 없는 폴리 요소를 개개의 기본적인 요소들로 분해(Explode)하는 명령

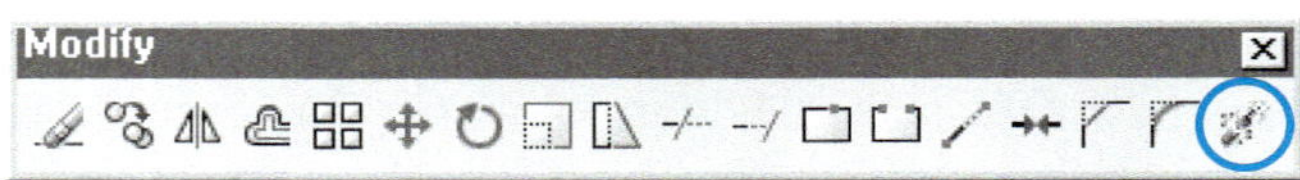

Command : X 또는 EXPLODE
Select objects : 요소를 선택한다.

ZOOM 또는 Z(단축명령)

요소의 크기와 관계없이 화면을 확대, 축소하는 명령

Command : Z 또는 ZOOM
Specify corner of window, enter a scale factor (nX or nXP), or
[All/Center/Dynamic/Extents/Previous/Scale/Window/Object] <real time> :

All

Limits나 Mvsetup으로 정한 도면 영역의 한계로 화면을 전환한다.

Center

중심점, 높이를 입력하여 화면을 전환한다.

Dynamic

뷰 상자로 화면을 이동하거나 화면의 확대, 축소하여 화면을 전환한다.

> 마우스 왼쪽버튼으로 이동 뷰와 확대, 축소 뷰를 전환하며 어떤 상태에서든지 마우스 우측버튼을 선택하면 줌이 된다.

Extents

요소의 크기로 화면 전체를 채운다.

Vmax

현재 화면에서 요소 전체를 나타내기 위한 것으로 화면이 전체적으로 축소된다.

Previous

이전 화면으로 전환한다.

Scale

수치나 수치 x로 절대크기의 화면이나 상대크기의 화면으로 전환한다.

EX Command : Z 또는 ZOOM

[All/.../Scale/Window/Object] <real time> : 2 또는 2x

- 2 : Limits로 정한 한계를 1로 놓고 2배 확대된다.
- 2x : 현재 화면을 1로 놓고 2배 확대된다.

Window 또는 자동 windows

대각선의 두 점을 선택하여 화면을 전환한다.

Object

선택하는 요소로 화면 전체를 채운다.

〈real time〉

실시간으로 화면을 전환한다.

마우스 왼쪽버튼을 위로 끌기(드래그) 하면 확대, 아래로 끌기 하면 축소

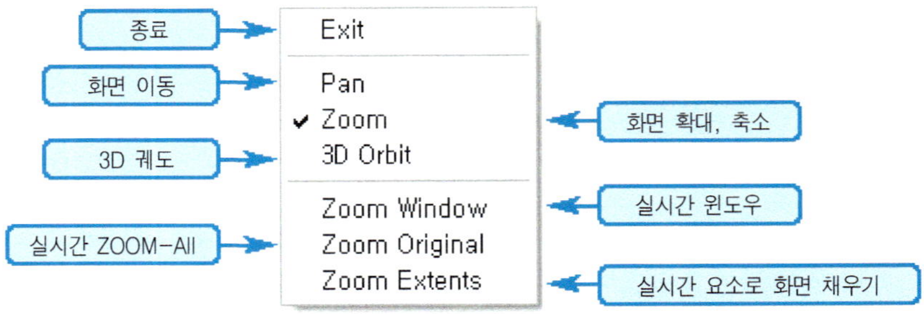

마우스의 가운데 롤 버튼을 위로 돌리면 확대, 아래로 돌리면 축소가 되며 롤 버튼을 누른 상태에서 끌기를 하면 화면이 이동하는 매우 유용한 기능이다.

저자소개

황병복 공학박사 / 인하대학교 기계공학과 교수
장동환 공학박사 / 인하공업전문대학 기계설계과 교수
민경호 공학박사 / 한국폴리텍 남인천캠퍼스 컴퓨터응용기계과 교수

저자와의
협의에 의해
인지 생략

Computer Aided Mechanical Drawing

전산기계제도 이론 및 실습

2판 4쇄 2020년 3월 20일

저 자 황병복 / 장동환 / 민경호
발행인 송광헌
발행처 복두출판사
주 소 서울특별시 영등포구 경인로82길 3-4
센터플러스 807호 (우) 07371
전 화 02-2164-2580
FAX 02-2164-2584
등 록 1993. 11. 22. 제 10-902 호

정가 : 28,000원
ISBN : 978-89-8000-691-5 93550

한국과학기술출판협회 회원사